黄河志

卷六

黄河规划志

黄河水利委员会勘测规划设计院　编

河 南 人 民 出 版 社

图书在版编目(CIP)数据

黄河规划志 / 黄河水利委员会勘测规划设计院编. —
2版. —郑州 : 河南人民出版社, 2017. 1
(黄河志; 卷六)
ISBN 978-7-215-10564-5

Ⅰ. ①黄… Ⅱ. ①黄… Ⅲ. ①黄河流域-流域规划-概况 Ⅳ. ①TV212.4

中国版本图书馆 CIP 数据核字(2016)第 259992 号

河南人民出版社出版发行
(地址:郑州市经五路 66 号 邮政编码:450002 电话:65788056)
新华书店经销 河南新华印刷集团有限公司印刷
开本 787 毫米×1092 毫米 1/16 印张 35
字数 569 千字
2017 年 1 月第 2 版 2017 年 1 月第 1 次印刷

定价:210.00 元

序

李　鹏

黄河，源远流长，历史悠久，是中华民族的衍源地。黄河与华夏几千年的文明史密切相关，共同闻名于世界。

黄河自古以来，洪水灾害频繁。历代治河专家和广大人民，在同黄河水患的长期斗争中，付出了巨大的代价，积累了丰富的经验。但是，由于受社会制度和科学技术条件的限制，一直未能改变黄河严重为害的历史，丰富的水资源也得不到应有的开发利用。

中华人民共和国成立后，党中央、国务院对治理黄河十分重视。1955年7月，一届全国人大二次会议通过了《关于根治黄河水害和开发黄河水利的综合规划的决议》。毛泽东、周恩来等老一代领导人心系人民的安危祸福，对治黄事业非常关怀，亲自处理了治理黄河中的许多重大问题。经过黄河流域亿万人民及水利专家、技术人员几十年坚持不懈的努力，防治黄河水害、开发黄河水利取得了伟大的成就。黄河流域的面貌发生了深刻变化。

治理和开发黄河，兴其利而除其害，是一项光荣伟大的事业，也是一个实践、认识、再实践、再认识的过程。治黄事业虽已取得令人鼓舞的成就，但今后的任务仍然十分艰巨。黄河的治理开发，直接关系到国民经济和社会的发展，我们需要继续作出艰苦的努力。黄河水利委员会主编的《黄河志》，较详尽地反映了黄河的基本状况，记载了治理黄河的斗争史，汇集了治黄的成果与经验，不仅对认识黄河、治理开发黄河将发挥重要作用，而且对我国其他大江大河的治理也有借鉴意义。

1991年8月20日

序

钱正英

黄河是世界上泥沙最多的河流，也是著名的难治之河。黄河的水土资源，孕育了中华民族的古代文明；黄河决口改道的灾害，也是中华民族的忧患。自大禹治水的传说起，中国历代的有志之士，献身于黄河的治理，积累了很多经验。但在当时的历史条件下，不可能根本控制黄河的水害，更不能全面开发水利。

新中国的成立，为治黄事业开辟了新的历史条件。早在50年代初期，国家就组织力量编制《黄河综合利用规划技术经济报告》。这是我国第一部大江大河综合治理开发的规划报告。1955年，第一届全国人民代表大会第二次会议通过《关于根治黄河水害和开发黄河水利的综合规划的决议》。在规划指导下，进行了大规模的治黄建设，取得了很大成就，也经历了失败与挫折。经过不断的实践、认识、再实践、再认识，对原规划进行了不断地修改。治黄规划的修订过程，也是对治黄道路的不断探索的过程。其中成功与失败的实践，正确与错误的认识，都含有丰富的内容，是中国水利事业的宝贵财富。

因此，《黄河规划志》的出版问世，不仅为治黄事业提供了珍贵的史料，对其他江河也有借鉴的价值。随着我国社会主义现代化建设的进展，随着科学技术的进步，我们对黄河的认识和改造能力还将继续提高。在这个意义上，《黄河规划志》不仅标志治黄的一个历史阶段的结束，也宣告了治黄的又一个历史阶段的开始。我相信，在新的历史阶段中，黄河将进一步焕发“母亲河”的英姿，以丰富的水沙资源和动能资源，造福于中华民族，并成为中华民族的骄傲。

1990年8月13日

前　言

黄河是我国第二条万里巨川，源远流长，历史悠久。黄河流域在100多万年以前，就有人类在这里生息活动，是我国文明的重要发祥地。黄河流域自然资源丰富，黄河上游草原辽阔，中下游有广阔的黄土高原和冲积大平原，是我国农业发展的基地。沿河又有丰富的煤炭、石油、铝、铁等矿藏。长期以来，黄河中下游一直是我国政治、经济和文化中心。黄河哺育了中华民族的成长，为我国的发展作出了巨大的贡献。在当今社会主义现代化建设中，黄河流域的治理开发仍占有重要的战略地位。

黄河是世界上闻名的多沙河流，善淤善徙，它既是我国华北大平原的塑造者，同时也给该地区人民造成巨大灾害。计自西汉以来的两千多年中，黄河下游有记载的决溢达一千余次，并有多次大改道。以孟津为顶点北到津沽，南至江淮约25万平方公里的广大地区，均有黄河洪水泛滥的痕迹，被称为“中国之忧患”。

自古以来，黄河的治理与国家的政治安定和经济盛衰紧密相关。为了驯服黄河，除害兴利，远在四千多年前，就有大禹治洪水、疏九河、平息水患的传说。随着社会生产力的发展，春秋战国时期，就开始修筑堤防、引水灌溉。历代治河名人、治河专家和广大人民在长期治河实践中积累了丰富的经验，并留下了许多治河典籍，为推动黄河的治理和治河技术的发展作出了重要贡献。1840年鸦片战争以后，我国由封建社会沦为半封建半殖民地的社会，随着内忧外患的加剧，黄河失治，决溢频繁，西方科学技术虽然逐步引进我国，许多著名水利专家也曾提出不少有创见的治河建议和主张，但由于受社会制度和科学技术的限制，一直未能改变黄河为害的历史。

中国共产党领导的人民治黄事业，是从1946年开始的，在解放战争年代渡过了艰难的岁月。中华人民共和国成立后，我国进入社会主义革命和社会主义建设的伟大时代，人民治黄工作也进入了新纪元。中国共产党和人民政府十分关怀治黄工作，1952年10月，毛泽东主席亲临黄河视察，发出“要把黄河的事情办好”的号召。周恩来总理亲自处理治黄工作的重大问题。为了根治黄河水害和开发黄河水利，从50年代初就有组织、有计划地对黄河进行了多次大规模的考察，积累了大量第一手资料，做了许多基础工作。1954年编制出《黄河综合利用规划技术经济报告》，1955年第一届全国人民代表大会第二次会议审议通过了《关于根治黄河水害和开发黄河水利的综合规划的决议》，人民治黄事业从此进入了一个全面治理、综合开发的历史新阶段。在国务院和黄河流域各级党委、政府的领导下，经过亿万群众和广大治黄职工的艰苦奋斗，黄河的治理开发取得了前所未有的巨大成就。在黄河下游基本建成防洪工程体系，并组建了强大的人防体系，已连续夺取40多年伏秋大汛不决口的伟大胜利，使社会主义建设事业得以顺利进行；在中上游建成了许多大中型水利水电工程，流域内灌溉面积和向城市、工矿企业供水有了很大发展，取得了巨大的经济效益和社会效益；在黄土高原地区开展了大规模的群众性的水土保持工作，取得了为当地兴利、为黄河减沙的明显成效；河口的治理为三角洲的开发创造了条件。如今，古老黄河发生了历史性的重大变化。这些成就被公认为社会主义制度优越性的重要体现。

治理和开发黄河，是一项光荣而伟大的事业，也是一个实践、认识、再实践、再认识的过程。治黄事业已经取得了重大胜利，但今后的任务还很艰巨，黄河本身未被认识的领域还很多，有待于人们的继续实践和认识。

编纂这部《黄河志》，主要是根据水利部关于编纂江河水利志的安排部署，翔实而系统地反映黄河流域自然和社会经济概况，古今治河事业的兴衰起伏、重大成就、技术水平和经济效益以及经验教训，从而探索规律，策励将来。由于黄河历史悠久，治河的典籍较多，这部志书本着“详今略古”的原则，既概要地介绍了古代的治河活动，又着重记述中华人民共和国成立以来黄河治理开发的历程。编志的指导思想，是以马列主义、毛泽东思想为理论基础，遵循中共十一届三中全会以来的路线、方针和政策，实事求是地记述黄河的历史和现状。

《黄河志》共分十一卷，各卷自成一册。卷一大事记；卷二流域综述；卷三水文志；卷四勘测志；卷五科研志；卷六规划志；卷七防洪志；卷八水土保持志；卷九水利工程志；卷十河政志；卷十一人文志。各卷分别由黄河水利委员会所属单位及组织的专志编纂委员会承编。全志以文为主，图、表、照片分别穿插各志之中。力求文图并茂，资料翔实，使它成为较详尽地反映黄河的河情，具体记载中国人民治理黄河的艰苦斗争史，能体现时代特点的新型志书。它将为今后治黄工作提供可以借鉴的历史经验，并使关心黄河的人士了解治黄事业的历史和现状，在伟大的治黄事业中发挥经世致用的功能。

新编《黄河志》工程浩大，规模空前，是治黄史上的一项盛举。在水利部的亲切关怀下，黄河水利委员会和黄河流域各省（区）水利（水保）厅（局）投入许多人力，进行了大量的工作，并得到流域内外编志部门、科研单位、大专院校和国内外专家、学者及广大热心治黄人士的大力支持与帮助。由于对大规模的、系统全面的编志工作缺乏经验，加之采取分卷逐步出版，增加了总纂的难度，难免还会有许多缺漏和不足之处，恳切希望各界人士多加指正。

黄河志编纂委员会

1991年1月20日

凡　例

一、《黄河志》是中国江河志的重要组成部分。本志编写以马列主义、毛泽东思想为指导，运用辩证唯物主义和历史唯物主义观点，准确地反映史实，力求达到思想性、科学性和资料性相统一。

二、本志按照中国地方志指导小组《新编地方志工作暂行规定》和中国江河水利志研究会《江河水利志编写工作试行规定》的要求编写，坚持"统合古今，详今略古"和"存真求实"的原则，突出黄河治理的特点，如实地记述事物的客观实际，充分反映当代治河的巨大成就。

三、本志以志为主体，辅以述、记、传、考、图、表、录、照片等。

篇目采取横排门类、纵述始末，兼有纵横结合的编排。一般设篇、章、节三级，以下层次用一、(一)、1、(1)序号表示。

四、本志除引文外，一律使用语体文、记述体，文风力求简洁、明快、严谨、朴实，做到言简意赅，文约事丰，述而不论，寓褒贬于事物的记叙之中。

五、本志的断限：上限不求一致，追溯事物起源，以阐明历史演变过程。下限一般至 1987 年，但根据各卷编志进程，有的下延至 1989 年或以后，个别重大事件下延至脱稿之日。

六、本志在编写过程中广采博取资料，并详加考订核实，力求做到去粗取精，去伪存真，准确完整，翔实可靠。重要的事实和数据均注明出处，以备核对。

七、本志文字采用简化字，以 1964 年国务院公布的简化字总表为准，古籍引文及古人名、地名简化后容易引起误解的仍用繁体字。标点符号以 1990 年 3 月国家语言文字工作委员会、国家新闻出版署修订发布的《标点符号用法》为准。

八、本志中机构名称在分卷志书中首次出现时用全称，并加括号注明简称，再次出现时可用简称。

人名一般不冠褒贬。古今地名不同的，首次出现时加注今名。译名首次出现时，一般加注外文，历史朝代称号除汪伪政权和伪满洲国外，均不加“伪”字。

外国的国名、人名、机构、政治团体、报刊等译名采用国内通用译名，或以现今新华通讯社译名为准，不常见或容易混淆的加注外文。

九、本志计量单位，以1984年2月27日国务院颁发的《中华人民共和国法定计量单位的规定》为准，其中千克、千米、平方千米仍采用现行报刊通用的公斤、公里、平方公里。历史上使用的旧计量单位，则照实记载。

十、本志纪年时间，1912年（民国元年）以前，一律用历代年号，用括号注明公元纪年（在同篇中出现较多、时间接近，便于推算的，则不必屡注）。1912年以后，一般用公元纪年。

公元前及公元1000年以内的纪年冠以“公元前”或“公元”字样，公元1000年以后者不加。

十一、为便于阅读，本志编写中一般不用引文，在确需引用时则直接引用原著，并用“注释”注明出处，以便查考。引文注释一般采用脚注（即页末注）或文末注方式。

黄河志编纂委员会

名 誉 主 任 王化云

主 任 委 员 亢崇仁

副主任委员 仝琳琅　杨庆安

委　　　员（按姓氏笔划排列）

马秉礼　王化云　王长路　王质彬　王继尧　亢崇仁
孔祥春　白永年　叶宗笠　仝琳琅　包锡成　刘于礼
刘万铨　成　健　沈也民　陈耳东　陈俊林　陈赞廷
陈彰岑　李武伦　李俊哲　吴柏煊　吴致尧　宋建洲
杨庆安　孟庆枚　张　实　张　荷　张学信　姚传江
徐福龄　袁仲翔　夏邦杰　谢方五　谭宗基

学 术 顾 问 张含英　郑肇经　董一博　邵文杰　刘德润　姚汉源
谢鉴衡　蒋德麒　麦乔威　陈桥驿　邹逸麟　周魁一
黎沛虹　常剑峤　王文楷

黄河志总编辑室

主　　　任 袁仲翔（兼总编辑）

副　主　任 叶其扬　林观海

主 任 编 辑 张汝翼

黄委会勘测规划设计院
黄河志编纂委员会

主　　任　张　实

副 主 任　成　健　杨文生

委　　员　（按姓氏笔划排列）
马国彦　邓盛明　成　健　许万古
杨文生　陈昇辉　宋佛山　张　实
张守先　张绪恒　张毓成　席家治

设计院黄河志编辑室

主　　任　成　健

副 主 任　杨文生

主　　编　陈昇辉

编 辑 说 明

《黄河规划志》是大型多卷本《黄河志》的第六卷。本志主要记述历代治河方略和中华人民共和国成立后(简称建国后)的多次重大规划、专项研究及其主要内容。

本志编纂工作,是在黄河水利委员会(简称黄委会)黄河志总编辑室和勘测规划设计院(简称设计院)黄河志编纂委员会领导下进行,由设计院黄河志编辑室负责组织编写并指导各承编单位进行编志工作。设计院黄河志编纂委员会的前身是黄河志编纂领导小组,名誉组长王锐夫,组长陈席珍,副组长成健。设计院黄河志编辑室1987年底以前的主编是吴致尧(兼),副主编是庄积坤、王甲斌。

本志撰写工作自1986年开始,分草稿、征求意见稿、送审稿三阶段进行。首先按照《黄河志》基本编目(第六次修改稿)要求,收集、查阅资料,走访知情人,撰写"草稿"。然后征求专家意见,再访知情人,补充修改后,经规划处编志负责人审阅修改,于1988年底完成"征求意见稿",计5篇21章43万字。1989年3月底,设计院召开审稿会,请熟悉治黄规划工作的专家、领导等24人参加,进行细致审查,再经编志人员补充修改,主编总纂,编辑室正副主任审核定稿,于1989年底完成"送审稿",计6篇30章50万字,即概述、历代治河方略篇2章、黄河流域综合规划篇2章、几次治黄规划与争论篇4章、修订黄河规划篇9章、支流规划篇10章、南水北调篇3章。1990年7月初,设计院召开《黄河规划志》评审会,再次请熟悉治黄规划工作的领导、专家、修志行家等44人参加,进一步审查"送审稿"。根据审查意见,对志书结构作适当调整,内容作必要的补充修改,于1990年底完成本志终稿,计6篇25章52万字。

为了保证志书质量,除上述两次评审会审查外,还将志稿(征求意见稿和送审稿)分送给水利部系统、部分大专院校、沿黄各省区和修志部门以及黄委会系统的领导、专家、教授、修志行家,听取意见。先后收到反馈意见

288 人次，意见 2400 余条。其中有 90 岁高龄的水利专家张含英、水利专家刘善建、清华大学教授黄万里、治黄专家徐福龄。与会代表和专家充分肯定了志稿的成绩，同时又提出许多补充资料和宝贵意见，给我们以热情支持和帮助，在此谨致衷心的感谢。

本志由陈昇辉主编，成健、杨文生审核。各篇主要撰稿人是：黄委会黄河志总编辑室张汝翼，承编第一篇，其中第一章第四节为侯起秀编写；设计院黄河志编辑室庄积坤、王甲斌，承编第二篇，陈钲承编第六篇；设计院规划处陈昇辉承编概述及第三篇与第四篇，郭慕夷承编第五篇及第四篇的第九章、第十二章，王奇峰承编第三篇、第四篇和第五篇的第十四和第十九章以及附录收集、附图绘制，万国胜承编第四篇的第十章，王文俊参与编写第五篇的第二十、二十一、二十二章，白炤西参与编写第四篇的第十二章，王国安参与编写第四篇的第九章。曹太身、罗文渊参与编写第四篇的第十一章第二节。陈席珍参与第二篇的修改。张文琪参与附图绘制。

由于编者水平所限，本志缺漏讹误之处在所难免，敬希水利界、方志学界及关心黄河的人士批评指正。

编　者

1990 年 12 月

目　录

第三篇　规划补充与修订

第四篇　专项规划与研究

第五篇 支流规划

概　　述

杰　斟

黄河是我国第二条大河，发源于青藏高原巴颜喀拉山北麓的约古宗列盆地，流经黄土高原和华北大平原，注入渤海，流程 5464 公里，流域面积 752443 平方公里，加上内流区及下游受洪水影响的范围共约 100 万平方公里。

黄河流域在中国占有重要地位。据史载，自传说的大禹治水起，四千多年中，近三千年的时间，国家建都于西安、洛阳、开封等城市，在相当长的时间里，黄河流域一直是我国的政治、经济、文化中心。黄河流域有丰富的自然资源，特别是水土资源，对中华民族的繁衍和发展有过很大贡献。但是，未经控制的洪水和泥沙，也给我国人民带来了深重灾难。炎黄子孙为驾驭黄河，经历了漫长的岁月，付出了沉重的代价，有着悠久的治黄历史。自古以来，黄河的治理与开发，一直是人们十分关注的大事。

原始社会末期，距今四千多年前，先民们就对黄河流域的水旱灾害进行过艰苦斗争。相传公元前 21 世纪的共工和鲧，采用修筑堤埝的方法来抵挡洪水，结果失败。继之，大禹治水改用疏导的方法，“疏川导滞”，分流入海。洪水平息后，人们迁居平原。大禹的治水事迹和艰苦卓绝精神，世代相传，被人们视为征服洪水的象征。

奴隶社会和封建社会时期，黄河的治理和开发，随着各朝代的兴衰起伏前进。隋唐以前，流域内农田灌溉事业发展较快，宁蒙河套地区、关中盆地、华北平原等地，相继修建灌区，兴农利国。同时，朝廷还十分重视漕运，开凿鸿沟、漕渠和南北大运河，形成沟通江、淮、河、海四大水系的航运网，对调运粮食和沟通各地区间的有无、繁荣经济和军需等，发挥了重要作用。北宋及以后，国家政治中心南移，治河以下游防洪为重点。元明清时期，开凿了京杭大运河，并在治河保运方面作出了努力。这一历史时期中，防洪、灌溉、航运等方面都有不同程度的建树，治黄名人辈出，治河方略不断发展、创新。尽管限于社会和科学技术条件，未能解决黄河的严重灾害问题，但治河实践所积累的经验却十分丰富，治黄典籍之多，为世界各大河之冠，给后人留下了宝贵的遗产，其中有许多颇有影响的治河论著和治理措施。

黄河下游在东周时期，日渐开发，沿河诸侯先后筑堤自利，堤防修筑不顾河道水流畅通，多转折弯曲，致成许多人为险工，危害甚大。管仲向齐桓公提出筑堤防洪除害兴利之法。齐桓公于公元前651年会集诸侯订立盟约，提出“无曲防”的法规，要求各诸侯共同遵守，都不允许修筑弯曲(阻水、挑流)的堤防，损人利己。

黄河下游两岸筑堤之后，泥沙淤积，河床逐渐抬高形成悬河，河患渐多，治河议论亦多。西汉后期有分疏说、改道说、水力冲沙说等。朝廷多次下诏征求治河方策。贾让分析下游河道演变，认为筑堤以前，黄河下游众多小水汇入，河道宽阔，沿河有许多湖泽调蓄洪水，河道行洪“缓而不迫”。两岸筑堤之后，河床淤高，河道缩窄，堤线弯曲，遇大水有碍行洪，常决口为患。针对这一情况，贾让于汉成帝绥和二年(公元前7年)奏“治河三策”。上策是人工改道，不与水争地，可达“河定民安，千载无患”。中策是在黄河狭窄段分水灌溉，既治田又治河，可以“富国安民，兴利除害，支数百岁”。下策是继续加高培厚原来的堤防，花费大，效果小，不但“劳费无已”，而且“数逢其害”。贾让三策，除论证防洪方案外，还提出了放淤、改土、通漕等方面措施，其治河思想已较全面。

东汉初，黄河失治多年，汉明帝永平十二年(公元69年)派王景治河。顺黄河泛道主溜筑堤自荥阳东至利津海口，并整修汴渠，“十里立一水门，令更相洄注”，达到了河汴分流，使黄河出现了一个相对安流时期。

北宋期间，黄河决溢，河患增多。宋仁宗庆历八年(1048年)河决商胡，黄河改道北流，曾先后三次兴工堵塞北流，回河东流，均未成功。此时，治河之事，多有议论。有人主张“浚河减淤”。选人(候补官员)李公义创造铁龙爪扬泥车法，用以浚深河道，终因机具单薄，泥沙太多，收效甚微。宋神宗年间，王安石变法，全国制定农田水利法，倡导引黄放淤，设立专门机构，专司放淤改土，引黄河浑水，改造两岸低洼瘠薄之地，成效显著。神宗去世后，新法被废止，大规模放淤即行泯没。

金元时期，黄河水患频仍，多股分流，夺淮入海，河道淤积严重。元末，贾鲁奉命“循行河道，考察地形”，提出“疏、浚、塞”并举的方针。付诸实施后，终使改道七年的黄河回归故道，并在堵口技术方面有所造就。

明清时期，黄河下游大部分时间流经河南、山东、江苏，夺淮东流入海。这期间，黄河多支并流，此淤彼决，时有决溢，并侵犯运河漕运。朝廷为保漕运，寻求治河之策，各种主张活跃，有分流论、北堤南分论、束水攻沙论、放淤固堤论、改道论、疏浚河口论、汰沙澄源论、沟洫治河论等。议论多而实践少。明代后期，潘季驯提出“束水攻沙”方案，并为之大力实施，对后世治河影响较大。潘季驯一生四次主持治河，多次深入实地考察，总结前人治河经验，提出“以河治河，以水攻沙”方略，他分析黄河水沙运行规律后认为“水分则势缓，势缓则沙停，沙停则河饱；水合则势猛，势猛则沙刷，沙刷则河深。”他还把堤防工程分为遥堤、缕堤、格堤、月堤四种，周密布置，以达“束水归槽，以水攻沙”之目的。清朝靳辅、陈潢继承潘氏治河思想，坚筑堤防，约拦洪水，增强了下游防御洪水的能力。

鸦片战争（1840 年）以后，外国资本主义侵入中国，政局混乱，河防失修，决溢频繁，河患严重，治河之事，虽有议及，但因政局不稳，国力不济，实施很少。清咸丰五年（1855 年）铜瓦厢决口改道后，对治河曾有堵口挽复故道和改行新道之争，相持 20 多年，最后还是改行新道（即现行河道）。

民国期间，李仪祉先生悉心研究黄河，治黄论著颇多。他针对我国古代治河偏重下游，黄河得不到根治的情况，提出治黄应该上中下游并重，防洪、航运、灌溉、水电等各项工作都应统筹兼顾的治河方针。他认为治河的目标是维持下游现行河道，使之不决溢改道，危害人民。并主张在西北黄土高原的田间、溪沟、河谷中截留水沙，提倡黄河治理应与当地农、林、牧、副生产结合起来。张含英对治黄也有深入研究，他的治黄思想与李仪祉的基本相同，主张治理黄河必须就全河立论，不应只就下游论下游，而应上中下游统筹，本流与支流兼顾，以整个流域为对象，本着“防制其祸患，开发其资源，借以安定社会，发展生产，改善人民生活为目标”。他还对基本资料之取得、泥沙之控制、洪水之防范、水资源利用等方面提出了具体意见，对当代治河有颇大影响。在此期间，西方水利界人士和学者，有比利时人卢法尔，美国人费礼门，德国人恩格斯、方修斯等，曾先后对黄河进行研究和考察，在治河方面也提出过一些有益的见解。

当代治河，自 1946 年冀鲁豫和渤海解放区成立治黄机构起，在中国共产党领导下，依靠各级人民政府和沿河群众，开始了人民治黄事业。40 多年来，针对各时期的治黄紧迫任务，提出治河方略，规划部署，指导治黄工作开展，取得了巨大成就。同时，在治黄实践中，又不断总结经验，提高认识，开拓创新，并根据变化了的黄河情况和国民经济发展要求，对规划进行修订、补充，治黄工作不断向前发展。

人民治黄工作，先从下游防洪开始。针对 1947 年堵复花园口口门后，黄河回归故道，解放区黄河故道年久失修的情况，1947 年 3 月治黄工作会议上提出了“确保临黄，固守金堤，不准决口”的方针。1948 年总结防汛经验，又确定“修守并重”的方针，并建立了下游防汛组织，战胜了 1949 年大洪水。

中华人民共和国成立后(简称建国后),治黄工作由分区治理走向全河统一治理,下游防洪仍是治黄的中心任务。1950年黄委会召开全河工作会议,制定了"依靠群众,保证不决口不改道,以保障人民生命财产安全和国家建设"的方针,并根据下游河道上宽下窄的特点和堤防工程情况,采取"宽河固堤"的方策。在此指导思想下,进行一系列防洪工程措施和非工程措施建设,为战胜洪水提供了保证;同时加强调查,搜集基本资料,积极进行根治黄河的研究和探索。

黄委会主任王化云于1952年5月在《关于黄河治理方略的意见》中,总结历史经验,提出"除害兴利,蓄水拦沙"的治黄主张。他认为:我国古代的治河者,从大禹到潘季驯,由于多种条件的限制,其治河方略均在下游。明代潘季驯已知黄河为患的原因在于泥沙,希望能用"以水攻沙"的办法把泥沙输送到海里去,以解决由于河床升高而招致的泛滥灾害。潘氏以后的治河,基本上没有离开"以水攻沙"的方略。这个方略的缺点是,黄河的水没有控制,河槽不易固定;西北地区的水土流失问题没有解决;发电、灌溉、航运等兴利问题也得不到适当解决。因此,接受数千年来人民与黄河斗争的经验,就不是把泥沙送到海里去,而是要把泥沙和水拦蓄在上边。

中国共产党中央委员会主席毛泽东十分关心黄河的治理与开发,1952年10月30、31日亲临黄河视察,了解河情,听取汇报,嘱咐河南省和黄委会领导"要把黄河的事情办好"。

1953年5月31日,王化云给中共中央农村工作部部长邓子恢报送《关于黄河基本情况与根治意见的报告》提出:治理黄河要比其它一般清水河流困难得多,是因为黄河和其它河流比起来,多了一个泥沙冲淤问题。今后根治黄河应该采取"一条方针,四套办法"。治河的基本方针是"蓄水拦沙",就是把泥沙拦在西北的千河万沟与广大土地里。依据这一方针,拟在黄河干流上从邙山到贵德,修筑二三十个大水库、大电站;在较大的支流上,修筑五六百个中型水库;在小支流及大沟壑里,修筑二三万个小水库;同时用农、林、牧、水结合的政策进行水土保持。通过这四套办法,把大小河流和沟壑变为衔接的阶梯蓄水和拦沙库。这样就可以把泥沙拦在西北,使黄河由浊流变清流,使水害变为水利。

1954年开始编制黄河规划,在国务院直接领导下,请苏联专家帮助,集中技术干部170余人,经8个月努力,于10月底完成《黄河综合利用规划技术经济报告》。后由邓子恢副总理代表国务院于1955年7月18日在第一届全国人民代表大会第二次会议上作《关于根治黄河水害和开发黄河水利的综合规划的报告》。《报告》指出:“我们对于黄河所应当采取的方针就不是把水和泥沙送走,而是要对水和泥沙加以控制,加以利用”。具体方法是“第一,在黄河的干流和支流上修建一系列的拦河坝和水库。依靠这些拦河坝和水库,我们可以拦蓄洪水和泥沙,防止水害;可以调节水量,发展灌溉和航运;更重要的是可以建设一系列不同规模的水电站,取得大量的廉价的动力。第二,在黄河流域水土流失严重的地区,主要是甘肃、陕西、山西三省,展开大规模的水土保持工作。这就是说,要保护黄土使它不受雨水的冲刷,拦蓄雨水使它不要冲下山沟和冲入河流,这样既避免了中游地区的水土流失,也消除了下游水害的根源。”“从高原到山沟,从支流到干流,节节蓄水,分段拦泥,尽一切可能把河水用在工业、农业和运输业上,把黄土和雨水留在农田上。这就是控制黄河的水和泥沙、根治黄河水害、开发黄河水利的基本方法。”远景设想是在龙羊峡以下修建 46 座梯级,使黄河干流成为阶梯形河流,综合开发利用全河水资源。

为了首先解决黄河的防洪、发电、灌溉和其他方面最迫切的问题,黄河规划提出第一期计划,即在三个五年计划期间内(1967 年前)实施的计划。在干流上,首先修建三门峡、刘家峡两座综合枢纽,以解决防洪、发电、灌溉等迫切需要。修建青铜峡、渡口堂(三盛公)、桃花峪三座灌溉枢纽,发展灌溉。为了拦阻三门峡以上各支流的泥沙,以保护三门峡水库,需要修建渭河支流葫芦河上的刘家川、泾河上的大佛寺、北洛河上的六里峁、无定河上的镇川堡、延河上的甘谷驿等五座大型拦泥水库,并在其他几条支流上修建五座小型拦泥水库。为了控制三门峡以下主要支流的洪水,需在洛河(伊洛河)、沁河上修建几座防洪水库。

一届人大二次会议通过关于黄河规划的决议以后,人民治黄事业进入了一个全面治理、综合开发的历史新阶段。黄河流域的水利水电建设,基本上按照规划轮廓安排,进行实践。同时,在治黄实践中,黄河规划又经受了检验,得到不断完善和发展,并进行新的探索。

为落实黄河规划提出的支流规划任务,在 1955—1957 年间,黄委会根据水利部的安排,进行了无定河、汾河、渭河(不含泾、洛)、泾河、北洛河、洛河(伊洛河)、沁河等支流规划。三门峡以上各支流规划的指导思想是为当地兴利,为黄河减沙。三门峡以下支流规划,是配合三门峡水库,以防洪为主。1956 年黄委会进行无定河规划时,无定河查勘队向陕西省榆林专署汇报修建镇川堡拦泥水库方案。专署领导表示:镇川堡水库虽然控制性较好,但淹没耕地多、损失大,宜改在控制性稍差的响水堡修建。暴露了“用淹没换取库容”的办法不适合我国人多地少，良田更少的国情的规划思想。其他几条支流的拦泥水库，也因同样原因未能兴建。此后，支流规划工作，多由地方主持，以开发利用当地水资源为主，进行规划和治理。有些被列为国家重点治理的多沙粗沙支流，黄委会和当地水利部门，曾多次共同进行规划，开展流域综合治理。这些支流规划，都是黄河规划的重要组成部分。

干流工程布局，是黄河规划研究的核心。上游河段（托克托以上），龙羊峡至青铜峡以发电为主，拟建成全国十大水电基地之一。在 1954 年黄河规划的基础上，曾多次查勘、规划，调整梯级布局，无大的变化。现已建成龙羊峡、刘家峡两座大型综合利用枢纽，盐锅峡、八盘峡水电站和青铜峡水利枢纽。该河段内，黑山峡河段的开发，经不同部门多次查勘、规划，曾有小观音和大柳树坝址之比较。青铜峡至托克托，以灌溉为主，已建成三盛公（渡口堂）灌溉枢纽，三道坎改为海勃湾，取消昭君坟梯级，该段梯级布局，仍是 1954 年的规划基础，无大的调整。

中游河段（托克托至桃花峪），流经黄土高原，是黄河洪水、泥沙的主要来源区，1954 年黄河规划以后，随着国民经济发展对河段开发的要求，其工程布局主要是改低坝径流电站为高坝大库，其中碛口、龙门、小浪底工程在河段开发中的地位重要，曾多次进行查勘、规划。特别是三门峡枢纽工程，自 1957 年动工兴建以来，在工程规划、设计、施工和运用中，因库区泥沙淤积和淹没影响问题，意见不一，展开了一场以三门峡为中心的治黄大争论。同时，为探求泥沙处理途径，在黄河中游地区开展了大规模的调查研究，并根据治黄紧迫任务和对黄河的认识，进行了几次较大规模的规划。

三门峡工程按计划施工后，争论很多。为此，国务院总理周恩来于 1958 年 4 月在三门峡召开现场会议时指出：孤立地解决三门峡问题是不行的。既然搞黄河流域规划，以三门峡枢纽为主体，那就应该全面配合，搞三个规划。第一个是水土保持规划；第二个是整治河道规划；第三个是黄河干支流的开发规划（简称“三大规划”）。

三大规划于 1958 年 5 月开始，由黄委会负责编制，集中力量先进行下游规划，于当年 7 月编写了《黄河下游综合利用规划初步意见》，然后集中少数人突击编写《黄河三门峡以上干支流水库规划》和《1958—1962 年黄河中游水土保持规划》，汇总后，于当年 7 月底提出《关于治理开发黄河三大规划的简要报告》，12 月提出《黄河综合治理三大规划草案》，以适应当时“大跃进”形势的需要。这次规划未能深入调查研究，且追求高指标、高速度，致使许多工程项目脱离实际，未能按计划实施。

三门峡枢纽于1960年9月下旬，开始蓄水拦沙运用，其后，下游河道发生冲刷，三门峡库区淤积严重。为解决库区淤积严重问题，1962年3月黄河防汛会议决定，改“蓄水拦沙”为“滞洪排沙”运用。1962年4月，全国二届人大三次会议，陕西省代表组提出《第148号》提案，要求增建泄洪排沙设施。此后，多次召开大规模讨论会，研究三门峡工程改建和黄河治理问题。

三门峡枢纽运用方式改变后，库区淤积有所减缓，下泄洪水泥沙较“蓄水拦沙”期明显增加。黄河治理如何适应变化了的情况，需要继续探索。

60年代初期，黄委会主要领导带领技术骨干，先后分赴陕、甘、晋等省和泾、洛、渭等多泥沙支流进行调查研究，总结经验，探索治黄途径。1963年3月，王化云在《治黄工作基本总结和今后方针任务》的报告中提出：在上游拦泥蓄水，在下游防洪排沙，“上拦下排”是今后治黄工作的方向。这一方针与1953年提出的“蓄水拦沙”相比，增加了“下排”的内容，这是经过10年治黄实践认识到的，“黄河治本不再只是上中游的事，而是上中下游整体的一项长期艰巨的任务。下游也有治本任务。”根据变化了的黄河情况，为了适应下游河道排洪排沙需要，先后破除了于1958年修建的花园口、位山拦河坝，停建了泺口、王旺庄两座枢纽。

对“上拦”工程，当时认为见效最快的办法，是抓紧在三门峡以上修建一批干支流拦泥水库和拦泥坝工程。经过实地考察和初步规划，认为以往选定的拦泥水库存在“小、散、远”的问题(控制面积小、库容小，工程分散，离三门峡远)，现在应该改为“大、集、近”(控制面积大、库容大，集中拦沙，离三门峡近)。在三门峡以上干流碛口和支流泾河、渭河、北洛河、无定河修建大型拦泥水库，争取二三十年的时间，以便与水土保持减沙效益相衔接。为此提出在干流碛口、泾河东庄、北洛河南城里修建三座拦泥水库方案。运用一段时间后，继续修建泾河巩家川、北洛河永宁山、渭河宝鸡峡、无定河王家河等四座拦泥水库方案。

这段时间，围绕三门峡工程改建问题的争论，有关部门和专家提出许多治黄方案和意见。长江流域规划办公室(简称长办)主任林一山提出的治黄设想是“在干流上选择有利地区，大量地进行农田放淤，以便在水库上游减少进库沙量；水库本身则可采用科学的调度方法，把水库中的泥沙运送到水库下游的平原地区，使水库达到长期使用的目的；并在水库下游结合平原河道规划的需要进行放淤，提高两岸地面高程，防止‘地上河’的发展趋势。”他曾设想在黄河两岸划出数十公里宽的淤灌地带，经常放淤灌溉，黄河就可以达到地下河的安全标准。

1964年12月，国务院在北京召开治黄会议，研究三门峡工程改建和治理黄河问题。周恩来总理总结讲话中指出："治理黄河规划和三门峡枢纽工程，做得是全对还是全不对，是对的多还是对的少，这个问题有争论，还得经过一段时间的试验、观察后才能看清楚，不宜过早下结论"。"总的战略是要把黄河治理好，把水土结合起来解决，使水土资源在黄河上中下游都发挥作用，让黄河成为一条有利于生产的河。这个总设想和方针是不会错的。"据此，水利电力部（简称水电部）决定，从黄委会、长办、水利水电科学研究院（简称水科院）等单位抽调240余人，自1965年3月开始，进行治黄规划。按照各家的治黄设想，分别到三门峡库区、陕北和晋西北的支流及黄河下游查勘、搜集资料、分析计算、开展小型试验等。后因"四清"运动和"文化大革命"开始，各单位人员都回原机关参加运动，规划夭折。

1969年6月，在三门峡市召开晋、陕、豫、鲁四省治黄会议，研究三门峡工程进一步改建和黄河近期治理问题。会议由河南省革命委员会主任兼黄河防汛总指挥刘建勋主持。会议认为：泥沙是黄河的症结所在，控制中游地区的水土流失是治黄的根本。在一个较长时间内，洪水泥沙对下游仍是一个严重问题，必须设法加以控制和利用。会议提出黄河近期治理的指导思想：必须依靠群众，自力更生，小型为主，辅以必要的中型和大型骨干工程，积极控制利用洪水泥沙，防洪、发电、淤地综合利用。在治理措施上，提出了拦（拦蓄洪水泥沙）、排（排洪排沙入海）、放（放淤改土）相结合的方针，力争十年或更多一点的时间改变黄河面貌。为此，在中游地区要大搞水土保持，一条一条地治理沟道和中小支流；在下游要加固堤防，整治河道，兴建洛河、沁河、大汶河支流水库，还要进行三门峡到花园口区间干流规划。

三门峡枢纽工程经两次改建后，坝前水位315米时，下泄流量由改建前的3080立方米每秒增至近10000立方米每秒，水库运用方式亦由"滞洪排沙"改为"蓄清排浑"（即非汛期水较清时蓄水发电，汛期敞泄，排洪排沙），库区淤积得到进一步减缓，下游河道防洪排沙任务加重。

1973年11月下旬，由黄河治理领导小组主持，在郑州召开黄河下游治理工作会议，分析治黄形势和近年来黄河下游出现的新情况、新问题，讨论下游治理十年（1974—1983年）规划，并向国务院报告。国务院批复认为"黄河下游今后十年治理规划，应同中上游的规划统一研究，由国家计委统筹考虑。"据此，水电部指示，由黄委会负责进行治黄规划。黄委会自1975年3月起集中150余人，先举办治黄规划学习班，统一思想，总结编制规划经验，写出规划任务书。任务书提出规划指导思想是:"要统筹兼顾,全面安排,综合治理,从远期着眼,近期入手。以水土保持为基础,拦排放相结合,因地制宜采取多种途径和措施,使黄河水沙资源在上中下游都有利于工农业生产"。主要任务是,研究解决黄河下游防洪、防凌和泥沙淤积问题的基本途径和措施。近期目标:黄河下游要确保花园口 22000 立方米每秒洪水不决口,遇特大洪水要有可靠的措施和对策,同时保证凌汛安全,黄河下游河道淤积有所减缓。这次规划历时两年多,至 1977 年底未能完成治黄规划,只分别提出了几个专项报告。

1975 年 10 月提出的《关于防御黄河下游特大洪水意见的报告》,分析黄河下游花园口可能出现特大洪水流量为 55000 立方米每秒。根据国务院"要严肃对待"的批示,规划提出处理特大洪水的方针是"上拦下排,两岸分滞"。拟定主要措施是在花园口以上兴建水库工程,削减洪水来源;改建现有滞洪设施,提高滞洪能力;加大位山以下河道泄量,排洪入海。上拦工程,有黑石关、桃花峪滞洪工程和小浪底水库。经比较,以小浪底水库方案为优,建议尽早动工兴建。

80 年代,根据国务院关于制定长远规划工作安排,国家计划委员会(简称国家计委)要求水电部负责组织编制黄河综合开发利用规划。1984 年 8 月,水电部主持召开"修订黄河治理开发规划第一次工作会议"。决定成立修订黄河规划协调小组,黄委会设黄河规划综合组,作为协调小组的办事机构。规划工作在协调小组的领导下,采取分头规划、集中汇总的方法,由各有关单位承担规划任务书中所规定的各自任务,提出分项成果报告,由黄河综合规划组汇总。1989 年底提出《黄河治理开发规划报告》(送审稿)。

这次修订黄河规划的主要任务是,"要重点研究一些战略性问题,提出'七五'计划和后十年设想。对洪水泥沙问题要提出五十年内外的设想和展望"。

规划内容,重点研究了下游防洪减淤、水土保持、水资源利用和干流工程布局,对全河作了整体安排。规划拟定:保证下游防洪安全仍然是治黄的首要任务;防洪减淤,要采取多种措施,进行综合治理,在黄河中游河段修建小浪底、碛口、龙门大型水库,配合三门峡水库联合运用,调水调沙,可在一百年内外保持下游河道稳定和安全;在黄土高原地区,要继续大力开展水土保持综合治理,加强粗泥沙主要来源区的治理,并要重点加快治沟骨干工程建设,拦阻粗泥沙入黄;黄河干流工程布局,采用峡谷高坝大库与径流电站或灌溉枢纽相间,龙羊峡以下共布置 29 级(1954 年规划为 46 级),形成全河以龙羊峡、刘家峡、大柳树、碛口、龙门、三门峡、小浪底等七座大型骨干工程为主体的、比较完整的综合利用工程体系，全河统筹调度，可以较好地适应黄河水沙特性和满足治黄要求。

黄河水量有限，从长远考虑，远不能满足供水地区的发展需要，必须采取“南水北调”的重大措施，分别从东线、中线、西线调引长江水量补给黄河及西北、华北地区水源。因此，“南水北调”的查勘、规划及可行性研究亦是治黄规划的重要内容。

人民治黄以来，进行过多次综合规划、专项规划、支流规划、南水北调规划。实践表明，规划制定后，在实施过程中，无疑会出现新情况新问题。为此，需要加强追踪决策，对一些重大决策和影响全局的工程，进行调查研究，总结经验，探索进一步治理的措施和途径，根据国家经济发展和治黄需要，对治黄规划滚动地进行补充和修订，才能使治黄规划适应变化了的情况，使黄河丰富的水沙资源和动能资源，更好地为社会主义建设服务，造福于中华民族。

第一篇

历代治河方略

治河即治理河川及其流域，是人们认识自然、改造自然的伟大实践。治河方略，则是各个历史时期治河人物对河川的认识，根据生产力的发展以及当时河道变异、漕运、军需、政治、经济形势等要求所提出的宏观治河主张，并由此制定相应的具体措施，以实现其治河主张并达到某种目的。究其主要内容则有防洪、水运、灌溉、水资源利用等，不同朝代各有侧重，或以其中某项为主，或兼有多项内容。

黄河，是中华民族的摇篮，她为我国的政治、经济、文化的发展作出了巨大的贡献，未经控制的洪水和泥沙，也给我国人民带来深重的灾难。为了驯服黄河，造福于人民，许多有志之士为之奋斗，前赴后继，自相传的大禹治水至今已有四千多年的历史，在伟大的治河实践中，积累了丰富的治河经验并发展了河工技术成就，治黄文献、典籍之多，为世界各大江河之冠，为治理黄河留下了宝贵的遗产和借鉴。

本篇历代治河方略，主要是以治河指导思想或某种主张为中心进行记述，属水利规划范畴，以研究宏观战略决策为主要内容。由于治理黄河的历史，跨越了许多朝代，故按时序记之，不仅记述其主张，而且对各种主张提出的时代背景和实践情况一并记述，以求对各历史时期的治河方略有较全面的了解。

第一章　古代治河方略

我国自古以农立国，水利是国计民生的大事。北宋以前，全国政治中心在黄河流域，平治水土，消除黄河水害，开发黄河水利，乃兴国安邦之举。金元明清，国家的政治中心北移，经济中心南转，南北大运河横穿黄河，黄河失事，势必危及漕运。黄河的治理，依然是国家较大的财政开支之一，是朝廷直接过问的大事。

第一节　先　秦

自传说的大禹治水至秦统一六国（约公元前21世纪至公元前221年），社会发展，由原始社会末期，经奴隶社会演进到封建社会初期。在此两千多年间，对黄河洪水的防御，大体经历了躲避、陂障、疏导至堤防四个阶段。利用黄河水灌溉，从沟洫灌田，发展到四万余顷的大型灌区。黄河航运，则从利用天然河道的航运发展到用人工运道沟通江、淮、河、济四渎的水运网。

一、防洪

（一）避洪

原始社会，黄河流域的先民以采集、狩猎为生，对于黄河洪水，采取躲避的方式，即“择丘陵而处之”（《淮南子·齐俗训》）。

商代建都黄河下游，在今豫北黄河故道两岸，多次迁都以避洪。商前期以畜牧业为主，河水泛滥，水草丰美，大水即迁。

（二）障洪

传说最早的防洪首领是共工，他的部落在今河南辉县一带，“共工之王，水处什之七,陆处什之三”(《管子·揆度》四部丛刊本)。他率众“壅防百川,堕高堙庳”(《国语·周语下》)。即取高处的土石来修堤埝,用以防御洪水。他的氏族称共工氏。共工一度成为治水的官名。

传说尧、舜时代(约公元前21世纪)黄河连续多年发生特大洪水。“汤汤洪水方割,荡荡怀山襄陵,浩浩滔天,下民其咨”(《尚书·尧典》)。尧派鲧治水,鲧采用与共工相同的方法“障洪水”(《国语·鲁语上》),“作三仞之城(用来防洪的城墙)”(《淮南子·原道训》)。

(三)疏导

舜继尧位,派鲧子禹治水,开始禹也是采用陂障的策略。夏书说:禹“陂九泽”,“然河灾衍溢,害中国尤甚”(《史记·河渠书》。《国语·周语下》称禹“陂障九泽”。《禹贡》称禹“九泽既陂”)。于是禹聚众商讨对策,认为特大洪水从高峡流出,“水湍悍,难以行平地”。这是以往治水失败的原因。之后改用了“因水之流”(《淮南子·泰族训》),“疏川导滞”(《国语·周语下》),分流入海的策略。即“导河自积石,历龙门,南到华阴,东下砥柱及孟津、雒汭,至于大邳”,在黄河下游斯二渠以引其河,大河北“过降水,至于大陆,播为九河,同为逆河,入于渤海”。洪水平息后,人们“降丘宅土”(《尚书·禹贡》)迁居平原。大禹治水成功后,被尊立为王。

西周都镐,地处渭水畔,古文献中未载河防事,夏、商、周黄河下游多道分流入海,史称禹河。

春秋时黄河下游日渐开发,“九河”漫流入海的状况逐渐结束。所谓“齐桓之霸,遏八流以自广”(《尚书·中侯》)。

(四)堤防

春秋时期,齐国地处黄河下游,沿河平原地势低下,各种灾患以水害为大。管仲于公元前685年向齐桓公提出筑堤防洪、除害兴利之法。他根据黄河水情多变,河道宽广的特点,明确提出了双重堤防的理论。他说:“水有大小,又有远近。”“令甲士作堤大水之旁,大其下,小其上,随水而行。”“大者为之堤,小者为之防,夹水四道。”这里将防大水的称“堤”,将防小水的称“防”(似今民埝)。在临河险工处,则派遣“下贫守之”。两岸及河滩,则“树以荆棘,以固其地,杂之以柏杨,以备决水,民得其饶,是谓流膏。”(《管子·度地》)这里的“流膏”是指被黄河洪水淤漫的滩地十分肥沃的意思。齐桓公采纳了管仲的建议,并付以实践,齐国得以富强,终成霸业。

此后，沿河诸侯各自为利，先后筑堤，堤防弯曲，造成许多人为的险工，危害极大。管仲分析了曲堤危害的原因，他说“杜（土堤）曲（弯曲），激（水流湍急）则跃（奔腾飞跃），跃则倚（靠堤行洪），倚则环（环绕曲堤），环则中（冲刷），中则涵（挟带），涵则塞（淤），塞则移（主溜迁徙），移则控（失去控制），控则水妄行。”（《管子·度地》）

公元前651年齐桓公于葵丘会集诸侯订立盟约，其中有“无曲防”（《孟子·告子下》。另《管子·霸形》说“毋曲堤”。）的治河法规。“无曲堤”即各诸侯国都不允许故意修筑弯曲的堤防，以达损人利己的目的。

公元前602年黄河下游向南决徙，偏离禹河故渎（道），到战国时代再度筑堤，此道行流至西汉末年。故西汉人贾让说：“盖堤防之作，近起战国，壅防百川，各以自利。齐与赵、魏，以河为境，赵、魏濒山，齐地卑下，作堤去河二十五里。河水东抵齐堤，则西泛赵、魏。赵、魏亦为堤，去河二十五里。”（《汉书·沟洫志》）

战国时黄河下游堤防的规模较春秋时为大，且连贯在一起。

（五）滞洪

黄河下游在形成系统堤防的同时，黄河两岸依然有许多大型天然湖泊和分支，成为天然的分洪滞洪区。黄河出山后，南岸有荥泽，荥泽积水东流为济水，东北经菏泽，至大野泽，再东北会汶水入海。

二、灌溉

（一）沟洫

相传大禹治水，在“决通九川，陂障九泽”的同时，还“尽力乎沟洫”（《论语·泰伯》），“丰殖九薮，汩越九原”（《国语·周语》）。沟洫就是早期的灌排渠道。

商代甲骨文记有井田沟洫工程。西周文献中已有蓄、灌、排农田水利工程的记载，“稻人，掌稼下地，以潴（池塘）蓄水，以防止水，以沟（引水、输水渠）荡水，以遂（配水渠）均水，以列（田间垄沟）舍水，以浍（排水沟）泻水。”（《周礼·稻人》）诗经中提到滮池蓄水灌溉工程，说“滮池北流，浸被稻田”（《诗·小雅·白桦》）。它位于京畿附近（今咸阳南）渭水支流滮水上游。

对于京畿农田中沟洫道路，其布局是：“凡治野，夫间有遂，遂上有径；十夫有沟，沟上有畛；百夫有洫，洫上有涂；千夫有浍，浍上有道；万夫有川，川上有路，以达于畿。”(《周礼·遂人》，其中遂、沟、洫、浍、川为不同等级的灌排渠道；径、畛、涂、道、路为渠道旁相应的不同等级的道路。今通认《周礼》为战国时期作品，不过《周礼》中资料来源很古，沟洫规划则起源更早。)

对于不同规模的农田，设计有不同规格的渠道，“匠人为沟洫，耜广五寸，二耜为耦，一耦之伐，广尺、深尺谓之甽，田首倍之，广二尺、深二尺谓之遂。九夫为井，井间广四尺、深四尺谓之沟。方十里为成，成间广八尺、深八尺谓之洫。方百里为同，同间广二寻、深二仞谓之浍，专达于川。”(《考工记·匠人》)其中伐、田、井、成、同为不同规模的农田，甽、遂、沟、洫、浍为相应的灌排渠道，与现在渠系中的毛、农、斗、支、干相似。

这种沟洫井田制维持到西周。

(二)平治水土

春秋战国时期，各国自强，对国土、水利、水土资源的利用及山林泽薮的保护，都有了新的发展，这些都反映在当时的平治水土的构思中。

1. 对水资源的利用

春秋战国时，人们将水资源分为泽薮、川、浸三种，黄河流域的雍州、并州、冀州、豫州、青州、兖州的水资源情况见表1—1。

表1—1　**黄河流域水资源表**

州　名	泽　薮	川	浸
雍州	弦蒲 (今陕西陇县西北)	泾、汭(泾河支流)	渭、洛(北洛河)
并州	昭余祁(今山西介休县东北至祁县东)	滹池(今滹沱河) 呕夷(古桑干河)	涞、易(今房涞涿灌区前身)
冀州	扬纡(广阿泽，又名大陆泽)	漳(漳河)	汾(汾河) 潞(浊漳河)
豫州	圃田	荧(颍河) 雒(洛河)	波(汝河) 溠(溵水，今唐白河)
青州	望诸(今河南商丘东北)	淮、泗	沂、沭
兖州	大野(山东巨野东北)	河(黄河)、泲(济水)	卢(漯)、维(汶)

注：表据《周礼·职方氏》列。“泽薮”即薮泽，指水聚物丰的地方。“川”指能通航的河道。“浸”指有灌溉之利的河水。

黄河流域当时湖泽多,可资通航的水道多,许多支流都有灌溉之利。人们把灌溉水源分为经水(入海干流)、枝水(支流)、谷水(季节河)、川水(人工河,又说涝水河)、渊水(湖泽)五种。兴修水利工程,可"利而往之,因而拒之。"(《管子·度地》)制订水利规划还进行平面和高程测量,绘制地图,标明"山林、川泽、丘陵、坟衍、原隰",以便"表淳卤、数疆潦、规偃潴、町原防、牧隰皋、井衍沃"(《左传·襄公二十五年》),即标记盐碱地,统计水灾区,规划陂塘,划分平原田块、低湿牧地、肥沃井田。

2. 对土地资源的利用

春秋时期各国对国土整治都有全盘考虑。《商君书》说,先王时代,国土的利用,应让山林占十分之一,薮泽占十分之一,溪谷流水占十分之一,城市道路占十分之一,恶田占十分之二,良田占十分之四(据《商君书·徕民》校补)。

人们在实践中还总结出不同的水质适宜种植不同作物,"汾水濛浊而宜麻;济水通和而宜麦;河水中(重)浊而宜菽;雒水轻利而宜禾;渭水多力(粒)而宜黍。"(《管子·度地》)

人们将全国土壤分成九类,其中黄河中游雍州的"黄壤"土,被当作最适宜耕作的土壤,而中下游还分布着大面积的盐碱土。如冀州的"白壤",雍州的"泽卤",下游"带济负河"处的"咸卤、斥泽"。改良之法,有施以獾粪,有派军队屯垦,最主要的是引河水淤灌,即"河淤诸侯,亩钟之国"(《管子·轻重乙》)。"用注填淤之水,溉泽卤之地"(《史记·河渠书》)。淤灌中要求田亩宽平、排水沟窄深。对土地的利用总结出不同地域适宜生长不同的林棘花草。《管子·地员》描述了从薮泽到山顶的各种植物。湖泽中自深水至浅水,依次生长着荷花、蘥(yù)、苋蒲、芦苇。岸上由低至高依次生长着雚(guàn)、蒌、荓(píng)、萧、薜、萑(tuì)和茅,从山麓到山顶,依次生长着枢榆、榆楸、山柳、红皮落叶松等。并将山川原泽林草丰沛与否,当作度量一国贫富的标志。

3. 对山林泽薮的保护

西周时对各类土地和自然资源,均设有专门的官吏进行管理。管理山林、薮泽的官吏称"山虞"、"泽虞",或统称"虞师"。

《佚周书》说,大禹时的禁令是:春季三个月不准刀斧砍伐山林,以便草木成长;夏季三个月不准网罟进入河泽捕鱼,以便鱼鳖繁衍。《孟子》说:不准许细密的鱼网进入洿(wū)池,鱼鳖自然会吃不完,按时采伐林木,木材也会用不完。西周时对山林、薮泽的保护,是我国历史上出现最早的一种封山育林措施。

《国语·周语三》说：古代先王不毁坏山陵，不垫高薮泽，不给河流修筑堤防，不宣泄沼泽。并认为违背了自然规律，就会产生严重的不良后果。

（三）灌溉工程

春秋战国时，在黄河支流上兴修较大的灌溉工程有三：即晋国在汾水修智伯渠；魏国在漳水（当时流入黄河）修十二渠；秦国在泾水修郑国渠。

智伯渠是公元前453年，晋国智伯筑坝壅晋水以攻晋阳，“后人踵其遗迹”（《水经·晋水注》），引水灌田。这是黄河上最早的有坝引水工程。

漳水十二渠是公元前422年，魏国邺令西门豹“发民凿十二渠，引河水灌民田。”（《史记·滑稽列传》）史起继之，达到“舄卤兮生稻粱”（《汉书·沟洫志》）的效果。引漳水渠，当是多口取水，多渠输水。旱则灌溉，大水时用以分洪。

郑国渠，公元前246年至公元前237年秦国修凿300余里水渠，在渭河北面的二级阶地上，引泾水东穿冶峪、清峪、浊峪、漆沮水等，余水退入北洛河，淤灌“泽卤之地四万余顷，收皆亩一钟，于是关中为沃野，无凶年，秦以富强，卒併诸侯。”（《史记·河渠书》）

当时对自流水渠的设计，“水可扼而使东西南北高”。根据水流“以高走下”的特性，“故高其上，领瓴之，尺有十分之，三里满四十九者，水可走也。”即引水渠渠首较高，纵比降每三里坡降四十九寸，水可畅流。如过于平缓，则水“留而不行”；过于陡峻，则水“疾至于漂石”，于是“迂其道而远之，以势行之。”（《管子·度地》）就是故意将水渠修成迂回曲折，用以减缓渠道纵坡使水势平稳。“扼而使之高”，是在上游筑堰壅水，可引水而至高地。

对于排水沟的设计，随着排水面积增加而逐级扩大，大约每隔三十里扩大一倍，所谓“梢沟三十里而广倍”（《考工记·匠人》）。

三、航运

原始航运是利用天然水道来通航，所谓“刳木为舟，剡木为楫。”（《易·系辞下》）先秦时期的政治中心在黄河流域，《禹贡》记述禹治水后，以黄河为中心的全国天然河道的水运交通路线是：黄河干流自青海以下便可通航，即“浮于积石（山名，小积石，在今循化撒拉族自治县附近；另说为青海东部河曲之玛沁雪山。）至于龙门、西河（晋秦间黄河），会于渭汭。”黄河下游通过荥泽与济水相沟通，山东可“浮于汶，达于济”，“浮于济、漯，达于河。”从淮河流域，则“浮于淮、泗，达于河（菏水）”，再由菏水通济水达于黄河。从长江流域，可自长江口出海，再由淮河口入淮，即“沿于江海，达于淮泗。”借助陆路转运的有两条通道：一是“浮于潜（嘉陵江别名），逾于沔（汉水），入于渭，乱于河。”即由嘉陵江，越过汉水，陆运翻过秦岭，再转入渭水达于黄河。二是“浮于江、沱、潜、汉，逾于洛，至于南河（晋豫间黄河）。”即由长江、沱江、嘉陵江，越过汉水、丹水，陆运转入洛水达黄河。

《禹贡》导水勾画出上古一统九州，“四海会同”的水运境界。

春秋战国时期，下游修筑堤防后，黄河仍有济水、濮水等分流水道，随着社会生产力的发展，因政治、经济、军事的需要逐渐开凿人工运道，沟通江淮河湖。一则利于航运，以供官俸军需；二则利于分泄洪水。水运与治河，密切相关。

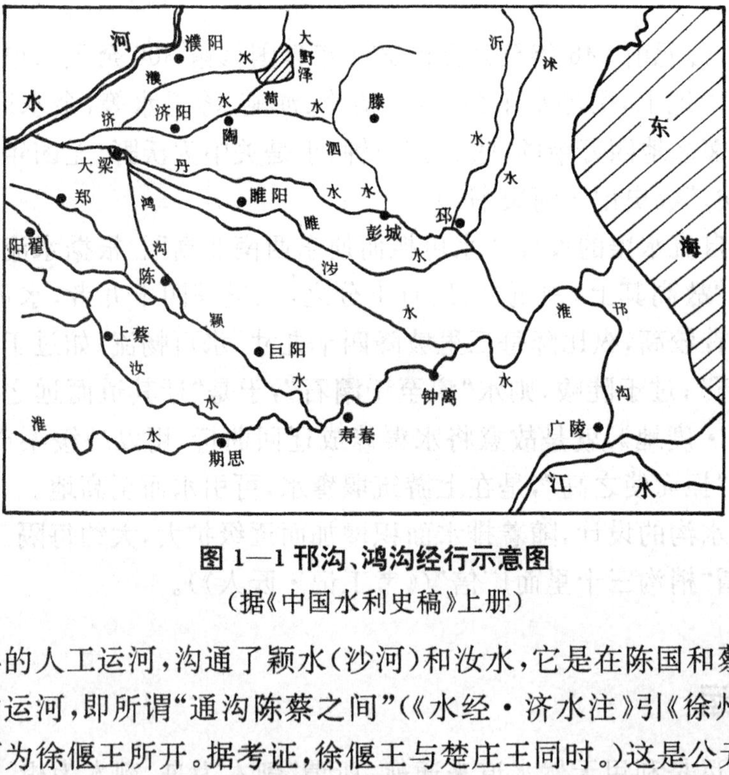

图 1—1 邗沟、鸿沟经行示意图

（据《中国水利史稿》上册）

最早的人工运河，沟通了颖水（沙河）和汝水，它是在陈国和蔡国首都之间修筑的运河，即所谓“通沟陈蔡之间”（《水经 · 济水注》引《徐州地理志》。志说运河为徐偃王所开。据考证，徐偃王与楚庄王同时。）这是公元前 613 年至公元前 591 年间的事。之后吴王夫差为了北上争霸，于公元前 486 年开挖邗沟，“沟通江淮”（《左传 · 哀公九年》）之间河湖，公元前 482 年开挖泗水和济水间运河（《国语 · 吴语》“阙（穿）为深沟，通于商鲁之间。”）古称菏水。公元前 361 年与公元前 340 年魏惠王两次开挖鸿沟（《水经 · 渠水注》引《竹书纪年》）。鸿沟沟通了丹、睢、涉、颖之间水运。从此黄河的水运可通达济水、淮河、长江。运河两岸出现了大梁(今开封)、陶(今定陶)、陈(今淮阳)等繁华都城。见图1—1。

第二节 秦汉至隋唐

战国时黄河下游两岸堤防,相距五十里。滩地肥美,小水时农民在滩地上垦种。为了保护农田,各自又在堤内设防,严重影响行洪。秦始皇统一中国,在统一文字、度量衡的同时,还“决通川防,夷去险阻”(《史记·秦始皇本纪》),河防也得到过统一整治。

黄河大堤的修筑,为两岸的开发创造了条件,同时由于泥沙的淤积,黄河逐渐成为悬河。西汉初期,黄河比较安定,至中后期,河患渐多,治河议论也多。

一、治河

(一)几种治河思想

1.改河说

汉武帝时,多次北征匈奴,黄河下游瓠子决口泛滥二十余年,国力大耗,齐人延年上书改河。他说:“河出昆仑,经中国,注渤海,是其西北高而东南下也。可案图书,观地形,令水工准高下,开大河上领,出之胡中,东注之海。”(《汉书·沟洫志》)他认为这样黄河可以成为防御匈奴的天然屏障,下游可以避免水灾的忧患。这一设想得到汉武帝赞赏,但认为“河乃大禹所道”不能更改。

成帝鸿嘉四年(公元前17年)黄河泛滥渤海、清河、信都,丞相史孙禁实地查勘后,提出黄河下游向东改道的意见。他说:“今可决平原金堤间,开通大河,令入故笃马河,至海五百余里,水道浚利;又乾三郡水地,得美田且二十余万顷,足以偿所开伤民田庐处;又省吏卒治堤救水,岁三万人以上。”(《汉书·沟洫志》)见图1—2。此道流程短,比降大,水流畅通。

孙禁的建议遭到同去查勘的河堤都尉许商的反对,许商认为笃马河“失水(禹河)之迹,地势平夷,旱则淤绝(小水易淤),水则为败(大水易决)。”(《汉书·沟洫志》)公卿都不同意改道。

此后,王莽时大司空掾王横提出黄河下游向东北改道,改循禹河故道,

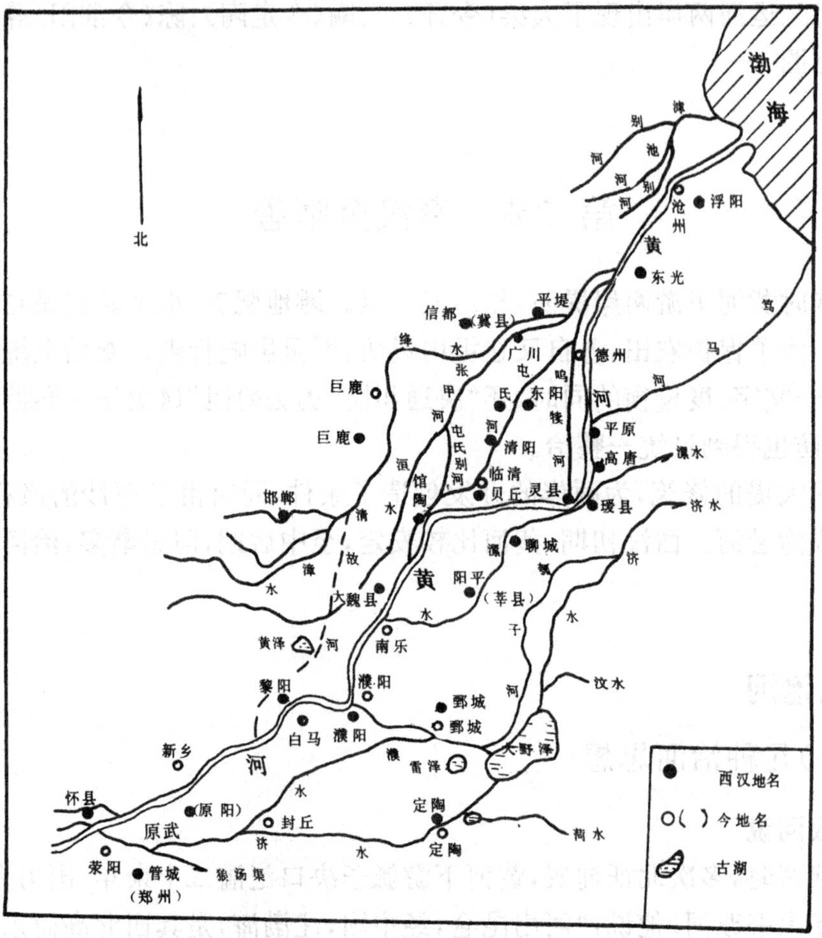

图 1—2 战国秦西汉(公元前 602 年—公元 11 年)
黄河下游示意图
(据《中国历史地图集》绘)

沿太行东麓入海的意见。

2. 分疏说

成帝建始元年(公元前 32 年),清河都尉冯逡提出复开屯氏河"以分杀水力"的治河建议。他说,清河郡(今河北省清河县东南)地处下游,地势低洼,以往数十年间之所以河患不严重,是因为屯氏河分流的缘故。自屯氏河淤塞后,洪水宣泄不畅,虽又决出条鸣犊河,但分洪效益很小,不能减轻魏郡、清河郡的水害。而屯氏河则避开了黄河一大弯,分洪口高,水道径直。(见图 1—2)因此他建议疏浚屯氏河以助大河宣泄,而备非常。

王莽时御史韩牧也主张:"可略于《禹贡》九河处穿之",纵不能分为九河，但分四、五条河，亦为有益(《汉书·沟洫志》)。冯逡、韩牧的建议，均未被采纳。

3. 水力冲沙说

西汉治河以堤防为下游防洪的主要手段，间有裁弯取直等整治河道的措施。筑堤约束河水，洪水泛溢减少，黄河则由于泥沙淤积逐渐成为悬河。于是分疏说者憧憬禹"疏九河"千年无患的传说，主张多支分流入海。

王莽时大司马史张戎反对分流，鉴于在黄河上中游分水灌溉，他指出："水性就下，行疾则自刮除成空而稍深(流速大，可冲刷河底)。河水重浊(黄河含沙量大)，号为一石水而六斗泥。今西方诸郡以至京师东行，民皆引河、渭、山川水溉田，春夏干燥少水时也，故使河流迟(流速减缓)，贮淤而稍浅(河床淤浅)。雨水暴至则溢决。而国家数堤塞之(大堤不断决口，还需堵塞)，稍益高于平地(堤高于平地)，犹筑垣而居水也。可各顺从其性，毋复灌溉(反对上中游引水灌溉)，则百川流行，水道自利，无溢决之害矣。"这是史书上第一次记载多沙河流水力冲沙的理论，阐述了河水流速与河床冲淤的关系。

4. 贾让治河三策

西汉末黄河多灾，朝廷数次下诏征求治河方案。成帝绥和二年(公元前7年)待诏贾让奏治河三策。他首先分析下游河道的演变，筑堤以前黄河下游，有众多小水汇入，沿河有许多湖泽，洪水得以调蓄，河道宽阔，河水"左右游波，宽缓而不迫"。战国时，两岸筑堤，堤距尚宽，河水游荡，滩地肥美，人们耕种筑宅，遂成村落，又筑堤防自救，以致河道缩窄，堤线弯曲多变，遇大水，有碍行洪，常决口为患。

针对这种情况，贾让提出治河上、中、下三策。上策是人工改道，要"徙冀州之民当水冲者，决黎阳遮害亭，放河使北入海，河西薄(到)大山，东薄(到)金堤"，用几年治河经费足够移民之用。这一方案是不与水争地，"遵古圣(禹)之法"，可达"河定民安，千载无患。"

中策是在黄河狭窄段分水灌溉，即"多穿漕渠于冀州地，使民得以溉田，并可分杀水怒。"建议"从淇口以东为石堤，多张水门"，采用荥阳运河口分水的办法分引河水。引水渠不用开挖，"但为东方一堤，北行三百余里，入漳水中，其西因山足高地，诸渠皆往往股引取之。旱则开东方下水门溉冀州，水则开西方高门分河流。"他认为如行此法，可除三害：民"疲于救水"之害；民房气湿耕地盐碱之害；民受决溢淹没之害。可兴三利：淤灌可改良盐碱地；麦地改种杭(粳)稻，可增产五至十倍；水渠可发展水运。他说用一年"数千万"的防汛经费,“足以通渠成水门”,只要农民得到灌溉的好处,就会“相率治渠,虽劳不罢”的效果。这样既治了田,也治了河。这虽然不是“古圣之法”,但也可以“富国安民,兴利除害,支数百岁。”

下策是单纯加固原有不合理的堤防,即“缮完故堤,增卑倍薄”,这样不但“劳费无已”,而且还“数逢其害。”(《汉书 · 沟洫志》)

5. 滞洪说

王莽时长水校尉关并曾明确提出人工开辟滞洪区的意见。他发现黄河常在地形低洼的平原郡(在今平原县东)和东郡(在今濮阳南)一带决口,传说大禹治河时,“本空此地以为水猥,盛则放溢,少稍自索(尽)。”(《汉书 · 沟洫志》)因此他建议将曹卫一带南北长约百八十里的地方(大约相当今太行山以东,菏泽以西,开封以北,大名以南一带)空出来,作为滞洪区(水猥)。他的建议没有能实施,因为这一带自战国以来就是重要的经济区。

(二)王景治河

公元11年黄河在魏郡决口,洪水侵入济水和汴渠,泛滥兖(今豫北鲁西)、豫(今豫东南、皖西北)二州,时值国家动乱,黄河失治六十余年。当时汴河“水门故处,皆在河中”,要想恢复汴河通漕,必需首先治理黄河。

汉永平十二年(公元69年)夏,汉明帝派王景与王吴修渠治河,顺泛道主溜“筑堤自荥阳东至千乘海口千余里”。整修了汴渠,分流工程采用王景发明的“墕流法”:“十里立一水门,令更相洄注,无复溃漏之患。”(《后汉书 · 王景传》)

王景治河达到了“河汴分流,复其旧迹”,大河由濮阳以东经平原、千乘(今利津)入海,出现了一个相对安流时期。

该道入海径直,经流期近千年,直至北宋初年才改道。自西晋大乱至南北朝的300多年中,黄河下游长期处于战乱之中,人口锐减,堤防残破,洪水一度自由泛滥,多支分流,通连湖泊,现存史料中,有近30次黄河大水的记载。人们择高而居,受灾程度也轻。见图1—3。

(三)隋唐治河

至隋代,黄河下游经济迅速发展,开皇十八年(公元598年)文帝“遣使,将水工,巡行川源”(《隋书 · 食货志》),根据地势高下进行疏导。

至唐代,随着黄河下游两岸人口的繁衍,黄河两岸逐渐加固堤防。

唐代的堤防,有大堤和遥堤之分,局部河段还有在大堤内再筑小堤(相

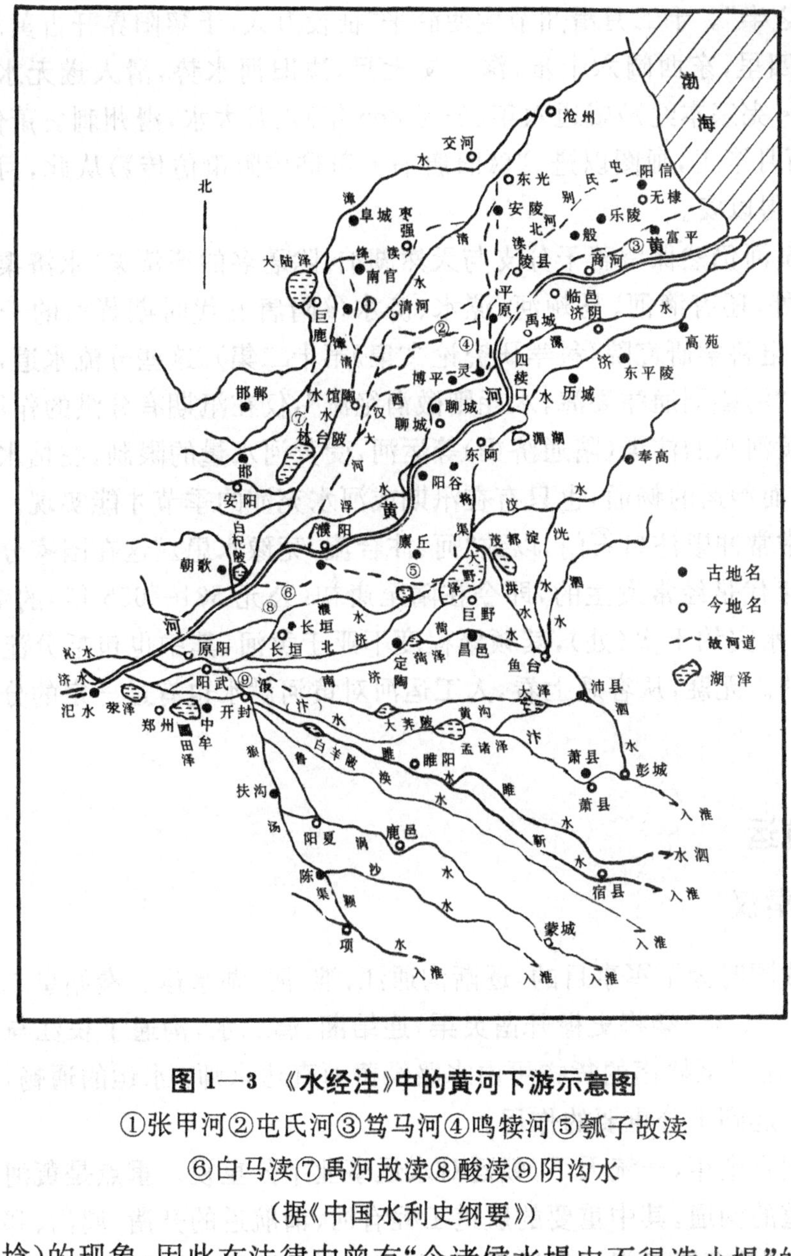

图1—3 《水经注》中的黄河下游示意图

①张甲河②屯氏河③笃马河④鸣犊河⑤瓠子故渎

⑥白马渎⑦禹河故渎⑧酸渎⑨阴沟水

（据《中国水利史纲要》）

当今民埝）的现象，因此在法律中曾有"令诸侯水堤内不得造小堤"的明文规定。

唐代堤防的恢复与发展，是由各地节度使分别管辖施工的。沿河堤段宽窄不一。在今浚县、滑县一带河段最为狭窄（据《河南武陟至河北馆陶黄河故道考查报告》，载《黄河史志资料》1984年3期，黄河故道堤距一般在10公里以上，而浚县、滑县境狭窄河段在3—4.5公里），在抗御特大洪水时曾有过两次局部改河分洪的记载。元和八年（公元813年）六月大水，"河溢，浸滑州羊马城之半”。十二月滑州节度使薛平“征役万人，于黎阳界开古黄河道，南北长十四里，东西阔六十步，深一丈七尺，决旧河水势，滑人遂无水患。”(《旧唐书·宪宗本纪》)咸通六年(公元865年)六月大水，滑州刺史萧仿“移河四里，两月毕工，画图以进。”(《旧唐书·萧瑀传附萧仿传》)从此，河流远离滑州，人得以安。

隋唐黄河仍然保留若干分支与天然湖泊。除著名的通济渠、永济渠两条航运河道外，还有滴河、马颊河、漯水、济水(《隋唐五代时期黄河的一些情况》水利水电科学研究院《科学研究论文集》第十二集)。这些分流水道，多数是季节河，“河盛则通津委海，水耗则微涓绝流”，仅在汛期有分洪的作用。

分引黄河水的汴渠(隋通济渠)等运河，受黄河水量的限制，在枯水季节时常断流，而漕运的畅通，也只有在汛期或河水充沛的季节才能实现。而洪水来临又常常冲毁汴口石门，以致“河、汴合流，兖豫水患。”这在国家分裂的战争动乱年代是经常发生的，即令在隋至唐初(公元581—655年)的75年间，济汴间水灾约千次(处)，其频繁程度不亚于黄河，其中也包括分流黄河洪水造成的。无疑，从客观上看，人工运河对黄河洪水也有过一定的分流作用。

二、航运

(一)秦汉

春秋战国时为了军事目的，逐渐沟通江、淮、河、湖水运。秦始皇二十八年(公元前219年)秦将史禄开凿灵渠，连结湘、漓二水，沟通了长江与珠江间水运。江南以至岭南的货物可由水路经黄河直达京师。水运的通畅，又对全国的统一起到十分重要的作用。

秦汉四百余年，一统天下，朝廷对水运事业十分重视。重点是黄河干流与南北水道的沟通。其中重要的航道工程有河、渭航道的开凿，鸿沟、邗沟航道的疏浚，以及穿凿三门峡纤道工程。

汉元光六年(公元前129年)大司农郑当时提出开关中漕渠。因渭水天然航道曲屈“九百余里”，多有险阻。改自长安穿漕渠通黄河，航程“三百余里”，又可灌溉“民田万余顷。”(《史记·河渠书》)汉武帝采纳这一建议，自长安县境开渠，引渭水沿秦岭东下，经今临潼、渭南、华阴和潼关，直抵黄河。见图1—4。

漕渠穿通后，水运量大增，汉初每年不过数十万石，至武帝时达四百万

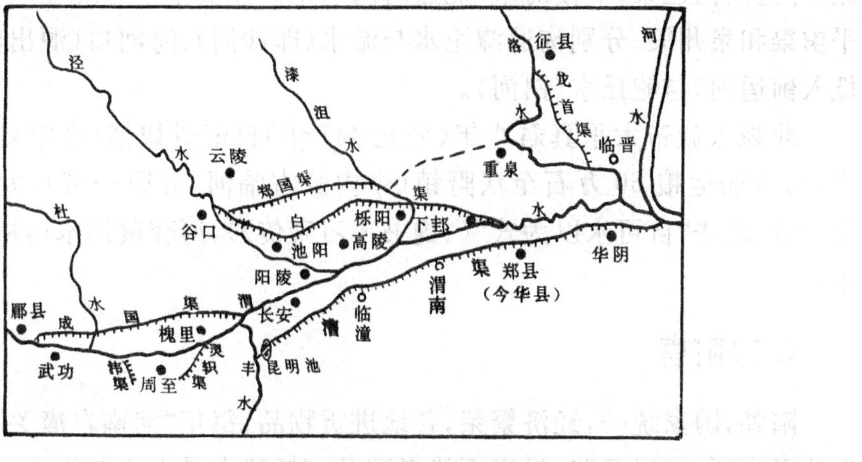

图 1—4 汉武帝时期关中水利工程分布图

(据《中国水利史稿》上册)

至六百万石。

这一时期黄河漕运,最大的险阻是三门峡,运输中事故多,损失重。当时有人建议打通汉水支流褒水与渭水支流斜水之间的运输道,中间需陆路转运 100 余里,这是江汉水系通达长安的捷径。这一方案得到汉武帝的批准,并征发数万人开凿,但因河谷陡峻、河道曲折、水流湍急、无法漕运,不过该通道后来成了四川、陕西之间最重要的陆路交通线。

汉成帝鸿嘉四年(公元前 17 年)杨焉提出凿宽三门峡航道,并使深广。实际开凿以后,碎石沉没水中,无法搬走,水流更为湍急,未能成功。

战国时开凿沟通黄河与淮河的鸿沟,至西汉时虽仍通航,但逐渐为汴渠所代替。汴渠是引济水向东南流入泗水的一条人工航道,在两汉时有疏浚。其中以王景治河时整治规模较大,重点是河汴分流口的治理。东汉灵帝建宁四年(公元 171 年)将原来的土木引水口改为石门。

三国时期,战争频繁,魏国尤其注重黄河水运与屯田。对黄河南北运河均有整修与发展。

建安七年(公元 202 年)曹操为便利行军“治睢阳渠”以沟通浚仪与睢阳(今河南商丘)之间水运。以后又在河、淮之间修贾侯渠、讨虏渠。这样每当“东南有事”,大军便可“泛舟而下,达于江淮”。这是对黄河以南的旧汴渠和鸿沟的整修与发展,黄河以北则新修白沟、平虏渠等运河,水运可通海、滦河水系。

建安九年(公元 204 年)曹操北征袁尚,于淇水入黄口,筑堰遏淇水东北流，开挖白沟运渠，下接清水，北通海河水系。建安十一年北征乌桓，又开凿平虏渠和泉州渠。分别沟通滹沱水与泒水（即沙河）、泃河口（源出蓟县，由宝坻入蓟运河）与鲍丘水（白河）。

北魏太武帝太平真君八年（公元447年）自薄骨律镇（今宁夏灵武县西南）用木船运粮50万石至沃野镇（今内蒙古临河、五原一带），太武帝即诏令，水运之法“自可永以为式”（《魏书·刁雍传》），河套黄河水运从此延续下来。

（二）隋唐

隋朝，国家统一，经济繁荣，各地进贡物品，每年“河南自潼关，河北自蒲坂达于京师，相属于路，昼夜不绝者数月。”耗费大量人力与物力。如何把黄河下游大平原和江南经济区的粮食、货物运入京城，便成为当务之急。隋文帝杨坚于开皇四年（公元584年）命宇文恺率水工凿渠“引渭水，自大兴城（长安）东至潼关，三百余里，名曰广通渠”（《隋书·食货志》）。这是汉代漕渠的重开，广通渠的通航，避开了天然渭水航道中浅滩的险阻。

开皇十五年，隋文帝诏“凿砥柱”（《隋书·高祖下》），以期改善黄河三门峡河段的通航条件。后于大业七年（公元611年），砥柱山崩，河水壅阻数十里，导航工程一度失败。

大业元年（公元605年）隋炀帝“发河南、淮北诸郡民，前后百余万，开通济渠。”（《资治通鉴·隋纪四》卷一八〇）自今河南洛阳西的隋宫“西苑”开始，引谷、洛二水达于河；再自“板渚（今河南荥阳汜水镇东北）引河通于淮。”（《隋书·炀帝纪》）渠始与西汉汴渠合流，自今荥阳、开封，至杞县以西又与汴水分流，折向东南，经今商丘南、永城、宿县、灵璧、泗县，在盱眙之北入淮水。因通济渠在今商丘以下直接由东南入淮，避开了弯曲的泗水和徐州洪与吕梁洪之险。（见图1—5）

隋炀帝为了加强边防与北征高丽，把涿郡（今北京西南）作为东北的军事重镇并开渠济运。大业四年“发河北诸郡男女百余万开永济渠，引沁水，南达于河，北通涿郡。”（《隋书·炀帝纪》）这是三国时白沟的发展。

隋代的运河有广通渠、永济渠、通济渠，再加山阳渎和江南运河。通联全国内河水运网，以洛阳为中心西通关中盆地，北联华北平原，南经淮河、越长江，抵太湖、钱塘江流域，总长五千多里，形成世界上最早最长的大运河。

唐朝对隋代的大运河进行维修和扩建，漕运方式有过几次改革，使货运量倍增，货运周期缩短，大运河成了唐王朝的生命线。

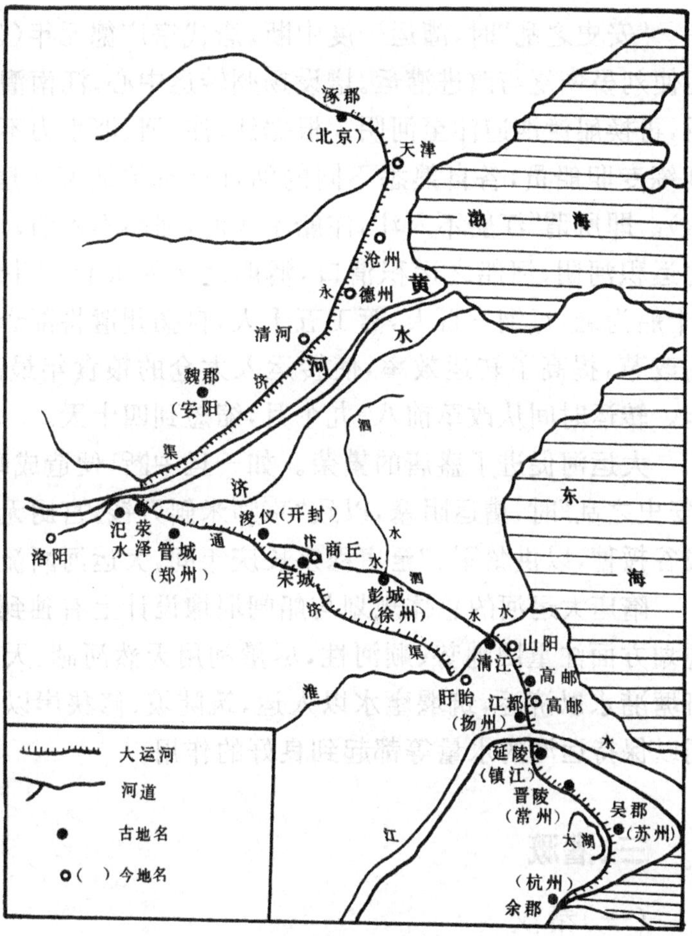

图 1—5　隋唐大运河示意图

(据《中国水利史稿》)

唐初，入京漕粮年仅二十万石，以后逐年增多，武则天执政时，江南至洛口(洛河入黄口)采用直运法，江淮的漕船直接由扬州渡淮入汴，再进洛阳。江南漕船，每年“正二月上道，至扬州入斗门，即逢水浅，已有阻碍须留一月已(以)上。至四月已(以)后，始渡淮入汴，多属汴河乾浅，又搬运停留，至六、七月始至河口，即逢黄河水涨，不得入河。又须停一、两月，待河水小，始得上河。入洛即漕路乾浅，船艘隘闹，搬载停滞，备极艰辛。”(《旧唐书 · 食货志下》)因直运法沿途损费甚多，尤其是途径三门砥柱险滩，不易通过。开元十八年(公元 730 年)裴耀卿建议改革漕运管理，改直运法为分段运贮法，至开元二十一年施行分段水运与水陆联运相结合的运输法。具体办法是：沿河设仓，分段转运，“于河口置一仓(武牢)，纳江东租米，便放(江南)船归。从河口即分入河、洛，官自雇船载运。三门之东，置一仓。三门既水险，即于河岸开山，车运十数里，三门之西，又置一仓，每运至仓，即搬下贮纳。水通即运，水细便止。自太原仓泝河，更无停留，所省巨万。”(《旧唐书 · 食货志》)开元二十九年，陕郡太守李齐物开凿三门山，名为开元新河，但因“弃石入河，激水益湍怒”(《新唐书 · 食货志》)，未获预期效果。天宝元年(公元 742 年)陕州刺史韦坚又开凿渭水南隋旧渠，并在长安望春楼下凿广运潭，以聚漕舟，当年山东漕粮高达四百万石。

“安史之乱”时，漕运一度中断。唐代宗广德元年（公元763年）派江淮转运使刘晏恢复与改进漕运。增设扬州转运中心，江南漕船到扬州后即卸货回返，再换船渡淮逆汴至河阴。根据江、汴、河、渭水力不同，选造不同的运船，训练专职船员，各自熟悉不同的河性（《资治通鉴·唐纪·三十九》卷二二六）。即所谓“江船不入汴，汴船不入河，河船不入渭；江南之运积扬州，汴河之运积河阴，河船之运积渭口，渭船之运入太仓。”并组织纲船，武装护送。“十船为纲，每纲三百人，篙工五十人，自扬州遣将部送至河阴。”刘晏对漕运的改革，提高了转运效率，使转运入太仓的粮食年最高额达到一百一十万担。转运时间从改革前八、九个月，缩短到四十天。

大运河促进了盛唐的繁荣。如一旦中断，便造成政治中心的经济危机，“安史之乱”时，漕运阻塞，以致“京师米斛万钱，宫厨无兼时之食，在畿甸者，拔谷挼穗，以供禁军。”至唐穆宗长庆年间，大运河断流，加速了唐朝的衰亡。

隋唐大运河的总体规划与船闸堰埭设计上有独到的成功之处。在总体规划方面注重因地势、顺河性，尽量利用天然河湖、天然泛道，以省工量，为筑塘潴水以济运，筑堰壅水以入运，筑陡坡、修狭岸以防淤积，修堰、埭设船闸以保持运河的水量等都起到良好的作用。

三、灌溉

（一）秦汉

西汉建都长安，为京城与边防所需要，国家兴修水利的重点在以关中为重心的黄河流域。（潼）关东与江南漕运，一则途遥，二则利用黄河的航段由于主溜的变迁，航道不稳，且受制于水情与风浪的变化，其间最为艰险的是穿越三门峡，事故多，损失重。为减轻漕运的压力和发展灌溉，朝廷多次发动人力兴修河东、关中、河套、河西等地的水利工程。

1. 河东水利

汉武帝元朔元年至四年（公元前128—前125年）间，河东太守番系建议开垦今山西省西南部荒瘠土地。他认为河东的粮食，从渭水运往长安，与关中的一样方便，可以避开三门峡险阻。并引汾河水可以灌溉皮氏（今山西河津县西）和汾阴（今山西荣河北）的田地，引黄河水可灌溉汾阴、蒲坂（今永济县）的田地，预计可得良田五千顷，每年将收谷二百万石以上。他的建议得到汉武帝的批准，当时征发数万人开渠造田。数年后因黄河主溜摆离渠口，渠首无法引水，引黄灌区废弃。

2. 关中水利

关中引泾灌溉原有郑国渠，汉武帝元鼎六年(公元前111年)左内史儿宽主持兴修六辅渠，以“溉郑国渠傍高仰之田”(《汉书 · 地理志 · 眉县下》)，并制定了灌溉用水制度。

太始二年(公元前95年)赵中大夫白公建议，兴修引泾水渠，“首起谷口，尾入栎阳，注渭中，袤二百里，溉田四千五百余顷。”(《汉书 · 沟洫志》)此渠名白渠。在郑国渠南侧，同引泾水，后人又称为郑白渠。汉灵帝光和五年(公元182年)京兆尹樊陵在泾河下游兴建樊惠渠(今咸阳县东)。

在渭水上除漕渠外，还先后兴建成国渠、蒙笼渠、灵轵渠、沣渠等。成国渠在今渭惠渠的位置，灌溉今眉县、扶风、武功、兴平一带田地。蒙笼渠浇灌上林苑(《汉书 · 地理志 · 眉县下》)。灵轵渠在周至县东(《汉书 · 地理志》)。沣渠在周至县西南(《汉书 · 沟洫志》)。

在洛水上修龙首渠。西汉元狩至元鼎年间(公元前120—前110年)，庄熊罴上书建议引洛水以灌溉临晋(今大荔县)西部一万多顷盐碱地，预计可达亩收十石的效果。汉武帝采纳这一建议，征发一万多人开渠，自洛水上游征县(今澄城县)引水至灌区，必须穿越十余里商颜土山(今铁镰山)，因山高渠深，塌方严重，于是间段“凿井，深者四十余丈。”“井下(底)相通行水。”“井渠之生自此始。”开创了隧洞竖井施工法的先河。穿渠得恐龙骨化石，故名为“龙首渠”(《史记 · 河渠书》、《汉书 · 沟洫志》)。施工十多年，井渠通水，但未能充分得到灌溉的效益。

3. 河套、河西水利

秦汉两朝为抗击匈奴侵扰，多次派兵出征，并有重兵驻守边防，转漕辽远，民疲费巨，汉武帝时曾大力开发河套、河西一带水利。

元朔二年(公元前127年)移民十万于朔方郡，至元狩四年(公元前119年)“自朔方(今内蒙古五原县)以西至令居(今甘肃省永登县)，往往通渠，置田官，吏卒五、六万人”(《汉书 · 匈奴列传》)，一度曾达到“朔方、西河、河西、酒泉皆引河及川谷(水)以溉田”(《史记 · 河渠书》)的兴盛局面。

(二)魏、晋、隋唐

魏晋南北朝，国家分裂，引黄灌溉对北国实力的增强有极大的作用。局部地区曾有过恢复与发展。隋唐时期大兴水利，复兴黄河流域的农业经济，新修工程主要在唐天宝十四年(公元755年)以前，唐后期农业经济开发重点则转移到长江流域。

这一时期引黄灌溉主要有宁蒙、晋陕、丹沁三大灌区。

1. 宁蒙引黄灌区

北魏初(公元 395 年左右)平原公拓跋仪在黄河北岸的“五原至稒阳塞外(今包头市东西)”屯田,大约自临沃县(在今包头市西南四十余里)引河水,东流七十里,尾水在稒阳县东南复流入河。

太平真君五年(公元 444 年),薄骨律镇(今宁夏灵武县西南)守将刁雍于黄河西岸开艾山(今青铜峡)渠,总长 120 里,可“溉官私田四万余顷”(《魏书·刁雍传》),还有薄骨律渠,溉田一千余顷。这是北魏所开的最大灌区(西汉有旧渠)。

2. 晋陕引河水及其支流渭、洛、汾水的灌溉

西魏大统十六年(公元 550 年)于关中富平县筑富平堰引水东入洛水,是郑国渠东段的重修。西魏又于武功县筑六门堰。

北周保定二年(公元 562 年)于同州重开龙首渠。于黄河东岸蒲州(今属永济县)引涑水开渠灌溉。

隋唐建都长安,关中水利为开发重点。郑白渠仍为主要灌区,前期灌田号称万顷,后期降至六千顷。宝历元年(公元 825 年)在高陵县建彭城堰扩大了灌区。

又引渭水建升原渠,通运至千水,又重修六门堰;开发引洛、引河灌溉,在龙门引黄河水灌溉韩城农田曾达六千顷。唐代开发汾水、涑水流域水利,著名的有涑水渠、瓜谷山堰及文谷水灌区。

3. 沁丹灌区

沁丹支流引灌,相传始于秦代。原用枋木设堰引水,三国魏野王典农中郎将司马孚于黄初六年(公元 225 年)将引沁渠口改建为石门,引水渠自今济源五龙口东南流 150 余里,流入黄沁交汇的古湖陂中。隋唐时多有疏浚,史载唐太和七年(公元 833 年),节度使温造整修枋口堰,怀孟(今河南沁阳、济源、孟县、温县、博爱、武陟等县)引沁丹河水灌田五千顷。

第三节 北　　宋

隋唐黄河下游河道一直维持至北宋前期,由于泥沙淤积,决口频繁,宋人称之京东故道;到了北宋后期(1048 年)河决商胡后黄河改道北流,以后从边防考虑,力图堵北流走东流(二股河)。见图 1—6。进行三次回河,均失

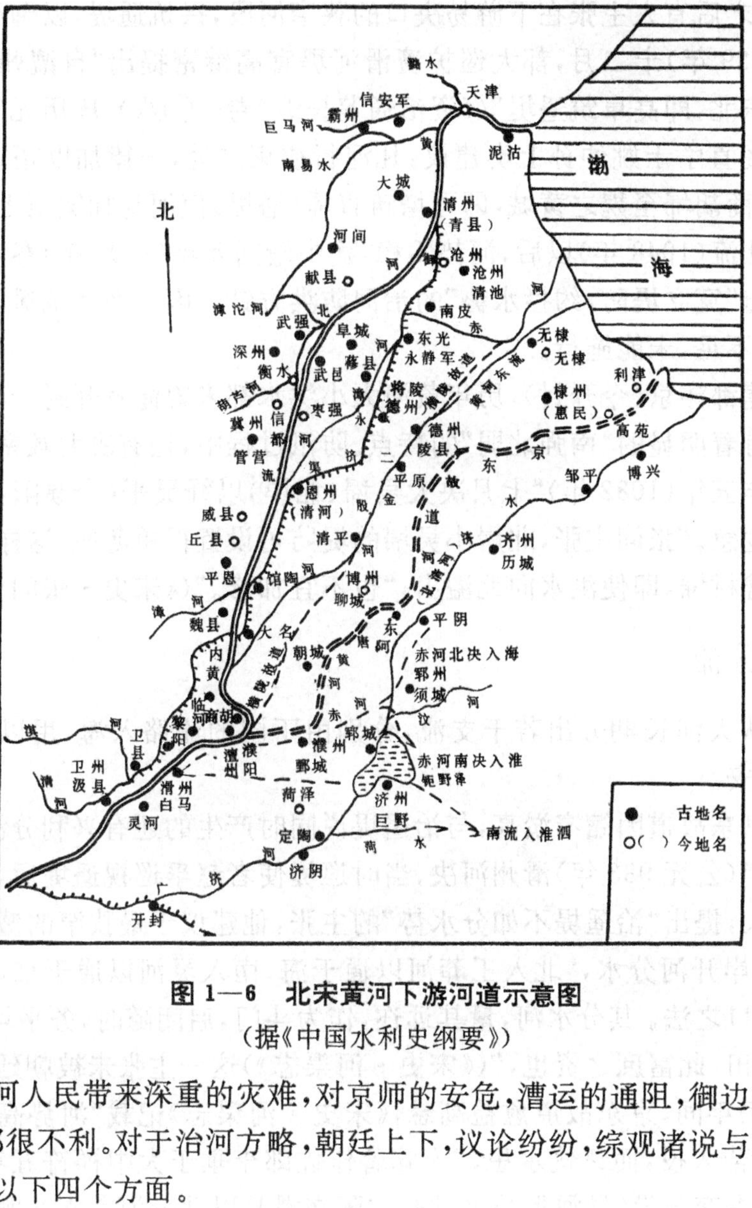

图 1—6 北宋黄河下游河道示意图

(据《中国水利史纲要》)

败,给沿河人民带来深重的灾难,对京师的安危,漕运的通阻,御边的形势等各方面都很不利。对于治河方略,朝廷上下,议论纷纷,综观诸说与宋代治河实践,有以下四个方面。

一、防洪

(一)筑遥堤说

宋初,河行京东故道,人们在故道遥堤内垦殖居住,河床缩窄,河患增多,当时便有人主张"免赋徙民、兴复遥堤。"太平兴国八年(公元 983 年)朝廷遣使巡视,古遥堤破坏严重,"所存百无一二",又正值兴役堵塞滑州决河,故未施行。之后有人主张在下游易决口的狭窄河段，兴筑遥堤，以御河患。天圣七年（1029 年）十二月，都大巡护澶滑河堤官高继密提出“自澶州鬼固埽下接大堤东北，即高阜筑遥堤”（《资治通鉴长编》卷一〇八）。庆历元年（1041 年），龙图阁直学士姚仲孙上奏建议：凡河行狭束之处，一律加以拓宽，而金堤一带，自商胡埽至魏之黄城，即可增筑直堤（遥堤）使河身加宽至七里。

黄河北流（1048 年）以后，河势不稳，建中靖国元年（1101 年）春，左正言任伯雨提出“宽立堤防，约拦水势”的治河防洪方针。因全面修筑遥堤，工程浩大，国力不足，未能施行。

北宋建都汴京（今开封），历年黄河大小洪水都未曾淹及开封一带。堤防防洪标准有着明显的“南强北弱”的特点。防汛过程中，还有决北救南的应急措施。元丰五年（1082 年）“七月决大吴埽（北岸）以纾灵平（今濮阳县境）下埽（南岸）危急。”张问主张，北岸小吴埽的堤防可设置得单薄些，这样可以保护南岸的曹村埽，即使洪水向北溢出，“也不宜加修。”（《宋史 · 张问传》）

（二）分流

主张从大河长期分出若干支流，分别由不同的流路入海，用以分减水势，以求河安。

宋初京东故道因缩窄淤高，与治遥堤说同时产生的还有兴利分流说。太平兴国八年（公元 983 年）滑州河决，当时巡堤使者赵孚巡视遥堤后，认为遥堤破坏太大，提出“治遥堤不如分水势”的主张，他建议于最狭窄的澶滑两州河段，南北岸开河分水，“北入王莽河以通于海，南入灵河以通于淮，节减暴流，一如汴口之法。其分水河，量其远迩，作为斗门，启闭随时，务乎均济。通舟运，溉农田，此富庶之资也，”（《宋史 · 河渠志》）这一主张未被朝廷采纳。

至真宗年间，京东故道愈益高悬，《宋史 · 河渠志》记载“河势高民屋殆踰丈矣，民苦久役，而终忧水患，”为此著作佐郎李垂于大中祥符五年（1012 年）向朝廷提交一份《导河形势书》图，主张在滑县以北分河六支。既可减水势，又可用以灌田和防御边陲。第一支河自大伾山西八十里，引河水正北偏东十里，穿禹河古堤，越牧马陂，从禹河故道，经通利军北，挟白沟，复西大河，北经清丰、大名西，历洹水、魏县东，暨馆陶南，入屯氏故渎，合赤河北流入海。第二支河于大伾以西开一渠。第三支于大伾北开一渠，两渠分流，则大河的三四分水可入澶渊故道。第四支河于魏县北面的御河西岸，分引一渠，合衡漳水。第五支河于魏县北分引一渠，北经衡漳水，东注易水，合百济、会朝河注入大海。第六支河于深州西南三十里，冲衡漳西岸，使水西北注滹沱河,东入渤海。

李垂的建议未能施行,但对宋人的治河思想影响很大。

此外还有两河同时行流入海说,自 1048 年黄河北流后,于嘉祐五年(1060 年)又于魏之第六埽决口,分出叉流,东入于海,宋人称之为东流,又称二股河。韩贽、范百禄、吕大防等人主张北流、东流同时存在,以舒河患。

(三)滞洪

主张利用故道分滞洪水,洪峰过后仍退回大河。

哲宗元祐四年(1089 年)八月大水,翰林学士苏辙主张将故道作为临时滞洪区,他建议"急命有司徐观水势所向,依累年涨水旧例,因其东溢,引入故道,以纾北京(今大名)朝夕之忧,故道堤防坏决者,策略加修葺,免其决溢而已。"同年十一月,中书侍郎傅尧俞也主张将二股河故道作为长年分水区。

绍圣元年(1094 年)正月,转运使赵偁建议"浚澶渊故道,以备涨水。"(《宋史 · 河渠志》)

(四)改道

北宋黄河下游,先后有京东故道、横陇故道、商胡河道(北流)、二股河(东流)等行水河道,每当河道变迁前后,都有过改行新道与复归旧道的争论。河道的变化对国家的政治、经济、军事等各个方面都有极大的影响,因此改道(改行新道与归复旧道)的争论,往往成为北宋王朝治河的中心议题。庆历八年(1048 年)黄河决徙北流,河入辽境,认为对防辽不利,鉴于军事需要,曾先后三次兴工堵塞北流回河东流,虽未成功,但这大规模的治河实践,无疑为后人留下十分宝贵的历史经验教训。

按改道的范围来划分,改道可分为局部改道和大改道两种。

1. 局部改道

宋神宗元丰五年(1082 年)都水使者范子奇巡视河堤,他看到原武南岸险工林立,一旦失事,直冲汴京,北岸卫州王供埽背河地面,远较临河滩地为低下,低地以北有山岗可作为屏障,因此他向朝廷建议局部改道。他说,从王供埽向北决口,导河水入北堤背后低下处,东流出卫州,经黎阳县北,再东至澶州境,或流至大名府界与现行大河重合(《续资治通鉴长编》卷三三〇)。他认为局部改道后,南岸十八座险工埽岸远离大河,新河河防费用不大。此外御史中丞苏辙建议从武强县东面开浚旧河道,引大河东移,以免深州(今河北省深县南)受顶冲的威胁(《续资治通鉴长编》卷四五四)。

以上两种建议均未施行。

第三种是在局部河段裁弯取直。都水使者孟昌龄观察到大河流向自西向东，经浚县迂回曲折绕过大伾山，他建议引大河正直东行穿大伾山及东北两座小山间，将大河分为二股，穿流过山之后，复合于大河。他设想利用三山架设浮桥，这样过河运费不足原来百分之一。他的建议得到采纳并于政和四年(1114 年)兴工，次年河成，但因水流穿山，“湍急猛暴，遇山稍隘，往往泛滥，河患一度加重。”

2. 大改道

此说主张于旧道淤高，行洪能力减退，黄河决溢频繁时，另择一条能容纳洪流并迅速排洪入海的河道。此说流行于北宋中后期，而且通常是改行旧道，以利用原有堤防，节省工费。

改道的路线有以下几种：复禹河故道、复澶渊旧道、复京东故道。如 1048 年黄河北流初期，洪流四散，为害甚重。贾朝昌主张回河京东故道，理由是故道两岸堤埽俱在，回河以后又能恢复“内固京都，外限敌马”这一天堑。此说没有实行。

此外黄河北流期间，还有三次改河东行的争论与三次改道失败的实践。

(1)第一次改行横陇故道

皇祐三年(1051 年)七月，堵塞馆陶县郭固的决口后，河水壅高，河北转运使李仲昌等人主张回复横陇故道，办法是在商胡开六塔河，导引河水流入故道，“以为费省而功倍。”(《宋史 · 周沆传》卷三三一)他认为此工程用料不到商胡堵口的十分之一，便可获得成功。而欧阳修等人则极力反对，他的理由有二：一则聚众三十万人常年在贫瘠的泛区施工，易生变故；二则从泥沙淤积规律来看，他认为“淤常先下流，下流淤高，水行渐壅，乃决上流之低处”，他的结论是自古故道难复，他说，欲以五十步(250 尺)之狭来容大河之水是不可能的。李仲昌的建议得到宰相富弼的支持，于嘉祐元年(1056 年)四月壬子朔，塞北流，河水入六塔河，不能容，当晚复决，淹死上万人，第一次回河失败。

(2)第二次改道东流

黄河北流之后，嘉祐五年(1060 年)又在商胡以下大名府魏县第六埽(今河南省南乐县西)决口，冲出一条约 200 尺宽的支流，东偏北经魏、恩、博、德、沧五州入于海，时称“二股河”，又称“东流”。黄河下游分流之后，仍然频繁溃决，宋神宗为此深为忧虑，众大臣对治河方略展开激烈争论。除上述二流分行说外，众人多主张合流。合流说又分北流与东流两种意见。都水监臣李立之等主张维持北流，建议创生堤“三百六十七里以御河”。都水监臣宋昌言等鉴于“冀州以下北流河道梗涩，(导)致上下埽岸屡危”，建议徐塞北流，开浚二股河以导向东流。并吸取开六塔河的教训，改进回河办法：“先在二股河口修挑水坝，遏水东流，待东流河床渐深，北流渐渐淤浅，再堵塞北流。”张巩也同意回河东流，并进一步阐述回河东流的好处，可免除北流六州军水患，御河、葫芦河的漕运能通畅，御敌塘泊也不会淤浅，东流黄河又将成为御敌天险，宋神宗和王安石接受了宋昌言的建议，并急于回河，熙宁二年(1069 年)八月闭塞北流之后，河水常壅高漫决。至元丰四年(1081 年)四月黄河在澶州小吴埽溃决，北注御河、王莽河故道、永济渠，北至乾宁入海，又恢复北流局面。由于北流主溜河势摆动，河北诸郡时遭水灾，每当夏秋洪涨，时有泛水东流。

(3)第三次改道东流

元丰八年(1086 年)哲宗即位后，澶州知州王令图、转运使范子奇提出回河东流的建议。之后都水监王孝先、右司谏王觌均主张回河，历数北流之患：黄河北流与西山之水(今海河水系)合流泛滥吞食民田，淤淀御河等漕运；淤平塘泊，河入辽境，北疆失险。苏辙、曾肇、孙升等人则极力反对回河，理由是东流河床狭窄，原为西汉黄河下游支流，河床淤浅，堤防不全，熙宁年间，东流上游已成为地上河。大臣们激烈争辩，“可否者相半”。为了抵御辽国侵犯，朝廷采纳了回河东流的建议，于元祐八年(1093 年)二月北流上筑软堰，减少流水，五月淤梁村推进上下约(挑水坝)，束狭河门。洪水来临，壅高溃决，河水四溢，北流因淤高而断流。之后水虽东流，水灾仍频，至元符二年(1099 年)六月末，河决内黄口，大河又趋北流，东流绝断。北宋三次改道都以失败告终。

二、浚淤

欧阳修根据黄河下游河道淤积抬高的特点，极力反对回复故道，他的治河主张是“因水所在，增治堤防，疏其下流，浚以入海，则可无决溢散漫之虞。”即根据水流就下的特点，顺水筑堤，疏浚入海。尤其注重下游入海段的疏浚，他说：“河之下流，若不浚使入海，则上流亦决。”因此他建议朝廷选派懂水利之臣，去探“求入海路而浚之。”(《宋史 · 河渠志》)

对浚河减淤的主张，王安石变法时曾实施过，当时北流堵塞已数年，时时担忧河水壅决。选人李公义创造铁龙爪扬泥车法，用以浚深河道。即把数斤重的铁爪,用绳系于船尾而沉入水中,铁爪随船行驰而搅动泥沙,可浚深航道泥沙达数尺。宦官黄怀信认为此法可用,而嫌其太轻。王安石令怀信、公义共同研究改进。此后制成浚川杷。选用八尺长的巨木下镶二尺长的铁齿,做成杷状,上压巨石,"两旁系大绳,两端碇大船,相距八十步,各用滑车绞之,去来挠荡泥沙,已又移船而浚。"熙宁六年(1073 年)四月开始设置疏浚黄河司,用浚川杷疏浚河道自卫州至海口,以及二股河及清水镇河。王安石盛赞浚川杷的功用,他说,如能不停地疏浚,二股河上流可以变成地下河。

宋人使用浚川杷浚河,存在不少问题:河水深处,杷不能及底,虽然数次往来,效用很小;水浅处泥沙阻力太大,拉曳不动;反齿向上拉动,浚淤作用甚微。

宋人用机械来疏浚河道的淤积,这在我国历史上是第一次。终因机具单薄,泥沙太多,没有能解决黄河严重的淤积问题。

宋人治河采用遥堤、分流、疏浚、改道等多种措施,河患依然,尤其是人为回复故道的失败,时议很多,曹佾、范百禄、欧阳修、苏辙等人主张应顺水性来治导,反对根据人们的愿望去治河,回河东流失败后,宋神宗总结说:"河之为患久矣,后世以事治水,故常有碍。夫水之趋下,乃其性也,以道治水,则无违其性可也,如能顺水所向,迁徙城邑以避之,复有何患?虽神禹复生,不过如此。""乃勅自今后不得复议回河闭口,盖采用汉人之论,俟其泛滥自定也。"(《宋史·河渠志》)说明宋朝廷对治河已失去信心。

三、放淤

引黄河浊水淤田,起源甚早,唐人已有引"汴水以淤下泽"的记载(沈括《梦溪笔谈》卷二十四)。北宋王安石变法期间(1068—1085 年)设"淤田司",动用行政力量,进行大规模的放淤改土。

放淤的范围:黄河下游南岸在汴河两岸(今郑州、开封、商丘一带)与原武(今原阳)至澶州(今濮阳)一带,北岸主要在御河(即卫河,河北南部)两岸,支流在漳、涑、洛、汾水山前冲积扇。见图 1—7。

汴河长期引取黄河水,逐渐淤高成地上河,至熙宁年间河底积沙,约与相国寺屋檐相平,两岸原来"沃壤千里"逐渐盐碱化,"夹河公私废田略计二万余顷",半数用于牧马。熙宁二年(1069 年)秘书丞侯叔献建议于汴河两岸置斗门,引汴水淤田。三年后便有民争购淤成的良田。淤田分为赤淤(淤积较均匀)、花淤(淤积不均匀)数等,以质论价,每亩二至三贯不等。之后,沿黄

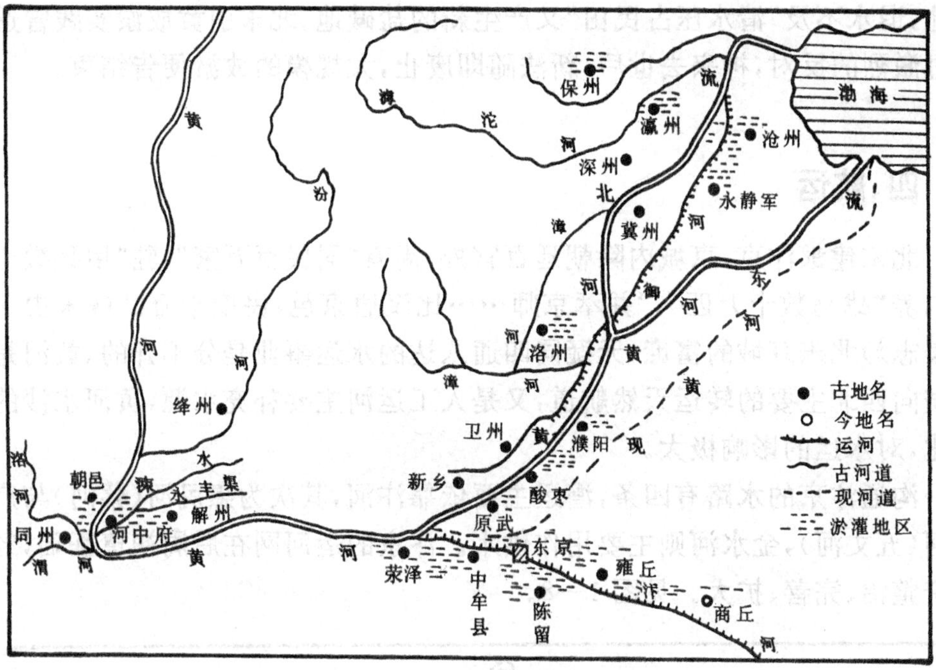

图 1—7 北宋熙宁时期放淤范围示意图

（据《中国水利史稿》）

民户有请求政府代淤的，如黄河南岸阳武县（今黄河北岸原阳县）民田沙碱瘠薄，熙宁六年（1073 年）有 364 户联名请求淤灌，并情愿按亩出钱。宋神宗下诏免费给予代淤。

黄河北岸“深、冀、沧、瀛间，惟（有）大河、滹沱、漳水所淤方为美田。”（沈括《梦溪笔谈》）没有淤过的，都是不可种植的盐碱地。

河东路绛州正平县（今晋南新绛）的南董村，“田亩旧直三、两千，所收谷五、七斗。自灌淤后，其直三倍，所收至三、两石。”（《宋史 · 河渠志》）

宋人放淤，从半自然状态的泛淤（漫淤），发展到有目的有控制地放淤，其工程逐步完善，有闸斗门控制，有引排水渠，“随地形筑堤，逐方了当”免水淹没。并对不同时令含肥不同的水沙有不同的利用。如初夏沃荡山石的“矾山水”最为肥沃，时逢田旱，则尽量利用，漕运干线汴河此时“开四斗门引水淤田，权罢漕运三二十日。”（《续资治通鉴长编》卷二六二）夏水淤澄后得“胶土肥腴”，初秋淤出的则为“黄灰土，颇为疏壤；深秋则白灰土，霜降后皆沙也。”（《宋史 · 河渠志》）故秋季利用水沙便少了。

放淤同防洪、航运有一定的矛盾。如夏水肥腴，是放淤的好季节，但正值洪汛，处理不当，易溃决。运河上游放淤，易造成下游漕船搁浅。放淤改良荒碱地，退水不及“清水压占民田”又产生新的盐碱地。北宋引黄放淤实践曾遭到过激烈的反对，神宗去世后，新法随即废止，大规模的放淤便告结束。

四、航运

北宋建都汴京，京城内除朝廷百官外，尚有“居民百万家”，驻“甲兵数十万”，养“战马数十万匹”，“并萃京师……比汉唐京邑，民庶十万。”（《宋史·河渠志》）北宋京城的富庶，无疑同四通八达的水运事业是分不开的。黄河是京城向西北主要的转运天然航道，又是人工运河主要补充水源，黄河水沙的变化，对水运的影响极大。

沟通汴京的水路有四条，漕运主要依靠汴河，其次为惠民河（蔡河）与广济河（五丈河），金水河则主要用作供水。汴京的运河网在后周初奠基础，经北宋整治、完善、扩大。见图 1—8。

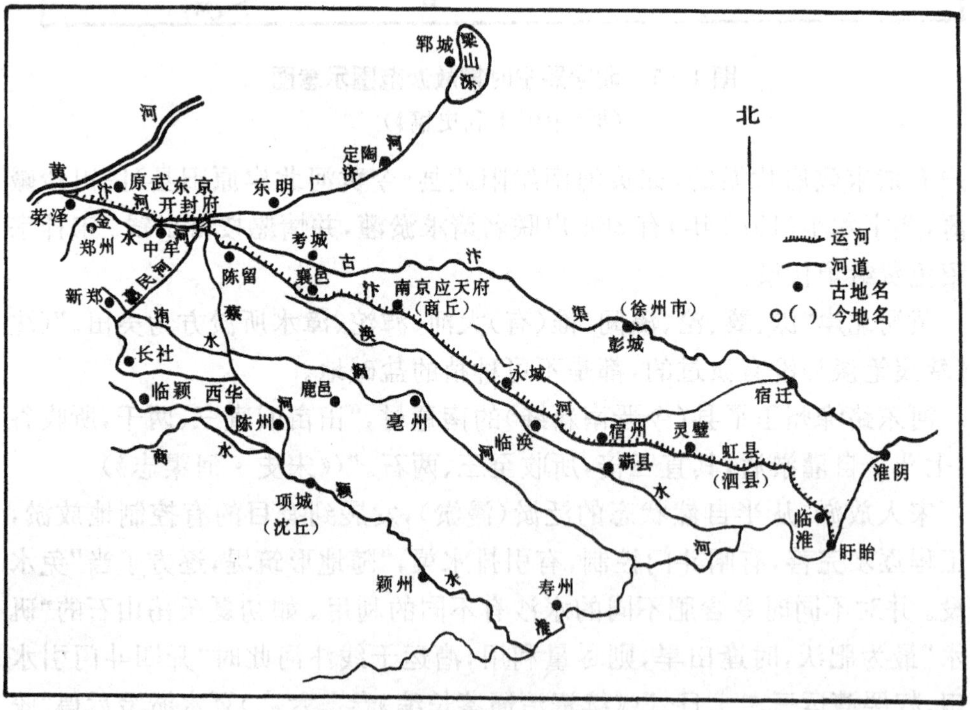

图 1—8 北宋汴京水道示意图

汴河是京城水运大动脉，“首承大河，漕引江湖，利尽南海，半天下之财赋，并山泽之百货，悉由此路而进。”北宋王朝依赖汴渠调运江南租税财赋入京，将汴渠看作是建国之本。

汴河流经，北受黄河水“以孟州河阴县南为汴首，受黄河之口，属于淮泗”，河阴县东仍沿隋唐故道，唐以后下段分南线北线(古汴渠)。

惠民河沟通汴京与陈、蔡地区水运。惠民河包括闵河、蔡河(古鸿沟、浪荡渠)和自合流镇至长平镇一段河道。

广济河又名五丈河，自汴京东通齐鲁，水源靠汴渠渗水与金水河补给。

金水河为汴京与五丈河补水，建于建隆二年(公元 961 年)，“导自荥阳黄堆山，其源曰祝龙泉”(《宋史·河渠志》)抵汴京西，架渡槽，跨汴渠，东注五丈河。

北宋初年漕运量不大，开宝五年岁运数十万石，太平兴国三年(公元 978 年)岁运四百万石。太平兴国六年四渠共运 550 万石，仁宗大中祥符初(1008 年)最多达 700 万石。

漕运方法宋沿唐制，采用纲船法。随着漕运时日与运量的增加，汴渠年内分引黄河水沙也增加，泥沙淤积是个严重问题，虽年年清淤，但仍不能避免运河河床的抬高，至北宋中后期，汴渠成地上河。随着北宋朝廷的灭亡，黄河的改道(一度成为地下河)，高悬的汴河随之断航，汴京水运网也不复存在。

第四节 金元明清

公元 1128 年冬，金兵大举南侵，11 月南宋东京留守杜充决开黄河南堤御敌，黄河从此南泛夺淮入黄海，直至 1855 年夏铜瓦厢决口，黄河又北泛夺大清河注入渤海。

金至元初黄河流域战乱频仍，朝廷无暇顾及治河，黄河任其自然，无固定流路，其间自金大定至明昌的 23 年间有局部的修防，且偏重北堤。元明清建都在今北京，经济重心在南方，南北水运，成为国家经济大动脉，治黄防洪工程必须确保大运河的畅通，堤防工程是重北堤轻南堤，人为逼水南流。其间贾鲁治河、郭守敬引黄灌溉等都丰富、发展了治河理论和技术。晚明万恭、潘季驯以治黄、治淮、治运为一盘棋，提出“以河治河，束水攻沙”的治河理论。清康熙年间靳辅治河，继承潘季驯的治河原则，治黄多有发展，他主张治河时筑堤与疏浚并举，修减水坝，分出之水澄清后，退水入洪泽湖，助清刷黄，取得一定成就。

明清时有人提出“汰沙澄源说”、“沟洫治河论”，这表明人们已开始重视中游水土流失问题。

一、贾鲁治河方策

元顺帝至正四年(1344年)夏大水,河决白茅口(在今山东曹县西北70里),主流向东北注入运河,再南流入淮,五年至九年都有向北溃决的记载。十年冬,朝廷召集各地河防官,商议治黄事。

都水监贾鲁提出两个方案:一是修筑北流堤防,顺河北行;二是堵决口,挽河仍回东流。当时议论纷纷,不出这两种方案。工部尚书成遵主张前策,以求功省,认为于民不聊生之地兴工"恐后日之忧,又重于河患者。"(《元史·成遵传》)

丞相脱脱决心治河,采纳后策,奏请元顺帝批准,于十一年四月任贾鲁为工部尚书兼总治河防使。贾鲁治河采用疏(即分流)、浚(即浚淤)、塞(即拦堵)三法。疏有四类:生地,开新道取直;故道,使高低均匀;河身,使宽窄合理;减水河,使分流有河道。筑堤有创新:堤有刺水堤(挑水坝)、截河堤(拦河坝)、护岸堤(护岸工)、缕水堤。堵口有新法,用装石沉船法塞决与筑挑水坝,堵口埽工有岸埽、水埽、龙尾埽、拦头埽和马头埽等(欧阳玄《至正河防记》)。

贾鲁率二十万众治河,自四月任职,十一月功成,伏秋大汛期不停工,完成黄陵冈堵口工程,浚故道280余里,共修堤坝46里,筑北岸堤长254里,堵缺口107处。

贾鲁治河,从工程上说是成功的,但正值元政权腐败之际,危机四伏,四月动工,五月刘福通等在颍州起义,河南大乱,以迄元亡。治河三年后河又有决溢。

二、明清治河与潘季驯治河思想

(一)分流论

黄河在金元动乱时期形成多支分流的自然局面,明初奉行"北岸筑堤,南岸分流"的治河策略,在"分流杀势"的实践中逐渐产生了"分黄济运"、"分黄济卫"等兴利除害兼顾的治河思想。

明初宋濂认为分流是治河的根本途径。他说:"河源起自西北,去中国为甚远。其势湍悍难制,非多为之委,以杀其流,未可以力胜也。""南渡之后,遂由彭城合汴、泗东南以入淮,而向之故道又失矣。夫以数千里湍悍难制之河,而欲使一淮以疏其怒势，万万无此理也。方今河破金堤，输曹、郓地几千里，悉为巨浸，民生垫溺，比古尤甚。莫若浚入旧淮河，使其水南流复于故道，然后导入新济河，分其半水，使之北流以杀其力，则河之患可平矣。”（《明经世文编》引《宋学士文集》）

分流论在明代前期近二百年的治河活动中居主导地位。明金景辉说：不分流、杀水势，仍然实行堤防之策，“开封终为鱼鳖之区矣。”（《行水金鉴》卷十九）

公元1448至1453年，黄河多次决泛沙湾，冲毁运道，徐有贞奉命治理，他认为黄河水大，经常冲决，应该分流；运河水小，经常干涸，应该分黄济运。这样既可除害又可兴利。他还根据当时的地形条件提出方策，“于可分之处，开成广济河一道，下穿濮阳、博陵二泊及旧沙河二十余里，上连东西影塘及小岭等地，又数十里余。其内则有古大金堤可倚以为固，其外则有八百里梁山泊可恃以为泄。”（《明经世文编》引《徐武功文集》）

明霍韬提出分流注卫，利用卫河漕运的主张。他说：“卫河自卫辉、汲县至天津入海，犹古黄河也。今宜于河阴、原武、怀、孟间，审视地形，引河水注入卫河，至临清、天津，则徐、沛水势可杀其半。且元人漕舟涉江入淮，至封丘北，陆运百八十里至淇门，入御河达京师。御河即卫河也。今导河注卫，冬春泝卫河沿临清至天津，夏秋则由徐、沛，此一举而运道两得也。”（《明史·河渠志》）

杨一魁治河，采取分黄导淮策，于公元1596年开桃源黄家坝新河，分泄黄水入海，以抑黄强。

（二）北堤南分论

明弘治二年（1489年），河决冲张秋运河。白昂治河，在北岸修筑阳武长堤，在南岸开浚入淮各支以分流。见图1—9。

弘治五年河势北趋，危及运河，第二年刘大夏治河，他明确提出“治河之道，通漕为急”（《明经世文编》卷五十三）的方针，从而进一步明确了从明初的单纯分流改变为“北堤南分”的治河方略。

“北堤南分”就是在北岸筑堤防守，南岸采取多支分流以杀水势。“北堤南分”的目的是保漕，明涂升说：“今京师专藉会通河，岁漕粟数百万石，河决而北，则大为漕忧。”（《明史·河渠志》）他认为“北堤南分”，“既杀水势于东南，又作堤岸于西北”（《行水金鉴》卷二十），运河可保无患。

“北堤南分”方略颇得治河者的支持。例如，嘉靖六年（1527年）李承勋

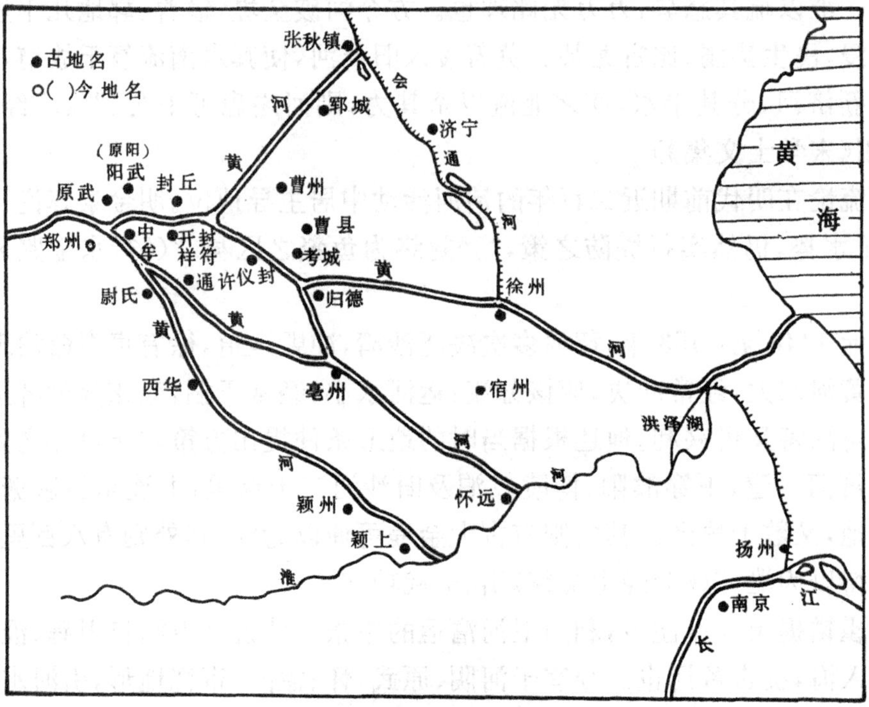

图 1—9　明弘治二年黄河主要流路示意图

（据《黄河水利史述要》）

建议说:“相六道分流之势,导引使南,可免冲决之患。此下流不可不疏浚者也。然欲保丰、沛、单县、谷亭之民,必因其旧堤,筑之障其西北,使不溢出为患。此则上流不可不堤者也。”(《行水金鉴》卷二十二)刘天和也说:“河性湍悍,如欲杀北岸水势,则疏南岸上流支河,上策也。”(《问水集》)

“北堤南分”方略实施后,南岸所开支河淤塞严重,疏而又塞。隆庆三年(1569 年)严用和建议堵塞决口,停开支河,他说:“至欲多开故道,以杀河势,则臣以为不可”,“嘉靖中,开浚孙家渡等处,费出不赀,旋即壅塞,未有能出奇策,使河受约束者也。”(《行水金鉴》卷二十六)

隆庆六年雒遵主张黄河南北都修堤,同年时鸾修兰阳县赵皮寨至虞城县凌家庄,长 229 里的南堤。万恭等也主张南北皆堤,但北强南弱,认为“北决患深,南决祸小”。

潘季驯提出“筑堤束水”治河方略后,“北堤南分”方略被完全取代。

(三)束水攻沙论

明清治河时已认识到治理黄河的关键在于解决“善淤”问题。

明总理河道万恭根据河南虞城一位秀才的建议，提出“欲河不为暴，莫若令河专而深。欲河专而深，莫若束水急而骤。束水急而骤，使由地中，舍堤别无策。”(《治水筌蹄》)万恭曾局部试验有效。

潘季驯第三次任河官时明确提出“束水攻沙”的主张。他说：“水分则势缓，势缓则沙停，沙停则河饱，尺寸之水皆由沙面，止见其高。水合则势猛，势猛则沙刷，沙刷则河深，寻丈之水皆由河底，止见其卑。筑堤束水，以水攻沙，水不奔溢于两旁，则必直刷乎河底。一定之理，必然之势。此合之所以愈于分也。”(《河防一览》卷二)

潘季驯又说：“筑塞似为阻水，而不知力不专则沙不刷，阻之者乃所以疏之也。合流似为溢水，而不知力不弘则沙不涤，溢之者乃所以杀之也，旁溢则水散而浅，返正则水束而深。”(《河防一览》卷二)

潘季驯将“束水攻沙”论付诸实践，一度取得明显效果，如他在第三次治河时整治的河道没有发生大的决溢。明常居敬评价说：“数年以来，束水归槽，河身渐深，水不盈坝，堤不被冲，此正河道之利矣。”(《钦奉敕谕查理黄河疏》)

“束水攻沙”论在实践中得到不断改进和完善。如潘季驯对缕堤的认识。明清时期堤防系统极其复杂，堤的名称很多，但主要的是缕、遥两道大堤，遥堤在外，缕堤在内，后人称之为双重堤防体系。潘季驯用缕堤起束水作用，但“缕堤即近河滨，束水太急，怒涛湍溜必至伤堤。遥堤离河颇远，或一里余，或二、三里。伏秋暴涨之时，难保水不至堤。然出岸之水必浅，既远且浅其势必缓，缓则自易保也。”(《河防一览》卷二)

“束水攻沙”论对明代以后的治河有深远影响。清靳辅说：“黄河之水，从来裹沙而行。合则流急，而沙随水去，水分则势缓，而水慢沙停。沙随水去，则河身日深，而百川皆有所归。沙停水慢，则河底日高，而傍溢无所底止。”(《靳文襄公奏疏》)

从明清治河的长期实践看，“束水攻沙”并没有解决或缓和“善淤”矛盾，黄河下游河槽仍不断平行淤高。因此有人认为应放弃“束水攻沙”论，如清范立琨说：“今以堤束水仍守旧规，而水已不能攻沙，反日形淤垫。则议者隆堤于天之说，似亦未可谓之过计。”(《安东改道议》卷一)

(四)放淤固堤论

利用黄河泥沙放淤巩固堤防，变不利因素为有利因素，这种治河思想在明清治河实践中得到很大发展。万恭在治河实践中，还采纳虞城秀才提出的

"浅河"的办法,效果良好,即"为之固堤,令涨可得而逾也。涨冲之不去而反逾其顶;涨落则堤复障急流使之别出,而堤外水皆缓,固堤之外悉淤为洲矣。"(《治水筌蹄》)这是最早见诸记载的固堤放淤法。

潘季驯进一步发展为放淤固堤三法:1.格堤落淤:遥缕两堤间筑横堤把滩地分隔成格,万一涨水"决缕而入,横流遇格而止,可免泛滥。水退,本格之水仍复归槽,淤留地高。"(《河防一览》卷三)2.固堤放淤:"先将遥堤查阅坚固,万无一失,却将一带缕堤相度地势,开缺放水内灌。黄河以斗水计之,沙居其六。水进则沙随而入。沙淤则地随而高。二、三年间地高于河。即有涨漫之水,岂能乘高攻实乎?"(《总理河漕奏疏·条议河防未尽事宜疏》)3.淤滩代缕:滩地淤高后可逐渐放弃缕堤,"假令尽削缕堤,伏秋黄水出岸,淤留岸高,积之数年水虽涨不能出岸矣。"(《河防一览》卷二)所谓"淤留岸高"即寓有淤滩刷槽的意思,这是潘季驯的治河理论又一新发展。

清靳辅发展了潘氏的固堤放淤,于堤背洼地圈筑月堤,用涵洞、小闸引浑水入月堤内,淤平洼地,清水从月堤上排出。之后张伯行提出在河南黄河各险工内先筑月堤,引水入月堤外缕堤内,自上口入,下口出,排入正河,水涨一次淤一次,淤高以后,"险工可以不险"。

(五)蓄清刷黄论

"蓄清刷黄"论是明代治河专家潘季驯首先提出的。自金明昌五年(1194年)后,黄河南下夺淮,洪泽湖逐渐扩大,淮水入湖出清口会黄。黄运分离后,清口以上又为运口,所以洪泽湖在调节黄、淮、运三河水量维持漕运畅通中发挥着重要作用。

潘季驯认为:"清口乃黄淮交会之所,运道必经之处,稍有浅阻,便非利涉。但欲其通利,须会全淮之水尽由此出,则力能敌黄,不为沙垫,偶遇黄水先发,淮水尚微,河沙逆上,不免浅阻,然黄遇淮行,深复如故,不为害也。"(《河防险要》)在这一思想指导下,根据"淮清河浊,淮弱河强"的特点,他一方面主张修归仁堤阻止黄水南入洪泽湖,筑清浦以东至柳浦湾堤防不使黄水南侵;另一方面又主张大筑高堰,蓄全淮之水于洪泽湖内,抬高水位,使淮水全出清口,以敌黄河之强,不使黄水倒灌入湖。潘季驯认为采取这些措施后,"使黄、淮力全,涓滴悉趋于海,则力强且专,下流之积沙自去,海不浚而辟,河不挑而深,所谓固堤即以导河,导河即以浚海也。"(《明史·河渠志》)

清靳辅在治河实践中,在砀山以下至睢宁间的狭窄河段内,因地制宜有计划地修建许多减水闸坝,作为异常分洪之用。如遇淮消而黄涨,则各闸分出之水，经沿程落淤澄清，均入洪泽湖，再由清口入于正河，助淮以清刷黄，发展了“蓄清刷黄”的治河理论。

明清以保漕为治河的主要目标之一，黄淮交会的清口和捍御洪泽湖的高堰成为保证漕运畅通的最关键所在。高堰是洪泽湖的东堤，必须巩固高堰，洪泽湖才能蓄有足够的清水，达到“向东三分济运，七分御黄”的目的。清康熙说，治河的关键问题是“黄河何以使之深，清水何以使之出。”当时对高堰、清口的重视程度由此可见。

“蓄清刷黄”方略的实施，在一定程度上减慢了清口的淤积，延缓了清口以下至云梯关海口河床的抬高速度，但并未能从根本上扭转清口及尾闾段河床的淤积趋势。

（六）改道论

黄河南下夺淮以后，明代后期始有河淮分流改道的议论，清代逐渐增多。

明黄绾根据当时的河流形势、地理特征和“今欲治之，非顺其性不可，川渎有常流，地形有定体，非得其自然不足以顺其性”的道理，认为“必于兖、冀之间，寻自然两高中低之形，即中条、北条交合之处，于此浚导使返北流，至直沽入海，而水由地中行。”（《明经世文编》）

明万恭认为黄河泛滥的重要原因之一，为黄河南北两岸支流的汇入增大了黄河洪水量。他提出将黄河以南的支流入淮河，以北的支流引进卫河的改道方案。他说：“河以南，水之大者莫如淮；河以北，水之大者莫如卫。若使伊、洛、瀍、涧……导之悉南归于淮。”“丹、沁河导之悉北归于卫，”“黄河得全经由秦晋本来之面目，何患哉？”（《治水筌蹄》）

清胡渭回顾历史认为：自汉以后黄河不断改道南徙，黄河以南的济水已经枯竭，黄河夺淮浑涛入海，形成黄、淮二渎交流的局面后，事实上古代的四渎仅剩黄河和长江了，假如黄淮并涨，洪水势必夺邗沟之路直趋瓜州，南注于长江。“四渎并为一渎，拂天地之经，奸南北之纪，可不惧欤！”（《禹贡锥指》）于是他建议黄河于封丘金龙口（荆隆口）改道，北行经大清河入海。清代中期，黄河下游日渐高悬，河患日趋严重，黄河北决后堵口较南岸困难，因此有人认为黄河北行为顺，改道之说又起，乾隆十八年（1753 年）吏部尚书孙嘉淦提出开减水河分水入大清河的主张，其理由有四：1. 元明以来，黄河北决，泛水均由大清河入海，他认为“北行顺乎自然形势”；2. 大清河东南面的泰山“其道亘古不坏，亦不迁移”；3. 从历史上看，大清河为漯川故道，能容纳黄河的一半水量，根据地形分析，即使黄河夺流大清河，两岸也不会产生很大的灾害；4. 至于漕运，他主张可由大清河入海通达天津。

此外孙星衍、陈法、稽璜等皆有改河经山东入海的议论，当局认为改道“其事难行”而没有实行。

最完善地提出改道说的，是清末著名的思想家和地理家魏源，政治上他主张革新，治河上他主张积极的人工改道，以避免天然的决溢改道。其改道理由有二：1. 他指出，黄河北决祸重，南决祸轻，北岸决塞难，南岸决塞易。两岸“地势北岸下而南岸高，河流北趋顺而南趋逆。”（魏源《筹河论》中）黄河如在河南境北决，泛水必然贯张秋流入大清河，这好象就是一条天然河道，从黄河北决入大清河的先例来看，可见大清河足以容纳全部黄河水量。南行黄河已经成为很高的悬河，继续行洪危险日增，河势利北而不利于南。并指出人工改道在开封以上为最好。2. 至于漕运，他认为张秋以南的运河有汶水自南旺湖建瓴而下，通漕较易，北岸则可将临清至张秋的减水坝全行堵塞，使水不外泄，运河水源的补充，可在寿张黄运相交的地方建闸，用“倒塘济运”的方法来解决。

同时他又概括了黄河北行有二善六利：黄河北行由荥阳至千乘入海，上游南有广武山约束，北有大伾山阻挡，下游东南有泰山支麓为界，“其道皆亘古不变不坏”其善一。借大清河的清水来冲刷黄河的淤泥，其善二。六利是针对河政而言：1. 导河北行可以裁冗员，每年省岁修及济运之费五百万；2. 河走山东硗瘠之地，其民可移居涸出的黄河，官府不用买地；3. 高家堰不蓄水，洪泽湖水可畅流入海，淮西上游可涸出民田数万顷；4. 洪泽湖五坝不启，里下河地区可免除灾害；5. 河患减少，钱帑不浪费，朝廷可全力整顿边防，兴修水利；6. 涸出旧河可获大片粮田，其地税用于治河，河务经费不需国库开支。

魏源预言，黄河北行是自然趋势，即使不以人力改之，天意亦将自改。清咸丰五年（1855 年）黄河于兰阳铜瓦厢决口改道，事实证实了他的预言。

（七）疏浚海口论

海口（也称河口）指黄河入海之口。明清有人把黄河决口的原因归于海口不畅。

明朱裳等建议广开入海道路，分泄入海。朱裳认为黄河没有夺淮时，淮水入海的地点除海口外，还有套流，安东上下又有涧河、马逻等港；黄河夺淮后水势增大，而涧河、马逻港及海口诸套却都湮塞，下壅上溢，必成灾害。他说："宜将沟港次第开浚，海口套沙，多置龙爪船往来爬荡，以广开入海之路，此所谓杀下流者也。"(《明世宗实录》见《行水金鉴》卷二十二)

清靳辅提出挑浚海口的具体措施，"每堤一里，必须设兵六名，每兵一名，管堤三十丈"，"每二里半建一墩，令兵十五名居于墩侧。每墩给浚船一只，各系铁扫帚二个于船尾，系绳以五丈为度，每月之初一、十一、二十一日，两岸墩兵各乘浚船，或布帆，或鼓棹，或缆错下铁扫帚于水底，溯流刷沙，往来上下"；"再设兵二百四十名，给船十二只，专令浚堤外至海口一带淤沙"(《治河方略 · 经理河工第八疏》)并付诸实践，但效果不佳。

他后来认识到，"凡议河者莫不力言挑浚，而不知其势有必不可者，何也？挑浚之口最狭亦须宽至里，深及丈，方可通疏，以土方算授工计万夫，三日之力不及里之一分。且渐近海滨，人难驻足，加以滔天之潮汐，一日再至，不特随浚随淤，尤恐内水未及出，而潮水先从之而入矣！"(《治河方略 · 开辟海口》)

清张鹏翮说："夫海口不开，譬人之饕餮者，果于腹而尾间不畅，未有不胀闷者也，"(《论治黄淮要领》)主张人工疏浚海口。

(八)沟洫治河论

沟洫治河论的主要思想是通过"沟洫"措施对黄河干支流洪水进行人工调节，从而达到保水保土，减少流入黄河下游的水沙量和有利于农业生产的目的。最早提出沟洫治河论的明人周用总结了历代治黄的经验，认为"天下有沟洫，天下皆容水之地，黄河何所不容。天下皆修沟洫，天下皆治水之人，黄河何所不治。水无不治，则荒田何所不垦。"(《行水金鉴》卷二十六)

明徐贞明说："昔禹播河注海，而沟洫之修，尤尽力焉。固以利民亦以分杀支流，而不以助河之虐。河之无患，沟洫其本也。""今河自关中以入中原，合泾、渭、漆、沮、汾、泌、伊、洛、瀍、涧及丹、沁诸川数千里之水，当夏秋霖潦之时，诸川所在，无一沟一浍可以停注，旷野洪流尽入诸川，其势既盛，而诸川又会于河流，则河流安得不盛?流盛则其性自悍急，性悍则迁徙自不常，固势所必至也。今诚自治河诸郡邑，访求古人故渠废堰，师其意不泥其迹，疏为沟浍，引纳支流，使霖潦不致泛滥于诸川，则并河居民，得利水成田，而河流渐杀，河患可弥矣。"(《明经世文编》引《徐尚保集》)

清龚元玠说："若果欲复沟洫，亦不必尽天下皆沟洫也。惟于河所经之省，如河南省之巩县以东，阳武、胙城以北诸境，山东之曹、单、沂、兖、东昌、济宁诸境，江北之淮、徐、邳、宿、海川、沭阳、盐城、阜城、高、宝诸境，皆令其解事地方官，亲身相度，不必拘井田制。应为沟洫者，明白晓谕，令其为四尺之沟，八尺之洫。如有应为浍者，即令其为六丈之浍。据实开报，弃地若干永免其税。并令于沟洫中种莲，于畛涂上种桑，永为本户世业。既无水旱之忧，又非不毛可比，又无地税，民无不乐从矣。”（龚元玠《黄淮安澜编·复沟洫论》）

三、京杭大运河

“元都于燕，去江南极远，而百司庶府之繁，卫士编民之众，无不仰给于江南，一岁输粮至京师多至三百余万石。”元朝漕运主要靠海运，“岁漕东南粟，由海道以给京师。”（《元史·食货志》）但海运较内河航运风险大，损失多，因此决定开辟一条贯通南北的内河运输线。济州河、会通河和通惠河相继开凿后，沟通海河、黄河、淮河、长江和钱塘江五大水系，全长1700多公里的京杭大运河得以通航。见图1—10。

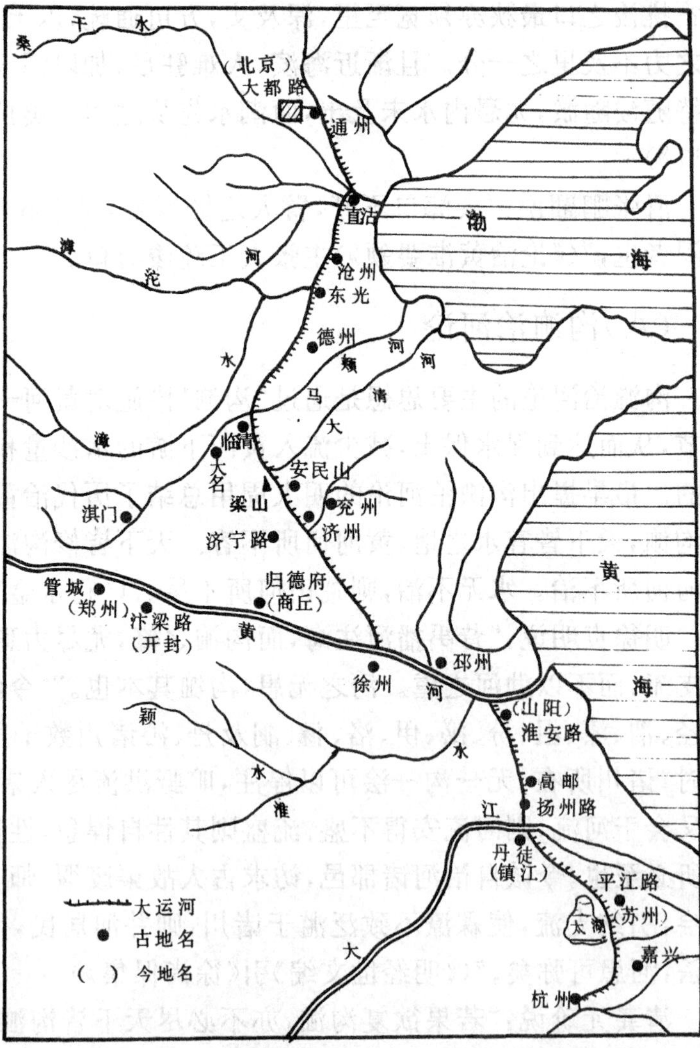

图1—10 元代黄河下游与大运河示意图
（据《中国水利史稿》）

京杭大运河徐州以南至淮安河段是利用黄河作运道，成为南北运河连接的重要纽带。

这段河道，有河防和漕运的双重任务，一直维持到清代前期。

运河与江、淮交叉，与黄河重叠，黄、淮、运三河治理成为统一整体，始终以保障漕运的通畅为中心。影响大运河的主要问题有三：一是黄河冲决的干扰；二是会通河、通惠河水源不足；三是穿黄、渡淮、过江的问题。明清治理，除治黄、治淮经常维修外，还采取改道，开辟水源，兴修水柜；兴修相应闸坝控制等工程。

京杭运河自明隆庆元年(1567 年)开南阳新河后，徐州以上航道受黄河冲淤次数减少。徐州以下至清口段仍走黄河，晚明开泇运河，清康熙二十七年(1686 年)开成中运河。这样黄运仅在清口有几里共同河道，其余完全分开。之后因清口不断淤高，堵塞淮水，妨碍航道，于是又兴修引淮河清水入里运河、南北运口、灌塘济运等工程，以维持航道的通畅。大运河全线通航，一直维持到 1855 年黄河改道。

四、引黄灌溉

金代仅维持旧渠。元代幅员广大，水利中引进中亚技术，关中郑白渠、宁夏引黄灌区、引沁广济渠等古灌区都得到恢复与发展。明代前期兴修工程多，后期议论多，且结合治河论述。清代前期水利有所发展，多是地方办的小水利，除上述灌区有所发展外，内蒙河套灌区亦有长足的发展。元明清南粮北调规模大，任务重，有识之士十分注重发展北方引黄灌溉。

(一)郭守敬引黄设想

元世祖忽必烈实行劝农政策，中统三年(1262 年)忽必烈召见郭守敬。据《元史 · 郭守敬传》记载：郭陈水利事，对黄河流域农田灌溉提出：

1.“怀孟沁河，虽浇灌，犹有漏堰余水，东与丹河余水相合。引东流，至武陟县北，合入御河，可灌田二千余顷。”

2.“黄河自孟州(今河南孟县)西开引，少分一渠，经由新、旧孟州中间，顺河古岸下，至温县南复入大河，其间亦可灌田二千余顷。”

上述建议虽未施行，但事后郭守敬颇得忽必烈赞赏，“授提举诸路河渠。(中统)四年，加授银符，副河渠使。”

至元元年(1264 年)，郭守敬“从张文谦行省西夏(今宁夏、甘肃一部分)”曾乘船溯流而上，考察所谓黄河上源，他提出对旧有引黄水利工程进行彻底修复的“因旧谋新”的方针。“先是，古渠在中兴者，一名唐徕，其长四百里，一名汉延，长二百五十里，它州正渠十，皆长二百里，支渠大小六十八，灌田九万余顷。兵乱以来，废坏淤浅。”对黄河下游，他建议：“自孟门以东，循黄故道纵广数百里间，皆为测量地平，或可分杀河势，或可以灌溉田土，具有图志。”

至元二年(1265年)郭守敬升任都水监。在返京途中，他坐船沿河套顺流而下，考察中兴至东胜(今内蒙古托克托县)段通航和引黄灌溉的情况说：“舟自中兴沿河四昼夜至东胜，可通漕运，及见查泊，兀郎海古渠甚多。”

郭守敬在调查研究的基础上，对引黄兴利有较全面的综合设想，他认为黄河干流和支流、上游和中下游、引水溉田和防洪航运等问题均应兼筹并顾。

(二)明清引黄发展与议论

明清兴修了不少引黄灌溉工程。清代乾隆年间青海省西宁县湟水两岸就有引水渠道136处，或灌田28万亩。清代甘肃省皋兰县城郊利用小河和泉水进行自流灌溉外，黄河两岸又安装了100多架轮式翻车，合计灌田约2万亩。明代在宁夏河套一带的灌溉事业也有发展，疏浚了久塞的七星、汉伯、石灰三渠，又疏浚了黄河西岸贺兰山旁的一条长300余里、广20余丈的渠道，并于灵州金积山河口开了新渠，扩大了灌溉面积。清初在黄河西岸贺兰山东麓新建了大清渠，又增修了惠农渠、昌润渠，与唐徕、汉延合称河西五大渠，并制定了管理运用制度。泾河在甘肃省内利用较少，明代当地人民在平凉、泾川之间，利用泾水及其支流，共开大、小引水渠62道，计长200余里，名曰利民渠，“可溉田三千顷有奇”。黄河中游的山西、陕西两省的灌溉事业以及下游河南省的引沁灌区也得到较大规模的发展。

明清黄河下游河槽高出两岸田地，有优越的引水自流灌溉条件，这一地区人烟稠密，土壤、气候、交通等条件都宜于发展农业生产，但是黄河下游引黄灌溉的记载自古很少，明清有人论及引黄灌溉，且有具体的规划设想，也未实现。

明人左光斗认为大禹治水，主要是平治水土，浚沟洫而已。支流既分，全流自杀，下流既泄，上流自安，无昏垫之害，有灌溉之利。治理河川，惟运河不敢开泄外，都可设水利。他说：黄河下游，“东南地高水下，车而溉之，上农不能十亩。北方地与水平，数十顷直移时耳。事半功倍，难易悬殊。则引流之当议也。河流渐下，地形转高，不能平行。其法，拦河设坝以壅之，或壅二、三尺，或四、五尺，然后平而引之。水与坝平，流从上度，递流而下，节节如是，盖不能俯地以就水。而惟升水以就地,支河浅流最宜用此。则设坝之当议也。蓄泄不时,秋水既至,坏禾荡舍,往往有之。惟于入水之处设斗门,旱则开之,涝则塞之,出水之处反是。此建闸之当议也。沿山带溪最易导引。而山水暴涨,沙石冲压,再行排洗,劳费不偿。其法,顺水设陂以障之,用支河不用河身。支河以上河身听其下行,此设陂之当议也。春夏急水,秋冬无所用之,储有余以待不足。法用池塘以积之,既可储水待旱,兼可养鱼莳莲。每见南方百亩之家,率以五亩为塘,或十余家一塘,居然同井遗意。惟原洼下之地不必另设。则池塘之当议也。"(左光斗《屯田水利疏》)

明冯应京说:中州滨河之区,当秋水时至,百川灌河,曾无一沟一浍为之停蓄,以故频受其害,而不获尺寸之利。若引邺之漳水,南阳之钳卢陂,昔人率用以灌溉。并州西南,若汾若沁,尽可引注,为农田用(冯应京《重农考》)。

清靳辅认为:若今则但能开涵洞引黄以淤洼已善矣。安能通渠而引溉矣。然则如今之策,亦惟有择老土筑坚堤以束河,已使不他徙,建闸坝、置涵洞以深堤,使不内渍而已。

靳辅还设想下游沮洳之地可以发展成水乡乐园。他说:"医于中河之北,已拟有重河重堤之议。若重河已成,于堤北每二十里建涵闸一座。即于洞口开通河一道,自南而北通于沭。东西三百里,计置洞十五座,开通河十五道。其沭河狭浅之处,再辟而浚之,俾其纵横贯注,宣泄有路。此工一成,涝则大小相承,河洞互引,民田无淹漫之忧。旱则沟洫可蓄,车戽得施。不过数年,此周围千里沮洳之地当一变而尽为水田粳稻之乡。"(靳辅《治河汇览》)

靳辅还说:"砀、肖南境有故河一道,若疏其浅、浚其塞,开成大河,由砀山东南出符离桥,直达灵芝等湖,至归仁堤,酌地形高下,……此河一成,则归郡一带行涝各有所归,而民田尽出。久淤之地其利十倍。且商旅通行,市集亦兴。不过数年,变涂泥为乐国无难也。"(靳辅《治河汇览》)

第二章　近代治河方略

鸦片战争以后，我国沦为半殖民地半封建社会。一方面国家的经济日益贫困，政治日益混乱，黄河失治，决溢频繁，人们将黄河看成是“中国的忧患”；另一方面，由于西方的科学技术得以引进，给黄河治理带来了影响，逐步开展了地形、地质、水文、气象及模型试验等基本工作。

近代中外人士对治河的议论，有过两次高潮。第一次是清末(1855 年)铜瓦厢改道后，是堵口挽复故道还是改行新道，清廷大臣两种不同意见争论持续三十年之久。光绪二十五年(1899 年)比利时人卢法尔查勘黄河下游，利用近代水利科技，提出全面治理黄河的观点。第二次是民国年间，尤其是 1933 年黄河大泛滥以后，国内外水利专家发表了系统的治河意见，一些治河机构团体也发表过治河方略或提出规划报告。大多未实施。兹将有代表性的论述，概述如下。

第一节　清　末

咸丰五年(1855 年)铜瓦厢决口以后，黄河夺大清河入海，即走现行河道。

当时，究竟是堵塞决口回复故道，还是乘势改行新道，清廷内长期争论不休。

一、改行新道说

主张改行新道，始有张亮基、黄赞汤、沈兆霖、胡家玉(后又主张堵口)等。同治中后期以苏廷魁、李鸿章、乔松年等较有代表性。光绪十三年(1887 年)前后有龙湛霖、翁同和、潘祖荫、曾国荃、卢士杰、童宝善等。改行新道的

主要依据是:

1. 故道难以修复。明清故道是地上河,有的河身高于平地约三四丈,河、淮、运交汇,工程林立,一旦废毁,风沙成堆,恢复极难。同治七年(1868年)苏廷魁等奏称:"故道两岸堤长两千余里,岁久停修,堤身缺塌,河身淤塞,比比皆然。""欲修复之恐非数千万帑金不能蒇事。"(《再续行水金鉴》卷九十八)

2. 铜瓦厢口门难堵。一是口门越冲越深,越塌越宽,二是开挖引河工程量太大。咸丰十年沈兆霖说:"开引河之费十倍于前"。同治十二年李鸿章称"口门已塌宽十里,引河挑深必须三丈,实非当时人力物力所能及。"

3. 南河漕运恢复困难。潘骏文认为恢复漕运必须筑五坝、修高堰、浚清口,工程艰巨,短期难以完成。

4. 耗费巨大。同治十三年估计修复故道约需银二千二百余万两,光绪十三年夏成孚估计仅堵口就需银一千余万两。

5. 北行顺水性,南行逆水性。乔松年等人认为,明代以后,黄河北决多而堵塞难,乃水性就下的缘故。若挽之使南,则"性多拂逆"。即使挽复故道,因下游淤高,上游仍不断溃决,豫、鲁、皖、苏仍不免水患。

除上述客观原因外,争论的头面人物不免有地方观念,如翁同和、李鸿章都是南方人。总的说北行比回故道好。

二、回复故道说

回复故道说,主要是出于对漕运问题的考虑。潘骏文主张回复故道,他于同治三年(1864年)指出:治河重在利运,黄河北行,运河受淤,其害甚大。同治七年,黄河在河南荥泽决口,兵部左侍郎胡家玉认为可以乘下游断流之机,发卒治河,分段挑挖故道,治河与治漕可统筹兼顾。这一建议遭到反对。之后,运河多次被黄河决泛的洪水冲断,张秋一带河水微弱,难以分流济运。为此乔松年等建议堵筑张秋以上缺口,使大溜专注张秋,以利两岸筑堤束黄济运。同治十一年山东巡抚丁宝桢认为:筑堤束黄"南运口难免倒灌之患,北运口恐有夺溜之虞"(《再续行水金鉴》卷一〇〇),借黄济运终非长策,山东黄河频年决口,保运防不胜防,"地方受害滋大,请仍挽复淮徐故道,以维全局。"

光绪十二年(1886年)太仆寺卿廷茂也主张回复南河,以利漕运,以免山东河患。他说:"今日河底日高,水行地上,其年年溃决,年年漫溢也,""方今河患日深,不得亟筹变计,与其日掷金钱于洪涛巨浪之中,终无实效,何如挽复淮徐故道尚有成规也。”(《再续行水金鉴》卷一二〇)光绪十三年郑州决口,全溜南趋,铜瓦厢口门可以干堵,张曜又请恢复故道,他说:“现在山东河淤愈高,黄流实难容纳,拟请乘时规复南河故道,以维全局。”(《再续行水金鉴》卷一二二)阎敬铭也说,山东灾区逐年扩大,恐波及畿辅,主张回复故道。

回复故道说,主要以南北漕运中断和山东灾区扩大这两点为依据,丁宝桢、潘骏文等人还分析新道有四个不利因素:1. 山东水利发生新问题。泰山以北原以大清河为尾闾的诸水,如玉符河、泺水、绣江水等,在黄河夺大清河后,水势抬高,各水尾闾因受黄水顶托,宣泄不畅。2. 弃地迁民。铜瓦厢至海口,相距1300余里,创建南北两堤相距至少十里,约需弃地若干万顷,移民不知作何安置。3. 妨碍盐纲。大清河俗名盐河,其海口所产之盐靠大清河内运,黄河夺流之后,重载溯水而上,甚形阻滞,海口溃溢,则盐场受害。4. 城池难保。大清河两岸州县城池林立,距河甚近,黄河行洪,则需迁城。并分析回复故道有四便,即大清河两岸不需要移民;不需要创筑新堤;旧河有完整的管理体制与机构;可恢复南北漕运。

回复故道说中,有的人是从维护山东地方利益来考虑的。总起来说,不如主张改行新道的人数多、声势大、论述广。

双方争论有三个时期,铜瓦厢决口之初,清廷忙于战争,无暇顾及堵口,未见治河争议。同治年间,国内战争结束,国库渐增,治河之议始起,争论侧重于如何恢复漕运。光绪年间,漕改海运,运河的恢复并不迫切,但因两岸堤防的形成,新河的淤高,光绪十年左右,山东河患严重,回复故道的议论再起。第三次是光绪十三年郑州决口后,铜瓦厢口门干涸,干堵口门仅需银十余万两,回复故道的议论又起,为此翁同和、潘祖荫上奏提出,黄水南注有两大患五可虑,主张迅速堵塞决口,挽河北行。翁为光绪帝之师,光绪帝认为翁说系“切中事理之言”(《再续行水金鉴》卷一二一),又鉴于郑州决口,为患甚巨,便命李鸿藻督办大工,堵塞郑州决口。之后,规复故道的议论遂销声匿迹。

三、单百克、卢法尔治河策

黄河铜瓦厢决口改道以后,先后有西方人士考察黄河。荷兰人单百克(P. G. Vanschhermbeek)于光绪十七年(1891年)考察黄河以后提出治河方策:在下游采用双重堤防来控制洪水,整治河道,并于内堤上修筑减水坝,使河水可以漫入相距1.5至4公里不等的堤间空地,年复一年,淤地日高而达

于洪水位，于是可“获得一新堤，其顶宽为1.5至4公里。”(沈怡《黄河问题讨论集》)

光绪二十四年九月，上谕李鸿章会同地方官任道镕、张汝梅等人查勘黄河。李鸿章还聘请比利时水利工程师卢法尔参加。

卢法尔考察了黄河下游的河道、河口、民埝、大堤、险工，他用近代西方水利科学观点，提出治河方略，他说：“治河如治病，必须先察其原，黄河在山东为患，而病源不在于山东。”他明确指出黄河病原在晋、陕的泥沙，并提出上(中)下游进行全面治理的观点，他说，黄河“始至山西已挟沙而来，道出陕西又与渭水汇流，其质更浊，再穿土山向东而出，拖泥带水，直入河南，所至披靡，水益浑矣，此即黄河之病原也。”(《比国工程师卢法尔勘河情形原稿》载于《历代治黄史》卷五)为此他提出首先应办的二项基本工作：1.“测量全河形势，凡河身宽窄、深浅、堤岸高低厚薄，以及大小水之浅深均需详志。”“测绘河图，须纤悉不遗。”2.“分段派人查看水性，较量水力，记载水志，考求沙数，并随时查验水力若干，停沙若干，凡水性沙性，偶有变迁，必须详为记出，以资参考。”

对于河道工程的规划整治，他认为应根据河床河滩泥沙淤积的情况，按照测绘的河图，规划河道的纵坡与河床的宽窄，以控制流速，以求无论洪水的涨落，都能刷沙入海，为此他提出要用新法整治河道：裁弯取直，展缩河身，保护上游两岸土山，尽作斜坡，以防坍塌，筑挑水坝，以导其流，修减水坝以防异涨。对于黄河尾闾的拦门沙，他借鉴美、奥、比国整治海口的经验，建议先筑海塘，再用机器挖泥，可达事半功倍之效。他说，海塘连接河堤，“则水力益长，能将沙攻至海中深处。”

关于上游的治理，他说应考求“设闸坝用以拦沙，或择大湖用以减水。源头及濒水诸山，应令栽种树木以杀水势。”他借鉴西方各国植树经验，建议国家颁发“种树律例”，以保障林业的发展。

为了全河水情讯息的畅通，他建议“沿河设电线，按段通电”以便预弭河患。

至于治河章程，他主张针对弊端，详实制定，并严格执行。

四、李鸿章的大治方案

李鸿章查勘黄河之后于光绪二十五年(1899年)二月向朝廷上奏，提出“大治办法十条”，即“大培两岸堤身，以资修守；下口尾闾，应规复铁门关故道，以直达归海；建立减水大坝；添置机器浚船；设迁民局；两岸堤成，应设厅汛；设立堡夫；堤内外地亩，给价除粮，归官管理；南北两堤设德律风（电话机）传语，并于险工段内酌设小铁路，以便取土运料；两岸清水（泛区积水）各工，俟治黄粗毕，量加疏筑，以竞其工。”（林修竹《历代治黄史》）他又以山东河患日深，实现大治需要相当时日，故提出救急治标办法，如筑堤修埽，加强防汛，疏通海口等工程。

三月，光绪帝将方案交军机大臣讨论，会议认为李鸿章所拟大治办法与救急治标办法“均尚切实，请照议办理”。并饬户部分别筹款，治理事项交山东巡抚毓贤负责办理。

李鸿章的大治方案与卢法尔的全面治河的观点有很大的差距。大治方案中，李鸿章仅采用了西方新技术中的机器浚船、电话通讯、铁路运石这三项。但就这样的大治方案，在实际施行中，也只开了个头，以后便逐渐停顿。

第二节　民　　国

民国初，河防各省分治，悉以清末旧制。1933 年黄河大水后，成立了统一的治河机构——黄河水利委员会，国民政府一度任用留学归国水利专家主持黄河工作，聘请外国专家为治黄服务。国内外专家、民间或政府的治河团体先后发表过许多治黄方略、规划及综合考察报告等方面的治河论述。日军侵华期间，东亚研究所成立黄河第二调查委员会，研究黄河的治理、开发与利用。上述研究成果仅见诸文字，均未实行。

一、国内专家

（一）李仪祉（1882—1938 年）

李仪祉是我国近代水利科学技术先驱，他于 1933—1935 年首任黄河水利委员会委员长，他针对我国古代治河缺乏基本测验数据，提出科学治河的主张，并亲赴黄河上、中、下游实地查勘，部署地形测量、水文、气象测验、筹建大型水工模型试验场等工作，筹划黄河治本治标工程。他一生中有关治黄论著甚多。他针对我国古代两千多年治河偏重下游河道，黄河得不到根治的情况，提出治黄要上、中、下游并重，防洪、航运、灌溉、水电等各项工作都应统筹兼顾的治河方针。其治黄方略有五个方面：

1.黄河为患的症结与治理目标。他说:“言黄河之病,莫不知其由于善淤、善决、善徙,而徙由于决,决由于淤,是其病源。”他说,河入平原“涨水至,其力固足以挟浮游之沙以行”,“迨水落深减,押转力削,则积滞中途。于是而河床日高,于是而河口日仰”,于是河道益坏,河患益著,所以消除河患,不仅要防洪,更需要减沙。黄河的洪水量需有节制。洪水不减,河患不除,黄河终无治理之日。

对于治河的目标,他说:“维持黄河现有入海之道,使不致迁徙,巩固堤防,使不致溃决漫溢为害人民,此历来河防之所固守者也。进一步言之,则又曰:使河槽刷深,河防益固,使海口通畅,排洪顺利,使河床整一,帆楫无阻,此历来河工所有之志而未能达者也。更进一步言之,则又曰:使洪水之来量有节制,险工不生;使泥沙之来量大减,河床不淤,此历来治河者见有所及而行有未逮者也。更进一步言之,则又曰:使黄河远达腹地,上以联贯其主要支流,下以错综乎淮运,使成一良好之航道,此则历来人所不敢言而以为奢望者也。……用古人之经验,本科学之新识,加以实地之考察,精确之研究,详审之试验,多数之智力,伟大之机械,则又何目的之不能达!”

2.对于黄河中上游的治理。他认为今后治黄重点应放在西北黄土高原上。他说:“今后之治河者,不仅当注意于孟津、天津、淮阴三角之内,而当移其目光于上游。”他主张于荒山发展森林,并鉴于森林发育缓慢,同时又积极提倡种草畜牧以为黄河治理之助,鉴于农民的生计,还需耕植,他引伸古代沟洫制,主张在田间、溪沟、河谷中截留水沙。他总结历史上农民治山治水,发展生产的经验,提倡黄河治理与当地的农、林、牧、副业生产的发展结合起来。他认为“水库用于黄河,以其挟沙太多,水库之容量减缩太速。然若分散为沟洫不亚于亿千小水库,有其用而无其弊,且可粪田,何乐而不为也。”

3.洪水的出路。治河以防洪为最大目的,尽量为洪水筹划出路,务使平顺安全宣泄入海。出路有三:一为浚河槽使之宽深,以增加泄量;二为在上中游各支流建拦洪水库以调节水量;三为辟减水河以减异涨。

蓄洪工程以施于陕西、山西及河南各支流为宜。渭、泾、洛、汾、南洛、沁诸河各作一蓄水库。山陕之间溪流并注,猛急异常,亦可择其大者如三川河、无定河、清涧河、延河各作一蓄水库。水库要综合利用,起到防洪、灌溉、发电等效益。或议在壶口及孟津各作一蓄水库以代之,则工费皆省,事较易行,亦可作一比较设计,择善而从。

若在黄河中上游筑水库蓄洪,把黄河20000立方米每秒的洪水削减13500立方米每秒,使流到下游的洪水不超过6500立方米每秒,则异常的河患可以避免。

各水库在汛前放空，汛期水量由底洞泻出，可使库内不至淤积。在山峡筑库，坡陡流急，可使库区淤积冲刷净尽。但如 24 小时的水量分作 10 日或 20 日放下，水势变弱，挟沙力小，恐水库以下的河床发生淤积，所以黄河下游的治导与中上游水库要同时并举。

开辟减河有三条途径：自陈桥作一减河，至陶城铺还黄；自齐河辟减河，泄入徒骇河；自刘庄辟减河，至姜沟还黄。这样即令发生 1933 年的大洪水，也不会成灾。

4. 下游河道的整治。在洪水控制前，流量变幅大，宜设复式河槽，待将来洪水得到控制，可以变为单式河槽，用以加大挟沙能力。从当前情况看，常遇洪水（如每年必遇的）处于本槽，非常洪水（如数年或十余年一遇的）处于洪槽。洪槽不要宽窄失宜，以致积淤或溃决。本槽过流暂定为6500立方米每秒。

固定河床可采用固滩坝，并沿河岸设顺坝。漫滩洪水被固滩坝阻挡，淤高滩面；清水归槽，冲刷河床。

黄河善变，治导工程应利用有利时机。时机一失，形势顿变，原计划便不再适用。黄河流势时有变迁，洪水之后常有刷深拓宽的变化。善治河的人，防范于其变坏之前，维护于其变好之时，则治河可事半功倍。河北省境黄河（今河南省东北）河滩宽，多串沟，人人皆知必然为害堤防。假使预为设防，需费 10 万元，然而款无着落，造成 1933 年与 1934 年两次决口，损失数千万元，赈工数百万元。

对于 1933 年大决溢后的治导，他“主张留石头庄一口不堵，让河改道行金堤现河床间，至陶城铺仍归本河”。其好处是可“使长、濮、范、寿等县人民徙居今道，移卑就高”，“冀、鲁十几处险工，尽行撤开，培修金堤，使冀、鲁四百余里只守一面之堤，而鲁西、苏北人民从此可以高枕而卧。”

现有险工，不设法改除，年年春修夏防所费甚多，为患不已。所以他主张先治理险堤。他说，凡治河于一处，上下游皆受其影响而生变化，应该统筹兼顾，而尤须自其最坏处着手，往好处转化。选择数处险工段先为之改正，并加以固定，成为结点，河流就易于就范。

利津以下为河口段，筑堤不如巩固河岸。三角洲上之河床，摆动无定，海潮的冲击，泥沙的淤积，尾段堤防难以防守。凡含泥之河流，都有天然堤，而黄河尤著。利用黄河的特性，不筑堤，采取两岸植柳，在行洪河道之外各划一宽 50 米至 100 米之地带为植柳带，枝条纵横，互相编织，如篱如网，可以纠土，可以助淤。河口段的土质可因此改善。

5. 航运。他对发展黄河的航运事业，有过全盘的设想。他认为“黄河并不是不能通航，但须大加治导”。鉴于河南黄河水流散涣，他主张先治山东河段及河口段。山东黄河濮州以东至海口，民船航行尚且便利。小清河贴近黄河干流，加以治导，作为出海之道，向上可于济南附近与黄河接通。并于南岸姜沟及北岸陶城铺作为黄河及运河联运地点，自济南至陶城铺，河道深窄，略事整理即可容汽船航行。

河南黄河孟津以上两岸高山，黄河浅滩甚多，然平均水深有两米多。两岸以楗（以竹木土石为材料的治河工程）相逼，必可治一深槽以达禹门。晋、陕之间多峡谷陡坡，如何通航，尚难断言。黄河下游通航标准可按600吨级考虑。

支流可开辟的航道有：“延河可治之使通民船至延安；无定河可治之使通民船至榆林；渭河整治后可行300吨的船到宝鸡；北洛河加以渠化可至甘泉。内地之煤炭、皮革、药材、棉花、石油等均可借此外运。”

（二）张含英（1900年— ）

张含英是我国著名的水利学者和治黄专家，在1941年8月至1943年8月任黄河水利委员会委员长，他在民国年间治河论著甚多，其中1947年所写的《黄河治理纲要》代表了他这一时期的治黄思想，其要点如下：

1. 治黄总则

“治理黄河应防制其祸患，并开发其资源，借以安定社会，增加农产，便利交通，促进工业，由是而改善人民生活，并提高其知识水准。”

“兴利与防患，在设施上与效用上，往往不能分割。例如：原用以兴利之设施，可能在防患上发生巨大的作用，原用为防患之设施，亦可能在兴利方面发生显著之影响。”近代大型工程的建筑技术日精，一项工程的兴建，“凡能作多目标计划者，应尽量兼顾之”。治理黄河必须就全河立论，不应只就下游论下游，而“应上中下三游统筹，干流与支流兼顾，以整个流域为对象”。“治河本息息相通，牵一脉而动全体”，各项工程彼此互相影响，应善为配合。

2. 充实基本资料

他主张科学治河，提倡用航空测量全流域地形，普查全流域的地质、经济状况及资源蕴藏量，扩充水文观测项目，详测下游泛区，调查可灌土地，勘测上中游可建坝址。

3. 泥沙之控制

“泥沙之主要来源，为晋陕区、泾渭区及晋豫区。”控制泥沙应以这些地方为重心。“欲谋泥沙之控制，首（先）应注意减少其来源。”其方法不外“对流域以内土地之善用（农作、草原与森林三者，按地形与土壤划分使用），农作法之改良（按用等高种、轮种等法），地形之改变（采用新式阶田之法）及沟壑之控制”。“塌岸亦为供给河道泥沙之极大来源，故护岸应视为减少河中泥沙之有力方法。”“水库之淤淀，应试验研究利导之方法。”

4. 水之利用

“水之利用，应以农业开发为中心，水力、航运均应配合农业。”“兰州以上因天气及地势关系，不便农产，有利畜牧。牧草亦多需施水。”贵德之龙羊峡，循化之公伯峡，均宜修建水电站。黄河支流如大通、大夏、洮河等，其交通与电力，应同时规划。

兰州中卫间黄河干流，为西北交通要道，不能不考虑航运；所经峡谷多处，颇宜开发水电；两岸多有高地，要发展灌溉。故规划应考虑通航、水力、灌溉，作多目标计划。本段可灌之地较多，上游水量虽丰，而旱季可用之水较少，“故必须设法储蓄以为补救，且中游下游水量亦苦不足，于此兼储并蓄”调节径流，实为必要。大峡之西霞口，红山峡之吊吊坡及黑山峡之下口均可研究筑坝。宁绥灌区需整治扩充。

河口镇至龙门，“两岸人烟稀少，几不通航，倘于龙门上之石门一带筑坝高 150—200 米，更于其上游建坝二处，即可将全段化为三湖。其最大利用为陕晋高原之抽水灌溉，次为电力之开发与航运之便利。”又因接近下游，有防洪效益。“故此段亦为多目标计划之良好区域。”

陕县至孟津“位于山谷之中，且临近下游，故为建筑拦洪水库之优良区域。其筑坝之地址，应为陕县之三门峡及新安之八里胡同”。详加“计划以便防洪、发电、蓄水三者各得其当”。“于八里胡同筑坝，使回水仅及潼关，即能以控制下游水量于 10000 立方米每秒以下，且可发生 120 万马力以上之电力。”“若目前注重河防，而资金未能兼顾时，可于八里胡同修一较低之坝，专节洪流而不及发电，或于三门峡修一坝，使回水不越潼关，亦可达防洪之目的。”水库的寿命是最严重的问题，当今泥沙运行之分析与观测，还不能说明其实际情形与运行规律。“然所可断言者，……其终必丧失蓄水效能，则无疑义。故欲防下游水患，必同时作泥沙之控制。如是则此坝之寿命可以延长。”即使本工程失去防洪之效，“尚可借水头落差以发电”。

黄河下游可建闸引水灌溉，且两岸盐碱地很多，“应利用河水灌淤，并配合排水系统，引水洗碱。”黄河下游的航运素不甚大，应先配合防洪之需要，整理河槽，继之“谋低水槽之调整，以期航运之逐步发展”。

5. 水之防范

黄河上中游水患范围不算大，灾情亦较轻，“但若干年后，可能因经济建设，人烟日密，财富日增，而渐感严重。”兰州为西北重镇，多次遭受水患，应择“适当地点筑坝为库，以事节蓄，或配合其他需要合并办理之”。

黄河下游为水患最多之区，亦河患特别严重之地，防洪应为首要任务。“陕县孟津间水库筑成后，可以节制洪水至10000或8000立方米每秒以下，应视为下游防洪之有效办法。”

黄河下游在洪涨期内足致水患的总来水量不很大，可开辟泄洪道，其途径有：“自郑县(今郑州，黄河)南岸花园口分流，使循抗战时期(1938年扒开花园口)之泛区，沿贾鲁河、沙河以入淮河；自兰封(黄河)南岸分流使循(清)咸丰以前故道，经徐州以入淮河；自原武(黄河)北岸分流，使入于卫河；自开封陈桥(黄河)北岸分流，使绕金堤入山东，再由陶城铺回归正河；自长清或济阳(黄河)北岸分流，使入徒骇河。”分洪地点不同，效能也因而不同。在郑州附近分洪效用大，分流量亦大，但是工程大，费用多，损害重。在豫冀之交界或更偏下分洪，情况相反。究竟应采取一处或数处分洪，应切实研究。再者“分流与节流究竟孰省孰费，应当何去何从，或两者兼用，均非臆测所能作到，故可与水库计划作一比较研究”。

民埝与大堤之间作节蓄洪水之所，蓄洪兼供落淤，两得其利。放水时间不必固定，亦非每年必须为之，仅高于某水位时放入，俟正河水落，再开下口泄入正河，无碍于种麦。但这项办法，群众或有疑虑，应先作试点，成功之后，再行推广。

巩固堤防，不使溃决。若仅靠大堤防洪，则应以安全排泄郑州22000立方米每秒的洪水为标准。

堤线之调整应分阶段进行。首先择特别突出之“险工”使之后移，使之和缓；堤距过狭之处，使之放宽；当其他防洪工程进至相当阶段时，再图束窄堤距。

“低水就范，则航运称便，洪水就范，则河患可除”，故固定河槽是急要工作。“而固定之法，尤宜即行着手研究，并选择适当河段早日试行。”护岸工程可先控制点，而后扩充为线。

(三)沈怡(？—1981年)

沈怡于1921年就学德累诗顿工业大学，受业于恩格斯教授，1924年撰写“中国之河工”德文稿，介绍中国古代黄河决徙、治理与河工技术，轰动欧洲水利界,荣获博士学位。

1925年他归国后,编纂《黄河年表》(1935年版)。1933年9月任黄河水利委员会委员,并于1934年赴德参加恩格斯教授进行的黄河试验。1946年4月至1947年1月受最高经济委员会之托,负责接待协助外国专家组成的黄河顾问团,考察黄河。事后将各种治黄研究资料和报告,整理成《黄河研究资料汇编》。

他历来注重黄河史的研究,认为河道的寿命与当时治河的方法有极大的关系。他推崇大禹、贾让、潘季驯等人的治河方法,但又反对一味盲从古人。他说,古人"很少在'治'字上用功夫,最多只做到一个'防'字"。他主张"防"、"治"不可偏废,对黄河要进行全面治理,他既反对有人用大禹治水来反对筑堤,又反对有人借潘氏"以堤束水,借水攻沙"论,将造堤作为唯一的治河方策。

他指出"黄河之患,患在多沙,因此治河不外治沙,治沙即以治河","治沙之法有二:一曰断绝来源,二曰代谋出路。断绝来源之道有多种,如植林,如开辟人工湖泊等皆是。""我们承认植林有益治河,但又认定目前之河患非植林所可防止,所以治河与植林二者应当并行而不相悖。""开辟人工湖,则经费太大,且年复一年,湖身必有一日为泥沙所填满。"

对于"多立水门于两岸堤防,遇到河水盛涨水时,可以随时泄放"的治河主张,他认为这可取"一时之利,并不能永久"。因水门的设立会改变河道的比降,"水门以上比降因而大增,反之,水门以下比降因而大减。比降小则流速减,流速减则河水载沙之力也因而减小,于是水门以下,就不免有许多泥沙停积。久而久之,沙垫日高,水位复原,水门也失去了它原来的功用。"

对于"裁弯取直",他认为"只应裁过于不齐之弯,不可斤斤于逢弯即裁的见解。根据中外治河经验,惟有'之'字形的河道,最能持久不变"。

他认为"上游植林或是设立人造湖泊,都无济于今日之河患,所以由今言之,治理黄河只是一个治理下游的问题"。

"治河当先治下游,治下游当先治河口。治河口仍不外乎集中水势,冲刷泥沙,以水之力,治水之患。黄河河口潮汐上下,本有2.5米的差别,因为口上有一个极大的拦门沙,挡住潮水,所以拦门沙以内的水,平时只有0.5米上落。水势愈微沙积愈多。现在一方面固然要集中河口以内的水势,一方面还得维持潮水的强度,使之长驱深入。赖潮水之一进一退,必能将河口荡涤日深,畅流无阻。集中水势以及使潮水深入河口,均非造堤筑坝不可。"

"河口既治,便当裁弯塞支(支流),谋一固定的中水位河槽,河流年年由此经过，可以愈冲愈深，渐渐连所有的水都由‘地中行’了。”

二、国外专家

民国年间，我国一些治河团体与机构，开始聘请外国专家来华服务，或在外国从事专项研究，对治河方略进行过较深的研究与讨论的，以费礼门、恩格斯、方修斯三人为代表。

（一）费礼门（John Ripley Freeman 1855—1932 年）

1917、1919 年，美国水利专家费礼门两次来华，从事改善运河工程及黄河下游的研究。1919 年 12 月他乘小舟，由黄河出山处下驶实地考察，发现在最近一、二百年中，决口之间距离，难得有超过 5 英里者。1922 年美国土木工程师学会会报刊出他的《中国洪水问题》，并提出治河方案。他认为黄河出山后，下游的堤距过分宽广，达 4—8 英里。水流于两堤间不断迂回曲折，易生险工，而实际下游堤距只需三分之一英里已足供任何最大洪水的顺利通过。他看到黄河在洪水时期有显著自行刷深河床的功能，以致在短短一日之内，能将无数细沙挟往他处，主张“利用这一伟大的自然力量来治导黄河”。其办法是在黄河下游两岸，筑一直线新堤，以约束此窄且直的新河槽，使河不复迂回曲折，久而久之则内堤与新直堤间将逐渐为漫溢的泥沙所填，形成一道坚固的河堤，于是水由新岸中行。为防止新岸被冲刷淘空，则设计用丁坝保护之。如需改变方向，则采用较小的弯度，其半径不超过槽宽的 2—3 倍。并设想保持一个低水与洪水均适用的窄槽，此新槽本身有迅速自行校正的功能，以供洪流的顺利通过。

（二）恩格斯（Hubert Engels 1854—1945 年）

德国教授恩格斯自 1890 年起任教于德兰诗顿工业大学，首创河工模型试验，常以研究黄河为志，三十余年孜孜不倦，多次为黄河作模型试验，晚年受聘于中国，因病未能成行。他反对费礼门整直缩窄河床的治河主张，认为该策不仅无法于短期内一气呵成，即使修成，恐由于水位壅高而引起灾患。他认为宽堤有储蓄洪水的作用，强调黄河之病不在堤距之过宽，而在缺乏固定的中水河床，由于主溜摆动，“中泓逼近堤身，因河水淘底而堤益危”。故主张固定中水河槽，利用“之”字形河道，“宜于现有内堤之间，就此过于弯曲之河槽，缓和其弯度，堵塞其支叉，并施以适宜之护岸工程，以谋中水位河槽之固定”。

他认为这种办法有两种好处：1. 中水位河道将保持一“之”字形中泓，往日河水向左右两旁啮岸的现象，将改为向深处冲刷，于是可阻止河床的垫高；2. 深水河槽将不再迫近堤身，于是可以保持辽阔的滩地。洪水盛涨，水溢出槽，水落沙淤，滩地日高而水益深，其冲刷力随之增加，以期输沙入海。

（三）方修斯（Otto Franzius 1878—1936 年）

德国汉诺佛大学教授方修斯，1929 年任我国导淮委员会顾问工程师，在他创办的汉诺佛水工及土工试验所，曾两次试验治导黄河。他是恩格斯的学生，而他的治河意见与恩格斯不同，认为“黄河之所以为患，在于洪水河床之过宽”。中水和低水河槽在两堤间任意游荡，高水河床太宽，滩地水浅落淤，泥沙“大部分均积聚于现有河床之内”，非常洪水的来临造成险工之变迁，因此“以固定中水及低水河床为唯一之主要治河方法，未必能消除前述危机”。他强调治河的主要目标在于尽快改善河床，使洪水位有显著降落，不再有漫溢的可能。其法为利用洪水自然之力，自行刷深河底。他观察到上下游河面宽广的缩窄河段，涨水时被冲刷成较深的河底，落水时又迅速淤高，因此他建议“筑一或二道之新堤，其平均距离为 650 米，此等新堤之高度，并无与现在内堤相等之必要，亦毋需过分坚固。倘洪水超过一定限度，则此过剩之水，务宜导入新堤与老堤间之隙地，并利用此空隙同时为排洪之助”。他估计如水量充足，缩堤成功后，“二年之内，将最危险之河段，刷深一米，八年内刷深至四米。”八至十年内“使最大洪水位亦将不再超过此等隙地之地平面以上”。“因入海一段河道之比降减少，故入海之河床深度应较其上游为大”，“河流宽度应自出山处起，以至于入海为止，一步一步的逐段减少”。他设想当河床冲深以后，不必固定低水河槽，因黄河低水期长，“或有不能满足实际需要之一日”，为了通航，建议“转向于渠化黄河及同时发展动力”。（方修斯《黄河及其治理》）

师生两人因治黄意见不同，激烈辩论，“于短短数月之内，往来信札不下一、二十通”，并未能获得一致的看法，最后双方同意将往来信札交李仪祉在中国发表，李仪祉竭力主张采用试验的方法，以解决彼此间争论。为此恩格斯于 1931 年在德国奥贝那赫水工及水力试验场举行缩窄堤距巨型试验，试验结果是：将堤距大加约束之后，河床在洪水时不但不因此冲深，洪水位不但不因此降落，反而使水位抬高，造成新的漫溢危险。（恩格斯《1931 年缩狭堤距巨型试验报告》）

鉴于1931年试验用的是清水,其沙粒与黄河未相吻合,恩格斯建议专门为黄河举行一次试验。中国派李赋都工程师,携带泥沙赴德国,请恩格斯主持试验,于1932年6月至10月,在奥贝那赫进行试验(又名第一次黄河试验)。试验的目的在于确定"缩小洪水堤距是否能使河床冲深,而导致洪水位有显著的降落",以利探求黄河治导的方策。

试验结果表明,"窄堤河槽对于泥沙的顺流移动,较宽堤河槽为适宜,泄入尾端沉沙池的泥沙也较多,但宽堤的特点,泥沙的横向移动较多,河槽的刷深与滩地的淤高亦远胜于窄堤"。根据上述试验结果,对于黄河的治理,提出两种方案:

1. 固定中水河岸防止滩地的冲刷,随河槽的逐渐冲深及滩地的逐渐淤高,继续施行护岸工程,使河槽刷深至相当程度,再筑较低的堤工,以缩窄滩地。

2. 用较高的堤工,以缩窄漫水的滩地,并不固定中水河岸,这样,河槽的刷深稍缓,因中泓将在两堤之间不断的移动,并使河底的形态不断变化,可使洪水河堤遭遇威胁,而需要加固。(恩格斯《1932年黄河试验报告》)

1932年黄河试验是直线河槽,为更接近实际,1934年恩格斯采用"之"字形河槽,进行第二次黄河试验,中国派沈怡博士参加,分宽窄两组进行试验。窄堤试验的结果:1. 洪水位增高;2. 含沙量增大;3. 滩地淤积减少;4. 河槽冲深减少。在宽堤的实验中,于河槽弯曲处由大堤分枝,接筑与河槽大致并行的翼堤(翼堤是,一端与主堤相接,沿河伸向下游,堤顶同高,堤面倾向河滩)。在洪水时,翼堤局部为水淹没,其结果是:1. 洪水位虽增高,但因河槽逐年冲深,最少限度可逐步抵销洪水位的增高,预计经相当时期,洪水可望低落;2. 含沙量较少;3. 两岸滩地的淤高大为增加;4. 河槽冲深,将甚为显著。

根据试验,恩氏提出实现宽堤的措施:1. 加高堤防,以防异常洪水;2. 藉以适当工程(如堵塞支流)以创造中水位河槽,并固定之;3. 根据河槽形势,修筑翼堤;4. 藉适当工程保护滩地,以防止冲刷及漩涡之发生。(恩格斯《1934年黄河试验报告》)

方修斯也作过试验,其试验结论为:滩地宽广之河道对于低水河床之影响最为不利,盖泻洪之断面辽阔,则水流无力挟沙以俱去也。故缩狭平行之堤防以及坚固之河岸与滩地,足使低水河床经过洪水以后大为刷深。他建议斟酌黄河形势,于适当地段"缩狭堤距,则河床之刷深,愈加平整有律矣。"(方修斯《黄河初步试验简要报告》)

河道模拟试验当时给治河以有益启示，至今仍是继续研究的课题。

三、治河团体

(一)黄河治本研究团

该团组建于 1946 年 7 月，以考察收集资料研究黄河治本问题为宗旨。由国民政府水利委员会聘请水利专家组成。团长张含英，团员有刘德润、李赋都、雷鸿基、周礼、谭葆泰、张通骏，干事为孙鼎绂。其时黄河花园口堵口工程正在进行，故道未复。同时考察黄河的还有最高经济委员会聘请的黄河顾问团。黄河治本研究团考察范围限于黄河上中游。上自贵德，下至开封，凡治黄重要地段，力求详加考察，倍极辛劳。8 月 10 日至 9 月 21 日查勘花园口到壶口河段，10 月 15 日至 10 月 21 日查勘贵德至中宁河段，历时近 4 个月，行经七省，先后查勘了花园口、八里胡同、三门峡、龙门、石门、壶口、龙羊峡、小峡、大峡、红山峡、黑山峡、乌金峡、青铜峡、宁绥灌区及大黑河。沿途所经地区均向当地政府、水利机构、沿河群众征求意见，研讨资料，开过 15 次座谈会。1946 年底编出《黄河上中游考察报告》，提出治黄建议 25 条，其主要内容与《黄河治理纲要》有关部分相近。《报告》编出后，团员各回原单位。黄河治本研究团由刘德润代理团长，商请黄河水利工程总局，借调耿鸿枢、吴以敩、仝允杲等 20 余位工程技术人员，继续收集资料，研究治黄，直至 1948 年底。

(二)黄河水利委员会治黄意见

民国年间黄河水利委员会于 1933 年成立，1949 年 9 月结束。30 年代治黄思想主要体现在上述李仪祉治黄思想中，40 年代有《治理黄河初步研究》(1944 年)和《黄河下游治理计划》(1946 年)。后两文论述了黄河全貌，但偏重于下游治理，部分内容是重复的。其要点如下：

1. 治黄设想

治黄的首要问题是黄河下游防洪，不少人士提出于“上中游减洪与防沙，以除河患于根源”。但更重要的是下游河床之治理。当时黄河下游河道水流散乱，所以改良槽线与堤线，固定河槽，使流水畅顺，为治河要旨。

“此外并注意于中游水土之保持及其他节洪工事。二者同时并举，相扶为用，则黄河之害庶可逐渐解除，而水利亦可兴矣。”

“黄河下游治理后，航运问题亦即大部解决，盖防洪与航运目的虽异，而治理方式则完全相同。将来于必要时，再施以低水河槽之整理。”

“本计划内有于陕县筑坝节洪之建议。其可能与否，则以库内淤淀情形及其对于航运有否障碍而决定。在供给下游洪水最多之支流，及山陕段黄河干流建筑节洪坝，亦无不可。”但水库淤积问题亦不容忽视，固然可以于坝之下部设洞，排泄常遇洪水，用以冲刷库内之淤积。

黄河上中游灌溉已有相当发展，灌溉面积已近一千万亩，尚可扩灌400万亩。

黄河沿岸低湿沼泽地甚多，多因无排水工程而成碱地，放淤工作应该重视。虹吸管放淤工作，已在四个地区进行土地改良，面积约7万亩。在山东一省，还可放淤改良170万亩碱地。

黄河上中游水力发电地址颇多，据调查，壶口瀑布“可发电100000匹马力”；“刘家峡可发电500000匹马力”；“朱喇嘛峡可发电10000匹马力”；“宝鸡峡可发电10000匹马力；宝鸡峡至天水间又可发电80000到90000匹马力；湟水可发电20000匹马力，大通河之享堂峡发电40000匹马力以上；洮河在岷县附近可发电8000匹马力，在兰州附近可发电4000匹马力。”

黄河之航运：“贵德以下之黄河，西宁以下之湟水，岷县以下之洮河，皆可航行。黄河经兰州、中卫、宁夏、临河至包头与京绥铁路相接，成为青、甘、宁、绥、晋、陕与下游各省联络之重要水道。郑州附近，可建运河，北通卫河而达天津；南通贾鲁河而达蚌埠。小清河与黄河平行，河口泥沙甚少，有利通航，并流经济南工商荟萃之区。故拟将小清河渠化，于泺口建一船坞，于小清河羊角沟建一新的港口。”

2.黄河下游的治理

主导思想是整治下游河道排洪排沙。遇超标准洪水，在花园口安排分洪设施。

(1)下游各河段计划洪水流量之规定

据推算，陕县站洪水流量，50年一遇为28000立方米每秒；100年一遇为32000立方米每秒。若干支流洪峰遭遇，陕县站最大洪峰流量为37000立方米每秒。以此为设计依据，殊不经济。为求经济与安全二者兼顾，采用50年一遇洪水流量28000立方米每秒，并推算下游各站洪水流量是：孟津25700立方米每秒，中牟24600立方米每秒，董庄19700立方米每秒，陶城铺16200立方米每秒，泺口15300立方米每秒，利津15300立方米每秒。

(2)河槽横断面

黄河下游河床为复式断面，平槽流量颇不一致。大体上豫冀较小，平均为 2216—3919 立方米每秒，鲁境较大，平均为 4053—5300 立方米每秒，河槽平均宽度豫境为 2030 米，冀境为 1815 米，鲁境为 577 米。豫冀境内水流散漫，泥沙淤积，虽然比降较大，河槽宽阔，但其平槽流量反不如鲁境。故计划之新槽即以鲁境河槽为标准，采用 500 米之宽度。将来实施之后，若发现宽度失当，则应调整。

(3)整理大堤及整理河床

黄河下游堤防主要病状在于堤线无规律。“故治理下游先应整理堤线。”参照历史情况及各地防洪流量计划堤距，“由豫至鲁逐渐缩减，在豫境平均约为 10 公里，由冀至鲁界缩至 8 公里，至寿张县缩至 5 公里，至香山缩至 2.5 公里，”至利津仍保持 2—3 公里。旧堤大部分均可发挥作用，其突入河内者，应于背河另筑新堤。新旧堤之间放淤淤高滩面，“俟经过相当时间，新堤稳固以后”，再弃除旧堤。若要拆除民埝，也用同法处理。

整理河床之主要目标在于防洪，必须达到河槽固定，淤刷大体平衡，排洪顺利。至于通航，则可视需要情形逐步改善之。整理河床工程分为整理河槽与整理滩地两部分。

整理河槽必先自整理槽线着手。槽线规顺，则固槽工作即可收事半功倍之效。黄河河槽宜于弯曲型，要尽量利用原有河槽，以免牵连太多，工程过于艰巨。

整理滩地。“护滩之目的，即在固槽，滩不护，则洪水漫滩之时，滩地仍有冲成歧流，河槽仍有迁徙之机会。”护滩工程采用护滩横坝与水流略成垂直方向，或由堤根至槽岸略向上游。用木橛编篱，高出原滩地约 0.5—1.0 米，起到滞洪淤滩作用。再在沿河岸设施同样之顺坝，清水滤入河槽，可助河槽冲刷。

(4)花园口分洪设施

陕县站洪峰流量 28000 立方米每秒，到达花园口时减至 24850 立方米每秒，此即花园口的设防流量。而陕县站可能最大流量为 37000 立方米每秒，到达花园口为 33000 立方米每秒。再加洛河、沁河洪水汇入。则花园口可能最大流量应为 36000 立方米每秒，较设防流量大 11150 立方米每秒，须用分洪设施排泄。分洪地点选在花园口口门下游约 5 公里处，建溢水堰一道。遇超标准流量，泄入泛区，四周筑以围堤，围堤南端开一尾水闸，最大泄水流量为 140 立方米每秒，泄水经贾鲁河、颍河汇入淮河。

(5)河口治理

治理黄河河口，当以畅通尾间减轻上游河患为主。保护三角洲田地，亦应计及。其方法：一要“增辟入海河槽”，自河口三角洲顶点向各方汊出，分布于整个三角洲上，使泥沙沉淀范围不致集中于一处。二要“固定三角洲各槽河床，使水流集中，以便导沙入海。凭藉洋流力量，携至他处，以免淤积。”各槽两岸，可加筑堤防。

（三）日本东亚研究所的治黄研究与规划

1938年6月，日军占领开封，为掠夺中国资源，日本东亚研究所于1939年组织第二调查（黄河）委员会，集中各种专业人员289名，研究黄河的治理与开发，在日本、华北、蒙疆三地同时开展工作，分别由内地委员会、华北委员会、蒙疆委员会负责。三个委员会又各分5—6个部会，从事研究政治、社会、经济；治水（防洪、森林治水）；利水（包括引黄灌溉、农产、水产）；水电（包括工业用水）；水运；地质、气象、水文基本工作等六个方面的工作。至1942年，各部会先后提交文献翻译、资料汇编、调查报告、专题研究、设计规划共193件约1400万字。1943年又将各部会的报告汇总研讨，于1944年编订成《黄河治理规划的综合调查报告书》，约73万字。1945年日军投降，其计划即停止。

日人的治黄意见分治水、利水两部分。

1. 治水

治水即防御洪水，消除水患。日人推测陕县最大洪峰为30000立方米每秒，又将黄河下游几条水道加以比较，权衡利弊得失，主张挽复1938年以前的故道。计划重要的防洪工程有：

干流滞洪水库。计划于潼关至广武山峡河段，设置堤坝，储留洪水，削减洪峰，使最大洪峰流量经调节后减至20000立方米每秒，坝址选择有三门峡、八里胡同、小浪底三处。《报告》认为小浪底储水容量小，淹没村落较多，不大相宜，只有八里胡同与三门峡两处较为适宜。三门峡坝高若在60米以上，则关中平原势将陆沉。又考虑到河床上泥沙的堆积，以及洪水时潼关不致淹没，则坝高应限于40米内外。当三门峡水库淤积严重，调洪能力剧降时，再修建八里胡同水库，坝高计划80米。

平原宽河道滞洪。京广铁路至濮阳县刁城集，相距199公里，两堤内河滩蓄水面积为1589平方公里，洪水时滩地水深以1.5米计，则总储水量近24亿立方米。经此宽河段的槽蓄，洪峰流量可由20000立方米每秒降至18000立方米每秒。刁城集至陶城铺河长90公里，左岸民堤与金堤之间宽约10—20公里，面积约1240平方公里，水深以2.5米计，总滞蓄水量近31

亿立方米。洪峰流量可从 18000 立方米每秒降至 14000 立方米每秒。

徒骇河分洪。陶城铺以下河道只能宣泄 9000 立方米每秒,上段来水尚有 5000 立方米每秒须另找出路。徒骇河可作为分洪道,计划将其河面拓宽至 2000 米,最大泄洪流量将达 5000 立方米每秒。将来也可将徒骇河作为干流,原河道改作分洪道,以延长黄河寿命。

修堤护滩和整治河口。按标准断面酌量修葺全部堤防,裁除急弯,调整河宽,固定中水河槽,施行护滩工程。利津以下河口段,增筑堤防,使水流合一,畅利入海,以兴运道,以广沃土。

此外,日人还订有森林治水计划,用以防治土壤侵蚀,涵养水源,调节洪流,作为黄河治本最重要的任务。《报告》认为过去数千年来,黄河泛滥最根本最重大的原因是黄土的特性及地上植物的丧失所生成的举世无比的流沙量。若对这种流沙量无法解除,则各种治水方策将难保持久。减少流沙量最永久的、根本的、而且最经济的方策,只有森林治水方策。防止黄河的泛滥,固为目前的急务,而华北木材的缺乏亦为重要的问题。要达到这两种目的,只有森林治水,才能完成这种任务。

《报告》认为我国自古以来治水的失策是黄河流域森林的荒废。森林荒芜的原因是由于火灾、开垦、兵燹、放牧、滥伐、大兴土木等天然与人为等因素造成的。并认为北方战乱多事,是不易营造成林的最大原因。

日人计划在华北各省造就 12.3 万平方公里森林,用以防治水土流失和增加木材产量。计划第一期造林 4 万平方公里,先择沙土流失严重区和雨量较多的地方施行,预计 35 年完成。预算投资 8.6 亿元。成材 2200 万立方米木材,可收入 22 亿元。

2. 利水

(1)土地改良计划。日人拟有“灌溉与排水计划”,欲改良平汉(京广)铁路线以东黄河下游 3755 万亩耕地,改良范围分五个地区:第一区徒骇河沿岸,由东阿香山附近引水,分两条干线,均衬砌。土地改良面积 86.1 万公顷;第二区小清河沿岸,土地改良面积 12.0 万公顷;第三区黄河河口三角洲,计划建筑堤坝以防海水,利用黄河水洗碱,可开发 20 万公顷土地;第四区湖沼群,包括东平湖、蜀山湖、南旺湖、马场湖、独山湖、昭阳湖、微山湖等,洪水时湖水面为 1892 平方公里,平时湖水面为 1652 平方公里,相差 240 平方公里,这部分土地可种植一季小麦;第五区徐州济南开封三角地区,土地改良面积 130 万公顷。

(2)水运发展计划。日人于华北最大的需求当为矿产资源,而矿产品的主要运输方向，与黄河水路流动方向一致，且水运则较任何陆运为低廉。在综合开发计划中，利用上、中游水库的调蓄水量，力图发展以黄河为中心的华北内河水运。计划分为五段：一、在黄河上游整理宁夏至河口镇间的河道；二、在黄河下游整治孟津至利津间的河道使通汽船，并计划于济南沟通黄河与小清河，扩充小清河航道，修筑小清河口的羊角沟为海港，推行集约经营水运事业；三、南运河（包括卫河）计划自沁河及黄河补水，自修武起，经新乡、临清、德县而达天津，使能通行载重 300 吨的拖驳；四、沟通淮河水运，整理新黄河水道，上自黄河南岸花园口起，经周家口、正阳关、凤台、怀远、蚌埠、洪泽湖、高邮湖汇合大运河以达长江，通航标准与南运河相同；五、大运河自南运河之临清连接黄河东阿附近，再经东平湖、济宁、微山湖而达徐州，再经宿迁、淮阴至高邮附近与淮河水路汇合。穿黄问题，技术复杂，尚无良策。徐州以南贯通江苏中部，运粮运煤，均甚可观，应按通行 300 吨之船舶为标准。

(3)水力发电计划。这是日人开发黄河的最重要目标。计划供电遍及华北，主要用于采矿与化工。开发范围限于黄河中游，自内蒙古清水河至河南小浪底。开发方案有二：一是内地委员会拟订自清水河（内蒙古清水河县百草塔）至禹门口建 14 座水电站，常年平均发电能力 381 万千瓦；二是华北委员会所拟，共计 11 座水电站，常年平均发电能力 500 万千瓦。两方案选有近 20 处建站坝址。上述各水电站，仅清水河及三门峡有初步计划，其余各站只有纲目。

清水河水电站拟在清水河县百草塔（大沙湾至下城湾）峡谷段中选择坝址，坝高 80 米，总库容约 300 亿立方米，用以调节洪水，使河川流量每年平均为 800 立方米每秒，可获得廉价电力，而且对其下游的水电站及利水治水等工事，均有很大效果。

三门峡水电站，计划坝高86米，库容达400亿立方米，因陕县站年输沙量有10.5亿立方米，若全部沉积水库内，则38年水库将被淤满。为减少淤积，计划安设可动闸坝。考虑到淹没耕地及迁移人口太多，工程可分两期进行，若以潼关洪水位325米为限，第一期坝高应为61米，总库容60亿立方米。

水力发电计划分两个河段。自清水河至禹门口，河川全为峡谷，其间有效落差为 600 米，计划布设 7—13 个梯级，预计最大发电能力为 516 或 529 万千瓦，年发电量为 274.1 或 365.7 亿千瓦时。自潼关至孟津，设 3 个梯级，其发电计划如表 1—2。

表 1—2　　黄河潼关至孟津段水力发电计划表

坝　址	坝高（米）	发电流量（立方米每秒）	水头（米）	发电能力（万千瓦）
三门峡（一期）	61	2100	36	63.2
（二期）	86	2100	64	112.3
八里胡同	127	2100	107	187.8
小浪底	50	1050	26	22.9

总计发电能力 323 万千瓦，年发电量为 137.6 亿千瓦时。

(4)渔业开发计划。拟将日本冷水性鱼族移殖黄河，并对捕鱼、分配、加工等皆统筹改良之法。

东亚研究所各部会的治黄研究成果中，各种建议常相互矛盾，与实际多有出入。但是他们在各项治黄研究中，常与日、德、美、苏等国的河流治理规划相比较，而且十分重视中国历代治河经验和近代中外科研成果。他们对黄河流域的政治、经济、社会、自然等各种基本资料的收集也不遗余力，还重视实地考察，并将各种资料迅速译成日文，加以汇编。其研究特点是多学科的综合性的开发研究，并有宏大的实业开发计划，欲攫取巨大的财富，是近代外国人最大规模的治黄研究。

(四)治黄顾问团的意见

抗日战争胜利以后，中国水利界开始学习国外全流域多目标开发的治河理论。即采取一定步骤，广泛地、大规模地开发全流域的自然资源，使直接或间接成果，均有最佳发展，而获得最大的利益，并使最多数的人达到最好的境遇。这一理论最早见于 1928 年 12 月 21 日波尔多谷计划(Boulder Canyon Project)，由美国国会批准后，施行于河工。自此以后，迅速传播于全美，乃至世界各国。苏联应用于聂伯河，印度应用于旁遮普河。

当时黄河干支流未经整治开发，故颇适宜于作全流域多目标开发，为开展此项工作。1946 年夏，最高经济委员会设治黄顾问团，聘美籍水利专家雷巴德(Eugene Reybold)、萨凡奇(Tohnl · Savage)、葛罗同(James P · Growdon)为顾问，欧索司(Perey Ofhus)为秘书，还有公共工程委员会顾问柯登(Tohn S · Cotton)暨我国专家多人参加。

顾问团团员于 1946 年 12 月 10 日在南京集合，随即组织查勘，历时 30 天，赴黄河上下游，查勘坝址，参观灌区，考察黄土高原的水土保持，查看黄河下游故道、新道、泛区以及北岸大堤与花园口堵口工程。

查勘后，根据中国提供的有关资料，并在行政院水利委员会、黄河水利委员会、农林部、资源委员会、全国水力发电工程总处、中央水利实验处、中央地质调查所及中央气象局等单位的帮助下，于1947年1月17日完成《治理黄河初步报告书》，原名为《Preliminary Report on yollow River Project》。其要点是：

1.黄河下游防洪计划

黄河下游防洪有两件大事：一为修建足以控制黄河全部洪水及泥沙之水库；二为整治足以宣泄河水与泥沙之河槽。若筑库于山峡之中，再在坝脚安设巨型闸门，用来调节库内水位，变更库内水流断面，可以控制库内之流速，使泄水之含沙量得保持某一定值。数年之后，每年出库与入库总沙量相等。可于八里胡同建170米高坝，使回水到潼关，形成峡谷水库，库容约247亿立方米。冲淤平衡后库容还剩123.5亿立方米，尚足以调节最大洪水，吞吐泥沙，并发生大量动力。水库之淤积既得逐年排除，故寿命甚长。

计划河槽，其设计须与水库调节后之最大洪水及各流速下之最大含沙量相配合，以期承流而不漫滩，输沙而不淤槽。孟津以下河床比降1/4040—1/14500，平均为1/6000，是较为平直的河床，宽500米，深5米，即可宣泄含沙量达20%的河水，而不致发生淤积。平槽流量以6000—8000立方米每秒为度。黄河水利委员会所设计之河槽，似属合用。将来海岸因淤积而逐渐推移，河槽比降变缓，难免减削输沙能力，致生淤淀，唯此非短期中所能发生的事情。

2.开发黄河灌溉、水力及航运

(1)灌溉。欲开发较大灌溉区域，处处须兴建水库，储存洪水，备于旱月施灌。渭河以南秦岭诸水以及兰州以上之黄河，水流清澈，水库寿命可以持久。在含沙量高的黄河干支上修建水库，必须先筹排沙之法，在峡谷中建筑高坝，下设巨型闸门，足以达到此目的。这些以灌溉为主的水库，对防洪、发电均有所裨益。着手之初，宜自规模较小者始，因其投资小，效益大。

(2)水电。凡为防洪及灌溉而兴建之工程大多兼备发电，且其发电量甚为可观。当拦河坝数目逐渐增多时，留备防洪及淤沙之容量即可递减，发电量因得增多。水电开发应与工业建设相适应，逐步完成。

(3)航运。黄河下游航运应与河道整治结合，通航标准按500吨级考虑。局部河段建议修筑特种船闸与运河，使航船能直达沿海港口。八里胡同大坝当前无须加筑船闸，应俟将来经济条件符合时，再筹添建。潼关至龙门，欲开辟航道，有赖于固定河槽等项工程。山陕之间，黄河现无舟楫之利，俟水利开发后，坝库相接，自可分段通航。包头至兰州，稍加治理，即能通航。

3. 水土保持

水土保持狭义言之，指的是梯田耕种以免层冲；陡坡种草植树，以御侵蚀；沟壑建坝以防崩溃。上述措施均有试验实例。惟以地小时短，未能遽下断言。自空中视察黄土区域所获印象，认为即令上述诸法试验皆属成功，而于全流域推广生效，则需时或将数百年。在荒地上植树种草，在沟壑中筑坝防洪，皆属十分必要，其效果纵不能根治泥沙，亦可使入河泥沙减少。复于黄河干流及主要支流建筑峡谷高坝，并结合下游深槽河道，则可以完全控制泥沙。如是将泥沙送入华北平原填补低凹沼泽地带，进入河口的泥沙，可使海岸线推进，增加农田面积。黄土经如此利用，非唯无损，抑自有益。

4. 对日人治黄计划的评价

总的看法是"研究精详，若干建议，颇足称道。"并提出以下四点意见：

(1)在冲积平原中，将有广阔农田用作节洪储沙，则耕地之生产力减小，地价亦因而降低。

(2)三门峡防洪及发电计划中拟建之水库，将使上游辽阔农田淹没，且水库排沙既不可能，其有效寿命必短。

(3)自包头至龙门之黄河干流中，为开发水电拟建坝 11 座，诸水库存量均小，寿命必短。

(4)对泥沙问题，无永久解决之道，故其全盘工程，势将逐渐失效。

附：柯登的治黄意见

柯登是公共工程委员会顾问，他参加了治黄顾问团所组织的查勘。事后编写了《开发黄河流域之基本工作纲要及预算》。

柯登认为黄河流域的开发计划，非常复杂，必须首先从事谨慎而完整的调查工作。他按照全流域多目标开发的要求，拟定了研究工作纲要，分技术、经济、社会三大类，共 29 节，逐项作了详细说明，并且估算了费用。柯登强调"所有研究项目，都有相互间的关系，应该看作浑然一体，没有一部分可以分割或者不加顾及，否则便是不完整不适用的。"

柯登的治黄思想在附件《开发黄河流域之说明》中阐述甚详。共有 11 条：

1. 控制及开发按其重要性排列应为防洪(包括防止冲刷，水之保持及利用)、灌溉及垦植、水力、航运、其他。

2. 应立即完成洪水控制。

3. 下游河槽之淤淀为引起破坏性洪水的主因。水土保持为防治洪水的唯一永久对策，且为不断增加其他利益的方法。

4. 利用滞洪或减洪水库来防治颇为合适。但是否可以实行，仍有怀疑。

〔说明〕在此等水库及下游河道长河段的全型（或大比例）模型试验未完成之前，遽作乐观结论，实为危险。很多地点显示滞洪及减洪水库的作用，可达相当程度。但欲控制泥沙确保合理冲淤，同时适应下游河槽的安全限度，则无法保证。倘使水库的排沙量可以在任何时间之内加以控制以供给任何需要的含沙量，又若整理后的河槽，可以得到均匀不变的流速，则滞洪或减洪计划是可做的。而控制水库排沙量是困难的。更重要的是滞洪或减洪水库下游河道的性状的变化。如河道断面、水深、流速、流量都经常在变，这些因素都障碍了有效的排沙。洪水峰的冲洗作用对于河床养护的效力和价值是很巨大的。倘若洪水峰削平了，而所输送的泥沙量未减，则河道性状会产生一种更恶劣的情形。不能仅因在各种情形下所输送的每年平均泥沙量相同，便说河床性状一样。

5. 水及土壤不应浪费入海。

〔说明〕一方面防止洪水，同时于经济许可时尽量利用所有资源。要求保持肥沃的土壤（最好在原来的位置），并且毫无浪费地利用水源于电力、灌溉、以至于航运。这个办法需要用多目标蓄水库。所争论的问题在于水库将要淤满而成为无用。现在假定水库会被泥沙淤满，在极大多数情形下，淤淀时期所获利益的价值，可以付还全部费用，包括利息及清偿债务。在淤满之后尚可供给以下几种有价值的利益，即径流发电；地下水储蓄（在泥沙内）；减低流速，因此减少河岸冲刷；造成很多可用的良好的新陆地；防止黄土堤岸的崩溃。以上所述是指水库淤满而言，但事实上水库不一定都发生这样的情形。

6. 防治方法应避免重复。

7. 水土保持现在即应大规模展开。

8. 应以军队、农民及以工代赈之工人从事于水土保持以及灌溉及垦殖工作。

9. 应大量利用本地人工及材料。

10. 于经济条件许可之情形下现有土地应加改良，并应增加耕地。

11. 主要用于发电之蓄水库应置于流域内之上游河段。

第二篇

黄河流域综合规划

黄河是一条复杂难治的河，它以水流含沙量高和灾害频繁著称于世。在我国历史上，广大人民曾不断同黄河的灾害作过伟大的斗争，历代治河先驱也曾提出过许多治河主张。但是，由于社会制度和科学技术条件的限制，得不到综合治理，也无全河综合规划，灾害不能有效控制。

建国后，我国政府即着手进行黄河综合治理、全面开发。1949 年 11 月，水利部召开了“各解放区水利联席会议”，会议指出：“全国基本解放，我们已经有可能通盘地统一的来处理水利问题”。“为了统筹各重要水道的水利事业，使每个重要水系的上下游、本支流，对于防患兴利能够互相照顾，拟先设置黄河水利委员会、长江水利委员会、淮河水利工程总局，由水利部直接领导，为直属水利机关”，统筹各流域水利事宜。1950 年 1 月政务院发出水字第 1 号令：“为了统筹规划全河水利事业，决定将黄河水利委员会改为流域机构……”。此后，黄委会与有关部门通力合作，开展了规模浩大的综合考察、水文资料整编、地形测绘、地质勘察和专项研究等工作。1952 年我国政府决定聘请苏联专家组来华帮助编制黄河规划。1953 年 6 月在政务院领导下以水利部、燃料工业部为主，组成黄河研究组（1954 年 4 月改为黄河规划委员会），先后进行了资料收集，组织编写，逐级送审等工作。1954 年 10 月完成了《黄河综合利用规划技术经济报告》。1955 年一届人大二次会议听取了邓子恢副总理所作《关于根治黄河水害和开发黄河水利的综合规划的报告》，批准了这个报告的原则和基本内容，并作出了“决议”。从此，治黄工作基本上按照规划开展起来，并在实践中不断修改、补充、完善。

第三章　规划前期工作

建国后，为了深入地认识黄河，编制黄河流域综合规划，曾对黄河干、支流组织了多次规模较大的考察、查勘，整编了各类资料、专题研究和治黄建议。

第一节　河源考察

为了适应国家长远建设的需要，了解黄河源地区情况，1952 年政务院水利部和燃料工业部，分别责成黄委会、水力发电建设总局（简称水电总局）共同组成以黄委会为主的黄河河源查勘队。查勘从通天河引水入黄河以及黄河源地区可否筑坝发电的问题。

查勘队共 60 人，由黄委会办公室副主任项立志任队长，有黄委会董在华、水电总局何锡麟、青海省林业局刘景蕡等人参加。青海省军区还派一个骑兵排担任警卫。此行于 1952 年 8 月 2 日从开封出发，在青海省西宁市做了准备，经黄河沿（玛多县）、鄂陵湖，到长江上游通天河，查勘了由通天河引水济黄的地址及可能性，翻越巴颜喀拉山到达黄河源地区，查勘黄河源头，经约古宗列渠、星宿海、扎陵湖回到西宁，于同年 12 月 23 日返回开封，历时四个多月，行程约 5000 公里。

通过这次实地查勘，查明了星宿海是位于一个宽五、六公里的草滩上的大小不同的湖泊，大的有几百平方米，小的只有一、二平方米，藏民把这片地方叫"错尕世泽"，就是星宿海的意思。星宿海上边是一片大草滩，宽约 20 余公里，藏民叫它"马涌"，即黄滩的意思，把黄河叫"马渠"，黄河在这里弯曲通过。在马涌以上是约古宗列渠（译音）。再西约 30 公里，有一座大山"雅合拉达合泽（雅拉达泽）"，主峰高 5214 米，突出群山之上。查勘结果认为黄河发源于雅合拉达合泽山以东的约古宗列。约古宗列是黄河源头的一个大盆地，面积约150平方公里，内有很多大小不一的小湖泊。至于过去所说黄河发源于噶达素齐老山，在这次查勘中始终没有找到。查勘结果还认为引通天河的水到黄河是可能的，但必须抬高通天河水位到相当的高度。关于“扎陵”与“鄂陵”两湖的位置，当时有“鄂陵湖在上，扎陵湖在下”和“扎陵湖在上，鄂陵湖在下”两种不同的说法。

1953年1月21日《人民日报》刊登项立志、董在华的《黄河河源勘查记》一文，把扎陵湖、鄂陵湖的位置由历史记载中的西扎东鄂改为西鄂东扎。后于1978年6月青海省人民政府组织对两湖考察，同期黄委会南水北调查勘队亦查勘两湖，认为应互换两湖名称。1979年2月青海省人民政府报请国务院批复，经同意恢复两个湖的历史名称，西边的为扎陵湖、东边的为鄂陵湖。

第二节　干流查勘

一、龙羊峡至青铜峡河段

(一)龙羊峡至兰州干流坝址考察

为了解龙羊峡至兰州河段干流河道可能筑坝地址的情况，1952年春水电总局副局长张铁铮和黄委会耿鸿枢等人考察兰州至刘家峡河段的坝址和洮河茅笼峡坝址。然后又考察了牛鼻子峡、盐锅峡、八盘峡坝址。对兰州市黄河段供水情况也作了了解。考察认为刘家峡坝址处河宽约40米，河岸壁立，岩性坚硬，坝址下游河谷宽，施工场地方便，是一处好坝址，可建一座调节、发电综合利用的水力枢纽；盐锅峡虽不能建高坝，但也是一处好坝址。

(二)贵宁段(贵德至青铜峡)查勘

1952年8月水电总局和黄委会共同组成黄河贵宁段查勘队。全队有工程师、地质师、技术员、测工等21人。查勘队于8月上旬开始筹备，8月22日水电总局李鹗鼎、地质部张兴仁、黄委会刘善建等分别自北京、开封出发，28日到达兰州，开始工作。于1953年2月结束。

这次查勘，对黄河干流从青海省龙羊峡上端至宁夏青铜峡下端的19处峡谷地段有了初步的了解，发现了多处可以建筑水坝的地点，草测了全段的河道纵剖面和坝址地形图，给综合性开发研究提供了可靠的依据。这段河道自上而下相继穿越的19个大小峡谷是龙羊峡、阿什贡峡、松巴峡、李家峡、公伯峡、积石峡、寺沟峡、刘家峡、牛鼻子峡、朱喇嘛峡、盐锅峡、八盘峡、柴家峡、桑园峡、大峡、乌金峡、红山峡、黑山峡和青铜峡。其中较长者有红山峡、黑山峡,短者如牛鼻子峡仅约1000米。两峡之间,常是一块较大的川地。从龙羊峡上端至青铜峡上端相继为共和川、贵德川、水地川、循化川、丹阳川、永靖川、半倘川、达家川、新城川、皋兰川、什川、条城川、靖远川、五佛寺川及卫宁平原(又可分为中卫川、中宁川和广武川)共15个川地。川地的大小不一,最大的是卫宁平原,面积850余平方公里,最小的如什川不足25平方公里。川地的社经情况相差悬殊,青、甘境内的川地大部分为少数民族居住,为半牧半农区。卫宁平原则灌溉发达,为当地主要农业区。当时人口密度最小者为共和川,平均每平方公里不及50人,人口密度最大的为皋兰川,每平方公里超过1500人。

黄河龙羊峡(自拉干峡下口起)至青铜峡段河道长约1000公里,落差1450米,查勘估算全段蕴藏动能达880万千瓦。该段可修库坝的地址有龙羊峡上口、龙羊峡下口、松巴峡、李家峡、公伯峡、积石峡、寺沟峡、刘家峡、盐锅峡、八盘峡、乌金峡、黑山峡上段、黑山峡下口和青铜峡等14处。除李家峡、寺沟峡、盐锅峡、八盘峡、黑山峡下口及青铜峡为较低之坝,库容不大外,其余均可建高坝。在全段起调节作用的大型水库,以在上游修龙羊峡水库利用共和川和在下游黑山峡上段筑高坝利用靖远川获得较大库容为宜。

二、青铜峡至托克托河段

为了解和整治宁蒙灌区工程,1950年春以黄委会为主,有关单位配合,共同组成查勘组,查勘了东起包头,西达宁夏沙坡头一段黄河河道和引黄灌溉工程。黄委会派耿鸿枢负责,阎树楠、康维明等参加,水利部水科所派粟宗嵩参加,在内蒙古和宁夏境内分别有内蒙古水利局局长王景文和西北水利部关文启参加,查勘了内蒙古的中滩及后套各引水渠口和乌梁素海,以及宁夏境内的青铜峡、秦渠、汉渠和引黄十里长湃。认为宁夏引黄灌溉渠系引水退水工程齐全,且就地采料修建,较内蒙古引水闸大有进步。此行对宁夏、内蒙古的河道、渠系有了较深的认识,为整治开发河套灌区收集了资料。

1952年夏,黄委会主任王化云和工程师耿鸿枢等考察包头至柳青河段。没有选出可供开发的坝址。

为了编制黄河流域综合规划,1953年5月黄委会抽调干部、工人47人组建宁托查勘队，任文灏任队长，杜耀东任副队长。于6月1日由开封出发。在宁夏、内蒙古查勘期间，各自治区均派干部7—8人配合。查勘队于6月上旬开始工作，先后完成了宁夏河段、后套及前套灌区的查勘。依据内蒙古的意见，又增加了包头至呼和浩特之间大青山山沟的调查，以及大黑河的查勘。11月中旬结束外业查勘，12月中旬返回开封，编写有《黄河宁托段查勘报告》。《报告》记述了这段黄河干流、支流的自然情况，干流航道、宁夏灌区、后套灌区的灌溉排水及社会经济情况等，并对所选青铜峡、三道坎、南粮台、昭君坟等坝址的工程地质条件和优缺点作了分析比较，提出了开发意见，内容见本章第五节“专项研究”。

三、托克托至龙门河段

(一)黄委会组织托龙段查勘

托克托至龙门河段(简称托龙段)流经蒙、晋、陕三省(区)峡谷区，过去查勘了解甚少，基于对当时的社会治安和生活供给情况不清楚，唯恐派遣大队查勘人员进入峡谷区，中途发生困难，黄委会决定先派一查勘小组，就河道、交通、社会治安方面作初步了解。查勘小组于1951年6月1日出发，7月底完成外业查勘。托克托至偏关一段，查勘组由地方政府派武装护送；偏关至河曲一段，沿河两岸步行查勘；河曲以下河段，乘木船由水路考察。查勘组认为，此段交通、通讯条件差，水土流失极为严重，派出查勘队应有充分的准备，对水土保持应予以重视。关于坝址选择，查勘组认为，此段河道穿行于山陕峡谷之中，筑坝的地形条件较好，主要取决于地质条件，只要地质条件允许，可以修高坝。查勘组对日本人侵华期间所拟的第一计划提出的清水河、保德、林遮峪、黑峪口、王来沟、西道沟、泥河沟、大会坪、谭家坪、对居岩、河口、风口、壶口、禹门口14级方案和第二计划提出的清水河、河曲、天桥、黑峪口、碛口镇、延水关、壶口、禹门口8级方案的比较，认为第二计划较合适，至于筑坝的具体位置还有待于地质情况搞清楚后再定。

在1951年初步查勘的基础上，1952年黄委会组建查勘队对托龙段进行查勘。查勘队由黄委会西北工程局，山西、陕西两省水利局和中国地质工作计划指导委员会(后改地质部)调派郭劲恒等20余人组成，下设坝址查勘、坝址测量、河道测量、河东、河西五个组。查勘工作于4月初开始，7月底结束，同年12月编出《黄河托克托至龙门段查勘报告》。报告指出本段黄河干流穿行于山陕高原峡谷之中，全段流程702公里，水面落差634.4米，两岸陡崖一般高达100米以上，纳汇内蒙古、山西、陕西三省(区)大小支流30余条，每逢暴雨，山洪暴发，无数沟壑之洪水挟巨量泥沙注入黄河，造成山陕间黄河洪水汹涌，含沙量过大的恶劣情况。由于崖岸塌陷和支流推移巨石集聚河道以及局部河道比降突变，水流急湍，构成该河段上许多滩碛，直接影响了航运的发展。河道两岸地质比较简单。报告根据本河段的自然、经济特性等，建议开发方式为系列水库(即梯级水库)。修建发电、拦洪、拦沙等水库，互相配合，互为条件。峡谷中的上段和下段两岸地势平缓，交通、经济、人文条件均较好，又有众多的用水、用电对象，建议开发次序从两头向中间推进为好。至于上下河段开发的先后，应依据全河规划要求确定。这次查勘，托龙段共勘测坝址25处，其中做了深入勘测研究的有羊湾河、小沙湾、百草塔、龙口上、龙口下、石畔、林遮峪、西豆峪、碛口、老鸦关、延水关、龙门等12处。具体坝址的确定，非初步查勘所能及，特别是保德至乡宁段的软硬相间岩层地带，需进一步进行地质勘探才好选定；该河段建库，因泥沙淤积严重，以及发电、灌溉等要求，都需作进一步的规划研究。

(二)水电总局和地质部组织查勘

为进一步研究托龙段的开发，水电总局黄育贤、地质部贾福海等10余人组成查勘队，1952年10月2日从北京出发到河曲县，自上而下沿河查勘。1953年1月7日查勘结束，返回北京。共查勘和复勘了石盘上、石盘下、林遮峪、前北会、黑峪口、张家湾、罗峪口、东豆宇、西道峪、秃尾河、大会坪、小会坪、佳县、白云山、开阳河、碛口上、碛口下、柏树坪、三川河、马会坪、老鸦关、社宇里、延水关、佛寺里、清水关、里仁坡、云岩河、壶口、石门、死人板、三跌浪等31处坝址。提出两个开发方式，作为全河段开发的参考。如表2—1、表2—2。

关于发展程序，建议先建龙口水电站，继建龙门水电站，然后向中间依次修建各坝。

表 2—1 黄河龙口至禹门口段开发第一方式表

坝名	地点	坝型	坝顶高出下游水面（米）	利用水头（米）	利用流量（立方米每秒）	发电容量（万千瓦）	备注
龙口	河曲县石城村	圬工重力坝	121	107	920	74	
石盘	保德县石盘村	圬工重力坝	60	55	940	39	石盘下坝址
罗峪口	兴县罗峪口	土坝	84	79	970	58	
开阳河	临县开阳河	土坝	62	57	1020	44	
三川河	中阳县前崖村	土坝	71	66	1040	52	
清水关	永和县河会里村	土心墙堆石坝	105	109	1070	88	含河湾自然落差
龙门	乡宁县甘泽坡	圬工拱坝	130	122	1120	102	
合计						457	

表 2—2 黄河龙口至禹门口段开发第二方式表

坝名	地点	坝型	坝顶高出下游水面（米）	利用水头（米）	利用流量（立方米每秒）	发电容量（万千瓦）	备注
龙口	河曲县石城村	圬工重力坝	121	107	920	74	
石盘	保德县石盘村	圬工重力坝	60	55	940	39	石盘下坝址
前北会	保德县前北会村	圬工重力坝	40	35	960	25	
罗峪口	兴县罗峪口	土坝	44	40	970	29	
佳县	佳县城下	土坝	49	43	1010	32	
碛口	临县碛口镇	土坝	50	45	1020	37	碛口上坝址
三川河	中阳县前崖村	土坝	37	32	1040	25	

续表 2—2

坝名	地点	坝型	坝顶高出下游水面（米）	利用水头（米）	利用流量（立方米每秒）	发电容量（万千瓦）	备注
社宇里	清涧县社宇里村	土心墙堆石坝	60	55	1060	44	
清水关	永和县河会里村	土心墙堆石坝	47	51	1070	41	含河湾自然落差
龙门	乡宁县甘泽坡	圬工拱坝	130	122	1120	102	
合计						448	

(三)其他几次勘察

1953年黄委会主任王化云、工程师耿鸿枢和西北黄河工程局局长邢宣理考察了禹门口河段，认为禹门口是一个修建水利枢纽的好地方，可列为黄河枢纽坝址之一。

1953年黄河研究组对河曲县龙口至河津县禹门口进行了勘察，并于同年12月写出《黄河河曲龙口至河津禹门口勘测报告》。

1955年地质部对河曲至龙门间河道进行了一般性工程地质勘察，并于同年9月编写了《黄河河曲至龙门间一般性工程地质勘察报告》。

四、龙门至桃花峪河段

(一)龙门至孟津段查勘

这次查勘是为了解决下游洪水问题，选择可能修建蓄水拦洪的库坝址。黄委会除查勘当时已知的龙门、三门峡、八里胡同和小浪底4处坝址外，还希望再找到新坝址，以资比较选择。查勘队于1950年2月由吴以敩、仝允杲、郝步荣等近20人组成查勘队，于3月26日从开封出发，自禹门口而下沿河查勘，至6月下旬完成全部查勘任务。查勘陕县至孟津河段期间还邀请清华大学教授冯景兰等参加。1950年10月完成《黄河龙门孟津段查勘报告》，查勘中对龙门、三门峡、八里胡同、小浪底4处坝址进行了详细的查勘，并测绘了地形、地质图。在三门峡和八里胡同之间发现槐坝、傅家凹、王家滩等3处新坝址，并测绘草图，进行了初步的地质勘察工作。在三门峡、八里胡同和小浪底3水库的回水范围内进行了自然情况的了解和社会经济的调查。查勘队认为八里胡同坝址过去中外专家对其估计过高，虽有较优良的地形条件，但在地质方面则不如三门峡。八里胡同、小浪底2处坝址，初期开发价值不大。同时指出三门峡水库淹没人口近百万，是值得重视的问题。

（二）邙山、芝川水库坝址考察

为了控制黄河洪水，黄委会以邙山坝段为重点，多次进行考察。1950年黄委会主任王化云、工程师耿鸿枢等实地考察了洛河口以下桃花峪等3处坝址和洛河口以上的花园镇坝址。这些坝址和北岸围堤都在温孟滩上，北岸沿滩地从坝址到孟县北邙山头需筑围堤长约60公里。考察认为桃花峪作枢纽控制性固然好，但北岸围堤长，浸没与渗漏问题不好解决，南岸洛河回水可能影响洛阳。随后又对龙门至潼关段进行考察，认为芝川水库坝址河面过宽，筑坝困难大。

（三）禹门口至潼关段河道考察

1951年黄委会副主任赵明甫、工程师耿鸿枢等一行为了解禹门口至潼关段黄河河道的基本情况和特点，自禹门口乘船而下对这段河道进行考察，查勘汾河和芝川入黄口河势和两岸滩地。该段黄河河床宽约10余公里，河道常东西摆动，谓之"三十年河东，三十年河西"，且两岸水利纠纷较多。芝川水库有3处坝址，皆在芝川入黄口以下，筑坝回水将影响芝川镇，不宜建坝。

（四）潼关至八里胡同段河道考察

为了考察潼关至八里胡同河段能否通航和可能筑坝的新坝址。1952年黄委会主任王化云和袁隆、耿鸿枢及水电总局副局长张铁铮和两位苏联专家等，自潼关乘船而下对这段河道进行考察。认为三门峡以下为连续险滩，形势险峻，通航不易。所见坝址，均不如三门峡坝址优越。

五、下游河段

黄河从桃花峪以下至黄河入海口为下游河段，全长767.7公里，落差89.1米，流经华北平原。由于黄河多年平均输沙量16亿吨，造成下游河道不断淤积，河道排洪能力逐渐减少，致使大堤背河两岸地面低于河床3～10米，成为有名的"悬河"。除南岸陈山口至北店子河段傍山无堤外，其余河段均束范于两岸大堤之间，防洪问题十分突出。为此，黄河的修防管理单位和有关部门每年都抽调一定的人力对河势和修防工程进行调查，为了编制防洪规划也进行过一些勘察。其中，较重要的并写有查勘报告的，如表2—3。

表2—3　黄河下游河道勘察统计表

编号	勘察项目	负责人	组织及人员	起迄日期	考察目的、内容、范围	勘察主要成果、认识、建议等
1	北岸温县至封丘陈桥河势工情查勘		黄委会工务处查勘小组	1949年5—6月	了解花园口堵口后，北岸工情变化情况，当年汛期有无危险。	对堤、埝、河势变迁和险工进行勘察并提出修防意见。
2	中牟至兰封谷营河势工情查勘	马静庭	徐福龄、张信、赵之蔺、郝步荣、杨树林等8人	1949年6—7月	就当年的河势工情选择重点作初步调查研究，做好防汛对策，以期安全渡汛。	对北岸越石贯台险工，南岸赵口至九堡险工，黑岗口、柳园口、兰考东坝头至谷营等工段提出修防意见。
3	广郑、中牟两段河势工情查勘	张信	黄委会和玉琨	1950年10月	勘察广武至郑州段花园口东坝头、中牟段越石坝河势工情，以加强修防。	编写了勘察报告，详记了河势工情。
4	北岸大堤及太行堤间蓄洪地区查勘	徐福龄	黄委会张信、王甲斌，平原河务局任有茂	1951年4月	对延津以下至封丘下界北岸大堤及太行堤区间进行地形查勘、测量，研究防御陕县1942年洪水的分流滞洪对策。	编写有平原省京汉铁桥以下至清河集北岸大堤及太行堤间蓄洪地区查勘报告。
5	堤线、险工、河势检查	古枫	黄委会徐福龄，水利部梁振民、牛运光共同组成检查组	1953年6月	主要检查险工、护岸、埽坝和堤防工程质量标准能否抵御可能发生的洪水，调查河道的重大变化，石头庄溢洪堰和东平湖放水口情况等。自京汉铁桥至利津小街子往返1500余公里，考察25个县段，历时近一个月。	就河势基本情况和汛期可能变化、工程概况及存在问题等写有检查报告。

续表 2—3

编号	勘察项目	负责人	组织及人员	起迄日期	考察目的、内容、范围	勘察主要成果、认识、建议等
6	黄河防汛总指挥部检查团检查河势工情		以黄委会工务处为主组成	1954年	黄河下游河势，经过1953年洪水之后发生了一些变化，有些地方发生新险，有些地方情况暂时变好，勘察了解具体情况，以作修防部署。	编写出1954年黄河防汛总指挥部检查团检查河势工情的情况报告。
7	1933年洪水水情调查	黄委会和河南、山东河务局共同派人调查	河南北岸组15人	1954年10—11月	为澄清1933年洪水在下游的情况，为研究防洪措施提出依据。调查京汉黄河铁桥至山东省交界的临黄地区。	1954年11月写出查勘黄河铁桥以下1933年洪水情况工作报告，记述了水情和决溢情况，大车集以下临黄堤共决33个口门，太行堤大车集以西共决6个口门，总计39个口门，受灾人口70余万，淹死约400人。
			河南南岸组7人	1954年10—11月	调查黄河铁桥至东明下界1933年洪水实际情况。	1954年11月写出黄河铁桥以下1933年洪水情况调查报告，记述了水情，调查洪水位120个，分析得出可靠的洪水位27个，决溢口门小新堤、四明堂、小庞庄共3处。
			山东北岸组陈铁汉等5人	1954年10—11月	调查1933年洪水实际情况，自河南、山东交界处至济南段。	
			山东南岸组徐光文、沈启麒等5人	1954年10—11月	调查1933年洪水实际情况，自河南、山东交界处至东平湖。	

第三节　支流查勘

1950年至1954年，根据治黄要求，为寻找修建防洪水库的坝址以及发展当地灌溉事业，先后对泾河、北洛河、渭河、无定河、清涧河、洛河、延河、汾河、沁河、大汶河等进行了查勘、考察。通过勘察，对这些支流的基本情况和水土流失(即土壤侵蚀，下同)的严重性有了初步的了解和认识，并提出一些建坝的地址和建议。

黄河上中游的黄土高原，北起阴山山脉，南至秦岭，西界日月山，东抵太行山，横跨青、甘、宁、蒙、晋、陕、豫七省区，总面积约58万平方公里。这个区域流入黄河的支流众多，地面割切剧烈，水土流失严重，综合治理刻不容缓。1953年黄委会对黄土高原地区的各支流组织了规模较大的水土保持普查，有中国科学院地理研究所、土壤研究所、植物研究所和农业部、林业部等单位派人参加。共有农、林、牧、水、地质、测量、水保、气象、土壤、地理等专业技术人员，以及行政人员和工人400余人，组成9个水土保持查勘队和宁(夏)托(克托)查勘队，共10个队，历时8个月，对无定河、泾河、北洛河、渭河、清涧河、黄甫川、窟野河、孤山川、秃尾河、佳芦河、大黑河、浑河、偏关河、县川河、朱家川、蔚汾河、岚漪河、湫水河、三川河、屈产河、昕水河等31条支流进行查勘，调查研究水土流失规律和水土保持经验，勘察坝库址，了解流域社会经济情况。经分析研究，提出农、林、牧、水利等综合的水土保持试验研究的项目和方法，建议选定一批试验区，开展测验研究工作，为黄河流域综合规划提供依据。1954年，黄委会又调集百余人组成两个查勘队，勘察了湟水、庄浪河、宛川河、祖厉河、清水河、山水河等流域，从而完成了黄河流域黄土高原主要支流的勘察任务。为编制黄河流域综合规划提供了科学的资料依据。支流勘察见表2－4。

表 2—4　　五十年代初期黄河支流勘察统计表

编号	勘察项目	主要负责人	组织及人员	起迄日期	考察目的、内容、范围	主要成果、认识、建议等
1	无定河、清涧河查勘	李振华、王文俊	西北黄河工程局、黄委会共10余人组成查勘队	1951年1—8月	全面了解情况，选择水库坝址，为无定河治理搜集资料，先勘察无定河，后勘察清涧河。	在无定河干支流选大、中型水库坝址14处，如干流的薛家峁、龙湾、响水堡，支流大理河的沙滩坪，榆溪河的红石峡等水库。
2	泾河查勘	邢宣理	西北黄河工程局、陕西省水利厅、西北大学地质系张伯声等20余人	1950年10—11月	以防洪结合灌溉为目的选择坝址，提出工程意见，以便列入1951年国家建设计划。	同样坝高，早饭头比大佛寺库容大，工程量小，建议在早饭头修120米高土坝，库容60亿立方米。并建议在水库上游另修拦泥蓄洪工程，以延长水库寿命。
3	泾河流域查勘	王心钦、郭劲恒	西北黄河工程局，黄委会10余人组成查勘队	1951年3—8月	选择以防洪为主结合发电、灌溉的坝库址，研究水土保持控制性措施。	编有综合查勘报告。共查勘了48个坝址，分别编有水库查勘报告，经比较后建议巴家咀、蔡家咀两水库列为一期工程，这两个工程建成后，再准备修建早饭头水库。
4	泾河水库查勘	李赋都	张光斗、邢宣理、吴以敦、耿鸿枢等	1951年8月	复勘早饭头、巴家咀、蔡家咀三处坝址。	编有《泾河上游水库地址查勘报告》，认为蔡家咀可作为第一期工程，坝高不超过30米。早饭头不宜修低坝，但应对右岸山咀的地质条件作进一步了解，研究修建高坝的可能性。

续表 2—4

编号	勘察项目	主要负责人	组织及人员	起迄日期	考察目的、内容、范围	主要成果、认识、建议等
5	泾河支流水库查勘		西北黄河工程局派人参加	1954年	为1955年工程安排查勘泾河支流茹河及南塬小支流。	编有《茹河流域查勘报告》和《泾河南塬小型水库查勘报告》，提出打石沟、小河口、齐家油坊、姜家岔、九沟川等坝库，并推选沟壑土坝27处。
6	渭河查勘	张定一、李苾芬	西北黄河工程局、黄委会共派10人组成查勘队	1951年3—8月	了解水土保持情况，查勘防洪水库。	
7	北洛河延河查勘	王书馨、任文灏	西北黄河工程局、黄委会共派10人组成查勘队	1951年3—8月	了解水土保持情况，查勘防洪水库。	编有《北洛河查勘初步报告》，选定东峁岭、南城里、马家河、道左埠等4处坝库址，并进行了草测，还选有三迭洑、三眼桥、贺家河水电站坝址3处。
8	汾河查勘	王泽民、邢金慧	共7人	1953年3月15日至4月25日	查勘上游静乐以上，选库坝址。	写有《汾河上游宁武寨至静乐段初勘报告》。选出宁化堡水库坝址。
		山西省水利局	共9人	1953年5月31日至7月5日	查勘中游兰村至义棠段河道。	写有《汾河中游河道查勘报告》。
		朱映、王泽民	共36人分两组	1953年9月15日至12月7日	一组查勘义棠至临汾段，另一组查勘临汾至河津段。	在灵霍山峡内选有夏门、郭庄两处坝址。写有《汾河下游查勘报告》。

续表 2—4

编号	勘察项目	主要负责人	组织及人员	起迄日期	考察目的、内容、范围	主要成果、认识、建议等
9	洛河查勘	魏希思、仝允杲	黄委会、河南省水利局共派10人组成查勘队	1951年4—7月	为了研究控制洪水保证黄河下游防洪安全和解决本流域的防洪、灌溉问题。	认为先修洛河故县和伊河任岭两堆石坝，初控洪水，取得经验后再考虑修范蠡、长水、石家岭、龙门等坝库，有了水库可使灌溉面积由29万亩发展到210万亩。
10	沁河查勘	林华甫	平原省河务局、水利局和黄委会共同派人组成查勘队	1952年4—6月	为防洪结合蓄水灌溉、发电查勘坝库址，并调查灌溉和水土保持情况。	选定山西省阳城县南庄坝址及河南省济源县河口村坝址。
11	汶、泗、运河查勘	华东水利部	华东水利部为主，黄委会派人参加	1951年11月—1952年2月	查勘黄河—济宁南北大运河及汶、泗河，解除水灾，发展灌溉，恢复航运等。	
12	1953年水土保持查勘		调派约418人组成10个查勘队	1953年5—12月	调查研究黄河流域黄土高原的水土流失规律和水土保持措施。调查了无定河、泾河等31条支流。	各查勘队均编有所调查河流的水土保持查勘报告。
	查勘1队	郝步荣、林华甫、杜建寅	共58人		无定河流域、清涧河流域。	
	查勘2队	仝允杲、李玉亭、王晋聪	共60人		泾河流域	

续表 2—4

编号	勘察项目	主要负责人	组织及人员	起迄日期	考察目的、内容、范围	主要成果、认识、建议等
12	查勘3队	成君召	共39人		红(浑)河、偏关河、县川河、朱家川、蔚汾河、岚漪河、曲峪河。	
	查勘4队	胡　斌			湫水河、三川河、屈产河、昕水河。	
	查勘5队	赵保合	共50人		渭河流域	
	查勘6队	李廷君		中途撤销并入5队	渭河流域	
	查勘7队	苏　平	共34人		黄甫川、孤山川、窟野河、秃尾河、佳芦河。	
	查勘8队	赵秦丹、马作飞	共44人		北洛河流域	
	查勘9队	姚动、赵桂棠	共44人		延河流域等9条支流	
	宁托查勘队(即10队)	任文灏、杜耀东	共48人		宁托段干流查勘及大黑河水土保持查勘	
13	西北水土保持考察团	张含英、赵明甫、李赋都、张心一、熊毅	水利部、黄委会、农业部、林业部、中国科学院、西北行政委员会等36人	1953年4月20日—7月15日	考察了西北水土流失严重区及无定河、泾河、渭河等流域。	编写有《西北水土保持考察团工作报告》(初稿)。

续表 2—4

编号	勘察项目	主要负责人	组织及人员	起迄日期	考察目的、内容、范围	主要成果、认识、建议等
14	1954 年水土保持查勘		黄委会调派 109 人组成两个队	1954 年 4—11 月	调查 1953 年未能查勘的黄土高原河流的水土流失规律，研究水土保持措施。勘察了湟水、清水河等 6 条支流。	各查勘队均编有勘察河流的水土保持查勘报告。
	查勘 1 队	董在华、杜耀东	共 52 人		湟水、庄浪河。	
	查勘 2 队	苏平、赵桂棠	共 57 人		祖厉河、清水河、山水河、宛川河。	

第四节　资料整编

黄河上的水文、测绘、地质勘察、泥沙研究等项基本工作，开展较早，并有一定基础，经整编后，为黄河规划编制提供了条件。

一、水文

建国前，黄河上的水文测站受战争影响，加之规划不周，有的测测停停，有的随建随撤，到 1949 年还在工作的有水文站 40 个(黄河干流 16 个)，水位站 50 个，雨量站 65 个。建国后，扩充测站，并不断提高观测质量，到 1954 年，黄河流域有水文站 169 个(黄河干流有 41 个)，水位站 101 个，雨量站 236 个，分布在贵德至黄河入海口的干支流上。

自 1950 年起，黄委会陆续搜集散置在西安、开封、北京、天津、南京、以及沿河各省的黄河水文气象资料。经汇总，自 1919 年第一批水文站(陕县、泺口两站)开始施测，至 1951 年计有水位 1123 站年，流量 628 站年，输沙率 514 站年，雨量 2027 站年，气象 2100 站年。这些资料，过去仅初步整理，未经核对,更缺乏系统分析,以致干支流、上下游矛盾很多,需要加以整编。黄委会从 1952 年 9 月起,投入 70 多名技术人员,还有水利部的谢家泽、叶永毅等参加,用了两年多的时间,完成了 1953 年以前黄河流域历年水文资料的整编工作,计水位 1533 站年,流量 865 站年,输沙率 724 站年,降水量 2838 站年,蒸发 610 站年。以后逐年整编刊布水文年鉴。

为补救水文记载时间短的缺欠,除各水文站进行洪水调查外,黄委会从 1952 年起,每年都派出水文专业人员,在黄河干流及洛河、沁河等支流从事此项工作。兰州水力发电工程筹备处参加了兰州的洪水调查。水电总局参加了陕县的洪水调查。通过翻阅文献,访问群众,现场勘测,发现了很多有迹可寻的大洪水,测算了洪峰流量,取得了第一批洪水调查成果。其中有 1904 年在兰州发生过 8500 立方米每秒的洪水;1843 年在陕县发生过 36000 立方米每秒的洪水;1931 年在洛河支流伊河龙门镇发生过 10400 立方米每秒的洪水;1931 年在洛河洛阳发生过 11100 立方米每秒的洪水;1895 年在沁河五龙口发生过 5940 立方米每秒的洪水。

二、测绘

地形图:建国初期,国家基本图测绘工作尚未展开,沿用国民政府各省陆地测量局所测的军用图。该图有 1/10 万调查图及 1/5 万实测图,质量都不好,而且残缺不全,1/10 万图精度更低。各省测图都有各自的平面和高程起算系统,图幅大小都是 46×36 厘米,所用图例大致相同。国民政府国防部测量局对 1/5 万图高程系统进行过 14 个省的联测,求出与坎门高程的换算关系,其中涉及黄河流域的有甘、宁、陕、晋、鲁、豫、皖、苏等省。

黄河河道图:水电总局施测了李家峡至中宁河段,龙口至龙门河段,黄委会施测了青铜峡至托克托和龙门至孟津河段。再利用黄委会 1933—1938 年施测的黄河下游 1/万河道地形图,加上库区图及宁蒙灌区测图,从而拼接了从李家峡到河口的黄河河道地形图。再加上查勘草图,绘制了从河源至河口的河道纵剖面图(黄河沿—拉干峡缺)。

黄河干流主要坝址图(1/1000—1/5000)基本具备的有 45 处。龙羊峡、泥鳅山和李家峡等坝址区只有 1/20 万地形图。另外黄委会还施测了宁蒙灌区、人民胜利渠灌区地形图,董志塬水土保持区地形图。黄委会与沿黄各省(区)水利部门对黄河支流湟水、无定河、汾河、渭河、泾河、浐灞河、沁河、大汶河等河道及库区坝址作了大量的测绘工作。

1949—1954年为黄河规划准备的地形图，由水电总局及黄委会提供的有：1/万与1/2.5万比例尺的地形图分别为9170及31343平方公里，大比例尺地形图（1/5000及更大比例尺）为329.5及530.4平方公里。

三、地质

黄河流域区域性地质调查工作，开始于1919年，北京地质调查所作有《太原榆林幅1/100万地质图》。以后又有中央地质调查所、西北地质调查分所、石油局地质处及河南地质调查所，调查了一系列的黄河河段，制作了不同比例尺的地质图。中国地质专家翁文灏、曾树声、李四光、侯德封、黄汲清等写有地质专著。这些图册为黄河流域的地质工作打下了基础。

工程地质勘察工作，1950年进行了陕县至孟津段工程地质调查及潼关至孟津段坝址的勘测。1951年进行了盐锅峡坝址的初步勘察和黄河中游及泾、洛、渭、延等支流坝址的踏勘工作。1952年进行了贵宁段勘察、托龙段坝址踏勘、河曲至包头段勘察、龙口至禹门口段勘察，并对小沙湾、龙口、三门峡、王家滩等坝址作了初步地质勘测。1953年进行了积石峡至八盘峡地区的踏勘，作出了包头至托克托、托克托至龙口的地质图。1954年进行了龙羊峡至青铜峡及小沙湾至龙门的勘察工作。从1950年至1954年作了38个坝址的地质测绘工作，绘制各种比例尺的地质图181.4平方公里，钻探坝址27处，钻孔344个，总钻深13015米。参加黄河流域地质工作的单位有：地质部、黄委会、水电总局、北京地质学院等。

四、泥沙

1950年黄委会建立泥沙研究所，对黄河的泥沙进行测验研究。为了研究黄河泥沙运行规律，在黄河下游3个水文站进行泥沙测验，作了泥沙颗粒分析和河床质取样分析研究。到1954年先后完成了黄河泥沙的数量与来源分析、黄河泥沙特性与河道冲淤测验分析、河滩淤积泥沙么重试验等专题报告。

自1953年9月开始，对人民胜利渠进行了渠系泥沙因子测验及挟沙能力研究，沉沙池的泥沙测验及室内试验研究工作，提出将不规则的湖泊式沉沙池改为条渠式沉沙池，分期轮淤，以延长沉沙池使用寿命。1954年开始研究渠首防沙问题，引进波达波夫导流装置。

另外还作了黄河大堤及邙山、芝川、涑水等坝址的土工试验，1843 年三门峡最大洪水模型试验。

西北水工试验所作了泾惠渠、洛惠渠渠首泥沙处理的试验和西北黄土物理性试验。

第五节　专项研究

一、防洪

50 年代初期，根据当时黄河现况和国民经济条件，曾提出“一大堤、二滞洪区、三水库”的防洪措施方案。

(一)大堤

1946 年春，国民政府为配合其军事行动，开始堵复 1938 年扒开的花园口大堤口门。当时花园口以下原来河道已有 8 年未走水，1100 多公里的大堤多有残破，黄河滩区又有数十万人民耕作生息其间。在此情况下，黄河回归故道，势必造成第二个黄泛区。中国共产党领导的冀鲁豫和渤海解放区党政军民进行了“战胜蒋黄”的斗争。1946—1949 年，每年都有三、四万人在国民党的军事骚扰下，不怕牺牲，培修大堤，整修坝埽，防汛抢险，取得了支援解放战争和抗御黄河洪水的胜利。

1949 年 9 月中旬，黄河大水，花园口洪峰流量 12300 立方米每秒，5 天洪量 43 亿立方米，濮阳以下的堤线和全河险工到处告急，山东堤段发生 582 处漏洞，亟待整修。1950—1957 年进行第一次大复堤，到 1954 年培堤土方达一亿立方米(包括下游解放区人民复堤 1946—1949 年土方)，为了抵御大溜冲击，把秸料坝埽改为石坝。1950—1954 年大堤隐患锥探近 6000 万眼，发现与挖填洞穴 8 万余处。发动群众捕捉獾狐等害堤动物 22000 多只。同时大规模的植树种草，起到临河护堤，背河取材的作用。

在总结历代治黄经验及 1949 年抗洪斗争经验的基础上，认识到在黄河洪水尚未控制以前，应该实行“宽河固堤”的方针。因此要坚决废除民埝，恢复原来河道排洪能力和宽河段的滞洪削峰作用。

1954 年 8 月 5 日黄河发大水，秦厂洪峰流量 15000 立方米每秒，山东堤段发生 11 处漏洞，旋即堵塞，显示了加固大堤的作用。

(二)滞洪区

加固后的大堤可以防御一般洪水,但对异常洪水仍不足以抗衡。1950年水利部指示黄委会筹议处理办法。1951年3月28日黄委会向水利部提出《防御黄河23000、29000立方米每秒洪水初步意见》,建议“滞洪节流”、“分洪减盈”的办法,要求利用花园口黄泛区及兰考故道分洪,开辟沁黄、北金堤、南金堤、东平湖滞洪区。水利部认为此项措施在原则上尚属可行,于4月13日具文转政务院财政经济委员会。该委随即召集水利部、黄委会、铁道部、华北事务部及平原省人民政府反复研究,于4月30日发出《关于预防黄河异常洪水的决定》,文中指出:目前黄河下游堤防系以陕县流量18000立方米每秒为防御目标,但据过去水文记录1933年陕县流量曾达23000立方米每秒,1942年曾达29000立方米每秒(1954年整编复核1933年洪水为22000立方米每秒,1942年洪水为17700立方米每秒),均超过目前河道安全泄量。万一异常洪水来临,堤防发生溃决,损失之大,不堪设想。为求在遭遇异常洪水时能有计划地缩小灾害,在中游水库未完成前,同意在黄河下游分期进行滞洪分洪工程。第一期,以陕县流量23000立方米每秒的洪水为防御目标。在沁黄、北金堤及东平湖分别修筑滞洪工程。北金堤滞洪区关系较大,其溢洪口门应构筑控制工事,沁河口至贯台的黄河南北岸大堤,亦须相应加强,要求在1951年汛前完成。第二期,以陕县流量29000立方米每秒或更大洪水为防御目标。在平原省阳武、原武一带(今河南原阳境),结合放淤,计划修建蓄洪工程,以期能改善该区沙碱土地,同时分蓄黄河过量洪水。

文件下达后,平原、河南、山东三省及黄委会立即行动,调查研究,落实措施如下:

1. 沁黄滞洪区:位于黄河沁河交汇地带,由黄河北堤与沁河南堤构成一个封闭区。当分洪水位103.2米时(大沽高程),淹没面积142.6平方公里,容积5.18亿立方米。若遇沁河暴涨,或黄河暴涨,或沁黄并涨,黄河京广铁路老桥壅水严重,威胁北岸堤防安全时,可破堤分洪。武陟县的五车口是沁河南堤的一个老口门,1939年、1942年、1943年均决口,可作为分洪地点。黄河大堤可在解封破口分洪。

2. 北金堤滞洪区:封丘长垣一带的黄河大堤,每逢大水,常常决口,故有“豆腐腰”之称。1933年黄河大水,陕县流量达23000立方米每秒,两岸大堤决溢,北岸大车集上下尤甚,决口39处,总宽3469米,其中以香亭、燕庙、石头庄三处过水汹涌。石头庄口门宽286米,居第三位(香亭有二口门宽426

米及348米)，过流时间长达7个月。大车集上下口门总分洪流量约8000立方米每秒，流8天到张庄，而大河洪水从石头庄到张庄仅需两天，起到错峰作用。张庄最大水深3.5米，退水不很困难。参照洪水实例在石头庄修建溢洪堰，长1500米，当陕县发生23000立方米每秒洪水时，可分洪5100立方米每秒。该工程1951年4月开工，当年8月完工。这是黄河上第一个依靠人民力量，快速建成的大型分洪工程。

3. 东平湖：是古代巨野泽的一部分。由于黄河不断泛滥淤积，面积逐渐缩小，并割裂成数片，东平湖是其中的一片。1855年黄河铜瓦厢决口改道后，横穿运河，夺大清河入海。大清河宣泄汶河来水因而受阻，积水于东平县城的西北，民国时称“东平洼”。抗日战争时期，中国共产党为了组织东平湖西部地区的抗日斗争，1939年春，由东平县湖西三个区组成了“东平湖西办事处”。至此，才普遍沿用东平湖这一名称。

1931年国民政府山东省运河工程局曾在东平县城正西穿湖筑横堤一道，东接解河口的小清河堤，西接安山镇的运河堤。从安山镇西北到黄河南岸的十里堡一段运河西堤也变成防止东平湖南侵的堤防。这道从十里堡经安山镇到解河口的堤防称之为“临黄堤”。1963年以后称之为二级湖堤。

黄河一般洪水由清河门(即庞口)及阴柳科一带倒灌入东平湖，黄河水小时由清河门吐水。

1949年9月，黄河洪水时，将梁山大陆庄民埝冲开，水入东平湖。东平、汶上、梁山、南旺等县遭受轻重不同的水灾，并影响到郓城、嘉祥、济宁、巨野等县市部分土地，灾区面积达2000平方公里。

灾后，黄委会有以东平湖和湖西地区作黄河蓄水库的设想。1950年4月平原省修筑自张庄向西之金线岭横堤，该堤长42.1公里，堤顶宽3米，堤顶高出1949年洪水位1米，堤高1—5米左右。山东省也修筑新堤，从小清河堤李庄起，南经吴桃园至张坝口接运河堤，长14.96公里，堤顶宽4米，堤顶高出1949年洪水位2米，堤高4.5米左右，5月1日开工，汛前完工。至此，东平湖围堤已具雏形。

1954年8月13日黄汶并涨，洪水注入东平湖，湖水位急剧上升，湖堤仅出水20厘米，全线告急。山东省防汛抗旱指挥部决定开放东平蓄洪区，爆破黑虎庙分洪口。蓄洪前后，当地政府组织大批干部投入群众的迁移抢救工作，有3万多人的滞洪区，无一伤亡。

4. 小街子减凌分水堰：黄河尾间，凌汛严重。1950—1951年冬季严寒，全河封冻长度550公里，最上达郑州花园口，总冰量5300万立方米。元月下旬上游解冻淌凌，前左以下还依然固封，向上叉冰20公里，虽然大力爆破，但随炸随结，功效甚微，终于2月3日在利津王庄决口。事后多方搜求防凌办法，采用设堰分水，辅以人工爆破，以解燃眉之急。堰址选在垦利小街子，由山东黄河河务局施工，1951年10月5日开工，12月5日竣工，堰长200米。

以上四项滞洪工程经过1951年的勘察及修建，即付诸使用。同时还进行了以下4项(5—8)分洪区的调查研究。

5. 花园口黄河故道分洪：1950年8—9月黄委会进行花园口至尉氏段故道查勘。自1947年5月花园口堵口后，故道主流沟槽仍为沙碱地，但滩地多已耕种。故道成为郑州、中牟、尉氏一带的排水道，一遇暴雨，洪水满槽奔流而下，若用以蓄洪，与本地排洪有矛盾。再者要切断陇海铁路，且有破坏淮河的危险。

6. 原延封滞洪放淤：原阳、延津、封丘、长垣一带，北有太行堤，南为临黄堤，背河有不少盐碱地，延津境内有大片沙荒，具备滞洪放淤条件。1951年4月—9月黄委会组织人员进行调查研究。其目的是要解决陕县发生29000立方米每秒洪水的防洪问题，同时结合举办放淤、灌溉等兴利事宜。计划本滞洪区面积960平方公里，耕地106万亩。分洪地点选有原阳县的双井、张庵、马庄三处。马庄靠近1751年祥符朱决口溜道，引水顺畅，较为有利。计划修建混凝土低堰，上安闸门，控制宣泄，最大分洪流量7000立方米每秒。淤区内修建围堰，每方20—50平方公里，分条放淤。淤灌面积约60万亩。退水入金堤河。

7. 兰考黄河故道分洪：1950年10月黄委会进行兰考县境黄河故道查勘。黄河自1855年铜瓦厢改道，故道不过水已有百年，全部开为耕地，旧有堤防残破不堪。蓄水区拟在兰考民权两县所辖河段。工程设施拟从南堤的宋庄颜道口起，斜向东北修一道横堤到北堤兰考县与山东曹县交界的王厂寨为止，长18.3公里，如蓄水至67米高程，容积9.36亿立方米。进出口修建筑物控制蓄泄。土方241万立方米。此故道引水不畅，进水量有限。

8. 南金堤滞洪区：由山东鄄城苏泗庄引水，到南金堤尾端梁山县黄花寺退入黄河，流程仅75公里，错峰作用不大。

(三)水库

建国后为了从根本上解除洪水灾害，1950年3月黄委会组织查勘队，查勘龙门至孟津干流河段，选择拦洪水库。同年7月，水利部傅作义部长率领张含英、张光斗、冯景兰、布可夫(苏联)等中苏专家考察了潼关至孟津河段,认为三门峡、王家滩两处坝址较好。三门峡蓄水位定为350米,以防洪、发电结合灌溉为开发目的。1951年1月12日傅作义部长在政务院第67次政务会议上作了《关于水利工作1950年的总结和1951年的方针和任务》的报告,提出:"黄河在最近几年以内,仍应加强护岸及堤防工事,勘测和准备潼关孟津间的水库工程,修建支流拦洪拦沙水库,并结合农林计划积极进行干支流域的水土保持工作。"在黄河干流上修水库,就当时的政治经济和技术条件均有困难,于是转向支流解决问题。经过查勘与初步计算,发觉支流太多,拦洪不可靠,花钱多,效用小,需时长,交通不便,施工困难,因此又把希望转到黄河干流上。在这个时期有冲沙与拦沙之争。黄委会主张"蓄水拦沙",想找一个库容大的地点拦截泥沙,为水土保持争取时间,主张修三门峡水库,把蓄水位由原来设想的350米提高到360米。水电总局从开发水电资源出发,也积极主张修建三门峡水库。苏联专家布可夫认为黄河拦洪水库关键的问题是怎样避免泥沙淤在库内,把泥沙输送入海,不在下游河道中沉积。他建议在黄河干流龙门至潼关之间和渭河与北洛河交汇处,分别修筑两个拦沙库。在王家滩(或其他坝址)修一个蓄水库。所拦泥沙用输沙隧洞均匀送到蓄水库的下游,隧洞长110公里及140公里(见图2—1)。由蓄水库放水稀释,使之输送入海。冲沙方案的缺点是黄河水量不够。部分超量泥沙势必在下游河道上沉积。解决的办法:一是加大蓄水库库容(原设计库容:丰水年170亿立方米,平水年120亿立方米,小水年36亿立方米);二是两岸放淤。

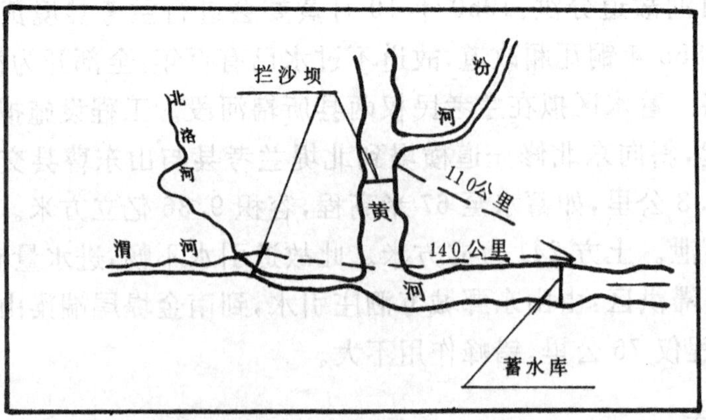

图2—1 王家滩蓄水库及两座拦沙坝位置示意图

由于三门峡水库迁人淹地太多,不少人反对,冲沙水库也存在问题,因此从 1952 年下半年起又研究了邙山水库，选有花园镇、荒峪、汜水河口上首、桃花峪等坝址，组成 7 个方案。经过比较，倾向在巩县洛河口以上的荒峪建坝。拦河坝坝轴线由荒峪至南贾，再由南贾向西，沿清风岭高地修筑围坝至张楼接北邙山。当库水位 150 米时，库容 161 亿立方米。黄委会计划作滞洪水库，布可夫倾向作冲沙水库。

冲沙水库是在水库内加筑隔堤一道，把整个水库分为北槽南库两部分。隔堤西自孟津黄河南岸的柿林村起，沿黄河北岸滩地向东至南贾止，全长 51 公里。在水库北部形成一窄槽，宽 1—3 公里。泄洪闸设在北槽东端拦河坝处，用以控制拦洪期间下泄流量，当来水小于 7000 立方米每秒时，经此闸下泄。在隔堤的东端设进水闸，当来水较大时，引北槽入南库。在隔堤的西端陈庄附近设泄水闸，用以排泄南库在分洪期间澄沙后的清水，以帮助冲刷北槽的淤沙，当遇非常洪水亦可由此闸引水入南库。工程的布置可参见图 2—2。

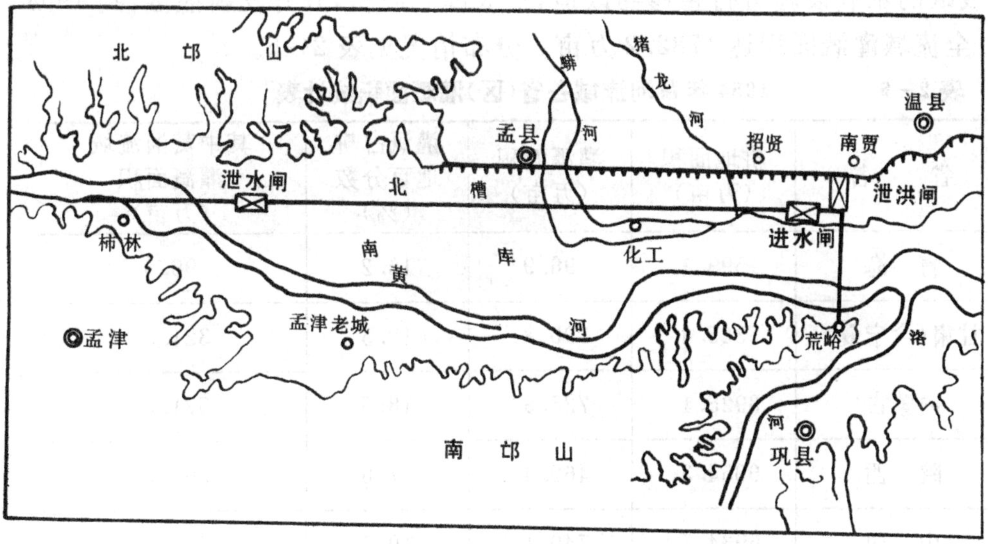

图 2—2 邙山水库（北槽南库方案）示意图

滞洪和冲沙两种方案初步计算结果投资都在 10 亿元以上，迁移人口 15 万以上，花钱多，又没有综合利用效益，于是在 1953 年初又提出修三门峡水库。这时，国家计划委员会与水利部对于修水库解决防洪问题作了明确指示：第一，要迅速解决防洪问题；第二，根据目前国家的状况，花钱不能超过 5 亿元，迁人不能超过 5 万人。因此，又提出修建邙山、芝川两座水库，降低坝高，缩小库容的方案。芝川坝址介于龙门与三门峡水库之间，在三门峡水库回水范围以上，将来可以增加干流水头的利用；邙山水库接近京广铁桥，可作郑州附近灌溉航运工程的水利枢纽。芝川水库坝高 29 米，库容 47 亿立方米。邙山水库选桃花峪及洛河口上游两个坝址。桃花峪坝址，坝高 17、18、19 米，相应库容为 30、35、40 亿立方米；洛河口上游坝址，坝高 26 米，库容 40 亿立方米。芝川水库与邙山水库组成四个方案，总库容为 77—87 亿立方米，淹没影响人口为 7.1—10.2 万人，淹没耕地 40.5—66 万亩，总投资为 4.3—5.2 亿元。

二、灌溉

黄河流域的灌溉事业，历史悠久。湟水流域、宁夏平原、河套平原、汾河、北洛河、泾河、渭河、沁河下游等地在公元前已有了灌溉。但由于长期的封建统治，发展甚为迟缓。到 1949 年全流域灌溉面积只有 1200 万亩。建国后，对残缺的水利设施进行整修与改造，扩大灌溉面积，并开发新灌区，到 1954 年，全流域灌溉面积达 1782.2 万亩。分布情况见表 2—5。

表 2—5　　1954 年黄河流域各省(区)灌溉面积统计表

省　名	耕地面积(万亩)	灌溉面积(万亩)	灌溉占耕地百分数(%)	其中黄河流域灌溉面积(万亩)
青　海	599.1	96.9	16.2	96.9
甘肃(含宁夏)	6325.4	790.8	12.5	321.3
内蒙古	3925.1	725.9	18.5	521.6
陕　西	6054.3	460.4	7.6	262.5
山　西	6934.7	740.1	10.7	290.7
河　南	13578.0	1184.3	8.7	163.5
山　东	13890.0	995.0	7.2	134.7
总　计	51306.6	4993.4	9.7	1782.2

从黄河干流引水的大灌区有历史悠久的宁蒙灌区，也有新建的人民胜

利渠灌区。

(一)宁蒙灌区(1954年元月绥远并入内蒙古以前称宁绥灌区)

该灌区初创于秦汉,当时为谪徙戍边,屯垦黩武,以备边檄。大面积开垦在清代及民国时期。宁蒙灌区分4个区域:在宁夏有卫宁平原与宁夏平原;在内蒙古有后套平原与前套平原。

卫宁平原西起沙坡头,东至青铜峡,长约130公里,宽约20公里,黄河将其分为河南、河北两大片。可灌面积约60万亩,主要渠道有美利渠、七星渠等。民国期间灌地40万亩。

宁夏平原南起青铜峡,北至石咀山,长约200公里,平均宽40公里,由黄河所隔,分为河东、河西两区。耕地面积分别为100和450万亩,民国期间灌溉面积分别为26和120万亩。主要渠道有秦渠、汉渠、唐徕渠、大清渠、汉延渠、惠农渠等。渠口设备简陋,常被洪水冲毁,大水漫灌,加重了沼泽盐碱化;用水期常遇黄河水小,引水不敷所用;砂石入渠无控制,每年春修负担沉重。

后套平原,在清代以前现行河道是个汊河,乌加河是主流,清初至清末有很大变化,现行河道由汊河变为主流,乌加河由主流变为汊河。在主流与汊河之间就留下很多南北向或西南东北向的天然小河岔,拓荒者因势利导,引水灌溉,大小干渠有四、五十道。民国时期,逐步整理规顺,合并为十大干渠,即乌拉河、杨家河、黄济渠、永济渠、丰济渠、复兴渠、义和渠、通济渠、长济渠、塔布渠。可开垦的耕地有1000万亩,灌溉413万亩。灌区存在问题是渠首为草闸,比宁夏圬工渠首还差。

前套平原分为两大片。一为三湖河区,自西山咀至包头,面积约670平方公里,1949年灌溉32万亩。另一个为萨托区(萨拉齐和托克托),面积约1300平方公里。1928年修建民生渠,渠首在包头之镫口,退水入大黑河,因急于求成,未经测量先行开工,结果进水退水均不通畅,又经山洪冲击,堤岸多处溃决,渠首为之淤废。

1943年国民政府黄委会编有《整理绥远灌溉工程初步计划》,拟将后套灌区与三湖河灌区合并,使用同一进水口,采取一首制,另选总干渠渠线,渠首设于三盛公附近,渠线沿黄河北岸东行,绕过乌拉山麓,经西公旗退水入黄。对民生渠之整理,拟建拦河坝,维持适当水头,干渠须改线,仍退水入大黑河。

国民政府绥远省水利局对后套灌区亦有整治方案。要点为:(1)裁并渠口为四首制(杨家、永济、复兴、义和),建筑进水闸;(2)开挖高干补济渠;(3)补修防洪堤;(4)疏通乌加河排水系统;(5)调整渠道坡度及断面。列为四首之一的黄杨闸(即杨家闸,供乌拉河、杨家河、黄济渠的引水渠首),由绥远省自筹粮款于1947年开工,在黄济和杨家河两渠口附近高信信圪旦处先后开挖两个基坑,都因公款不济而被迫停止施工。建国后,该闸于1950年5月易址重建,1951年9月建成,1952年5月开始放水,可灌农田122万亩,并改良低洼易涝地20万亩。

1945年国民政府黄委会在银川成立宁夏工程总队(1947年改名为宁绥工程总队),进行了灌区测量,水稻需水量试验,设立青铜峡、大坝、陈俊堡、叶升堡四个水文站,拟定了宁夏河东、河西两岸水利计划。

1950年4—7月黄委会组织宁绥工程查勘,在前人工作的基础上,进一步调查研究,提出意见:宁绥水利开发拟分两个阶段,第一阶段只利用黄河天然径流;第二阶段在上游作蓄水工程,将治河、防洪、航运、发电等作统盘筹划。重点放在宁夏平原和绥远后套,灌溉面积共1550万亩。据青铜峡金积水文站1939—1947年的流量分析,五六月份以620立方米每秒为标准计算,灌溉用水不足,因此,需要利用轮灌制调整,用秋、冬水补给。为保证灌溉引水,须在青铜峡和三盛公筑坝。青铜峡坝计划抬高水头5.5米,发电能力11250千瓦。三盛公坝以保证引水为主,暂不考虑发电。

1953年黄委会宁托查勘队从青铜峡至托克托作了全面查勘。勘察了青铜峡、三道坎、南粮台、昭君坟等坝址。写有查勘报告并提出意见:青铜峡坝高从河东来说只需要10米,河西则要15米,再高就要淹卫宁灌区,得不偿失。三道坎主要是为了航运,解决头、二、三道坎险碛,兼及绥远的冰坝问题和附近用电问题。南粮台是为后套一首制所选的坝址,对右岸鄂尔多斯台地的灌溉很难照顾,因为在西山咀以上现有耕地仅5.4万亩,可能灌溉面积亦不过37万亩,地带太窄且多沙丘,需水多、费工大、不经济,不如划为牧区,以电力提水和凿井,解决牧业用水问题。昭君坟坝址处是黄河自三盛公至托克托喇嘛湾之间唯一的石质河床。筑坝后可供包头市用水用电,可灌右岸公山壕一带60万亩土地,左岸可供水民生渠。这次查勘还对石咀山至三盛公间的沙漠对黄河影响作了研究,估算每年入河沙量约200万立方米,数量不算大。

(二)人民胜利渠灌区

1943年8月日军侵华时为了军运修建引黄济卫灌溉工程,干渠建筑物未及竣工，1945 年抗日战争胜利，即行停工。1945—1946 年国民政府河南省水利局进行调查，并派人测量，把这个工程定名为“引黄入卫”，拟定修复计划，因缺资金，未动工。1949 年该工程除张菜园闸遗存外，其余均遭损毁。

建国后，黄委会拟建引黄灌溉济卫工程作为下游引黄灌溉的试点。1949 年 11 月黄委会与平原省水利局联合查勘后，在水利部召开的各解放区水利联席会议上，该工程被列为“有极大收益的工程”之一。1950 年 1 月 22—30 日黄委会在开封召开了第一次治黄工作会议，当时我国财政还很困难，治黄经费 9 万吨小米，约占全国水利建设费用的 1/4。与会代表一致同意应首先用于下游修防，保证黄河不决口。会议对在黄河大堤上建闸、灌田，能否保证安全，能否引水顺畅，能否不淤渠道，作了认真的讨论。认为“在治本问题未解决前，黄河的全面兴利是不可能的。但是，利用可能的条件，试办中小型灌溉工程，帮助沿黄群众发展生产，并且通过这项工程，积累经验，培养干部，还是必要的”。

该工程于 1950 年进行测量设计，1951 年 3 月开工，经一年奋战，渠系主体工程建成，1952 年 4 月 12 日举行放水典礼，比原计划提前一年。当年浇地 28.4 万亩，济卫 176 天，水量 2.84 亿立方米，促进了农业增产和航运发展。1952 年 10 月 31 日，毛泽东主席在视察黄河途中，亲临人民胜利渠渠首，听到能引水 40 立方米每秒，可灌田 40 万亩，满意地指出：“一个县有一个就好了。”1953 年 8 月工程全部建成，定名为“人民胜利渠灌区”，灌地 33.4万亩。1954 年发展到 56.1 万亩。

对人民胜利渠的修建和运用，十分注意泥水处理、完善灌排渠系配套、防止次生盐碱化、开展科学试验、加强灌区管理。这不仅为黄河下游引黄灌溉开拓道路，积累经验，而且为科研、教学提供了材料及试验场所。

三、水土保持

西北黄土高原水土流失严重，广大农民与水土流失作斗争，由来已久。早在周朝已知平治水土，修建沟洫。后来，随着耕地面积的扩大，生产技术的发展，防止水土流失的措施也随之增多，创立了梯田、涝池、堰坝、放淤等办法，对农业增产起到一定的作用。但在封建社会里，这些经验多局限于某些地点，效果不大。

水土保持科研工作开始于民国时期，黄委会、农林部、金陵大学等单位，组织过多次实地调查，写出不少著作，提出要把水土保持与治理黄河结合起来。1941年黄委会林垦设计委员会在天水建立陇南水土保持实验区，在西安荆峪沟建立关中水土保持实验区，1942年国民政府农林部也在天水梁家坪成立水土保持实验区。各实验区进行过坡地径流测验、小流域农林牧及工程的综合治理、干旱山区造林种草、坡耕地梯田沟洫作用试验、等高耕作、合理轮作和垅作区田试验、河滩淤田示范等。

建国后，人民政府对水土保持工作非常重视，1949年黄委会拟定的《治理黄河初步意见》中谈到："土壤冲刷和沟壑的蔓延，是造成下游河患的主要原因之一。所以对黄河流域各集水区以内的全部土地，应作合理使用，保证洪水径流和冲刷减至最低限度。"1950年2月为加强水土保持和黄河中游治理，成立了黄委会西北黄河工程局。1951年黄委会和西北黄河工程局联合查勘黄土高原，决定在不同类型的水土流失区建点设站。天水站早有基础，经调整后称为陇南水土保持实验推广站，随后于1952年在西峰镇建立了陇东水土保持实验推广站，1953年在绥德建立了陕北水土保持实验推广站。三站分别以吕二沟、南小河沟、韭园沟进行不同类型区的试验和测验研究工作，并总结推广群众的好经验。

1952年12月9日政务院发布《关于发动群众继续开展防旱抗旱运动并大力推广水土保持工作》的指示。明确"水土保持是一项长期的改造自然的工作。由于各河治本和山区生产的需要，水土保持工作，目前已刻不容缓。……应当首先集中在已经开始和即将开始根本治理的河流，切忌力量分散。……应以黄河的支流无定河、延水、泾、洛、渭等诸河流域为全国的重点。"1953年政务院指示，把原来分散在农林、水利、畜牧和铁道部门的水土保持业务机构加以合并，成立西北水土保持委员会。

1953年及1954年黄委会进行了37条支流的水土保持查勘。

陕、甘、晋三省水土保持工作比较突出，1949至1954年，已做地埂、梯田、垅作区田、截水沟等田间工程270万亩，谷坊117万座，大型淤地坝103座，涝地、水窖、水簸箕等117万个，整理天然池(聚湫)及新修蓄水库14个，引洪漫地36.6万亩，造林种草735万亩。为了总结水土保持工作经验，研究开展水土保持工作的方向、方法，黄委会于1954年11月召开陕、甘、晋三省水土保持工作会议，参加会议的有70多人。王化云主任作了总结，题为《进一步开展水土保持工作的报告》。提出：按照各区的特点，制定不同的治理方案，以解决人民的迫切要求。应在"综合开发，大力开展，稳步前进"的方针下，建立专业机构，加强党的领导，依靠互助合作，达到控制泥沙，增加农业生产的目的。这个报告由中共水利部党组转报中共中央。1955年3月15日中共中央将此文转发各有关省(区)党委,指出:“陕、甘、晋三省几年来的水土保持工作已取得了显著成效。也说明只要我们实事求是,因地制宜,因势利导,那么大自然的破坏力是可以利用到另一方面,即利用它来为人民造福。”

四、水力发电

我国水力资源理论蕴藏量为6.7亿千瓦,黄河水系为0.41亿千瓦,占全国总量的6%。

早在孙中山先生所著的《建国方略》和《三民主义》中,曾提到利用长江三峡和黄河龙门的水力,代替劳力发展生产。

1939年国民政府成立了全国水力发电勘测总队,对西宁附近的湟水作了查勘。

1945年全国水力发电总队下设的兰州勘测处,对黄河朱喇嘛峡进行勘测规划。

日本帝国主义侵华时,对黄河中游曾拟出开发方案。

截至1949年,黄河干流上没有一座水电站。黄河支流上有三座小水电站:一为天水市耤河上的天水电站,装机180千瓦,1944年开工,1946年竣工,1960年拆除;二为西宁市北川河上的北山寺电站,装机198千瓦,1944年开工,1945年发电,1948年竣工,1960年拆除改建;三为太原上兰村汾河东岸在1932年修过一座小水电站,供进山中学照明之用。

1950年8月7—9日,燃料工业部水力发电工程局在北京召开第一次全国水力发电工程代表会议,通过了“全国水力发电工程会议决议”,并拟定了“中国水力发电工业第一期计划轮廓”,其中在黄河上有朱喇嘛峡和清水河两处水力发电工程。

朱喇嘛峡是兰州附近的一个水力发电坝址。清水河坝址位于内蒙古清水河县大沙湾至下城湾河段,该处扼晋陕峡谷段的上首,是良好的调节水库地址。

从1950年至1954年,黄委会与水电总局配合地质部及地方政府从龙羊峡到桃花峪选了98处坝址,支流上选了225处坝址,这些坝址大多数考虑了水力发电的内容。对刘家峡、清水河、三门峡、邙山及泾河蔡家咀水库,还作了库区社经调查。

第六节 治黄意见

人民治黄以来，黄委会和一些著名人士就治理黄河提出种种设想。摘录如下：

一、1949 年 8 月黄委会提出《治理黄河初步意见》，呈报给华北人民政府主席董必武，认为："我们治理黄河的目的，应该是变害河为利河；治理黄河的方针，应该是防灾和兴利并重，上中下三游统筹，本流和支流兼顾。……治河的各项工程，或者河道的各个部分，都是相关的，一脉动而全体都变的。所以利害的治理固然难分，就是三游也都须要当作一个问题来研究。例如拦沙和节水的工作，他们施设的地点，不只在于下游，也不限于上中游，是需要遍及各支流和整个流域的。又如兰州全年的总流量，约当陕县的 7/10，这说明上游水源的旺盛。要想尽量利用水流，使他得到最高效率，势必将三游的水量统筹规划的。至于说到为患的洪水，大部分来自中游，那么，要想根除水患，就必须也得在中游着眼，这是很明显的道理。所以治河是应该以整个流域为对象的。"

《意见》在谈到洪水为患时认为，除了政治因素外，在自然方面有两点：一是洪水猛涨，高低水位的变差很大；二是泥沙量大，冲刷淤积的变化难测。因而需要节蓄洪水，平抑暴涨，保持土壤，减低冲刷；在下游规定适当的河槽，并且把它固定住。设若下游有分泄或暂储的适当地点，可作减轻水患的补救方法。

《意见》在谈到减少泥沙时认为，这是一件缓慢的工作，而且范围又极广大，可是要想"黄河清"就必须走这条路，所以不应该因为缓慢和困难而放松。

《意见》认为，节蓄洪水，开发水利都需要修坝。应首先兴办的是龙门到石门间的一座坝。各支流的灌田工程，早已陆续兴办，可是干流上的还少，灌溉工程不必等待蓄水工程完成便可以逐渐举办。如上游的宁夏平原、绥远平原和下游的大平原。

二、1949 年 8 月著名的水利专家张含英著述的《黄河治本论》在《新黄河》创刊号上发表。他认为："治本与治标原属相对名词，本无严格之定义。以黄河而论，每谓下游之治理属标，上中游之治理属本。然修堤防洪为主要工程之一，焉得因其在下游而称为治标？"黄河治本之法应为"掌握 500 亿立方米之水流，使能有最大之利用，为最小之祸患耳！”若欲达此目的，不论工程之在上游与下游，临时与永久，局部与整体，标治与根除，但须有最适当之配合，而又各能最合乎“安全、适用、简单与经济”之条件。

“根治黄河泥沙之法当为防制土壤之冲刷，并掌握河槽之变化，以减少河内泥沙之来源与河槽之冲积。但泥沙之为患，由于水之冲积，故根本上欲掌握泥沙，仍在于掌握水流。黄河的洪水来自三个区域：托克托到龙门一带、泾渭流域及潼关至郑州一带。可在托克托至孟津峡谷中建筑水库蓄洪。至于掌握为患之泥沙则须将工作推展于流域之田野上。”

“至于兴利—灌溉、航运、发电，皆须先使水流有节，需在干支流修筑水库。此等水库与防洪水库可以合并为一，相为运用。高地可发展提灌。下游航运可与河道整治相结合。”

三、1950 年 10 月，黄委会召开治黄工作会议，明确提出：要以防御比 1949 年更大的洪水为目标，加强堤坝工程，大力组织防汛。同时要搜集分析基本资料，为根本治理黄河创造条件。要在中上游进行巨大的水土保持工作，在下游加强修防，防止溃决，才能集中力量兴修水库工程。“我们的基本思想是把黄河粘住在这里（指维持现行河道，不决口改道），予以治理。”

四、1951 年《新黄河》第五期发表清华大学教授张光斗的文章《黄河流域开发规划纲要草案》。他认为：黄河问题可分为除害与兴利两方面，除害以防洪和水土保持为主；兴利则有灌溉、发电、航运、给水，以及其他事业。其中防洪和水土保持二项，需要最为迫切。开发黄河流域资源，主要的就是解决黄河的各种问题，同一河道，同一水流，受不同的控制，达到多方面的目标，必须有统一的计划，互相配合。黄河上中下游流域广大，情况迥异，开发的需要不同，而水流则上下游相通，所以必须有整个流域的计划。开发黄河水利是国家经济建设的一部分，经济建设又和国防、政治、文化建设分不开。所以开发黄河流域水利计划，必须配合流域内其他经济建设，而成为整个流域经济建设计划的一部分。他认为：洪水控制应立即完成。加强下游堤防，整理河道，使能宣泄旺水年份的洪水，实为当务之急。中游水库工程应把潼孟段干流库址及山陕黄河、泾洛渭河库址通盘比较。何者优先举办，症结点在泥沙淤积问题。假如在山谷内修筑水库，在坝脚安设巨型闸门，能够控制水库内的淤积量，在短期内达到平衡，水库寿命甚长，则无疑应立即兴建潼孟段水库，但这种可能尚未可肯定。或则建议将潼孟段水库尽量扩大，估计寿命 30—50 年，届时中上游水土保持可著成效，泥沙减少，水库达到平衡，可垂永久。姑不论水库寿命估计是否正确，巨大水库将淹没广大关中平原，在政治上和社会上是否可行，亦待考虑。设若没有把握，似可考虑支流水库，虽不能整个控制洪水，但可减小洪峰，即被淤满，损失不如潼孟水库之严重，无论在干流或支流修筑水库，都应以滞洪为主，分期施工，而照顾将来蓄水灌溉、发电的扩充。所以滞洪而不蓄洪者，因为多少可减轻淤积，延长水库寿命。解决黄河泥沙问题，水土保持是唯一合理的办法。

五、1953 年 5 月 31 日黄委会主任王化云给政务院副总理邓子恢写了《关于黄河基本情况与根治意见的报告》。邓于 6 月 2 日将该报告转给毛泽东主席及党中央。报告提出：黄河流域的灾害有两个，一是下游的淤积，一是中游的冲刷。为了根除灾害，必须根治黄河。治河的目的不仅限于除害，还应该利用黄河的水发电、灌田与航运。治河的基本方针应该是节节蓄水，分段拦沙。依据这一方针，在黄河的干流上从邙山到贵德，修筑二、三十个大水库，大电站；在较大的支流上，修筑五、六百个中型水库；在小支流及沟壑里修筑两三万个小水库；同时用农、林、牧、水结合的政策进行水土保持。通过以上四套办法，把大小河流和沟壑变为衔接的阶梯的蓄水和拦沙库。同时利用水发展林草，利用林草和水库调节气候，分散水流，这样就可以把泥沙拦在西北，使黄河由浊流变为清流，使水害变为水利。把我们发电两三千万千瓦，灌田 1.4 亿亩，以及数千公里航运开阔的理想变为现实。这就是我们根治黄河的基本方策与目的。

六、1954 年元月黄委会在整编黄河流域基本资料的基础上，提出《黄河流域开发意见》。在蓄水拦沙思想指导下，谈到：为了使黄河流域的水利与土地达到最有效的利用，根据黄河流域各地区的不同情况，把干流分成几段规定出开发的重点。宁夏黑山峡以上，以发电为重点，结合灌溉航运与畜牧；宁夏黑山峡以下至内蒙古清水河一段以灌溉为重点，结合航运与发电；内蒙古清水河至河南孟津一段以防洪发电为重点，结合灌溉与航运；河南孟津以下以灌溉为重点，结合航运及小型发电。在各段内还要结合城市及工业用水。为了全流域的开发，必须在黄河干流上分段将黄河全部水量加以控制，选择了三大水利枢纽，即用龙羊峡水库作为上游水利枢纽控制青甘宁蒙段，用龙口水库作为中游水利枢纽控制山陕段，用三门峡水库作为下游水利枢纽控制下游段。以上三个大水库在最近修建条件还不具备，可在兰州附近上下游选择一个水库，暂时开发电力。清水河水库因淹没损失大，须缓建。为了下游防洪灌溉应先修邙山水库和芝川水库。

第四章　黄河规划

第一节　规划经过

中华人民共和国成立后，即着手研究治理黄河问题。为了根治黄河水害，开发黄河水利，由水利部（主要是它所领导的黄河水利委员会）、燃料工业部（主要是它所领导的水力发电建设总局）、地质部等，进行了大量的准备工作。1952 年 5 月黄委会主任王化云在《关于黄河治理方略的意见》中建议："鉴于我们设计大工程的经验缺乏，我们建议三门峡水库的设计请苏联专家做，与苏联订立设计合同。在进行设计之前，聘请苏联各种高级专家，组成查勘组，进行一次全河的查勘，统筹全局，做出流域开发规划，务使先做的工作为整个开发中的一部分。"与此同时，水电总局副局长张铁铮与苏联专家格里哥洛维奇和瓦果林奇谈起黄河问题，并到三门峡勘察。格里哥洛维奇说：苏联河流的开发，已从帝俄时代"抓住一点，单纯地解决国民经济中某一部门的片面需要"的开发方式，改变到今天"全河规划，综合利用"的开发方式了。黄河的开发应当采用苏联最新的开发河流的方式，因而必须在全河进行勘测。水利部及燃料工业部都向党中央要求聘请苏联专家综合组来我国帮助制订黄河规划。经过中国政府与苏联政府商谈取得协议，决定将黄河综合规划列入苏联援助我国经济建设重大项目 156 项之一。

1953 年 6 月 17 日，国家计委召集燃料工业部、水利部、地质部、农业部、林业部、中国科学院等单位，具体商讨苏联专家组到来之前应做的准备工作。根据讨论结果，国家计委于 7 月 16 日发出《关于成立黄河资料研究组的通知》，要求水利部及燃料工业部水电总局把这项工作当作主要任务，各有关部门也应积极配合，将这个工作列入各部门的工作部署。为研究黄河流域的综合开发问题，决定成立黄河研究组，以李葆华为组长，刘澜波、王新三、顾大川、王化云为副组长。实际工作负责人是水电总局李鹗鼎、黄委会刘善建。研究组的成员以燃料工业部和水利部为主，各有关部门均指定专人参加。费用由燃料工业部水电总局编列预算。研究组在水电总局办公，专家组在燃料工业部办公。

黄河研究组集中技术干部 56 人，经过半年的努力，整编并翻译出黄河概况报告 16 篇，干支流的水力资源坝址查勘、各主要坝址的地质调查、水库经济调查、水土保持调查等报告 33 篇，水文、泥沙统计表 4 册，水位流量关系曲线 82 张，各种水文曲线 12 个站，气象统计图表 33 张，各类地形图及水库库容面积曲线 939 张，地质图 50 张。

苏联专家组于 1954 年 1 月 2 日到达北京，他们是：组长技术科学硕士阿·阿·柯洛略夫（苏联电站部），水工专家巴·谢·谢里万诺夫（苏联电站部），水文与水利计算专家技术科学硕士维·安·巴赫卡洛夫（苏联电站部），水工施工专家谢·斯·阿卡拉可夫（苏联电站部），工程地质专家格·比·阿卡林（苏联电站部），灌溉专家康·谢·郭尔涅夫（苏联农业部），航运专家维·尤·卡麦列尔（苏联海上及内河航运部）。随即开展工作，一面研究已准备的资料，一面听取对有关问题的系统介绍。苏联专家首先着重了解全流域自然情况，动能经济（工业分布、电力负荷、建设水火电站比较等），治理历史，已进行的工程和规划方案，以及邙山、芝川和三门峡水库的情况等。苏联专家认为过去的准备工作方向是对的，现有资料已够编制黄河流域规划，可以一方面进行黄河重点查勘，一方面编制报告。报告由苏联专家指导，中国同志编写。这个意见经国家计委同意，于 1954 年 2 月集中技术干部 170 人开始分组计算与编写工作。设办公室和 11 个专业组。办公室正副主任为张铁铮、马静庭。各组组长：阶梯开发组为覃修典、程学敏；水文及水利计算组为叶永毅、陆钦侃；动能经济组为曹维恭；水工组为张昌龄、刘善建；施工组为礼荣勋、段芳芝；地质组为贾福海；灌溉组为陈之颛、李维质、王钟岳；航运组为洛卓；水土保持组为仝允杲、石元正；水库淹没组为康维明；基本资料组为郭劲恒。苏联专家分工除对口者外，水库淹没组和基本资料组由柯洛略夫兼管；水土保持组由阿卡拉可夫兼管；动能经济组由水电总局的苏联专家库兹涅佐夫兼管，该组单独活动。

为了深入实际了解黄河情况，收集补充有关资料，听取沿河各地对治黄的意见和要求，1954 年 2 月决定组成黄河查勘团。查勘团由水利部副部长李葆华、燃料工业部副部长刘澜波任正副团长，黄委会副主任赵明甫、水电总局副局长张铁铮为正副秘书长，有苏联专家、中国专家和工程技术人员等 120 余人参加。查勘团于 2 月 23 日自北京出发，先到济南，听取山东省政府对黄河下游情况的介绍和对黄河治理的意见。2月25日全团分成河道、灌溉两组，分头查勘，3月7日到达开封，3月9日抵郑州，通过这段查勘，对彻底根治黄河水害，开发黄河水利的重要性、迫切性更加明确。随后，查勘团查勘了三门峡坝址，苏联专家见到闻名已久的三门峡，不断称赞，认为终于找到了为根治下游洪水灾害，达到综合利用目的，而需建造巨大蓄水库的拦河坝地点。在完成龙门至孟津段的查勘任务之后，查勘团在西安召开了技术座谈会，经过讨论，最后苏联专家组组长柯洛略夫总结说："在黄河从龙门到邙山，我们看过的全部坝址中，三门峡坝址是最好的一个，任何其他坝址都不能替代三门峡，使下游获得那样大的利益。"为了减少泥沙入库，延长水库寿命，查勘团又查勘了水土流失严重的泾河、无定河、榆林附近的沙漠地区，以及可以拦阻泥沙兼及灌溉的支流水库坝址。对许多群众创造的水土保持方法在这次查勘中给以肯定，增强了对水土保持工作的信心。查勘团从西安到兰州后，随即查勘了刘家峡坝址，认为这里可修建一座很好的水电站。查勘团还查勘了牛鼻子峡、茅笼峡、乌金峡。之后，又到了著名的青铜峡，对古老的秦渠、汉渠、唐徕渠的进口进行勘察。继之，又对河套平原进行查勘，认为这一带黄河两岸土地肥沃，但由于多年不合理的灌溉，排水不畅，引起了严重的碱化。只有当上游修起了水库，流量得到调节，渠系加以彻底整修后，河套平原才能变得更为富饶。查勘团于4月27日从包头回北京休息21天，又重新登程，在托克托雇用3只木船顺流而下到河曲，查勘万家寨、龙口等坝址。后又经太原往陕北查勘水土流失最严重的地区，折回太原经临汾到达黄河唯一的瀑布壶口查勘。至6月15日，查勘团胜利完成查勘任务。查勘团历时110天，行程12120公里，查勘了从兰州到入海口3300公里的河道，干流坝址21处，支流坝址8处，灌区8处，水土保持区4处，水文站7处，下游堤防1400余公里和滞洪工程，以及沿河航运情况。详细听取并讨论研究了有关地方政府对治黄的意见和要求，对黄河流域综合规划的重要关键问题，特别是对选择第一期工程等问题基本统一了认识，为编制黄河规划奠定了基础。

1954年4月根据国家计委决定，黄河研究组改为黄河规划委员会，由有关部门负责人组成。委员为李葆华（水利部）、刘澜波（燃料工业部）、张含英（水利部）、钱正英（水利部）、宋应（地质部）、竺可桢（中国科学院）、王新三（国家计委燃料工业计划局）、顾大川（国家计委农林水利计划局）、柴树藩（国家计委设计计划局）、王化云（黄委会）、赵明甫（黄委会）、李锐（燃料工业部水电总局）、张铁铮（燃料工业部水电总局）、刘均一（林业部调查设计局）、高原(交通部航务工程总局)、赵克飞(铁道部设计总局)、王凤斋(农业部农业生产管理总局)等17人。并以李葆华、刘澜波为正副主任委员。为了便于进行日常工作,委员会设立办公室,在专家指导下,具体领导11个专业组,进行技术经济报告编制工作。在工作过程中还经常与各有关部门和沿黄省(区)联系、协商,取得统一的意见,陕、甘、蒙、晋、冀、鲁、豫等省(区)也派人参加编制工作。

报告于1954年10月完成,名称是《黄河综合利用规划技术经济报告》(亦称黄河规划),共分总述、灌溉、动能、水土保持、水工、航运、关于今后勘测设计和科学研究工作方向的意见及结论等八卷,全文共20万字,附图112幅。

第二节 主要内容

一、规划范围

这次规划的河段范围主要是从贵德(龙羊峡)至入海口的黄河干流。龙羊峡以上(本次规划称上游河段),由于尚未全部经过查勘,资料不足,缺乏研究的条件。黄河各支流的综合利用规划也不包括在内。但在干流规划研究中也曾对某些支流提出了建筑水库的初步要求。例如,为了水土保持而考虑河口镇至潼关间的各支流上的水库,为了防洪而考虑洛河、沁河等支流上的水库,但这只是干流本身综合利用问题的一部分,并不等于各支流的综合利用规划。

黄河综合利用经济地区的研究范围,并不局限在流域以内,特别在防洪、灌溉和电力利用等方面,影响所及的地区也作了研究。黄河下游(桃花峪以下)洪水灾害,北可抵天津,南可达淮河,波及范围有25万平方公里。黄河灌溉面积,就地形条件而言,潼关以上可能灌溉的土地约4600万亩,冀、鲁、豫三省提出要求灌溉的面积为13200万亩。电力供应范围根据国家第一至第三个五年计划,考虑到黄河各水力枢纽可能达到的地区,以及在此地区内各工业城市的地理位置,划分为4个动力经济地区,即兰州附近地区,包头、大同地区,西安、洛阳、巩县、郑州、邯郸、太原地区,下游地区。航运的研究范围仅限于龙羊峡至黄河入海口的干流,对于大运河及南北相邻河流的航运,只作了初步研究。

二、任务与方针

这次规划的任务是：不但要从根本上治理黄河的水害，而且要同时制止黄河流域的水土流失和消除黄河流域的旱灾。不但要消除黄河的水旱灾害，尤其要充分利用黄河的水利资源来进行灌溉、发电和通航，来促进农业、工业和运输业的发展。总之，我们要彻底征服黄河，改造黄河流域的自然条件，以便从根本上改变黄河流域的面貌，满足现在的社会主义建设时代和将来的共产主义建设时代整个国民经济对于黄河资源的要求。从这个要求出发，我们对于黄河所应当采取的方针，就不是把水和泥沙送走，而是对水和泥沙加以控制，加以利用。这是因为：第一，黄河下游的水灾和中游的水土流失以至中下游的旱灾是互相关联的，它们在根本上都是由于没有能够控制水和泥沙的结果，不解决水和泥沙的控制问题，就不能解决黄河的灾害问题。第二，只要我们能够控制黄河的水和泥沙，它们就不但不能成灾，而且能为我们造无穷的幸福。

基本方法是：从高原到山沟，从支流到干流，节节蓄水，分段拦泥，尽一切可能把河水用在工业、农业和运输业上，把黄土和雨水留在农田上，这就是控制黄河的水和泥沙、根治黄河水害、开发黄河水利的基本方法。

为了控制黄河的水和泥沙，需要依靠两个方法：第一，在黄河的干流和支流上修建一系列的拦河坝和水库。依靠这些拦河坝和水库，我们可以拦蓄洪水和泥沙，防止水害；可以调节水量，发展灌溉和航运；更重要的是可以建设一系列不同规模的水电站，取得大量的廉价的动力。第二，在黄河流域水土流失严重的地区，主要是甘肃、陕西、山西三省，展开大规模的水土保持工作。这就是说，要保护黄土使它不受雨水的冲刷，拦蓄雨水使它不要冲下山沟和冲入河流，这样既避免了中游地区的水土流失，也消除了下游水害的根源。

三、远景计划

黄河综合利用规划包括远景计划和第一期计划两部分。远景计划主要内容，就是所谓“黄河干流阶梯开发计划”，在黄河干流上修建一系列的拦河坝，把黄河改造成为“梯河”。这种规划方法在中国还是第一次采用。

远景计划拟由青海贵德龙羊峡起，到河南成皋（今荥阳境）桃花峪止，按照河流的特点，把黄河中游分做四段分别加以利用。第一段从龙羊峡到宁夏的青铜峡，河道穿行山岭之间，河身坡度很陡，水力资源丰富，而新的工业区正在迅速发展，所以需要着重利用水力发电，同时可以利用水库来防洪和灌溉。第二段从青铜峡到内蒙古的河口镇(托克托)，是山谷间的平原，土壤肥沃，但缺少雨水，河道开扩，坡度平缓，宜于通航，因此这一段的主要任务是发展灌溉和航运。第三段从河口镇到山西河津的禹门口，黄河进入山西、陕西交界的峡谷，河道坡度很陡，但因地质条件和地理条件的限制，不能修建大的水库，只有在上游调节流量的大水库建成以后才能利用水力发电。第四段从禹门口到桃花峪，河道宽窄相间，从禹门口到陕县两岸是黄土塬地，河道宽阔；陕县到孟津是峡谷地带，是控制黄河下游洪水的关键地点，又同山西、陕西、河南工业区靠近，因此陕孟间的主要任务是防洪和发电；孟津以下是浅山区，到桃花峪进入平原，河道平缓，农田辽阔，可以建坝灌溉附近的重要农业区。初步计划，在黄河中游四个河段修建拦河坝44座。另外在黄河下游准备修建用于灌溉的拦河坝2座。全河共46座，详见表2—6及图2—3、图2—4。

为配合黄河干流梯级开发计划，还要在黄河的重要支流上修建一批水库，少数是综合性的，多数是为拦蓄支流的泥沙。规划时研究了24座支流水库，其中有19座拦泥，3座调洪，2座综合利用。

黄河干支流上一系列的水坝修成以后，黄河流域将发生如下的变化：

(一)黄河洪水的灾害可以完全避免。三门峡水库可以把黄河(陕县)最大洪水流量由37000立方米每秒减至8000立方米每秒，可以经过山东境内狭窄的河道安然入海。黄河泥沙由于受三门峡及其以上的干支流水库所拦截，下游河水将变为清水，河身将不断刷深，河槽将日趋稳定。下游人民的各种防洪负担，将来都可以解除。刘家峡水库修成后，可把黄河(兰州)最大洪水流量8330立方米每秒减至5000立方米每秒，兰州及宁蒙河套地区可免于水灾。

(二)利用黄河干流46座拦河坝可发电2300万千瓦，年平均发电量为1100亿千瓦时。黄河支流水库也可发电。这将使青、甘、宁、蒙、晋、陕、豫、冀等地的工、农、交通运输业得到廉价电源，促使广大地区电气化，并将为国家节约大量燃料用煤。

(三)扩大了灌溉面积。在干支流上修建水利工程，整修和兴修一系列渠道和其他灌溉工程后，灌溉面积可由1954年的1782万亩扩大到11400—11800万亩，占黄河流域可灌面积17800万亩的65%。其余35%土地的灌

表 2—6 黄河干流水力枢纽主要技术经济指标表

编号	坝址	距离河源（公里）	正常高水位（米）	最大水头（米）	水库容积（亿立方米）	平均流量（立方米每秒）	设计泄洪流量（立方米每秒）	装机容量（万千瓦）	年平均发电量（亿千瓦时）
1	龙羊峡	1172	2537	105	200.0	550	3000	75.0	37.5
2	拉西瓦	1207	2432	202	17.0	553	6140	160.0	78.5
3	泥鳅山	1212	2330	25	0.2	553	6140	18.0	9.7
4	松巴峡	1268	2177	94	4.0	582	6300	72.0	38.2
5	李家峡	1288	2083	40	0.4	584	6320	30.0	16.9
6	公伯峡	1264	2043	118	15.0	613	6470	90.0	50.4
7	积石峡	1427	1925	140	33.7	635	5100	100.0	61.0
8	寺沟峡	1455	1785	49	7.0	638	6610	42.0	21.7
△9	刘家峡	1510	1728	107	49.1	828	5500	100.0	(52.3)54.5
10	盐锅峡	1542	1621	45	2.4	828	7490	50.0	26.6
11	八盘峡	1559	1576	16	0.3	970	8190	20.0	10.9
12	柴家峡	1578	1560	18	0.8	1006	8320	25.0	12.7
13	乌金峡	1696	1500	74	26.3	1016	8480	95.0	52.3
14	黑山峡	1886	1400	120	114.3	1015	7100	150.0	79.4
15	大柳树	1936	1280	41	2.9	1015	8960	55.0	28.6
△16	青铜峡	2066	1145	9	0.4	1002	9330	10.5	5.6
17	三道坎	2287	1086	18		942	8660	20.0	11.0
△18	渡口堂	2419	1054	4		932	7970	4.0	1.9

续表 2—6

编号	坝址	距离河源（公里）	正常高水位（米）	最大水头（米）	水库容积（亿立方米）	平均流量（立方米每秒）	设计泄洪流量（立方米每秒）	装机容量（万千瓦）	年平均发电量（亿千瓦时）
19	昭君坟	2740	1008	3		832	6400	3. 0	1. 4
20	小沙湾	2995	987	31	1. 5	832	6400	30. 0	14. 1
21	万家寨	3035	956	54	4. 9	833	7100	56. 0	24. 6
22	龙　口	3057	902	32	1. 1	837	9700	32. 0	14. 6
23	石　盘	3126	870	46	17. 6	864	14500	48. 0	21. 4
24	前北会	3186	824	39	10. 2	857	18500	40. 5	18. 4
25	罗峪口	3228	785	41	6. 2	862	19800	44. 0	19. 5
26	佳　县	3289	744	36	7. 8	878	23900	36. 0	17. 5
27	碛　口	3348	708	48	12. 3	881	24500	52. 0	23. 5
28	三川河	3387	660	27	2. 4	890	26400	30. 0	13. 4
29	老鸦关	3483	633	34	3. 0	891	26700	36. 0	16. 9
30	社宇里	3445	599	24	1. 5	921	32200	27. 0	12. 3
31	清水关	3504	575	49	6. 7	928	33200	56. 0	25. 3
32	里仁坡	3562	526	40	5. 9	950	36600	45. 0	21. 3
33	云岩河	3582	486	24	0. 8	953	36800	28. 0	12. 8
34	龙　门	3651	462	84	15. 7	953	36800	96. 0	45. 0
35	谢　村	3682	377	15	21. 6	988	36800	16. 8	7. 8
36	安　昌	3705	362	11	6. 0	989	36800	12. 5	5. 7

续表 2—6

编号	坝址	距离河源（公里）	正常高水位（米）	最大水头（米）	水库容积（亿立方米）	平均流量（立方米每秒）	设计泄洪流量（立方米每秒）	装机容量（万千瓦）	年平均发电量（亿千瓦时）
△37	三门峡	3893	350	70	360.0	1305	8000	89.6	(46.0)35.0
38	任家堆	3932	280	48	3.7	1308	9950	72.0	27.1
39	八里胡同	3994	232	69	15.0	1316	11840	100.0	39.2
40	小浪底	4024	163	27	2.4	1320	12520	39.0	15.4
41	西霞院	4043	136	14	2.2	1332	14140	21.0	8.1
42	花园镇	4064	132	7	4.4	1340	15010	10.0	4.1
43	荒　峪	4097	115	10	9.0	1347	15660	16.0	5.9
△44	桃花峪	4142	98.5	3.5	2.0	1490	25600	5.0	1.1
45	位　山	4484	43	(4.5)		1490			
46	泺　口	4601	27	(3)		1490			
	总　计			2111.5				2158.0	1048

注：1.△为第一期工程。2.正常高水位为大沽高程。3.年平均发电量为水流调节情况下之年平均发电量，（　）内之数字为独立运行情况下之年平均发电量。4.最大水头总计不包括位山与泺口。

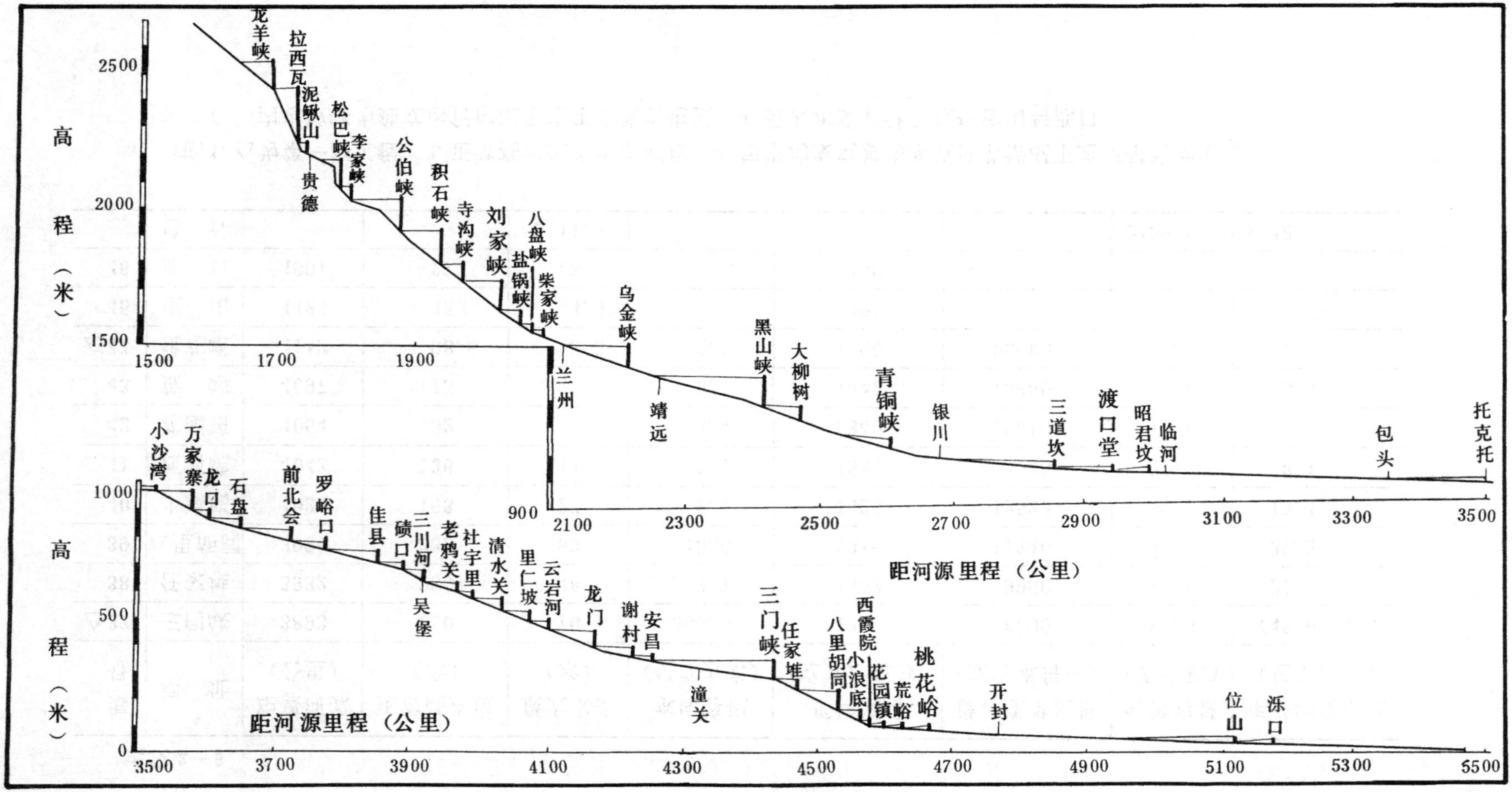

图 2－3　黄河干流开发纵剖面图

注：根据1954年编制的《黄河综合利用规划技术经济报告附图》编制

溉问题，因黄河水量不足，除依靠井水雨水解决一部分外，还需从邻近流域引水补给。

（四）发展航运。在46座拦河坝修成并安装过船装置以后，黄河中下游可全线通航。500吨拖船可由黄河入海口航行到兰州。

（四）水土保持。在实行上述阶梯开发计划的同时，必须在甘肃、陕西、山西三省和其他黄土区域开展大规模的水土保持工作，按照各侵蚀类型区的具体情况，采取农业技术措施、农业改良土壤措施、森林改良土壤措施、水利改良土壤措施，进行治理。前三种措施面积为4.3亿亩，占水土流失面积的2/3。水利改良土壤措施需修筑各种小型工程316.2万座。平均每平方公里7.4座。这一计划实现后，黄土区域的面貌将大为改变，农林牧业生产将大为增加。

四、第一期计划

为了首先解决黄河的防洪、发电、灌溉和其它方面的迫切问题，提出第一期计划，要求在1955—1967年内实施。主要内容是：

在黄河干流上修建三门峡、刘家峡两座综合性枢纽工程和青铜峡、渡口堂、桃花峪三座灌溉为主的工程。

三门峡水库正常高水位350米，总库容360亿立方米，设计泄洪流量8000立方米每秒，装机容量89.6万千瓦，年平均发电量46.0亿千瓦时，在黄河缺水时期可把年最小流量由197立方米每秒调节到500立方米每秒，淹没耕地200万亩，迁移居民60万人。考虑到灌溉需水量的增长以及水库淤积的程度，初期运用水位只需要抬高到335.5米。因此，初期只需要迁移21.5万人，其余居民，可以根据需要在以后15—20年内陆续迁移。

刘家峡水库正常高水位1728米，总库容49.1亿立方米，设计泄洪流量5500立方米每秒，装机容量100万千瓦，年平均发电量52.3亿千瓦时，并可把年最小流量200立方米每秒提高到465立方米每秒。

青铜峡、渡口堂、桃花峪的技术经济指标见表2—6。

在支流上修建15座水库，即泾河的大佛寺、渭河支流葫芦河的刘家川、北洛河的六里峁、无定河的镇川堡、延河的甘谷驿等5座小型拦泥水库，并在其它小支流上修建5座小型拦泥水库，以拦截三门峡以上支流的泥沙，保护三门峡。三门峡水库以下还有支流洛河、沁河汇入，当这两条支流发生大洪水时，对下游仍有很大威胁，需在洛河的故县及其支流伊河的陆浑和沁河的涧城各建一座防洪水库。在汾河的古交、灞河的新街镇各建一座综合性水库。

在上述工程完成以前，还必须在下游采取一系列的临时防洪措施，继续加高加固下游的河堤，加强并扩大滞洪区的设施，继续加强防汛工作。

为了发展宁夏灌区、内蒙古灌区及黄河下游灌区，需修建青铜峡、渡口堂、桃花峪三座壅水坝，并发挥三门峡、刘家峡及各支流水库的灌溉作用。第一期工程计划扩大灌溉面积3025万亩，其中青海21万亩，甘肃(包括宁夏)205万亩，内蒙古421万亩，陕西226万亩，山西90万亩，河南960万亩，河北400万亩，山东702万亩。同时还将改善原有灌区1198万亩。

黄河的航运，干流有四段通航，从宁夏银川到内蒙古清水河843公里；从河南桃花峪到黄河入海口703公里；三门峡水库内190公里；刘家峡水库内59公里，共计1795公里。另外还可利用灌溉渠道通航709公里。

水土保持第一期工作量很大，尤其是农业技术措施和农业改良土壤措施占远景工作量的43—91%。第一期计划规定，改良耕作面积12700万亩，草田轮作面积870万亩，改良天然牧场13460万亩，培植人工牧场670万亩，停耕陡坡耕地1100万亩；修水平梯田2800万亩，带截水沟梯田1400万亩，修地边埂耕地1470万亩，修等高埂耕地1700万亩；造林2100万亩，育苗70万亩，封山育林3660万亩；修沟头防护21.5万个，修谷坊63.8万个，修淤地坝7.9万座，修沟壑土坝300座。这是一个巨大的计划，它需要广大农民支持，需要政府和农民共同投资。实现这一计划，当地农业生产将增加一倍，黄河的泥沙由于水土保持和支流拦泥水库的作用，将减少一半。

黄河综合规划第一期工程，预计需要投资53.2亿元。其中：三门峡枢纽12.2亿元，刘家峡枢纽4.16亿元，输电设备5亿元；洛河、沁河三座防洪水库3.04亿元，下游临时防洪措施0.27亿元；修建灌溉渠系8.07亿元，三座干流壅水枢纽2.81亿元，两座综合性支流水库1.56亿元；水土保持措施7.32亿元，支流拦泥水库6.76亿元；航运设备2.05亿元。这笔投资很大，但是值得。仅灌溉效益一项，每年就可增产粮食27.35亿公斤，棉花2亿公斤，增产价值每年达8.56亿元，仅需六年多即可收回第一期工程的总投资。

第三节　规划审定

《黄河综合利用规划技术经济报告》编出以后，国家计委于1954年11

月29日邀请国务院第七办公室、国家建设委员会(简称国家建委)、燃料工业部、水利部、地质部、农业部、铁道部、交通部、黄河规划委员会等有关单位负责人及苏联专家,听取了苏联专家组组长阿·阿·柯洛略夫关于"黄河综合利用规划技术经济报告情况"的报告。会议由薄一波主任主持。讨论时,水利部副部长李葆华说:黄河规划方案是正确的,它解决了中国几千年来没有解决的问题。黄河对我们威胁很大,包袱很重,每年夏天因担心黄河决口睡不着觉。规划中采用大水库、支流水库、水土保持等办法来解决洪水问题,泥沙淤积问题是合适的。当前我国正在进行农业合作化,把水土保持与其结合起来效果会更好。燃料工业部副部长刘澜波同意李葆华副部长的看法,并补充说:黄河流域新建城市的电源问题也是很紧张的,规划中解决了这个问题,还解决了农业上的灌溉问题,建议中央提早讨论通过这个报告。邓子恢副总理说:这个规划很好,其主要工程三门峡水力枢纽,党中央开会已同意了这一方案。因此,今天的问题就是如何分头组织力量,加以实施。这还需要专家继续给我们帮助,帮助设计,帮助施工。

1955年2月15日黄河规划委员会将规划报告和苏联专家组对该报告结论等文件报送国务院、国家计划委员会和国家建设委员会,请求批准。

1955年4月5日国家计委党组和国家建委党组审查后,联名向毛泽东、刘少奇、周恩来、朱德、陈云、彭德怀、彭真、邓小平、邓子恢等41位党中央和国家领导报送《关于请审批黄河综合利用规划技术经济报告和黄河、长江流域规划委员会组成人员名单的报告》。报告中对黄河综合规划审查意见是:

一、规划报告中所提出的黄河综合利用远景和第一期工程都是经过慎重研究和比较的,应当认为是今天可能提出的最好的方案。建议予以批准。

二、在第一期工程中,下列各项工程应于第一个五年计划期内即开始进行;

(一)三门峡水力枢纽,苏联已同意担负设计和供应设备,可于1957年开始施工;

(二)下游临时防洪工程,在三门峡水库和三门峡下游的沁河、洛河的支流水库建成之前,下游的堤防加固和分洪、滞洪工程应当立即进行。此项设计正由水利部进行,可于1955年开始施工;

(三)上游水土保持,为了减少各支流的泥沙大量流入黄河,增加上游各地的农业生产,应当有步骤地开展群众性的水土保持工作,此项工作应由水利、农业、林业等部门和地方党、政配合进行。

上述三项工作在第一个五年计划内需拨款 1.5 亿元，1955 年约需 2000 万元，拟请准予列入计划。

三、黄河规划委员会为确保下游防洪安全和延长三门峡水库使用年限，提出的三门峡水库泄洪量标准是否定为 8000 立方米每秒，正常高水位是否定为 350 米，抑或定为 355 米、360 米等问题，建议由黄河规划委员会向苏联专家提出，在初步设计中研究确定。

目前黄河综合规划工作虽已告一段落，但并未完全结束，而长江的规划工作则即将开始。为担负这两方面的工作，我们意见利用黄河规划委员会的基础，改组为黄河、长江流域规划委员会，拟由下列人员组成。（名单从略）

1955 年 5 月 7 日中共中央政治局由刘少奇主持开会，出席的有朱德、陈云、董必武、彭真、邓小平、薄一波、谭震林等 46 人。听了李葆华关于《黄河综合利用规划技术经济报告》的汇报，政治局研究了这个规划并决定将黄河综合利用规划问题提交全国人民代表大会第一届第二次会议讨论，责成水利部党组起草报告，交党中央审阅。关于黄河上中游的水土保持问题，应制订具有法律性质的条例交党中央审查。

1955 年 6—7 月由邓子恢、李葆华、胡乔木修订“关于根治黄河水害和开发黄河水利的综合规划的报告”。

1955 年 7 月中旬国务院召开第 15 次会议，出席者有：周恩来、陈云、邓子恢、陈毅、乌兰夫、李富春、李先念、傅作义等 32 人，列席者有：王首道、孙起孟、钱正英、王化云、李锐等 59 人。李葆华、刘澜波对“关于根治黄河水害和开发黄河水利的综合规划的报告”作了说明。会议通过了这个报告，并决定由邓子恢副总理代表国务院在第一届全国人民代表大会第二次会议上报告，请大会审查批准。

1955 年 7 月 18 日，邓子恢副总理代表国务院在全国人大会上作了《关于根治黄河水害和开发黄河水利的综合规划的报告》（全文见附录）。报告最后提出：“国务院根据中共中央和毛泽东同志的提议，请求全国人民代表大会采纳黄河规划的原则和基本内容，并通过决议要求政府各有关部门和全国人民，特别是黄河流域的人民，一致努力，保证它的第一期工程按计划实现。”经过代表们认真审议，1955 年 7 月 30 日，第一届全国人民代表大会第二次会议通过了《关于根治黄河水害和开发黄河水利的综合规划的决议》。内容是：

一、第一届全国人民代表大会第二次会议批准国务院所提出的关于根治黄河水害和开发黄河水利的综合规划的原则和基本内容。并同意国务院副总理邓子恢关于根治黄河水害和开发黄河水利的综合规划的报告。

二、国务院应采取措施迅速成立三门峡水库和水电站建筑工程机构,完成刘家峡水库和水电站的勘测设计工作,并保证这两个工程的及时施工。

三、为了有计划有系统地进行黄河中游地区的水土保持工作,陕西、山西、甘肃三省人民委员会应根据根治黄河水害和开发黄河水利的综合规划,在国务院各有关部门的指导下,分别制定本省的水土保持工作分期计划,并保证其按期执行。

四、国务院应责成有关部门、有关省份根据根治黄河水害和开发黄河水利的综合规划对第一期灌溉工程负责进行勘测设计并保证及时施工。

规划报告通过,给全国人民以极大的鼓舞。在这个规划的指导下,人民治黄事业从此进入一个全面治理,综合开发的历史新阶段。

第四节 实施概况

黄河规划提出的第一期工程,即三个五年计划期,要求在1955—1967年内实施的工程,经过国民经济三年调整期后,第三个五年计划时间延至1970年底,其实际完成情况是:

一、干流工程

原计划工程5项,即刘家峡、青铜峡、渡口堂、三门峡、桃花峪。实际建成的有刘家峡、青铜峡、三门峡,以及渡口堂改在三盛公修建等4处工程。超额建成的有盐锅峡水电站。正建工程有八盘峡、天桥(位于晋陕峡谷河段)两座水电站,分别于1975和1977年建成。原定桃花峪枢纽未按原坝址位置兴建,曾于1958年建成花园口枢纽代替,后于1963年破除拦河坝而停用。远景工程位山枢纽,亦于1958年建成,1963年破除拦河坝后,保留了东平湖水库,用以分滞洪水。

三门峡枢纽工程于1961年建成,投入运用后,因潼关以上库区淤积淹没问题严重,遂改"蓄水拦沙"运用为"滞洪排沙"运用;为增大泄流排沙设施的第一次改建工程(增建两条隧洞、改建4条发电引水钢管)已完成,第二次改建工程(打开1—8号导流底孔、下卧1—5号发电引水钢管进口)正在施工。实际运用情况已较原规划内容有很大改变。

二、支流工程

原定5座大型拦泥水库,因与当地利益结合较少,淹没川地较多,水库寿命较短,均未修建。

原定三门峡以下的三座支流防洪水库,其中伊河陆浑水库已建成;洛河故县水库延至1978年开始施工;沁河润城水库未修建。

原定两座综合性水库,汾河的古交已移至下石家庄,于1961年建成汾河水库;灞河的新街镇水库未建。

至1970年底统计,全流域共建大型水库10座,中型水库70余座,大大超过了原定15座水库的数量。这些水库多位于泥沙来量较少的地区,且与当地灌溉结合较多,但其控制(泥沙、洪水)程度,不如原计划的骨干工程好。

三、水土保持

原定的水土保持措施有农业技术措施、农业改良土壤措施、森林改良土壤措施和水利改良土壤措施,都在水土流失不同侵蚀类型区内,因地制宜推广应用。人们在实践中根据这些措施的拦泥增产作用选出了四种,即水平梯田、坝地、造林、种草作为主要措施,列入各省的统计年报。据1979年底统计,黄河流域青海、甘肃、宁夏、内蒙古、山西、陕西、河南七省区,共修水平梯田2350万亩,坝地262万亩,造林3967万亩,种草813万亩,累积治理面积75738平方公里,占水土流失面积43万平方公里的17.46%,只及原定规划治理面积的40%;平均每年治理速度为1%,只及原规划速度的30.3%。

原拟定由水土保持和支流拦泥水库的作用将减少泥沙一半的计划远没有实现,黄河泥沙未见明显减少。

四、防洪

保证了黄河下游伏秋大汛没有决口。培修加固下游两岸大堤1800公里,改建5000多道石坝,进行了东平湖、北金堤两滞洪区建设,从而加强了下游滞洪、蓄洪能力。

第三篇

规划补充与修订

1954年黄河规划第一期计划拟定的三门峡工程，是根治黄河水害，开发黄河水利的关键工程。从1935年初次提出三门峡工程，就存有异议，尤以编制黄河规划至工程的设计和改建这段时间，意见更多，曾引起一系列的争论，乃至黄河如何治理的争论。与此同时，为探求治黄规律，开展治黄工作，除加强调查研究和科学试验外，还进行了几次较大规模的治黄规划。

1958年4月，三门峡工程已施工一年，争论仍很多。在周恩来总理主持下，于4月21—24日召开三门峡现场会议，研究三门峡工程问题。周总理指出："争论这么多的原因，就是因为规划的时候，对一条最难治的河，各方面的研究不够所造成的。规划定了以后，必然会发生的争论，不可避免的争论。"现在"将三门峡作为一个特定问题来开展讨论和争论，来更好地解决根治水害，发展水利的问题，总有好处"。他还说："孤立地解决三门峡问题是不行的。……既然搞黄河流域规划，以三门峡枢纽作主体，那就应该要全面配合，应该搞三个规划。第一个是水土保持规划。第二个是整治河道规划。第三个是黄河干支流的开发规划。"(后来简称三大规划)

三大规划自1958年5月开始，7月底提出《关于治理开发黄河三大规划的简要报告》，12月提出《黄河综合治理三大规划草案》。编制这些文件时，受全国"大跃进"形势影响，采取集中突击的方法，未作深入实际调查分析，且追求高指标、高速度，致使许多拟建工程脱离实际，不能按规划实施。

1960年9月，三门峡下闸，蓄水拦沙运用，历时年余，库区淤积严重。1962年3月，改"蓄水拦沙"为"滞洪排沙"运用，库区淤积有所减缓，但淤积仍很严重。1962年4月，全国二届人大三次会议，陕西省代表组提出《第148号》提案，要求增建泄洪排沙设施。据此，1962年8月、1963年7月和1964年12月，三次召开大规模讨论会，研究三门峡工程改建和黄河治理问题。会议上，各陈己见，争论激烈。

1964年12月，周总理亲自主持北京治黄会议，对三门峡工程的改建和今后的治黄规划，明确了一系列重大原则问题。总理作了总结讲话，他说："三门峡改建问题，要下决心，要开始动工。""今天真正批准了的只是两洞四管的改建方案，为的是临时救急，争取时间。下游分担一些责任，负担主要在中游，还没有根本解决问题。明年上半年开会时再来研究解决。”对于黄河规划，他说：“总的战略是要把黄河治理好，把水土结合起来解决，使水土资源在黄河上中下游都发挥作用，让黄河成为一条有利于生产的河。”“现在大家所说的多是发挥自己着重的部分，不能综合全局来看问题。要多吸收各方面的意见，有利于今后的规划工作。大家可以继续收集资料，到下面去观察、蹲点、研究，大家可以分工从各方面去用力。”据此，会议产生《治黄会议汇报提要》，提出“必须深入总结治黄经验，修订治黄规划”的任务。随后，于1965年开展了修订黄河规划工作。

这次修订黄河规划工作是在以钱正英、张含英、林一山、王化云四人组成的治黄规划领导小组下进行的。自1965年3月开始，按各家治黄设想进行规划。水电部钱正英部长指示：“这次规划，不要受‘拦泥’、‘放淤’两种思想的束缚，要独立思考，坚持科学态度，搞出一个切合实际的规划来”。这次规划，共约280人参加，投入力量最多的是以黄委会王化云为首的“中游拦泥规划”和以长办林一山为首的“下游大放淤规划”，其他规划项目人数较少，也有一人搞一个项目的。规划正在进行时，1965年10月，黄委会开始“四清运动”，黄委会的人员集中搞运动。1966年6月“文化大革命”开始，外单位人员回原单位搞运动。规划夭折，无统一成果。但对粗泥沙对下游河道淤积的影响及水库调水调沙问题，有新的认识。

1964年12月治黄会议提出的要在1965年再召开一次治黄会议的计划，至1969年6月始实现。周总理委托河南省革命委员会主任刘建勋主持，在三门峡市召开晋、陕、豫、鲁四省治黄会议，研究三门峡工程进一步改建和黄河近期治理问题。会议确定了三门峡工程进一步改建的原则和规模，提出近期治黄主要措施是拦、排、放相结合的方针。同时指出，在一个较长时间内，洪水泥沙对下游仍是一个严重问题，必须设法加以控制和利用。为此提出下步工作，要在黄河中游地区大搞水土保持、进行支流治理；在下游要加固堤防、整治河道、兴建支流水库、进行三秦间干流规划等。此后，1970年，在北京召开沿黄八省区水电部门参加的治黄工作座谈会，提出今后规划设想，确定七条重点支流治理，并提出修建小浪底、龙门、故县、河口村水库的建议。1973年11月，由黄河治理领导小组主持，在郑州召开黄河下游治理工作会议，提出“为加速中游治理，需修建一批骨干工程，为当地兴利，为下游减沙”，以及“黄河下游今后十年治理规划应同中、上游的规划统一研究，由国家计委统筹考虑”的建议。这些会议，对治黄工作起了指导作用，但缺少全河通盘筹划。为落实四届人大提出的发展国民经济的宏伟目标,需要制定一个统筹全河的治黄规划。

自 1975 年开始,由黄河水利委员会革命委员会负责编制治黄规划。水电部钱正英部长指示:“这次搞治黄规划,要吸取以往搞规划的历史经验,从办学习班开始,研究解决黄河规划怎么搞的问题。规划内容,以下游问题为重点,还要有全局观点。……参加规划的人员要体现老、中、青和领导干部、工人、技术人员两个三结合。”3—5 月份,举办治黄规划学习班,写出了《二十年来治黄规划的主要经验》,制定了《治黄规划任务书》,明确这次规划的主要任务是:以研究解决黄河下游防洪、防凌和泥沙淤积问题的基本途径和措施为重点;同时,积极开发利用黄河水沙资源,提出干流和主要支流骨干工程的开发方案和建设程序。历时两年多,1977 年 12 月撤消“规划办公室”时,规划尚未完成,部分规划项目延至 1979 年,分别提出了几项分报告,未能完成全面修订治黄规划任务。全河规划有待再次进行。

1982 年 12 月,国务院以国发(1982)149 号文批转国家计委关于制定长远规划工作安排的报告,要求水电部负责组织编制黄河综合开发利用规划。水电部要求黄委会起草《任务书》,经修改后于 1983 年 9 月提出《修订黄河治理开发规划任务书》报国家计委。1984 年 4 月,国家计委批复此任务书下达给水电部。据此,开展修订黄河治理开发规划工作。

本次修订黄河规划,采取分头开展工作,集中汇总的方法,各有关单位承担《任务书》中所规定的各自任务,提出分项成果报告,交黄河规划综合组汇总,编制规划报告。

本次规划范围,较 50 年代的黄河规划稍有扩大。黄河干流,在以往研究的基础上,重点对龙羊峡至桃花峪河段的工程布局进行了修订;龙羊峡以上河段,本次规划未进行统一查勘,是根据有关单位以往成果提出的初步意见编制;桃花峪以下的下游河道,为了有利于排洪排沙,没有布置拦河枢纽工程。黄河主要支流开发治理,共规划 30 条,合计流域面积 41 万平方公里,占黄河流域面积的 54.4%,它们是:黄河上游的洮河、湟水、祖厉河、清水河、昆都仑河、大黑河;黄河中游的浑(红)河、偏关河、县川河、朱家川、岚漪河、蔚汾河、湫水河、三川河、昕水河、黄甫川、窟野河、秃尾河、佳芦河、无定河、清涧河、延河、泾河、北洛河、渭河、汾河、涑水河、洛河、沁河;黄河下游的大汶河。水资源开发利用的供水范围研究,包括流域内的九省(区),以及宁、蒙、陕三省(区)接壤处的内流区;下游引黄灌区;天津市、北京市、青岛市及河北省部分地区;还有甘肃的河西走廊、内蒙古阿拉善左旗部分地区。水土保持规划，包括龙羊峡至桃花峪之间的全部流域面积，以及鄂尔多斯内流区，面积约64万平方公里，山东境内大汶河流域及沿黄山丘区面积约6000平方公里亦包括在内。

规划主要内容，按任务书要求，“要重点研究一些战略性问题，提出‘七五’计划和后十年的设想”。截止1989年底，经黄委会汇总后提出的《黄河治理开发规划报告》(送审稿)共分十一章，即流域概况及特点；黄河综合规划执行情况及经验；规划任务及总体布局；下游防洪减淤规划；水资源开发规划；干流工程布局规划；灌溉规划；水土保持规划；水资源保护规划；干流航运规划及规划实施意见。本次修订黄河规划报告的最后成果至截稿时尚未全部完成。

第五章　五十年代末规划

第一节　缘由与经过

一、缘由

三门峡水利枢纽工程是1954年黄河规划选定的第一期工程之一，自1957年4月开工以来，围绕工程规划、设计、运用有许多不同意见。1958年4月21—24日，周恩来总理在三门峡工地召开现场会议，听取晋、陕、豫各省及水电部、黄委会、三门峡工程局负责人和专家的意见。4月24日，周总理在总结发言中讲了12个问题。其中第一个问题是明确目标。指出三门峡水库的任务是以防洪为主，其他为辅。先防洪，后综合利用。

第二个问题是配合三门峡防洪需要作三个规划。指出孤立地解决三门峡问题是不行的，因为搞一个规划，至少要遵守这样的规律：全面规划，各方配合，依靠群众，改变面貌。三门峡水利枢纽规划是全面的，因此要联系整个黄河流域干支流，上、中、下游，要各方配合，应该搞三个规划。这三个规划是：

第一个是水土保持规划。重点是中游，要全面搞，上中下游都要搞。因为这样才能利用水土，不仅保持而且利用水和土。

第二个是整治河道规划。要全面规划，要上中下游结合。重点放在下游，保证不改道。

第三个是黄河干支流的开发规划。1954年黄河流域规划上有的，现在应该争取提早进行。因为这样才能提前兴利除弊，综合利用。从梯级开发来说，黄河流域规划是个好的规划，干流有46个梯级，还有支流水库。这些开发规划要逐步地提早分期做。第二个五年计划要把它定下来，哪些中央投资，哪些地方搞，哪些群众搞。所以这三大规划都要进行，那么三门峡修起来就不孤立。

在谈到协作问题时，周总理指出：有许多事情要这次参加会议的进行协作。同时希望以后上下游有关省份开协作会议的时候，把黄河的水利规划也提到日程上来研究。

二、规划经过

根据周恩来总理指示，中共黄委会党组于 1958 年 5 月决定成立规划办公室，抽调工作骨干约 20 人，集中突击，要求在两三个月内拿出规划。主要方法是，充分利用现有资料，补充搜集地方意见和要求，进行编写。参与这次规划工作的领导和主要人员有王化云、江衍坤、赵明甫、韩培诚、刘海通、汪雨亭、沙涤平、刘善建、王晋聪、程致道、吴致尧、王宗鸿、李殿旭等。首先集中力量进行下游规划，再突击完成干支流规划和水土保持规划。

下游规划：自 1958 年 5 月开始，由王化云带领黄河下游查勘团，于 6 月 16 日至 7 月 11 日，自郑州出发，经邙山、东平、洛口、小清河、胶莱运河至青岛，对重点河段和重要地区进行考察。查勘团共 30 余人，有黄委会、水电部、交通部、水科院以及河南、山东两省水利厅、河务局的领导和主要技术负责人参加。查勘期间，在东平、济南、惠民、打渔张和青岛等地举行座谈会，与地方党政领导及有关部门交谈对黄河下游治理的意见。经整理归纳，提出下游治理方案，及时向省委汇报。回郑州后便转入室内编写报告，于当年 7 月提出《黄河下游综合利用规划初步意见》。

干支流规划：1958 年 7 月开始突击，黄委会设计院决定，临时抽调四名科级干部，分赴太原、西安、兰州、西宁，限一周左右时间，搜集各省计划及有关资料，尽快告知在郑州人员进行编汇。除罗列各省拟建项目外，又把以往查勘规划考虑的工程均列入规划，排出进度，及时提出《黄河三门峡以上干支流水库规划草案》。

水土保持规划：由黄委会水土保持处负责，有贾振岚、吕本顺、王伯元等 8 人参加，并电请甘肃、山西、陕西三省各派一名熟悉情况的人员，带必要资料赶来郑州参与规划。在原有工作基础上编写了《1958—1962 年黄河中游水土保持规划草案》。

黄委会设计院韩培诚副院长直接领导三大规划工作，并亲自参与报告编写。程致道、吴致尧汇总三个分报告草稿，7 月底提出《关于治理开发黄河三大规划的简要报告》，8 月 1 日报送水电部。

1958年8月17—30日，中共中央政治局在北戴河举行扩大会议，王化云主任带领程致道、王晋聪前往北戴河，向周恩来总理和与会领导汇报了三大规划简要报告的内容。回郑州后，作进一步修改，于12月提出《黄河综合治理三大规划草案》。

第二节 规划内容

三大规划的总方针是：全面规划，各方配合，依靠群众，改变面貌。其任务是制定第二个五年（1958—1962年）计划的开发规模。全面彻底地消灭黄河流域及整个华北平原的水旱及凌汛灾害，提出引汉（江水）要求；大力开发电能；进行河道整治；充分发展航运、畜牧、水产和绿化全区。以达到综合利用水资源，彻底根治黄河的目的。规划内容分三大部分。

一、黄河下游综合利用规划（草案）

规划范围为下游河道、三门峡以下的干支流水库和整个华北平原。这次规划是配合三门峡水库的建设，对1954年黄河规划下游部分进行修订补充，使黄河治理与华北水利开发密切结合，为工农业生产大跃进服务。

（一）方针与任务

要全面规划，综合开发，依靠群众，苦战三年，彻底消灭黄河水旱灾害，充分利用黄河水利。逐步渠化黄河河道，发展平原河网，开辟引汉济黄工程，使黄河、长江、淮河、海河四大水系相连，河海相通。河水、雨水、地下水结合利用，取得灌溉、航运、发电、水产、城市用水及绿化、除碱等综合利用效益，促进工农业生产更大跃进。

（二）综合规划

1. 防洪防凌

规划预计三门峡工程将于1960年拦洪，已开工的洛河故县水库和陆浑水库亦将生效，1961年桃花峪水库将基本建成拦洪，黄河洪水可全部得到控制，下泄流量控制在6000立方米每秒以下，可根本消灭黄河洪水灾害。预计东平湖水库于1959年建成，凌汛期间根据需要拦蓄水量，山东河段的凌汛威胁可根本解除。

2. 灌溉

黄河下游两岸平原地区，河北、河南、山东、苏北、皖北提出：在引汉前需要黄河负担灌溉面积 2.16 亿亩，需水量 1918 亿立方米；引汉后灌溉面积扩大为 3.25 亿亩，需水量 2860 亿立方米，加上工业运输共需水 3200 亿立方米。经水量平衡计算，只能调汉江水 238 亿立方米，引黄河水 233 亿立方米，再加上当地径流和地下水，可使 2.9 亿亩耕地实现水利化。

3. 航运

要求下游灌溉系统必须与航运结合，使江、淮、河、海四大水系相连，构成四通八达的水运网，社社通木船，县县通轮船。为此规划了 5 条主要航道：即黄河河道，通过河道整治，使之逐渐成为窄深整齐的航道；京广运河（北段），结合引汉济黄工程的修建，通航至北京；京杭运河，结合位山枢纽修建，疏浚久已淤塞停航的南北大运河，全线恢复通航；胶济运河与胶莱运河；塘莱运河，结合塘沽到莱州湾的防潮堤修建。

4. 发电及其它

规划要求三门峡以下的任家堆、小浪底、西霞院三座水电站于第二个五年计划期间全部开发，支流上的电站也要随支流水库的建设相应建成。其它还有工业给水、水产、防潮垦荒以及绿化等也作了相应安排。

为实现上述规划目标，主要措施有：

对下游河道进行整治，束窄河槽，扩大耕地，实现河道渠化，以满足灌溉和航运要求。

在黄河三门峡以下干流上修建 11 级枢纽，其中以发电为主的有任家堆、小浪底、西霞院三座；以灌溉壅水为主，同时发挥防洪、发电作用的有桃花峪、花园口、东坝头、彭楼、位山、洛口、王旺庄等七座；入海口防潮闸一座。

在三门峡以下黄河支流上修建七座大中型水库，即洛河的故县和陆浑水库；沁河的润城和五龙口（或河口村）水库；大汶河的大汶口、涝泊及乡城水库。

修建引汉济黄工程，从丹江口水库引水至郑州附近的黄河，全长 460 公里，引水量 260 亿立方米（其中灌溉用水 238 亿立方米），争取 1959 年开工，与丹江口水库同时完成，库成渠通。同时修建和疏浚其他四条航道。

第二个五年计划工程项目技术指标见表 3—1。

上述工程共需国家投资 28.3 亿元。估计效益有：彻底消灭黄河洪水灾害；结合河网化，使华北平原 2.9 亿亩耕地水利化，年增产粮食 730 亿公斤

表 3—1

下游规划工程指标表(第二个五年计划)

序号	水系	项目名称	位置	工程作用	正常高水位(米)	抬高水位(米)	河长(公里)	总库容(亿立方米)	土石方(万立方米)	混凝土方(万立方米)	钢材(吨)	迁移人口(万人)	装机容量(万千瓦)	年发电量(亿千瓦时)	灌溉面积(万亩)	工程投资(亿元)
1	黄河干流	任家堆水电站	河南渑池	发电	280	48		3.95	543	45.3	25850	0.09	60.0	27.8		1.60
2	黄河干流	小浪底水库	河南孟津	发电、防洪、灌溉	232	96		41.5	1720	41.0	44000	3.80	122.0	44.5	100	2.58
3	黄河干流	西霞院水电站	河南孟津	发电	136	14		2.2	767	52.0	11000	0.44	28.0	8.39	40	1.05
4	黄河干流	桃花峪水库	河南武陟	防洪、灌溉、发电	113	18		40.9	6589	48.0	10200	2.90	22.0	11.80		2.44
5	黄河干流	花园口枢纽	河南郑州	壅水灌溉	95	12		0.5	590	24.0	6000		13.1	6.50	9510	0.90
6	黄河干流	东坝头枢纽	河南兰考	壅水灌溉	75	7		0.6	360	19.0	5000		7.1	3.50	3980	0.80
7	黄河干流	彭楼枢纽	山东鄄城	壅水灌溉	61	3		1.2	230	15.0	4000		2.6	1.30	1610	0.57
8	黄河干流	位山枢纽东平湖水库	山东东平、梁山、汶上	调节、壅水灌溉	46	7		37.8	4500	21.0	3900	23.87	0.8	0.60	5290	0.73
9	黄河干流	泺口枢纽	山东济南	壅水灌溉	28	7		0.3	170	17.0	4000		0.8	0.40	2880	0.50
10	黄河干流	王旺庄枢纽	山东博兴	壅水灌溉	15	7		0.3	180	13.0	2500		0.2	0.10	830	0.40
11	黄河干流	海口防潮闸	山东沾化	防潮	8				85	15.0	300					0.20
12	洛　河	故县水库	河南洛宁	防洪、灌溉、发电	541	92		8.5	401	3	2140	1.10	3.5	1.40	320	0.35
13	洛　河	陆浑水库	河南嵩县	防洪、灌溉、发电	323.5	48.5		8.47	402	3	1000	2.82	3.0	0.6	100	0.25
14	沁　河	润城水库	山西阳城	防洪、灌溉、发电	452	72		8.0	241	2	2000	1.63	2.2	0.85	290	0.28
15	沁　河	五龙口水电站	河南济源	发电		80		1.7	350	2	1176		2.3	0.93		0.25
16	大汶河	大汶口水库	山东泰安	防洪、灌溉		22		3.0	780	1.2	1500	1.90				0.27
17	大汶河	涝泊水库	山东泰安	灌溉		25		2.4	150	0.7	1000	1.00	1.5	0.8	100	0.06
18	大汶河	乡城水库	山东泰安	灌溉		18		2.8	590	0.5	500	1.40				0.09
19	黄河干流	下游河道整治	河南山东	输水灌溉、航运			580.5		1482							1.12
20		引汉济黄工程	丹江口至郑州	输水灌溉、航运			460		60000							4.50
21		京广运河(北段)	郑州至北京	航运			700		80000							6.00
22		胶济运河	济南至昌邑	航运、灌溉			250		20000							1.50
23		胶莱运河	扩建胶莱河	航运、灌溉			140		23000							2.00
24		塘莱运河及防潮堤	塘沽至莱州湾	航运、防潮			400		24300							0.96

以上；开辟主要航道 3800 公里；发电装机 269.1 万千瓦，年发电量 109.5 亿千瓦时；还有发展水产等。

二、三门峡以上干支流水库规划（草案）

为适应各省区对黄河开发的要求，对 1954 年黄河规划提出的项目和进度作调整和补充。

（一）方针与任务

干流以发电为主，支流以灌溉为主，结合水土保持和中小型水利工程，解决流域内的洪水和旱灾，促进工业、农业、交通、水产和畜牧业的迅速发展，达到综合开发的目的，并积极为实现南水北调，彻底改变西北黄土高原及沙漠草原的干旱面貌准备条件。

干流龙羊峡至河口镇的任务是：调节水量、发电；引水灌溉河套平原、黄土高原及阿拉善和鄂尔多斯沙漠，发展农林牧业；开发包头至兰州的航道；解决兰州市区附近的洪水威胁及河套的凌汛。河口镇至三门峡的任务是：发展动能供给沿河工矿城市用电。

支流的开发任务是：在水土保持的基础上，大力修建大中小型水库，拦蓄径流，引水上山，充分发展灌溉，结合发电。

上述干支流的治理开发任务，要求于 1967 年前基本完成。

（二）规划内容

1. 干流水利枢纽

龙羊峡至三门峡河段，1954 年黄河规划提出 37 级开发方案，现拟定第二个五年计划内修建 20 座枢纽。其中 1958 年已开工和准备开工的 6 处，即刘家峡、盐锅峡、青铜峡、三盛公、万家寨和三门峡；需要陆续兴建的 14 处，即龙羊峡、寺沟峡、八盘峡、柴家峡、乌金峡、黑山峡、大柳树、三道坎、前北会、罗峪口、碛口、里仁坡、龙门、安昌。共需土石方 5556 万立方米，混凝土 1780 万立方米，总投资 31.4 亿元，总库容 835.5 亿立方米，装机容量 887.3 万千瓦，年发电量 445.4 亿千瓦时，灌溉面积 3000 万亩。见表 3—2。

2. 支流水库

考虑到各地水利化运动的发展，根据各省区意见及以往规划研究成果，拟定第二个五年计划修建 90 座水库和电站（见表 3—3），分布在 17 条较大

表 3—2　　三门峡以上干流工程指标表(第二个五年计划)

序号	枢纽名称	正常高水位(米)	最大水头(米)	总库容(亿立方米)	装机容量(万千瓦)	年发电量(亿千瓦时)	土石方(万立方米)	混凝土方(万立方米)	总投资(亿元)
1	龙羊峡	2537	105	200	75	37.5	72.8	44.0	1.38
2	寺沟峡	1785	49	7	42	21.7	70.8	42.7	1.22
3	刘家峡	1735	114	57	95	47.4	1130.0	140.0	2.64
4	盐锅峡	1621	45	2.2	46	23.0	66.2	47.0	1.23
5	八盘峡	1578	19.5	0.5	21	10.5	52.0	19.1	0.92
6	柴家峡	1560	18	0.8	20	10.5	47.6	30.5	1.30
7	乌金峡	1500	74	26.3	78	39.0	173.2	106.0	2.20
8	黑山峡	1400	120	114.3	118	59.5	127.7	187.0	3.00
9	大柳树	1280	41	2.9	42	21.0	69.0	43.8	1.56
10	青铜峡	1154	20	5.6	19	9.6	30.0	24.4	1.30
11	三道坎	1089	18		16.3	8.0	21.1	23.1	0.99
12	三盛公	1055	8.6		3	1.6	2126.4	29.1	0.55
13	万家寨	987	85	12.9	57	28.7	46.6	80.0	2.23
14	前北会	825	40	10	28	13.9	84.1	101.0	1.50
15	罗峪口	785	41	6	29	14.7	137.0	104.0	1.85
16	碛　口	708	48	12	36	17.9	128.0	125.0	1.85
17	里仁坡	526	40	6	34	16.9	180.0	105.0	1.99
18	龙　门	462	84	16	68	33.9	555.0	221.0	2.29
19	安　昌	362	11	6	9	4.6	250.0	49.0	1.39
20	三门峡	350	70	350	51	25.5	189.0	258.0	

表 3—3　　三门峡以上支流工程指标表(第二个五年计划)

序号	河名	枢纽名	坝高(米)	库容(亿立方米)	装机(千瓦)	序号	河名	枢纽名	坝高(米)	库容(亿立方米)	装机(千瓦)
1	洮河	古　城	41	2.74		21	无定河	雷龙湾	30	1.09	6800
2		野狐桥	70	4.0	10000	22		新　桥	43	1.80	
3	湟水	东大滩	50	3.5	1440	23		旧城东库	40	0.45	
4		酸水峡	80	0.4	24600	24		旧城西库	40	0.40	
5		吴松塔拉	40	5.0	22000	25		河口庙			
6	庄浪河	武胜驿	89.5	0.57		26		东　渠			
7	祖厉河	峡　门	35.4	0.24		27		西　渠			
8		马家堡	36.6	0.12		28		高石崖	39.5	0.28	230
9		宋家河畔	42.0	0.50		29		响水堡	20		13000
10	清水河	河家咀子	69	2.8		30	延河	李家延湾	50	0.85	2000
11		扬郎镇	30	1.4		31	汾河	下静游	68.5	9.7	6000
12	大黑河	美　岱	30	1.7		32		古　交	58	3.87	7000
13	浑河	石咀子	35	1.06		33		松　塔	42.5	1.04	1000
14	窟野河	房子塔下	17	0.19		34		野　则	69.6	0.87	2400
15		转龙湾	22	0.21		35		五　马	54.5	0.73	1100
16	秃尾河	跌水崖	25	0.60	1200	36	渭　河	冯家山	73	3.42	9500
17	三川河	胡　堡	27	0.14	160	37		石咀子	30	1.00	2630
18		苏家庄	30	0.06	90	38		神泉咀	40	1.50	2400
19		河神庙	39	0.10	140	39		龙岩寺	57	0.42	4160
20	屈产河	塌子上村	40	0.54	140	40		镇水头	40	0.16	1930

续表 3—3

序号	河名	枢纽名	坝高（米）	库容（亿立方米）	装机（千瓦）	序号	河名	枢纽名	坝高（米）	库容（亿立方米）	装机（千瓦）
41	渭　河	羊毛湾	40	0.50	1090	73	渭　河	阿姑社	40	0.24	310
42		马虎山	50	0.75	3100	74		白荻沟	30	0.11	290
43		魏家峡	50	0.36	1200	75		黄土岭	50		1000
44		桑园梓峡	43	0.22	420	76		温家山	58	0.23	8800
45		上　达	40	0.05	180	77	泾　河	吊儿咀	50		25000
46		石窑子	100	1.00	12000	78		三水河	30—40		
47		静宁北峡	40	1.29	1290	79		小河口	43	0.69	400
48		静宁东峡	30	0.31	280	80		巴家咀	56	2.70	
49		鞍子山峡	50	0.30	410	81		老虎沟	54	5.89	
50		石　关	50	0.15	1000	82		三里桥	45	3.00	1050
51		青瓦寺	60	0.72	2000	83		西和坪	40	0.15	
52		兔儿崖	60	0.45	3500	84		姚家川	42	0.43	180
53—65		宝鸡峡	（连续13级）		347000	85		小　庄	36	0.24	168
66		黑　河	60		15000	86		崆峒峡	50	0.43	1500
67		仙游寺	55	0.33	10000	87		大佛寺	64.3	16.67	16500
68		灞　河			1500	88	北洛河	永宁山	66	4.65	3000
69		柳村店	38	0.16	320	89		南城里	70	3.08	
70		冯　村	25	0.13	208	90		三跌湫	70	1.00	5000
71		金陵河	40	0.40	1290						
72		七里坡	40	0.31	1150						

支流上。灌溉面积 5049 万亩，发电装机 58.6 万千瓦，年发电量 12 亿千瓦时。

3. 南水北调

初步研究，南水北调自长江及怒江可调水 2940 亿立方米，其中引水至黄河三门峡以上(包括整个西北地区)2000 亿立方米，引水至三门峡以下地区 940 亿立方米。经查勘，选定四条引水线路作为研究的主要对象。四条线路是：

玉积线，自青海通天河玉树附近的协曲河口筑坝引水，入黄河上游支流贾曲上源，全长 1700 公里。

翁定线，自金沙江石鼓以上的翁水河口附近筑坝引水，至甘肃定西大营梁，全长 6800 公里。

京广线，自长江三峡水库引水，经丹江口水库，沿京广运河至郑州入黄河，全长 890 公里。

京杭线，自长江下游扬州附近往北分级抽水，沿京杭运河上溯入东平湖，再入黄河，全长 650 公里。

三、黄河流域水土保持规划(草案)

规划的方针与任务是：认真贯彻"以蓄为主，以小型为主，以社办为主"的水利建设方针和"全面规划，综合治理，集中治理，连续治理"的水土保持方针，加快治理速度，要求在二三年内实现山区园林化，沟壑川台化，坡地梯田化，耕地水利化，迅速起到减径流、拦泥沙、削洪峰的作用，保卫三门峡和干支流水利枢纽工程，促进工农业生产大跃进。第二个五年计划期间的基本任务是，苦战三年，两年巩固与发展，五年基本控制，提前实现农业发展纲要，有效地改变黄河面貌，全部完成水土流失面积 35.2 万平方公里的控制任务。

主要措施有：植树造林 2.1 亿亩，种草育草 1.9 亿亩，绿化荒山荒坡及村庄道路，实现山区园林化；修谷坊 1674 万道，淤地坝 68 万座，可淤地 3000 万亩，实现沟壑川台化；修梯田 7025 万亩，实现坡地梯田化；修建小水库 7 万余座，并修旱井和蓄水池，实现耕地水利化；改进农业技术，推广《农业八字宪法》，实现耕地园田化。主要措施工作量见表 3—4。

初步估算效益，到 1962 年黄河中游可减少泥沙 8.51 亿吨，占陕县多年平均输沙量 13.6 亿吨(当年采用数)的 62.5%，1967 年可提高到 80.6%。

表 3—4 水土保持规划主要措施工作量表(1958—1962 年)

措施	单位	青海省	甘肃省	宁夏回族自治区	内蒙古自治区	山西省	陕西省	河南省	合计
一、农牧措施									
梯田	万亩	294	1825	276	380	1850	2092	308	7025
种草	万亩	658	2500	1248.7	750	1540	954.9		7651.6
育草改良牧场	万亩	750	1000		4467.5	1480	3645	342	11684.5
二、林业措施									
造林	万亩	918	6702	1289.1	1629.7	2400	3948.2	910	17797
封山育林	万亩	290	1000	36.7	1522.5	500	30.8	50	3430
三、水利措施									
谷坊	万道	32.4	150	399.6	443.6	450	145.4	52.6	1673.6
淤地坝	万座				7.8	45	15.5		68.3
旱井	万眼	4.68	326	7.5	6.9	300	738.4	111.1	1494.58
沟头防护	万处	4.63	13	3.36	48.1		34.3	3.2	106.59
小水库	座	2300	10000	828	2000	26000	19954	9200	70282
蓄水池	万个	694	300	4	31.1	12	32.5	22	1095.6

1962 年可淤出川台地 3000 多万亩，亩产以 1000 公斤计，年增产粮食约 300 多亿公斤；梯田 7000 万亩，亩产由 50 公斤增至 500 公斤，年增产粮食 315 亿公斤。林业收入每人年平均达 100 元。

第三节　实施概况

三大规划报告提出后，全国“大跃进”之风更烈，为了适应当时所谓更为迅猛的农田水利运动，黄委会于 1959 年 12 月又提出《黄河下游综合利用规划补充报告》，投入较多力量进行西线南水北调和中线引汉济黄的线路查勘工作。1960 年起，国民经济进入三年暂时困难时期，紧缩基本建设，三大规划的实施受到影响。但更重要的是编制规划时，没有遵循规划程序，未能结合黄河实际作深入调查分析，为了赶形势，抢时间，追求高指标，高速度，致使许多拟建工程脱离实际，不可能按规划实施。按第三个五年计划 1967 年底统计，实施概况如下：

黄河三门峡以下工程，干流上曾建成花园口和位山两座枢纽，正建的泺口和王旺庄两枢纽，困难时期已停建。1962 年三门峡水库改为“滞洪排沙”运用后，洪水泥沙大量下泄，下游已建枢纽因抬高水位致使库区淤积严重，泄洪能力小，不能适应排洪输沙的要求，1963 年 7 月和 12 月分别破除了花园口、位山两座枢纽的拦河土坝。至此，下游干流无一处拦河枢纽工程按规划实现。支流水库，除陆浑水库于 1965 年建成投入运用外，其余 6 座均未修建。但规划项目外，地方上结合当地灌溉建成 33 座水库，多为中小型，且有较好的工作基础，分布在洛河 7 座，沁河 5 座，三秦间其他支流 4 座，大汶河及玉符河、大沙河 17 座（其中雪野为大型水库）。引汉济黄等 5 大运河均未实现。

黄河三门峡以上工程，干流上已建有盐锅峡、三盛公、三门峡，正建有刘家峡和青铜峡，其余 15 座均未建。支流水库，已建 4 座，即渭河的白荻沟，泾河的巴家咀，无定河的新桥和旧城；有些工程（如泾河的大佛寺、北洛河的永宁山、葫芦河的石窑子）“上马”又“下马”；其他工程未实现。而规划外的水库则修建了 43 座，大多是结合地方利益较多，原有工作基础较好的，其中大型水库 4 座，即长山头、石峡口、汾河一库和文峪河水库，中型水库 39 座。

水土保持工作，远没有按规划实施。

第六章　六十年代规划

第一节　三门峡工程的争论

三门峡水利枢纽位于河南省三门峡市与山西省平陆县交界的黄河干流上，控制流域面积 68.8 万平方公里，占全河总面积的 91.5%；黄河四个洪水来源区，控制了三个；全河 16 亿吨泥沙，几乎全被控制，地位十分重要。1954 年黄河规划拟定为第一期工程。工程于 1957 年 4 月 13 日开工，1960 年底基本建成，投入运用。因水库淤积严重，经过两次改建，增大泄流排沙能力，改变水库运用方式后，库区淤积已大为减缓。改建后的枢纽工程，虽没有达到原设计效益，但在防洪、防凌、灌溉、供水、发电等方面仍发挥着重大作用。

黄河是一条复杂、难治的河流，如何治理，历来就有各种不同的意见和主张。三门峡工程的修建是治理黄河的一次重大实践。从坝址选定、工程兴建、一直到枢纽改建和运用方式的改变，都关系到全河治理的布局和安排，引起全国各方面人士的关注，因而围绕三门峡工程展开了一场治黄思想大辩论。

一、决策经过

最早提出在黄河干流修建水库的是我国近代著名水利专家李仪祉。20 世纪 30 年代他在《黄河治本计划概要叙目》一文中指出：“蓄洪之法，从前未有议之者”。他建议除修建支流水库以外，在干流上“或议在壶口及孟津各作一蓄洪水库以代之，则工费皆省，事较易行，亦可作一比较的设计，择善而从”。1935 年 8 月，国民政府黄河水利委员会挪威籍主任工程师安立森，与中国工程技术人员共同查勘了孟津至陕县干流河段的三门峡、八里胡同、小浪底三坝址，认为“三门峡诚为一优良库址”，建议修建三门峡拦洪水库，抬高水位 50—70 米，最大泄量 12000 立方米每秒。抗日战争时期，日本人在 1941 年 6 月由东亚研究所第二调查委员会派人查勘了三门峡坝址，提出“三门峡发电计划”，认为修建 100 米高坝“亦无甚困难”，“除能获得莫大电力外，下游水患即可防止。”“在黄河干流能充分收到调节洪水之效者，唯三门峡一处而已”。1946 年 6 月国民政府水利委员会筹组黄河治本研究团，团长张含英。该团以综合利用为目标，查勘黄河上中游，其中对三门峡和八里胡同坝址进行了比较研究。同年冬季国民政府行政院公共工程委员会聘请美国专家组成的黄河顾问团，提出八里胡同高坝方案。张含英主张在三门峡或八里胡同修建拦洪水库，1947 年他在《黄河治理纲要》中指出：“河在陕县、孟津间位于山谷之中，且临近下游，故为建筑拦洪水库之优良区域。其筑坝之地址，应为陕县之三门峡及新安八里胡同。唯如何计划以便防洪、发电、蓄水三者各得其当，如何分期兴建以使工事方面最为经济，应积极详细研究。”并特别强调“库之回水影响，不宜使潼关水位增高”，“其最重要问题，当为水库之寿命”。

1949—1953 年，为了解决黄河下游洪水问题，黄委会曾多次查勘、研究在黄河干流上龙门至孟津段修建拦洪水库问题。通过规划方案反复比较，曾三次主张修建三门峡水库，又三次放弃这种主张。在这一河段上，是修建三门峡水库，还是修建其他水库，一直很难定夺。其起伏情况是：

1949 年 8 月 31 日，黄委会主任王化云、副主任赵明甫联名给当时华北人民政府主席董必武呈报《治理黄河初步意见》，认为解除下游洪水为患的方法，应“选择适当地点建造水库”，“陕县到孟津间是最适当的地区，这里可能筑坝的地点有三处，是三门峡、八里胡同和小浪底”。“应当立即从事地形、地质和水文资料的观测和收集，准备选定其中一个修坝的地址，进而从事规划”。

1950 年 3 月至 6 月，黄委会组织查勘队，由吴以敩任队长，仝允杲、郝步荣任副队长，查勘了龙门至孟津河段。特聘请冯景兰和曹世禄两位地质专家参加龙门、三门峡、八里胡同和小浪底坝址考察。认为：八里胡同虽有较好的地形条件，但在地质方面远不如三门峡，主要是石灰岩溶洞发育，主张在三门峡建坝，建议水库蓄水位为 350 米，以防洪、发电结合灌溉为开发目的。

1950 年 7 月由水利部傅作义部长率领张含英、张光斗、冯景兰和苏联专家布可夫等考察了潼关至孟津河段。指出潼关河段的水库工程应该是整个黄河流域规划的一部分，为满足下游防洪的迫切需要，应提前修建潼孟河段的水库。坝址可从三门峡、王家滩(任家堆下游)两处比较选择。当时,布可夫不赞成修建大型混凝土坝。黄委会在规划设计中也认为三门峡水库的淹没问题很大,在黄河干流上修建大水库用以解决下游防洪问题,就当时我国的政治、经济、技术条件来看,均有较大困难,于是放弃三门峡水库,转而想从支流解决问题。

1951年,黄委会组织5个查勘队,对黄河中游的无定河、泾河、北洛河、渭河、(伊)洛河进行查勘和初步计算,发现支流太多,拦洪机遇也不可靠,而且花钱多,效益小,很不理想,因此又把希望转到潼孟段干流上,于是再次主张修建三门峡水库。当时燃料工业部水电总局从开发水电出发,也积极主张修建三门峡水库。

1952年5月,黄委会主任王化云、水电总局副局长张铁铮与两位苏联专家查勘了三门峡坝址。专家认为三门峡坝址地质条件很好,能够修高坝。当时黄委会主张把三门峡水库的蓄水位从350米提高到360米,想用大水库的一部分库容拦沙,以解决水土保持不能迅速发生减沙效益的矛盾,尽可能延长水库寿命。苏联专家主张在八里胡同建冲沙水库。1952年下半年,经过计算得知,在八里胡同搞冲沙水库不行,而三门峡水库又因淹没损失太大,不少人反对,再次放弃修三门峡水库,转为研究移民淹地较少的邙山建库方案。

邙山建库方案,计划库水位150米,库容160亿立方米,黄委会主张作滞洪水库,布可夫倾向作冲沙水库。经计算两种方案,当时的投资都在10亿元以上,移民超过15万人。大家认为花钱多,又无综合利用效益,不合算,于是在1953年初又第三次提出修建三门峡水库的主张。此后不久,水利部对修建水库解决黄河下游防洪问题作了明确指示,一要迅速解决防洪问题;二是根据国家情况,花钱、移民都不能过多,花钱不能超过5亿元,移民不得超过5万人。因此,第三次放弃修建三门峡水库的主张,重新规划,将一个邙山大库改为邙山与芝川两个水库方案,降低坝高,缩小库容。1953年5月31日,王化云向政务院副总理邓子恢呈报了修建邙山、芝川两座水库的意见。邓副总理看后将报告转呈毛泽东主席并在信中写到:"关于当前防洪临时措施,我意亦可大体定夺,第一个五年,先修芝川、邙山两个水库","渡过五年十年,我们国家即将有办法来解决更大工程与更多的移民问题"。即使这样,当时对于先修三门峡水库,还是先修邙山、芝川两水库,仍有不同意见,未能定案。

1954年编制黄河规划时组成的黄河查勘团,查勘了孟津到龙门干流河段后于1954年3月27日在西安召开技术座谈会，否定了邙山水库。因为：第一，邙山水库小，不能为下游的灌溉、发电、航运调节流量；第二，是拦洪泄沙，有部分泥沙，甚至大部分泥沙将淤积在库内，水库的防洪作用必将丧失；第三，邙山水库系在流沙、粉沙地基上修筑38米高的混凝土溢流坝，技术上有难于克服的困难。查勘团的苏联专家竭力推荐三门峡建库方案，赞赏三门峡是一个难得的好坝址。专家组长柯洛略夫在总结发言中说："从邙山到龙门所看过的全部坝址中，必须承认三门峡坝址是最好的一个。任何其他坝址都不能代替三门峡使下游获得那样大的效益，都不能象三门峡那样综合地解决防洪、灌溉、发电等方面的问题。"他还就三门峡水库淹没损失大的问题，发表意见说："想找一个既不迁移人口，而又能保证调节洪水的水库，这是不能实现的幻想、空想，没有必要去研究。为了调节洪水，需要足够的水库容积，但为了获得必要的库容，就免不了淹没和迁移。任何一个坝址，无论是邙山，无论是三门峡或其他坝址，为了调节洪水所必需的库容，都是用淹没换来的。区别仅在于坝址的技术质量和水力枢纽的造价。"这个"用淹没换取库容"的论点，对当时决策三门峡工程产生了很大的影响。

1954年黄河规划委员会编制的《黄河综合利用规划技术经济报告》选定三门峡水利枢纽为第一期重点工程，水库正常高水位350米，总库容360亿立方米，设计允许泄量8000立方米每秒。三门峡水库与洛河、沁河支流水库配合运用，黄河下游防洪问题将得到全部解决；水库控制了上游全部泥沙来量，下泄清水，可使下游河床不再淤高；充分调节黄河水量，可满足初期2220万亩、远景7500万亩的灌溉用水要求；发电装机90万千瓦，年发电量46亿千瓦时；下游河道的航运条件得到改善等综合效益巨大。但是，规划报告也指出枢纽存在两个严重问题。一是当库水位350米时，要淹没农田207万亩，移民60万人，赔偿费用达6.58亿元，占总投资的52%，巨大的淹没是兴建三门峡水力枢纽的困难问题之一。为了减轻移民困难，库水位拟分期抬高，1962年前运用水位按336.0米考虑，仍需迁移27.2万人，淹没耕地94万亩。二是水库淤积，计划预留拦沙库容147亿立方米，不计上游减沙效益，估计水库寿命为25—30年。为了减少进入三门峡水库的泥沙，规划拟定，除大力进行水土保持工作外，近期还要在渭河支流葫芦河、泾河、北洛河、无定河、延河，修建五座大型拦泥水库，到1967年流入三门峡水库的泥沙估计共减少约50%，加上异重流排沙，则三门峡水库的寿命可维持50—70年。规划报告还指出"三门峡水库内泥沙淤积和水库寿命的估计是一个很复杂的问题"，需要进一步研究。以后的争论也就从这两大难题逐渐展开。

二、设计争论

1954年底，中共中央决定将大坝和水电站委托给苏联电站部水电设计院列宁格勒分院设计，其余项目全部由中国自己承担。

1955年8月，黄河规划委员会提出《黄河三门峡水利枢纽设计技术任务书》，国家计委在审查任务书时提出三点意见：一、考虑到三门峡水库的淤积速度和中上游水土保持的效果尚未完全判明，为延长水库寿命，要求提出正常高水位在350—370米间，每隔5米一个方案，以供选择；二、由于三门峡以下洛河、沁河支流水库的防洪效果尚未判明，为保证下游防洪安全，在初步设计中应考虑将允许泄量由8000立方米每秒降至6000立方米每秒；三、应考虑进一步扩大灌溉面积的可能性。

1956年4月苏方提出《三门峡工程初步设计要点》拟定正常高水位最低不应低于355米；如50年后尚须满足相当数量的灌溉、发电要求，正常高水位应为360米；如考虑水库寿命100年，水位应提高到370米；设计最大泄量为6000立方米每秒。

1956年7月国家建委审查初步设计要点，决定正常水位为360米，1967年前(初期)运用水位为350米，并要求第一台机组1961年发电，1962年工程全部建成。按此意见，苏方于1956年底完成初步设计。正常高水位由350米提高到360米，要多淹耕地126万亩，多迁移31万人，这对陕西省影响最大，反映也最强烈。在此期间，清华大学黄万里教授于1956年5月向黄河规划委员会提出《对于黄河三门峡水库现行规划方法的意见》，主张经济坝高的决定要通过全面经济核算，其水位应比360—370米为低；他还根据河沙自然运行规律，建议“把六条施工排水洞留下，切勿堵死，以备他年泄水排沙，起减缓淤积作用。”水电总局温善章于1956年12月和1957年3月先后向水利部和国务院呈述《对三门峡水电站的意见》，主张用低水位、少淹没、多排沙的思想进行设计。认为：三门峡水库正常高水位不需要360米，只需335米，取得90亿立方米的有效库容，可满足下游防御千年一遇洪水的要求，水库按滞洪排沙方式运用，死水位300—305米，汛期不蓄水，排泄泥沙，汛末和冬季蓄水，以备春季灌溉和航运之用，迁移人口估计不会超过10—15万人，投资也将大大降低。

1957年2月，国家建委邀请有关方面专家对苏方提交的初步设计进行审查，准备报送国务院审批。三门峡工地已进行了大量准备工作，工程即将正式开工。在这种情况下，周恩来总理得知上述不同意见后，乃指示水利部邀请各方面专家对这个问题认真讨论。

水利部于1957年6月10日至24日在北京召开了“三门峡水利枢纽讨论会”。参加会议的有国家建委、水利部、电力部，陕西、河南两省，清华大学、天津大学、武汉水电学院等单位的专家、教授共70人。会议由水利部张含英副部长主持。会议对三门峡水库应该不应该修、水库的拦沙与排沙、水库综合利用与运用以及水土保持的评价等问题展开了讨论。绝大多数人主张高坝大库拦沙，充分综合利用，并认为：三门峡水利枢纽是解决黄河下游防洪迫切问题最合适的地点，应该选为第一期工程；水库正常高水位360米具有较大的库容，可以充分调节水量，发挥综合利用的效能，保证国民经济发展各部门提出的要求，同时利用较大库容拦沙以延长水库寿命；为了减少移民困难，可以采取分期抬高水位的办法，逐步移民；并指出排沙方案没有制止下游河道继续抬高，未消除黄河水患的根本原因，事实上没有解决防洪问题，而且排斥了充分发挥水库综合利用的可能。另有少数人认为：黄河水流含沙量大，以蓄水为主的综合利用势必导致水库淤积很快，寿命很短，水库淤满失效后，下游严重的洪水灾害将无法解决，同时考虑到我国土地少、人口多、移民极端困难，所以三门峡水库应以滞洪排沙为主，汛后蓄水发挥综合利用效益；大坝泄水底孔应尽量放低加大，降低原设计的泄水孔高程或另设底孔，以便泄水排沙得以灵活操纵，使绝大部分泥沙排出库外，减少水库淤积，延长水库寿命，少淹土地，少移民。温善章要求保留自己意见。

1957年7月，水利部将讨论会的情况向周恩来总理和李富春副总理作了汇报。周总理要求水利部要对水库各种规划方案，水库上游浸没影响，下游河道治理等问题作进一步研究，指示黄河规划委员会致电苏联电站部，说明由于某些原则问题，尚需进一步研究确定，请暂缓进行技术设计。

水利部综合以上意见后，于1957年11月3日向国务院提出《关于三门峡水利枢纽问题的报告》，强调黄河下游河道逐年淤高，洪水威胁有增无减，万一决口改道，将影响整个国民经济发展的部署，几年来治理淮河、海河的成就可能毁于一旦。因此修建三门峡水利枢纽，实属刻不容缓。《报告》建议：大坝水位按360米设计，350米施工；为减少移民困难，逐步抬高运用水位，1967年前不超过340.5—343.0米，死水位在325—330米之间；泄水孔底槛高程在技术允许条件下，应尽量降低，以适当增加泄洪量和排沙量。国务院于11月23日将该《报告》批转给陕西、山西、河南、河北、山东、甘肃等省，要求他们就正常高水位究竟多少妥当？水库蓄水后是否影响土地沼泽化、盐碱化及工厂建筑?水库泥沙淤积速度,上中游水土保持速度以及下游河道淤积和泥沙入海等问题组织讨论,提出意见于12月中旬报国务院,争取三门峡工程早日定案。陕西省回文提出意见:一、水土保持减沙效益,现在认为有可能加快,因此可缩小三门峡淤积库容;二、水库回水末端泥沙淤积将逐渐向上游延伸,库水位350米,渭河两岸浸没影响可达15—30公里,西安市北郊375米高程地带的工业区很可能受到影响;三、建议正常高水位按350米设计,340米建成,可减少淹没耕地46%,减少移民50%。其他各省没有提出意见。

1957年11月国务院批准了初步设计,并对技术设计的编制提出以下意见:大坝按正常高水位360米设计,350米施工,350米水位是一个较长期的运用水位;在技术允许的条件下,应适当增加泄洪量和排沙量,泄水孔底槛高程应尽量降低。

1958年3月2日中共中央书记处讨论通过了三门峡工程技术设计任务书,其中关于泄水孔高程,希望降至300米左右。随后派刘子厚为团长,王化云为副团长的赴苏代表团,将技术设计任务书交给苏联列宁格勒水电设计分院。苏方对降低泄水孔高程作了进一步试验研究,认为降至310米比较经济合理,增加排沙量较多,如要降至300米,增加排沙不多,增加造价却较多,将来检修也不方便。

1958年4月21日至24日周恩来总理在三门峡工地召开现场会议,亲自听取各方面的意见。周恩来总理作了总结发言,指出:“如果说这次是在水利问题上拿三门峡水库作为一个中心问题进行社会主义建设中的百家争鸣的话,那么现在只能是一个开始,还可以继续争鸣下去。……三门峡水库淤积问题引起了一系列的争论,有各种设想,其原因就是因为规划的时候,对一条最难治的河,各方面的研究不够所造成的。”最后周总理就一系列有争论的问题,深刻阐述了上游(库区)和下游、一般洪水与特大洪水、防洪与兴利、局部和整体、战略和战术等问题的辩证统一关系,明确指出“三门峡这个水库首先是为解决防洪而修的。修建的目标是以防洪为主,其他为辅。先防洪,后综合利用。最基本的是防止特大洪水,不使下游决口,免得四、五省受大的灾害。防洪的限度,就是确保西安,不能损害西安。”周总理还特别强调“不能孤立的解决三门峡问题,要同时加紧进行水土保持、整治河道和修建黄河干支流水库,要尽快搞出这三个规划。”关于泄水孔底槛高程问题,周总理再次强调“还可以继续争一争,看是不是还能改到300米”。

1958年6月下旬,周恩来总理邀集有关各省负责人就三门峡水库正常高水位进一步交换意见。中共水电部党组根据这一时期研究的意见进行综合，于6月29日向中共中央写了《关于黄河规划和三门峡工程问题的报告》，确定大坝按正常高水位360米设计，350米施工，1967年前最高运用水位不超过340米，死水位降至325米（原设计335米），泄水孔底槛高程降至300米（原设计320米），坝顶高程353米。

根据上述设计要求，苏联列宁格勒水电设计分院于1959年底全部完成所承担的技术设计任务。

三、改建争论

三门峡工程1957年4月13日开工，1960年6月浇筑到340米高程，同年9月12个施工导流底孔全部关闸，水库开始蓄水拦沙。1960年11月至1961年6月，12个导流底孔全部用混凝土堵塞。这期间，坝前最高水位曾达332.58米（1961年2月9日），回水超过潼关，共淤泥沙15.3亿吨，占同期入库沙量的92.9%，潼关河底平均高程抬高了4.3米。1961年10月下旬，当库水位332.5米时，渭河口形成“拦门沙”，华县水位达337.84米，渭河下游两岸及黄河朝邑滩区5000人受洪水包围，淹没耕地25万亩。为了减轻库区淤积回水影响及移民工作的困难，1962年3月水电部在郑州召开会议决定，并经国务院3月20日批准，三门峡水库改为“滞洪排沙”运用，汛前尽量泄空水库，汛期拦洪水位控制在335米。水库改变运用后，库区淤积有所减缓，渭河“拦门沙”逐渐冲出一道深槽，但潼关河底高程并未降低，库区淤积“翘尾巴”现象仍在继续向上游发展。

三门峡水库问题出现之后，曾有各种不同主张。周恩来总理认为：黄河问题很复杂，我们没有经验，还是看一看再说。1962年4月，在全国二届人大三次会议上，陕西省代表组提出“拟请国务院从速制定黄河三门峡水库近期运用原则及管理运用的具体方案，以减少库区淤积，并保护335米移民线以上的居民生产、生活、生命安全案”。提案提出：“为了减少淹没、淤泥、浸没损失，建议当前水库的运用应以滞洪排沙为主；控制1962年拦洪水位在库区不超过335米移民线，确保335米线以上的农业生产，居民生活、生命安全，同时减轻移民和库区防护任务；汛前的库区水位降至315米以下（坝前水位），泄洪闸门全部开启并研究增设泄洪排沙设施。”大会审查意见：此提案“由国务院交水利电力部会同有关部门和有关地区研究办理”。人大会议后，周总理又召集有关人员座谈了这个问题。此后，曾多次召开大型会议，讨论三门峡工程改建问题。

(一)第一次讨论会

水电部于1962年8月20日至9月1日，在北京召开第一次《三门峡水利枢纽问题座谈会》，交换对三门峡水库运用的意见，讨论是否需要增建泄流排沙设施，以及增建工程在技术上的可能性和怎样增建的问题。

这次座谈会，由水电部副部长张含英主持。参加会议的有：国家计委，国家经委，陕西、山西、河南、山东四省水利厅，黄委会，三门峡工程局，北京勘测设计院(简称北京院)，水电部有关司局及科学研究单位的领导、专家和技术人员共80余人。着重讨论了三门峡水利枢纽的任务和运用方式；三门峡水库改变运用方式对上下游的关系；增建泄流排沙设施以及这些设施的水工技术问题等。争论的主要问题和分歧有下列几方面：

1.三门峡水库运用问题

多数代表主张：近期采用拦洪排沙运用方式，远景为综合利用。这是因为目前水土保持尚未显著生效，大量泥沙入库，水库可能很快被淤废，当前移民存在很大困难，而近期灌溉和发电要求并不大，因此认为近期采用拦洪排沙运用方式是正确的。应当在保证下游防洪的要求下，尽量减少水库淤积和淹没损失，延长水库寿命，以保证将来防洪和其他综合利用效益。

少数代表认为：不论近期与远期，都应采取拦洪排沙运用方式。因为水土保持很长时间才能见效，即使到远景仍有相当数量的泥沙入库；水库淹没和移民安置，将来也不易解决；灌溉和发电也不必由三门峡水库蓄水调节。

还有代表认为，现在要改变三门峡水库运用方式论据还不充足，没有理由推翻原定的综合利用方式。最近几年来沙较多，并不说明长期平均沙量增加。三门峡的综合利用效益很大，拦洪排沙运用只能减少当前的小损失，而失去大利益，得不偿失。

由于水库运用方式不同，所以对拦沙与排沙也存在不同的看法。多数代表认为，近期采用拦洪排沙运用方式，首先应当保证下游防洪的安全，在不致引起下游严重淤积，抬高河床的条件下，可以多排沙入海，以减少水库淤积。有的代表认为，泥沙应尽量下排，配合下游河道整治与三门峡水库枯水期制造人造洪峰帮助冲刷，即使全部泥沙下泄，也不致使下游河道逐年淤高。还有代表认为，在水土保持尚未显著生效以前，由三门峡水库拦沙下泄清水，以冲刷下游河道，是三门峡的任务之一。即使近期由于淹没移民问题比较困难，暂时采用拦洪排沙方式，将来仍应担负拦沙任务。

2. 黄河上下游治理和三门峡库区治理问题

与会代表认为，黄河的根本问题是泥沙问题，而解决泥沙问题的最根本办法是水土保持。过去对水土保持减沙效益估计过高，目前看来必须相当长的时期才能显著生效，应当积极抓紧进行。鉴于水土保持见效太慢，有人主张兴建大量的大中小型拦泥水库来解决问题。其中有些不能结合当地生产的拦泥水库，则由中央投资兴建。有人则认为，拦泥水库在技术上和经济上的问题还值得进一步研究；甚至认为，拦泥水库耗用劳力、物力、财力很大，效果不显著，是有限库容对无限泥沙，包袱很重。

黄河下游河道整治，都认为必须抓紧进行。有的主张应利用目前三门峡增建泄流排沙措施尚未建成，下泄沙量不太多的有利时机，抓紧进行，工程量较小，见效较快。有人则认为，治河工程是一项长期任务。还有代表提出，黄河下游应有计划进行放淤来处理泥沙，这对两岸的农业增产及改善盐碱地都有好处。

潼关以上的库区，特别是渭河下游，由于水库回水泥沙淤积引起一些问题，多数代表认为应及早抓紧研究，进行整治。也有代表提出，对黄河朝邑滩及渭河南岸低洼地带，应进行有计划放淤，把不利的淤积引向比较有利的地位。

3. 增建泄流排沙设施

多数代表认为，增建泄流排沙设施是十分必要的，但对于采用什么方案和泄流规模大小仍存在分歧。大会对北京院提出的改建方案，即打开 280 米高程 3 个施工导流底孔；在左岸开挖 2 条隧洞，底槛高程 290 米；以及利用电厂 4 条钢管泄流，进水口高程 300 米等方案，进行了认真讨论，并提出不同意见。一种意见是，要求一般洪水在坝前水位 320 米时，下泄 6000 立方米每秒，回水不超过潼关；水位 340 米时下泄 10000 立方米每秒。另一种意见认为，坝前水位 320 米时，水库淤积三角洲将向上延伸超过潼关，因此建议坝前水位应降至 315 与 310 米之间下泄 6000 立方米每秒，水位 320 米时下泄 7600 立方米每秒。还有意见认为，泄量愈大愈好，要求 50 年、100 年一遇洪水，回水也不超过潼关。

这次讨论会，没有取得一致意见。大家认为，需要进一步加强观测试验，深入开展理论研究，更多地掌握黄河泥沙冲淤情况，多做工作，再召开第二次讨论会研究这些问题。

(二)第二次讨论会

1963年7月16日至31日,在北京召开《三门峡水利枢纽问题第二次技术讨论会》。会议由水电部副部长张含英主持,出席会议的代表有领导、专家、教授和技术人员共120人。

这次会议,各单位提交的成果计有:黄委会的《黄河上中下游基本情况》和《关于三门峡水利枢纽改建的初步意见》,北京院的《黄河三门峡水利枢纽增建泄流排沙设施初步设计》和《三门峡水电站低水头发电问题研究》,陕西省水利厅的《对三门峡水库改建和运用的意见》,水科院河渠研究所的《三门峡水库淤积发展与增建泄流设施问题分析》,还有三门峡库区管理局、三门峡工程局、清华大学、陕西工业大学等单位和个人提出的三门峡库区淤积情况、移民情况、枢纽改建的水工模型试验报告以及不同改建方案对水库冲淤和对下游河道的影响等,计有报告和论文共28篇,为本次讨论会提供了良好的基础。会议着重研究了三门峡水利枢纽上下游水文泥沙冲淤变化、是否需要增建泄流排沙设施、如何增建、非汛期发电以及增建工程的工程技术问题等,并以三门峡为中心,联系到黄河的治理方向、水土保持工作、上下游干支流水库、拦泥水库、黄河和渭河下游的河道整治等一系列问题。

是否需要增建泄流排沙设施问题,是本次讨论会的焦点。主要有两种不同意见:一种是不同意增建或主张最好不增建;另一种是主张立即增建泄流排沙设施。

不同意增建或主张最好不增建泄流排沙设施的代表认为,增建后虽可减少三门峡水库的淤积和移民困难,但不能彻底解决问题,大量泥沙下泄,将增加黄河下游及河口区的淤积,河床随之抬高,加重了下游防洪困难。指出靠控制运用来减少下游淤积,目前尚无规划、计算和运用实例,这种设想是不落实的。增建后将增加下泄洪水,与三门峡至秦厂区间洪水遭遇时不能错峰,对黄河下游防洪非常不利。因此,主张兴建干支流拦泥水库结合水土保持,减少三门峡入库的水量和沙量,同样可以减轻库区淤积。提出三门峡的增建措施应与中游兴建拦泥水库方案进行比较,在没有详细研究比较以前,不宜确定增建。如果要增建,规模不宜过大,只能适当增建一条隧洞。还有代表提出,为了尽快兴建拦泥水库,解决三门峡库区淤积,应集中力量打歼灭战,把增建工程的设计施工力量,转移去做拦泥水库。

主张立即增建的代表认为,如果维持现状,水库淤积严重,寿命缩短,淤积末端延伸很快,淹没浸没损失很大,移民问题不易解决。为了保证黄河下游所需防洪库容，保证西安不受浸没影响和减轻近期淹没移民困难，增建泄流排沙设施是非常迫切的，应当立即进行，这不是水土保持和拦泥水库所能代替的。增建后，通过控制运用，可使黄河下游不致发生严重淤积。泥沙运动与水流有一定关系，通过调节径流可以调节泥沙。经过试验研究，有可能找到最有利的控制运用方法，使更多泥沙输送入海，使水库淤积和下游河道淤积分配适当。只有增建泄流排沙设施，才有可能主动地控制运用。关于增建规模，有的代表认为可先增建两条隧洞；有的主张分步进行，先增建两条隧洞和三个底孔；有的主张两条隧洞和四条钢管；有的主张打开 12 个施工导流底孔。

本次讨论会，对于是否需要增建泄流排沙设施以及增建的规模，仍有很大分歧，但是，鉴于三门峡水库淤积发展的严重情况，大家都希望能及早定案，同时也加深了对根治黄河的复杂性和艰巨性的认识。

（三）北京治黄会议

1964 年 3 月，周恩来总理详细询问了水电部副部长钱正英关于三门峡工程情况后，认为解决问题的时机已经成熟，决定召开一次治黄会议，并指示水电部到现场去进一步弄清情况，积极筹备会议的召开。1964 年 6 月，水电部在三门峡现场继续讨论工程改建方案。同年 8 月初，中共水电部党组召开扩大会，讨论三门峡枢纽的改建和治黄方向问题。会议筹备期间，水电部和黄委会还收到全国各地寄来的许多意见和文章（会议印发了 80 余篇），阐述各自对三门峡工程改建和治理黄河的主张。

1964 年 12 月 5 日至 18 日，国务院在北京召开治黄会议，参加会议的有国务院办公厅、国家计委、建委、经委，陕、甘、晋、豫、鲁五省水电厅，水电部水电总局、规划局、水科院、北京院、中原电管局、三门峡工程局、黄河中游水土保持委员会、陕西省三门峡库区管理局、清华大学、武汉水电学院、北京水利水电学院、长办和黄委会等 22 个单位，以及水利界的知名专家、学者和长期从事黄河研究的代表共 100 余人。

与会代表共提出发言报告 55 篇。绝大多数代表同意立即增建两洞四管并提出各自的治黄主张。发言中，分歧最大的有四种意见。

1. 北京水利水电学院院长（原三门峡工程局总工程师）汪胡桢主张维持现状。他认为 1955 年人大通过的治黄规划，采取“节节蓄水，分段拦泥”的办法是正确的。三门峡水库修建后，停止了向下游输送泥沙，下游从淤高转向刷深，这是黄河上的革命性变化。改建必然是黄河泥沙大量下泄，下游河道仍将淤积，危如垒卵的黄河势必酿成大改道的惨剧。他主张，近期应继续维持三门峡原规划设计的 340 米正常高水位，同时在中游修建拦泥库蓄水拦泥，争取时间，积极开展中游地区的水土保持工作，可使下游河道逐步刷深。

2. 黄委会主任王化云主张拦泥。他向与会代表汇报了《关于近期治黄意见》。第一，加快水土保持工作，初步规划将水土流失严重的河口镇到龙门区间的 42 个县和泾、洛、渭河的 58 个县，作为治理重点，加快治理速度。第二，同意在三门峡枢纽增建两条隧洞，近期可以减轻库区淤积，减缓渭、洛河下游不利影响的发展。但是由于黄河水少沙多，增建后仍不能根本解决三门峡库区和渭、洛河下游问题，而且恶化了下游河道，如果没有拦沙措施，单纯依靠排，终不免重蹈历史上治河之覆辙。第三，在中游干支流兴建拦泥水库，首先在北干流河口镇至潼关、泾河、北洛河修建三座大型拦泥水库，估计可减少三门峡入库泥沙约一半，利用现有 12 个深孔和增建的两条隧洞排洪排沙，库区淤积和渭、洛河下游的淹没影响将大为缓和，同时配合下游的河道整治，可以初步达到稳定下游河道的目的。鉴于拦泥水库工程的许多问题尚未解决，亟需按照拦泥坝的设想做出样板，因此建议把泾河巴家咀水库改建为拦泥试验坝。

3. 长办主任林一山主张大放淤。他认为用巨额投资修建大型拦泥库或者把黄水送往渤海都是不合道理的。黄河规划必须是水沙统一考虑，立足于"用"。鉴于水土保持需要很长时间而且又不可能完全拦住泥沙，下游河床却在不断淤高，加剧水患。所以他主张，从河源到河口，干支流沿程都应引洪放淤，灌溉农田，把泥沙送到需要的地方。当前，应积极试办下游灌溉放淤工程，为群众性的引洪淤灌创造条件，逐步发展，以积极态度吃掉黄河的水和沙。他设想，河口镇到龙门区间及泾、洛、渭河按每人淤灌一、二亩地计，就不会有多少剩余浑水下泄，再加下游放淤，那时，华北平原将是一片江南景象，下游黄河只剩下被防沙林紧密笼罩起来的干河槽和几个被海潮荡得模糊不清的河口。除了研究河流发育史的地理学家偶然来这里以外，再也没有人去注意它的什么变化了。

4. 河南省科委副主任杜省吾主张炸掉大坝。他认为黄河的径流始终不停地把黄土携带下泄，造就孟津以下的广大平原，这是黄河的必然趋势，绝非修建水工建筑物和水土保持等人为力量所能改变。治理黄河必须根据黄河自然发展规律，在接近平原的边沿，有广大地区任秋水泛滥、停蓄，然后落水归槽，减少冲淤，达到不冲不淤之中和状态，由宽浅的河槽变为地下河，这样才能河定民安。"黄河本无事，庸人自扰之"，所以他力主炸掉三门峡大坝，最终进行人工改道。

会议期间，周恩来总理四次亲自听取代表的发言。会议结束的前一天，总理召集钱正英、王光伟（国家计委副主任）、惠中权（中共林业部党组副书记）、林一山和王化云，开了个小会，再次听取意见。会上，王化云谈“上拦下排”，林一山讲“大放淤”，两种观点大相径庭。总理转而征求其他同志意见，钱正英表示“同意放淤观点”，惠中权“同意王化云的意见”，王光伟说“对治黄业务不清楚，不好表态”。场上形成2∶2的局面。当时总理说，今天暂不作结论，我看王化云的意见是修修补补，林一山的观点是浪漫主义，你们可以按照各自的观点作出规划，明年再开会讨论。会上，王化云提出要搞巴家咀拦泥试验坝，林一山提出要搞放淤试验。总理对此表示同意说：“你们都可以作规划搞试验”。

12月18日，周总理作了总结讲话。他说：这次会议是国务院召开的。三门峡枢纽改建问题，要下决心，要开始动工。不然，泥沙问题更不好解决。当然，有了改建工程也不能解决全部问题，改建也是临时性的，改建后，情况总会好些。本想三门峡改建的事，请计委批准就可以了，由水电部和同志们说说就行了，可是有些意见出入比较大，不征求大家意见还不安心。

周总理指出：治理黄河规划和三门峡枢纽工程，做得全对还是全不对，是对的多还是对的少，这个问题有争论，还得经过一段时间的试验、观察才能看清楚，不宜过早下结论。总的战略是要把黄河治理好，把水土结合起来解决，使水土资源在黄河上中下游都发挥作用，让黄河成为一条有利于生产的河。这个总设想和方针是不会错的。但是水土如何结合起来用，这不仅是战术问题，而且是带有战略性的问题。譬如，泥沙究竟留在上中游，还是留在下游，还是上中下游都留些？现在大家所说的大多是发挥自己所着重的部分，不能综合全局看问题。任何经济建设上都还有未被认识的领域，必须不断去认识。认识一个，解决一个，其他未被认识的或不够成熟的可以等一等。可以推迟一些时间解决。推迟是为了更慎重，更多地吸收各方面的意见，有利于今后的规划工作。允许大家继续收集资料，到下面去观察、蹲点、研究。大家可以分工从各方面去用力。观察问题总要和全局联系起来，要有全局观点。

关于三门峡枢纽改建问题，周总理说：当前关键问题在泥沙，五年三门峡水库就淤成这个样子，如不改建，再过五年水库淤满后遇上洪水，无疑将会对关中平原有很大影响。关中平原不仅是农业基地，而且是工业基地。不能只顾下游不看中游，更不能说为了救下游，宁肯淹关中。要有全局观点。对于大放淤的主张，总理认为那套放淤道理，如果行得通，水土能够利用在下游，倒是大有好处。下游放淤能不能解决问题还有争论，要允许试验。对于炸坝的意见，总理说国家化了这么多投资要炸坝，这是不可取的。对于拦泥方案，总理指示，靠上游拦泥库来不及，拦泥库工程还要勘测试点，五年之内不能解决问题，哪有那么多投资来做水保和拦泥库，五年之内哪能完成那么多的工程。对于维持现状的观点，总理说，五年之内能不能把上中游水土保住？绝不可能，因为这是不可能办到的。总理还指出，反对改建的同志为什么只看到下游河道发生冲刷的好现象，而不看中游发生的坏现象呢？如果影响西安工业基地，损失就绝不是几千万元的事，对西安和库区同志的担心又怎样回答呢？因此三门峡的改建不能再等，必须下决心。然后总理又一一征求有关负责人的意见，大家都表示同意。最后总理说：今天批准的只是三门峡工程改建方案，确定在大坝左岸增建两条隧洞，改建四根发电引水钢管，以加大泄流排沙能力，先解除库区淤积的燃眉之急，并表示“其它问题我还要负责继续解决”。现在成熟的方案只有一个，其他的事情还要继续做。

1965年元月18日，中共水电部党组向中共中央写了一份《关于黄河治理和三门峡问题的报告》，总结了从1962年起，围绕三门峡引起的问题，展开了一场治黄的大论战。报告认为：论战的第一个阶段，中心问题是，黄河规划和三门峡设计有没有错误？起初，一部分人认为，规划和设计都没有错。经过讨论，绝大部分人认为，黄河规划和三门峡设计都有错误。论战的第二个阶段，中心问题是，这是规划思想的错误还是技术性的错误？一部分人认为，规划思想没有错，要解决黄河问题，必须“正本清源”，根本办法是水土保持，过渡办法是修建拦泥库。另一部分人认为，规划思想错了，在近期黄河不可能清，也可以不清。黄河的特点是黄土搬家，认识了这个规律，就可以利用黄河的泥沙，有计划地淤高洼地，改良土壤，并且填海成陆。上述两派意见，简称为“拦泥”与“放淤”之争。他们的分歧点在于：近期的治黄工作，究竟放在黄河变清的基础上，还是黄河不清的基础上？近期治黄的主攻方向，主要在三门峡以上筑库拦泥，还是主要在下游分洪放淤。在战术问题上，两派都还没有落实。按照“拦泥”规划，为了维持三门峡的寿命，拟修建十座拦泥库，经过查勘和讨论，大家认为还有不少疑问，而且工程大，投资多，工期长，寿命短，上马需要慎重。放淤派是近年才发展起来的，到现在(1965年)为止，还只有一些原则设想，没有做出具体方案。以上争论问题，没有做结论，而是要求进一步勘察研究，把两方面的意见落实。对已经取得协议的两条隧洞和四根泄水管，已于1965年元月经国家计委批准开工。

三门峡第一次改建工程，由水电部北京院设计，三门峡工程局施工。改建的四条钢管于1966年7月建成投入运用，增建的两条隧洞分别于1967年8月和1968年8月建成投入运用。枢纽改建后，当坝前水位315米时，下泄流量由原来的3080立方米每秒增至6000立方米每秒，水库排沙比增至80.5%，库区淤积有所减缓，潼关以下库区由淤积转为冲刷，但潼关以上库区及渭河下游仍继续淤积。

（四）三门峡四省治黄会议

根据周恩来总理指示，国务院委托河南省革命委员会主任兼黄河防汛总指挥刘建勋主持，于1969年6月13日至18日，在三门峡市召开晋、陕、豫、鲁四省会议，研究三门峡工程进一步改建和黄河近期治理问题。参加会议的主要领导还有国务院副总理纪登奎、陕西省革命委员会主任李瑞山、水电部副部长钱正英等。王化云（文化大革命初期遭群众组织批斗，刚“解放”不久）也参加了会议。

会议期间，先由三门峡工程局的（领导、工人、技术干部）“三结合”规划小组汇报三门峡工程进一步改建规划，其次由有关人员谈了黄河治理的设想。大家对改建进行了讨论，对近期治黄问题进行了议论，没有展开争论，最后向国务院写了个报告。

关于三门峡工程改建问题。与会代表认为两洞四管还不能解决问题，需要进行第二次改建。改建的原则是，在“确保西安、确保下游的前提下，合理防洪、排沙放淤、径流发电”。改建规模是，打开1—8号导流底孔，下卧1—5号发电引水管进口，要求坝前水位在315米时，下泄流量达10000立方米每秒，一般洪水回水不影响潼关，发电装机4台（后改为5台），并入中原电力系统。运用原则是：当三门峡以上发生大洪水时，敞开泄洪；当预报花园口可能超过22000立方米每秒洪水时，根据上游来水情况，关闭部分或全部闸门。冬季承担下游防凌任务。发电水位，汛期305米，必要时降到300米，非汛期310米。

关于黄河近期治理。与会代表经过讨论认识到，泥沙是黄河问题的症结所在，控制中游地区的水土流失是治黄的根本，必须从改变当地贫瘠干旱面貌出发，依靠人民群众力量，用“愚公移山”的精神，长期坚持治理，方能奏效。因此，在一个较长时间内，洪水泥沙对下游仍是一个严重问题，必须设法加以控制和利用。会议提出黄河近期治理的指导思想，必须依靠群众，自力更生，小型为主，辅以必要的中型和大型骨干工程，积极控制利用洪水泥沙，防洪、灌溉、发电、淤地综合利用。在措施上提出了拦(拦蓄洪水泥沙)、排(排洪排沙入海)、放(放淤改土)相结合的方针,力争十年或更多一点的时间改变黄河面貌。为此,会议提出:中游地区的治理,要大搞水土保持;要一条一条地治理沟道和中小支流,要对北干流(托克托至潼关河段)进行治理,要对龙门水库进行研究。对三门峡以下干支流的治理,要加固堤防、滞洪放淤,要兴建洛河、沁河、大汶河支流水库;还要整治河道,进行三(门峡)秦(厂)区间干流规划等。

四省会议后,1969 年 12 月 17 日水电部(69)水电军生水字第 265 号文通知:"关于三门峡改建方案,经国务院批准,先开挖表面溢流坝段下三个底孔,改建 1—4 号钢管为径流电站,并立即进行施工,通过实践到明年上半年再在总结经验的基础上,决定最后方案。"第二次改建工程于 1969 年 12 月开工,至 1971 年 10 月,先后打开 8 个施工导流底孔,投入运用。1—5 号发电引水钢管进水口高程降至 287 米。安装 5 台机组,第一台机组于 1973 年底发电。

三门峡枢纽经过两次改建后,泄流排沙能力有了较大提高,基本上解决了水库泥沙淤积问题。自 1973 年水库改为"蓄清排浑"运用以来,库区淤积已大为减缓,潼关以下峡谷段的库容可以长期使用,淤积上延已基本得到控制,同时水库还发挥了防洪、防凌、灌溉、发电等综合效益。三门峡工程引起的治黄争论已趋于平缓。三门峡工程运用的实践经验,如何应用于治黄工作仍在不断探索和总结中。

第二节 规划的组织与经过

1964 年 12 月北京治黄会议期间,会议产生的《治黄会议汇报提要》提出"必须深入总结治黄经验,修订治黄规划。为此,建议成立黄河规划委员会,由水利电力部提出组织方案报请国务院批准"。对此,周总理指示说:"原来的治黄规划,不管它对多对少,还是全对或全不对,经过了这些年,总要有些修改。修订规划是个大事情,上中下游要重点查勘。组织一些人到现场去。任何思想只有通过实践才能认识清楚。规划办公室规模要小些。"

据此,水电部领导与林一山、王化云商定,从黄委会、长办、水科院、武汉水电学院等单位抽调人员,成立黄河规划小组,主要任务是协助黄委会进行调查研究,总结经验,提出切合实际的治理方案。1965 年 1 月,规划小组成员陆续到郑州，着手规划准备工作。钱正英副部长指示，不要受“拦泥”、“放淤”两种思想的束缚，要独立思考，坚持科学态度，搞出一个切合实际的规划来。

1965年3月，水电部决定，由钱正英、张含英、林一山、王化云四人组成治黄规划领导小组，下设13人的规划小组，具体领导规划工作的进行。规划小组由水电总局副局长王雅波任组长，水科院副院长谢家泽和武汉水电学院副院长张瑞瑾任副组长，组员有部属单位的钱宁、叶永毅、顾文书、张振邦、温善章、李驾三，长办的王源、王咸成，黄委会的郝步荣、刘善建等。集中在郑州搞规划。

黄委会设临时规划办公室，负责日常工作。下设6个工作组，即综合组6人，基本资料组40余人，水文泥沙组45人，下游大放淤组(长办人员)30人，下游组20余人，中游组80余人，共约240人。此外，还有南京大学地理系师生约40人，协助进行粗沙来源的调查。

规划人员聚集郑州后，按照各家的治黄设想进行规划，分别到三门峡库区、陕北和晋西北的支流以及黄河下游进行查勘。基本资料组进行黄河水沙基本资料的分析研究，其中包括黄河下游泥沙淤积的统计分析和中游粗沙源的调查，水文泥沙组进行了三门峡水库冲淤计算方法的研究，并利用电子计算机计算。下游大放淤组，林一山带领长办人员赴豫、鲁两省，沿着黄河两岸进行调查、研究、宣传、发动、选择试点，在山东梁山陈垓引黄闸搞远距离输沙试验，用混凝土板衬砌窄深断面渠道等工作。中游组以黄委会人员为主，组长王锐夫，下设几个分组，调查了渭河下游及陕北、晋西北地区的群众用洪用沙经验，查勘了秃尾河、窟野河、孤山川、黄甫川、浑河、朱家川等支流的拦泥库坝址并研究了开发方案。有的人员还独自研究某一方案。

以上工作都是分头进行的，很少统一研究。1965年10月黄委会开始“四清运动”，规划工作暂停。1966年6月“文化大革命”开始，各单位人员都回原机关搞运动，收集的资料或编写的草稿，未能整理，大都各自保存，规划夭折，无统一成果。但有两项内容较以往规划有突破，一是首次提出了粗沙区的范围，粗沙对下游河道淤积的影响，为中游拦沙提供了依据；二是三门峡水库的水沙不相适应，首次提出了调水调沙的设想，为三门峡工程改建和在中游干流河段上修建水库以及黄河下游河道排沙提供了理论基础。

第三节 中游拦泥

1962年和1963年，两次在北京召开“三门峡水利枢纽问题技术讨论会”，讨论是否增建泄流排沙设施，以及增建规模问题。当时黄委会不同意增建，担心会不会又回到历史上“把水和泥沙送走”的老路上去，主张在三门峡以上干支流修建拦泥水库，减少进入三门峡水库的泥沙，才是积极的，主动的措施。因此，在60年代围绕兴建拦泥水库问题，进行了多次调查和初步规划。

中游拦泥的内容包括水土保持和在干支流上修建一系列的拦泥库。建国前积极主张在中游拦泥的代表有李仪祉和成甫隆。李仪祉在1933年著有《黄河治本的探讨》及《导治黄河宜重上游请早期派人测量研究案》等文，他认为黄河之大患在洪水来源甚涌，来沙甚多，“去河之患在防洪，更须防沙”。指出防止泥沙流入河道的重点应在中游，需采用沟洫、筑堰、修水库等三项防洪减沙措施。一是在黄土高原地区广开沟洫，用以截留田间雨水。他极力倡导沟洫，认为“沟洫与农业关系最密切，要劝导人民，使知沟洫之益及其作法”，“务使沟洫之制臻于完善，能普及而垂之永久”。二是在沟壑里广为筑堰，以拦蓄沟谷洪水泥沙。主张“从壑口向上，节节筑堰。使所带之泥沙停留堰后，淤平之地可以耕种，泥土不至于被流水带到河里去”。三是在黄河支流上修建水库，将多余的水完全蓄在水库里，以供农民之用。

成甫隆于1944年著《黄河治本论》，主张“山沟筑坝淤田”。成甫隆系山西省临县人，高小毕业，后在山村教书，并以行医糊口。他长年跋涉于坡岭沟壑之中，对当地取水困难和黄土被冲刷的状况深有感受，悉心观察乡民打坝淤地的经验，提出了“山沟筑坝淤田”法，认为这“是黄河治本之唯一良法”。他认为，山沟筑坝淤田法，可以适应于整个黄土丘陵地区，“是改造山沟瘠薄田地的唯一良法，是改善丘陵地居民艰苦生活的不二法门。丘陵地的山沟里处处皆宜，人人想做。”最后得出的结论是：“黄河里的黄土，系来自其流域内的黄土丘陵地，其输送者系山洪，所以只要我们把黄土丘陵地筑坝淤田事业普遍了，黄河里的黄土问题，便能解决99%以上。”

1954年黄河规划选定三门峡为第一期工程，自1960年蓄水运用后，库区泥沙淤积严重。当时王化云等认为“原来规划对于解决三门峡库区淤积问题的几套安排，基本上还是正确的，只是后来没有按照原来的规划修建支流拦泥水库，没有做好水土保持工作，才使三门峡水库陷于孤军作战，造成现在的被动局面”。

为了探索减缓三门峡水库淤积的途径，60 年代初期，王化云曾带领黄委会有关领导和科技人员，先后分赴陕、甘、晋等省和泾、洛、渭等多沙支流进行调查研究。经过实地考察，初步规划认为：1954 年黄河规划选定的拦泥水库存在“小、散、远”问题（控制面积小、库容小、工程分散、离三门峡远），现在应该改为“大、集、近”（控制面积大、库容大、集中拦沙、离三门峡近）。按此意图，在黄河中游地区进行拦泥库坝的选点布局。

1963 年黄委会设计院提出《在黄河中游修建干支流拦泥水库解决三门峡水库淤积问题的初步方案》，选定修建拦泥水库的对象是，干流的碛口和龙门，泾河的大佛寺，北洛河的永宁山，渭河的刘家川，无定河的白家畔，窟野河的温家川，黄甫川的麻地沟。组成四个方案，即四库（泾、洛、渭、龙门）、五库（泾、洛、渭、无定、碛口）、六库（泾、洛、渭、无定、窟野、黄甫）、七库（泾、洛、渭、无定、窟野、黄甫、龙门）方案。比较后认为五库方案比较好，可以较快地减缓三门峡水库的淤积。

1963 年 11 月，黄委会提出《对根治黄河水害、开发黄河水利规划的设想》，认为在现在的情况下，单靠水土保持，水库很快会淤满，不能发挥应有的作用，现有已建水库，不久也将是泥库。因此在多沙河流上应把蓄水和拦泥分开，分别选择适当地方修建拦泥水库和拦泥坝（只拦泥不蓄水，下同）。计划在今后 18 年内（1963—1980 年），在泥沙最多的泾、洛、渭、无定河和干流碛口修建 13 座拦泥水库和拦泥坝。其中拦泥水库 5 座，即泾河的大佛寺、崆峒峡，渭河的冯家山，北洛河的南城里，干流的碛口；拦泥坝 8 座，即泾河的巴家咀、老虎沟，渭河的刘家川、罗家峡、马虎山，北洛河的永宁山，无定河的响水堡、王家河等。可控制最严重水土流失面积约 13 万平方公里，来沙量 11.7 亿吨，占三门峡入库泥沙的 74%。这些工程建成后，大部分泥沙可以拦截在当地，约可减少三门峡水库入库泥沙的 61%。三门峡水库在不增建的情况下，仍按能排出泥沙 50—60%计，则库区淤积每年仅 2.8 亿吨，问题将得到较好的解决。至于拦泥水库淤积后，如果需要继续蓄水，也可以采取增加坝高的办法来解决，或另修拦泥水库来满足调节径流的需要。因此设想，在二、三十年后，除继续运用已建工程外，一方面再修一批干支流拦泥水库和拦泥坝，一方面水土保持将逐步发生拦泥效益，经过长期的努力，根治黄河水害，开发黄河水利是可以达到的。

黄委会副主任李赋都，主张在中游地区修建沟壑土坝拦泥，曾于 1963

年全国农业科学技术工作会议上，提出在西北地区修建“万库化”的建议。他认为：要根治黄河就必须首先解决泥沙问题。这就需要在黄河中游广大水土流失地区有效地减少泥沙的生成，拦截泥沙的下泄，并在下游进行河道整治工作，充分利用河道的排洪排沙能力，把泥沙输入深海。只有这样才能为黄河除害兴利打下基础。他还指出：水土保持、沟壑治理和支流拦泥水库，是黄河中游水土流失区减少泥沙的生成和拦截泥沙的三种主要方法，是贯彻“上拦下排”的治黄方针中解决“上拦”问题的整套措施。沟壑治理的最主要措施，就是修建大、中、小型淤地坝。在一条沟道里不是只打一道淤地坝，而是需要打一群淤地坝，并使淤地坝逐次加高，淤出更多坝地。其中大型淤地坝尤为重要，它“能够很快地和最多地减少黄河的输沙量，延长三门峡水库的寿命”。大型淤地坝，初修时的高度一般按20—30米考虑，库容50—500万立方米。1963年曾按每坝控制流域面积30平方公里计，求出河口镇至潼关河段20万平方公里内，需修建大型淤地坝7000多座，加上其他地区修建3000多座，合计全流域约一万座。1965年修改为5800座。

1964年4月中旬，邓小平总书记（周恩来总理出国期间代总理）、彭真书记、刘澜涛书记等中央领导视察西北抵达西安时，王化云向邓小平等汇报，为解决三门峡库区淤积问题，积极主张修建拦泥水库的一些设想。邓小平赞同王化云的主张，并指示要迅速修建一批拦泥为主的工程，以解决三门峡水库和河道淤积问题，要求黄委会要尽快提出具体计划来。据此，黄委会抓紧进行拦泥水库的规划工作，并派员偕同陕、甘两省水利厅的领导到干流碛口段和泾、洛、渭等支流进行查勘，于当年7月提出《关于近期治黄意见的报告》。《报告》指出：为了根治黄河水害，开发黄河水利必须从多方面着手。由于水土保持生效较慢，难以解决当前迫切的问题。因此近期必须在黄河干支流上迅速修建一批大型拦泥坝、拦泥水库工程，同时治理渭、洛河下游，是近期内解决黄河泥沙和减缓三门峡水库淤积的有效措施。根据黄河当前情况和十几年来的经验教训，今后治黄的重点应放在中游，同时继续加强下游的治理，以保证不决口，不改道。据此提出近期12年（1964—1975年）治黄规划初步意见。其中关于在中游干支流兴建拦泥水库及拦泥坝工程的规划是：建议在近期尽快修建泾河东庄、北洛河南城里、干流碛口三座拦泥水库，并要求在1972年以前陆续拦泥生效。三库建成后，可以控制流域面积约50万平方公里，总来沙量约9.2亿吨，占三门峡水库入库沙量的57.4%，约可减少进入三门峡水库泥沙的50%弱，并利用现有12个深孔排洪排沙，三门峡库区淤积必然大大减轻。为了继续发挥拦泥作用，建议在1980年以前继续兴建四座第二批拦泥工程，即泾河巩家川、北洛河永宁山、渭河宝鸡峡、无定河王家河等拦泥坝，于1977年以前相继生效拦泥。七库建成后，共控制面积55.9万平方公里，来沙量12.8亿吨，有总库容241亿立方米，年平均拦泥量10.5亿吨，可减少进入三门峡水库泥沙65.9%，还可发展灌溉520—570万亩，年发电量约65.6亿千瓦时。各拦泥库坝工程主要指标如表3—5。

《报告》对拦泥坝淤满后怎样办的问题也进行了研究，一是在上游或支流另建新坝；二是在淹没较少、地形地质条件允许情况下继续加高坝体，直至“相对平衡”。从调查西北地区大量存在的天然聚湫来看，当湫内水面或滩地增大到占有集水面积一定比例时，湫水不漫不溢，滩地生产不受影响，即认为达到了“相对平衡”。这说明，支流上有些拦泥坝，当库面增大到一定程度时，也可以达到这样的“相对平衡”，为了取得修建拦泥坝的经验，《报告》建议将巴家咀水库改为拦泥试验坝，在黄委会业务指导下，按照拦泥坝的设想分期加高，进行改建和库坝测验研究，为今后修建拦泥坝提供经验。

上述报告内容，于1964年12月的治黄会议上由王化云作了汇报。周恩来总理在总结讲话中对王化云提出的要搞巴家咀拦泥试验坝表示同意。

1965年1月，水电部组织巴家咀现场审查，指出：“为了研究逐步减少三门峡库区和下游河道淤积，并为发展黄河中下游地区的水利创造条件，同意在巴家咀进行试验研究关于大型拦泥库的技术经济问题，以便取得经验逐步推广，作为治黄措施之一。”当时计划对拦泥坝进行8期加高使总坝高由原来的58米分期加高至100米，达到“相对平衡”。其试验情况是：第一期在坝后加高8米，于1966年7月基本完成。1973年10月开始，采用盖重挤淤法施工，再加高8米(按淤泥面计为29米)，于1975年底完工，取得了淤土上加高的成功并获得资料，以后由于拦泥试验坝改为蓄水灌溉，随即停止淤土加高试验。

1965年，北京水利水电学院院长汪胡桢，带领师生至碛口工地，按拦泥库的要求，对碛口工程进行现场设计，于1966年6月提出《黄河碛口拦沙库设计方案》。该方案采用“拦粗排细，排而无害”的原则进行设计。通过计算，碛口拦沙库从修建第7年起，即开始拦沙生效，拦粗排细后，年平均拦沙3亿吨，有效寿命可达56年，以便和预计完成水土保持工作的时间相接应。

上述“上拦”工程的设想，主要是为了更好、更快地解决三门峡库区淤积问题，抓紧在三门峡以上地区修建一批干支流拦泥水库和拦泥坝工程。这些工作，1965年在“规划小组”领导下开始进行，后因“四清运动”和“文化大革命”的冲击，致使规划设计未能按计划进行。

表 3—5　　黄河中游干支流拦泥工程主要指标表

项目 \ 单位	坝名 \ 河名	东　庄	南城里	碛　口	永宁山	宝鸡峡	巩家川	王家河
		泾　河	北洛河	黄河干流	北洛河	渭　河	泾河马连河	无定河
控制面积	平方公里	45300	23970	432400	8530	33950	16700	23500
年径流量	亿立方米	17.23	6.4	289.2	2.0	20.54	3.74	14.6
年输沙量	亿　吨	2.65	0.75	5.76	0.66	1.45	1.09	2.17
年拦泥量	亿　吨	2.14—1.44	0.6—0.18	4.6	0.53	1.16	0.88	1.74
运用年限	年	25	30	30	20	30	10	10
坝　高	米	232	78	水头 121	86.5	232	90	147
总 库 容	亿立方米	43.5	8.6	123	9.3	29.2	13.8	13.8
装机容量	万 千 瓦	8.0	1.3	120	0.4	8.5	0.5	7.7
年发电量	亿千瓦时	4.0	0.7	52.4	0.22	4.7	0.28	3.3
迁移人口	万　人	0.05	0.41	5.5	0.32	（缺）	0.39	0.2
淹没土地	万　亩	0.1	1.22	12.0	0.48	（缺）	2.61	1.08
坝　型		混凝土重力坝	土坝	宽缝重力坝	土坝	混凝土重力坝	土坝	混凝土重力坝
土 石 方	万立方米	175	618	142	1148	320	1930	31
混 凝 土	万立方米	280	7.9	500	8.6	605	11.2	318
总 投 资	亿　元	5.5	1.1	9.9	1.8	8.6	3.2	4.4
截流年限	年	1969	1970	1972	1974	1975	1977	1977

第四节 下游大放淤

随着三门峡水库的建成和改建，围绕黄河治理如何处理泥沙问题，有不少人士主张应把黄河的泥沙视为宝贵的资源加以利用，在黄河下游进行大放淤。

历史上在黄河下游进行大放淤的是宋神宗时期(1068—1085年)的王安石。据《宋史·河渠志》记载：王安石任宰相时推行新法，全国制定了农田水利法，在黄河下游开展引黄淤灌，取得成效。神宗去世后，王安石的新法随即被废止，大规模的放淤便告结束。以后很长的历史时期，很少有黄河下游大放淤的记载。

1957年6月在“三门峡水利枢纽讨论会”上，水科院方宗岱提出了在下游放淤的主张。他认为：黄河泥沙的去路，除输送入海外，尚可结合除涝和土壤改良进行放淤，应研究输送适量泥沙入农田的措施，这是一项对于下游的改善与治理具有重要意义的事，希望即着手研究，从目前正在黄河两岸进行的中小型放淤工程中得出经验，订出远景方向和近期计划，逐步实施。

1964年8月中旬至9月中旬，长办主任林一山率领工程技术人员，到泥沙问题比较多的河北、辽宁、内蒙古、宁夏、陕西等地区进行泥沙考察，写有《泥沙考察纪行》发表于《人民长江》1964年第3期。考察之前，林一山就有一套治河设想，提出：“在干支流上，选择有利地区，大量地进行农田放淤，以便在水库上游减少进库沙量；而水库本身，则可采用科学的调度方法，在平衡坡降和平衡断面形成以后，把水库中的泥沙运送到水库下游的平原地区，使水库达到长期使用的目的；并在水库下游结合平原河段规划的需要进行放淤，提高两岸地面高程，防止‘地上河’的发展趋势。”为了使这一设想更有事实根据，行程万里，调查了河北省的官厅水库、辽宁省的闹德海水库、内蒙灌区和宁夏引黄灌区，以及陕西省赵老峪的引洪放淤等，通过调查后认为：“放淤的中心思想是掌握和利用河流规律，积极地利用河流泥沙来治理河道，发展农业生产，而不是消极的用泥库办法拦蓄泥沙，或者是束水攻沙输之入海。”“如果黄河的支流都象赵老峪一样普遍开花，干流象河套那样选择有利地区，将泥沙聚而歼之，何患黄河不驯？……这是我们考察放淤后，仍然要坚持的结论。”

1964年12月北京治黄会议期间，林一山主任积极主张大放淤。他认为:黄河是一条宝河,把黄河当做害河来治是不对的。黄河的问题从本质来说是一个农业问题。他主张从河源到河口,干支流沿程都应引洪放淤,灌溉农田,当前应积极试办下游灌溉放淤工程,为群众性的引洪灌溉创造条件,逐步发展,以积极态度吃掉黄河的水和泥沙。林一山根据调查引洪淤灌的经验判断,认为河岸滩地上升的速度可以超过河床上升的速度,曾设想黄河两岸有数十公里宽的淤灌地带,经常放淤灌溉,黄河就可以达到地下河的安全标准了。为此,他提出要在黄河下游搞放淤试点,重点放在增产上,生产好了,就可使沿河数十公里宽的地带,永远高于黄河河床。

北京治黄会议期间,温善章提出“下游引沙淤高两侧地形,变黄河为地下河”的建议。

水电部副部长钱正英在北京治黄会议结束前表示“我同意放淤观点”。并于 1965 年元月,在给周恩来总理和中共中央的《水利电力部党组关于黄河治理和三门峡问题的报告》中,阐述大放淤的主张,认为:在近期黄河不可能清,也可以不清,黄河的特点是黄土搬家。对华北平原来说,黄河首先是一个巨大的创造力,但是,它用了泛滥和改道的方式,又有很大的破坏性,如果我们认识了这个规律,就可以利用黄河的泥沙,有计划的淤高洼地,改良土壤,并填海成陆。黄河下游的问题,应该主要在下游解决,下游人民在黄河面前,是可以有所作为的。《报告》认为放淤派是近年才发展起来的,到现在(1965 年)为止还只有一些原则设想,没有做出具体方案。这些设想是,在黄河下游两岸(主要在北岸)圈出一些洼涝碱地,分洪放淤,一方面安排黄河的洪水和泥沙,同时大规模地改造洼地。放淤派现在是少数,但这是一个新方向。看来,如果在下游能够找到出路,三门峡的问题就比较容易解决,我们的工作就比较主动。所以,我们打算上半年拿主要力量,研究下游的出路。

1965 年 3 月,林一山主任带领长办工程技术人员,到黄河下游进行放淤试点工作。后于 1965 年 7 月撰写了《黄河下游规划意见报告提要》(讨论稿),对在黄河下游大放淤的目的、措施、实施步骤等,提出了原则性意见。

该《提要》内容是:黄河冲积扇是华北平原的主要组成部分,土地肥沃,气候温和,农业生产潜力极大。但是,旱涝灾害和土壤盐碱化的严重问题,掩盖了它的有利条件。而黄河的水沙,对农业生产来说,则是宝贵的资源。因此,治黄方针应以发展农业为主要目标,以充分利用黄河的水和泥沙为主要措施,发展淤灌,增加农业生产。为此,需要设置比黄河河槽更深的深水引黄闸,以便引出更多的泥沙和有利于枯水季节引水;通过能防淤又能防冲的衬护渠道,将水沙输送到计划地区,以淤高黄河两岸和改造平原地形;利用条状分片沉沙池，有计划地将黄河的水和泥沙，按照需要淤积在大面积的沉沙区内；修建可以移动的装配式分水闸，以便当沉沙区完成沉沙任务后，又迁到新的沉沙区内，降低灌溉引水工程造价。对于淤灌区的农业布局，提出了水旱作物分区轮作制的建议；为避免汛期淤灌向两岸天然排水河道退水的矛盾，提出了要根据淤灌区稻改用水量的要求来引水引沙，不需向两岸退水；对特定的滞洪放淤区，提出了要有计划的种植高秆耐水作物的要求。为解决灌溉季节天然来水不足的矛盾，提出要在峡谷区(如在八里胡同)修建调水、防洪、排沙不淤水库，增加灌溉用水量。在实施步骤上，提出要先搞试点示范，由小到大，由简到繁。建议今冬(1965 年)在规划方案考虑到的地点，有重点地试作一二个小型的引黄深水闸与部分输沙渠道，以便必要时将枯季的黄河水全部引入稻改区。同时建议立即开始在黄河干流上选择一个以灌溉为主要任务的不淤水库，并大力进行水工设计工作。关于试验工程大样板田的计划，《提要》中提到：除河南外，已在山东境内初步规划了总面积约 1000—1500 万亩，通过放淤稻改与水旱轮作试验，可在三年左右总结出较全面的经验。其中包括深水引黄闸对黄河河床冲淤变化的影响；输沙工程对农田放淤和改造地形提供的技术成果；由稻改、水旱轮作、土壤改良直到改革华北农业经营方法等各种生产问题；从发展农业着手能否把黄河的水喝光、沙吃光等问题。

上述大放淤规划的指导思想和原则性意见，林一山于 1983 年元月，在为小浪底水库论证会准备的《关于是否兴建黄河小浪底工程问题的几点意见》，又进一步作了论述，并再次附有《黄河下游规划意见报告提要》(讨论稿)。

黄委会办公室主任仪顺江 1965 年 7 月提出《以人工放淤治理黄河下游的意见》。他认为，解决“黄河泥沙对三门峡库区和下游形成的威胁，在下游大搞人工放淤，是比较可行的。”“大放淤不但是治标的措施，也是治本的大计。”人工放淤的目的，主要是淤高两岸的地形，“使河道和(两岸)平原的高程各向它的反面转化，使悬河向地下方向发展”。为此，需要规划好淤灌地区和排水出路：南岸应从花园口的东风渠引水，淤灌郑州、中牟一带，清水经贾鲁河排入淮河。北岸从共产主义渠和人民胜利渠引水，一路淤灌武陟、新乡一带，清水排入卫河；另一路淤灌原阳、封丘一带，清水经天然文岩渠排入黄河。以上地区淤灌完成以后，新的淤灌地区循序下延，依次向下游发展。估计远景规划，可能淤灌的面积为一亿亩左右，处理黄河泥沙每年放淤按占用一百万亩计，便可放淤一百年。他认为，从根治平原考虑，百年大计又患太迟，因此，除全部引用枯水季节的泥沙外，还应尽可能引用洪水季节的泥沙，以加速根治平原的进程。最后他还建议，必须选择有利地区，尽早作出一个放淤工程的设计，争取及早施工和运用，以便从中进行科学试验，为制定大放淤的全面规划创造条件。

上述大放淤规划，因“四清”运动和“文化大革命”的影响，未能继续进行。自70年代以后，这些设想则纳入到“减淤途径”的研究。

第七章　七十年代规划

第一节　缘由与经过

1975年开始编制的治黄规划，是“文化大革命”后期的一次治黄规划。在此之前，曾多次召开不同规模的治黄会议，研究安排治黄工作。主要有：

1969年6月，在三门峡市召开的晋、陕、豫、鲁四省治黄会议。确定三门峡工程进一步改建，提出近期治黄主要措施是拦、排、放相结合的方针。同时指出，在一个较长时间内，洪水泥沙对下游仍是一个严重问题，必须设法加以控制和利用。为此提出，在中游要大搞水土保持，一条一条地治理沟道和中小支流，选定无定河为重点，取得治理经验。在下游要加固堤防，整治河道，兴建洛河、沁河、大汶河支流水库，还要进行三门峡至秦厂区间（简称三秦间）干流规划。

1970年北方地区农业会议后，经国务院批准，由水电部主持，于1970年12月至1971年1月，在北京召开有沿黄八省（区）水电水利部门参加的治黄工作座谈会，主要是清理路线（批判依靠“专家路线”），总结经验。提出今后规划设想是，在上中游大搞水土保持，力争尽快地改变面貌；在下游确保安全，不准决口；积极利用黄河水沙，为发展工农业生产服务。会议确定了7条重点支流进行治理，即无定河、汾河、延河、黄甫川、清水河、泾河、渭河等。提出了修建小浪底水库和洛河故县、沁河河口村水库的建议。当时设想“四五”期间上小浪底，“五五”期间上龙门水库。

1973年11月至12月，由黄河治理领导小组主持，在郑州召开黄河下游治理工作会议，有河南、山东沿黄13个地市和水电部及其所属有关部门一百余人参加。分析治黄形势和近年来下游出现的新情况、新问题，讨论下游治理十年规划（1974—1983年）。会议提出，确保下游安全措施，首先是大力加高加固堤防，5年内完成土方1亿立方米，10年内把大堤险工及薄弱地段淤宽50米，淤高5米以上；其次是废除滩区生产堤，实行“一水一麦”；同时整治河道，修建洛河、沁河、大汶河的支流水库，发展引黄灌溉。为加速中游治理，需修建一批骨干工程，为当地兴利，为下游减沙。会后，以黄河治理领导小组名义向中共中央和国务院提出《关于黄河下游治理工作会议报告》。1974年3月国务院以国发27号文批转该报告，并在批示中指出：“为了从根本上解决泥沙问题，要大力搞好中、上游水土保持，加强中游治理，《报告》中所提的黄河下游今后十年治理规划应同中、上游的规划统一研究，由国家计委统筹考虑。”

上述会议，对黄河治理工作起了指导作用，但缺少全河通盘筹划。为了落实四届人大提出的发展国民经济的宏伟目标，黄河流域需要制定出一个统筹全局的治黄规划。

1975年2月4日，水电部副部长钱正英指示：“这次搞治黄规划要吸取以往搞规划的历史经验，从办学习班开始。贯彻十届二中全会和四届人大精神，研究解决黄河规划怎么搞的问题。规划内容，以下游问题为重点，还要有全局观点。学习班要把所有搞规划的人全拉去办，提高思想，统一认识。”

2月9日，水电部以〔急件〕(75)水电计字第38号文发给黄委会“关于举办治黄规划学习班的通知”。指出：黄河总的形势，自建国以来取得很大成绩，但黄河的洪水和泥沙还没有得到根本解决，新情况下出现了新的问题。下游河道淤积日益发展，严重威胁堤防安全。因此，治黄规划要以研究解决黄河下游防洪和泥沙淤积问题的基本途径和措施为重点。同时，为了尽快改变黄河流域农业低产和工农业电力供应不足的状态，要积极开发利用黄河水沙资源，提出干流和主要支流骨干工程的开发方案和建设程序。《通知》提出，搞好规划工作的根本在路线。决定首先在郑州举办治黄规划学习班，总结经验，提高思想，统一认识，为搞好治黄规划打下思想基础。学习班分三个阶段进行，一是学习马列主义、毛泽东重要指示和四届人大文件；二是总结过去规划经验；三是讨论制订规划任务书和具体工作计划。《通知》要求参加学习班的人员应是参加规划工作的人员，由水电部第四工程局和第十一工程局(简称四局、十一局)、清华大学、水科院、黄委会(包括河南、山东黄河河务局)等单位选派，要体现老、中、青和领导干部、工人、技术人员两个三结合。

经水电部钱正英副部长批示同意的治黄规划学习班领导小组由14人组成，领导学习班的学习及本次规划工作。组长：周泉(中共黄委会党的核心小组组长)。副组长：关金生(黄委会革委会副主任)、夏敬业(四局)、李中华

(十一局)、陈宝瑜(清华大学)。成员:刘清奎(水电部)、邓尚诗(水电部)、张振邦(四局)、刘正华(十一局)、姜善保(黄委会)、杨庆安(黄委会)、李延安(黄委会)、牟玉玮(山东局)、程致道(河南局)。下分秘书组及8个学习组共151人。其中领导干部14人,工人18人,技术人员119人。

治黄规划学习班从3月3日开始,至5月13日结束,完成了预定计划,写出《二十年来治黄规划的主要经验》.制订了《治黄规划任务书》及《治黄规划工作轮廓计划》。6月6日由中共黄委会党的核心小组以黄革字(75)第18号文报水电部。

20年来治黄规划工作经验,主要是从政治方面进行总结,分为5个问题对规划工作进行正反两方面经验的回顾,概括为三句话,即"路线是根本,领导是关键,群众是英雄"。并提出要干出一个"争气"的治黄规划来。

1975年7月18日,水电部用〔急件〕(75)水电水字第62号文对治黄规划任务书批复:"基本同意治黄规划任务书(修改稿),请即据此抓紧开展工作。治黄规划工作由黄委会负责,并编写报告。其他参加规划工作的有关单位要积极协同作战,努力做好工作。力争按任务书提出的期限完成规划报告。"

治黄规划任务书提出规划指导思想是:要统筹兼顾,全面安排,综合治理,综合利用,从远期着眼,近期入手。以水土保持为基础,拦、排、放相结合,因地制宜,采用多种途径和措施,使黄河水沙资源在上、中、下游都有利于工农业生产,有利于巩固无产阶级专政。

主要任务是:以研究解决黄河下游防洪、防凌和泥沙淤积问题的基本途径和措施为重点;同时,积极开发利用黄河水沙资源,提出干流和主要支流骨干工程的开发方案和建设程序;并在各省区规划基础上,提出全流域水保、水利、水电建设的轮廓安排意见。规划分近期(1976—1985年)和远期(1986—2000年)两个阶段。近期目标,黄河下游要确保花园口22000立方米每秒洪水不决口,遇特大洪水要有可靠的措施和对策,同时保证凌汛安全;黄河下游河道淤积有所减缓。远期设想,黄河下游河道趋于冲淤基本平衡;黄河下游的洪水、凌汛问题得到根本解决;全河水力发电能力有大幅度的增长。

完成时间,要求治黄规划报告于1976年底以前提出。1975年底提出对《黄河下游近期治理规划要点》的修订、补充专题报告,同时提出黑山峡枢纽的运用意见及小浪底一级开发和小浪底、任家堆两级开发的方案比较和建议。

规划工作，在治黄规划领导小组领导下进行。设治黄规划办公室主持日常工作，下设办事组、政工组和七个业务组，共200余人。七个业务组是：综合组、水文组、泥沙组、干流组、下游组、支流水保组、途径组。各组均配有一名工人当组长或副组长。

各组分头开展工作，历时两年多。1976年"文化大革命"结束，1977年周泉、关金生不再主持规划工作。1977年12月10日，中共黄委会党的核心小组宣布撤消规划办公室，规划工作由黄委会规划大队领导，成立规划组，继续工作。

这次规划，未能完成全面修订治黄规划任务。分别提出几个专项报告，计有：1975年12月提出《关于防御黄河下游特大洪水意见的报告》；1977年12月提出《黄河下游减淤途径设想研究报告》；1979年8月（黄委会设计院）提出《黄河干流工程综合利用规划修订报告》。支流水保组的成员，曾配合地方，在当地政府领导下，分别进行了黄甫川、窟野河、无定河支流大理河及三川河等支流治理规划。上述专项报告及部分规划成果内容，在1979年10月18—29日，由中国水利学会在郑州召开的"黄河中下游治理规划学术讨论会"上进行了讨论。

第二节 规划内容

一、下游防洪

1975年8月，淮河发生特大暴雨（简称"75·8"暴雨），造成巨大灾害，据气象分析，类似暴雨降到三门峡以下的黄河流域是完全可能的。为此，黄委会治黄规划办公室对黄河下游可能发生的特大洪水进行了估算。向国务院呈报《黄河特大洪水问题》的报告，国务院领导批示要"严肃对待"。根据水电部指示，黄委会和河南、山东黄河河务局，对防御黄河特大洪水进行了规划研究，并于1975年12月提出《关于防御黄河下游特大洪水问题的汇报提纲》。

《提纲》提出处理特大洪水的方针是"上拦下排，两岸分滞"。主要措施是在花园口以上兴建小浪底水库，削减洪水来源，要求在1980年以前动工修建，力争尽快起拦洪作用；改建北金堤滞洪区，分别在渠村及邢庙各建分洪闸，分洪流量分别为7000及4000立方米每秒，实行分格蓄洪，并对东平湖水库围堤进行加固，使其恢复到能按设计水位46米运用；加大位山以下河道泄量，使洪水畅排入海。

河南省、山东省和水电部于1975年12月13日至18日在郑州召开了“黄河下游防洪座谈会”。会议讨论了上述“汇报提纲”并提出《关于防御黄河下游特大洪水意见的报告》，于1975年12月31日由河南、山东两省和水电部联名上报国务院。

国务院于1976年5月3日以国发〔1976〕41号文批复：“国务院原则同意你们提出的《关于防御黄河下游特大洪水意见的报告》。可即对各项重大防洪工程进行规划设计。”

二、干流工程布局

黄河干流，自1954年黄河规划以来，先后建成刘家峡、盐锅峡、八盘峡、青铜峡、三盛公、天桥、三门峡等枢纽和正建的龙羊峡工程，效益巨大。随着国民经济的发展，为了加快黄河建设，需要对黄河干流规划进行一次修订，作好新建工程安排。为此，自1975年开始编制规划，在归纳北京院、水电部西北勘测设计院（简称西北院）、四局等单位以往规划研究成果和总结干流工程建设经验的基础上，黄委会设计院于1979年8月提出《黄河干流工程综合利用规划修订报告》。

（一）指导思想和开发任务

本次修订黄河干流规划的指导思想是：继续贯彻综合利用的原则，使干流水利水电开发与治理黄河紧密结合，上中下游统筹兼顾，妥善安排。

干流开发总的任务是：第一，进一步控制洪水，拦减泥沙，在2000年前作到基本消除洪、凌灾害，使下游河道开始实现冲淤相对平衡。第二，进一步调节利用黄河水资源，发展灌溉，开发水电，在2000年前作到基本解决主要农业基地的干旱缺水问题，基本建成黄河水电基地。各河段任务如下：

上游龙羊峡至乌金峡河段，以发电为主，结合发展沿河地区灌溉和解决兰州附近防洪问题。乌金峡至托克托河段，以灌溉为主，结合发电和解决内蒙古地区的防洪、防凌问题。

中游托克托至禹门口河段，是黄河泥沙的主要来源区，开发任务应考虑除害与兴利并重，灌溉、发电、减淤（减轻三门峡库区及黄河下游河道淤积）和防洪，统筹兼顾。禹门口至桃花峪河段，以防洪为主，结合防凌、减淤（减轻下游河道淤积)、灌溉、发电,综合利用。

下游河段,首先是保证河防安全,防洪、防凌,消除黄河水患,并适当发展引黄灌溉和放淤。

(二)干流工程布局

1954年黄河规划,在龙羊峡以下布置46个梯级,其中龙羊峡至桃花峪河段为44级。本次规划,龙羊峡以上因勘测资料不足,尚不具备开发条件,未作工程安排。桃花峪以下河段,自1963年破除花园口、位山拦河大坝后,为有利于河道排洪输沙,暂不布置工程。龙羊峡至桃花峪河段,布置30个梯级,共利用水头1839米,占天然落差的73%,装机容量1762万千瓦,年发电量761亿千瓦时,总库容1056亿立方米。其中龙羊峡、刘家峡、大柳树(或黑山峡)、龙口、碛口、龙门、三门峡、小浪底、桃花峪等9座为控制性综合利用枢纽,其余21座为径流电站或灌溉引水枢纽。各梯级指标见表3—6。

(三)开发程序

为了进一步控制黄河洪水、凌汛,在近期拦减泥沙,缓和下游河道淤积状况,有赖于兴建干流控制工程,应集中力量加快中游重大控制工程的建设,同时,继续兴建龙羊峡至刘家峡之间的各级电站和大柳树工程。各河段工程安排如下:

上游龙羊峡至刘家峡河段,具有开发水电的优越条件。规划了6座水电站,其中工程规模和效益较大的是拉西瓦、李家峡和公伯峡三处。本河段的水电站,因上游有龙羊峡水库调节径流,发电指标比较优越,应在龙羊峡水库基本建成后,集中力量,继续建设,争取在1995年全部建成。这样安排,有利于稳定施工队伍,改善施工条件,加快建设速度。这一河段的6座水电站建成后,连同现有的龙羊峡、刘家峡、盐锅峡、八盘峡电站,装机容量共856万千瓦,年发电量388亿千瓦时,在上游河段,可形成一个强大的水电基地。

上游河段的大柳树工程,是干流开发的一项关键工程,与龙羊峡水库联合运用调节径流,对增加干流工程的发电、灌溉效益有重大作用,亦应尽快建设,争取在1995年前建成。

黄河中游的小浪底和龙门两座枢纽工程,是根治黄河水害的重大战略措施。小浪底水库配合三门峡及洛河支流水库,蓄洪能力可达80亿立方米,可使花园口流量不超过30000立方米每秒,配合下游防洪措施,可以基本解决防御特大洪水问题,显著减轻下游洪、凌威胁。龙门水库与小浪底和今后

表 3—6

黄河干流工程主要指标表

编号	枢纽名称	正常高水位（米）	最大水头（米）	总库容（亿立方米）	装机容量（万千瓦）	年发电量（亿千瓦时）	土石方（万立方米）	混凝土（万立方米）	总投资（亿元）
1	龙羊峡	2600	150.0	247.0	150.0	58.5	629	179	10.88
2	拉西瓦	2452	203.0	9.9	210.0	90.3	569	567	18.6
3	左　拉	2249	22.0	0.06	20.0	9.6	256	65.3	3.6
4	李家峡	2180	130.0	20.5	120.0	58.9	308	213	10.6
5	公伯峡	2000	92.0	4.4	100.0	43.0	170	155	8.8
6	积石峡	1850	63.0	4.2	60.0	29.4	100	112	6.5
7	寺沟峡	1760	25.0	1.0	20.0	11.5	150	47	3.6
8	刘家峡	1735	114.0	57.0	122.5	53.3	1895	182	6.35
9	盐锅峡	1619	39.5	2.2	35.2	22.0	96	51	1.54
10	八盘峡	1578	19.5	0.49	18.0	11.7	171	38	1.6
11	小　峡	1495	14.5	0.21	20.0	9.3	70	37	1.78
12	大　峡	1477	26.3	0.66	35.0	17.1	80	39	2.13
13	乌金峡	1435	10.7	0.12	13.5	6.7	110	33	1.56
14	大柳树	1380	140.0	109.0	150.0	73.7	4715	183	13.0
15	沙坡头	1239	7.0	0.08	8.0	3.7	31	9.7	0.72
16	青铜峡	1156	21.2	6.06	27.2	10.6	693	68	2.51
17	海勃湾	1075.5	10.5	5.2	12.0	5.4	153	20	1.0
18	三盛公	1055	8.6	0.8	4.0	1.8	400	7.3	0.51
19	龙　口	980	120.4	24.0	100.0	38.0	68	318	8.6
20	天　桥	834	20.2	0.66	12.8	6.4	341	38	1.66
21	前北会	810	30.8	3.5	26.0	9.7	199	61	2.99
22	碛　口	774	107.5	96.2	90.0	35.1	3968	72	12.54
23	军　渡	663	23.9	1.4	21.55	8.5	126	52	2.2
24	三　交	635	18.4	0.9	17.0	6.1	111	43	1.76
25	龙　门	585	193.5	125.25	150.0	66.8	5987	104	20.2
26	禹门口	390	23.5		14.4	7.3	1701	82	4.37
27	三门峡	340 335	52.0	162.0 96.4	40.0	15.0			10.0
28	小浪底	275	139.2	126.5	150.0	47.2	6907	174	18.0
29	西霞院	134	13.1	1.5	14.4	4.7	500	30	1.8
30	桃花峪	114		44.9			4703	92	10.0

修建的碛口水库,几十年内可拦截泥沙250多亿吨,可以在本世纪内外显著减轻黄河下游河道淤积,进一步减轻三门峡水库的滞洪淤积和淹没影响。同时,这两座水库还有巨大的灌溉和发电效益。龙门水库可供水灌溉渭北、晋南地区干旱高原1600万亩耕地,发电装机150万千瓦,年发电量66.8亿千瓦时。小浪底水库可增加下游保灌面积1200多万亩,发电装机150万千瓦,年发电量47.2亿千瓦时。建议“六五”期间开始兴建小浪底工程,并相继修建龙门水库,争取1990年前全部建成生效。

中游河段的龙口工程,与准噶尔煤田火电基地的建设相配合,对解决内蒙以至华北电力不足问题有较大作用,应抓紧进行与万家寨的选点比较工作,争取尽快安排修建。

上述新建工程10座(拉西瓦、左拉、李家峡、公伯峡、积石峡、寺沟峡、大柳树、龙口、龙门、小浪底),连同已建、正建工程8座,在本世纪末,这18座工程发电装机达1520万千瓦,年发电量647亿千瓦时,占龙羊峡以下河段可开发电能的85%。其中龙羊峡、刘家峡、大柳树、龙门、三门峡、小浪底等6座控制性综合枢纽工程联合运用,可以大大提高径流调节利用程度,使沿河灌溉事业得到进一步发展;可以控制洪水、凌水、拦减泥沙,基本消除洪凌威胁,使下游河道在本世纪内外达到冲淤相对平衡。

三、下游河道减淤

本次编制的治黄规划,第一次提出:“规划任务以研究解决黄河下游防洪、防凌和泥沙淤积问题的基本途径和措施为重点。解决淤积的近期目标,使下游河道淤积有所减缓;远期设想,下游河道趋于冲淤基本平衡”。据此,规划办公室设立途径组,研究黄河下游河道减淤途径设想。在过去工作的基础上,用了一年多的时间,综合分析以往的研究成果,对下游河道减淤途径进行了调查研究分析,于1977年提出两项成果:一项是由李保如执笔的《各种治黄措施对黄河下游河道冲淤影响的估计》;另一项是由刘善建编写的《黄河下游减淤途径设想研究报告》(讨论稿)。这两项成果,较系统地对黄河下游河道的单项减淤措施和综合减淤效益作了评述。

(一)单项减淤措施

1. 中游骨干工程拦沙减淤

对黄河下游能够起拦沙减淤作用的主要骨干工程有干流的碛口、龙门和小浪底三处。根据规划安排，龙门和小浪底工程有较大的现实性和拦沙减淤作用。

龙门水库坝址位于黄河中游禹门口以上27公里处的舌头岭。水库任务以兴利为主，综合利用。有高、中、低三个方案。高方案最高蓄水位585米，总库容125亿立方米，堆沙库容69.5亿立方米；中方案最高蓄水位550米，总库容64.5亿立方米，堆沙库容38.5亿立方米；低方案最高蓄水位510米，总库容26.3亿立方米，堆沙库容15.9亿立方米。水库运用分两个阶段，第一阶段填死库容，下泄清水；第二阶段死库容淤满后，水库采取蓄清排浑运用，汛期滞洪排沙，非汛期蓄水拦沙，库区逐步形成冲淤平衡的新河槽。水库拦沙减淤效益，运用25年的总减沙量(包括库区淤积和灌区引沙)，高方案为125.3亿吨；中方案为74.0亿吨；低方案为39.8亿吨。对禹门口至潼关(又称小北干流)河段的减淤量，高、中、低方案分别为33.6、22.5和16.5亿吨。对黄河下游的减淤量分别为28.4、11.7和增加淤积量1.31亿吨，即高、中两方案相当于下游河道5.4年和2年没有淤积。龙门枢纽的减淤作用主要在小北干流。

小浪底水库坝址位于三门峡坝址下游130公里处。水库任务是防洪兴利，综合利用，分高、中二个方案，最高蓄水位为275米和230米。均采取"一次抬高"的运用方式。小浪底水库对下游河道的减淤作用，高方案运用25年，水库拦泥76.4亿吨，下游减淤48.14亿吨，相当于下游河道10年没有淤积，全下游平均年减淤量1.92亿吨，艾山以下0.13亿吨。中方案运用25年，库区淤沙10.32亿吨，下游减淤5.33亿吨，全下游平均年减淤量0.21亿吨，艾山以下0.03亿吨。水库淤满后，转入蓄清排浑运用，全下游将为淤积，年平均约0.1亿吨，山东河段淤积甚微。

2. 中下游大面积放淤减淤

规划中提出黄河中下游可供大面积放淤的地点有五处。(见图3—1)

(1)小北干流(即禹潼段)放淤区

该放淤区指禹门口至潼关河段的广阔滩区。约有滩地面积600平方公里，规划放淤区面积530平方公里，淤沙库容80亿立方米。涉及晋陕两省8个县22万多人，其中住在滩区内的有4万余人，历年实种滩地面积约40万亩，大部为军垦及县社农场。

1977年黄委会规划办公室提出的《黄河北干流禹门口至潼关河段放淤规划》，研究了龙门水库修建后的放淤方案。放淤引水流量定为500立方米每秒，按淤区面积分配，东、西干渠分别为200和300立方米每秒。平均年放

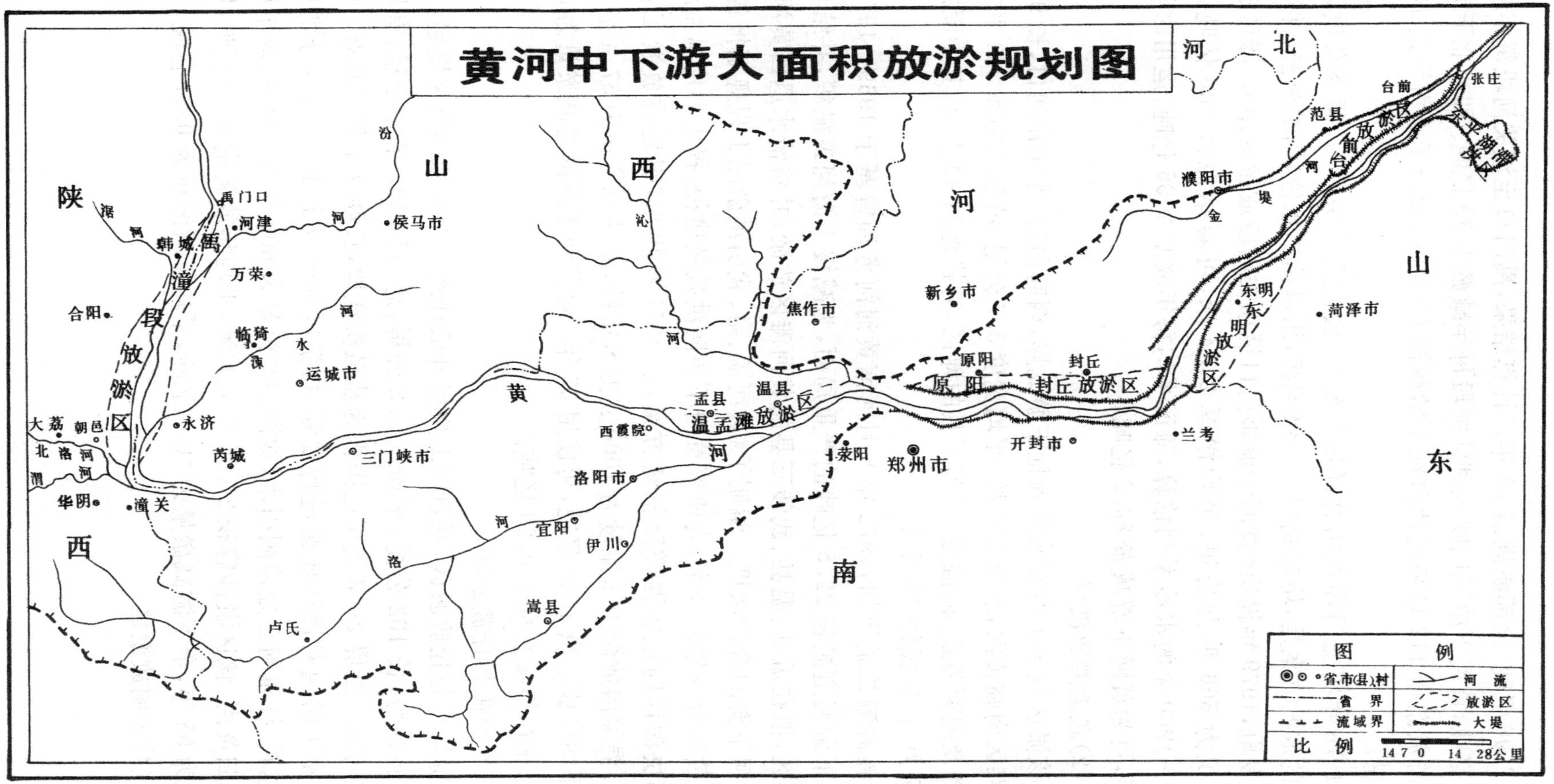

图3－1 黄河中下游大面积放淤规划图

淤量2.96亿吨,全部淤满需38年。计算结果,禹门口至潼关河段每年减淤0.69亿吨,黄河下游三门峡至利津河段每年减淤1.39亿吨。即小北干流放淤区总放淤量112亿吨可使黄河下游减淤53亿吨,相当于下游河道10年淤积量。

1978年将龙门坝址由甘泽坡上延21公里至舌头岭后,黄委会设计院提出的放淤方案是,增加禹门口一级枢纽,用以抬高水位,引洪放淤,并结合径流发电,1979年提出《黄河干流禹门口至潼关河段放淤规划》。滩区放淤总面积为566平方公里,平均淤厚24.4米,可容纳泥沙180亿吨。按1950—1960年的水沙系列估算,滩区平均每年放淤2.95亿吨,运用时间为61年,可为黄河下游减淤84.2亿吨。

(2)温孟滩放淤区

该淤区位于小浪底水库坝址下游北岸,西起白坡,东至沁河口,长91公里。滩区南临黄河,北靠青风岭,平均宽度3.7公里,滩区总面积338平方公里,涉及河南省孟县、温县、武陟三县的滩区,有耕地约40万亩,其中固定耕地17万亩,居民约10万人。

温孟滩放淤规划,1972年8月河南黄河河务局曾基于1969—1971年黄河下游河道淤积22.5亿吨的严重局面,为减缓下游河道淤积,并结合淤改滩区,拟在孟县、温县、武陟三县的黄河滩区放淤,并将清水退回黄河,稀释黄河下游的含沙浓度。编制了《黄河孟、温、武引洪淤滩工程规划报告》。

黄委会规划办公室,为研究黄河下游防洪减淤途径,提出利用温孟滩放淤解决泥沙问题的西霞院枢纽方案,于1977年提出《温孟滩放淤工程规划》。温孟滩放淤引水流量为1000立方米每秒,淤沙总容积为57.4亿立方米,平均年放淤量2.22亿吨,可使用37年。对黄河下游的总减淤量为32.8亿吨,平均年减淤量为0.89亿吨。

(3)原阳封丘放淤区

原阳至封丘放淤区,系黄河北岸堤外低洼地。西自原阳县夹堤起,东至封丘县禅房,长102公里,平均宽5.2公里,总面积532平方公里,有居民16.7万人。沿堤2—3公里范围内为盐碱涝洼地,长期处于低产状态。规划办公室下游组对该区放淤进行规划,将淤区划分成上中下三区,分别从夹堤、越石、红旗闸三处建闸引水,放淤引水流量为600立方米每秒,放淤后清水退归黄河。该区淤沙容积27.75亿立方米,平均年放淤量0.73亿吨,使用年限为53年,全下游减淤量为16.2亿吨,平均年减淤量为0.31亿吨。

(4)东明放淤区

东明放淤区位于东坝头以下黄河南岸堤外洼地，南起兰考县的四明堂，北至菏泽县刘庄，西沿临黄大堤，东至兰东公路，淤区面积644平方公里，淤沙容积6.66亿立方米。武汉水电学院提出由原三义寨引水闸引水放淤，引水流量1000立方米每秒，总淤沙量8.66亿吨，平均年放淤量0.92亿吨，使用年限为9.4年，对黄河下游的总减淤量为2.2亿吨，平均年减淤量0.24亿吨。

（5）台前放淤区

台前放淤区位于黄河下游北岸金堤河与黄河之间的三角地带，北金堤滞洪区的下段，西起范县孟楼河，东至张庄闸，长62.6公里，南北宽5—9公里，淤区面积410平方公里，包括河南范县、台前、山东阳谷三县的十多个乡，有人口26万人，耕地43万亩。清华大学水利系提出该淤区淤沙库容为7.82亿立方米，淤区分为二片，一片自影堂引水，一片由邢庙引水，均由张庄闸退水。放淤引水能力为1200立方米每秒，总引沙量为10.2亿吨，平均年放淤量0.84亿吨，使用年限为12年，对黄河下游的总减淤量为1.26亿吨，平均年减淤量0.11亿吨。

上述五大放淤区共可拦沙250亿吨，可使下游减淤105.46亿吨，相当于解决下游河道20年的淤积量，平均每年减淤2.92亿吨，相当于下游河道平均年淤积量的60%左右。仅此措施，还难以使下游河道得到冲淤平衡。

利用小北干流滩区放淤，减淤效益显著，可以考虑在龙门水库建成后安排实施。温孟滩放淤减淤效益也大，但与桃花峪水库有矛盾，有待全面规划研究定案。原阳封丘、东明和台前三处放淤，减淤作用小，迁移人口多，与农业生产矛盾大，投资多，实施有困难。

3. 调水调沙减淤

1977年刘善建在《黄河下游减淤途径设想研究报告》中，研究了三个调水调沙方案。

（1）桃花峪人造洪峰。即利用拟建的桃花峪水库，在非汛期与三门峡水库联合运用蓄水，集中下泄制造人造洪峰，加大下游河道的冲刷能力。每年蓄水两次或一次，两次的蓄水量42亿立方米，按5000立方米每秒流量下泄10天，可使下游冲刷1.76亿吨泥沙；一次的蓄水量32亿立方米，按5000立方米每秒流量下泄8天，下游冲刷量为1.24亿吨。

（2）温孟滩调水调沙方案。系在温孟滩放淤方案的枢纽及围堤布置的基础上改变运用方式，按满足下游灌溉1700万亩后，年平均可用水量约70亿立方米。非汛期利用温孟滩库容蓄水，泄放人造洪峰，流量按5000立方米每秒下泄，可使下游河道减淤 1.52 亿吨。

(3)东平湖增水与造峰。主要是利用东平湖调水调沙，有二个方案：一个是非汛期将黄河水量引进东平湖，然后集中下泄冲刷山东河道；一个是利用东线南水北调的弃水冲刷山东河道。东平湖蓄黄河水人造洪峰可使艾山以下河道平均年减淤 0.199 亿吨，但东平湖要淤积 0.155 亿吨泥沙；利用南水北调相机入黄方案可使艾山以下平均年减淤 0.236 亿吨。

4. 大型灌区用洪用沙减淤

这一减淤途径的设想是，根据历史上黄河中游引洪漫淤及浑水灌溉的习惯，增加泾、洛、渭、汾四大支流灌区和龙门计划灌区的用洪用沙量，达到减淤效果。初步估计(在 1985 年水平水沙平衡及河道冲淤的基础上)灌区有可能多引走泥沙 2.82—4.47 亿吨，相应减淤效果潼关以上与黄河下游大致相仿，粗估从 0.3 亿吨至 0.7 亿吨。

5. 南水北调增水减淤

为改变华北及西北地区的面貌，从长远看，需要实行南水北调，有西线、中线、东线三条引水线路，分别进入黄河干流的上、中、下游三个河段。从下游增水减淤考虑，增水位置有三处，即龙门增水 100 亿立方米，全下游可减淤 2.6 亿吨；桃花峪增水 100 亿立方米，全下游可减淤 3.0 亿吨；艾山增水 100 亿立方米，艾山以下可减淤 0.53 亿吨。

(二)综合措施减淤

本次规划对黄河下游减淤途径设想的单项措施，由于资料、时间、人力等不足，未能对减淤基础的中游水土保持，特别是粗沙区集中治理的减淤效益作出分析。作为排沙关键的河口问题，以及其他许多宝贵建议，也未进行研究。现就减淤途径中有代表性的几项措施综合如下。

大型水库减淤，对黄河下游减淤作用显著的是龙门高坝与小浪底高坝方案，两者连续修建可以解决下游河道 20 年左右的淤积问题。

大面积放淤中的小北干流放淤，应与龙门枢纽统一考虑为宜。温孟滩与桃花峪水库不能并存。下游三个放淤区与当地农业生产有矛盾，迁安问题有困难，东明、台前两处减淤效益不好，在方案组合中，必要时可考虑原阳封丘一处。除东明、台前外，其余三处放淤区可拦泥 232 亿吨，总减淤 100 亿吨左右，若能同时充分利用，也可解决黄河下游河道 20 多年的淤积问题。

调水调沙减淤，温孟滩造价太高，东部抽江水既不经济也不可靠，桃花峪综合利用和东平湖蓄水造峰，与农业生产用水有矛盾。

用洪用沙，实际减淤作用不大，可暂按减淤 0.5 亿吨考虑。

上述各项减淤措施中，大水库、大放淤都是短期起作用的措施，算不上百年大计。水土保持与用洪用沙虽是长期起作用的措施，但对黄河下游减淤不过每年 1.5—2.5 亿吨。欲达到黄河下游冲淤平衡，差距仍较大。调水调沙措施，近期既多困难，远期又缺水量。因此，最终还需进行南水北调，按黄河近远期河道淤积年平均以 5 亿吨考虑，若从桃花峪水库增水，汛期约需水量 100—200 亿立方米。

第三节 实施概况

70 年代规划提出的近期、远期目标所需要完成的主要工程，至 1989 年底，实际完成情况如下。

一、下游防洪

下游第三次大修堤，已按规划于 1974—1983 年进行，普遍加高加固黄河两岸大堤，使其防御标准达到艾山以上河段按花园口站 22000 立方米每秒洪水设防，艾山以下河段按 11000 立方米每秒洪水设防。

北金堤滞洪区的改建工程，已于 1978 年动工兴建了濮阳渠村分洪闸，设计分洪流量为 10000 立方米每秒，并加高加固了北金堤，有效分洪库容 20 亿立方米。

为减轻洪水、凌汛对山东窄河段的威胁，增辟南展、北展工程已于 1971—1978 年完成，计有展宽大堤、村台、分洪闸、退水闸等。南展工程修建的麻湾、曹店两座分洪闸，设计分洪流量 3440 立方米每秒；北展工程修建的豆腐窝、李家岸两座分洪闸，设计分洪流量 2800 立方米每秒。

二、干流工程

三门峡枢纽第二次改建工程已于 1973 年完成，水库改为“蓄清排浑”运用，当坝前水位 315 米时，泄洪流量增至 9236 立方米每秒。

龙羊峡枢纽工程于 1977 年开工，现已建成并投入运用。70 年代正建的八盘峡和天桥两座水电站，已分别于 1975 和 1977 年建成。

规划提出于1990年前建成小浪底和龙门两座水库，以及1995年前建成拉西瓦、李家峡、大柳树和龙口枢纽工程，除李家峡于1988年动工兴建外，其余工程均未修建。

共计干流已建工程为八处，即龙羊峡、刘家峡、盐锅峡、八盘峡、青铜峡、三盛公、天桥、三门峡，正建工程有李家峡。

三、支流工程

原定三门峡以下的三座支流防洪水库，继陆浑水库建成后，洛河故县水库于1978年开工，计划1991年基本建成。沁河河口村水库未建。

全流域（含1970年以前的）共建大中型支流水库172座，其中大型15座，中型157座，多为各省区水利部门提出。除少数水库主要承担防洪、拦泥、发电、供水任务外，大多数水库主要为当地农田灌溉提供水源。

第八章　八十年代规划

第一节　缘由与经过

中共十一届三中全会后，国家的工作重点转到经济建设上来，国务院领导十分重视各项规划工作。1982 年 12 月 17 日，国务院以国发(1982)149 号文批转国家计委《关于制定长远规划工作安排的报告的通知》，提出主要江河水资源综合开发利用的任务，要求有关部门组织力量着手规划工作。国家计委于 1983 年 3 月 9 日以计土(1983)285 号文发出《关于请水利电力部负责组织长江、黄河综合开发利用规划的通知》，要求今年(1983 年)开始编制长江水资源的综合开发利用规划，黄河的开发和治理规划。不再成立专门的规划领导小组，由你部(水电部)负责组织编制长江、黄河的规划。此次规划要抓住重点，对一些战略性的问题要认真研究，提出意见，不要求面面俱到。各地区、各部门应大力支持、配合，并指定相应的单位参与规划编制工作。这次规划应充分利用已有的资料和科研成果，在原有工作基础上，结合新的情况进行编制。

水电部于 1983 年 4 月 4 日，用〔急件〕(83)水电水建字第 56 号文发出《请按国家计委要求抓紧进行黄河流域规划补充修订工作的通知》，要求黄委会“即组织力量拟定黄河综合治理和开发利用规划任务书。……这次编制的规划应包括：黄河水资源开发利用规划，黄河下游防洪和综合治理规划，黄河泥沙利用和处理规划，黄河中游水土保持规划，引黄灌溉规划以及黄河干流和主要支流开发规划等内容”。

黄委会根据过去工作基础及新的情况与要求，于 1983 年 5 月提出《黄河综合治理开发修订规划任务书》(讨论稿)。水电部于同年 9 月将任务书讨论稿发送有关部委和沿河各省(区)人民政府征求意见，并根据各方意见对任务书做了修改，提出《修订黄河治理开发规划任务书》于 1984 年 3 月 12

日以〔急件〕(84)水电水规字第10号文报国家计委。

国家计委审阅该任务书，并研究了有关部委和各省市的意见，原则同意这个任务书。于1984年4月9日以计土(1984)606号文报国务院审批。国务院批复国家计委《关于审批黄河治理开发规划修订任务书的请示报告》，并批示："对任务书中发展灌溉一章，应参照赵紫阳同志讲过的意见，加以适当修改。"

赵紫阳的意见是1983年3月下旬视察陕西谈水利建设、旱作农业和节约用水时所强调的内容：黄河水应首先满足城镇生活用水和工矿企业用水；在有适当降水的地方，要根据当地实际情况，研究农作物结构，选用耐旱作物品种，发展旱作农业；在有必要发展灌溉的地方，要采取先进灌溉技术和输水措施，调整作物组成并控制发展规模；对已成灌区要特别注意挖潜配套，做到灌排结合，研究经济用水定额，节约用水，控制地下水。

1984年4月30日，国家计委以计土(1984)792号文《关于黄河治理开发规划修订任务书的批复》下达给水电部，指出：这次"黄河治理开发规划涉及地域广、部门多，工作量大，时间要求紧，请你部尽快组织黄河水利委员会开展工作，规划编制中的协调工作由你部负责。各有关省、自治区和国务院有关部门应大力协同，密切配合，按照修订规划任务书的要求，承担各自的任务。全部规划任务要在1986年上半年完成"。同年6月3日，水电部以(84)水电水规字第36号文转发《关于黄河治理开发规划修订任务书的批复》给黄委会，要求黄委会"把这项工作作为一件大事来抓，组织必要的力量，立即开展工作，并加强同有关部门的协作，争取各方面的支持，按规定要求，及时提出修订规划工作成果"。

根据水电部的部署，黄委会于1983年成立黄河规划工作领导小组，黄委会主任袁隆任组长，副主任龚时旸及设计院院长张实、黄委会副总工程师温存德任副组长，下设治黄规划综合组，统筹整个规划工作的进行。综合组于1984年4月成立，组长张实，副组长吴致尧、温存德。为了按任务书要求全面开展工作，综合组着手编写由黄委会负责的各专项规划工作大纲(或报告提纲、工作方案)，包括下游防洪、下游减淤途径研究、水资源合理利用、干流工程布局、主要支流治理开发、各省(区)灌溉发展、水资源保护等七项，以及水土保持规划工作方案，以黄办字(84)第27号文通知有关单位，要求把规划工作作为一件大事来抓，组织必要的力量，努力完成所分配的任务。

万里、胡启立、李鹏等于1984年6月30日至7月4日，对黄河龙羊峡至黄河入海口进行实地考察，就黄河的治理规划和水资源的利用问题指出：

今后黄河规划、管理、使用的方针，必须以防洪灌溉为主，发电为辅；水资源要统一规划，统筹兼顾，合理分配；灌溉现有的要保证，发展扩大的要适当控制，种植水稻要严格控制；在黄土高原要大力发展种草种树，改善生态环境。考察期间，他们还要求有关部门要搞好黄河流域规划治理工作。

1984 年 8 月 22—24 日，水电部主持在河北省涿县召开“修订黄河治理开发规划第一次工作会议”。国家计委、交通部、城乡建设环境保护部、林业部、农牧渔业部、石油部、地质矿产部、煤炭部、“三西”（定西、西海固、河西走廊）农业建设领导小组、山西能源基地规划办公室，青、甘、宁、内蒙古、晋、陕、豫、鲁七省（区）的计委、水利厅（局），水电部及其所属有关司、局、院和海委、淮委、长办、黄委等流域机构，河北省、天津市水利厅（局）的代表 70 余人参加，共商《任务书》中所规定的各项任务，明确分工。经会议研究，“整个修订规划工作要在 1986 年底完成。为了加强联系和协作，成立修订黄河规划协调小组。协调小组的主要任务是：及时交流规划工作进展情况和经验；研究解决规划工作中的重大问题；审议规划工作大纲和规划工作成果。黄委会设修订黄河规划综合组，作为协调小组的办事机构。”

1984 年 11 月 1—5 日，修订黄河规划协调小组在郑州召开第一次会议，宣告协调小组正式成立，由下列人员组成：

袁隆任组长（黄委会主任），朱承中任副组长（水电部水利水电规划设计院副院长）。组员有：张奇（交通部内河局副局长）、范跃辉（农牧渔业部计划司司长）、王权（林业部资源司高级工程师）、戴广秀（地质矿产部副总工程师）、王洪铸（城乡建设环境保护部工程师）、石瑞芳（水电部西北勘测设计院院长）、褚永旸（青海省水利厅副总工程师）、雒鸣岳（甘肃省水利厅总工程师）、苏发祥（宁夏回族自治区水利厅副厅长）、关佾（内蒙古自治区水利厅副厅长）、刘璞（陕西省水利水保厅副厅长）、仝立功（山西省水利厅规划设计处副处长）、马德全（河南省水利厅副厅长）、沈家珠（山东省水利厅副总工程师）。后因人事变动，小组成员有部分调整。黄委会袁隆改为龚时旸主任并增补陈先德副主任为组员，交通部张奇改为陈大强（水运规划设计院副院长），王洪铸改为孙嘉绵（国家环境保护局副局长），青海省褚永旸改为李乃昌副厅长，内蒙古关佾改为王伦平总工程师，陕西省刘璞改为周维夫副厅长。

会议经过讨论，再次明确协调小组的主要任务是：审议规划工作大纲和规划工作成果；及时交流规划工作的进展情况和经验；研究解决规划工作中的重要问题和协调各方关系。会议还就今后工作提出了意见。

国务院有关部委和各省(区)有关领导对黄河规划工作很重视,会后即对各自分担的规划任务作了研究和部署。由于多方面原因,到1985年底各单位才落实任务,陆续开展工作。至1987年底,各项专题规划工作基本结束,先后提交修订黄河规划综合组汇总。成果有:1.黄河下游防洪规划;2.黄河下游减淤规划;3.黄土高原水土保持规划;4.黄河流域水资源利用;5.黄河干流上中游河段开发规划;6.龙羊峡至大柳树干流工程布局规划;7.大柳树至托克托干流工程布局规划;8.托克托至桃花峪干流工程布局规划;9.黄河主要支流开发治理规划(计30条支流);10.黄河灌溉规划;11.黄河水系航运规划;12.黄河水资源保护规划;13.南水北调西线调水工程规划;14.黄河流域林业规划意见;15.黄河流域农牧渔业规划意见;16.黄河流域主要矿产资源及开发意见;17.黄河流域煤矿资源及开发初步设想;18.黄河流域环境地质图系及说明书;19.黄河流域气候特性分析报告;20.黄河流域洪水特性分析报告;21.黄河泥沙运行基本规律分析报告;22.黄河水沙变化情况分析报告;23.黄河流域地质概论;24.延长黄河口现行流路使用年限的研究报告;25.龙羊峡水库初期蓄水对中下游影响的研究报告。

经汇总后,编写了专项规划意见汇报提纲。于1988年3月在黄委会召开会属各单位代表参加的"治理规划座谈会"进行研究讨论。进一步修改后,黄委会提出《修订黄河治理开发规划报告提要》(初稿)和8个专项规划提要。计有《黄河下游防洪规划提要》、《黄河下游减淤途径研究报告提要》、《黄河水资源利用规划提要》、《黄河流域黄土高原地区水土保持专项治理规划要点》、《黄河干流工程布局规划提要》、《黄河主要支流治理开发规划意见提要》、《各省区引黄灌溉规划提要》、《黄河水资源保护规划意见提要》等8项。

1988年5月19—23日,由水利部主持,在郑州召开"治黄规划座谈会",参加会议的有:全国政协副主席钱正英,国家计委、中国国际咨询公司、能源部、农业部、林业部、交通部、地矿部、国务院经济技术社会发展研究中心,有关十一个省(区)、直辖市计委和水利厅(局),胜利油田、中原油田指挥部,长江、黄河、淮河、海河、松辽、太湖等流域机构,中国科学院、清华大学等科研单位和院校,有关规划设计单位及管理部门的代表和专家共220余人。会议代表讨论了黄委会提出的《规划报告提要》和专项规划提要等,提出意见和建议,并写出《治黄规划座谈会纪要》。要求黄委会"根据会议代表和各单位、各地区的意见进一步修改补充,……在各单位规划报告的基础上,进行综合汇总,按照《任务书》的要求,突出需要由国家审批的内容,以黄河治理开发中的一些战略性问题和近期重点项目的规划为重点,编写《黄河治理开发规划报告》，力争1988年底上报国务院”。由于修改任务较大，《黄河治理开发规划报告》（送审稿）至1989年8月完成。

在这次规划工作开展的同时，先后还进行了四个专项规划。它们既是相对独立的，又是黄河治理规划的组成部分。这四个规划是：

一、西北黄土高原水土保持规划

国家领导对黄河流域的水土保持工作十分重视。国务院以国发〔1982〕149号文，在批转国家计委《关于制订长远规划安排的报告》中，将“西北黄土高原的治理规划”列为专项。

国家计委根据国务院指示，提请国务院水土保持协调小组进行黄河中游的水土保持规划。1983年3月9日，国家计委以计土（1983）284号文给水土保持协调小组发出《关于请组织制订西北黄土高原水土保持专项治理规划的通知》，要求“为配合‘七五’计划和后十年设想，请即抓紧时间，在1985年前提交全部规划成果。”协调小组于1983年3月31日以（83）水电农水字向黄河流域各省（区）发出《关于请组织力量编制西北黄土高原水土保持专项治理规划的通知》，同时请黄委会于5月底以前拟出规划任务书。经协调小组讨论修改后的任务书，于1983年6月13日报送国家计委。1983年8月11日，国家计委以计土（1983）1167号文《关于转发“西北黄土高原水土保持专项治理规划任务书”的通知》发送国务院有关部委和黄土高原七省（区），要求“据此抓紧开展工作，并按时保质保量完成西北黄土高原水土保持专项治理规划”。

1983年7月，水土保持协调小组在西安召开《黄土高原水土保持规划工作会议》，成立黄土高原水土保持规划工作组，办事机构设在黄河中游治理局。七省（区）相继成立规划领导小组和规划工作组，开展各省（区）的水土保持规划工作。黄河中游治理局汇总七省（区）的规划成果后，于1985年3月提出《黄河流域黄土高原地区水土保持专项治理规划》（初稿）。同年11月4—10日，由水电部丁泽民主持在西安召开规划工作座谈会，对规划报告初稿作第一次讨论修改，写成约10万字的规划报告初稿。1985年12月6—7日，水土保持协调小组组长钱正英在北京主持召开座谈会，进一步评审《黄土高原水土保持专项治理规划》（初稿），提出修改意见。

此后，黄河中游治理局根据有关领导意见几经修改，写成《规划要点》（初稿），于1987年6月报送黄委会和全国水土保持协调小组。同年12月2

日，协调小组办公室主任丁泽民在北京召开协调小组联络会议，审议《规划要点》。1988 年 3 月提出《黄土高原水土保持专项治理规划提要》，5 月提出《规划要点》报告交治黄规划综合组。

二、黄河水系航运规划

国家计委计土(1984)792 号文《关于黄河治理开发规划修订任务书的批复》中，要求“各有关省、自治区和国务院有关部门，按照修订规划任务书的要求，承担各自的任务”。《任务书》中提出的黄河水系航运规划的任务是：“应根据工农业发展的需要和可能，研究提出开发黄河航运的可行性研究意见”。为此，交通部于 1984 年 6 月 29 日，以(84)交河字 1239 号文发出《关于编制黄河航运规划及有关事项的通知》给黄河流域八省(区)交通厅。成立由交通部内河局、水规院和甘肃、内蒙古、山西、陕西、河南、山东等省(区)交通厅领导组成的黄河水系航运规划领导小组，于 1984 年 9 月上旬召开第一次领导小组会议，讨论研究航运规划大纲及工作进度，明确了各省(区)的分工任务。历时三年多，在交通部的领导下，从总结黄河航运兴衰的经验教训入手，加强调查研究和勘测工作，提出《黄河水系航运规划报告》。1988 年 2 月 29 日至 3 月 2 日，交通部在西安召开了审查会议。参加会议的有甘肃、宁夏、内蒙古、山西、陕西、河南、山东等省(区)计委、交通厅，总后军交部，水电部，黄委会、西北院，以及交通部所属规划、设计、科研、管理部门的领导和专家 50 余人，对《报告》的内容进行讨论、审查。会议认为“《报告》比较符合实际，基本上是可行的。”会议决定“由水运规划设计院协助黄河水系航运规划办公室，根据审查意见抓紧对《报告》进行修改，于 3 月底前完成并报部审批。”同年 3 月黄河水系航运规划办公室提出《黄河水系航运规划报告》。

三、黄河水资源利用

黄河水量有限，供需矛盾较大，需统筹兼顾，合理分配。国家计委国土局和国家农委区划办，1980 年即着手进行全国性的水资源初步评价与供需分析。1982 年 7 月，由水电部主持，在兰州召开全国各省市自治区水利部门及流域机构会议，研究布署全国水资源利用工作，确定由黄委会与黄河流域各省(区)共同承担黄河流域水资源利用的研究工作。黄委会根据水电部(82)水电水规字第 22 号文《全国水资源合理利用与供需平衡研究提纲》的要求开展工作。经数年努力，于1986年3月完成《黄河水资源利用》报告，同年12月29日，以黄设字(86)第19号文报水电部。这一科学研究成果，为编制黄河流域规划，充分合理利用黄河水资源提供了依据。

在上述工作的同时，黄委会在研究小浪底工程时，对黄河水资源利用作了大量工作。1982年11月黄委会提出《黄河水资源评价与综合利用报告》。1983年初，水电部转发国家计委计土(1982)1021号文《关于报送利用黄河水资源规划的通知》后，黄委会即进行黄河流域各省(区)利用黄河水资源的规划研究，5月向水电部报送《黄河流域各省(区)利用黄河水资源规划及供需关系报告》。

1983年6月17—21日，水电部主持在北京召开"黄河水资源评价与综合利用审议会"，对黄河水资源进行评价，研究今后不同阶段黄河的可利用水量，以作为有关省(区)编制长远规划的参考。会后，黄委会根据审议意见和水电部指示，于1983年10月完成《黄河流域2000年水平河川水资源量的预测》;1984年3月完成《1990年黄河水资源开发利用预测》;1984年6月完成《黄河流域水资源开发利用预测补充说明(各省区水量分配意见)》。均报送水电部。在上述三个报告的基础上，黄委会进行整理汇总，于1984年8月完成《黄河水资源开发利用预测》，以作为黄河治理开发规划及工程设计的依据。同年9月6日，以黄设字(84)第13号文报送水电部。

国家计委和水电部研究了黄委会提出的《预测》报告，于1987年8月29日联合向国务院提出《关于黄河可供水量分配方案的报告》。国务院"原则同意"这个报告，于1987年9月11日以国办发(1987)61号文转发《国家计委和水电部关于黄河可供水量分配方案报告的通知》给黄河流域九省(区)和天津市、河北省人民政府及国务院有关部门，要求按此"贯彻执行。……以黄河可供水量分配方案为依据，制定各自的用水规划"。

四、黄河水资源保护规划

黄河水资源保护规划的主要任务是：调查黄河干支流各区段水质污染现状，查明现有主要污染源，预测黄河水质可能发生的变化，对黄河治理开发可能引起的环境影响进行评价，并提出相应的环境保护对策。

该项工作，黄委会黄河水资源保护办公室自1983年9月即着手进行调查研究，搜集资料，并编写《黄河水资源保护规划工作大纲》。1984年12月，由城乡建设环境保护部环保局和水电部黄委会主持，在郑州召开"黄河水资源保护规划工作会议”，审议并通过了《规划工作大纲》，明确了任务分工。会议决定由国家环境保护局（简称国家环保局）、水电部牵头，沿黄各省（区）环保厅（局）、水利厅（局）参加，组成黄河水资源保护规划领导小组，黄河水资源保护办公室为领导小组的办事机构。领导小组组长孙嘉绵（国家环保局副局长），副组长孙鸿冰（国家环保局副总工程师）、陈先德（黄委会副主任）。1985 年 2 月，城乡建设环境保护部、水电部联合发出（85）城环字第 60 号文《关于组织制定黄河水资源保护规划的通知》，各有关单位相继开展工作。至 1987 年初，各省（区）环保、水利部门承担的规划任务基本完成。1987 年 4 月在郑州召开流域规划汇总研讨会。黄河水资源保护办公室进行流域性规划汇编，同年 8 月完成《黄河水资源保护规划》（初稿），征求意见并提交水电部于 1988 年 5 月在郑州主持召开的《治黄规划座谈会》审查。经修改后，于 1988 年 6 月提出《黄河水资源保护规划》报告。

第二节 总体布局

遵照《修订黄河治理开发规划任务书》的要求，“这次规划不要求面面俱到，要重点研究一些战略性问题，提出‘七五’计划和后十年设想。考虑到黄河的特殊性，为了研究较长时期的开发目标和治理方向，对洪水泥沙问题要提出 50 年内外的设想和展望。”根据规划工作的实际进程，近期治理拟着重研究提出“八五”、“九五”的计划安排。

规划的主要任务是：提高黄河下游的防洪能力，治理开发水土流失地区，研究利用和处理泥沙的有效途径，开发水电，开发干流航运，统筹安排水资源的合理利用，以保护水源和环境。规划工作着重研究了黄河下游防洪、减淤问题及其前景，黄土高原地区水土保持，水资源开发利用及干流工程布局，并提出近期治理开发的计划设想。

规划的指导思想，要贯彻执行《水法》的规定，遵循发展国民经济的一系列方针政策。

修订规划要认真总结治黄实践的经验教训，从黄河流域的实际情况出发，进一步认识并按照黄河的自然规律和我国的经济发展规律办事。今后的治黄建设，必须进一步转到以提高经济效益为中心的轨道上来，认真贯彻“加强经营管理，讲究经济效益”和“除害兴利，综合利用，使黄河水沙资源在上中下游都有利于生产，更好地为社会主义现代化建设服务”的方针。贯彻

"全河统筹，综合利用，突出重点，节约用水，讲究实效"的原则，统一安排水沙资源的利用和处理。

治理开发工程的安排，要与国民经济的发展相协调，首先要充分发挥现有工程设施的作用，并适当安排必要的骨干工程建设。

考虑社会主义经济建设发展和治黄要求，结合黄河实际情况，提出总体布局如下：

一、下游防洪减淤

保证下游防洪安全，仍然是治黄的首要任务。为保证防洪的长期安全，必须统筹兼顾防洪与减淤，合理安排处理洪水，逐步控制河道冲淤，防止河床抬高。

防洪减淤要采取多种措施，进行综合治理。

在黄河中游干流河段，要继续修建峡谷水库，削减洪水，拦、调水沙。近期拟在三门峡以下兴建小浪底水库工程，综合解决防洪减淤。从长远考虑，还需修建碛口、龙门水库，继续发挥拦、调泥沙的作用。拟建的这几座水库与已建三门峡水库联合运用，配合其他措施，可在一百年内外保持下游河道稳定和安全。

在黄土高原地区，要继续大力开展水土保持综合治理。为了拦减对下游河道淤积危害最大的粗泥沙，要加强粗泥沙主要来源地区的治理，尽快加固、改善现有坝库工程，巩固提高已有治理成果；同时重点加快治沟骨干工程建设，进一步拦减粗泥沙入黄。

进一步开展下游河道整治，稳定河槽，控制河势，逐步改变河槽宽浅散乱、河势游荡摆动剧烈的不利局面，以利防洪及输沙。

合理安排入海流路，结合胜利油田开发建设及河口演变发展情况，加强河口地区的防洪工程建设和统一管理，尽可能减少河口淤积延伸带来的溯源淤积影响。

开展淤临淤背，尽可能结合防洪需要，逐步淤高沿河两岸地面，使黄河逐渐变成相对地下河。

二、黄土高原地区水土保持

水土保持，是流域国土整治的重要任务，也是促进当地群众脱贫致富的有效措施。近期治理安排，要认真贯彻“提高质量，稳定速度，突出效益，坚决保护”的方针。到本世纪末，大多数地区要在一定范围内实现粮食自给，经济效益大增。关键是要继续大力推广按小流域开展综合治理。近期治理重点应突出贫困地区及粗泥沙主要来源地区。

从宏观布局考虑，近期仍要继续加强定西、西海固等地区的重点治理，同时进一步加强黄土丘陵沟壑区第一、二副区的治理；为防止下游河床淤高，要加强粗泥沙集中产区的治沟骨干工程（即淤地坝中的骨干工程）建设，列为治黄基建项目，加快治理进度；继续加强重点支流治理，本世纪内，除继续巩固原有的无定河、黄甫川、三川河重点支流治理外，还要将窟野河、延河、县川河、孤山川、秃尾河等5条支流列为重点，分期分批进行治理。

三、黄河水资源利用

黄河水量有限，且分配不均。水资源利用，要贯彻“从全局出发，统筹兼顾”及“节约用水”的原则。按国务院1987年9月正式下达给沿黄各省（区）的关于黄河可供水量分配方案为依据，制定各自的用水规划，全河统筹，统一调度。

近期灌溉发展应以完善提高现有灌区为主，大力开展以节水为中心的灌区技术改造和配套建设。搞好上游的内蒙古河套灌区及宁夏银北灌区和下游的引黄灌区的配套建设。上、中游严重干旱地区为解决当地粮食自给问题，要继续建设“引大入秦”工程，适当发展甘肃、宁夏等干旱缺水的高台地区的提水灌溉。中游广大黄土丘陵和高原地区，要提高旱作农业水平，搞好龙门至潼关河段两岸高抽灌溉配套建设，并适当扩大干旱高台地的灌溉面积。下游地区可灌面积较大，而黄河水源有限，要加强以节水为中心的技术改造和工程配套建设，合理利用地下水，切实处理好泥沙问题，提高灌溉效益，严格控制扩大灌溉面积。

近期供水，要优先保证城市生活用水，妥善安排解决工业及能源基地用水。大力实行节水措施，减少污水排放，保证水源及环境免受污染。

从长远考虑，黄河水源远不能满足供水地区的发展需要，必须采取“南水北调”的重大措施。在积极进行南水北调东线、中线工程建设和设计研究的同时，近期要加强西线调水工程的勘测和规划研究工作。

四、干流工程布局

黄河干流工程的开发建设布局，必须统筹解决防洪(含防凌)、减淤、供水、发电以及逐步发展航运等综合任务，以适应除害兴利，综合利用的要求。黄河水量主要来自兰州以上，调节径流主要仰赖上游水库；洪水、泥沙主要来自中游地区，中游河段开发必须服从防洪、减淤的需要。上、中游工程建设必须相互配合、相互补充，形成一个完整的系统，才能较好地综合解决除害兴利问题。

经研究，干流工程布局中，选定了龙羊峡、刘家峡、黑山峡(大柳树或小观音)、碛口、龙门、三门峡及小浪底等七座综合利用枢纽工程。

根据全河统筹安排，龙羊峡水库的主要任务是调节径流，提高黄河水资源的利用率，增大可供水量。刘家峡水库以发电为主，结合进行径流调节及解决兰州市防洪问题。黑山峡水库，承担上游河段发电用水反调节及区间径流的调节任务，满足宁、蒙地区工农业供水需要，并为中游河段补水，同时结合解决宁、蒙平原河段防洪防凌问题。碛口和龙门水库的任务是控制洪水，拦、调水沙，为下游及三门峡库区防洪、减淤。龙门水库还要满足晋陕两省引黄灌溉要求。三门峡水库主要任务是防洪。小浪底水库主要任务是防洪、减淤，并调节径流。七大水库本身都结合发电、供水，具有综合利用效益。上游三大水库联合运用，合理调节径流；中游四大水库联合运用，解决下游防洪减淤，同时也可较好地弥补上游水库的不利影响。

在黑山峡、小浪底水库建成前，龙羊峡、刘家峡水库要负担宁、蒙地区工农业供水和防凌要求，并适当为河口镇以下河段补水，同时要统筹兼顾，合理运用，尽量减少对下游防凌及河道淤积的不利影响。

第三节 规划内容

《黄河治理开发规划报告》(送审稿)共有11章，其中第4—10章为专项规划，即下游防洪减淤规划，水资源开发规划，干流工程布局规划，灌溉规划，水土保持规划，水资源保护规划，干流航运规划。现按下列分项概述其主要内容。

一、下游防洪

本次规划是在历次防洪规划工作的基础上进行，再次研究了现有防洪工程的防洪能力，已建三门峡、陆浑、故县三座水库联合运用时，可对三门峡以上来水为主的洪水(即上大洪水)有较大程度的控制；对三门峡以下来水为主的洪水(即下大洪水)，可使花园口站22000立方米每秒机遇由3.6%降到1.7%，下游堤防工程的设防标准由30年一遇提高到60年一遇。现有堤防的设防标准，花园口至艾山河段按花园口站22000立方米每秒洪水设防，艾山以下按11000立方米每秒洪水设防。

已建水库、大堤、滞洪区等工程，初步形成了“上拦下排，两岸分滞”的防洪体系，但是，这个体系还不完善，存在防洪能力偏低，防御大洪水的措施不够落实等问题，如河床淤积抬高，防洪形势仍很严峻。因此需要进一步完善防洪工程体系，提高防洪能力。

规划提出，近期治理任务是争取在本世纪末基本控制黄河下游洪水，保证防洪安全，解除凌汛决溢的威胁。主要措施是在2000年前建成小浪底水库，继续加高加固堤防工程，进行河道整治和滩区治理，加固改建东平湖分洪工程，续建北金堤滞洪区，使黄河下游的防洪标准，在小浪底水库生效前仍维持现状，小浪底水库生效后提高到千年一遇。远景治理设想，是继小浪底水库建成后，在干流上相继建成碛口、龙门两座大水库，数库联合运用，改善水沙过程，配合面上水土保持及支流治理，逐步减少泥沙来量，在下游还需继续整治河道，合理安排河口流路，并结合两岸放淤，使下游河道逐渐成为“相对地下河”，在今后100年内外基本保持稳定局面。

二、下游河道减淤

根据任务书的要求，本次规划在1977年《黄河下游减淤途径设想研究报告》的基础上，汇集各家研究成果，分析论证，提出下游河道减淤途径规划设想，于1988年3月完成《黄河下游减淤途径研究报告提要》，1989年8月完成的《黄河治理开发规划报告》(送审稿)则合并为第四章下游防洪减淤规划。

本次规划的减淤途径设想较1977年的成果有进一步的研究，并增加了水土保持、河道整治及河口治理内容。

规划对下游河道淤积趋势进行了预估:50年内将有100亿吨以上的泥沙淤积在高村以上宽河段,高村上下河段设防流量的水位将普遍抬高4—5米,“地上河”的形势更加高仰,河势摆动将更加频繁,“横河”、“斜河”相继出现,冲决危险亦将增加。为避免上述不利局面的发生,必须有步骤地实施对下游河道减淤措施。

下游河道减淤途径的主要措施有水土保持、干流水库、河道整治及河口治理、滩地和下游两岸大放淤、引江引汉冲刷下游河道等。并对分项措施的效果进行了估算。

(一)50年内减淤措施

规划提出今后50年内下游河道不显著淤积抬高的综合措施是:

1.要继续加强黄土高原区的水土保持工作,特别要集中力量在10万平方公里的多沙粗沙来源区,进行重点支流治理和小流域综合治理,并有计划地加强淤地坝系的建设。初步估计,如今后维持“六五”期间的治理速度,并每年修建约200座大型淤地坝(总库容为2亿立方米左右),可以使水土保持的减沙效益维持平均每年减沙2—3亿吨。到2030年,可能提高到平均每年减沙3—4亿吨。

2.结合当前控制洪水、调节径流以及开发水电的迫切需要,应及早修建小浪底水库,使其在2000年以前生效;其后,建议在适当时机修建碛口水库。仅这两个水库的拦沙减淤作用,就可使下游河道相当于40年不淤积。加上水土保持的效益和小浪底水库的调水调沙作用,满足下游河道今后50年不显著淤积抬高是可能的。碛口、小浪底两库联合运用的减淤效果可以作为余地考虑。

3.继续有计划地进行下游河道整治及河口治理,在保障下游防洪安全的前提下,配合小浪底水库调水调沙,逐步增加河道的输沙能力。

近期应结合对洪水的处理安排,下游防洪减淤工程建设计划,应对现有防洪工程(包括加高加固堤防,河道整治和滩区治理,加固改建东平湖分洪工程,续建北金堤滞洪区)进行改建、加固和完善;尽快兴建小浪底枢纽工程;合理安排黄河入海流路和加强治沟骨干工程的建设等,以扭转和减缓黄河下游河道淤积抬高的局面。

(二)100年内远景设想

规划提出今后100年内下游河道减淤的远景设想是:

1. 拦沙。进一步加强水土保持工作，使其对减少入黄泥沙的作用逐步增大，这是减缓下游河道淤积的根本措施之一。在兴建小浪底、碛口水库的基础上，结合水电的开发和治黄要求，适时修建龙门水库，通过实践进一步改善干流骨干工程（主要是小浪底、碛口、龙门水库）的联合调水调沙运用。更多地将泥沙（特别是粗泥沙）拦截在上中游地区。

2. 排沙。进一步加强河道整治和河口治理，优化中水河槽，配合干流水库调水调沙，充分发挥下游河道输沙能力，尽可能多地将泥沙排送入海。在西线和中线南水北调工程相继建成后，可利用丰水年多余的水量相机刷黄或有计划增加下游输沙水量，有可能使进入下游河道的泥沙基本排送入海。

3. 放淤。鉴于黄河长时期仍将是一条多泥沙河流这一基本事实，在拦沙和排沙还不能完全处理泥沙的情况下，“放淤”就会显得越来越迫切。利用小北干流和温孟滩放淤区；有计划淤临淤背，使下游成为相对地下河；在河口地区进行大面积放淤；以及“三堤两河”和大改道等，都是放淤措施。就目前所能达到的实际认识水平，对泥沙处理留一个余地是必要的。在今后 100 年以内，这个余地留在小北干流和温孟滩比用大改道的办法较为主动，也较为有利。

尽管采取上述措施，黄河在相当长时间内，仍将排送大量泥沙入海，河口淤积延伸仍难避免，泺口以下河道的淤积抬高还不能完全制止。为彻底改变目前黄河下游“地上河”的局面，根除水患，可有计划利用黄河泥沙逐步淤高背河（或临河）地面。若按宽度 200 米进行放淤，高度与设防水位平，可淤泥沙 20 亿立方米。长此下去加高加宽大堤，则可形成“相对地下河”，达到以沙治沙，以淤防淤的目的，这是解决黄河下游防洪和处理泥沙的一项重要措施。

三、水土保持

水土保持规划于 1986 年完成有《黄土高原地区水土保持专项规划》。本次规划报告在此基础上汇总编写为第八章水土保持规划，其主要内容如下。

规划分析了水土保持现状，截至 1985 年，黄土高原地区初步治理水土流失面积 10 万平方公里，占水土流失面积的 23.3%，其中梯（条）田 3400 万亩，坝、滩地 400 万亩，小片水地 2000 万亩，造林 7400 万亩，种草 1800 万亩，从而促进了粮食增产，大部分地区已经解决了温饱问题。自 1970 年以来，黄河上中游地区来沙量有所减少，三门峡以上年平均来沙量减少 15%

左右。上游地区来沙减少，主要是干流水库拦蓄；中游地区主要是淤地坝、支流水库及梯田拦蓄，其中淤地坝及支流水库拦沙占总减沙量的90%左右。大支流来沙明显减少的有无定河及汾河，年平均入黄沙量均减少50%左右。

规划提出水土保持综合治理的主要任务是：改变水土流失状况，提高抗御干旱等自然灾害的能力，改善当地生产生活条件和生态环境，促进经济发展，改变贫困面貌；在粗泥沙集中产区，结合当地的治理与开发，以及治理的总体安排，采取有效措施，逐步减少泥沙入黄，减轻黄河下游河道淤积，改变下游河道逐步淤高、水患威胁日益加重的状况。为此，需要进行三个方面的基本工作：一是保护和改善现有植被，维护生态环境，预防水土流失和土地沙化；二是积极治理现有水土流失和风沙危害的土地；三是加强监督检查，制止人为破坏，防止新的水土流失。

规划1986—2000年，要求在上中游黄土高原地区，年平均开展治理面积7470平方公里，年平均治理进度约1.7%(按水土流失面积43万平方公里计)，年平均新增措施保存面积4000平方公里，实际治理进度为0.9%。新增面积中，梯(条)田1800万亩，坝、滩地450万亩，小片水地450万亩，造林4800万亩，种草1500万亩。2000年治理面积累积达16万平方公里，占水土流失面积的37.2%，其中梯(条)田5200万亩，坝、滩地850万亩，小片水地2450万亩，造林11200万亩，种草3300万亩。

规划对粗泥沙地区的治理拟采取如下措施：

1.建设治沟骨干工程。陕北、晋西等水土流失严重地区，已建4万多座大、中、小型淤地坝，绝大部分是70年代群众自建，国家给予少量补助。已淤坝地(含部分滩地)400万亩，增加了基本农田，减少了入黄泥沙。继续加强淤地坝建设，特别是加强骨干坝的建设是治黄的重大措施之一。

治沟骨干工程的布局，拟根据侵蚀的严重程度，有区别地安排布设密度。在3.4万平方公里的剧烈侵蚀区布设8500座，在3.6万平方公里的极强侵蚀区布设6500座，在8.6万平方公里的强度侵蚀区布设5000座。在上述15.6万平方公里的严重水土流失区内，远景建设治沟骨干工程约2万座，初期库容约200亿立方米。再配合中、小淤地坝形成坝系，淤满后适当加高，可以实现长期拦减粗泥沙入黄的作用。

近期治沟骨干工程的安排，要新建与改造现有工程并重。初步规划2000年以前，改造加固老坝664座，新增库容7.4亿立方米；新建工程553座，增加控制面积2800平方公里，总库容8.4亿立方米。新建和改造骨干工程共需国家投资2.09亿元。

2.适当建设拦泥水库。结合工农业发展对水资源的需求，在粗泥沙主要来源地区的支流上适当建设大、中型拦泥水库，蓄水拦沙或拦排结合，调节径流，为当地经济开发提供水源。具体工程选点有待各重点支流治理规划确定。

3.加强重点支流治理。1982年全国第四次水土保持工作会议确定将黄河流域的无定河、黄甫川、三川河和定西县列为国家的水土保持重点治理区，从1983年开始由国家补助投资，在重点治理区内有计划地选定一批小流域进行集中治理，收到了较好的效果。1983—1987年间初步治理面积6072平方公里，建设基本农田97.1万亩，造林609.7万亩，种草204.9万亩，国家补助投资9560万元，每平方公里平均补助投资1.57万元，年平均治理进度3%左右，比面上治理进度快一倍以上。

规划从长远考虑，拟将窟野河、县川河、秃尾河、孤山川、延河等5条支流也列为重点治理区，逐步开展集中治理。8条支流共有流域面积6.3万平方公里，其中水土流失面积5.05万平方公里，年输沙量5.05亿吨。

近期治理，要在大力巩固和改善现有治理措施的原则下，进一步突出重点，增加投入，实行集中、连片治理，争取在10年左右时间内取得明显的突破和进展。除继续坚持无定河、黄甫川、三川河的治理以外，结合东胜神府煤田的开发和治黄需要，拟将窟野河优先安排为近期治理重点，集中力量，加快治理进度。

四、干流工程布局

此次干流工程布局规划，是根据国民经济发展对黄河治理开发的要求，以及黄河出现的新情况和新问题，并在研究以往规划工作的基础上进行。重点是对1954年规划的龙羊峡以下干流的工程布局进行修订。其中，龙羊峡至青铜峡河段，主要采用西北院的成果；青铜峡至河口镇河段根据宁、蒙两自治区的规划进行汇编；龙羊峡以上河段，根据任务书要求，只提出工程布局初步意见。中游河段开发方案，进一步研究，作了较大调整。桃花峪以下的下游河道，没有布置拦河枢纽工程。修订后的干流梯级枢纽由46座变为29座。其中，龙羊峡、刘家峡、大柳树、碛口、龙门、三门峡、小浪底等7座为控制性骨干工程，其余均为径流电站或灌溉壅水枢纽。各梯级指标见表3—7，工程位置及剖面图见图3—2、图3—3。各河段工程布局如下：

表 3—7

黄河干流工程主要指标表

编号	梯级名称	正常高水位（米）	最大水头（米）	总库容（亿立方米）	装机容量（万千瓦）	年平均发电量（亿千瓦时）	迁移人口（万人）	淹没耕地（万亩）	备注
1	龙羊峡	2600	148.5	247	128	59.4	2.97	8.67	在建
2	拉西瓦	2452	220	10	372	97.4	0.02	0.02	
3	李家峡	2180	135.6	16.5	200	59.2	0.32	0.50	在建
4	公伯峡	2005	103	2.9	150	47	0.30	0.53	
5	积石峡	1850	63	4.2	75	28.4	0.23	0.12	
6	寺沟峡	1760	24		25	10	0.76	0.90	
7	刘家峡	1735	114	5.7	116	55.8	3.26	7.72	已建
8	盐锅峡	1619	39.5	2.2	35.2	20.5	0.89	1.13	已建
9	八盘峡	1578	19.5	0.5	18	10.5	0.40	0.42	已建
10	小　峡	1495	14.5		20	8.3			
11	大　峡	1480	31.4	0.9	30	14.7		0.15	
12	乌金峡	1435	10.7		13.2	5.7	0.73	0.70	
13	大柳树	1380	141	110.3	192	70.4	5.55	4.98	
14	沙坡头	1239							灌溉壅水枢纽
15	青铜峡	1156	22	5.7	27.2	10.4	1.93	6.57	已建
16	海勃湾	1075.5	10.5	4.1	10	3.7			
17	三盛公	1055	8.6	0.8					已建

续表 3—7

编号	梯级名称	正常高水位（米）	最大水头（米）	总库容（亿立方米）	装机容量（万千瓦）	年平均发电量（亿千瓦时）	迁移人口（万人）	淹没耕地（万亩）	备注
18	万家寨	980	80.5	9	102	28.2	0.22	0.34	
19	龙口	897	35.5	1.8	40	12.4	0.01		
20	天桥	834	20.2	0.7	12.8	6.1		0.04	已建
21	碛口	785	120.4	124.8	150	51.5	5.37	7.86	
22	军渡	665	26	1.5	30	9.2	0.21	0.33	
23	三交	638	21	1.3	20	7	0.41	0.21	
24	龙门	590	199.3	114	210	79.5	0.36	1.86	
25	禹门口	390	23.5	0.7	14.4	6.1			
26	三门峡	335	46.0	96.4	25	13	31.8	96	已建
27	小浪底	275	141.9	126.5	156	54.5	13.76	16.95	
28	西霞院	133	14.5	1.3	15	6.2	0.75		
29	桃花峪	114		24.7			8.1	9.6	
1～29	总计		1834.6	964.8	2186.8	775.1	78.35	167.6	
1954 年规划 46 级			2111.5		2158	1048			

干流 水利水电 工程位置图

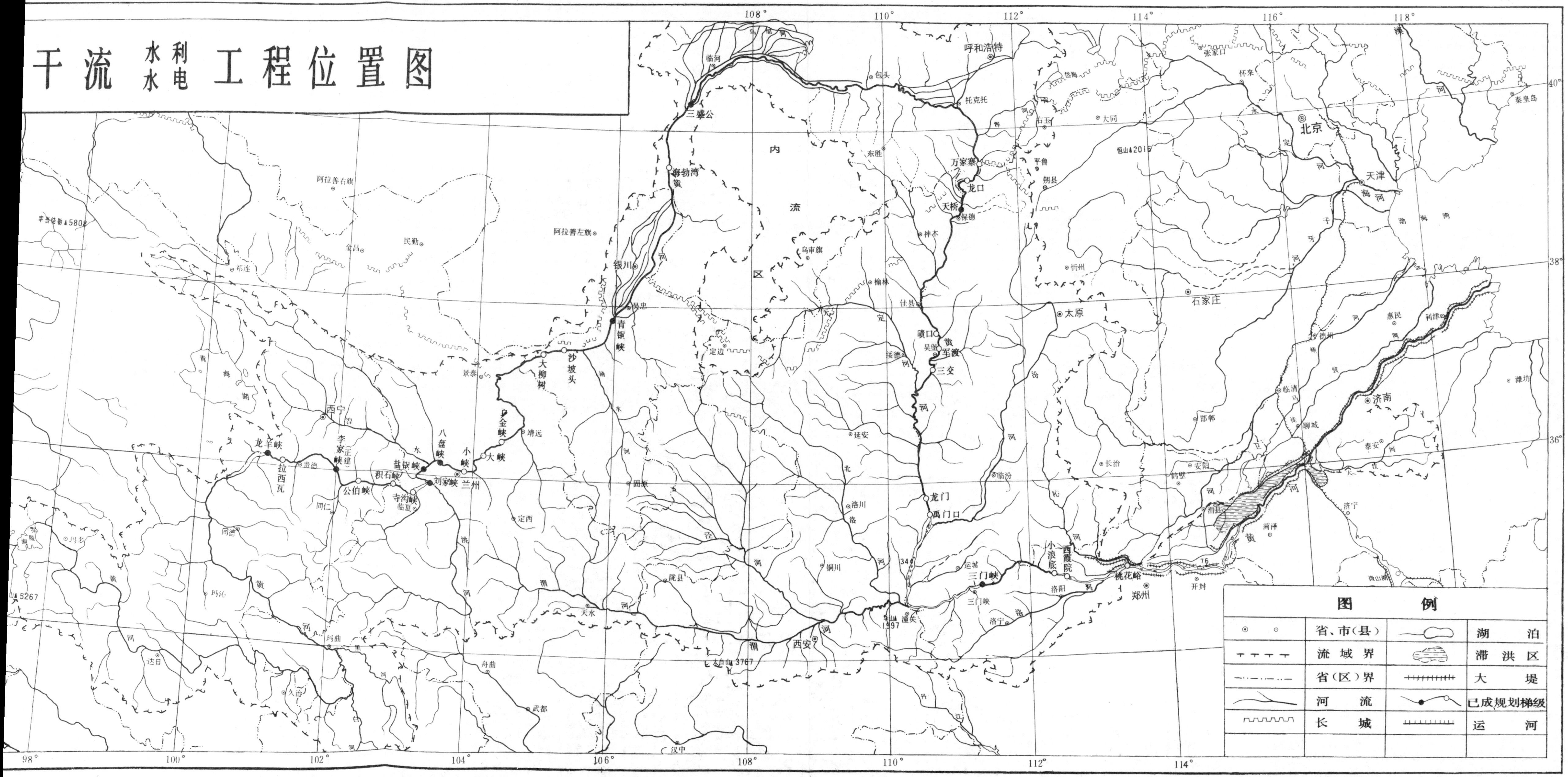

注：根据1989年黄委会《黄河治理开发规划报告附图（送审稿）》编制

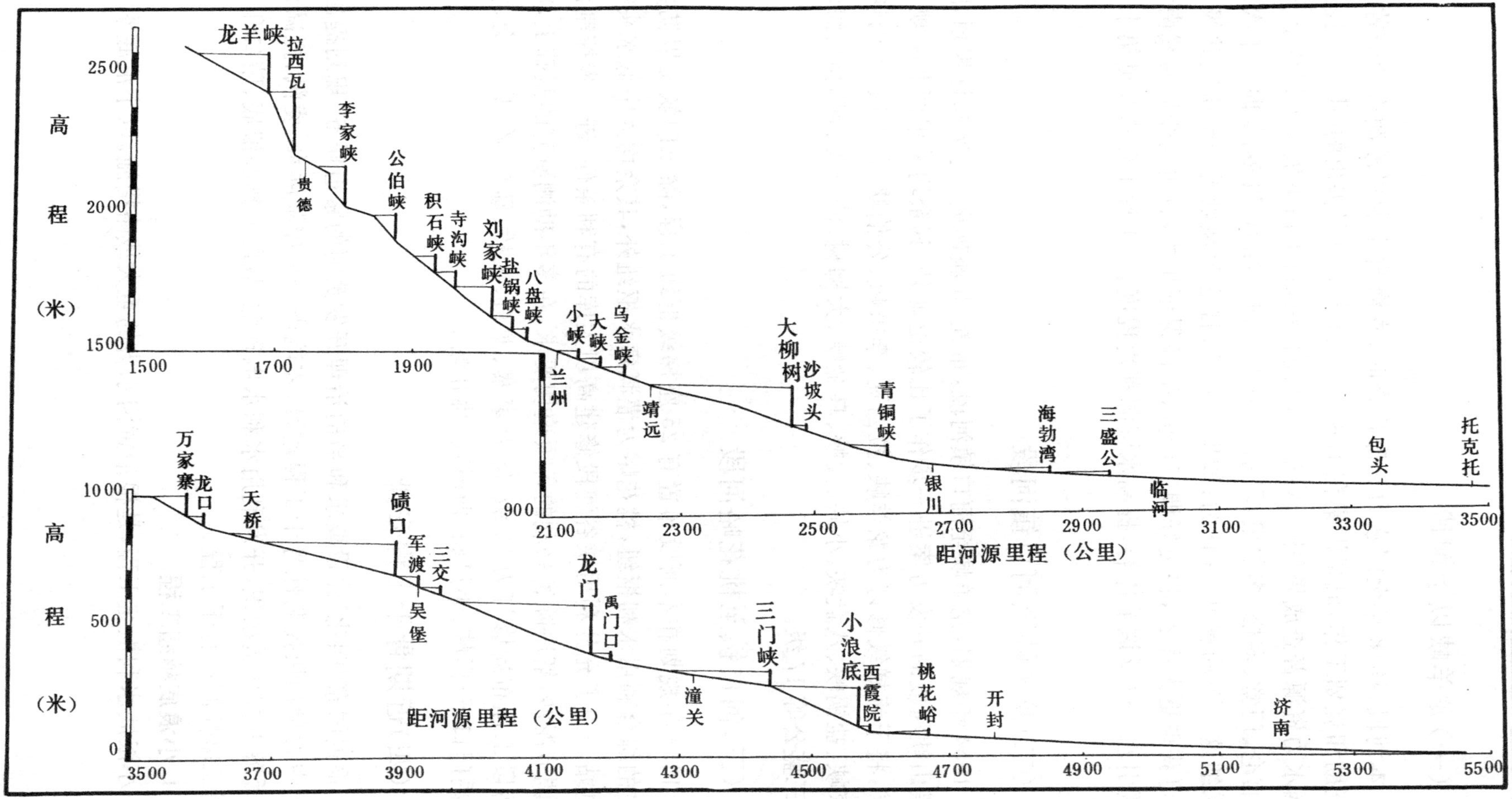

图3－3 黄河干流开发纵剖面图

(一)龙羊峡以上河段

本河段,1978 年全国水力资源普查时,青海省水利局勘测设计院曾做过查勘和规划工作,成果汇集在 1981 年 8 月水电总局提出的《中华人民共和国水力资源普查成果》中。共布置 12 座梯级,自上而下依次为特合土、建设、官仑、门堂、多松、多尔根、玛尔当、尔多、茨哈、江前、班多、羊曲。本次规划采纳这一布局意见,并认为:如果在多松、官仑等坝段进一步研究并级开发,可获得更大库容,将更好调节径流,提高保证出力,且可为今后西线南水北调引水提供反调节库容,提高水资源利用程度。(工程主要指标见第十一章)

(二)龙羊峡至河口镇河段

1954 年规划,龙羊峡至河口镇河段,布置 19 座梯级。这次修订规划,除对黑山峡河段的开发方案进一步作了比较论证外,其余均采用西北院规划成果,将干流梯级修订为龙羊峡、拉西瓦、李家峡、公伯峡、积石峡、寺沟峡、刘家峡、盐锅峡、八盘峡、小峡、大峡、乌金峡、大柳树、沙坡头、青铜峡、海勃湾、三盛公等 17 级。

(三)河口镇至桃花峪河段

1954 年规划在本河段布置有 25 座梯级枢纽工程,除三门峡是以防洪为主的综合利用水利枢纽,桃花峪为灌溉壅水枢纽外,其余均为中低水头径流电站。为了充分利用峡谷河段修建高坝大库的有利条件,进一步控制洪水,调节泥沙,解决除害兴利的各项迫切要求,在多年勘测研究的基础上,将该河段工程布局修订为 12 级,即万家寨、龙口、天桥、碛口、军渡、三交、龙门、禹门口、三门峡、小浪底、西霞院、桃花峪。

(四)近期骨干工程安排

根据国家“四化”建设要求和当前治理开发黄河的紧迫任务,规划提出:应集中力量加快控制性骨干工程建设,才能进一步控制洪水、凌汛、拦减泥沙,缓解下游河道淤积,开发利用水利水电资源。故此安排小浪底、碛口和大柳树三座控制性骨干工程。

1. 小浪底枢纽工程

小浪底水利枢纽工程,是根治黄河水害的重大战略措施。以小浪底水库为骨干，与三门峡水库，伊、洛河支流水库及下游措施相互配合，组成完整的下游防洪工程体系，可使黄河洪水进一步得到有效控制。小浪底水库拦沙和调水调沙，减轻下游河道淤积，保障下游稳定和防洪、防凌安全都有重要作用，还有巨大的供水、灌溉和发电效益。工程的勘测设计工作深度已具备了动工兴建的条件，应优先安排，争取在 2000 年前建成生效。

小浪底工程的开发任务是，以防洪(包括防凌)、减淤为主，兼顾供水、灌溉、发电，除害兴利，综合利用。水库正常高水位 275 米，总库容 126.5 亿立方米，最大水头 142 米，装机容量 156 万千瓦。水库运用，初期采取汛期逐步抬高水位，拦粗(沙)排细(沙)，减缓水库淤积速度，使下游河道处于微淤状态，直至坝前淤积高程达到 245 米以后，再逐步降低汛期控制水位，继续进行调水调沙，使库内形成高滩深槽，36 年后水库则进入后期运用。水库能保持长期有效库容 51 亿立方米，可以满足防洪、防凌以及径流调节和调水调沙的需要。

小浪底工程主要建筑物：拦河坝为斜心墙堆石坝，最大坝高 167 米；泄洪洞 6 条，其中，3 条多级孔板消能泄洪洞由导流洞改建，3 条明流式泄洪洞；排沙洞 3 条；正常溢洪道 2 孔；非常溢洪道 1 孔；发电引水洞 6 条及电站厂房等。水位 275 米时总泄流能力为 17000 立方米每秒，另备 3000 立方米每秒的非常溢洪能力。淹没耕地 16.95 万亩，需迁移人口 13.76 万人。估算工程总投资 45 亿元(静态)。

2. 碛口枢纽工程

本次规划，在小浪底工程先期开发情况下，着重研究了龙门和碛口的开发次序。以往规划倾向于先上龙门工程，并开展了可行性研究。比较后认为，先建碛口工程更为适当。

首先，龙门水库的灌溉和防洪效益，因黄河水资源可供水量有限，龙门灌区规模只能控制在 700 万亩左右。又因龙门坝址上移至舌头岭，距峡谷出口 31 公里，需修建傍山渠道，工程艰巨，投资很大，且灌区改从龙门水库引水，将打乱现有抽黄灌区设计面积 540 万亩的工程布置，改建投资也很大。至于分担三门峡水库部分防洪任务，减轻三门峡库区的拦洪淤积，也因三门峡水库改变运用方式和增设泄流排沙设施后，普通洪水已在很大程度上得到缓解。龙门水库的作用主要是减轻稀遇洪水的淹没和淤积影响。

碛口水库比龙门多拦泥沙 47 亿吨，可以多为黄河下游河道减少淤积 33 亿吨，碛口库容大，与小浪底水库配合运用，可使黄河下游在 50 年内不淤积抬高；碛口水库拦沙减淤运用与蓄水发电可以紧密结合，互相协调，取得好的发电效益;水库调节径流,也可以保证晋、陕两省沿河地区工业用水及提水灌溉用水;工程规模适中,建设条件好,工程量和投资比较少,经济效益明显,总投资比龙门工程约少19亿元。因此建议将碛口列为2000年左右开发建设的近期工程。

碛口工程的开发任务是拦沙、减淤、发电、供水、航运综合利用。正常高水位785米,总库容124.8亿立方米,装机容量150万千瓦,初期运用30年可保留有效库容27亿立方米。

碛口枢纽主要建筑物有拦河土石坝,泄洪、排沙洞,溢洪道和发电引水洞及电站厂房等。最大坝高140米,坝顶高程790米。三条泄洪洞、一条溢洪道,总泄流能力为10000立方米每秒。淹没耕地7.82万亩,移民5.37万人。总投资24.4亿元。

3.大柳树枢纽工程

大柳树枢纽是黄河上游最后一级控制性骨干工程,对进一步调节利用黄河水资源,协调上游梯级电站发电与宁、蒙地区及中游干流沿黄地区工农业用水矛盾,保证宁、蒙河段防洪、防凌安全都有重大作用。应争取列为“九五”计划建设项目。

大柳树工程的开发任务是:调节径流、供水、发电、防洪、防凌,综合利用。水库蓄水位1380米,总库容110.3亿立方米,有效库容53亿立方米,蓄水拦沙运用50年。电站装机容量192万千瓦,保证出力61.4万千瓦,年平均发电量70.4亿千瓦时。增加上游梯级电站保证出力40万千瓦。防洪运用,可将50年一遇洪峰流量6610立方米每秒,削减至5000立方米每秒。该水库淹没耕地4.98万亩(甘肃4.79万亩、宁夏0.19万亩),迁移人口5.54万人(甘肃5.3万人、宁夏0.24万人)。

大柳树枢纽主要建筑物有:土质心墙堆石坝,两条深孔泄洪洞,一条表孔溢洪洞,一条排沙洞和电站引水建筑物。大坝坝顶高程1386米,最大坝高160米,泄洪洞泄量为2340立方米每秒,排沙洞泄量为830立方米每秒,表孔溢洪洞最大泄量为2160立方米每秒,工程总投资约25.9亿元。

五、水资源开发与保护

(一)水资源开发

本次规划在原有工作基础上提出黄河多年平均天然径流量为580亿立方米,扣除为了保证下游河道输沙水量200—240亿立方米外,可利用水量为340—380亿立方米，远小于各省区提出的2000年水平所需水量589亿立方米的要求。黄河水资源供需矛盾十分突出。

1987年黄委会提出《关于黄河可供水量分配方案的报告》，2000年水平，黄河可供水量为370亿立方米，并分配到各省区。这一分配方案报告，经国务院批准，要求各省区贯彻执行，以此方案为依据，制定各自的用水规划。

规划远期2030年水平，工农业及城乡生活用水共需水600亿立方米，其中地下水可利用量100亿立方米，要求黄河供水为500亿立方米，经水量平衡，黄河年缺水将达140—200亿立方米。规划拟定，除大力推行节水措施外，还需实行南水北调，从长江流域调水，以丰补欠。

上述规划主要内容在第四篇第十二章水资源利用与规划中入志。此处从略。

（二）水资源保护

水资源保护，在以往治黄规划中均未列入。本次根据规划任务书要求，作为规划的主要内容之一，提出黄河水资源保护规划。内容如下：

1. 水体污染现状及预测

黄河流域的天然水质基本良好，除部分山区、干旱区（如祖厉河、清水河、苦水河及泾河的西川、北洛河上游及其支流葫芦河等）河水矿化度在1000—4000毫克/升以上，总硬度600—2400毫克/升以外，其它水化学状况良好，矿化度在300—500毫克/升，总硬度85—170毫克/升，氢离子(PH)值在8左右，呈微碱性，基本可满足各种用水要求。上述水质不好区的产流水量仅占花园口站年径流量的1%（弱），对黄河水质影响不大。

黄河流域水污染监测始于1972年，至1983年底已有监测断面270多个。

黄河水质评价，参照全国统一标准(GB3838－83)将水质分为五级：第一级，水质良好，相当于未受人类活动污染的河流源头水质；第二级，水质较好，属受轻微污染影响，大体相当于生活饮用水和渔业用水的水源水质；第三级，水质尚可，是防止地面水污染而规定的最低水质要求；第四级，水质较差，属农田灌溉用水水质；第五级，水质很差，水体已失去各种用途。

在基本不考虑泥沙影响的情况下，全流域参与评价的河长13384公里，属第一、二级水质的河长为9509公里，占评价河长的71.1%；第三级水质河长1344公里，占10%；第四级水质河长1256公里，占9.4%；第五级水质河长1275公里，占9.5%。

黄河干流除兰州、包头两个河段(分别长358.6及173.5公里),受石油类、挥发酚和耗氧有机物的污染,水质为第三级外,其它河段水质良好,均可达到第一、第二级水质。

流经大中城市的支流,枯水期水质污染很严重。汾河太原以下至汾河入黄口长500余公里的河段,水体功能遭到破坏,基本都是第五级水质;渭河宝鸡以下近390公里的河段,基本为第四级水质,约占总长的91%,只可用作农灌;咸阳附近10余公里的河段为第五级水质;大黑河呼和浩特市以下、大汶河莱芜以下,第四、五级水质的河长占相当大的比重;湟水西宁以下、洛河洛阳以下,第四、五级水质的河长也有一定的比重。这些支流的污染物基本上都是耗氧有机物和挥发酚。

水质污染源主要来自面上农药、化肥的使用及工业废渣、生活垃圾和城镇、工矿企业排放的废污水。

据国家环保局编制的环境统计年报计算,全流域年排生活污水4.3亿吨,工业废水17.4亿吨,废污水总量21.7亿吨。

废污水主要产生于流经大中城市的湟水、大黑河、汾河、渭河、洛河、大汶河等6条支流的中下游河段和干流兰州、银川、包头3个河段。年产废污水18.3亿吨,占流域总量的84.3%。特别集中在西宁、兰州、银川、包头、呼和浩特、太原、宝鸡、咸阳、西安、洛阳等10个大中城市河段,年排废污水量12.6亿吨,占流域总量的58.1%。

各河段污染物的排放又多集中于各河段大中城市的几个大型骨干企业。

水源污染与流域工业发展和城镇人口密切相关。预测全流域1990年工业总产值797亿元,城镇人口增加到1874万人,工业废水27亿吨,生活污水6.8亿吨,废污水总量33.8亿吨。2000年全流域工业总产值为1704亿元,城镇人口增至2200多万人,工业废水40.5亿吨,生活污水9.8亿吨,废污水总量50.3亿吨。流域的水污染仍将以现状的重点河流(河段)为主。渭河、汾河、湟水、洛河、大汶河、大黑河等6条支流及干流兰州、包头、银川三个河段,2000年废污水排放量为38.3亿吨,占流域总量的76.1%;上述10个大中城市河段的废污水排放量,1990年及2000年分别占流域总量的51.8%及48.5%。

全流域污染物产生量,2000年水平,COD(化学耗氧量)105万吨,挥发酚5590吨,石油类21400吨,氰化物1570吨,砷95.7吨,汞24.1吨,六价铬392吨,铅93.2吨,镉2.83吨。

据框算，2000 年水平，全流域工业废渣排放量约 8000 万吨，城镇生活垃圾约 1300 万吨。

2. 水污染综合防治规划

规划任务分两种情况：水质已经受到了一定程度的污染，破坏了水体功能要求，影响了当地工农业生产及人群身体健康的区域（河段），其主要任务是，根据各河段的水体功能要求，提出污染物削减任务及综合防治规划措施，力争以最小的代价换取水体功能的恢复；水质尚清洁，能满足或基本满足水体功能要求的区域（河段），其主要任务是，通过总体规划布局，以及政策、法令、标准、条例等管理措施，限制污染排放，维持良好的水质状态。规划的重点是前一种情况。

（1）规划目标。

城镇废污水对河流水质的污染主要发生在枯水季节，因此，规划中以河流某一保证率的枯水流量作为控制污染的设计流量。干流兰州、银川、包头三个河段，设计流量采用 95%保证率最枯月平均流量，支流上的大中城市河段，一般采用 75%或 90%保证率的最枯月平均流量。

规划考虑各河段的污染现状、水体功能和治理能力等因素，为了对各规划河段的水质目标和污染物削减量进行分析比较，拟定了 1990 年、2000 年高、中、低三个水质目标方案。

高目标。干流三个河段达到国家地面水第二级标准；支流大中城市河段分别达到国家第三级和第二级标准。

中目标。干流三个河段分别达到好于地面水第三级（低于第二级）和第二级标准；支流大中城市河段一般达到低于国家地面水第三级，但好于第四级（即农田灌溉水质）标准。

低目标。干流三个河段分别达到国家地面水第三级和第二级标准；支流大中城市河段基本达到农田灌溉水质标准。

（2）削减任务

根据上述三个水质目标对污染物的削减任务进行测算结果是：

按水质高目标测算，全流域 1990 年 COD 削减量为 1170 吨/日，占产污量 2090 吨/日的 56.0%，2000 年削减量为 1800 吨/日，占产污量 3090 吨/日的 58.3%。按水质中目标测算，1990 年及 2000 年的削减量分别占产污量的 48.7%及 54.3%。按水质低目标测算，1990 年及 2000 年的削减量分别占产污量的 44.0%及 51.9%。

从 10 个大中城市河段的 COD 削减情况看，干流三个河段削减量占产污量的比值一般较小。按高目标测算,兰州及包头河段削减率,1990 年为 51.7%及 61.5%,2000 年为 68.8%及 61.5%,银川河段仅 2000 年需削减 18.6%。支流河段削减任务则很大,按高目标测算,削减率一般在 95%以上,最高的呼和浩特、宝鸡、咸阳河段达 98%以上;按低目标测算,一般为 85%左右,最高的呼和浩特、宝鸡、咸阳河段仍达 90—95%,最低的洛阳河段也有 74%。

流域内中小城镇的削减任务不大,一般仅占产污量的 23—39%。但极少数城镇削减率也相当高,如汾河榆次、临汾河段,渭河天水、兴平、渭南河段,大汶河泰安、莱芜、新泰河段及洛河巩县河段等,削减率一般高达 70—90%。

(3)综合防治工程措施

工矿企业废水治理。其主要任务是通过节水和废水资源化减少万元产值工业废水外排量。严格控制重金属、氰化物和放射性废水,积极治理有机废水,减少污染物外排总量,提高工业废水处理率和达标率。治理费用,应由工矿企业承担。

城市污水集中治理。城市污水集中治理的措施,主要有污水处理厂、氧化塘和土地处理(包括农灌利用)三种类型。

根据沿黄各省(区)提出的治理措施,参照各大中城市建设总体规划,对城市集中治理拟定了两个方案:一是以二级污水处理厂为主;二是污水经一级处理或氧化塘处理,出水用于农灌或再进行土地处理。在干流兰州、包头两个河段仅用第一方案,银川河段,只要控制厂矿企业的排污即可达到预定的水质目标,不需进行集中治理。支流上的大中城市河段和其它中小城镇河段,进行了第一、第二方案的比较。从两个方案的治理费用和治理能力比较,方案二优于方案一,但在管理上,方案一优于方案二,受河段自然环境因素的影响较小。综合考虑,除干流兰州、包头两河段采用方案一外,支流沿岸大中城市和中小城市河段,两个方案可因地制宜分别采用。城市污水治理的经费应以地方自筹为主,国家拨款为辅。

根据黄河流域河流污染程度,拟列入国家长期计划的重点治理工程有:湟水西宁团结桥下游土地生态处理系统;兰州市雁伏滩污水处理厂;包头市昆都仑氧化塘;呼和浩特市城西土地生态处理系统;太原市污水转输及土地生态处理系统;宝鸡市污水抽提入引渭渠工程;咸阳市污水抽提及渭北旱塬污水土地生态处理系统;西安市大白杨污水厂及出水利用工程;洛阳市瀍河、中州渠氧化沟及土地处理工程;东平湖商品鱼基地保护工程。上述工程的基建投资约3.3亿元，建议由国家拨款资助。

六、灌溉

黄河流域灌溉历史悠久，截至1985年全流域有效灌溉面积8167万亩，其中河川径流灌溉5926万亩。

黄河流域灌区分布很不平衡。已有灌区主要分布在干、支流的川台盆地，占全部灌溉面积的80%，山丘地区占20%。全流域约有四分之三的灌溉面积集中在青海湟水河谷、甘宁沿黄高地、宁夏平原、内蒙古平原、山西汾河涑水、陕西关中、河南及山东引黄灌区等8个地区。机电提水灌区的分布，主要集中在黄河兰州至青铜峡和龙门至三门峡河段，这两个河段的提水灌溉面积占全河提灌面积的64%。

(一)规划任务及指导思想

黄河水资源供需矛盾较大，必须坚持计划用水、节约用水的方针。对有适量降水的地方，应根据当地实际情况，研究农作物结构，选用耐旱作物品种，采用秋水春用等有效保墒耕作和栽培经验，发展旱作农业。在必须采用人工灌溉的地方，要采用先进的灌溉技术和输水措施，节约用水，并控制发展规模。对已成灌区，要挖潜配套，加强管理，提高灌溉水利用率。还必须加强科学研究，提出合理的灌溉定额，统一调度使用水资源，提高经济效益，使黄河地表水和地下水用到最需要的地方。

根据国民经济发展总目标，到2000年农业产值翻番和基本解决群众温饱问题的要求，黄河流域的灌溉必须为此创造条件。规划要求到2000年全流域粮食总产达到4580万吨，人均365公斤，相应要求灌区粮食总产达到3100万吨并大力发展经济作物。

黄河灌溉事业发展的方针，应以加强经营管理，提高经济效益为中心，内涵为主，适当外延。重点实行三个转变：由灌溉农业为主，转变为灌溉农业与旱作农业并重，因地制宜确定不同地区的发展方向；由发展灌溉面积为主，转变为现有灌区技术改造为主；由工程建设为主，转变为加强管理，提高经济效益为主。2000年以前必须完成这个转变。今后灌溉事业的重心，应是现有灌区挖潜改造、巩固配套和经营管理。必要的新灌区建设，应结合解决当地人畜用水和经济急需。

灌溉发展的原则，必须贯彻因地制宜，统筹兼顾。结合黄河流域年降水分布情况，应区别对待。黄河灌溉地区中，甘、宁、蒙三省(区)的主要农业区，气候干旱，降水少，发展农业必须灌溉，为绿洲农业区。青、陕、晋三省，农业区降水 400—600 毫米，干旱仍是常见灾害，但全年总降水量可满足作物需求，又有几千年旱作农业经验，可灌溉与旱作并重。下游豫、鲁两省，年降水量 600 毫米以上，大面积旱田已达中产以上水平，灌溉需求不稳定，引黄灌溉仅为补水性质。

根据黄河可供水量分配方案，本次规划的各省区灌溉耗水如表 3—8。

表 3—8　黄河可供水量分配及规划灌溉水量表

项目 \ 省区	青海	四川	甘肃	宁夏	内蒙古	陕西	山西	河南	山东	河北天津	合计
可供水量分配方案	14.1	0.4	30.4	40.0	58.6	38.0	43.1	55.4	70.0	20.0	370.0
规划农业灌溉水量	12.1	/	25.8	38.9	52.3	33.6	28.5	46.9	53.5	/	291.6

注：单位亿立方米。

(二)规划范围

本次规划主要研究国民经济发展需求与水土资源平衡、各地区发展的潜力与可能及经济、社会、环境效益的协调发展等宏观方面的问题，并提出建议。规划研究的范围是黄河干、支流灌区，下游引黄灌区及内流区，重点是 8 个主要灌溉地区及灌溉面积 10 万亩以上的灌溉工程。比较分散的较小灌区由各省区进行安排，本规划只从全河统筹及水资源平衡方面提出意见，不作深入研究。地下水开采及纯井灌区规划另作专题研究，本规划只对局部富水地区作适当考虑。正在实施及规划中的引黄济青、引黄入津、引黄入淀及引黄入晋等工业及城市调水工程为水源的沿线农业灌区，不列入本规划范围。

(三)近期(2000 年)发展规划

按照规划任务书的要求及灌溉发展的指导思想，根据各地区水土资源条件及社会发展需求，在研究各省(区)规划的基础上，提出综合规划意见。

预计到2000年,规划范围内总人口达12540万人(其中流域内10543万人),比1980年增加2920万人(其中流域内增加2390万人);年粮食总产达到4580万吨,人均365公斤;耕地面积2.14亿亩,比1980年减少0.11亿亩。

规划到2000年,灌溉面积达到9690万亩,总需耗水量361.1亿立方米,其中需耗河川水291.6亿立方米,比1980年增加约30亿立方米。

黄河上游大部分地区,干旱缺水,需常年灌溉,规划河川径流灌溉面积2377万亩,年耗水118.8亿立方米,亩均耗水约500立方米,考虑灌溉回归水的重复利用后,可基本满足。中游地区水源紧缺,供水能力不足,现状缺水严重,亩均耗水仅248立方米。规划河川水灌溉面积2674万亩,耗水91.9亿立方米,亩均耗水344立方米,比现状有所增加。由于中游地区年降水量较上游地区多,灌溉回归水也可重复利用,基本可满足农作物关键时期的用水要求。下游地区雨量较丰,还有当地水资源可资利用,由黄河补水81亿立方米可满足2000多万亩的灌溉用水。

2000年各河段、各省区灌溉面积及用水量见表3—9。

(四)远期发展设想

为了满足规划范围内远期经济发展和人口增长对农产品的需求,首先要管好、用好2000年以前已成的约1亿亩灌区,使之发挥更大的经济效益。在有条件发展灌溉的地区,要进一步扩大灌溉面积。从土地资源条件分析,远期可再发展灌溉面积4200万亩左右,扣除工矿、城市建设等占地减少的灌溉面积后,规划范围内灌溉面积可达1.3—1.4亿亩。若用2000年拟定的灌溉定额,则需耗水500亿立方米左右,若能进一步采用节水措施,将有可能使远期灌溉耗水量减少到400余亿立方米。加上远期工业、城市生活需耗水200亿立方米,总需水约600亿立方米,扣除地下水可利用量,还要求黄河供水500余亿立方米,而黄河多年平均可利用水量仅360—380亿立方米,若优先满足工业及城市生活用水,农业将缺水约140亿立方米。因此,兴建南水北调工程,对于解决黄河缺水将具有重大意义。

表 3—9　　**2000 年水平各河段灌溉面积及用水量表**

河段（或省区）	1980 年			2000 年			1980—2000 年	1985 年已达到		备注
	有效灌溉面积	其中：井灌	河川径流耗用量	灌溉面积	其中：井灌	河川径流耗用量	改善灌溉面积	灌溉面积	其中：井灌	
兰州以上	351.2	9.2	14.7	539.4	13.5	22.9	190	440.8	8.6	花园口以下沿黄地区 1980 年耗水量包含抗旱灌溉用水及部分城市工业用水。2000 年未包含抗旱面积及其耗用水量。
兰州—河口镇	1719.0	138.8	90.1	2096.0	244.6	95.9	783.5	1892.5	206.6	
河口镇以上	2070.2	148.0	104.8	2635.4	258.1	118.8	973.5	2333.3	215.2	
河口镇—花园口	3585.0	1036.9	63.2	3807.6	1136.9	91.9	1856.0	3492.7	1088.8	
花园口以上	5655.2	1184.9	168.0	6443.0	1395.0	210.7	2829.5	5826.0	1304.0	
花园口—利津	2039.8	957.5	92.0	3247.0	957.5	80.9	1226.0	2341.0	937.0	
利津以上	7695.0	2142.4	260.0	9690.0	2352.5	291.6	4055.5	8167.0	2241.0	
青海	189	4	7.6	274	7	12.1	94	234	3	
四川	4	0	0	4	0	0	0	4	0	
甘肃	499	76	18.7	701	87	25.8	240	556	76	
宁夏	461	11	36.0	546	22	38.9	364.5	472	16	
内蒙古	1164	110	51.3	1390	210	52.3	388	1330	180	
陕西	1694	464.4	25.2	1723	433	33.6	913	1598	393	
山西	1137	343	18.4	1212	466	28.5	700	1142	466	
河南	1243	664	32.8	1760	657.5	46.9	372	1254	637	
山东	1304	470	70.0	2080	470	53.5	984	1577	470	
各省区合计	7695	2142.4	260.0	9690	2352.5	291.6	4055.5	8167	2241	

注：单位万亩、亿立方米。

七、干流航运

根据交通部黄河水系航运规划办公室编制的《黄河水系航运规划报告》，本次规划提出的干流航运规划，主要内容如下：

黄河干流上中游大部分河段险滩多，水流湍急，下游河段泥沙多，冲淤变化大，游荡摆动剧烈，航运困难。因此黄河干流航运事业很不发达。

黄河的航运，目前只在局部河段有少量短途季节性客货运输，年总货运量约 40—66 万吨。上游刘家峡库区开辟了刘家峡大坝至炳灵寺 41 公里和兰州市区 40 公里的水运航线，发展旅游业，年客运量约 21 万人次。乌海市至三盛公和包头以下河段有季节性货运，年货运量约 6—8 万吨。中游梁家碛至河曲、天桥电站至贺家畔、船窝至禹门口等河段有船舶运煤，南村以下有木帆船运货，年货运量 10—13 万吨。府谷至吴堡通航 143 个客位的客轮。下游高村以下，50 年代以来航运比较发达，但近些年来，由于黄河两岸工农业发展，大量引黄河水，致使济南、泺口在五、六月份经常出现断流，黄河航运日趋萎缩，年货运量约 24—45 万吨。

黄河目前的水运工业，有山东省黄河航运局船厂、河南开封柳园口修造船厂、陕西府谷船厂和一些简易造船加工工地。

（一）航运开发要求

黄河上游有我国重要的畜牧业生产基地，几大片灌区是我国北方重要的农业区之一，农牧产品在全国占有重要地位。流域内煤炭、石油、铝土、钢铁、金、稀土、建材等矿产资源十分丰富。特别是宁、蒙、山、陕黄河沿岸的煤炭资源，已探明储量 5000 亿吨左右，预估储量达 13000 亿吨。本地区的铁路、公路的密度远较经济发达的我国东部地区稀少，运输能力远不能满足煤炭开采外调的需求。因此，开发黄河水运对于减轻陆路运输压力，降低运输费用，促进国民经济发展，解决黄土高原黄河两岸交通不便，活跃地区经济等方面均有较大的意义。且黄河两岸风光优美，文物古迹较多，开发黄河水运也将促进黄河旅游事业的发展。

从长远看形成以黄河航运沟通西北、华北，并通过京杭运河连接华东，以调动煤炭为主的运输线，对我国交通运输事业的发展和解决北煤南运均具有重大的战略意义。

(二)航运规划

结合黄河治理开发与国民经济发展要求,远景设想在兰州以下 3345 公里的河道实现全线通航。初步拟定兰州至青铜峡为五级航道,其余河段均为四级航道。要求航道宽 40—80 米,水深 1.5—1.8 米,跨河桥梁净跨不小于 38.5—50 米,净高大于 4.5—8 米。

根据黄河沿岸煤矿的发展趋势及工矿建设对黄河航运的要求,参照黄河流域 2000 年前后经济发展和可能达到的技术经济条件,预计到 2010 年,兰州以下各河段货运总量将达 1973 万吨,其中下水货 1513 万吨,上水货 460 万吨。运输的主要货种为煤炭,运量为 1523 万吨,占总货运量的 77.2%。货运周转量 781596 万吨·公里。

由于沿河大煤田的开发和旅游地的建设以及农村经济的进一步发展,黄河客运也会有很大发展,预计 2010 年客运量将达 153 万人次,客运周转量为 12193 万人·公里。

根据以上客货运量的预估,2010 年水平各河段航道规划如下:

兰州至青铜峡段达到六级通航标准,枢纽通航建筑物按远景五级航道兴建。整治疏浚山区航道 230 公里,兴建大峡及大柳树枢纽通航建筑物。

青铜峡至乌海市航道按六级标准治理,青铜峡枢纽通航设施按五级标准兴建。

乌海市至河口镇航道标准为五级,其中包头至河口镇航道条件较好,大部分河段具备季节性通航 300 吨机驳的航道条件,稍加疏浚整治即可达五级航道标准。

河口镇至禹门口河段,按五级航道标准整治,达到通航 300 吨机动驳船的要求。兴建天桥电站及碛口枢纽船闸和壶口瀑布过船设施。

禹门口至三门峡河段,潼关以上按六级航道标准整治,通航 100 吨级拖带船队,潼关以下是三门峡库区,达到六级航道标准,整治工程量较上段小。

三门峡至柳园口,由于大坝碍航,大坝至董庄 7 公里暂不通航,其余按六级航道整治,通航 50—100 吨级船舶。

柳园口至位山,配合河道整治,稳定航槽,达到六级通航标准。随着黄河航运的发展及东线南水北调的实施,建成黄河与京杭运河的沟通工程,逐步发展跨流域运输。

位山至(利津)1 号坝,河势稳定,但有多处浅水段需治理,规划达到四级通航标准,通航 500 吨船舶。

为了实现2010年的航运目标，保证航运用水，要求各河段通航流量为：兰州至青铜峡410立方米每秒，青铜峡至龙门400立方米每秒，龙门至三门峡380立方米每秒，三门峡以下330立方米每秒。

规划2010年船舶保有量为31万吨，总功率40万马力。

港口规划本着“因陋就简，先急后缓，逐步改善”的原则，到2010年港口总吞吐量达到3750万吨，其中煤炭2630万吨，占总吞吐量的70%。为此，需分期兴建主要港口51处，其中50万吨以下的港口32处，50万吨以上的19处。

预计2010年以前，航道整治需投资8.68亿元，壶口过船建筑物1.0亿元，港口建设投资3.20亿元，其它3.21亿元，总投资16.09亿元。

第四篇

专项规划与研究

专项规划与研究是相对综合规划而言，它既是某次综合规划的组成部分，又是各次综合规划的继续和补充。黄河综合规划自1954年编制以来，曾进行过多次全河性规划，对许多重要领域进行全面综合分析，提出各时期规划成果，指导黄河治理工作的开展，其中，对全河有巨大影响的重大项目，如下游防洪、下游河道减淤、中游水土保持、支流治理、干流工程布局、水资源利用、南水北调等，不仅在全河综合规划时进行研究，提出成果，而且在各次全河综合规划完成后仍继续研究，不定期提出成果报告，指导各领域工作的开展，并有较系统、完整的资料，故另列专项规划记述。

本篇考虑到多卷本《黄河志》中设有《黄河水土保持志》、《黄河防洪志》各卷，又因本志中设有支流规划和南水北调规划篇，与其相重复的内容不拟记述，仅就下游防洪、下游河道减淤、干流工程布局、水资源利用等4个专项，记述其演进变化及成果。

下游防洪，是黄河的头等大事，关系到黄河下游两岸25万平方公里内的国计民生。1949年以来，我国政府对此极为重视，黄委会和豫、鲁两省进行了系统研究，本篇重点记述自1954年编制黄河综合规划以来的情况。

下游河道减淤，是70年代进行黄河规划时提出来的新课题，尔后在各次全河规划中都占有很重要的位置，并有系统的研究。在此之前只有零星记载。本篇记述以近为主，并追述其源。

干流工程布局，是各次全河规划的核心，对上、中、下游各河段梯级布局作统筹安排。本篇除系统记述各河段的梯级演变外，还记述了几个重点工程规划研究情况。

水资源利用与规划，以往主要是指灌溉用水，70年代以来作为一门综合性的科研工作开展。黄河由于水资源并不丰沛，可利用量有限，用水部门很多，供需矛盾较大，规划研究尤为详尽，故列专项记述。

第九章　下游防洪

在历史上，黄河下游决口改道频繁，洪水波及范围北达天津，南至江淮，纵横25万平方公里。自1946年以来，已取得历年伏秋大汛未决口的胜利，但由于洪水、泥沙未得到有效控制，下游河道仍在淤积抬高，洪水威胁依然存在，防洪问题尚未根本解决。

为了解除黄河下游的洪水威胁，建国后，在水利部（水利电力部）的领导下，黄委会和有关单位不断进行研究，多次提出黄河下游防洪规划方案。

第一节　黄河洪水

黄河下游花园口站断面出现的洪水，主要来自中游河口镇到龙门（简称河龙间）、龙门到三门峡（简称龙三间）和三门峡到花园口间（简称三花间）三大区域。根据实测资料分析，花园口的大洪水和特大洪水有三种类型：一是以三门峡以上的河龙间和龙三间来水为主，如1933年和1843年洪水；二是以三门峡以下的三花间来水为主，如1958、1982和1761年洪水；三是以三门峡以上的龙三间和三门峡以下的三花间来水为主，如1957和1964年洪水。

黄河上游兰州以上来水为主的洪水，虽不能形成花园口的大洪水，但是中水（流量4000—5000立方米每秒）持续时间长（可达20—30天），加上含沙量又小，故对黄河下游河势影响较大，仍能威胁堤防安全。

花园口实测最大洪峰流量22300立方米每秒（1958年），调查最大洪峰流量33000立方米每秒（1843年）。三门峡实测最大洪峰流量22000立方米每秒（1933年），调查最大洪峰流量36000立方米每秒（1843年）。

黄河三门峡、三花间及花园口的设计洪水，自1954年编制黄河规划以来，随着资料的积累和调查的深入，曾作过多次分析计算，逐步加深了对黄河洪水的认识。主要有如下几次：

一、1954 年编制的《黄河综合利用规划技术经济报告》，利用陕县站 1919—1953 年，35 年的实测资料和调查的 1843 年最大洪水 36000 立方米每秒进行了分析计算，其结果为三门峡千年一遇洪峰流量 37000 立方米每秒，三门峡至秦厂间（简称三秦间）千年一遇洪峰流量 25000 立方米每秒。

二、1963 年黄河三秦间洪水分析。三秦间的洪水，自 1954 年以来的历次分析计算中，均未考虑地形、决溢、工程等对洪水的影响，又未引用历史洪水资料，加上实测系列短，故所得成果不尽合理。为此，黄委会从 1963 年初开始对三秦间洪水又作了较全面深入的分析研究，于 1964 年 4 月提出《黄河三门峡至秦厂间洪水分析报告》。该报告水文资料截至 1962 年，有 18 年实测资料，经插补延长后，共得 31 年资料。

在分析计算中，考证了历史洪水文献，使用了调查历史洪水资料，分析了地形与工程对洪水的影响，并对频率计算成果，从多方面进行合理性分析。设计洪水过程线选择对三花间特大洪水有代表性的 1954 及 1958 年两次洪水作为典型。计算结果，随洪水典型、洪水组成和洪水过程线放大方法不同而有所差异，三秦间千年一遇洪峰流量变化在 23300—30000 立方米每秒之间。经全面考虑，综合研究后认为，作为黄河下游防洪设计洪水，建议考虑千年一遇标准，用同频率峰量控制放大，采用以洛河来水为主的洪水组合，并考虑陆浑水库的作用，洪峰流量为 25170 立方米每秒。再加三门峡一般洪水下泄 4100 立方米每秒，取其整数，秦厂洪峰流量为 30000 立方米每秒。

三、黄河下游特大洪水估算。1975 年 8 月，淮河发生特大暴雨，造成巨大灾害，据气象分析，类似暴雨降到三门峡以下的黄河流域是完全可能的。为此，黄委会治黄规划办公室对黄河下游可能发生的特大洪水进行了估算。采用历史洪水加成、频率分析、可能最大暴雨等三种途径分别进行，然后综合分析确定采用数值。

历史洪水加成，选用 1761 年洪水（花园口洪峰流量 35000—38000 立方米每秒），加成 30%—50%。

频率分析，采用花园口实测和插补的 39 年资料，1761 及 1843 年两次调查历史洪水，作为 215 年来的第一及第二大洪水。

可能最大暴雨，是 1972—1973 年，黄委会与华东水利学院及河南省气象局协作，用水文气象法对黄河三花间的可能最大暴雨和可能最大洪水进行分析时，曾对暴雨模式考虑了当地“58 · 7”（指 1958 年 7 月洪水，下同）单独典型、当地“54·8”+“58·7”组合典型和移置海河“63·8”等三种模式。此次，即在此基础上，增加移置淮河“75·8”暴雨进行计算。

计算结果：三花间可能出现特大洪水的洪峰流量为43000—57000立方米每秒；花园口可能出现特大洪水的洪峰流量为50000—60000立方米每秒。综合分析后，选定可能发生的最大洪水为：三花间洪峰流量45000立方米每秒，十二天洪量120亿立方米；花园口洪峰流量55000立方米每秒，十二天洪量200亿立方米。该成果《黄河下游特大洪水估算》提交水电部于1975年12月召开的“黄河下游防洪座谈会”讨论审查。

参加讨论审查的有淮河水利委员会华士乾、黄永泽、张福仪，水电部第四工程局陈家琦、谭维炎，第六工程局金懋高及黄委会治黄规划办公室的人员。审查结果，基本同意估算推荐的数值，并提出应抓紧对1569、1632、1662、1781等年的历史洪水做进一步考证，对用可能最大暴雨计算中的一些环节做进一步分析论证，以便在1976年初提出正式报告时进一步核定。

黄委会规划办公室根据审查意见，并配合桃花峪、小浪底两个工程的选点，对三花间洪水和淮河“75·8”暴雨移置工作进行修正，并补充小浪底至花园口(简称小花间)特大洪水估算。于1976年6月提出《黄河下游特大洪水估算的补充工作》。

1976年8月，在水电部规划设计院组织的黄河小浪底、桃花峪工程规划技术审查会议上，对上述成果又进行了讨论审查。审定的黄河下游设计洪水成果如表4—1。

表4—1 **黄河下游设计洪水成果表**

项目	洪峰流量(立方米每秒)			洪水总量(亿立方米)								
				五天			十二天			四十五天		
频率 %	0.01	0.1	1.0	0.01	0.1	1.0	0.01	0.1	1.0	0.01	0.1	1.0
花园口	55000	42300	29300				200	164	125	420	358	294
三花间	45000	35100	23000	95	64.7	42.8	120	91.1	61	165	132	96.5
三门峡	52300	40000	27500				168	136	103.5	360	308	251
小花间	36700			75			98					
小、故、陆、花间	30000			65								

注：小、故、陆、花间，即小浪底、故县、陆浑、花园口间的无控制区。

为了进一步核定黄河下游特大洪水，审查会建议补充以下两方面工作。

（一）历史洪水与频率计算，除继续对1761年洪水估算存在的问题进行补充工作外，尚须对1569、1632、1662、1771、1781年的历史洪水进一步考证，并尽可能给予定量。

（二）“75·8”暴雨移置模式中，有关移置改正和暴雨中心不同的影响及产流、汇流中的一些环节，需做进一步分析论证。

四、特大洪水复核。黄委会设计院根据1975及1976年两次对黄河下游特大洪水计算成果的审查意见，着重对1761及1843年两次历史洪水作了补充调查分析，并重新作了频率计算。于1980年3月提出《黄河下游设计洪水分析计算补充报告》。

1976年计算时，1761及1843年两次历史洪水是作为215年来第一大洪水及第二大洪水参与频率计算的。本次计算，再次考证了这两次洪水。计算结果，1843年洪水花园口洪峰流量33000立方米每秒，重现期为600年一遇，居第一位；1761年洪水，花园口洪峰流量32000立方米每秒，居第二位。实测资料系列，1976年计算时截至1969年，本次计算延长到1976年。

本次计算成果，较1976年计算成果略为偏小，但总的变化不大。从各种计算途径综合分析后认为，1976年审定的黄河下游特大设计洪水数据是适当的，可作为黄河下游防洪规划的依据。

上述报告于1980年4月12日以黄设规字(80)第9号文报送水利部规划设计管理局审定。水利部于1980年5月29日以(80)水规设字第022号文作了如下批复：

同意黄河下游特大洪水仍采用1976年审定的数值；

在1976年计算成果中，1761年历史洪水大于1843年历史洪水，但此次报告则相反，考虑到1843年洪水在三门峡至花园口间反映很少，因此花园口站1761和1843年两次洪水的排位和重现期的确定，仍需作进一步分析研究。

1985年，为小浪底初步设计的需要，黄委会设计院对下游防洪设计洪水和小浪底大坝防洪设计洪水，又进行了分析计算，于1985年6月提出《黄河小浪底水利枢纽设计洪水报告》。

本次计算的方法与1976年的计算方法相同，只是将实测资料延长到1982年，并修正了插补资料。分析计算结果，较1976年成果偏小10%左右。考虑到人们对洪水发生规律的认识不够，以及小浪底工程的重要性，黄河下游设计洪水仍采用1976年审定的成果。

这个报告，于1985年12月由水电部规划设计院组织西北院、水科院水资源所、河南省水利设计院等单位进行审查，会后以〔85〕水规字第 56 号文发了会议纪要，基本同意报告中推荐的设计洪水数据。1986 年 5—7 月，经中国国际咨询公司审查认可。

第二节　下游防洪规划

1946—1949 年，黄河下游防洪在“依靠群众，保证不决口，以保障人民生命财产安全和国家建设”和“确保临黄，不准开口”的方针指导下，战胜了包括 1949 年花园口站洪峰流量 12300 立方米每秒较大洪水在内的历年伏秋大汛，取得了下游防洪的初步胜利。为争取防洪的更大胜利，1950 年又提出“以防御比 1949 年更大洪水为目标”的防洪方针。

自 1951 年起，根据下游防洪的需要，随着资料的积累，认识的深化，曾多次作过黄河下游防洪规划。

一、1951 年下游防洪规划

1951 年 3 月黄委会提出《防御黄河 23000—29000 立方米每秒洪水初步意见》。

防御目标以陕县站 1933 年及 1942 年实测洪峰流量 23000 立方米每秒及 29000 立方米每秒为准(该两年的实测最大洪峰流量，1954 年整编时分别改为 22000 立方米每秒及 17700 立方米每秒)。

规划本着“分洪减盈，滞洪节流”的原则，在黄河两岸用分滞洪水的方法来解决下游的防洪问题。计划开辟兰封分洪区和沁黄、北金堤、南金堤、东平湖等滞洪区，共可分滞洪水 12000 立方米每秒，总量约 28.1 亿立方米。对 29000 立方米每秒洪水，经分滞洪水后，各断面均可安全通过，陶城铺洪峰流量约 8000 余立方米每秒。

1951 年 5 月 14 日，水利部以(51)工字第 4383 号文转发了财经委员会 4 月 30 日(51)财经计(农)字第 1397 号文《政务院财经委员会关于预防黄河异常洪水的决定》。决定指出：“为求在遭受异常洪水时能有计划地缩小灾害，曾由黄河水利委员会商得平原、河南、山东三省同意，拟具初步意见，复经本委召集水利部、黄河水利委员会、铁道部、华北事务部及平原省人民政府，反复研究，特作如下决定。”决定的主要内容为：

(一)在中游水库未完成前,同意在下游各地区分期进行滞洪、分洪工程。

(二)第一期,防御陕县站 23000 立方米每秒洪水,开辟沁黄、北金堤、东平湖等滞洪区。要求 1951 年汛前完成(这些工程已如期实现)。

(三)第二期,防御陕县站 29000 立方米每秒洪水,在平原省原武、阳武一带,结合放淤,计划蓄洪工程。要求 1952 年汛前完成。

二、1954 年规划

1954 年黄河规划委员会编制《黄河综合利用规划技术经济报告》。

《报告》认为:用造价很高而工程又非常繁重的加高加固堤身的方法来解决下游防洪问题,不能完全消除水灾威胁。而用水库调节洪水的方法来解决下游的防洪问题是唯一正确的道路。由于洛河口以下的黄河干流上不能修筑大水库,因此,洪水调节任务,只能安排干流三门峡水库负担。

通过三门峡水库调节,可使陕县站千年一遇洪峰 37000 立方米每秒,降低至下游山东河段的容许安全泄量 8000 立方米每秒。三秦间洪水,千年一遇洪峰流量 25000 立方米每秒,安排洛河故县、伊河陆浑及沁河润城三座支流水库来解决。在支流水库未建成前,可利用石头庄(即北金堤)、东平湖两个滞洪区分洪,使洪水下泄量不超过容许安全泄量。支流水库建成后,干、支流四库联合运用,可使下游洪水泄量小于 8000 立方米每秒,不再使用滞洪区。

三、1958 年规划

为了适应全国“大跃进”形势,黄委会在 1954 年黄河规划的基础上编制了《黄河综合治理三大规划草案》。其中“黄河下游综合利用规划”的有关防洪、防凌部分规划如下:

规划东平湖水库 1959 年汛前建成;三门峡、故县及陆浑水库均在 1960 年汛前起拦洪作用;干流桃花峪水库,在 1961 年或最迟于 1962 年建成。据此,黄河下游防洪分为三个阶段。

(一)三门峡水库拦洪以前。经初步估算,由于水土保持工程及三门峡围堰的作用,可将秦厂千年一遇洪水 36000 立方米每秒,削减至 29820 立方米每秒,因此,下游防洪标准即以秦厂 30000 立方米每秒考虑。利用各引水涵闸及封丘自然倒灌区和东平湖水库分滞洪水29亿立方米，艾山以下泄量可不超过11000立方米每秒。

（二）三门峡水库拦洪后，桃花峪水库建成前。此时来自三门峡以上的洪水可完全控制，三秦间洪水通过故县、陆浑两座水库调蓄，可将千年一遇洪水22800立方米每秒减至19800—20900立方米每秒。位山以上河段，只要加强防守，可以安全通过，位山以下，利用东平湖水库分洪，可控制洪水下泄量在6000立方米每秒以下。

（三）桃花峪水库建成后，黄河洪水得到全部控制，干、支流水库联合运用，可保证当秦厂出现千年一遇洪水时，桃花峪水库下泄量不超过6000立方米每秒。

四、1964年规划

1963年8月海河流域降特大暴雨，造成洪水灾害。经估算黄河花园口千年一遇洪峰流量可达30000立方米每秒，为此，黄委会于1963年11月向国务院呈报《关于黄河近期防洪意见的报告》。11月20日，国务院(1963)国水电字788号文《国务院关于黄河下游防洪问题的几项决定》中指出："黄河三门峡水库建成后，控制了黄河大部分面积的洪水。但在三门峡水库以下，如遇特大暴雨，花园口仍有发生洪峰流量22000立方米每秒，甚至超过22000立方米每秒的可能。为此，对黄河下游防洪问题特作如下几项规定。"主要内容为：

（一）当花园口发生22000立方米每秒洪峰时，在位山拦河坝破坝后，应利用东平湖分洪4000立方米每秒，使艾山下泄量不超过12000立方米每秒，考虑到区间来水，艾山以下堤防应按13000立方米每秒排洪标准设计；

（二）当花园口发生超过22000立方米每秒洪峰时，利用石头庄溢洪堰或河南省其他地点，向北金堤滞洪区分滞洪水，以控制孙口流量不超过17000立方米每秒，孙口以下，分入东平湖5000立方米每秒，仍控制艾山以下泄量保持在12000立方米每秒左右；

（三）为了安全，必须大力整修加固北金堤堤防，修建滞洪区内的工程，对东平湖要整修加固围堤，将运用水位由44米提高到44.5米。

根据上述规定，黄委会于1964年6月提出《黄河下游防洪十二年(1964—1975)规划(草案)》。

规划防御目标为：确保花园口22000立方米每秒洪水安全入海，对可能发生的30000立方米每秒洪水，做到有措施、有对策，保证黄河不发生严重决口，不改道。为此，提出如下措施：

（一）力争在1965年以前完成1963—1967年的大堤培修计划。在此基础上，继续加固培修堤防，根据河道淤积情况，拟在12年内，东坝头以下堤防约再加高0.4米，东坝头以上的堤防超高由原来的2.5米提高到3米；

（二）当花园口洪峰流量30000立方米每秒时，北金堤滞洪区分洪8600立方米每秒。为安全计，需培修加高北金堤堤防，并在滞洪区内修筑围村堰、避水台、交通道路等工程，对石头庄溢洪堰和张庄入黄闸进行整修、加固、改建和续建，保证北金堤滞洪区安全运用；

（三）对下游河道进行全面整治。

五、1973年规划

黄河下游河道1965—1972年平均年淤积量4.2亿吨，其中1969—1972年平均年淤积量达6亿吨，且由于生产堤挡水，使河槽迅速淤高。艾山以上河道，有的河段比滩面还高，形成“悬河中的悬河”，对防洪非常不利；艾山以下河道也由过去的少量淤积变为严重淤积，河床迅速抬高，艾山同流量5000立方米每秒水位1972年较1965年抬高2.25米，山东河段排洪能力已由1964年的13000立方米每秒下降到9000—10000立方米每秒。防御花园口22000立方米每秒洪水，有不少堤段超高不足。下游防洪形势非常严峻。

为此，黄委会于1973年6月提出《黄河下游近期治理规划意见(1974—1983年)》。

规划下游防御标准仍为确保花园口22000立方米每秒洪水不决口，30000立方米每秒洪水有措施、有对策。具体措施如下：

（一）防御花园口22000立方米每秒洪水，比较了加高大堤和加厚大堤两个方案，经分析，推荐加高大堤方案。

加高大堤方案，是以1983年的设计洪水位作为加高大堤的依据，按规定的出水高度计算堤顶高程。结果在东坝头以上不需加高，东坝头以下大堤加高高度自上而下为0.9—2.1米，共需加高长度1021公里。另外，需在险工段和薄弱平工段进行引黄放淤加固，放淤段长584公里。全部工程1974—1983年完成。

（二）防御花园口30000立方米每秒洪水，经三门峡、陆浑水库控制运用，并考虑故县水库的削减作用，花园口流量为28000立方米每秒。经演算，大堤加高后，仍不能满足防洪要求，必须使用北金堤滞洪区，因此，必须对北金堤进行培修加固。

（三）防御凌汛，主要依靠三门峡水库在凌汛期关门调蓄部分水量，再经山东齐河、垦利两处展宽工程分蓄一部分水量，可解决凌汛问题。

上述规划意见，黄委会根据水电部指示于1973年7月5日至12日在郑州召开的“黄河下游治理规划座谈会”上进行了讨论。

会议一致同意规划所提的防御标准为花园口流量22000立方米每秒和艾山以下控制泄量为10000立方米每秒并按11000立方米每秒设防的意见。但在处理洪水两个方案的一些具体问题上未取得一致意见，会议建议再进一步做必要的补充，尽快提出规划。会后写有《黄河下游治理规划座谈会纪要》。

1973年11月22日至12月5日，国务院黄河治理领导小组，在郑州召开“黄河下游治理工作会议”，提出《关于黄河下游治理工作会议的报告》上报国务院。

《报告》提出，为了确保下游安全，首先应加高加固堤防，采用人工加堤和引黄放淤固堤的方法。计划1978年以前完成加高大堤土方1亿立方米，1983年以前把险工及平工薄弱段淤宽50米，淤高5米以上，放淤土方3.2亿立方米。其次是废除生产堤，在滩区内修筑避水工程，实行“一水一麦，一季留足群众全年口粮”的政策，使滩区自然滞洪落淤。同时整治河道，搞好滞洪区，以提高排洪能力；在洛、沁、汶等支流修建水库，削减黄河洪峰；抓紧完成山东齐河、垦利展宽工程，保证防凌安全。

以上报告，国务院于1974年3月22日以国发〔1974〕27号文批转给沿河8个省（区）。

六、1975年规划

1975年8月，淮河发生特大暴雨后，黄委会对花园口可能发生的特大洪水通过多种途径进行分析计算，并向中央作了“黄河特大洪水问题”的报告。国务院领导批示要“严肃对待”。根据水电部指示，黄委会同河南、山东黄河河务局，对防御特大洪水进行规划研究，于1975年12月提出《关于防御黄河下游特大洪水问题的汇报提纲》。主要内容如下：

黄河下游现有防洪能力，由于河道不断淤高，排洪能力逐年降低，不少堤段超高不足。防御花园口22000立方米每秒洪水就有1000公里堤段的超高不足设计标准。防御大于22000立方米每秒洪水的措施有三门峡水库与北金堤滞洪区。但三门峡水库只能控制其上游的洪水，北金堤滞洪区容量小，堤防单薄，隐患很多，且分洪不可靠，运用不安全。因此，黄河下游一旦出现特大洪水，除依靠现有防洪设施外，还必须采取新的措施，提高设防能力，以保证黄河下游安全。

处理特大洪水的方针是“上拦下排，两岸分滞”。主要措施是在花园口以上兴建工程，削减洪水来源；改建现有滞洪设施，提高滞洪能力；加大位山以下河道泄量，排洪入海。

（一）上拦工程：在花园口以上，可建工程有黑石关滞洪工程、桃花峪滞洪工程和小浪底水库三处。按不同措施，对防御特大洪水，综合为四个方案。

1. 利用现有工程。三门峡水库关门三天，蓄洪29亿立方米，花园口流量46300立方米每秒，北金堤滞洪区和东平湖水库各分滞洪水20亿立方米后，艾山泄量为13000立方米每秒。

2. 新建黑石关滞洪工程。可使花园口流量削减为36000立方米每秒，经北金堤、东平湖各分滞洪水20亿立方米后，艾山泄量为12000立方米每秒。

3. 新建桃花峪滞洪工程。滞洪34亿立方米，可使花园口流量削减为22000立方米每秒，不用北金堤滞洪区，经东平湖分洪17亿立方米后，艾山泄量为12000立方米每秒。

4. 新建小浪底水库工程。三门峡蓄洪25亿立方米，小浪底蓄洪35亿立方米，可使花园口流量削减为32000立方米每秒，不用北金堤滞洪区，经东平湖分洪20亿立方米后，艾山泄量为12000立方米每秒。

经全面分析比较认为，小浪底工程方案优于黑石关及桃花峪两个方案。但小浪底工程规模大、工期长、投资多，不能作为防洪的应急措施。因此，倾向于将“利用现有工程”方案作为应急方案，在1980年以前实现，小浪底工程作为上拦的重大工程措施，在1980年以前动工修建，力争尽快起拦洪作用。为留有余地，北金堤滞洪区仍保留，作为防洪的备用工程。

（二）两岸分滞：主要是北金堤滞洪区和东平湖水库。

1. 北金堤滞洪区：由石头庄溢洪堰分洪没有把握，有可能抓不住洪峰，分不进洪水，而一旦冲开，没有控制，又可能分洪太多，甚至夺溜改道，因此，必须另建分洪闸。

分洪闸的修建，曾比较了建闸滞洪和建闸分格蓄洪两个方案：建闸滞洪，即在濮阳渠村建分洪闸（也可在邢庙建辅助分洪闸），分洪流量10000立方米每秒，按原来的滞洪方式运用；建闸分格蓄洪，是分别在渠村及邢庙各建分洪闸，分洪流量分别为7000及4000立方米每秒，在两闸间滞洪区内修一条长26公里的格堤，分格蓄洪。两个方案均分滞黄河洪水20亿立方米，加金堤河来水7亿立方米，滞洪区蓄洪27亿立方米。经比较，建议采用建闸分格蓄洪方案。

2. 东平湖水库：此次规划将原蓄水高程44米的运用水位，恢复到设计水位46米，并按此进行工程加固。在分洪时，为留有余地，按45米考虑，可分滞黄河洪水20亿立方米。

（三）加大位山以下河道泄量，使洪水畅排入海：按1973年规划，艾山以下防御标准为10000立方米每秒。此次规划要求艾山下泄量均为12000立方米每秒以上，因此，必须采取措施加大艾山以下泄量。为此，比较了修建分洪道和加高加固大堤两种措施。分析比较后认为，修建分洪道是解决黄河下游山东河段防洪问题的一条较好出路，建议采用。

修建分洪道，在近期作为临时分洪道和二道防线，远期在现行河道过水能力大为减小后，改为主河道。分洪道路线比较了三条：第一条，自位山附近起，顺北岸临黄大堤直流入海；第二条，自位山顺北岸至济阳沟阳家回大河，再沿南堤至十八户入海；第三条，自位山顺北堤至惠民白龙湾，再折向东北，与大河分汊至潮河入海。最后，选定第三条路线。

汇报提纲还提出1976年的紧急渡汛措施意见。1976年防汛任务为确保花园口发生22000立方米每秒洪水时大堤不决口，发生30000立方米每秒洪水时有措施有对策，发生更大洪水时尽最大努力缩小灾害。其主要措施是继续完成大堤加高加固和北金堤、东平湖的加固工程；山东省的南、北展宽工程要作好分洪准备；建议当发生30000立方米每秒以上洪水时，三门峡关门时间延长至五天。

河南省、山东省和水电部于1975年12月13日至18日在郑州召开“黄河下游防洪座谈会”。会议讨论了上述“汇报提纲”并提出《关于防御黄河下游特大洪水意见的报告》，于1975年12月31日由河南、山东两省和水电部联名上报国务院。

会议同意黄委会提出的“上拦下排、两岸分滞”的防洪方针。同时提出对“防御特大洪水的方案和1976年紧急渡汛措施”的意见。

会议一致认为，黄河下游应以花园口站46000立方米每秒洪水为防御标准，在第五个五年计划期间（1976—1980年），建议采取重大工程措施逐步提高下游防洪能力，努力保障黄、淮、海大平原的安全。

小浪底、桃花峪两处工程，各有优缺点，从全局看，为了确保黄河下游安全，必须考虑修建其中一处。为此，拟由水电部于1976年春组织现场审查，提出意见，报国家计委批准，在“五五”期间动工修建。支流水库除已建成的陆浑水库需要复核加固外，拟再建故县和河口村水库。故县水库初步设计经水电部审查通过，建议列入国家计划，早日修建。

为使北金堤滞洪区分洪安全可靠，一致同意，新建濮阳县渠村和范县邢庙两座分洪闸，废除石头庄溢洪堰，并加高加固北金堤。分洪闸规模分别为10000和4000立方米每秒，根据来水情况，灵活运用，分滞黄河洪水20亿立方米。东平湖按水位46米研究进一步加固措施。湖区内有耕地50万亩，居民13万人，超标准运用时，需组织群众撤退，做好抢护工作。为保证安全运用，拟修建退水闸和梁(山)济(宁)运河，将东平湖水相机退入南四湖。

会议一致同意，从陶城铺附近开始，另筑一道新堤，新堤和黄河大堤之间作为分洪道，这样能改变陶城铺以下的防洪被动局面。因此，修建分洪道是一项战略性措施，也是下游治理的百年大计。分洪道的规模和路线等，由黄委会协同山东省于1976年提出方案，报国家计委审批。

在上拦工程完成前，花园口至渠村间的200余公里河道堤防，在特大洪水时，要承受40000立方米每秒以上的洪水压力，防守困难很大。因此，除按照1973年规划，并根据洪水增大的情况，继续完成大堤加高加固外，拟在北岸原阳、延津、封丘等县抓紧研究修筑二道防线和临时分洪的可能。由黄委会协同河南省进行。

为防止黄沁并溢，建议沁河下游武陟境内改道，由黄委会协同河南省进行研究，提出设计，由水电部审批。

关于1976年的防汛任务，同意黄委会提出的确保花园口站22000立方米每秒洪水大堤不决口，遇特大洪水时，尽最大努力，采取措施缩小灾害。

上述“两省一部”的报告，国务院于1976年5月3日以国发〔1976〕41号文批复：“国务院原则同意你们提出的《关于防御黄河下游特大洪水意见的报告》。可即对各项重大防洪工程进行规划设计。”

七、1989年规划

1985年，黄委会根据国家计委和水电部的部署，开始修订黄河治理开发规划，1989年8月提出《黄河治理开发规划报告》(送审稿)，其中第四章为下游防洪减淤规划。

规划研究了现有防洪工程情况。黄河下游堤防，花园口至艾山河段，按花园口站流量22000立方米每秒设防，艾山以下设防流量为11000立方米每秒。干流三门峡和支流陆浑、故县等三座水库联合运用调节洪水，有效蓄洪能力达45—55亿立方米。可使三门峡以上来水为主的洪水得到较大程度的控制；对三门峡以下来水为主的洪水可使花园口站22000立方米每秒的洪水机遇由3.6%降到1.7%，下游堤防的设防标准由30年一遇提高到60年一遇。

经调查分析，黄河下游防洪保护面积约12万平方公里，耕地1.1亿亩，人口近7000万人。涉及新乡、开封、济南、徐州、濮阳、聊城、滨州、东营等市，京广、津浦、陇海、新菏等铁路干线和中原、胜利两大油田。初步估算若在北岸原阳以上堤段决口，直接经济损失约200亿元(按1985年水平计算)，若在南岸开封上下堤段决口，直接经济损失与北岸大体相近。此外，如人员伤亡、交通中断、城镇受淹、生产停顿、疾病流行、河流淤塞、农田沙化、水利工程毁坏等造成的间接损失和严重后果也不可低估。

规划认为，在峡谷河段修建干流水库工程，是迅速改变黄河下游防洪被动局面的切实可行的关键措施；河道整治和河口治理对于下游防洪和排沙有着越来越重要的作用；利用两岸滩区或低洼地带滞洪，是上拦下排还不足以处理特大洪水时的必要措施。因此，黄河下游防御特大洪水的方针是：上拦下排，两岸分滞。

此次规划选定的方案是：加强中游地区治沟骨干工程的建设，稳定现行河道，逐步完善防洪工程体系，尽快兴建小浪底水库。

对黄河下游的防洪标准，在小浪底水库生效前仍维持现状，即防御花园口站22000立方米每秒洪水，遇特大洪水，尽最大努力，采取一切措施，缩小灾害。小浪底水库生效后，提高到千年一遇标准。

规划提出近期治理任务是：争取在本世纪末基本控制黄河下游洪水，保证防洪安全；减缓下游河道淤积，避免防洪形势继续恶化；基本解除凌汛决溢的威胁。为此，除继续加强黄土高原区的水土保持工作，特别是10万平方公里的多沙、粗沙来源区外，要求及早修建小浪底水库，使其在2000年以前建成生效，其后在适当时机再修建碛口水库。小浪底水库可保持长期防洪库容40.5亿立方米，除拦蓄三小间洪水外，还可拦蓄一部分三门峡以上来水。与现有防洪工程联合运用，可使黄河下游防洪标准从不足百年一遇，提高到千年一遇。可将花园口站千年一遇洪峰流量42300立方米每秒削减到不超过23000立方米每秒，只用东平湖分洪区分洪即可控制艾山下泄流量不超过 10000 立方米每秒。在防凌方面，与三门峡水库联合运用，基本上解除下游凌汛威胁。除此以外，2000 年以前，还要继续加高、加固堤防，并进行河道整治和滩区治理。经分析计算，按 2000 年小浪底水库建成生效考虑，夹河滩以上的堤段不需要加高，其它堤段均需加高 0.5—1 米，少数堤段需加高 1 米以上。东平湖分洪工程是控制艾山以下河道排洪流量不超过 10000 立方米每秒的主要措施，但该工程还存在一些亟待解决的问题，需要进行加固改建。北金堤滞洪区是防御特大洪水的重要措施之一，由于问题较多，一旦使用，将给人民生命财产造成巨大损失。为此，需要对其进行加固、改建和续建。另外，对山东河段的南、北展宽工程，也需进一步完善。为了保障黄河河口地区的防洪安全和油田建设的顺利发展，还需合理安排黄河入海流路。

第三节 河口流路规划

一、近代河口流路变迁

现行黄河口三角洲，位于渤海湾与莱州湾之间，是清咸丰五年(1855 年)铜瓦厢决口改道夺大清河入海而发展形成的，一般指以垦利县宁海为扇面轴点，北起套尔河口，南至淄脉沟口的扇形地带，面积约 6000 平方公里。1949 年以后，由于人工控制，轴点下移至垦利县渔洼附近，范围北起车子沟，南至南大堤，面积约 2200 平方公里。

三角洲面上的流路，据历史文献记载和调查，近代改道达 50 余次，其中较大改道有 10 次。1855 年至 1938 年花园口扒口期间，较大改道有 7 次。1947 年花园口堵复后，大的改道有 3 次，均为人工改道。第一次是 1953 年 7 月小口子裁弯改道，将水全部引入神仙沟入海，称神仙沟流路；第二次是 1964 年 1 月在罗家屋子破堤分水，由洼拉沟至钓口河入海，称钓口河流路；第三次是西河口改道，这次改道，是按照 1967—1968 年所规划的流路，经 1975 年 12 月两省(河南、山东)一部(水电部)在郑州召开的“黄河下游防洪座谈会”上决定，于 1976 年 5 月 20 日在西河口截流改道，经清水沟入海，称清水沟流路。

二、流路规划

安排好黄河河口流路，既是黄河下游治理开发的要求，也是胜利油田开发建设的需要。为了下游防洪减淤，要求妥善安排流路，保持河口畅通，尽可能延缓河长延伸速率及朔源淤积影响；胜利油田则要求河口流路的安排要有利于油田的开发建设，尽力减少对油田的影响，近期要求尽可能延长现行流路的行水时间。

为了做好入海流路规划，水电部和石油工业部于 1987 年 1 月 24 日以(87)水电水规字第 3 号文向国家计委上报《关于黄河入海流路规划任务的报告》。国家计委于 1987 年 2 月 26 日以计土〔1987〕321 号文下达《关于黄河入海流路规划任务报告的批复》，同意水电部和石油工业部上报《报告》中提出的规划指导思想、主要内容和工作安排。

按照规划任务的要求，规划的重点是解决近期现实问题，着重安排好 2000 年前的入海流路。同时，为统筹协调国民经济发展，与黄河治理的关系，要求提出今后 50 年左右黄河入海流路布局的轮廓安排意见。

规划工作由黄委会设计院、胜利油田规划处、山东黄河河务局、水科院泥沙所、西北水科所、黄委会水科所、工务处、测报中心遥感室、济南水文总站等单位共同协作完成。最后由黄委会设计院汇总，于 1989 年 8 月提出《黄河入海流路规划报告》。

规划对近期(2000 年)入海流路着重比较了现行清水沟流路及改道十八户流路两个方案。经综合比较，以继续使用清水沟流路较为有利。今后 20—30 年内，按尽量稳定清水沟流路考虑，近几年争取仍维持现行河道入海。1987 年油田区局部开挖的北岸汊河宜于堵塞，今后视河口淤积延伸、河道水位变化、油田勘探开发需要等情况，再适时有计划地改走北汊入海。鉴于北汊入海流路对延长清水沟行河时间关系极大，近期油田建设安排，必须确保留出北汊流路。

规划对远期入海流路进行分析研究，提出轮廓设想。在清水沟流路不能继续使用后，黄河入海流路，经综合研究，可供比较的有钓口河及马新河两条流路，各有利弊。鉴于近期规划流路选定延长使用清水沟方案，远期改道的流路不需要也不可能立即完全确定下来。因此，规划建议两条都作为黄河的远期备用入海流路，并要求油田建设和三角洲开发安排应尽可能与此协调，为黄河留出通道。

规划还对尾闾河段防洪措施提出意见。设防流量拟按利津站10000立方米每秒考虑。防洪工程措施，研究了修建顺河大堤、开辟十八户分洪道和延长北大堤（沿六号路）等三个方案。经比较，推荐延长北大堤方案。另外，对防洪工程建设、非工程防洪措施及防凌安排等也提出了意见。

第十章 下游河道减淤

黄河干流自河南孟津至海口为强烈堆积的冲积性平原河流，长 800 余公里，横贯华北大平原。现行河道由于大量泥沙淤积，河床逐年抬高，目前河床的滩面一般高出堤外地面 3—5 米，部分河段达 10 米，成为"地上悬河"，形势严峻，对防洪十分不利。自 1950 年以来，黄河下游已经三次加高大堤，随着堤防的加高，潜在的危险增大。高村以下河道较窄，过洪能力不足，中常洪水水位高，易于发生大堤溃决的险情。高村以上宽河段，河势游荡摆动变化激烈，常出现"横河"、"滚河"、"斜河"，易发生大溜冲决堤防的险情。为了确保下游防洪安全，必须对黄河下游河道进行减淤，包括中上游的拦沙减淤和下游河道加大输沙能力排沙入海等措施。

第一节 历史简况

几千年来，我国人民在与黄河水害作斗争中，积累了丰富的经验。从宋朝王安石起，已开始认识到泥沙淤积的严重性，着手于治沙。宋神宗熙宁六年(1073 年)，有选人李公义献"铁龙爪扬泥车"以浚河，试行后，又制出"浚川耙"，终因机具单薄，泥沙太多，收效甚微。明朝中期，万恭和潘季驯先后提出"束水攻沙"的理论，主张南北皆堤，以"筑堤束水，以水攻沙"改善黄河"善淤"的局面。清朝康熙年间靳辅、陈潢在总结前人治水经验的基础上，提出治河应"历览规度，审势以行水"，还提出要审其全局"源流并治"的主张。清朝乾隆年间冯祚泰针对黄河含沙量大的特点，提倡"留沙"之说，即利用其多沙的特点放淤，使之"可以淤洼，可以肥田，可以固堤，可以代岸"。民国期间，我国近代著名水利专家李仪祉，认为黄河"洪水之源，源在中、上游；泥沙之源，源在中、上游"，提出应上、中、下游并重，防洪、航运、灌溉、放淤、水电兼顾的治河方针。上述治河主张说明，我国人民在与黄河水害的斗争中，已认识到泥沙对黄河的严重性，但由于历史条件的限制，这些主张未能很好实施，下游河道仍在淤积抬高中。

建国后，党和人民政府十分重视治黄工作。1954 年编制的黄河综合规划，明确提出“除害兴利、蓄水拦泥”的治黄方针。拟定了在干流修建 46 级枢纽以调节径流、洪水；在中游进行水土保持、修建支流拦泥水库和综合利用水库以开发山区，拦截泥沙；在三门峡以下修建支流防洪水库和整治河道等主要措施。三门峡水库兴建和投入运用后，库区泥沙淤积问题暴露的非常突出。围绕如何处理泥沙问题，展开了激烈的争论。黄委会在总结经验的基础上，1963 年提出“上拦下排”的指导方针。1969 年 6 月在三门峡市召开的晋、陕、豫、鲁四省治黄会议又提出“拦、排、放”相结合的指导方针。

但真正把下游减淤措施作为一个课题研究的是 1975 年开始的治黄规划。根据规划任务书要求，当时黄委会规划办公室专设一个途径组，专题研究黄河下游减淤途径设想，1977 年 12 月由刘善建执笔写出《黄河下游减淤途径设想研究报告》(讨论稿)。该报告在过去工作和对下游减淤途径进行调查研究的基础上，第一次较系统地对黄河下游河道的单项减淤措施和综合减淤效益作了评述。之后，黄委会的科技人员和关心治黄的我国水利专家、学者，提出各种为下游减淤的主张和研究成果，包括治理粗颗粒泥沙来源区，拦减粗沙以减少下游河道淤积的主张；结合兴利，修建支流水库拦减泥沙的主张；兴建中游干流水库，拦减洪水泥沙开发水利水电资源的主张；利用干流水库调水调沙，减轻下游河道淤积的主张；在中下游引洪放淤以减缓下游河道淤积的主张；治理河口以减缓下游河道淤积抬升的主张；以及增水冲沙、淤临淤背等研究成果。自 1984 年开始编制的修订黄河治理开发规划，黄委会汇集各家研究成果，作进一步分析，于 1988 年 3 月提出《黄河下游减淤途径研究报告提要》，其规划内容纳入 1989 年 8 月完成的《黄河治理开发规划报告》(送审稿)的第四章下游防洪减淤规划中。

第二节　减淤途径

减少下游河道淤积的途径主要有三方面：一是在黄河上、中游地区防治水土流失，修建坝库拦泥，减少泥沙来量进入黄河下游；二是从中游地区的干支流和下游河道中引走洪水泥沙，淤灌平川洼地，以减少下游河道淤积；三是采取多种措施，增加下游河道输沙能力，排沙入海。兹就各类措施分述如后。

一、开展水土保持和支流治理，减少泥沙来量

1954年编制的黄河规划，拟定1967年前完成重点水土保持治理面积19万平方公里，连同一般治理面积共27万平方公里；在泾河、无定河、渭河支流葫芦河、北洛河及延河等五条大支流上修建拦泥水库5座，在黄河的其它小支流上修拦泥小水库5座。根据当时计算成果，水土保持减沙效益1967年可减少三门峡水库入库泥沙的25%，加上10座支流拦泥水库共减少入库泥沙50%。由于原规划对水土保持的治理速度和减沙效果估计过于乐观，10座支流拦泥水库都未实现，至1963年底统计完成的水土保持初步治理面积仅为6万平方公里，其中有效面积3万平方公里，仅占原规划的16%和22%，从实测的水沙资料计算成果看，拦泥的效果还显不出来。

随着水土保持工作的不断开展，黄河干支流水沙观测资料的积累，水土保持和支流治理对黄河减沙作用已在不同地区和范围显现出来。近年来许多科研人员对此提出了不少调查分析研究成果。主要有：

黄委会张胜利、赵业安等1985年完成《黄河中上游水土保持及支流治理减沙效益初步分析》，根据黄河中上游80多个干支流水文站30余年水文泥沙资料的统计分析，并结合水利、水土保持工程拦沙作用的估算，用统计分析和成因分析相结合的方法求得1971—1983年黄河中上游水土保持及支流治理平均每年减沙3.253亿吨，减沙效益为22.8%，其中河口镇以上平均每年减沙0.523亿吨；河龙（河口镇至龙门）区间年减沙1.693亿吨；汾河年减沙0.106亿吨；渭河年减沙0.677亿吨；北洛河年减沙0.254亿吨。

黄委会张胜利、曹太身等，1986年5月完成《近十几年来黄河中上游来沙减少的原因分析》，指出近十几年来黄河中上游来沙偏少的原因主要由两个有利条件造成：一是70年代初期，由于水坠坝技术的推广应用，坝库拦蓄库容很大；二是80年代以来，雨区偏南，多沙粗沙产区降雨偏少，水文条件有利，而治理工程对这种降雨尚有一定的拦蓄作用。计算结果表明，黄河龙（门）、华（县）、河（津）、洑（头）四站以上1974—1984年水土保持与水利工程共拦减泥沙34.75亿吨，平均每年减沙3.16亿吨。其中水土保持年减沙0.72亿吨，约占23%；干支流大中小型水库年拦沙1.8亿吨（扣除河道恢复），占57%；引黄灌溉减沙0.63亿吨，占20%。在水土保持减沙量中，水平梯田约占23%，淤地坝占77%。其降雨和治理对减沙的影响作用约各占一

半。

黄委会水文局胡汝南1986年完成《1981—1985年黄河来水来沙及下游河道冲淤初步分析》。根据1981—1985年黄河来水来沙特点，分析来沙偏少的原因是主要产沙区的山（西）、陕（西）区间降雨偏少和流域治理的作用。龙、华、河、洑四站，5年来平均每年来沙8.129亿吨，较常年偏少50%，使下游河道5年来平均每年冲刷1.09亿吨，各站同流量（3000立方米每秒）水位均有下降。该报告还指出，当产沙地区流域治理发展到一定程度（治理度达三分之一以上），在一定量级的暴雨情况下（一次降雨100毫米左右），其蓄水减沙效益是显著的。

黄委会熊贵枢等1986年完成《黄河中上游水利、水土保持措施对减少入黄泥沙的作用》，根据黄河干支流1950—1984年35年的泥沙径流资料分析，得出结论：即由于黄河中上游是50年代末60年代初开始修建水库和搞水土保持，多数水土保持工程是1970年以后作的，所以后15年（1970—1984）较前20年（1950—1969年）的年沙量减少33.6%。其中由降雨的原因减少16.3%；由水利水土保持的原因减少17.3%，即水利、水土保持措施在1970—1980年期间减少入黄泥沙平均每年为2.97亿吨。对1970年以前的水土保持拦沙效益可忽略不计。

对未来水利、水土保持工程效益的估计，熊贵枢等1988年完成《黄河上中游水利、水保工程减沙作用的预估》，计算出1970—1984年间，黄河的输沙量因工程拦蓄每年大约减少2.5—3.3亿吨，约占三门峡站多年平均输沙量16亿吨的15%左右。今后要维持每年减少15%的泥沙，还需要建相当多的工程（尤其是在多沙粗沙地区），才能维持这样的减沙水平。预估未来几十年的拦沙量，今后如不再作工程，已建工程的效益对黄河的拦沙量将呈锐减趋势，到2000年为年平均1.55亿吨，2030年为1.01亿吨，2050年为0.82亿吨。今后如按过去30年的平均治理速度布置工程，即在黄河中游多沙地区每10年修建530万亩梯田，20亿立方米库容的淤地坝，21亿立方米库容的拦沙水库，到2000年拦沙量年平均可达3.5亿吨，到2030年为4.84亿吨。

1986年6月，中国水利学会泥沙专业委员会和黄委会在郑州召开“黄河中游近期水沙变化情况研讨会”。出席这次会议的有关专家、学者共44人，交流学术论文和研究报告23篇，并讨论近期黄河中游水沙明显减少的原因。

会议代表认为，1970—1984年间，黄河中上游地区实测平均输沙量和径流量较 1950—1969 年的实测平均值有明显减少。龙门、华县、河津、洑头四站近 15 年(1970—1984 年)实测径流量较前 20 年(1950—1969 年)减少 66.6 亿立方米,减少 15.0%;输沙量减少 5.87 亿吨,减少 33.7%,而相应雨量减少 11.0%。将上述四站的集水面积分为河口镇以上、河口镇至龙门区间、渭河华县以上、汾河河津以上、北洛河洑头以上五个片,近 15 年各片较前 20 年减沙 18—73%,水量亦有相应减少,但不如减沙数量大。其中以河口镇至龙门区间减沙最多,减沙 3.89 亿吨,减少了 39.1%;减水 26.5 亿立方米,减少了 36%,雨量减少了 12.5%。(详见表 4—2)。

在上述五片之中,减水减沙的原因不尽相同,河龙区间以及北洛河洑头以上,主要是降雨减少和水库及水土保持措施的蓄水拦沙作用;渭河华县以上降雨变化不大,主要是水库和灌溉引水引沙的作用;黄河河口镇以上以及汾河河津以上主要是水库的蓄水拦沙作用。

黄委会 1988 年 3 月提出的《黄河下游减淤途径研究报告提要》中,仍采用上述成果。

二、重点治理粗颗粒泥沙来源区,减少入黄沙量

清华大学钱宁、王可钦、阎林德、府仁寿于 1980 年提出《黄河中游粗泥沙来源区对黄河下游冲淤的影响》。他们通过对三门峡水库建库前后 19 年内黄河下游 103 次洪峰资料的分析,将洪水按其来源分成六种组合,探讨其不同组合的洪水对下游河道冲淤的影响。分析表明:下游河道的淤积主要由粒径大于 0.05 毫米的粗泥沙所组成。这些粗泥沙来自河口镇至无定河口的区间和白于山(无定河、延河、泾河、北洛河)河源区约 10 万平方公里的地区。由这个地区产生的洪水使下游河道发生强烈的淤积,洪峰期平均每天淤积强度可达 3000 万吨,其淤积量占下游河道全部洪水淤积量的 40—60%。因此提出重点治理这个地区对减少下游河道淤积将具有重要意义。

珠江水利委员会麦乔威和黄委会潘贤娣、樊左英于 1980 年提出《黄河中游支流治理的重点及其对下游河道的减淤作用》,分析了黄河中游主要支流的来水来沙情况及下游河道的冲淤特点。认为黄河中游地区某些多沙粗沙支流,是造成下游河道淤积的主要原因。提出治理窟野河、黄甫川、孤山川、秃尾河、佳芦河等五条支流,平均每年可减少下游淤积 0.9 亿吨;若治理 12 条支流,即增加无定河、延河、清涧河、岚漪河、湫水河、三川河、昕水河等多沙粗沙支流,则平均每年可减少下游淤积 1.84 亿吨。

表 4—2 **黄河近几年水沙变化情况表**

项目		单位	河口镇	河龙区间	华县	河津	洑头	龙华河洑
流域面积		平方公里	367898	129654	106498	38728	25154	667932
降雨量	1950—1969 年平均 Ⅰ	毫米	458.1	473	569	489	560	484.3
	1970—1984 年平均 Ⅱ	毫米	386.4	414	566	515	470	431.0
	减少值 Ⅱ－Ⅰ	毫米	—71.7	—59	—3	26	—90	—53.3
	减少值百分数 $\frac{Ⅱ-Ⅰ}{Ⅰ}$	%	—15.6	—12.5	—0.5	5.3	—16.0	—11.0
径流	1950—1969 年平均 Ⅰ	亿立方米	255.5	73.5	90.8	17.7	7.74	445.2
	1970—1984 年平均 Ⅱ	亿立方米	245.7	47.0	70.6	9.02	6.30	378.6
	减少值 Ⅱ－Ⅰ	亿立方米	—9.8	—26.5	—20.2	—8.68	—1.44	—66.6
	减少值百分数 $\frac{Ⅱ-Ⅰ}{Ⅰ}$	%	—3.8	—36.0	—22.2	—49.0	—18.6	—15.0
泥沙	1950—1969 年平均 Ⅰ	亿吨	1.66	9.94	4.33	0.521	0.962	17.41
	1970—1984 年平均 Ⅱ	亿吨	1.17	6.05	3.55	0.142	0.632	11.54
	减少值 Ⅱ－Ⅰ	亿吨	—0.49	—3.89	—0.78	—0.379	—0.330	—5.87
	减少值百分数 $\frac{Ⅱ-Ⅰ}{Ⅰ}$	%	—29.5	—39.1	—18.0	—72.7	—34.3	—33.7

三、修建干流水库工程拦沙减淤

(一)三门峡水库对下游河道的减淤作用

三门峡水库的运用实践,为在黄河中游干流兴建大型水库减缓下游河道淤积提供了宝贵经验。许多单位(包括水科院、中科院地理所、清华大学及黄委会所属单位等)参加了这项研究工作,先后提出数十篇分析研究试验报告及论文。黄河志另有“科研志”泥沙研究篇记述这方面成果,此处从略。

总结三门峡水库运用经验,据黄委会水科所 1985 年 11 月完成的《三门峡水库修建后黄河下游河床演变》和 1986 年 5 月完成的《黄河下游河道冲淤情况及基本规律》两篇报告分析,水库不同运用时期下游河道冲淤变化效果各异,为今后干流水库的运用提供了借鉴。三门峡水库不同运用时期,库区及下游河道冲淤情况如下:

1960 年 11 月至 1964 年 10 月三门峡水库为蓄水滞洪拦沙运用,库区淤积泥沙 44.7 亿吨(按沙量平衡计算),黄河下游河道冲刷 22.2 亿吨,即水库淤 2 吨下游冲 1 吨。若不修三门峡水库,库区为天然河道,根据入库水沙条件估算库区还将冲刷 2.2 亿吨,下游河道则淤积 6.6 亿吨,有库与无库相比,水库多淤 46.9 亿吨,下游河道少淤 28.8 亿吨,水库拦沙量与下游河道减沙量的比值为 1.63∶1。

1964 年 11 月至 1973 年 10 月三门峡水库为“滞洪排沙”运用,水库大量排沙,下游河道淤积量增加,平均每年淤积 4.39 亿吨。淤积部位变坏,淤槽不淤滩,滩槽高差减小,河床变得更加宽浅散乱。据分析计算,此段时期要比无三门峡水库增加下游河道泥沙淤积量约 5 亿吨,而且都淤在主槽内。

1973 年 11 月以来三门峡水库按“蓄清排浑”调水调沙控制运用,非汛期水库拦沙下泄清水,汛期水库排泄全年泥沙。据黄委会水科所 1985 年的计算成果,现状运用与天然状况相比较,黄河下游每年减少泥沙淤积为 0.3 亿吨左右。分析认为,汛期调水调沙对下游河道的减沙作用仍有潜力,通过改善水库运用方式等措施,年平均减淤量可增至 0.6 亿吨左右。

(二)小浪底、龙门、碛口水库对下游河道的减淤作用

对黄河下游能够起到拦沙减淤作用的干流主要骨干工程尚有碛口、龙门及小浪底三处。从当前的国民经济的发展要求与黄河流域规划的安排来看,小浪底、碛口和龙门工程均有较大的现实性,有可能在 20 世纪末和 21

世纪前期兴建。现记述各库单独存在时的减淤作用。

1. 小浪底水库

小浪底水库位于三门峡坝址下游 130 公里处，控制流域面积 69.4 万平方公里，占花园口以上流域面积的 95%。水库的开发任务是以防洪(包括防凌)减淤为主、兼顾供水、灌溉、发电，综合利用。

小浪底水库对下游河道的减淤作用，按黄委会规划办公室途径组 1977 年 12 月提出的《黄河下游减淤途径设想研究报告》的成果，水库以“一次抬高”运用方式，高方案最高蓄水位 275 米，水库运用 25 年共拦泥 76.4 亿吨，下游减淤 48.14 亿吨，相当于下游河道 10 年没有淤积，全下游年平均减淤量 1.92 亿吨，其中艾山以下 0.13 亿吨。中方案最高蓄水位 230 米，全下游年平均减淤量为 0.21 亿吨，其中艾山以下 0.03 亿吨。而当水库淤积库容淤满后的正常运用期间，蓄清排浑运用，全下游将增加淤积，年平均为 0.1 亿吨左右，山东河段增淤甚微。

黄委会 1988 年 3 月提出的《黄河下游减淤途径研究报告提要》，其成果是：小浪底水库吸取三门峡水库的运用经验并按照小浪底水库工程规划要求，选定最高蓄水位为 275 米，有总库容 126.5 亿立方米，其中拦沙库容 75.4 亿立方米(折合 98 亿吨)。水库拦沙期以逐步抬高、拦粗排细方式运行，经计算水库拦沙期可达 32 年，共拦沙 100 亿吨，该期间水库拦沙和调水调沙可使下游河道减淤 77 亿吨，水库拦沙与下游河道减淤比为 1.3∶1，相当于下游河道 20 年不淤积抬高。小浪底水库建成后，有较大的长期有效库容(51 亿立方米)，可以进行较充分合理的调水调沙运用，在正常运用期，初步估算可以使下游河道每年减淤 1 亿吨左右，扣除三门峡水库已有的作用(年平均因蓄清排浑的减淤作用 0.6 亿吨左右)，小浪底水库正常运用期，可以长期保持使下游河道淤积平均每年减少 0.35—0.5 亿吨。

2. 龙门水库

龙门水库位于黄河中游晋陕峡谷段的末端，库区为峡谷形，坝址以上流域面积 49.7 万平方公里，占花园口以上面积的 68%。水库主要任务是防洪(包括减淤)、发电、灌溉、航运，综合利用。

1975 年黄委会规划办公室对龙门水库的减淤作用进行研究，曾考虑高中低三个方案。高方案最高蓄水位 585 米，总库容 125 亿立方米，堆沙库容 69.5 亿立方米；中方案最高蓄水位 550 米，总库容 64.5 亿立方米，堆沙库容 38.5 亿立方米；低方案最高蓄水位 510 米，总库容 26.3 亿立方米，堆沙库容 15.9 亿立方米。其拦沙减淤效益按 1977 年黄委会规划办公室途径组提出的成果是:25 年运用期,龙门水库的总减沙量(包括库区淤积和灌区引沙),高方案为 125.3 亿吨;中方案 74.0 亿吨;低方案 39.8 亿吨。对禹门口至潼关河段的减淤量,高方案为 33.6 亿吨;中方案 22.5 亿吨;低方案 16.5 亿吨。对黄河下游的减淤量,高方案为 28.4 亿吨;中方案 11.7 亿吨;低方案为一1.31 亿吨。即高、中坝相当于下游河道 5.4 年和 2 年没有淤积。

1988 年 3 月黄委会提出的成果《黄河下游减淤途径研究报告提要》,龙门水库最高蓄水位 590 米,总库容 114 亿立方米,长期有效库容 43.6 亿立方米,拦沙库容 75 亿立方米(折合 97 亿吨)。按一次抬高方式运用,在水库拦沙期 14 年内,水库拦沙 97 亿吨,可以减少龙门至潼关河段泥沙淤积 20 亿吨;减少下游河道淤积 45 亿吨。对龙门至三门峡河段和三门峡至利津河段的拦沙减淤比分别为 4.86 和 2.18。对黄河下游河道相当于 11 年不淤积抬高。利用长期有效库容进行调水调沙,还可对下游河道有减淤作用,作为留有余地,尚未给出定量数据。

3. 碛口水库

碛口水库位于晋陕峡谷中段,坝址以上流域面积为 43.1 万平方公里,占花园口以上流域面积的 59%,控制黄河中游多泥沙和粗颗粒泥沙的主要来源区的大部分。水库的任务主要是控制洪水泥沙、调节径流,为下游及三门峡库区防洪减淤,结合发电、供水。

水库最高蓄水位 785 米,总库容为 124.8 亿立方米,长期有效库容 27 亿立方米,拦沙库容 110.52 亿立方米(折合 144 亿吨)。由于碛口水库控制了全河 54%的粗颗粒泥沙,为了尽量减少粗颗粒泥沙进入下游,同时充分发挥供水发电等综合效益,水库采取一次抬高的拦沙运用方式。

黄委会 1988 年 3 月提出的《黄河下游减淤途径研究报告提要》,碛口水库拦沙运用期为 32 年,利用死库容拦沙 144 亿吨(主要为粗颗粒泥沙),可以减少龙门至三门峡河段淤积 28.44 亿吨,减少下游河道淤积量 78 亿吨,对龙门至三门峡河段和三门峡至利津河段的拦沙减淤比分别为 5.05 和 1.85。相当于使黄河下游河道 20 年不淤积抬高,并可发挥调节水沙作用,改善水沙组成情况,长期起到减少下游河道淤积的作用。

上述减淤效果都是单库的作用,没有考虑两库或三库联合调度运用的作用,如在发生高含沙洪水时,利用碛口水库汛期的蓄水稀释水流的含沙浓度以减少高含沙洪水时下游河道的淤积强度,或在汛期加大泄量,进一步减少甚至避免小浪底水库汛初小水带大沙的不利局面的出现,还可以进一步减少下游河道淤积。这些减淤作用作为余地,待工程建设时再作考虑。

四、通过大面积放淤，减少下游河道淤积

在中游多沙支流的治理开发中，引洪放淤、引洪淤灌已有悠久历史，建国以来又有新的发展，其方式也多种多样。如陕西富平县顺阳河的赵老峪，主沟长24.2公里，流域面积约200平方公里，原来流经宏化堡、流曲镇进入石川河。近200年来，由于上游大量引洪漫地，已使洪水不再下泄，宏化堡以下河床基本消失，泥沙不再经石川河入渭河。又如内蒙古大黑河为黄河一级支流，流域面积17673平方公里，干流长236公里，因下游有近20万亩灌区开展引洪淤灌，自1968年以来，大黑河的水沙已不再流入黄河。引洪放淤的拦沙作用很显著。1964年12月北京治黄会议，长办主任林一山曾就黄河规划问题提出大放淤的设想，并于1965年在山东进行放淤稻改试验。1969年在三门峡市召开的治黄会议，正式提出“拦排放”的治黄指导思想。此后，为解决黄河下游河道淤积，对黄河中下游大面积放淤又进行了许多研究。1977年12月完成的《黄河下游减淤途径设想研究报告》提出可供大放淤的地点有五处，已记入第三篇第七章中。围绕小北干流和温孟滩放淤又进行了研究，提出一些成果和设想如下：

黄委会设计院1984年为配合龙门水库规划，在1979年《黄河干流禹门口至潼关河段放淤规划》的基础上，进一步研究禹门口至潼关段滩区放淤，探讨利用滩区放淤处理泥沙的可能性与合理性。拟定了禹门口枢纽方案和安昌枢纽方案进行比较。提出《黄河禹门口至潼关段放淤规划方案研究报告》。拟在禹门口附近修建壅水枢纽，两侧设引水闸，进行滩区放淤，为下游河道减沙。

黄委会设计院1984年7月与河南黄河河务局、清华大学和水科院共同派人到小浪底坝址和温孟滩进行现场查勘，听取地方意见。之后，黄委会设计院又对工程量和投资估算作了补充修改，提出《小浪底水库结合温孟滩放淤方案初步研究》。

清华大学水利系泥沙研究室1984年8月编制《小浪底水库结合滩区放淤调水调沙运用减少下游河道淤积效益的初步研究》。旨在利用小浪底坝址（控制性好）和库区（有利恢复库容）的有利条件以及黄河下游河道的自然排沙能力（具有多来多排的特点）。考虑小浪底水库以防洪减淤为主，水库运用可不受发电要求限制，充分进行调水调沙，只对最不利的来沙进行拦蓄或放淤，利用温孟滩约100亿立方米的堆沙容积作为扩大水库的拦沙库容。计算

结果,小浪底水库结合温孟滩放淤可使下游不淤年限达 50 年左右。

水科院方宗岱 1979 年以来多次提出,兴建小浪底水库,采用高含沙量调沙放淤的主张。他认为,高含沙水流(含沙量高于 500 公斤每立方米)具有伪一相流特征,输沙力强输沙比降小。建议小浪底水库建一条进口(位置较)低、出口(较河床为)高的排沙隧洞,采用高含沙水流调沙放淤,可使黄河基本行清水,不断冲刷下游河槽;水库可保持库容长期使用;高含沙水流输沙,能节约 200 亿立方米清水,供应华北;放淤黄河两岸低洼地区,解决涝碱问题。

清华大学黄万里 1985 年 6 月提出的《论分流淤灌策治理黄河》,认为黄河两岸地貌从郑州桃花峪以下是一个隆突圆锥体的三角洲,是由许多向下游放射形式的流派所组成的流域,而不是一个汇流性的流域。世界上凡是治理隆突三角洲的河流,没有不是分流淤沙的。黄河也该自三角洲顶点桃花峪起分流,在承认沿途必淤的原则下,分流后使水沙铺开在广大的流路滩地上,这样,水流很浅,每年只会淤积出薄薄的一层。桃花峪以下大堤要打开 20 多个口门顺着原来的洼道分流。每次放水要始终淹没两边滩地,使浑流淤滩刷槽。这种全面同时分流不会造成洪灾,下游田地迫切需要水沙淤灌,分流淤灌唯恐泥沙不足。

黄委会 1988 年完成的《黄河下游减淤途径研究报告提要》,提出放淤应选择有利时机进行。经分析,当进入下游的来沙系数 ρ/Q(是用含沙量与流量之比来表示水沙关系的一种特征值)大于 0.03 时,下游河道淤积最为严重,而下游来沙系数为 0.03 时,龙门来沙系数约为 0.027,因此确定当龙门来沙系数 ρ/Q≥0.027 时,小北干流滩区引水放淤;当小浪底来沙系数 ρ/Q≥0.03 时,温孟滩及下游堤外三大放淤区引水放淤。

根据历次对五大片放淤区规划提出的成果汇总后如表 4—3。黄河下游三个堤外放淤区的减淤作用很小,而影响人口过多,地方反对,不宜采用。小北干流滩区和温孟滩两大放淤区,总共可堆沙 253 亿立方米,可使下游河道减淤 212 亿吨,相当于下游河道 56 年不淤积,具有较大的减淤效益。但要在龙门、小浪底水库建成,洪水得到控制后,才能实施。而且温孟滩放淤区还需要与滩区利用、桃花峪水库以及中线南水北调所需要的调节水库的规划统筹考虑。

表 4—3 五大放淤区工程量及减淤作用

项目	单位	小北干流	温孟滩	封丘原阳	东明	台前
工程方案		禹门口引水	小浪底引水	无坝引水	无坝引水	无坝引水
淤区面积	平方公里	566	338	532	644	410
平均淤积厚度	米	24	34	5.2	2	2
拦沙容积	亿立方米	138	115	27.8	13	9
拦沙量	亿吨	193.2	161	38.9	18	12.6
下游总减淤量	亿吨	101.2	111	19.5	8.4	3.8
减淤比		1.91	1.45	2.0	2.14	3.3
相当不淤年限	年	27	29	5	2	1
土石方量	亿立方米	4.44	1.70	0.94	0.61	0.11
混凝土方量	万立方米	13.2	69.04			
影响人口	万人	10	10	16.7	27.5	26

五、治理河口地区，减少下游河道淤积影响

黄河河口位于渤海湾与莱洲湾之间，是一个陆相弱潮强烈堆积性河口。据利津水文站 1950—1985 年资料统计，黄河进入河口地区的年平均水、沙量分别为 419 亿立方米和 10.5 亿吨。水少沙多为世界各河之冠。每年进入河口的 10.5 亿吨泥沙，据河道断面和三角洲海域水深图比较计算，平均有 23％即 2.4 亿吨泥沙淤积在大沽零米线(相当于低潮岸线)以上的河口河道及三角洲洲面的陆上部分；44％即 4.62 亿吨淤在三角洲海域，形成巨大沙嘴，填海造陆；仅有大约 1/3 的泥沙能在海洋动力作用下输送到距岸 20 公里以外的海区。大量的泥沙淤积在口门附近，造成了岸线强烈的淤进，河口沙嘴不断延伸，同流量下水位随之升高，最终造成尾闾改道。在自然条件下，黄河河口的演变就是以淤积——延伸——摆动——改道的形式周而复始地

进行着。河口淤积延伸和摆动改道，相应改变了河流侵蚀基面的高程，其结果必然引起河床和水流纵剖面的调整。在调整过程中，对下游河道的冲淤将产生影响。

建国前，黄河河口地区大部分未曾开发，人烟稀少，淤积延伸、摆动改道，任其自然。50年代开始，黄河河口地区逐渐开发利用，先后建立起农场、林场、军马场，修建了一些排灌工程，特别是60年代开发胜利油田以来，河口地区的社会经济情况发生了很大的变化，对防洪要求日益迫切，更不允许河口任意改道。为此，不少专家学者进行这方面的研究，提出了许多治理河口的方案和设想。主要有：

(一)有计划改道，扩大三角洲岸线范围

黄委会水科所王恺忱等认为下游河道不断上抬的主要原因是河口侵蚀基面的不断外移。因此，在近期进入下游和河口的泥沙量不能明显减少情况下，解决下游和河口的淤积问题应立足于河口的治理。最有效的措施是利用黄河口淤积延伸、摆动改道的基本规律，有计划地安排流路，尽可能扩大河口三角洲海域容沙范围，以延长一次“大循环”的周期，减缓河口延伸对河口及下游河道淤积抬高的影响。

(二)加强堤防及河道整治，延长流路使用年限

黄委会设计院陆俭益等认为在泥沙来量不显著改变的情况下，可以有计划安排流路，修堤束水提高河口段单宽流量，进行河道整治，保证河口段水流通畅，防止任意分汊漫流，以减缓河口淤积延伸对上游的影响。据陆俭益等估算，采取这类工程措施，在50年左右时间内，控制由于河口延伸使下游河道同流量下水位上升1米左右是可能的。

(三)大小水分流，稳定流路

水科院尹学良根据现有西河口大堤防洪高度、河道特性、海域容沙输沙特性，计算得现河口再用50年，西河口标准防御流量的水位不超过现西河口大堤防御水位，而且留有较大的富余安全度。在此条件下，河口河槽有大水冲刷，小水淤积的特点，多来大水时河口就窄深通畅，河道比降可以减小而不淤积，河口延伸速率将减慢；相反，少来大水时河口形势就会很糟。因此建议采用大小水分流等方法，用以减少或制止小水期淤积，河口流路的使用年限还能大大延长。

(四)分洪放淤,减少入海泥沙,稳定流路

山东黄河河务局牟玉玮认为分洪后可以降低水位,遇到大水时,分洪可使防洪水位不抬高,因而可延长现河道的行水年限。根据河口地区的地形特点,可以因地制宜多口门分洪放淤,并结合挖泥,把洪水泥沙尽可能分散一部分到三角洲洲面上。这样,既减少入海泥沙,减缓河口的淤积延伸,稳定流路,又能改造盐碱洼地,收到明显的经济效益。

(五)挖沙降河

山东海洋学院侯国本认为,大河的治理必先治理河口,河口得治,尾闾稳定,下游河道才能渠化,航运随之而生,沿岸会出现港口城市。河口问题主要是拦门沙作塞。消除拦门沙的方案是河道两岸放淤、河口减淤。黄河三角洲有 2 万平方公里碱化土地,平均海拔 4 米,若提高为 8 米,能容纳黄河泥沙 600—800 亿吨,每年可放淤 4—5 亿吨。挖沙可以使悬河变为地下河,挖沙淤背,放淤造地每年用 3 亿吨的泥沙,连续 10 年之后,黄河下游可以承担百年一遇的洪水(22000 立方米每秒),黄河可以成为相对的地下河。

(六)有计划的填海造陆

黄委会设计院温善章认为,河口治理要结合油田生产,为增加更多的、价值大的陆地面积进行安排。用河道整治束水放沙和用水库调节的方法,使水沙过程相适应,增加入海沙量,在河口的浅海区,选择有油田、油多的地方,就把黄河尾闾改向哪里填海造陆。

六、引江刷黄,减少下游河道淤积

许多人认为,“增水”是解决黄河下游河道泥沙淤积的一条重要途径。在南水北调西、中、东三条调水线路中,以中线三峡—丹江口—桃花峪调水最有利。黄委会设计院王居正于 1980 年在天津召开的南水北调会议上和 1987 年 4 月在郑州召开的黄河下游河道发展前景及战略对策座谈会上提出调水冲沙意见。在花园口附近增水 100 亿立方米,可减少下游淤积 2—3 亿吨。丹江口水库初期可调水 100 亿立方米,后期 200 多亿立方米,在满足沿途工农业用水后,余水入黄,对黄河冲沙及供水将有显著作用。

七、其他

在中游地区大搞引洪用沙，必然减少入黄河沙量。据黄委会对黄甫川、窟野河、无定河、延河、北洛河、渭河等10多条多沙支流的调查研究，今后可发展引洪漫地和引洪放淤的面积约80余万亩，全部实现后，可望每年对黄河减沙0.4—0.6亿吨。鉴于今后中游灌区发展难度较大，引洪淤灌也受到地形和水沙条件的限制，因此，把这部分减淤作用作为余地考虑为妥。下游引黄灌溉，近十余年来，每年引水量80—100亿立方米，引沙量1—2亿吨，但对河道冲淤的影响，由于目前泥沙观测资料尚难作出肯定的结论，还有待进一步研究。

结合引黄淤灌、河道整治和利用机械挖河挖滩等方法，可以有计划地大规模引沙，淤高大堤背河或临河地面。若按背河宽度200米进行放淤，高度与设防水位平，形成宽厚的下游堤防，达到相对"地下河"的程度，估算需淤泥沙20亿立方米。长期以此法加高大堤与河道淤积竞赛，可达到以沙治沙，以淤防淤的目的。

第三节　减淤规划

自70年代以来编制的黄河规划，下游河道减淤已列入规划的重点内容。

1975年经水电部批准的《黄河规划任务书》提出减淤任务是，近期(1976—1985年)黄河下游河道淤积有所减缓；远期(1986—2000年)设想，黄河下游河道趋于基本平衡。据此，1977年完成《黄河下游减淤途径设想研究报告》，分析了各单项减淤措施后，进行综合评述。指出：在黄河中游干流修建大型水库和在中下游开展大面积放淤，均可解决下游河道约20年的淤积问题，但都是暂时的。水土保持和用洪用沙，虽有长期作用，但每年只能对下游河道减淤1.5—2.5亿吨，与需要减淤5亿余吨的要求差距甚大。因此，从长远考虑，还须实行南水北调，增水冲沙。

1984年经国家计委批准的《黄河治理开发规划修订任务书》提出：要在认真总结实践经验的基础上，研究制定处理利用泥沙的综合措施方案，提出今后50年内下游河道冲淤情况的预测。据此，1989年完成《黄河治理开发规划报告》(送审稿),提出今后50年内维持下游河道不显著抬高的综合措施是:要继续加强黄土高原地区的水土保持工作,进行重点支流治理和小流域综合治理;修建小浪底和碛口水库;继续进行下游河道整治和河口治理。今后100年内,下游河道减淤的远景设想是在“拦沙”、“排沙”、“放淤”三方面采取多种措施,更多地将泥沙拦截在上中游地区,尽可能地将河道泥沙排送入海,并开展大面积放淤,有计划淤临淤背,使下游成为相对地下河。经过长期努力,可使下游河道在今后100年内外保持稳定,黄河不需要改道。

上述减淤规划内容在第三篇第七章和第八章已有详述,此节从略。

第十一章　干流工程布局

干流工程布局，是黄河规划的重要内容。建国初期，黄委会及有关单位在黄河干流主要河段，进行查勘、调查和分析研究工作，为1954年黄河规划委员会编制黄河规划提供了资料。此后，30多年来，黄委会和有关单位在黄河干流上又进行了多次查勘、规划、勘测和研究工作，对局部河段的工程布局作了修订，积累了大量资料与成果。在各河段进行工作的单位是：龙羊峡以上河段，为青海省水利局勘测设计院和黄委会设计院；龙羊峡至托克托河段，为西北院及四局；托克托至潼关河段为北京院及天津勘测设计院（简称天津院）和黄委会；三门峡以下河段为黄委会。

就全河提出统一布局的，除1954年黄河规划在干流龙羊峡以下布置46座梯级外，还有1958年黄委会提出《黄河综合治理三大规划》，要求1958—1962年兴建龙羊峡至三门峡河段20级枢纽，三门峡以下河段11级枢纽；1979年黄委会提出《黄河干流工程综合利用规划修订报告》，龙羊峡以下调整为30级；1981年水电总局提出《中华人民共和国水力资源普查成果》，龙羊峡以上河段为12级，龙羊峡至桃花峪为34级；1989年黄委会提出《黄河治理开发规划报告》（送审稿），龙羊峡以上河段为12级，龙羊峡至桃花峪为29级。其余各次查勘、规划多在局部河段进行。兹就各河段工程布局的始末记述如后。

第一节　上游河段

一、龙羊峡以上河段

1954年编制黄河规划，对该河段未提出工程布局意见。规划报告指出：该河段当时“尚未全部经过查勘，资料不足，缺乏研究的条件。同时因为：在自然条件上，上游没风积黄土，被覆好，土壤的侵蚀甚微，对下游的影响（洪水和泥沙）很少；在经济条件上，本区人口稀少（每平方公里不到二人）．对于黄河的开发在目前尚未迫切的要求，所以本规划报告的研究范围并不包括上游在内，这样，不致影响到黄河综合利用方案的合理性和全面性。”

1957年，青海省水利局勘测设计院，组织力量，对龙羊峡以上河段进行了查勘。1958年2月提出《黄河上游地区水土资源勘查报告》（拉干峡至外斯段），本段共选出6个梯级，自下而上是：野狐峡、班多峡、江欠、察哈河口、多日干、导线点0217号。外斯以上河段只进行了踏勘，也选有6处坝址，自下而上是：葛曲、积石山、察朗、吉迈、龙卡其马、阿依尔测勒。1965年，西北院提出《西北水利资源整编报告》（初稿），采用了上述查勘报告成果，只是将导线点0217号改为香扎寺。

1960年5月至8月，黄委会设计院第七勘测设计工作队，对玛多至上扎寺（或外斯）河段进行查勘，同年12月提出《黄河上游玛多至上扎寺查勘报告》，选出5处坝址，自上而下是：纳曲、哥牙贡马、均果扎龙、下日呼寺、康赛，并进行了坝址勘测工作，搜集了沿途的社经、水文、气象等资料。

1978年9月，水电部西北电力设计院提出《陕甘青宁电力系统75万伏电网规划报告》。有关龙羊峡以上河段的梯级安排，载于附件四《陕甘青宁大中型水电厂主要指标》，共为12级，系根据1965年西北院提出的《西北水利资源整编报告》成果。（见图4—1、表4—4）

1978年12月，黄委会设计院规划处提出《黄河干流玛多至拉干河段梯级规划资料汇编》。建议本河段按11级开发，上5级采用1960年黄委会设计院第七勘测设计工作队的成果，下6级仍用1957年青海省水利局勘测设计院的查勘成果，仅将“导线点0217号”改称为“劳克色目”。

1978年，黄委会南水北调查勘队，在查勘西线南水北调线路时，对黄河河源地区进行了查勘，重点考察扎陵、鄂陵两湖，研究其开发利用的可能性。1979年5月提出《通天河至黄河河源地区引水线路及鄂陵湖扎陵湖查勘报告》及《黄河扎陵湖、鄂陵湖综合考察报告》。扎陵湖、鄂陵湖的湖水面高程分别为4293.2及4268.7米，水面面积为526.1及610.7平方公里，湖水量为46.7及107.6亿立方米。对两湖水资源的利用，在河源地区南水北调实现以前，当黄河遇枯水年时，初步估算可引两湖水95亿立方米为黄河补水，在南水北调实现后，调水流量400立方米每秒，两湖可利用作为调节水库，并可在鄂陵湖出口以下约3公里处修一低坝将湖水位抬高至4277米运用，可获得调节库容110亿立方米（较不建坝多60亿立方米），电站装机17.7万

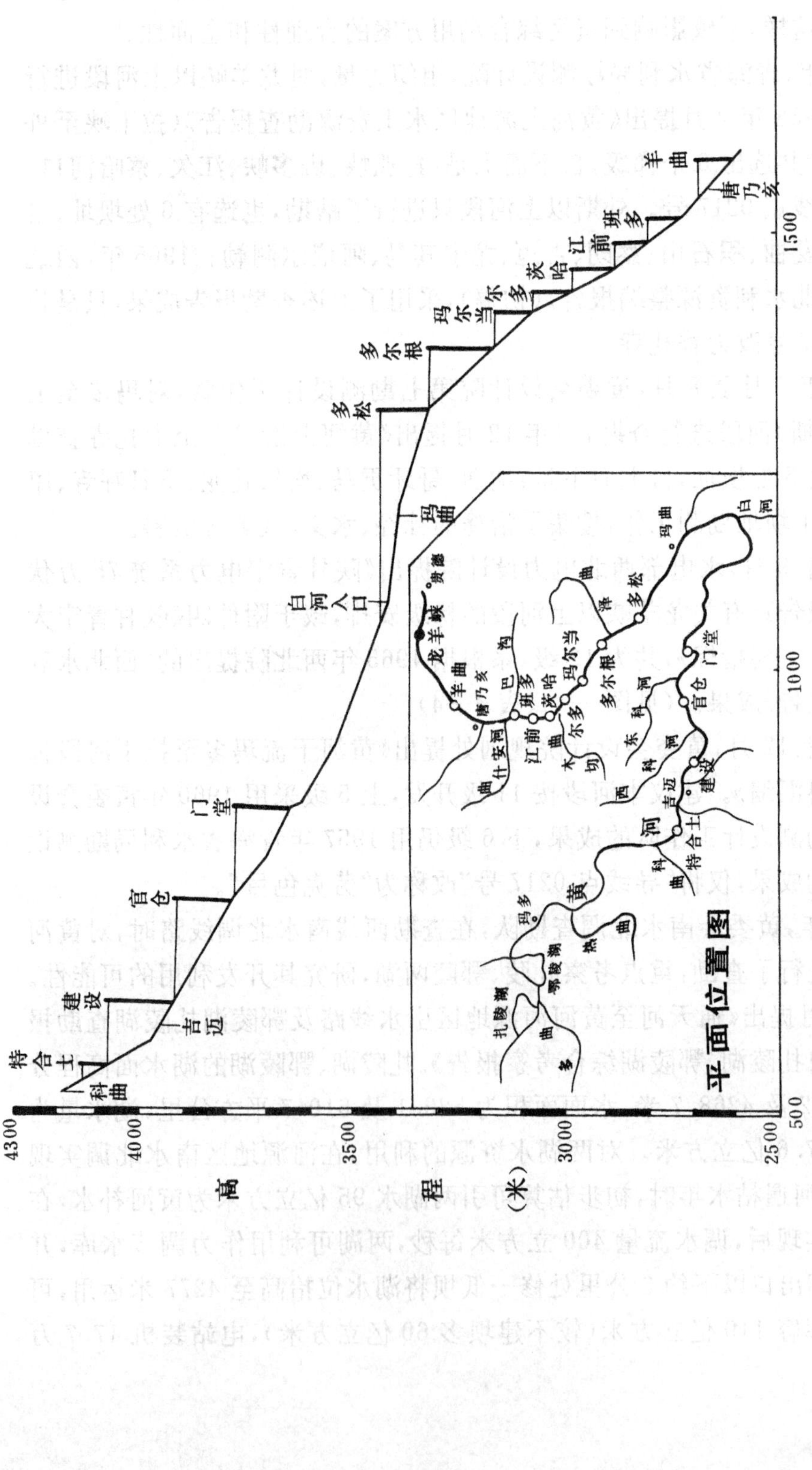

图4－1 黄河龙羊峡以上干流开发纵剖面图

表 4—4　**黄河干流龙羊峡以上河段历次梯级布局成果表**

1965 年西北院《西北水利资源整编报告》					1978 年黄委会设计院《黄河干流玛多至拉干河段梯级规划资料汇编》					1981 年水电总局普查成果				
梯级名称	正常蓄水位（米）	最大水头（米）	总库容（亿立方米）	装机容量（万千瓦）	梯级名称	正常蓄水位（米）	最大水头（米）	总库容（亿立方米）	装机容量（万千瓦）	梯级名称	正常蓄水位（米）	最大水头（米）	总库容（亿立方米）	装机容量（万千瓦）
阿依尔测勒		124		10.5	纳　曲	4190	33	20	2.5	特合土	4140	48	24	5.2
龙卡其马		70		7.57	哥牙贡马	4157	60	31.7	5.7	建　设	4080	81	25	10
吉　迈		120		15	均果扎龙	4096	97	39	10.1	官　仓	3920	142	45	22
察　朗		88		19.2	下日呼寺	3905	105	30	21.3	门　堂	3775	138	12.5	30
积石山		65		22.2	康　赛	3720	106	37.3	34.1	多　松	3440	121	81	83.52
葛　曲		29		12	劳克色目	3420	100	417	60	多尔根	3320	156	3.75	105
香扎寺		100		60	多日干	3240	69		46.4	玛尔当	3160	70	1.4	49.4
多日干		69		46.4	察哈河口	3010	88	0.1	62.4	尔　多	3070	86	1.6	61.56
察哈河口		88		62.4	江　欠	2850	51	2	37	茨　哈	2980	108	1.9	82.4
江　欠		51		37	班　多	2770	33	0.6	24.6	江　前	2880	78	1.26	58.44
班多峡		33		24.6	野狐峡	2670	60	4.4	50.4	班　多	2800	72	1.4	53.6
野狐峡		60		50.4						羊　曲	2680	82	2.1	74

注：1. 葛曲以上属踏勘资料。

2. 野狐峡至香扎寺属初步规划阶段资料。

千瓦。

1980年9月，西北电力设计院受电力工业部领导指示，对扎陵湖、鄂陵湖水资源开发利用进行了查勘，提出《扎陵湖、鄂陵湖引水工程查勘报告》。查勘目的主要是研究由两湖引水充蓄龙羊峡水库垫底库容，以便缩短龙羊峡水库充蓄时间，提前发电和给下游供水。报告提出了5个方案，分别引两湖水10—35亿立方米，并作了投资估算。

1981年8月，电力工业部水电总局提出《中华人民共和国水力资源普查成果》。在汇总1978年以来各省区水力资源普查成果的基础上，提出龙羊峡以上河段的开发为12级，自上而下是：特合土、建设、官仑、门堂、多松、多尔根、玛尔当、尔多、茨哈、江前、班多、羊曲。

二、龙羊峡至青铜峡河段

(一)1954年黄河规划

龙羊峡至青铜峡河段，主要穿行于深山峡谷之间，河谷一放一束，川峡相间，河床比降大，蕴藏着丰富的水力资源，河段范围内工矿业的发展要求大量可靠的动力，这就使水力资源的开发成为本河段内的首要任务。同时，青铜峡以下的宁夏平原是黄河主要灌区之一，需要调节水量，为发展灌溉创造有利条件。因此，黄河规划拟定本河段为16级开发，利用落差1203米，总装机容量1092万千瓦，平均年发电量584亿千瓦时。这16个梯级依次是：龙羊峡、拉西瓦、泥鳅山、松巴峡、李家峡、公伯峡、积石峡、寺沟峡、刘家峡、盐锅峡、八盘峡、柴家峡、乌金峡、黑山峡、大柳树和青铜峡。并选定刘家峡和青铜峡为第一期工程。这样布局的特点是，采用高坝大库的形式，充分利用水头，尽量多发电，布局的结果是，河段内除贵德、兰州、靖远和卫宁平原没有淹没外，其他各川地都被淹没。

(二)几次主要规划布局意见

黄河规划编制后，刘家峡、盐锅峡、八盘峡和青铜峡工程先后开工兴建，其他各梯级如何开发，有待进一步研究。为此，北京院、西北院和四局对本河段进行多次查勘、规划，提出开发意见，主要有：

1966年12月北京院提出《黄河龙羊峡至寺沟峡河段梯级开发方式研究报告》，该报告根据我国国民经济发展以农业为基础的方针作指导，以不淹当地主要川地为原则，对本河段梯级开发由1954年黄河规划的8级调整为10级，增加曲乃亥、林不赫、占卜户，去掉公伯峡，并建议首先修建龙羊峡水电站。调整后的梯级，本河段有183米落差未利用，有四处较大川地的居民点和农田免于淹没。

刘家峡以下河段的开发，西北院1960年提出《黄河乌金峡、大峡开发方案比较报告》，1966年提出《黄河黑山峡（小观音）水电站初步设计报告》，宁夏水电局于1970年提出《关于兴建红毛牛枢纽工程的报告》，各报告对这一河段开发的意见较分歧。

1972年3月，水电部以（72）水电综字第55号文指示四局和黄委会组织力量对黄河干流八盘峡至青铜峡段进行规划选点工作。为此，四局、黄委会，陕、甘、宁、青四省区电办和甘肃、宁夏两省区共同组成32人规划选点组，沿河进行查勘后，于同年9月提出《黄河干流八盘峡至青铜峡河段规划选点报告》。报告"从全面规划，综合利用，全局观点，不淹或少淹农田，以大型工程为骨干，大中小相结合等原则考虑"，本河段选定的梯级是小峡、大峡、乌金峡、黑山峡（小观音）、红毛牛等，其开发顺序是"首先修建有调节库容、能解决主要矛盾的黑山峡水电站，其次是红毛牛和大峡"。

此后，四局对龙羊峡至青铜峡河段的开发，相继做了许多工作。1974年提出《黑山峡（小观音）水电站补充初步设计报告》，1975年提出《红毛牛枢纽规划报告》，1977年6月提出《黄河干流兰州至靖远河段规划选点报告》，1977年9月提出《黄河干流龙羊峡至李家峡河段查勘报告》，1978年9月提出《黄河干流李家峡至刘家峡河段查勘报告》，分别对各河段的开发方式进行了论证。西北院在汇总四局上述成果的基础上，于1979年3月提出《黄河干流龙羊峡至青铜峡水力资源普查成果汇总说明》，根据尽量少淹川地，争取多发电的原则，坝址多选在峡谷的下口，修建高坝，加上已建正建工程，全河段总的开发布局是：龙羊峡、拉西瓦、左拉、李家峡、公伯峡、积石峡、寺沟峡、刘家峡、盐锅峡、八盘峡、小峡、大峡、乌金峡、黑山峡（小观音）、红毛牛、青铜峡。该布局成果归纳在水电总局1981年8月提出的《中华人民共和国水力资源普查成果》中。这一布局与1954年黄河规划相比，仍为16级，但在坝址位置和正常高水位方面则有较多调整。如龙羊峡的正常高水位由2537米提高到2600米；取消泥鳅山、松巴峡，代之以左拉低坝和李家峡高坝；取消柴家峡，增加了小峡和大峡；取消大柳树，代之以红毛牛等。

黄委会设计院根据治黄工作的需要，曾组织力量对龙羊峡至托克托河段进行查勘，并征求地方意见，在分析已有资料的基础上，于1979年提出《黄河干流龙羊峡至托克托河段规划资料汇编》，其成果纳入在1979年8月提出的《黄河干流综合利用规划修订报告》中，其中黑山峡河段的开发用大柳树、沙坡头代替黑山峡（小观音）、红毛牛。

西北院于 1983 年 4 月提出《黄河干流龙羊峡至青铜峡河段梯级开发规划报告》，共布置了 15 座梯级，该布局与 1979 年 3 月“汇总说明”基本相同，仅有两处修改，一是取消左拉，二是用大柳树低坝代替红毛牛。

1989 年，由黄委会负责编制的《黄河治理开发规划报告》（送审稿）有关黄河干流龙羊峡至青铜峡河段的开发布局共为 15 级，即龙羊峡、拉西瓦、李家峡、公伯峡、积石峡、寺沟峡、刘家峡、盐锅峡、八盘峡、小峡、大峡、乌金峡、大柳树、沙坡头、青铜峡。这与 1954 年黄河规划相比，作了如下调整：将原规划地质条件差、利用水头小的泥鳅山枢纽取消；将松巴峡、李家峡合并为一级；取消柴家峡枢纽，减少对新城川的淹没；将乌金峡一级开发改为小峡、大峡、乌金峡三级开发；为了争取较大反调节库容，将黑山峡（小观音）、大柳树两级合并为一级开发；并增加沙坡头一级低水头灌溉枢纽等。

上述各次布局，分歧较大的是黑山峡河段的开发问题，是选择小观音加红毛牛，还是选择大柳树高坝方案。

（三）黑山峡河段开发研究

黑山峡河段，是指黄河干流自甘肃省靖远川至宁夏卫宁平原之间的一段峡谷。该河段包括两段峡谷，上段称黑山峡，自甘肃靖远县的碾子沟口至宁夏中卫县的南长滩，长 31.5 公里，小观音坝址位于该峡谷下段甘肃、宁夏交界处；下段称虎峡，在中卫县境，自南长滩茶石沟口至夜明山长流水沟口，长 43.6 公里，大柳树坝址位于该峡谷末端一公里处。两坝址相距 51 公里（河道距离）。

1954 年黄河规划，在黑山峡河段拟定黑山峡（小观音坝址）高坝和大柳树低坝两级开发方案，正常高水位分别为 1400 米和 1280 米，最大水头为 120 米和 41 米，库容为 114 亿立方米和 3 亿立方米，装机容量为 150 万千瓦和 55 万千瓦。黑山峡的任务为调节水量，开发电力并保证宁蒙灌区及黄河干流通航用水；大柳树则为单纯发电。同时，规划还提出：“黑山峡水库在目前布置时因避免淹没靖远平原，正常高水位定为 1400 米，如将来这一地点不拟建为工业区，则黑山峡坝尚可抬高，库容可以增加很多，流量可以得到更完善的调节，在作进一步研究时值得考虑。”

1958 年 7 月，西北院、宁夏回族自治区共同组织查勘，8 月提出《黑山峡与大柳树并级开发意见》，目的在于增大库容，提高调节径流效益，并为发展大柳树灌区提供有利条件。同年12月，北京院对黑山峡河段开发方案又作了研究，仍同意1954年黄河规划意见，认为二级方案比一级方案可以多发电，工程量较省，在地质条件方面，小观音比大柳树好。

1959年10月，北京院会同西北院将初步研究意见向甘、宁两省区负责同志作了汇报。中共甘肃省委意见："从淹没观点看，黑山峡枢纽正常高水位不应超过1380米。"中共宁夏区党委意见："大柳树枢纽开发必须考虑灌溉发展，根据宁蒙灌区引水要求，一级开发方案正常高水位以1400米为宜。"

1960年5月水电总局以(60)计字第26号文责成北京院进一步全面研究，指出："关于黄河大柳树或黑山峡开发方案的比较研究，经总局组织有关部门讨论，并根据钱部长的指示，你院可按一级开发大柳树坝址正常高水位1390米高程为目标进行勘测设计工作，但必须把地质情况搞清楚，才能对一级开发高坝方案作出正式结论。为此，要求你院立即组织力量进行勘测设计，并在1960年10月前对地质上能否筑高坝作出结论。"为此，北京院组织力量开展野外地质勘探工作，并相应进行规划设计工作。1960年8月，配合宁夏水电局设计院对大柳树灌区面积和用水量问题进行了工作。1961年底提出《黄河黑山峡大柳树水利枢纽高坝方案选坝阶段工程地质勘探报告》。报告认为，大柳树修建混凝土高坝不适宜；修建高堆石坝，因地质资料问题尚难作出结论。

西北院对黑山峡河段的开发研究，经过多年的工程地质勘测工作，选定小观音是该河段地质条件最优的坝址，并于1966年11月提出《黄河黑山峡(小观音)水电站初步设计报告》。报告推荐正常高水位1390米分期蓄水方案，装机容量135万千瓦。水电部于1966年底在刘家峡工地举行审查会议时提出：为了减少水库淹没损失，建议黑山峡水电站的正常高水位定为1370米，装机容量115万千瓦。

1972年9月，黄河八青段规划选点组提出《黄河干流八盘峡至青铜峡段规划选点报告》，拟在刘家峡水库以下修建反调节水库，以兼顾灌溉和发电两方面的要求。乌金峡水库在正常高水位1500米时，仅有库容26.4亿立方米，不能满足要求。黑山峡的小观音坝址，正常高水位1370米时，总库容51.8亿立方米，有效库容41.8亿立方米，基本满足调节库容的需要；大柳树坝址正常高水位1370米时，总库容86.4亿立方米，有效库容67.7亿立方米，调节性能好。应选择其中一处作为第一期工程。通过水工、施工、地质等方面的比较，报告认为：大柳树坝址虽有库容大，调节性能好，装机容量大等优点，但地质条件坏，施工困难，工期长，投资大，建坝条件不大落实。小观音坝址虽有库容相对较小，调节性能较差，对外交通路线较长等缺点，但地质条件好，投资省，建设快，施工有把握，所以倾向于推荐小观音坝址。

1973年，四局接受水电部布置的黑山峡水利电力枢纽工程补充初步设计任务，并根据水电部王英先副部长的指示“黑山峡枢纽工程的开发任务，以灌溉为主，其次为发电，并要考虑宁蒙防凌防洪的要求”，对黑山峡工程的开发任务和建设规模作了进一步的研究论证。于1973年11月提出《黑山峡水利电力枢纽工程补充初步设计规划要点报告》，用四局革生〔1973〕第109号文报水电部。要点报告对1370、1380、1390米三个不同正常高水位方案进行综合比较后认为：水位1370米方案的规模和作用显得太小，与工农业发展要求不相适应，可考虑在1380—1390米范围内选择，最终倾向于1390米方案。为了减少初期淹没损失和移民困难，可以采取分期抬高水库运用水位的办法。1973年9月7日，四局向甘肃省领导汇报，宋平书记指示：初步意见按1390米方案设计和施工，初期按1380米蓄水运用，以后根据发展情况，在不影响靖远县城和安置好库区移民的前提下再逐步抬高水位，水库淹没和移民预算按1390米方案考虑，在黑山峡工程开工同时就要建设兴堡子川提灌工程。要搞个规划，早点动手。这些问题还要正式向省委汇报确定。1973年11月15日向甘肃省委常委会汇报，省委同意：从国家长远利益着想，按1390米方案设计施工，并指出关键问题是库区将近10万人的移民安置要妥善处理，并提出兴堡子川和景泰川二期两个电灌工程区为移民安置区。

1974年8月，四局提出《黑山峡枢纽补充初步设计》，根据坝址工程地质条件，再次肯定小观音坝址可以修建混凝土高坝。推荐水库正常高水位1390米方案，最大坝高151米，总库容88.5亿立方米。初期为了照顾移民工作的困难，降低到1375米运行，以后随着发展的需要逐步抬高。电站装机容量定为180万千瓦。

小观音枢纽以下的工程如何安排？宁夏回族自治区为了解决同心清水河一带及南山台子等地的引黄灌溉问题，曾于1970年提出兴建红毛牛枢纽工程，并做了一定的勘测设计工作。1974年底由水电部主持召开《黑山峡枢纽工程补充初步设计审查会》，会议纪要中指出：“宁夏同志要求对红毛牛枢纽工程进行勘测设计，请第四工程局研究安排，并将安排意见报水电部审定。”据此，四局于1975年4—6月查勘了大柳树、童家园、沙坡头和上河沿等坝址，同年9月提出《黄河红毛牛枢纽工程规划报告》，推荐童家园坝址的一级开发方案。正常高水位1278米，坝高45米，装机容量45万千瓦。报告还特别指出，在黑山峡枢纽工程修建的前提下，红毛牛枢纽是黑山峡电站的反调节水库，对于充分发挥黑山峡电站的调峰作用有较大的意义。如何进一步发展宁夏灌溉，曾考虑过两种途径，一是在黑山峡枢纽留灌溉取水口，修筑傍山渠道引水 50 立方米每秒经峡谷右岸，灌溉南部山区 100 万亩土地，因傍山渠道工程的地形地质条件复杂，工程艰巨，投资大，不经济，应予放弃。二是兴建红毛牛枢纽工程，从库内直接引水，可以部分自流并扬水灌溉，同样能达到上述要求。

黑山峡河段如何开发，自 1954 年黄河规划以来，一直未能统一。1975 年 12 月，国家计委在兰州召集甘肃、宁夏、青海以及水电部的负责人，专门研究讨论黑山峡河段的水利开发问题。到会者鉴于大柳树的工程地质工作做的不充分，无法与小观音进行全面比较，一致同意，继续做大柳树的地质勘测工作，待地质工作完成后，再审定上那一个工程。

宁夏回族自治区主任杨一木在兰州讨论会上发言，曾建议大柳树高坝，开发任务以灌溉为主，不同意以发电为主。后于 1978 年 4 月 26 日写信给水电部钱正英部长并转余秋里副总理，“建议在黑山峡的大柳树或眉梁营(大柳树坝址以上约 7 公里)筑一高坝，建一座以灌溉为主的水利枢纽并装机发电。”认为“这是利用黄河水资源改变西北干旱带面貌，大力发展农、林、牧业的根本措施。”1978 年 5 月，国务院副总理李先念对此批示，要求水电部与有关省区和部门认真研究解决这个问题，多快好省地建设这个项目。

自 1978 年 10 月开始，西北院地勘四队对大柳树坝址进行了一年多的工程地质勘探工作，于 1980 年元月提出《黄河大柳树枢纽工程选坝地质报告》，肯定“大柳树、眉梁营坝址所处区域构造背景大致相同，不具备发生强烈地震构造条件，未发现新构造断裂迹象。可视为相对稳定地段。”“地震烈度为 8 度。其他如风化带深、坝基和坝肩渗漏、不均匀沉陷、深层滑动边坡稳定等，都不存在要害的工程地质问题。”“水库的工程地质是简单的，条件是良好的。可以修建高的混凝土重力坝。”

宁夏回族自治区人民政府，1981 年 5 月 14 日以宁政发(1981)62 号文向国务院提出《关于请求建设黄河大柳树枢纽工程的报告》。报告认为：“大柳树建库，在径流调节方面具有承上启下的作用，既可大大提高上游梯级电站的保证出力，又能发挥灌溉发电之利。如在小观音建库，主要是解决发电问题，可以说无助于发展宁夏、内蒙古、陕北及甘肃环县等干旱地区的水利事业。建议在龙羊峡施工结束后，下一步能接着开发大柳树工程。”内蒙古自治区人民政府在收到宁夏给国务院的抄件后，于 1981 年 7 月 30 日向国务院提出《关于同意宁夏政府请求建设黄河大柳树水利枢纽工程的报告》，“同意宁夏政府意见，在龙羊峡施工结束以后，应接着开始建设大柳树枢纽工程。”甘肃省人民政府于1981年8月22日向国务院报告，以甘政发(1981)254号文提出《关于黄河黑山峡河段开发方式的意见》，“同意西北院推荐的二级开发方案，即在甘肃小观音建高坝，在宁夏大柳树建低坝。”并“鉴于黑山峡河段小观音坝址建设条件优越，前期工作现已具备开工条件，为解决能源，建议国家尽早确定开发方案和列入计划兴建，促进本河段水电资源的开发。”

1981年5月，四局提出《黄河黑山峡河段开发方式研究报告》。1981年8月下旬，水电部在北京主持召开黑山峡河段开发讨论座谈会，计有水电部规划院、西北院、西北电管局、国家计委，以及甘肃、宁夏、内蒙古水利(电)局和黄委会等单位30余人参加，听取西北院提出的关于黑山峡河段开发方式的汇报。经过讨论，与会代表都认为这是黄河干流上一个极为重要的枢纽，应该综合利用开发。如何综合利用，则有较大分歧，偏于以发电为主的代表，主张修建小观音；偏于以灌溉为主的代表，主张修建大柳树。两种意见，相持不下。为了下一次能更好地讨论，会议希望两个坝址的工作深度应该是同等基础，并要求尽快提出全河用水规划和大柳树灌区规划。同年10月下旬在银川召开黄河大柳树灌区规划座谈会，有宁夏、内蒙古、黄委会的代表参加，研究如何开展大柳树灌区规划工作问题。

西北院继续进行工作，于1983年提出《黄河黑山峡河段开发方式比较报告》。1983年7月和12月水电部在宁夏中卫和北京召开内部讨论会，对报告提出意见。据此，西北院又作了进一步补充修改，于1984年10月提出《黄河黑山峡河段开发方式比较重编报告》，增补了水库泥沙淤积分析，并再次推荐小观音高坝加大柳树低坝的二级开发方案。

黑山峡河段的开发，国务院总理赵紫阳1982年7月指示“可以请一些比较超脱的专家进行论证。”据此，宁夏回族自治区政府委托中国科协进行了黑山峡河段开发方案的论证工作。中国科协组织国内著名专家、学者等60余人，经过多次实地考察和深入分析研究，历时3年，于1985年8月，用“中国科学技术咨询中心黑山峡工程论证组”名义提出《黄河黑山峡河段开发方案论证总报告》和工程地质、水资源利用、水工、水库淤积、灌区开发、模糊多目标决策分析等6个专题报告。总报告认为：大柳树和小观音两坝址的工程地质条件各有优缺点，在两坝址修建高坝都是可以的；两方案(大柳树一级开发和小观音高坝加大柳树低坝二级开发)的工程投资和施工期基本相同;从综合效益考虑,则大柳树方案的效果更显著,即使在电能开发上,也是以大柳树方案为优。大柳树一级开发方案比小观音二级开发方案库容多40亿立方米,在开发大西北的战略方面,及经济、社会效益方面都有明显的优越性。

在此期间,宁夏自治区地矿局、地震局也进行了地质勘查和测试工作,提出《黄河黑山峡地区构造地质的若干问题》、《黄河黑山峡地区主要活动断层、地震活动及其对大柳树坝址的影响》等项资料成果。

宁夏回族自治区政府完全同意上述总报告及有关地质资料成果的论点,于1985年11月16日,以宁政发〔1985〕150号文"关于报送《黄河黑山峡河段开发方案论证总报告》和有关地质资料的报告"呈报国家计委和水电部。为中央和有关部门提供决策依据。

黑山峡河段开发,20多年来做了大量工作,意见分歧尚未统一,仍在继续研究。

三、青铜峡至托克托河段

该河段流经宁蒙河套平原,河道开阔,坡度平缓,只有青铜峡、三道坎、昭君坟等处两岸山脉和台原形成少数相对窄河段可建坝。1954年黄河规划分析本河段的特点,提出开发任务,主要是灌溉,其次是航运,共布置三座低坝水利枢纽,成不连续的梯级开发。三座水利枢纽是:三道坎,抬高水位18米,用以改善石咀山至三道坎一段的航运,并可发电20万千瓦。渡口堂为灌溉枢纽,主要是为了保证内蒙古后套等灌区1270万亩灌溉用水。昭君坟则是为解决民生渠及公山壕一带灌区引水的拥水低坝。并选定渡口堂为第一期工程。

渡口堂灌溉引水枢纽,经1958年查勘选坝,改在其上游17公里处的巴彦高勒修建三盛公枢纽,并于1961年建成投入运用。为保证民生渠及公山壕一带灌区的引水,70年代以来,已陆续建成磴口、团结、公山壕、托县等扬水站,取代了昭君坟枢纽的作用。至此,本河段工程布局有待研究的河段只剩石咀山至老磴口85公里范围内的河段。其余河段的开发任务,主要是河道整治与防洪。

石咀山至老磴口河段开发,可供选择的坝址有三处,自上而下是三道坎、海勃湾、老磴口。1958年以来,内蒙古水利局曾作了多次勘测研究。1972年7月水电部曾组织黄委会、西北四省区(陕、甘、宁、青)水电联办、四局及内蒙古水利局设计院等单位，共同勘查选点，宁夏提出三道坎建坝影响石咀山以上灌区的排水，需另选坝址。1973年4月内蒙古水利局和巴盟负责人查勘海勃湾、老磴口两坝址，并组织力量进行勘测规划工作。1976年2月9日，中共乌海市委向中共内蒙古党委呈报《请求修建海勃湾黄河水电站的报告》并抄报水电部和华北协作组。报告认为：原规划修建三道坎水电站，距石咀山三排干出口仅30公里，宁夏担心影响排水。现将坝址下移至海勃湾，距石咀山53公里，可减轻对灌区排水的影响。同时该工程还可桥坝结合，节省公路桥建设，便利乌达、海勃湾市之间的交通。1978年9月，黄委会设计院和内蒙古水利局设计院并会同乌海市水电局共同查勘三道坎、海勃湾、老磴口坝址，经分析比较，选定海勃湾坝址。该工程，最大水头10.5米，装机容量12万千瓦，年发电量5.4亿千瓦时，除就近向乌达和海勃湾市供电外，并可解决海勃湾市的工农业用水问题，以及引洪灌溉改造附近沙荒31.5万亩。

第二节　中游河段

黄河干流中游河段，自内蒙古自治区托克托至河南省桃花峪，河长1206公里，占全河总长22%，水面落差890米，平均比降7.4‰。本河段流经内蒙古、山西、陕西、河南四省(区)，两岸为黄土高原，水土流失严重，是黄河洪水泥沙的主要来源区。根据河谷形态特点，本河段有两段峡谷和两段宽河道。从拐上至禹门口称晋陕峡谷，全长698公里，是黄河最长的峡谷；三门峡至西霞院间是黄河最后一段峡谷，河长140公里。这两段峡谷，落差较大，水能资源比较丰富，淹没损失较少，具有修建高坝大库的地形地质条件，是治理开发黄河的重要河段。1954年黄河规划以来，北京院和黄委会经过进一步勘测研究，对河段工程布局作过多次调整。

一、托克托至潼关河段

1954年黄河规划分析本河段特点，其支流，因流经缺少植物被覆，水土流失最严重的黄土高原，具有洪水峰高，含沙量大的特点，是黄河下游洪水与泥沙的主要来源区之一，应以水土保持工作为重点。其干流流经峡谷，沿河地质情况除上端龙口以上及下端龙门一带为石灰岩外，其余绝大部分为松软的砂岩与页岩互层，地质条件不良，不宜修建高坝。禹门口以下，河谷展宽，基础松软。共布置了17级，即小沙湾、万家寨、龙口、石盘、前北会、罗峪口、佳县、碛口、三川河、老鸦关、社宇里、清水关、里仁坡、云岩河、龙门、谢村、安昌等。梯级首尾相接，利用了本河段全部落差，总装机容量686万千瓦，年平均发电量约314亿千瓦时。本河段各梯级因地质条件限制，多为中低水头的径流电站，一般抬高水位40米左右，没有安排较大水库，均列为远景开发对象。

1958年为适应全国“大跃进”国民经济各部门用电用水猛增的需要，迫切要求开发本河段。为此，北京院于1958年上半年完成《万家寨水电站开发规划报告》，建议万家寨与上游梯级小沙湾并级开发，并于近期修建（当时万家寨曾一度确定开工，并成立了施工筹备单位）。同年7月，北京院又组织两个综合查勘组，配合中央及地方有关部门对万家寨以下的龙口至龙门段进行查勘，9月提出《黄河中游龙口至龙门段坝址查勘报告》，年底提出《黄河中游龙口至龙门段梯级开发方案研究报告》。报告认为，这一河段位于峡谷区，水库淹没损失小，梯级开发应根据地形地质条件尽可能加大坝高，增大库容，以增加蓄水，减少投资，建议该河段按9级开发。这9级是：龙口、前北会、罗峪口、碛口、三交、社宇里、清水关、里仁坡、龙门。同年11月，北京院又对龙门以下的谢村、安昌坝址进行查勘，研究其开发方式，提出《黄河谢村至安昌并级研究报告》，报告根据地质上的可能性及经济上的合理性，建议谢村、安昌并为一级开发。

北京院自1959年初开始，为了对本河段梯级方案进行全面的综合技术经济比较，选择第一期工程作为近期开发对象，根据上述各查勘报告和研究成果，对万家寨至安昌段梯级开发作进一步研究，于1960年元月提出《黄河万家寨至安昌段梯级开发方案研究报告》。将河段划分为万家寨至碛口、三交至清水关、里仁坡至安昌等三段，组成10级、12级、14级三个不同梯级开发方案，进行综合技术经济比较，推荐12级开发方案，即万家寨、龙口、石盘、前北会、罗峪口、碛口、三交、社宇里、清水关、里仁坡、龙门、安昌。共有总库容142亿立方米，装机容量462万千瓦，年电量208亿千瓦时，比1954年黄河规划17级的库容多17亿立方米，装机少224万千瓦，年电量少106亿千瓦时。根据国民经济发展的要求，以及交通、施工等条件，选择龙门、碛口、万家寨作为近期工程开发对象。

1960年5月，黄委会提出《黄河中游干流开发意见的报告》（草稿）。在以“农业为基础”的指导思想下，要避免大量淹没川地好地，研究了峡谷高坝大库开发方案。初步分析各河段情况后认为：万家寨岩石完整，应与上一级小沙湾合并开发；龙口至前北会段，为了避免淹没河曲、保德、府谷一带丰富矿藏不宜并级；碛口、罗峪口、佳县三级应合并开发；老鸦关至龙门之间拟定了 4 级、5 级、6 级合并开发方案，龙门水库正常高水位由 462 米分别提高到 575、599、617 米；谢村和安昌均为低坝，宜合并开发。综合研究结果，梯级布局为：万家寨、龙口、石盘、前北会、碛口、三交、龙门、安昌，共 8 级开发，总库容 404 亿立方米，比 1954 年黄河规划少 9 级，库容多 279 亿立方米。并建议龙门水库于 1961 年开工，1965 年建成生效，其他各梯级也应于 10 年左右全部建成。

1960 年 6 月，龙门水库选坝会议以后，北京院开始进行龙门水库初步设计。经初步估算，按正常高水位 575 米，混凝土坝方案需混凝土约 1200 万立方米，堆石坝方案需填筑土石方约 4000 万立方米，工程量巨大，难于完成。1961 年 7 月 24 日向水电部汇报，部领导指示："必须在坝型方面研究革命的办法，利用天然条件、天然力，大大地减少人为工程量，以提出近期可能修建的方案。"据此，北京院初步研究认为，在筑坝方法上，以利用黄河含沙沉淤修建淤填坝是可能修建方案研究的主要方向，黄河中游碛口至龙门段梯级中存在有适应淤填坝的一定有利条件。因此，水电部同意北京院组织有关单位，对黄河碛口至龙门（甘泽坡）干流段进行一次查勘，结合新坝型（重点是淤填坝）研究有利的坝址及梯级组合方案。参加查勘的有：山西、陕西省水利厅，地质部水文地质工程地质局，水电总局，黄委会，三门峡工程局，水科院，北京院等单位 26 人。查勘后认为：无论对淤填坝或其他坝型来说，除北京院原研究的碛口、社宇里、清水关、里仁坡、舌头岭、甘泽坡等坝址外，没有发现更为有利的坝址。在梯级组合方面，为了迅速解决三门峡水库的淤积问题，在支流控制和水土保持尚未大量减沙之前，应在黄河干流碛口到甘泽坡河段内修建高坝大库，做为骨干工程，承担拦泥任务。结合淤填坝研究，以碛口、清水关、甘泽坡三级开发方案较优。各梯级的坝高与梯级间的衔接，根据支流已成大型淤地坝的实践，应考虑水库淤满后，淤积体平衡比降所形成的"斜库容"的影响。

此后，1963 至 1965 年，为了减缓三门峡水库的淤积，黄委会曾研究过在黄河干流上修建碛口、龙门大型拦泥水库方案。

1969 年 6 月在三门峡市召开"晋、陕、豫、鲁四省治黄会议"，1971 年初在北京召开"治黄工作座谈会"，与会代表都认为，黄河干流河口镇至潼关段的开发和龙门水库工程的兴建对三门峡水库的防淤减沙影响很大，应进行研究，以便考虑可否列为近期项目。1972 年 2 月 5 日，钱正英副部长亦有此指示。据此，黄委会于1972年6月完成《黄河北干流（河口镇至潼关）治理规划意见》和《黄河龙门水库工程规划》。

这次规划，着重研究了如何解决三门峡库区淤积、防洪问题，河口镇至禹门口河段水利水电的开发和禹门口至潼关河段的河道整治问题，规划的指导思想是“以农业为基础”，从充分利用黄河水沙资源出发，积极开发北干流，发展灌溉、电力，有步骤地控制洪水，调节泥沙，变害为利，为工农业生产服务。在工程布局上，必须“拦、排、放”相结合，采用大型的“蓄清排浑”枢纽与径流电站相配合运用，以适应北干流的具体情况和工农业生产要求。综合历年勘测研究成果，初步设想是：“以龙门、碛口、龙口三座（综合利用）大库和辛关、军渡、前北会、天桥等4座径流电站为北干流的基本开发方案”。由此组成的梯级布局是：柳青、龙口、天桥、前北会、碛口、军渡、辛关、龙门。并建议龙门、军渡、龙口低坝列为近期（1985年前）开发工程。

对龙门至潼关河段开发，由于淹没影响和泥沙淤积问题，放弃了原拟定的谢村、安昌坝址，没有布置梯级工程，只提出了禹门口至潼关河道整治规划，以及连伯、昝村、新民、朝邑、永济等5个滩区围垦放淤利用的意见。

托克托至龙口段水利资源开发条件优越，为了加快水电建设步伐，水电部1973年7月以（73）水电计字第200号文及1974年6月以（74）水电计字第139号文指示，对黄河干流托克托至龙口段进行规划选点，认真贯彻水、火电并举，在有水力资源的地区多搞水电的方针。并明确选点工作由内蒙古、山西水利局主管，会同黄委会共同进行，勘测工作由内蒙古水利局承担。据此，1974年4月成立黄河托龙段规划选点组，通过调查研究和方案比较，于1974年10月提出《黄河干流托克托至龙口段规划选点报告》。

报告认为：在本河段修建调节水库，调节上游宁蒙灌区非灌溉季节多余水量，补充缺水月份发电流量，改变径流的时程分配，不仅能为本地区工农业生产提供大量电力和灌溉水量，且可为天桥电站补水，提高保证出力，并为北干流继续兴建径流电站，开发水力资源创造有利条件。因此本河段近期开发的任务是：以发电为主，结合灌溉，并担负天桥电站的水量调节。本河段具有较大库容的坝址有龙口、万家寨和老牛湾。在研究历年勘测资料的基础上，组合成4种梯级方案进行比较，即：

（一）龙口（高）一级开发方案，正常高水位980米，总库容24亿立方米。

（二）万家寨＋龙口（低）二级开发方案，正常高水位分别为980米和897米，总库容11.2亿立方米。

（三）龙口（中）＋小沙湾二级开发方案，正常高水位分别为952米和

980米，总库容13.2亿立方米。

（四）老牛湾＋龙口（低）二级开发方案，正常高水位分别为980米和903米，总库容8.1亿立方米。

比较后认为，龙口与万家寨在同样正常高水位980米情况下，前者库容比后者大14.3亿立方米，综合效益大，能满足规划要求，水库运用较灵活；而万家寨水库因库容只有9.7亿立方米，不能满足规划要求，综合效益小。因此推荐龙口高坝为近期开发对象。

此后，托克托至龙口河段，由于准格尔及神（木）府（谷）煤田亟待开发，山西雁北地区缺水严重，急迫要求开发本河段的水利资源。水电部又于1978年9月25日以(78)水电规字第134号文向内蒙古水利局下达任务，要求研究选定以万家寨或以龙口为主体的开发方式。据此，内蒙古水利勘测设计院于同年11月编制了托龙段补充规划选点工作大纲和计划安排，1979年12月提出《黄河托克托至龙口段补充规划选点报告》。

报告分析河段的主要任务是：给坑口火电站及其他工业提供可靠的水源；担任内蒙古西部电力系统及山西电力系统的调峰；为农业灌溉引水等。根据历年多次规划提出的三个坝址，组成4个梯级开发方案，即：

一级开发：龙口（高）堆石坝＋小沙湾取水坝；

两级开发（一）：小沙湾电站＋龙口（中）混凝土坝；

两级开发（二）：万家寨（高）混凝土坝＋龙口（低）混凝土坝＋小沙湾取水坝；

三级开发：小沙湾电站＋万家寨（低）混凝土坝＋龙口（低）混凝土坝。

最后推荐两级开发方案（一）。理由是，托克托至龙口河段工业中心的供水，唯有在小沙湾修建拦河坝，取水才有保障；龙口地质条件允许修建中坝，要修高坝则困难很大。

托克托至龙门河段的开发，黄委会自1972年提出治理规划意见以后，又做了进一步研究。根据水电部(75)水电水字第62号文批准的《治黄规划任务书》，结合全河规划，于1977年间进行了本河段梯级开发和近期工程选点规划工作，1978年9月，黄委会设计院提出《黄河托克托至龙门段梯级开发规划报告》。拟定本河段梯级开发为8级或7级，即万家寨、龙口低坝或龙口高坝、天桥、前北会、碛口高坝、军渡、三交、龙门。共利用落差517米，总库容241.5亿立方米，长期有效库容85亿立方米，堆沙库容150亿立方米，发展灌溉面积2000余万亩，总装机容量416.8万千瓦。建议龙门水库列为黄河中游近期开发的骨干工程，万家寨（或龙口）水库，以及军渡和三交径流电站均可列为近期开发工程。

1979 年 8 月，黄委会设计院提出《黄河干流工程综合利用规划修订报告》对本河段梯级开发定为 8 级，即龙口高坝、天桥、前北会、碛口、军渡、三交、龙门、禹门口。近期工程，建议修建龙门水库，争取在 1990 年前建成生效；龙口工程应抓紧进行与万家寨的选点比较工作，争取尽快安排修建。

1989 年，黄委会提出《黄河治理开发规划报告》（送审稿），其中关于托克托至禹门口河段的开发，明确其任务是：本河段系峡谷河段，两岸大部分地区水土流失严重，是黄河洪水、泥沙，特别是粗颗粒泥沙的主要来源之一；干流水力资源丰富，开发水电有利于就近解决华北火电系统的调峰问题；沿河两岸煤炭开发和能源重化工基地建设，有赖于引用黄河水源，同时要求开发黄河航运。因此，本河段的治理开发应统筹考虑防洪、减淤、发电、供水、灌溉、航运等各项要求，力求除害与兴利相结合，综合利用。结合河段特点，又划分为三个小河段进行研究。

（一）托克托至龙口段。研究了小沙湾、龙口两级开发；万家寨、龙口两级开发；小沙湾、万家寨、龙口三级开发。综合分析后认为，万家寨、龙口两级开发方案，在地形地质条件、工程建设运用、发电、供水效益等方面，具有较多的优越性，因此，选定该方案。

（二）天桥至碛口段。天桥为已建工程，碛口坝址位置适中，地形地质条件可满足修建高土石坝的要求，进一步研究了在碛口修建高坝大库，蓄水拦沙，调节径流发电的一级开发方案与前北会、罗峪口、碛口三级径流电站的开发方案。一级开发比三级开发多拦沙 120 亿吨，大部分都是对下游河道淤积影响较大的粗颗粒泥沙，可配合小浪底水库延长黄河下游河道淤积年限，减少下游堤防工程投资，对下游防洪减淤较为有利，故推荐碛口一级开发方案。

（三）碛口至禹门口段。补充研究了龙门一级开发；军渡、三交、龙门三级开发；军渡、清水关、龙门三级开发；军渡、三交、辛关、清水关、龙门五级开发等 4 个方案。综合分析后认为，一级开发与三级（军、三、龙）开发，在发电、拦沙减淤和防洪方面，有较大的综合利用效益，并有自流引水灌溉条件，能满足各部门的要求。但一级开发，龙门正常高水位 625 米，最大坝高 252 米，工程规模很大。而三级（军、三、龙）开发，龙门正常高水位 590 米，工程规模相对较小，因此推荐为本河段的开发方案。龙门以下，仍采用 1979 年规划成果，布置了禹门口一级低水头电站枢纽。

综合各河段布局，托克托至潼关河段梯级修订为：万家寨、龙口、天桥、碛口、军渡、三交、龙门、禹门口，共8级。

关于近期工程，本次修订规划对龙门和碛口的开发次序进行了分析比较，从拦沙、防洪、供水、发电、淹没损失、工程规模及经济效益等多方面考虑，推荐碛口水库为继小浪底之后的近期开发工程。中游河段上段的万家寨工程，在国家财力可能的情况下，亦宜在近期开发建设。

二、三门峡至桃花峪河段

1954年黄河规划认为：本河段主要任务是防洪。结合河谷形态孟津以上是峡谷区，以下是冲积平原的特点，共布置了三门峡、任家堆、八里胡同、小浪底、西霞院、花园镇、荒峪、桃花峪等8级开发，并选定三门峡水力枢纽和桃花峪灌溉枢纽为第一期工程。

1958年，黄委会设计院对本河段进行查勘，于1959年12月提出《黄河干流三门峡至西霞院梯级开发方案报告》(按纯发电方式运用)。考虑三门峡水库的修建并结合河段特点，重点研究了小浪底一级、二级和三级开发，下接西霞院水电枢纽，组成四个方案：小浪底＋西霞院；任家堆＋小浪底＋西霞院；任家堆＋八里胡同＋小浪底＋西霞院；任家堆＋石渠＋小浪底＋西霞院。比较后，选定小浪底加西霞院为本河段的开发方案，即小浪底一级开发方案，正常高水位280米，回水至三门峡坝下，总库容117亿立方米，具有多目标综合利用的有利条件，对黄河下游影响巨大。为此提出“应进一步进行勘测工作，提早完成初步设计，争取小浪底工程于1960年上半年准备，下半年施工”的意见。

1960年5月，黄委会提出《黄河中游开发意见的报告》(草案)。在三门峡以下拟定了小浪底、西霞院、桃花峪三级开发方案。小浪底水库的任务是，以发电为主，结合华北平原特殊干旱年灌溉补水，并改善晋豫峡谷河段的航运条件。西霞院为低水头径流电站。桃花峪以防洪及灌溉反调节为主，并最大限度地结合发电与航运。《报告》建议桃花峪、小浪底两工程于1960年下半年开始进行准备工作和辅助工程，1961年正式开工，分别于1963年和1964年完成。

1969年6月，在三门峡市召开晋、陕、豫、鲁四省治黄会议期间，研究了对三门峡枢纽进一步改建后，三秦间干流如何开发问题，责成黄委会进行规划。据此，黄委会革委会组织力量，经过半年多的现场勘查和分析研究，于1970年7月提出《黄河三秦间干流规划报告》。《报告》认为，在三门峡水库改变运用方式和增建泄流设施以后，为有效控制特大洪水，进一步发展下游平原引黄淤灌，应在三秦间干流上兴建控制性工程。经研究比较，选定小浪底一级开发方案，正常高水位 265 米，总库容 91.5 亿立方米，为长期保持有效库容不小于 30 亿立方米，水库死水位定为 200 米。鉴于小浪底一次建成，工程量大，投资多，且有效库容近期不能充分利用的情况，建议工程以分期加高为宜。第一期工程按正常高水位 230 米修建。

1975 年 12 月，河南、山东两省革委会和水电部工作组提出《关于防御黄河下游特大洪水意见的报告》呈报国务院。“报告”提出：为确保黄河下游防洪安全，必须在黄河干流小浪底和桃花峪两水库之间选择一处，经过比较提出意见，报国家计委批准后，在“五五”期间动工兴建。据此，黄委会革委会规划办公室进行了本河段梯级开发的初步研究，于 1976 年 6 月提出《黄河干流三门峡至花园口区间梯级开发方案初步研究报告》和《黄河小浪底水库工程规划报告》、《桃花峪水库工程规划报告》。

“研究报告”根据黄河下游综合治理的需要，确定本河段的开发任务是，以防洪减淤为主，结合防凌、发电、灌溉，综合利用。初步研究了以小浪底或桃花峪为控制工程的四种开发方案，比较结果，以小浪底为控制工程的两个方案优于以桃花峪为控制工程的两个方案。小浪底两个方案中，又以小浪底一级开发方案为优。选用青石咀坝址，水库最高蓄水位 275 米，坝高 146 米，总库容 112 亿立方米，可长期保持有效库容约 38 亿立方米，能较好地解决下游防洪、防凌的迫切问题，并可充分发挥水库的综合效益，水库淤沙库容 74 亿立方米，可减缓下游河道淤积。

1976 年 7 月 20 日至 8 月 14 日，水电部在郑州主持召开“黄河小浪底、桃花峪水库工程规划技术审查会议”。邀请有关省、大专院校及科研设计部门等 36 个单位 142 人参加。会议讨论了小浪底高坝（275 米）、低坝（240 米）方案，认为高坝方案综合效益大，运用上也较灵活主动，倾向于高坝方案；桃花峪水库有综合利用方案和单纯滞洪方案，会议倾向于单纯滞洪方案。

此后，黄委会又进行研究，为了尽早有效地防御特大洪水，在《黄河小浪底和桃花峪工程选点意见》中，推荐修建桃花峪滞洪工程。在此基础上，对三门峡至西霞院间的梯级开发布置，再次进行了研究。于 1977 年 10 月，由黄委会革委会提出《黄河干流三门峡至花园口区间梯级开发方案》。分析研究了小浪底高坝一级开发；小浪底中坝上接任家堆二级开发；小浪底低坝上接八里胡同和任家堆三级开发。初步意见是，从当前需要出发，并兼顾长远利益，在推荐桃花峪滞洪工程解决下游防洪问题的前提下，推荐小浪底中坝上接任家堆二级开发方案，并建议任家堆水电站为第一期工程，早日动工兴建，以满足这一地区当前迫切用电的需要。

1979 年 8 月，黄委会设计院对黄河干流梯级进行研究，完成《黄河干流工程综合利用规划修订报告》。在以往规划工作的基础上，对本河段布置了小浪底、西霞院、桃花峪三级开发方案。并建议“六五”期间尽快开始兴建小浪底工程，争取在 1990 年前建成生效。

此后，自 1984 年开始编制黄河治理开发规划报告，于 1989 年提出送审稿，本河段开发仍采用 1979 年的规划成果，选定小浪底一级开发方案，水库正常高水位 275 米，总库容 126.5 亿立方米；下接西霞院径流电站；中游最末一级为桃花峪枢纽，拟在温孟滩放淤形成高滩后实施，库水位 114 米时，总库容为 24.7 亿立方米，配合三门峡、小浪底和支流水库进一步控制黄河洪水，并承担小浪底水库和中线南水北调的反调节任务。近期工程，规划选定小浪底为近期首先开发建设工程，以便能更好地实现黄河近期治理开发目标，统筹解决治理开发黄河除害兴利的迫切问题。

三、重点工程规划研究

（一）碛口枢纽工程

碛口水利枢纽，位于黄河中游晋陕峡谷中段，左岸为山西省临县，右岸属陕西省吴堡县，上距天桥水电站 215 公里。坝址控制流域面积 43.1 万平方公里，占全河面积 57.3%，其中河口镇至坝址区间面积 5.5 万平方公里，占托克托至龙门河段间面积 49.3%。实测多年平均径流量 288.5 亿立方米，年输沙量为 6.03 亿吨，且多为粗沙。修建碛口枢纽，对控制黄河北干流的洪水、泥沙，特别是控制黄河粗沙来源有重要作用，曾多次进行过研究。

碛口坝址有 5 条比较坝线，Ⅰ、Ⅱ坝线分别位于碛口镇上游 1.3 及0.75 公里处，为北京院地质勘测队提出；Ⅲ坝线位于碛口镇北头，为水电总局 1953 年 6 月提出；Ⅳ坝线位于碛口镇下游 2 公里湫水河入黄口之下游，系 1941 年 5 月日本人提出；Ⅴ坝线位于碛口镇上游 5 公里处之索达干村，乃北京院 1958 年 7 月查勘时提出。各坝线位置如图 4—2 所示。

碛口工程，早在 1941 年 5 月，日本东亚研究所为利用黄河托克托至龙门河段之水力，曾提出《黄河水力（发电计划）调查报告》，拟建 8 道水坝，即清水河、河曲、天桥、黑峪口、碛口镇、延水关、壶口、禹门口。其中碛口镇坝址

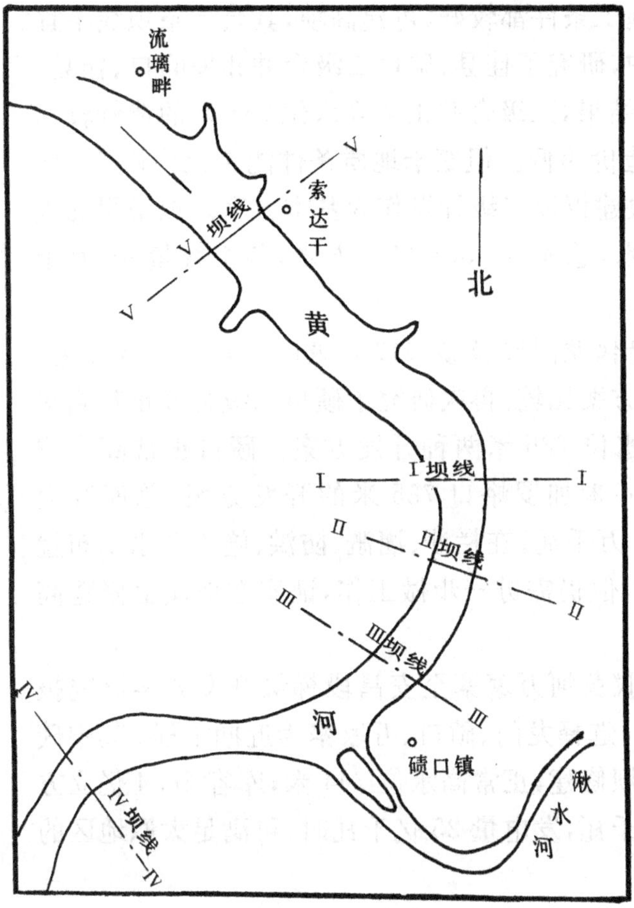

图 4—2 碛口坝址位置示意图

1∶5万

选在Ⅳ坝线，拟利用水头77米，库容43.6亿立方米，装机70万千瓦。

1952年12月黄委会提出《黄河托克托至龙门段查勘报告》，共查勘坝址25处，碛口是其中12处主要坝址之一。选定Ⅳ坝线，坝高95米，并提出碛口上游之硫璃畔作为比较坝址。

1953年6月水电总局提出《黄河河曲龙口至河津禹门口勘测报告》。其中碛口坝址有二处，一为碛口上坝址，即位于碛口镇上游200米处的Ⅲ坝址；二为碛口下坝址，即位于碛口镇下游2公里处的Ⅳ坝址。进行比较后认为上坝址条件较好，建议修建54米高的土坝，发电装机约38万千瓦。

1954年黄河综合规划，碛口枢纽列为黄河干流46座梯级中第27级。枢纽任务为发电，坝址选定Ⅲ坝线，正常高水位708米，壅水高48米，库容12.3亿立方米，装机52万千瓦，列为远景开发对象。

1958年7月25日至8月18日，北京院查勘龙口至碛口河段，提出碛口第Ⅴ坝线，位于索达干村。该处河宽600余米，为致密坚硬的红色石英砂岩，向上游倾斜大于10度，坝体稳定条件好，其地形地质条件优于其他4条坝线，可建高坝。提出碛口与佳县并级开发的意见，水库正常高水位为744米，坝高98米，装机容量大于80万千瓦。嗣后，碛口坝址的勘测工作，围绕Ⅴ坝线进行。

1958年11月，北京院提出《黄河碛口水电站初步设计要点坝址选择报告》,认为V坝线工程地质和施工条件都较好,可建高坝,其余4条坝线不宜修建高坝。在开发方案比较中,研究了佳县、碛口二级合并和罗峪口、佳县、碛口三级合并两种方案。比较结果,三级合并正常高水位785米的造价较二级合并正常高水位744米的造价为低。但鉴于地质条件能否允许修建140米的混凝土高坝,尚待研究,故建议以二级开发作为基本方案。拟采用混凝土宽缝重力坝,最大水头78米,总库容35.4亿立方米,装机容量84万千瓦。

1959年12月,北京院提出《龙门段及碛口段并级研究意见》,从发电、拦沙、防洪等多方面进行并级方案比较。再次研究了碛口二级合并正常高水位744米与三级合并正常高水位785米两种开发方案。碛口正常高水位785米的开发方案比碛口744米加罗峪口785米的开发方案,总库容大63.4亿立方米,装机容量多12万千瓦。在拦沙、灌溉、防洪、施工及水工布置等方面,均以785米方案有利,但仍需进一步做工作,证实在地质上修建高坝的可能性。

1960年元月,北京院编制《黄河万家寨至安昌段梯级开发方案研究报告》。该河段布置12座梯级,并选择龙门、碛口、万家寨为近期工程。其中碛口工程推荐I坝址,按均质土坝修建,正常高水位744米,库容38.4亿立方米,进行年调节,装机55.5万千瓦,发电量25亿千瓦时,可满足太原地区的用电要求。

1960年5月,黄委会在《黄河中游干流开发意见》报告中,提出碛口785米正常高水位的方案,用以拦沙、减淤、发电、供水。

1965年,北京水利水电学院校长汪胡桢,带领师生至碛口工地,与黄委会配合,共同进行碛口高坝方案的勘测设计工作。按拦泥库的要求,对碛口工程进行现场设计,于1966年6月提出《黄河碛口拦沙库设计方案》。

1978年9月黄委会设计院提出《黄河托克托至龙门段梯级开发规划报告》。其中碛口工程,研究了高坝和中坝两种方案,相应正常高水位为774米和737米,总库容为96.2和32亿立方米;按"蓄清排浑"运用,长期有效库容为37.8和15.2亿立方米;装机容量为90和60万千瓦,年发电量为35.3和23.1亿千瓦时。报告认为,碛口高坝库容比中坝大三倍,长期有效库容大一倍多,发电、防洪、拦沙等效益均以高坝较优。从长远考虑,应充分利用碛口的有利条件,争取大库容。本次规划,碛口列为远景工程。1979年8月,黄委会设计院提出《黄河干流工程综合利用规划修订报告》,有关碛口工程规划,采用了上述报告成果。

1984年后，黄委会在编制黄河综合治理开发修订规划时，研究了黄河中游天桥至碛口段的开发，认为碛口V坝线优越，可修建高坝，具有拦沙、减淤、发电、供水、防洪等综合利用效益。拟定最高蓄水位785米，总库容124.8亿立方米，最大水头120米，装机容量150万千瓦，年发电量51.5亿千瓦时，淹没耕地7.8万亩，迁移人口5.37万人。碛口工程，按土石坝方案进行布置，主要建筑物有：拦河土石坝，最大坝高140米，坝顶长1186米，坝顶高程790米；右岸布置三条泄洪洞和一条开敞式岸边溢洪道，泄洪洞平均长727米，洞径13.5米；发电引水系统设在左岸，为单机单洞引水地面厂房布置，平均洞长800米，内径8米，共6台机组。

碛口工程与小浪底工程规模大体相同，应安排在小浪底之后，紧接施工。目前应抓紧勘测工作，争取"九五"开始施工，在2000年或稍后一些时间建成投入运用。

（二）龙门枢纽工程

龙门水利枢纽，位于黄河中游晋陕峡谷的下段，坝址（舌头岭）距禹门口28公里，左岸为山西省乡宁县，右岸属陕西省宜川县。坝址下游出禹门口，两岸为黄土阶地，是晋、陕两省的主要粮棉产区。

龙门坝址控制流域面积49.6万平方公里，占全河流域面积的66%，其中河口镇至坝址区间流域面积11万平方公里，是黄河中游洪水泥沙的主要来源区。龙门水文站实测多年平均径流量319亿立方米（1919—1983年），天然年径流量385亿立方米；实测多年平均输沙量10.8亿吨，占全河沙量的68%，其中粒径大于0.05毫米的粗颗粒泥沙占32.8%。龙门实测最大洪峰流量为21000立方米每秒（1967年8月11日），调查历史最大洪水发生在道光年间，推估洪峰为30000—33000立方米每秒。

龙门坝址，具有修建高坝大库的条件，控制黄河洪水、泥沙能力强，灌溉和发电效益大，是黄河中游干流的重点工程，规划研究时间较长。

龙门坝段，禹门口至舌头岭河段长28公里，自下而上有八处坝址（见图4—3），各坝址是：

1. 禹门口坝址：在禹门口以上300米处，河床覆盖层大于70米。

2. 三迭浪坝址：在禹门口上游一公里处。河面宽约400米，河床覆盖层厚69米。

3. 死人板坝址：在禹门口以上2.5公里处，河面宽300米。

4. 尧公庙（艄公庙）坝址：在死人板坝址上游700米处。

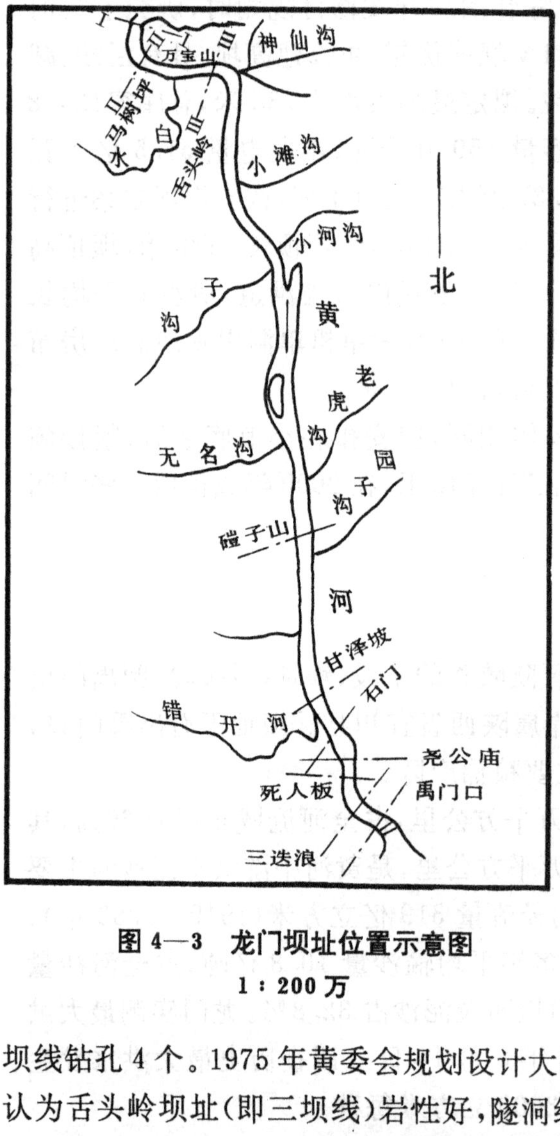

图 4—3　龙门坝址位置示意图

1：200 万

5. 石门坝址：在错开河口下游 400 米处，下距禹门口 5 公里，谷底宽 70—90 米，基岩为矽质灰岩，河床覆盖层厚 48 米。

6. 甘泽坡坝址：在错开河口上游 850 米处，下距禹门口约 6 公里，河面宽 150 米。河床覆盖层厚 29—37 米。基岩为厚层石灰岩，强度高。两岸谷坡为灰岩、泥灰岩互层。

7. 碹子山坝址：下距禹门口 11 公里，河面宽 400 米，坝址附近出露地层均为石炭二迭系砂页岩煤系地层，风化破碎严重。

8. 舌头岭坝址：下距甘泽坡坝址 21 公里，有三条坝线。1959—1961 年北京院研究龙门坝段时，选择舌头岭坝址，即三坝线进行工作，并在舌头岭上游 2.3 公里的马树坪，即二坝线钻孔 4 个。1975 年黄委会规划设计大队与山西、陕西两省领导查勘时，认为舌头岭坝址（即三坝线）岩性好，隧洞线短，应重点进行工作，同时又提出了二坝线上游 1.5 公里处的一坝线，亦应进行工作。

龙门枢纽工程的研究，早在 1941 年 5 月，日本东亚研究所提出《黄河水力（发电计划）调查报告》，曾建议修建禹门口水电站，计划坝高 89 米，库容 8.4 亿立方米，利用水头 67 米，装机容量 70 万千瓦。

1946 年 6—12 月，黄河治本研究团查勘壶口坝址和龙门坝址，提出石门坝址宜建高坝的意见，计划坝高 150 米，用以发电、灌溉、节制洪水，便利航运。

1950 年 3—10 月，黄委会组织龙（门）孟（津）段查勘，选定石门、死人板两坝址，并认为在石门修建 50～80 米高坝，地形地质均无问题。关于坝型，石门坝高 50 米以下可修拱坝,50 米以上应以拱坝与重力坝作比较,或混合使用。死人板以修重力坝为宜。

1952 年 4—7 月,黄委会组织托(克托)龙(门)段查勘,选定石门、死人板、三迭浪三坝址。认为三迭浪坝址距禹门口近,虽然岩石强度差,但交通方便,工程布置经济,应以此坝进行重点研究,如因地质问题严重,则以死人板坝址作比较。

1952 年 10—12 月,水电总局与地质部联合查勘龙口至禹门口河段,复查了上述三坝址,认为石门坝址最优,死人板、三迭浪次之,建议采用石门坝址,修建混凝土重力坝。

1954 年规划时,为取得必要的工程地质资料,首次对龙门坝段的死人板、三迭浪、石门坝址进行地勘工作,打钻孔 4 个,填制 1/2.5 万工程地质图 7 平方公里,1/5000 地质剖面图 3 张。认为地质条件以死人板坝址为优。选定死人板坝址。将龙门枢纽列为黄河干流 46 座梯级中第 34 级,正常高水位 462 米,最大水头 84 米,装机容量 96 万千瓦,列为远景开发对象。

1958 年 7 月,北京院查勘龙口至龙门河段,12 月提出《黄河龙口至龙门段梯级开发方案研究报告》,认为黄河综合规划拟定龙门正常高水位 462 米,坝高较低,应提高设计水头。建议采用石门坝址,与壶口并级开发,正常高水位 486 米,修建混凝土拱坝或土石坝。

1959 年元月,北京院向陕西省汇报,并组织选坝委员会到现场查勘,一致认为石门坝址有修建高坝条件,但对陕西韩城煤田淹没、浸没影响严重。因此,1959 年 3 月又组织晋、陕两省有关单位复勘壶口至安昌河段坝址,并提出报告。这次复勘,在石门坝址上游一公里处选择了甘泽坡坝址,在石门上游 22 公里处选择了舌头岭坝址。复勘报告认为:舌头岭坝址对煤田没有影响,但地质及施工条件差;甘泽坡坝址对煤田仍有淹没、浸没影响,但已避开了对错开河煤矿的直接淹没;禹门口坝址修低坝,则可大大减少对煤田的淹没和浸没。

此后,北京院于 1959 年 5 月在舌头岭、禹门口开展了地质测绘和建材调查。同年 10 月提出《黄河龙门电站补充技经阶段工程地质勘察报告》,并邀请李捷、胡海涛、芦耀如等地质工程师进行甘泽坡坝址查勘。查勘认为甘泽坡坝址主要工程地质问题是:1. 坝基抗滑稳定;2. 不均匀沉陷;3. 坝基渗透与基坑浸水;4. 坝体坍塌及隧洞塌陷等。指出当时的地质勘测资料不能满足初设阶段工程地质要求,并就下阶段工作提出了意见。

1959 年 11—12 月,黄委会分别提出《关于 1960 年着手兴建黄河龙门及小浪底两座大型水利枢纽的意见的报告》和《黄河龙门枢纽设计任务书》报送水电部。水电部要求研究龙门高坝方案，以延长三门峡水库寿命，黄委会曾提出526、575、617米三种方案。与此同时，北京院于1959年12月完成《龙门段及碛口段并级研究意见》，提出龙门甘泽坡坝址正常高水位486、526、575、617米四种方案。

1959年12月，水电部召开“黄河龙门和小浪底水利枢纽开发方案讨论会”，会议倾向于甘泽坡坝址，正常高水位526米，坝型为堆石坝。会后，水电部专家组提出《黄河龙门和小浪底两水利枢纽的讨论意见》，认为龙门水库正常高水位应在526米以上，争取575米，取得较大库容；甘泽坡坝址的地质条件并不优越，修200米高坝还有待论证；修当地材料坝较有利，混合坝亦有可取之处。

1960年4月，北京煤炭设计院和陕西省煤炭部门对龙门枢纽淹没问题进行了调查，估计甘泽坡坝址575米淹煤7亿吨，617米淹煤23亿吨。建议坝址上移至舌头岭或磑子山。

1960年5月，北京院提出《黄河龙门水利枢纽初设要点阶段报告》，建议采用甘泽坡坝址，正常高水位575米，以堆石坝较为适宜。

1960年5月，黄委会提出《黄河中游干流开发意见的报告》。提出龙门主要任务是保卫三门峡水库、发电、引水灌溉和改善航运条件。正常高水位617米。

1960年6月，水电部会同晋、陕、豫三省及有关单位和科研部门及大专院校等专家300余人，在西安召开龙门枢纽第一次选坝会议，审查北京院提出的《龙门水利枢纽初设要点阶段报告》，提出以下意见：

1.坝址以甘泽坡为主，舌头岭为备用；

2.正常高水位按575米设计施工，但应留有余地，作出加高到617米方案的设计；

3.坝型，初步确定以混凝土坝为主的混合坝方案（河床为混凝土坝，两岸台地接土石坝），尚待进一步研究。

此后，北京院根据西安选坝会议意见，对原初设要点报告进行修正补充，开展大规模的地质勘探试验工作，同时进行甘泽坡坝址的枢纽布置和机组机型比较工作。

龙门枢纽工程规模大，地质条件复杂，1960年12月，经水电部报请国家科委批准，在国家科委三门峡水利枢纽组下成立龙门分组。1961年元月在北京召开第一次会议，制定龙门枢纽科研计划，包括地质、规划、水工、施工、金属结构及机电等方面，并就甘泽坡坝址的工程地质，归纳为地质构造、水文地质与基岩工程地质性质等三大问题，分别由水科院、北京院、山西省地质局等单位研究完成。

1961 年 7 月，北京院向水电部汇报龙门枢纽设计工作。由于枢纽工程量大，投资多，工期长，为了能够早日建成，钱正英副部长指示：必须在坝型和施工方法方面研究革命的办法，利用天然条件，大大减少人为工程量，提出近期可能修建的方案。为此，北京院于 1961 年 10—12 月组织有关单位，结合新坝型（淤填坝）的研究，进行黄河碛口至龙门河段的查勘。

1962 年 2 月，北京院向水电部汇报淤填坝新方案研究成果，钱正英副部长指示：龙门无论什么方案，最近都上不了马，从长远看，解决黄河泥沙问题应靠水土保持，近期解决三门峡淤积问题还得依靠三门峡本身在运用上想办法，龙门大规模的勘测设计和科研工作，基本上可告一段落，但有连续性的小量工作，可以细水长流。据此，龙门枢纽大规模的勘测设计工作逐步结束，1962 年 10 月提出《黄河龙门枢纽新方案初步研究意见》后，各专业进行资料归档，至 1963 年底全部工作结束，编写有《黄河龙门枢纽勘测设计工作结束报告》。

1969 年 6 月，三门峡市四省（晋、陕、豫、鲁）治黄会议提出：龙门水库对控制北干流洪水、泥沙，减轻三门峡库区淤积，有较大作用，而且有发电、灌溉之利，应重点研究，以便考虑能否列为近期项目。据此，黄委会规划大队一分队自 1969 年进驻陕西韩城县，进行现场规划工作。复勘了龙门坝段各坝址；查勘龙门灌区，配合晋陕两省进行灌区初步规划工作；研究龙门枢纽的运用方式和枢纽布置，以及对煤田的影响等。1972 年 6 月提出《黄河龙门水库工程规划》。拟定龙门水库的主要任务是灌溉、发电、减轻三门峡库区的淤积；推荐正常高水位 550 米为基本方案，装机容量 100 万千瓦，年发电量 54.8 亿千瓦时；重点研究了甘泽坡坝址修建混凝土与土石混合坝方案；建议灌区发展规模，第一期为 405 万亩，远期为 890 万亩。报告还建议，舌头岭坝址应进一步作勘探工作，以便与甘泽坡坝址作比较。

1975 年，黄委会根据水电部(75)水电水字第 62 号文批准的“治黄规划任务书”，再次对龙门水库规划研究，对甘泽坡和舌头岭坝址作了补充勘探工作。

1977 年 2 月 25 日至 3 月 2 日，水电部召开黄河龙门工程技术讨论会。参加会议的有水电部有关司局、十一局、四局、中国科学院地质研究所、清华大学水利系等。就龙门水库的任务、作用、水库运用方式、坝址选择及工程地质条件等问题进行讨论，最后由水电部规划院曹瑞峰副院长对龙门工程选坝报告应该阐明的问题提出了意见。

1978年元月，黄委会规划大队提出《黄河龙门水库工程选坝报告》认为龙门甘泽坡坝址主要问题是坝基的石灰岩岩溶发育，右岸的小煤窑采空区大，处理无把握，建库后会引起严重漏水和坝基不稳定，河床覆盖层厚达47米，上部20—30米为细砂层，在地震情况下可能发生液化，此外还威胁现有煤矿，淹没煤田约6亿吨。舌头岭坝址为砂页岩地层。虽然有灌溉渠线加长，交通和施工条件不便等缺点，但建坝条件比较有利。经综合分析比较推荐舌头岭坝址，正常高水位585米。并确定龙门水库的任务是以灌溉为主，结合发电、防洪、防凌、减淤综合利用。

1978年3月13日，水电部在北京召开黄河龙门水库工程选坝汇报会。参加会议的有：钱正英部长，张季农、刘向三副部长，张含英顾问，以及水电部所属司局院等领导。会上，黄委会设计院张振邦总工程师汇报了龙门工程选坝报告，朱承中代表水电部规划院汇报“审查意见”，肯定了龙门水库工程目前的工作已经达到选坝的要求，对黄委会提出的选坝意见，基本同意，可以作为选坝的基础。

钱正英部长同意规划院的意见，她说：“关于水库任务，以前都不是灌溉，这次明确以灌溉为主是对的，华国锋主席的政治工作报告，第一条就是谈农业，农业就要解决西北、华北干旱地区的缺水问题，这个地区缺水问题比华北还要严重”。工程规模方面，“高坝和中坝的投资仅差4—5亿元，讨论来讨论去，我看最后还是定高坝。”分水问题，“山西、陕西，一家一半。今后北干流梯级，水、电都是一家一半。”

会后，水电部在(78)水电规字第64号文《关于“黄河龙门水库工程选坝报告”的批复》中指出，龙门水库的“主要任务是灌溉晋、陕两省干旱地区，兼有防洪、发电、防凌、减淤等综合效益，为了充分发展灌溉，以修建高坝为宜。”“同意选用舌头岭坝址。龙门水库初步设计，即按舌头岭坝址高坝方案进行工作。”水电部还同意要在现场召开一次龙门水库工程技术座谈会，以研究如何搞好初步设计工作问题。1978年5月8日至22日，在西安召开“黄河龙门水库技术座谈会”，邀请各方面专家56人，进行讨论，并写有“讨论纪要”。

1978年6月以后，黄委会集中力量搞小浪底工程勘测设计，水电部领导在“全国农田基本建设会议”期间指示，黄河龙门水库勘测设计工作由十一局负责进行。此后，天津院(系十一局设计院大部分人员调天津成立的)对龙门水库进行可行性研究，并对舌头岭坝址进行补充勘探和航摄工作。

1983 年 4 月，水电部指示：黄河龙门水库的勘测设计工作仍由黄委会负责。

1986 年元月 29 日，水电部(86)水电建字第 6 号文，要求把“龙门水库可行性研究”作为“七五”期间重点前期工作上报国家计委，并要求 1987 年提出可行性报告。黄委会设计院成立龙门项目组开展此项工作，于 1987 年 3 月提出《龙门水库可行性研究汇报提纲》，4 月向水电部汇报。水电部以(87)水规水字第 11 号文批复指出：“龙门水库是黄河北干流的主要控制性工程，也是黄河下游防洪(减淤)的组成部分，它的任务应按防洪、减淤、灌溉、发电的顺序排列，应在修订黄河流域规划的基础上对龙门水库的防洪、减淤作用，水资源的分配，水库运用方式，环境评价和通航问题等认真分析论证，并进一步补充经济分析与替代方案的研究，设计方面对舌头岭坝址一、二、三坝线都应进一步做工作，再提出比较意见。”

1989 年 8 月，黄委会提出《黄河龙门水利枢纽工程可行性研究报告》在修订黄河规划的基础上，经综合分析比较最后确定龙门水库的规模是正常高水位 590 米，最大坝高 216 米，总库容 114 亿立方米，发电装机容量 210 万千瓦。坝型为粘土心墙土石坝。坝线比选结果推荐舌头岭二坝线。

1989 年 10 月，黄委会就“可行性研究报告”向能源部、水利部水利水电规划设计总院汇报。与会的有关领导及专家进行讨论后，由水规总院朱承中副院长拟文向水利部领导报送《关于〈黄河龙门水库可行性研究报告〉中有关问题的请示报告》，部领导原则同意后，水规总院于 1989 年 12 月 5 日以(89)水规水字第 13 号文致函黄委会，要求按《请示报告》的意见，安排龙门水库可行性研究的补充工作：1. 关于碛(口)—禹(门口)河段梯级开发的方式；2. 关于龙门水库灌溉规模和灌溉方式；3. 淹没壶口瀑布问题。

据此，黄委会组织力量进行补充工作。

黄委会设计院于 1990 年 10 月组织了由规划、地质、水工、施工等专业共 12 人参加的查勘队，对壶口瀑布上游进行坝址选择。于 1990 年 12 月提出《黄河北干流里仁坡至壶口河段查勘报告》。初步选出曹村湾、同乐坡、古贤、壶口四个坝址，并认为古贤坝址可作为该河段的代表坝址。其坝顶高程为 629 米，最大坝高 162 米，总库容 120.9 亿立方米，有效库容 43.4 亿立方米。

(三)小浪底枢纽工程

小浪底枢纽工程,位于黄河中游最后一个峡谷河段的下口,在河南省孟津县境内,上距三门峡大坝约130公里,下距京广铁桥115公里,南至洛阳市40公里。坝址以上流域面积69.4万平方公里,占全河流域面积92%,其间三门峡至小浪底区间面积5730平方公里,占三门峡至花园口区间面积14%。坝址处多年平均实测径流量428.5亿立方米,年输沙量16亿吨,分别占花园口站年总径流量的91.2%和总输沙量的近百分之百。修建小浪底水库,是黄河干流在三门峡以下唯一能够取得较大库容的重要控制性工程,也是黄河下游重大防洪措施之一,可以综合解决防洪、防凌、减淤、灌溉、发电等项任务,对黄河下游治理开发有重大意义。因此,黄委会自50年代初期以来,便开始了小浪底的勘测、规划、设计、科研工作,30余年来,做了大量工作。

小浪底坝段内,自上而下选择研究过竹峪、青石咀、一坝址、二坝址、三坝址等五个坝址。竹峪坝址位于坝段最上游"S"型河湾的南北向河段;青石咀坝址位于大峪河口上游,距竹峪坝址8公里;一坝址位于大峪河口下游,距青石咀坝址1.4公里;二坝址在一坝址下游1.0公里;三坝址距二坝址2.6公里。各坝址之间在平面上的相对位置见图4—4,最后选定三坝址沟底线为坝轴线。

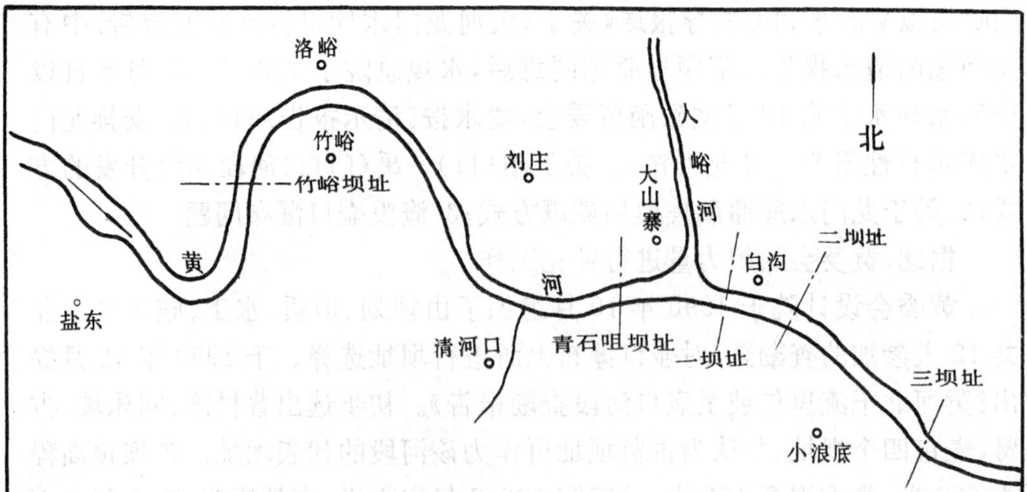

图4-4 小浪底坝址位置示意图

1∶10万

1953年，曾在小浪底水文站以下400米处的坝线上钻孔5个，发现河床覆盖层厚达60米。

1954年黄河规划，小浪底被列为黄河干流46座梯级中的第40级，壅水高27米，库容2.4亿立方米，装机39万千瓦，坝址选在三坝址下线，为一座低水头径流电站。为积极筹备小浪底水库的开发工作，黄河勘测设计院第二勘测设计工作队于1958年进驻小浪底工地，开展地勘、测绘和规划设计工作。根据当时国民经济"大跃进"形势的要求，研究了小浪底一级、二级、三级开发方案，于1959年12月编制《黄河干流三门峡至西霞院梯级开发方案报告》，提出在三门峡至小浪底河段的梯级实行并级开发，修建峡谷高坝的意见，同时还拟定了《黄河小浪底枢纽正常高水位280米方案设计任务书》。在此期间，对小浪底峡谷段内的3个坝址进行了勘探研究工作，并以二坝址为重点进行了勘测工作。1959年底，由水电部主持，在小浪底现场召开有苏联专家参加的技术审查会，对小浪底280米方案的必要性取得一致意见。

会后，由黄委会设计院和西安交通大学师生50余人，共同承担小浪底水利枢纽选坝设计任务，1960年5月提出《黄河小浪底水利枢纽选坝报告》，选定二坝线，推荐宽缝重力坝，水库正常高水位280米，死水位245米，装机容量240万千瓦，设计泄流量为6000立方米每秒，最大灌溉放水流量4000立方米每秒，通航船只为1000吨。

1960年5月底至6月中旬，水电部会同山西、陕西、河南三省组织召开"选坝现场会议"。有国家计委、交通部、三门峡工程局、水科院、北京院、西安交通大学、清华大学、郑州大学、黄委会，以及在华工作的7位苏联专家参加。先进行野外查勘，后在洛阳座谈。会议认为：小浪底水利枢纽处在黄河中游峡谷段末端，黄河下游冲积平原之首，有承上启下作用；三门峡至小浪底采用一级开发，总库容127亿立方米，要比二级开发多80亿立方米，十分宝贵；水库死水位宜降至230米或更低一些。会议对采用混凝土宽缝重力坝或是当地材料坝，存在意见分歧。

1969年6月，在三门峡市召开的四省治黄会议上，讨论了兴建小浪底水库问题，并责成黄委会做规划设计。该项工作由黄委会规划大队第三分队承担，于1970年7月提出《黄河三秦间干流规划报告》。论证了该河段为一级开发方案，并推荐小浪底为近期开发对象。

1970年7月，水电部和河南省革委会指示，由黄委会、十一局、清华大学、孟津县革委会组织对小浪底水库工程规划设计方案进行现场讨论。会后，上述四单位共同进行小浪底水库工程初步设计，主要工作于1971年4

月前完成。1971 年 9 月成立“河南省小浪底水库工程筹建处”，在中共河南省委和水电部的领导下，对勘测、设计、科研工作进行了补充和落实，1972 年 6 月提出《黄河小浪底水库工程初步设计》，7 月又以小浪底水库工程筹建处名义提出《黄河小浪底水库工程说明》，阐述小浪底水库工程的开发任务是以防洪、防凌为主，结合灌溉和发电；选定一坝址，水库最高蓄水位 230 米，总库容 38.5 亿立方米；采用混合坝型，在左岸岩基平台上做重力坝，河床及右岸为土石坝。

1972 年 8 月 24 日至 9 月 4 日，水电部在洛阳市召开“黄河小浪底水库工程初步设计现场审查会”。会议认为：“小浪底水库初步设计”提出的开发任务，设计规模是适宜的；对坝址选择有意见分歧。鉴于小浪底工程地质条件复杂，会议要求进一步做补充工作。

后来，由于地质工作深入，揭露出坝基普遍存在多层泥化夹层，摩擦系数很低，不宜修建混凝土重力坝。一、二坝址右岸有大型古滑坡体，处理工程量大，滑坡涌浪又严重威胁大坝安全。所以坝址和坝型均需进一步研究，工程筹建暂停，规划研究继续进行。

1975 年 8 月淮河发生大暴雨后，11 月，豫鲁两省和水电部举行黄河下游防洪座谈会，12 月向国务院呈报《关于防御黄河下游特大洪水意见的报告》，提出：“为防御下游特大洪水，在干流兴建工程的地点有小浪底、桃花峪。从全局看，为了确保下游安全，必须考虑修建其中一处。”

1976 年 5 月 3 日，国务院以国发〔1976〕41 号文批复“原则同意”两省一部的报告，应抓紧进行规划设计。

据此，黄委会革委会治黄规划办公室，对黄河小浪底和桃花峪水库工程进行规划，于 1976 年 6 月提出《黄河小浪底水库工程规划报告》和《黄河桃花峪水库工程规划报告》。

1976 年 7 月 20 日至 8 月 14 日，水电部工作组在郑州主持召开小浪底、桃花峪水库工程技术审查会。1977 年 10 月 22 日至 11 月 7 日，根据水电部指示，由水电部规划院和黄委会共同组织山西、河南、山东三省水利厅，清华大学、武汉水电学院，水电部第四、第五、第十一、第十三工程局，长办、淮委和水科院等单位的代表，对三门峡以下及黄河下游河道进行查勘，研究讨论三门峡至花园口河段的规划选点问题，提出了小浪底高坝综合利用方案和桃花峪单纯滞洪方案需作进一步比较的意见。

1978 年 6 月，晋、陕、豫、鲁四省黄河防汛会议上，对修建小浪底或桃花峪工程又作了讨论。河南、山东两省代表建议首先兴建小浪底工程，并向国务院领导作了汇报。国务院领导指示，要尽快提出小浪底水库初步设计，报中央审批。1978 年 8 月 15 日，水电部以(78)水电规字 127 号文指示："黄委会勘测规划设计院集中力量保证小浪底初步设计按计划完成。"自此以后，小浪底水库初步设计阶段的地勘、试验、设计和科研工作大规模展开。

鉴于小浪底水库坝址地质情况复杂，为加快工程的勘探设计工作，经国务院批准，"同意聘请法国四家公司少数工程技术人员来华进行技术咨询，并根据我方需要，选购少量法国先进的勘探设备和测试仪器"。随之，以法国科因为代表的四家公司组成代表团，先后于 1978 年 10 月、1979 年 11 月、1980 年 6 月三次到小浪底进行考察和咨询。根据需要，从法国引进了 13 种测试仪器和 VPRH 钻机。

1979 年底，中国水利学会召开"黄河中下游治理规划学术讨论会"，对黄河防洪方案和干流工程选点问题再次进行讨论。与会人员对近期工程安排仍有分歧。据此，水利部再次责成黄委会进一步做出桃花峪工程的补充规划，以便与小浪底工程进行比较。

1980 年 7 月，黄委会设计院提出《黄河桃花峪工程规划报告》。8 月，中共河南省委以豫发〔1980 年〕96 号文向中共中央并国务院报送《黄河小浪底、桃花峪工程规划比较报告》及黄委会主任王化云要求尽快确定修建小浪底水库方案的报告。

1980 年 11 月，水利部对小浪底、桃花峪工程规划比较进行了审查讨论。决定不再进行桃花峪工程的比较工作。中共水利部党组认为，小浪底水库优于桃花峪水库，责成黄委会抓紧小浪底水库设计工作，并指定冯寅副部长帮助工作。有 20 多个院校和科研机构承担了小浪底水库工程的科研任务。

1981 年 3 月，黄委会设计院提出《黄河小浪底水库工程初步设计要点报告》。由水利部冯寅副部长主持分别于 8 月和 9 月在北京和郑州进行审查。邀请 20 多个单位的专家代表 110 余人。经讨论后，于 1981 年 11 月以水利部(81)水规字第 72 号文对《黄河小浪底水库工程初步设计要点报告》提出审查意见：1. 把防洪减淤放在水库建设的首位任务是适当的。2. 同意枢纽为一等工程，大坝及泄水、引水建筑物为一级建筑物，采用千年一遇洪水设计，可能最大洪水校核，地震设防烈度可较基本烈度提高一度。3. 同意坝型采用心墙土石坝。4. 同意导流、泄洪、引水、冲沙等采用隧洞群，均布置在左岸。5. 应补充二、三坝址的选择论证。同时还指出："希望继续进行研究，对下阶段的勘探、科研、设计工作做好安排，并补充研究水库防洪效益、运用方式对下游河道的减淤作用及水能指标的影响和水库向华北供水方案"等。据此，黄委会设计院又做了补充工作。

为了研究小浪底心墙土石坝的抗震稳定问题，黄委会设计院邀请部分专家，于1982年4月10日至13日召开小浪底土石坝抗震研究技术讨论会，对中国科学院工程力学研究所、安徽省水科所和黄委会水科所等单位提出的"小浪底土石坝的抗震研究报告"进行了讨论。

国家计委和中国农村发展研究中心于1983年3月组织召开了小浪底水库论证会，广泛听取意见。会后，国家计委主任宋平和农村发展研究中心主任杜润生于1983年4月向国务院报送《关于小浪底水库论证的报告》。随后水电部钱正英部长又作了具体布置，要求黄委会根据国家规定的基本建设程序编制小浪底工程可行性研究报告。

根据上述意见，黄委会协同有关单位进一步工作，进行了大直径隧洞的现场开挖试验及70米深的覆盖层修筑混凝土截渗墙试验；研究小浪底水库以防洪减淤为主的运用方式；进一步落实工程效益；初步分析环境影响等。于1984年2月提出《黄河小浪底水利枢纽可行性研究报告》。为了减少工程初期投资，随后又提出分期施工的《补充报告》，建议初期暂不发电。

1984年8月，水电部对可行性研究报告及补充报告进行了审查，并于1984年9月以水规字第86号文批复，原则同意《黄河小浪底水利枢纽可行性研究报告》，认为小浪底水利枢纽是黄河干流在三门峡以下唯一能够取得较大库容的控制性工程，对防洪减淤可以起到重大作用。为了确保黄淮海平原的安全，尽快兴建小浪底水利枢纽是非常必要的。同时，鉴于小浪底工程地质条件复杂，泄洪、排沙等工程存在高流速浑水磨损和气蚀等关键技术问题不够落实，投资估算可能偏低。为此，经国家计委批准，决定由黄委会与美国柏克德公司(Bechter Civil & Minerals Inc)合作进行小浪底水利枢纽的轮廓设计。

1984年7月18日，我国在北京的中国技术进口公司与柏克德中国公司及柏克德土木矿业公司在北京签订CVH—84081号合同，联合进行小浪底工程的轮廓设计。1984年8月7日，(84)外经贸技第287号文批准《小浪底工程合作进行轮廓设计合同》。8月27日水电部外事司人事处以水电外人字第68号文通知："龚时旸等24同志经部(84)水电外审字第214号文审查批准，拟于1984年10月赴美国参加黄河小浪底项目设计组工作。"9月上旬，美国柏克德公司小浪底项目副经理拉米克司(D · Namikas)等6位专家来郑州收集资料，查勘坝址及酝酿设计方案。1984年11月28日黄委会派29人抵旧金山柏克德公司开展联合设计，1985年10月14日回国，完成了轮廓设计。10月25日，水电部组织有关专家在郑州召开设计成果审查会。审查认为，该轮廓设计对应研究确定的基本方案及应解决的各项重大技术问题，都进行了比较深入的工作，提出的成果在技术上是可行的。有关小浪底工程地质评价、枢纽布置、建筑物设计、施工进度等方面的成果，达到了我国初步设计的深度。

1985年11月19日，水电部以(85)水电水规字第73号文，向黄委会下达《关于编报黄河小浪底水利枢纽设计任务书及初步设计的通知》。通知指出："希望你委即在已经审查的《黄河小浪底水利枢纽可行性研究报告》的基础上，并参照《黄河小浪底水利枢纽轮廓设计》，编制此项工程设计任务书，于1985年年底前报审。此外，我部要求你委在轮廓设计的基础上提出完整的初步设计。"

黄委会于1985年12月将《黄河小浪底水利枢纽工程设计任务书》报水电部。水电部转报国家计委。国家计委于1986年3月委托中国国际工程咨询公司进行评估。咨询公司于1986年5—8月，邀请全国有关方面专家50余人进行评估，于同年12月底向国家计委提出评估报告，建议批准设计任务书，以便进行设计。国家计委于1987年2月2日，以计农〔1987〕117号文通知水电部《关于审批黄河小浪底水利枢纽工程设计任务书的请示》，业经国务院领导批准，希按此办理。小浪底水利枢纽的初步设计工作即全面展开。

1988年黄委会提出《黄河小浪底水利枢纽初步设计报告》。小浪底枢纽工程采用斜心墙堆石坝，最大坝高167米，正常蓄水位275米，总库容126.5亿立方米，其中，防洪库容40.5亿立方米，拦沙库容75.5亿立方米，电站装机156万千瓦。保证出力28.7万千瓦，年发电量51亿千瓦时。

第三节　下游河段

黄河干流自桃花峪至入海口为下游，河道长786公里，河道平均比降约0.12‰，流域面积2.27万平方公里，占全河面积的3%。

黄河下游流经华北冲积平原，河床逐年淤高，成为"地上河"。河道两岸除山东平阴、长清县境傍泰山余脉一段无堤外，均由大堤束水。堤距上宽下窄，陶城铺以上堤距4—14公里，最宽处达20公里；陶城铺以下堤距1—10

公里，最窄处仅300米左右。两岸大堤以外，为广阔的淮海平原，南岸为淮河流域，北岸属海河流域，约有1.3亿亩可资灌溉的农田，由于干旱缺水，大部分农田得不到及时灌溉。

为了发展黄河下游灌溉，50年代的规划，对下游进行了工程布局。

1954年黄河规划，在下游布置了桃花峪、位山、泺口三级灌溉引水枢纽，其中桃花峪枢纽定为第一期工程。规划下游灌溉面积，第一期（1967年）发展到2062万亩，其中河南省960万亩，山东省702万亩，河北省400万亩。远景发展到7617万亩，其中河南省3299万亩，山东省2588万亩，河北省1730万亩。

1957年11月，北京院编制了《海河流域规划（草案）》。为了发展海河流域的灌溉和向京津送水及航运等，在黄河干流下游布置了岗李、位山、泺口三个枢纽，共发展灌溉面积4040万亩，耗水210.2亿立方米。

岗李枢纽工程，曾与桃花峪枢纽作过比较。两个工程的效益相同，但岗李枢纽位于人民胜利渠下游，可利用这个引水工程，在处理泥沙和工程造价方面，均优于桃花峪枢纽，规划选定岗李枢纽。

1958年，根据周恩来总理指示，要作"三大规划"的要求，黄委会于同年12月提出《黄河下游综合利用规划（草案）》。本次规划的范围是三门峡以下。在干流上布置了任家堆、八里胡同、小浪底三座大型水电站，在桃花峪以下布置了花园口（即岗李）、东坝头、彭楼、位山、泺口、王旺庄等六座灌溉引水枢纽，兼有整治河道的效益。另外还有桃花峪及东平湖两座大型水库，作为调节水量的心脏。

1959年12月，黄委会编制了《黄河下游综合利用规划补充报告》。

补充报告认为，由于三门峡水库正式投入运转，不但调节了洪水，而且还大大削减了下泄的泥沙。这一新的情况，将对黄河下游产生新的冲淤变化。在纵向方面，将冲刷下切，估计三、四年内，水流在孟津至夹河滩以下，冲刷深度可达3.5—7.5米，这样河南上段的灌溉引水工程有可能因水位降低而难于引水。在横向方面，将大量刷滩，河势发生左右摆动，现有防洪工程可能失去控制河水流向的作用，河水淘刷堤岸，另生新险。另一方面，由于沿河大量发展灌溉，在枯水季节，上段引走大量水量后，下段水位降低，虹吸及大型引黄涵闸都将不能上水。因此，必须采取相应措施。

补充规划研究了三种方案：即另开渠道，代替黄河输水；修潜坝固定河床；修建壅水枢纽等。经比较后，选择修建壅水枢纽方案。

壅水枢纽方案又比较了6级、7级、8级、10级、14级等五种布局方案，经比较选定10级方案。即花园口、柳园口、东坝头、刘庄、彭楼、位山、望口山、泺口、马扎子、王旺庄等。其中望口山和马扎子为电站。8个灌溉引水枢纽共发展灌溉面积1.11亿亩，10个枢纽共装机39.8万千瓦，年发电量19.6亿千瓦时。

以上规划梯级，花园口、位山、泺口、王旺庄等4座枢纽于1958年至1960年陆续开工修建，又于1960年到1963年先后停建或废除。

花园口枢纽于1959年12月8日动工修建，1960年7月竣工，1962年12月2日泄洪闸陡坡消力池被冲毁，经上级部门批准，1963年7月17日破除拦河坝，整个工程废除。

位山枢纽于1958年5月1日动工修建，1959年12月拦河坝截流，1960年5月拦河坝壅水运用。因回水河段淤积严重，影响河道排洪，枢纽防洪能力偏小，不能满足防洪需要，1962年11月黄委会提出《位山枢纽改建方案报告》，比较了破除拦河坝及增建泄洪闸两种改建方案，经比较后，选用了破除拦河坝方案。经水电部报国务院批准后，于1963年12月6日破除拦河坝。同时批准东平湖水库改为滞洪运用，滞洪水位44.5米。

泺口及王旺庄枢纽，分别于1960年2月25日及1960年1月10日动工修建，因国民经济困难，压缩基本建设，两个枢纽分别于1960年12月15日及1961年初停建。

上述4座枢纽的详情，另有《黄河水利工程志》“下游水利枢纽兴废”记述。

此后，历次黄河下游治理规划，均未布置灌溉引水枢纽。发展下游引黄灌溉以修建引黄涵闸和虹吸管来解决。

第十二章　水资源利用与规划

第一节　水资源调查与计算成果

一、水资源调查

建国前，较为完整的水资源调查，只有日本东亚研究所第二调查委员会于1944年出版的日文版《黄河调查综合报告书》。该书由中央水利实验处于1949年12月翻译成汉语。全书共分五篇，其中第四篇农田水利，概述了黄河的流域概况、洪水泛滥、河道变迁、土壤、气象及农业等，该篇根据调查和已有的资料，整理了流域的灌溉情况，并提出了流域土壤改良计划。记述黄河流域的灌溉面积主要分布在上、中游，共有940万亩，其中干流276万亩，支流664万亩。黄河下游尚未利用黄河水灌溉。

建国后，根据工作需要曾进行多次调查。

(一)1954年黄河规划时的调查

为编制黄河综合规划技术经济报告提供水资源资料，黄委会、燃料工业部水电总局、水利部水文局共同组织力量，自1952年9月起，对黄河流域的水文资料进行调查整理，于1954年6月提出黄河干流及主要支流控制站的水文、泥沙成果。

(二)1957年上游地区水土资源调查

为了解青海省在黄河流域的荒地资源分布及其利用情况和开发条件，并探讨水力资源开发的可能性，青海省水利局勘测设计院第二勘测总队于1957年5月至12月，对黄河干流拉干峡至外斯(青海、甘肃两省交界处)段及其间的主要支流进行查勘。编写有《黄河上游地区水土资源勘查报告》(拉干峡至外斯段)。

这次查勘较详细地调查了土地资源和水力资源情况。指出查勘范围内共有宜垦荒地约460万亩,由于水低地高(黄河与两岸高台地高差达500至600米),开发困难,其中水利条件较好,可资开发的约50万亩。已开垦成耕地的不足总荒地面积的1%。本段河道天然水能蕴藏量373.3万千瓦,共选出野狐峡、班多峡、江欠、察哈河口、多日干、导线点0217号等6个水库坝址,可开发225万千瓦。但水力资源的开发,在当时尚无提出需要。

(三)1962年水资源还原调查

1957年以后,黄河勘测设计院、北京院、西北院,都对黄河的历史灌溉耗水进行过调查研究和分析计算工作,各有成果,由于计算方法和调查的原始资料不一致,所得灌溉耗水量不同。为开展黄河规划,需进行全河水量平衡,必须求得黄河的天然径流量。为此,黄委会水文处于1961—1962年,组织以兰州水文总站为主,其他水文总站派人参加,对黄河流域的灌溉用水进行调查。共整理出《黄河流域历年灌溉耗水量总成果表》、《黄河流域灌溉统计资料说明》及《黄河流域内蒙古灌区调查成果表》等。内容包括:黄河主要控制断面以上及区间1919—1961年历年灌溉面积和灌溉耗水量;黄河流域主要支流1919—1961年历年灌溉面积和灌溉耗水量;黄河流域青海、甘肃、宁夏、内蒙古、陕西、山西、河南等7省(区)历年灌溉面积和灌溉耗水量;黄河流域各灌区历年灌溉面积和灌溉耗水量等。

(四)黄河上、中游连续枯水段调查

据陕县水文站实测资料分析,1922—1932年,存在着一个连续11年的枯水段。黄河上游河段是否也存在同样的这个枯水段,将影响到黄河上、中游一系列水利、水电工程的开发。1954年作黄河规划时就有争议,但未得出结论。为了较好解决这一问题,由水电部水电总局负责,组织有北京院、西北院、黄委会、水科院和中国科学院北京地理研究所和冰川冻土沙漠研究所等6个单位派人参加,于1968年6月至8月进行实地调查,提出《黄河上中游1922—1932年连续枯水段调查分析报告》。

结论是:黄河上、中游的水情变化与陕县河段的水情变化基本一致,在黄河上、中游也存在1922—1932年连续11年枯水段。黄河上、中游连续枯水段的规律性是:一个比较完整的水文周期(即包括丰、平、枯水期)大约为50—80年,平均约60年,在其尾部(即枯水期)往往出现一、二个连续枯水年所组成的枯水段。

(五)1969年黄河上游工农业用水调查

1969年6月在三门峡市召开的晋、陕、豫、鲁四省治黄会议期间，水电部副部长钱正英指示，进行黄河上游情况调查，并考虑于同年冬季根据调查情况，召开黄河上游四省会议。为此黄委会派出5人调查组，对黄河上游的工农业用水进行调查，为合理开发利用黄河上游水利资源，统一解决工农业用水问题提供资料。于1969年11月提出《黄河上游工农业用水调查报告》报水电部。

根据调查的灌溉用水量，将黄河上游河口镇以上主要控制断面1919—1968年的历年实测径流量还原为天然径流量。并预估1970、1975、1980年三个水平年黄河上游的工农业用水量。

报告认为：黄河上游不但本身存在着工农业用水矛盾，并对中、下游的用水也影响极大。因此，上游工农业用水的平衡，不仅牵涉到上游四省(区)，且关系到中、下游的开发问题，应统筹安排，上下兼顾，作出全面规划。

二、水资源计算成果

(一)1954年黄河规划成果

采用1919—1953年35年水文系列，计算干流各主要站及主要支流河口处多年平均年径流量如表4—5。

表4—5　黄河干流主要水文站及主要支流河口处年径流量表

干流测站名称	实测多年平均年径流		支流测站名称	实测多年平均年径流	
	(立方米每秒)	(亿立方米)		(立方米每秒)	(亿立方米)
兰州	1019	322	无定河	29	9
包头	829	262	汾河	38	12
龙门	953	300	渭河	296	93
陕县	1305	412	洛河	110	35
泺口	1490	470	沁河	30	10

注：1.黄河全流域1952年底共有灌溉面积1647万亩，粗估每年引用水量约74.6亿立方米。2.渭河包括泾河及北洛河。

(二)1975年全河水量还原

为编制治黄规划提供较为可靠的水资源资料，黄委会治黄规划办公室水文组于1975年对全河径流量进行了还原。

本次使用的实测年径流量资料，1919—1960年采用黄委会水文处于1961年以陕县为参证站，将全河干、支流各主要测站的实测资料延长到1919年的计算成果，1961—1974年按黄河水文年鉴统计，共得1919年7月—1975年6月56年系列资料。

历年引黄灌溉面积，1970年以前采用以往有关单位调查的资料，1970年以后又进行了补充调查。灌溉耗水量，在有实测资料的大型灌区用渠首引水量减去地面退水量而得，在缺乏实测资料的灌区，用临近地区有实测资料或试验的灌溉定额推求。

干、支流大型水库的调蓄影响，还原了干流上的刘家峡、三门峡两座水库，支流上因受观测资料限制，只还原了汾河水库。

根据上述的实测径流量、灌溉耗水量、水库蓄泄量，分别按年、月对应相加即得各控制站历年的天然径流量，较好地反映了黄河流域的实际情况，为规划设计部门所使用。于1976年2月提出《黄河流域天然年径流》成果。56年系列各站平均值成果如表4—6。

表4—6　　黄河干流及主要支流各控制站天然年径流成果表

河名	站名	1919年7月—1975年6月56年系列平均值(亿立方米)					
		实测年径流	灌溉耗水量	水库调蓄	天然年径流		
					全年	汛期	非汛期
黄河	贵德	202.00	0.81	0	202.81	121.84	80.97
黄河	上诠	267.18	2.50	0.02	269.70	160.01	109.69
黄河	兰州	315.33	7.23	0.02	322.58	191.14	131.44
黄河	安宁渡	316.78	8.19	0.02	324.99	195.75	129.24
黄河	河口镇	247.36	65.22	0.02	312.60	190.60	122.00
黄河	龙门	319.06	66.04	0.02	385.12	229.40	155.72

续表 4—6

河名	站名	1919年7月—1975年6月56年系列平均值(亿立方米)					
		实测年径流	灌溉耗水量	水库调蓄	天然年径流		
					全年	汛期	非汛期
黄河	三门峡	418.50	79.33	0.57	498.40	294.17	204.23
黄河	花园口	469.81	88.81	0.57	559.19	331.71	227.48
汾河	河津	15.63	4.56	—0.07	20.12	11.53	8.59
北洛河	湫头	7.00	0.55		7.55	4.22	3.33
泾河	张家山	15.06	1.80		16.86	11.20	5.66
渭河	咸阳	49.86	3.78		53.64	30.84	22.80
渭河	华县	80.06	7.30		87.36	51.65	35.71
洛河	黑石关	33.66	2.25		35.91	21.68	14.23
沁河	小董	13.37	1.74		15.11	9.81	5.30

注:汛期为7—10月,非汛期为11—6月。

(三)1982年成果

黄委会设计院1980年以来,因小浪底枢纽工程设计的需要,在1976年所作《黄河流域天然年径流》的基础上,将黄河河川径流系列延长到1980年6月,并进行还原计算,于1982年12月提出《黄河流域天然年径流》成果。

本次计算所用实测资料及还原方法均与1976年相同,只是对1975—1980年的工农业耗水及水库调蓄影响补充进行了工作。全流域天然年径流系列为1919年7月—1980年6月,共61年系列,结果与56年系列差别不大。其成果如表4—7。

表 4—7　　黄河流域干、支流主要水文站多年平均年径流成果表

河名	站名	1919 年 7 月—1980 年 6 月 61 年系列均值(亿立方米)					
		实测年径流			天然年径流		
		全年	汛期	非汛期	全年	汛期	非汛期
黄河	贵德	203.99	123.28	80.71	204.97	123.47	81.50
黄河	兰州	318.15	186.09	132.06	326.07	193.76	132.31
黄河	河口镇	249.23	150.10	99.13	317.77	194.66	123.11
黄河	龙门	319.69	188.16	131.53	389.44	232.97	156.47
黄河	三门峡	417.20	245.01	172.19	503.76	298.17	205.59
黄河	花园口	466.39	278.02	188.37	563.39	335.10	228.29
汾河	河津	15.20	9.52	5.68	20.41	11.57	8.84
北洛河	洑头	7.02	4.17	2.85	7.80	4.41	3.39
渭河	华县	78.53	48.21	30.32	87.74	51.83	35.91
洛河	黑石关	32.66	20.13	12.53	35.08	21.18	13.90
沁河	小董	12.78	8.74	4.04	14.91	9.65	5.26

注:汛期 7—10 月,非汛期 11—6 月

(四)1985 年成果

该项成果是根据 1979 年国家农委和国家科委下达的《1978—1985 年科学技术发展规划纲要(草案)》作出的,其中第一项《全国农业自然资源调查和农业区划》的子课题为《水资源综合评价和合理利用研究》。水利部据此对全国各省(市、自治区)和流域机构进行统一部署,黄委会水文局黄河水资源保护科学研究所负责黄河流域片(包括鄂尔多斯内流区)各省(区)水资源调查评价的协调、审查、拼接、汇总,提供黄河流域片的水资源评价成果并参加全国汇总。

水资源调查评价工作于 1980 年 5 月开始,1981 年 12 月提出《黄河流

域(片)水资源调查和评价初步成果报告》,1985 年 7 月和 9 月分别完成《黄河流域片地表水资源》和《黄河流域片地下水资源评价》。根据这两个报告编写《黄河流域片水资源评价》,并于 1986 年 6 月刊印出版。

报告包括地表水、地下水、泥沙、水质、水资源评价等项内容。在调查评价过程中,分析应用了 292 个水文站、1037 个雨量站、335 个水面蒸发站、264 个泥沙站,共 4 万余站年资料和大量的地下水动态观测资料。还调查收集了工农业生产和生活用水、水文地质、均衡试验、排灌试验等大量基础资料。

地表水资源的评价工作,根据全国统一布署,采用 1956 年 7 月—1980 年 6 月 24 年同步系列,对各控制站的年径流作了人类活动影响的还原,尽可能使径流反映该时段的天然情况,以便与全国水资源评价成果协调。

黄河流域片水资源总量计算成果如表 4—8。

表 4—8　　黄河流域片多年平均水资源量成果表

流域分区	1956 年 7 月—1980 年 6 月多年平均水资源量(亿立方米)				
	还原水量	天然径流	地下水量	重复计算量	水资源总量
洮河		53.1	21.0	21.0	53.1
湟水		50.2	22.7	22.7	50.2
兰州以上干流区间		244	108.5	108.5	244
兰州以上	11.7	347.3	152.2	152.2	347.3
兰州—河口镇		14.9	48.7	26.7	36.9
河口镇以上	100.9	362.2	200.9	178.9	384.2
河口镇—龙门		59.7	40.3	29.6	70.4
龙门以上	102.5	421.9	241.2	208.5	454.6
汾河		26.6	25.2	17.1	34.7
泾河		20.7	10.0	8.9	21.8
北洛河		9.9	6.1	5.1	10.9

续表 4—8

流域分区	1956年7月—1980年6月多年平均水资源量(亿立方米)				
	还原水量	天然径流	地下水量	重复计算量	水资源总量
渭河		73.1	46.1	33.6	85.6
龙门—三门峡干流区间		12.1	10.2	5.9	16.4
三门峡以上	137.9	564.3	338.8	279.1	624.0
洛河		34.7	15.3	13.6	36.4
沁河		18.4	13.1	10.5	21.0
三门峡—花园口干流区间		12.2	6.7	5.1	13.8
花园口以上	159.4	629.6	373.9	308.3	695.2
花园口—河口	51.6	29.2	25.3	15.0	39.5
全流域	211.0	658.8	399.2	323.3	734.7
内流区		3.3	6.5	0.3	9.5
黄河流域片		662.1	405.7	323.6	744.2

注：1.渭河不含泾河及北洛河。

2.地下水可开采量为118.57亿立方米。

3.本表水资源量系分区计算之和，未考虑沿程影响。

第二节 水资源利用

水资源利用，包括河道内(发电、航运、水产、冲沙等)和河道外(灌溉、工业及城乡供水等)两类。本节只记述后者。

黄河流域的水资源利用在历史上主要是兴办灌溉事业和漕运，且起源很早。在刀耕火种的原始社会，相传人们就经常“负水浇稼”以保证农作物生长。相传大禹治水时期，就曾“尽力乎沟洫”，发展水利。战国初期，黄河流域开始出现大型水利工程。秦以后，黄河流域的水利事业，有进一步发展。在漫长的封建社会里，随着各朝代的更替和重视程度不同，水利事业时有兴废，但总的形势是向前发展的。到1949年黄河流域利用河川径流实灌面积为977.3万亩，年耗水74亿立方米。另有纯井灌面积222.7万亩。

一、建国后的水资源利用

黄河流域水资源利用，主要是灌溉用水。1949年后，灌溉事业迅速发展，至1985年花园口以上引用河水灌溉的有效灌溉面积达4565.7万亩，其中实灌面积3597.7万亩，为1949年的368%。1949—1985年平均，年增加灌溉面积72.8万亩，其中50年代年平均增加115.2万亩，60年代为77.0万亩，70年代为54.7万亩，80年代前5年平均为7.4万亩。1949—1985年累计灌溉94528万亩，年平均灌溉2555万亩。花园口以上的地下水灌溉面积1980年达到1016.2万亩，1985年达到1304万亩。

黄河下游引黄灌溉，1952年建成人民胜利渠，当年灌地28.4万亩，此后，下游两岸普遍建闸引黄灌溉，至1960年全下游发展到900万亩，引黄河水169亿立方米。由于灌水量大，排水条件差，地下水位急剧上升，土地盐碱化迅速发展，粮食产量下降，因此，经研究决定，自1962年起除人民胜利渠保持20万亩引黄灌溉外，其余灌区均关闸停灌。1964年为改造沿黄涝洼地，开始试办引黄河水改种水稻，效果较好，1965年稻改面积达到36.6万亩。1966年恢复黄河下游引黄灌溉，灌溉面积增至891万亩。至1985年设计引黄灌溉面积已达3270万亩（河南1136万亩，山东2134万亩），当年实灌2371万亩（河南459万亩，山东1912万亩）。实灌面积中，流域内为717万亩。1952—1985年累计灌溉面积35591.7万亩，年平均1406.8万亩。地下水灌溉面积至1985年已发展到937万亩。

黄河花园口以上灌溉耗水（指河川径流，下同）1985年为162.79亿立方米，为1949年灌溉耗水74.2亿立方米的219%，平均每年增加耗水量2.39亿立方米。1949—1985年，共耗水5049.3亿立方米，年平均耗水136.5亿立方米，其中1981年耗水量最大为183.1亿立方米。1949—1985年平均每亩年耗水量为534立方米，其中50年代为665立方米，60年代为546立方米，70年代为476立方米，80年代前5年平均为489立方米。

黄河下游引黄灌溉耗水量，1952年仅人民胜利渠，当年引黄河水4.05亿立方米，到1985年全下游引水已达77.42亿立方米（包括在花园口以上引水7.71亿立方米）。1952—1985年共引黄河水1997.2亿立方米，平均年引水量58.7亿立方米，最大年引水量(1982年)109.2亿立方米，最小年引水量(1964年)0.1亿立方米。1952—1985年平均每亩年耗水量561立方米，其中50年代为1819立方米，60年代为552立方米，70年代为506立方米，80年代前5年平均为397立方米。

黄河流域内地下水有效灌溉面积1980年为1861万亩，实灌1563.6万亩，引地下水58亿立方米，实际耗水55.9亿立方米，平均每亩耗水358立方米。其中花园口以上实灌为1016.2万亩，引地下水42亿立方米，实际耗水39.9亿立方米，平均每亩耗水393立方米。地下水有效灌溉面积1985年达到1926万亩。

工业、城镇生活及农村人畜用水占的比重较小，1980年流域内共引水44亿立方米，其中河川径流17.64亿立方米；实际耗水13.2亿立方米，其中河川径流5.28亿立方米。

全流域1985年耗用河川径流245.5亿立方米(包括下游引黄灌溉水量)，占流域天然年径流584.4亿立方米的42%，其中花园口以上灌溉耗用河川径流170.51亿立方米(含花园口以上引水灌下游耕地的7.7亿立方米)，占花园口天然年径流563.4亿立方米的30.3%。流域内的地下水开采量1980年已达84.4亿立方米，已超过可开采量82.1亿立方米的水平，有的地区已严重超采，形成地下水下降漏斗。

据黄委会设计院资料，花园口以上及花园口以下历年灌溉面积及耗水量见表4—9、表4—10。

二、供水工程及供水量

截至1985年，全流域共有水库3280座，总库容545.35亿立方米，有效库容177.70亿立方米。其中大型水库17座，总库容466.87亿立方米，有效库容136.63亿立方米；中型水库148座，总库容45.28亿立方米，有效库容21.12亿立方米；小型水库3115座，总库容33.2亿立方米，有效库容19.95亿立方米。有固定排灌站38616处，机电井40.51万眼，其中已配套37.28万眼。黄河下游引黄涵闸74座，设计引水流量4024立方米每秒，加大为5061立方米每秒；虹吸39座，设计引水流量109立方米每秒；扬水站47座，设计引水流量216立方米每秒。

表 4—9　黄河花园口以上河川径流实灌面积及耗水量表

年	实灌面积（万亩）	耗水量（亿立方米）	有效灌溉面积（万亩）	年	实灌面积（万亩）	耗水量（亿立方米）	有效灌溉面积（万亩）
1949	977.3	74.2		1968	2745.92	140.6	
1950	1077.4	81.2		1969	2839.2	148.6	
1951	1229.9	85.7		1970	3013.87	146.4	
1952	1327.3	85.8		1971	3211.37	156.7	
1953	1388.77	95.0		1972	3244.24	161.5	
1954	1391.9	89.0		1973	3063.15	150.9	
1955	1557.15	101.7		1974	3209.41	155.5	
1956	1684.83	112.1		1975	3302.92	155.2	
1957	1829.27	121.6		1976	3404.76	154.8	4133.0
1958	1924.38	121.7		1977	3376.26	151.5	4132.6
1959	1989.79	123.6		1978	3455.26	160.4	4209.4
1960	2243.97	146.2		1979	3501.26	168.2	4268.9
1961	2038.22	129.6		1980	3560.56	172.1	4388.1
1962	2164.99	127.3		1981	3523.69	183.1	4370.0
1963	2150.7	129.3		1982	3561.24	182.6	4444.1
1964	2232.2	113.9		1983	3445.73	164.7	4497.0
1965	2429.49	138.2		1984	3427.08	165.8	4490.1
1966	2745.16	148.2		1985	3597.73	162.8	4565.7
1967	2661.29	143.6		年平均	2555.0	136.5	

注：表列数字不包括从花园口以上引水灌下游耕地的 5 个灌区。

表 4—10 **黄河花园口以下河川径流灌溉面积及引水量表**

年	灌溉面积(万亩)		引水量(亿立方米)		年	灌溉面积(万亩)		引水量(亿立方米)	
	总　计	其中在花园口以上引水的	总　计	其中在花园口以上引水的		总　计	其中在花园口以上引水的	总　计	其中在花园口以上引水的
1952	28.4	28.4	4.05	4.05	1970	759.6	52.2	43.70	6.90
1953	33.4	33.4	4.63	4.63	1971	863.9	47.2	46.76	5.60
1954	56.1	56.1	3.58	3.58	1972	1181.8	54.1	82.35	6.10
1955	58.7	58.7	3.78	3.78	1973	2052.8	41.0	72.38	7.40
1956	65.8	65.8	5.03	5.03	1974	1628.6	37.0	68.07	8.40
1957	261.9	74.9	12.74	9.90	1975	1487.1	54.5	78.75	8.10
1958	227.0	80.3	55.82	28.90	1976	1691.2	63.7	95.43	7.80
1959	703.0	88.0	165.30	74.10	1977	2304.2	63.7	100.64	7.80
1960	898.0	90.8	169.29	64.20	1978	1805.2	63.7	98.55	7.80
1961	764.0	86.1	100.23	51.90	1979	1587.1	63.7	93.51	7.80
1962	24.5	24.5	4.10	4.10	1980	1788.0	78.9	93.09	8.80
1963	7.4	7.4	0.20	0.20	1981	1972.4	77.0	104.25	8.20
1964	4.0	4.0	0.10	0.10	1982	2593.7	74.5	109.17	7.10
1965	36.6	36.6	3.02	3.02	1983	2363.7	107.1	100.95	11.20
1966	891.0	51.2	38.30	11.30	1984	2822.6	106.9	89.53	9.50
1967	886.0	48.4	27.10	5.70	1985	2371.0	106.8	77.42	7.71
1968	670.0	39.3	24.11	0.70	总　数	35591.7		1997.81	
1969	703.0	41.3	21.26	5.00	年平均	1406.8		58.74	

1985 年大型水库有效灌溉面积 678.7 万亩,实灌 544.3 万亩,提供灌溉水 60.51 亿立方米,工业、城镇生活用水 6.19 亿立方米。

1985 年流域内有设计灌溉面积万亩以上灌区 612 处,设计灌溉面积 5674 万亩,有效灌溉面积 3900 万亩。其中花园口以上 30 万亩以上的大型灌区 23 处,设计灌溉面积 3457 万亩,有效灌溉面积 2305 万亩,实灌 1971 万亩,引、提水量 145 亿立方米。

黄河下游引黄灌区 1985 年达到 86 处(河南 28 处,山东 58 处),其中 30 万亩以上的大型灌区 25 处,设计灌溉面积 2480 万亩,有效灌溉面积 994 万亩,实灌 909 万亩,引、提黄河水 50 亿立方米。

以上大型水库及灌区,1985 年共引、提黄河水 203.8 亿立方米。

第三节　规划与预测

黄河流域水资源利用规划,主要有 1954 年黄河规划编制的水资源利用、1984 年完成的《黄河水资源开发利用预测》和 1989 年《黄河治理开发规划报告》中的水资源开发规划。另外,还有两次科研成果,即 1984 年完成的《黄河流域农业水利区划报告》中的水资源与供需关系预测和 1986 年完成的《黄河水资源利用》报告。现概述如下。

一、1954 年黄河规划水资源利用

规划提出黄河流域水资源利用的原则是:在综合开发的原则下,应合理满足灌溉、发电、航运等国民经济部门的全面最高的综合利益。同时,河流的综合开发必须考虑河流各段、各地区水利事业的有机联系。

规划拟定黄河流域可灌土地为 1.78 亿亩,可供水量为 470 亿立方米,采用每亩年用水量 400 立方米,可供水量只能灌溉 1.18 亿亩,尚有 0.6 亿亩可灌土地不能得到灌溉。为解决水资源供需不平衡的矛盾,应充分挖掘利用地下水。对可供利用的灌溉水量首先满足上、中游需水比较迫切和下游需水最为迫切地区的灌溉要求。

黄河天然年径流 545 亿立方米。规划第一期(1967 年)灌溉面积发展到 4672 万亩(其中三门峡以上 2447 万亩,占 52.4%),年引径流量 210 亿立方米,占天然年径流量的 38.5%。远期灌溉面积达到 11639 万亩(其中三门峡

以上4022万亩，占34.6%），年引径流量470亿立方米，占天然年径流量的86.2%。第一期工业及城市生活用水量12.6亿立方米，实际耗水8.5亿立方米，占天然年径流量的1.56%（远期仍按此值）。远期46座梯级水库蒸发损失30亿立方米。第一期入海水量326.5亿立方米，远期入海水量36.5亿立方米。

远期470亿立方米灌溉用水，各省（区）分配方案是：青海4.0亿立方米，甘肃45.0亿立方米，内蒙古57.3亿立方米，陕西47.0亿立方米，山西26.0亿立方米，河南112.0亿立方米，山东101.0亿立方米，河北77.4亿立方米。

二、1984年黄河水资源开发利用预测

黄委会设计院为了黄河干流小浪底水库工程规划设计的需要，对黄河水资源利用进行分析研究。根据水电部指示，于1983年10月、1984年3月和1984年6月，分别提出《黄河流域二〇〇〇年水平河川水资源量的预测》、《一九九〇年黄河水资源开发利用预测》和《黄河流域水资源开发利用预测补充说明"各省（区）分配意见"》三个报告。在此基础上，于1984年8月编制《黄河水资源开发利用预测》。后经国务院"原则同意"，作为黄河治理开发规划及工程设计的依据。

该报告采用的黄河流域水资源量为1919年7月—1975年6月56年系列成果，花园口天然年径流560亿立方米。重点论述两部分内容：第一部分是黄河河川水资源的特点及开发利用现状（1980年）；第二部分是对黄河水资源开发利用进行预测。第二部分主要内容如下：

（一）黄河流域各省（区）要求黄河供水量

根据各省（区）1983年提出的利用黄河水规划意见，汇总整理出黄河流域不同水平年工、农业需用黄河河川径流量。1990年水平为466亿立方米。2000年水平为696亿立方米（加上河北、北京为747亿立方米）。黄河花园口天然年径流560亿立方米，扣除下游排沙入海最少需水量200亿立方米，最多可供利用的河川径流量只有360亿立方米，再加花园口以下天然年径流20多亿立方米，也远不能满足各省（区）的需要。

(二)利用黄河水资源的原则

黄河水资源开发利用,要上、下游兼顾,统筹考虑,首先保证人民生活用水和国家重点建设的工业用水,同时要保证下游河道最少200亿立方米的排沙水量。其次是在搞好已有灌区的挖潜配套、节约用水、提高经济效益的基础上,适当扩大高产和缺粮区的灌溉面积,航运和渔业用水采取相机发展的原则,不再单独分配水量。

地下水的开采,由于已呈超采状况,除在宁、蒙引黄灌区适当增加地下水利用量外,其它不再增采地下水。工农业用水量的增长部分,均由河川径流补充。

(三)黄河流域不同水平年需水量预测

为使预测成果接近实际情况,本次结合流域水土资源情况,按干流、支流及不同河段进行需水量预测,并提出各省(区)水量分配方案。结果如表4—11、表4—12。

表4—11　黄河流域不同水平年工农业需耗水量

水平年	断面	农业 有效灌溉面积(万亩)	农业 需耗水量(亿立方米)	城市生活工业需耗水量(亿立方米)	合计需耗水量(亿立方米)	备注
一九九〇年	兰州以上	339	18.5	4.1	22.6	供水保证率:农业75%,工业、城市生活用水95%
	河口镇以上	1661	110.9	6.0	116.9	
	三门峡以上	3215	178.7	10.5	189.2	
	花园口以上	3539	191.9	13.1	205.0	
	利津以上	4939	268.2	31.0	299.2	
二〇〇〇年	兰州以上	454	22.9	5.8	28.7	
	河口镇以上	1951	118.8	8.3	127.1	
	三门峡以上	3523	189.5	32.9	222.4	
	花园口以上	4051	210.7	37.9	248.6	
	利津以上	5551	291.7	78.4	370.1	

表 4—12　　黄河流域各省(区)水量分配表

省(区)	年耗水(亿立方米)	省(区)	年耗水(亿立方米)	省(区)	年耗水(亿立方米)	省(区)	年耗水(亿立方米)
青海	14.1	宁夏	40.0	山西	43.1	河北、天津	20.0
四川	0.4	内蒙古	58.6	河南	55.4		
甘肃	30.4	陕西	33.0	山东	70.0	合计	370.0

该水量分配方案，国务院办公厅于 1987 年 9 月 11 日以国办发(1987)61 号文通知各省(市、区)作为南水北调工程生效前黄河可供水量的分配方案。并要求各省、自治区、直辖市从全局出发，大力执行节水措施，以黄河可供水量分配方案为依据，制定各自的用水规划，并把这项规划与各地的国民经济发展计划紧密联系起来以取得更好的综合经济效益。

(四)水量平衡

平衡结果，大部分支流的计划需水都能得到满足，工农业需水发展规模大体上是适当的。供水不足地区主要有汾河流域、渭河下游及洛河下游的小型灌区。这些地区只能采取节水措施，缓和供需不平衡的矛盾。

黄河干流沿岸工农业需水均得到满足，工业、城镇生活用水可以全部满足。预测花园口断面多年平均来水量 1990 年为 366 亿立方米，2000 年为 313 亿立方米。利津站多年平均入海水量 1990 年为 275 亿立方米，2000 年为 210 亿立方米，基本上可满足下游河道冲沙需要。

2000 年水平黄河的河川径流利用率已达 60%，下游河道排沙需水只能维持最低要求，黄河河川水资源的开发利用已到最大限度。2000 年以后，要使工农业都得到发展，不致因水资源缺乏而受制约，必须节流开源。一方面采取有力措施节约用水，发展节水型工、农业；一方面实行南水北调，在长江上、下游调水，分别解决黄河上、中游和华北平原工农业增长的用水需求。

三、1984 年农业区划报告水资源利用预测

黄委会设计院 1984 年编制《黄河流域农业水利区划报告》，对黄河流域水资源与供需关系进行预测。该预测系根据 1981 年 12 月《西北黄土高原区水利化简明区划报告》及“青藏高原区”和“淮海山地平原区”水利化简明区划报告的成果，分析汇编。

黄河流域的河川径流，仍采用1919年7月—1975年6月实测资料，还原历年灌溉用水及大型水库调蓄影响，花园口天然年径流560亿立方米，花园口以下各支流来水25亿立方米，共585亿立方米。地下水可开采量全流域为76亿立方米，包括内流区为82亿立方米。

结合黄河实际情况，水资源利用的原则为：优先保证城乡人民生活用水和工业用水，农业用水以已有灌区挖潜为主，适当发展新灌区，工业布局和农业发展要充分考虑水资源条件，提倡节约用水，发展节水型工业和农业。

规划2000年水平灌溉面积达到7267万亩，其中农田灌溉面积7008万亩，灌溉需耗水量310.6亿立方米，其中农田灌溉耗水302.34亿立方米。2000年工业耗水30.56亿立方米，城市生活用水9.95亿立方米，农村人畜用水14.66亿立方米。工农业城乡总耗水量365.77亿立方米。

2000年水平，水资源可利用量224.12亿立方米(保证率50%)，其中河川径流147.96亿立方米，地下水76.16亿立方米，供需平衡，缺水174.46亿立方米，占需耗水量的47.7%。保证率75%年缺水185.12亿立方米，占需耗水量的50.6%。流域内有个别地区缺水更为严重，如汾渭盆地，保证率50%和75%年，分别缺水62.56和68.16亿立方米，分别占需耗水量的52%和56.6%。山东省黄河流域保证率50%和75%年，分别缺水13.67和15.77亿立方米，占需耗水量的72.8%和84%。

报告认为：黄河流域水资源供需矛盾非常突出，将成为工农业发展的制约因素。为解决此矛盾，需要进一步提高调蓄水量的能力，更重要的是要采取切实措施节约用水，从长远考虑，还必须从长江流域调水。

四、1986年黄河水资源利用报告

黄委会设计院根据《1978—1985年全国科学技术发展规划纲要(草案)》要求进行全国水资源合理利用与供需平衡分析研究的统一部署，进行黄河流域(片)的水资源合理利用与供需平衡研究工作。历时三年，经过多次技术协调与成果交流，于1985年8月编制《黄河水资源利用》初稿，送请各级领导及国内外有关专家审查提出修改意见，1986年3月定稿，提出《黄河水资源利用》报告。

报告对黄河水资源的特点、现状和开发利用作了较详尽研究。报告研究了流域内的水资源供需情况，对向流域外供水未作研究。

报告采用1919年7月—1980年6月，61年系列成果，黄河花园口断面天然年径流563亿立方米，花园口以下天然年径流21亿立方米。

从花园口断面历年径流变化过程分析，年径流最大可利用量，多年平均380～400亿立方米。根据下游冲沙需水要求，若入海水量保持240亿立方米，多年平均可利用径流约320亿立方米；若考虑不过分加重黄河下游河道淤积，应保持入海水量不小于200亿立方米，则多年平均可利用径流为360亿立方米。地下水可开采量为82亿立方米，实际开采利用量84亿立方米。

黄河流域各省(区)提出需用黄河水为：1990年481亿立方米，其中河川水381亿立方米；2000年589亿立方米，其中河川水480亿立方米。河川水和地下水均超过了水资源的最大可利用量，各项需水指标难以全部满足，需进行调整。

黄河水资源利用的原则是：优先满足人民生活用水和工矿企业用水，并保证下游排沙入海的水量，对灌溉用水，在搞好现有灌区挖潜配套，节约用水，采用先进节水的灌溉技术和输水措施的基础上，根据各地水源条件及国民经济的发展，分别不同情况，适当考虑发展问题。对航运、渔业用水不单独分配水量，可相机发展。

根据上述原则，对黄河流域不同水平年工农业及城镇生活、农村人畜用水的需耗水量进行了预测。在水资源利用预测时进行了分区(黄河流域片属全国水资源利用9个一级区的第Ⅳ区，下分8个二级区，45个三级区)。这样能因地制宜地指导水利建设，切合实际地开发利用水资源，既反映了不同分区的差异，又表达了同类地区的开发前景，以便分别情况，进行水资源开发利用。

报告中的社会经济资料统一到1980年。在工业及城镇生活用水方面，填补了过去的空白，进行了大量调查研究，分析了现状工业生产及用水情况，并预测未来。对黄河能源基地的发展前景作了分析。全流域45个3级区，分别不同情况，对农业灌溉制度及合理的灌溉定额进行了系统研究。对黄河下游河道冲淤变化进行研究，根据黄河水沙条件，确定黄河下游排沙需水量。对黄河流域30多年来农田水利建设的经济效益及今后水利建设的投入产出进行分析与估算。分区进行黄河流域水资源开发利用的供需平衡，为黄河流域国土整治及实现本世纪末国民经济发展战略目标提供决策依据。

报告对地下水资源利用也进行了预估，1990年水平开采地下水85.91亿立方米，2000年开采89.83亿立方米，实际耗用地下水两个水平年分别为65.38亿立方米和69.27亿立方米。

黄河流域各水平年工农业总需水量见表4—13。该成果与《黄河水资源

表 4—13

黄河流域各水平年工农业总需水量表

水平年	水源	项目	IV_1 需水量	IV_1 增长率	IV_2 需水量	IV_2 增长率	IV_3 需水量	IV_3 增长率	IV_4 需水量	IV_4 增长率	IV_5 需水量	IV_5 增长率	IV_6 需水量	IV_6 增长率	IV_7 需水量	IV_7 增长率	IV_8 需水量	IV_8 增长率	全流域需水量	全流域增长率
现状（一九八〇年）	引水	河川水	1.58		24.14		138.04		10.48		127.18		20.63		22.79		0.27		345.11	
		地下水	0.20		2.06		8.56		1.79		41.32		10.94		18.93		0.61		84.41	
		小计	1.78		26.20		146.60		12.27		168.50		31.57		41.72		0.88		429.52	
	耗水	河川水	1.20		18.85		104.30		8.79		105.12		16.88		19.02		0.21		274.37	
		地下水	0.09		1.12		6.12		1.11		29.76		8.20		16.91		0.54		63.85	
		小计	1.29		19.97		110.42		9.90		134.88		25.08		35.93		0.75		338.22	
一九九〇年	引水	河川水	2.29		23.68		118.95		10.22		79.52		79.52		24.17		0.76		282.92	
		地下水	0.20		2.06		10.09		1.79		41.32		41.32		18.93		0.61		85.94	
		小计	2.49	3.4	25.74	−0.2	129.04	−1.3	12.01	−0.2	120.84	−3.3	120.84	0.8	43.10	0.3	1.37	4.5	368.86	−1.5
	耗水	河川水	1.71		19.80		95.86		7.80		64.07		64.07		19.50		0.60		225.95	
		地下水	0.09		1.12		7.65		1.11		29.76		29.76		16.91		0.54		65.38	
		小计	1.80	3.4	20.92	0.5	103.51	−0.6	8.91	−1.0	93.83	−3.7	93.83	−0.1	36.41	0.1	1.14	4.3	291.33	−1.5
二〇〇〇年	引水	河川水	3.29		28.61		120.62		27.19		108.36		108.36		28.01		1.81		350.21	
		地下水	0.20		2.06		13.98		1.79		41.32		41.32		18.93		0.61		89.83	
		小计	3.49	3.4	30.67	1.8	134.60	0.4	28.98	9.2	149.68	2.2	149.68	2.4	46.94	0.9	2.42	5.9	440.04	1.8
	耗水	河川水	2.58		22.84		101.93		24.49		72.77		72.77		22.00		0.73		273.41	
		地下水	0.09		1.12		11.54		1.11		29.76		29.76		16.91		0.54		69.27	
		小计	2.67	4.0	23.96	2.4	113.47	0.9	25.60	11.1	102.53	0.9	102.53	3.3	38.91	0.7	1.27	1.1	342.68	1.6

注：1. IV_{1-8}为二级区符号，各区名称是：IV_1 河源至龙羊峡；IV_2 龙羊峡至兰州；IV_3 兰州至河口镇；IV_4 河口镇至龙门；IV_5 龙门至三门峡；IV_6 三门峡至花园口；IV_7 花园口至黄河口；IV_8 内流区。2. 单位亿立方米、%。

开发利用预测》成果基本一致。

黄河流域内(不含内流区及向流域外供水),按多年平均河川径流量计,其供水量:1990 年 269 亿立方米,2000 年 329 亿立方米;总需引水量:1990 年 282 亿立方米,2000 年 348 亿立方米;总需耗水量:1990 年 225 亿立方米,2000 年 273 亿立方米;总缺水量:1990 年 13 亿立方米,2000 年 19 亿立方米;缺水程度:1990 年为 4.6%,2000 年为 5.6%。由于各水平年的工农业的发展指标,主要受水资源可供水量的控制,因此,供需计算基本上是平衡的。但这并不意味着黄河流域不缺水。2000 年水平的需引水量,已达上限,而黄土高原大片地区仍然干旱缺水,届时黄河河口镇断面年来水约 200 亿立方米,花园口断面来水约 310 亿立方米。黄河下游的华北平原是一个缺水地区,根据各省要求 2000 年需补水量:河南 90 亿立方米,山东 84 亿立方米,河北 82 亿立方米,天津 10 亿立方米,共需 266 亿立方米,而黄河可供外调的水量仅 60 亿立方米,最多 100 亿立方米(河道内输沙水量按 200 亿立方米计),远不能满足需水要求。因此黄河流域的缺水问题,根本解决的途径,要靠南水北调工程,引长江水予以解决。

五、1989 年水资源开发规划

水资源开发规划是自 1985 年开始的修订黄河治理开发规划中的专题规划之一,黄委会在已往工作基础上于 1989 年提出《黄河治理开发规划报告》(送审稿),其中第五章为水资源开发规划。

本次规划对系列代表性进行了分析,认为 1919 年 7 月—1975 年 6 月 56 年系列具有较好的代表性,再考虑到资料使用的相对稳定性,仍采用 56 年系列,花园口站天然年径流 559.2 亿立方米(通称 560 亿立方米)。花园口以下各支流天然年径流约 21 亿立方米,全河多年平均天然年径流 580 亿立方米。

据计算,为了保证黄河下游河道年平均淤积量不大于 4 亿吨,多年平均需要输沙水量 200—240 亿立方米(主要是汛期洪水)。扣除此项用水后,年平均可利用水量为 340—380 亿立方米。

1983 年各省(区、市)提出 2000 年利用黄河水资源规划,共需黄河供水 747 亿立方米,超出黄河可利用水量一倍以上。1986 年各地需水量压缩后,提出需水量为 589 亿立方米,仍超过黄河的可供水量。黄河的水资源供需矛盾十分突出。

规划拟定水资源开发利用的基本方针是:黄河水资源开发利用必须依据水法,认真贯彻“加强经营管理,讲究经济效益”和“除害兴利,综合利用,使黄河的水沙资源在上、中、下游都有利于生产,更好地为社会主义现代化建设服务”的总方针。同时要认真总结历史经验,除害与兴利相结合,城市生活与工农业供水要贯彻“全面节水、适当开源、统一规划、强化管理”的指导思想,作到统筹兼顾,合理安排,综合利用,讲求效益,发挥水资源的多种功能。

据此,提出水资源开发利用的原则是:

(一)干流水库调度,要考虑其下游河段的防洪、防凌要求,并保证必要的输沙入海水量。

(二)水资源利用应首先满足城乡人民生活用水。统筹兼顾工业和农业用水,为了促进工农业发展,工业能源基地及油田用水要优先于农业用水,予以保证。对于流域外的天津、青岛、金昌等城市及河北省部分地区用水,在可能情况下适当补给。

(三)在有适量降雨的地区,实行灌溉农业与旱作农业相结合,在缺水严重,具有开发条件的地区,适当发展灌溉面积。在水源不足地区,要限制耗水量大的工、农业发展。

(四)地下水开采要因地制宜。超采地区(如晋中、豫北部分地区)要限制开采;地下水位高、排水不畅的平原灌区(如宁蒙平原灌区)要合理灌溉,保证排水,调控地下水位。

根据上述原则,各省(区、市)的水量分配仍采用前述 1987 年 9 月 11 日国务院批准的方案,共 370 亿立方米。

在综合研究各省(区、市)提出的引黄灌溉规划、工业及城乡生活用水要求及输沙、发电、航运、水产、水质净化等项用水后,考虑工程投资的可能性及经济效益的合理性,因地制宜,统筹安排,编制出 2000 年黄河水资源开发利用方案见表 4—14、表 4—15、表 4—16。

表 4—14　　2000 年黄河水资源利用(各河段)规划方案

项目 河段	工农业及城乡生活耗用河川径流(亿立方米)				地下水灌溉面积(万亩)
	合计	工业及城乡生活耗水	农业耗水		
			灌溉面积(万亩)	耗水	
兰州以上	28.7	5.8	525.9	22.9	13.5
兰州—河口镇	98.4	2.5	1851.4	95.9	244.6
河口镇以上	127.1	8.3	2377.3	118.8	258.1
河口镇—花园口	121.5	29.6	2670.7	91.9	1136.9
花园口以上	248.6	37.9	5048.0	210.7	1395.0
花园口—利津	121.4	40.5	2289.5	80.9	957.5
利津(河口)以上	370.0	78.4	7337.5	291.6	2352.5
利津以上分配比例	100%	21%		79%	
占黄河年径流	64%	14%		50%	

表 4—15　　2000 年黄河水资源利用(各省区)规划方案

项目 省市	工农业需耗河川径流	其中	
		农业	工业及城乡生活
青海	14.1	12.1	2.0
四川	0.4	/	0.4
甘肃	30.4	25.8	4.6
宁夏	40.0	38.9	1.1
内蒙古	58.6	52.3	6.3
陕西	38.0	33.6	4.4
山西	43.1	28.5	14.6
河南	55.4	46.9	8.5
山东	70.0	53.5	16.5
河北、天津	20.0	/	20.0
合计	370.0	291.6	78.4

注:单位亿立方米。

表 4—16　　2000 年城镇、工业、农村人畜耗用河川径流量表

项　目	耗用河川径流(亿立方米)		用　水　指　标
	1980 年	2000 年	
城镇生活	1.54	3.21	80—120 升/人·日
农村人畜	1.39	8.81	40 升/人·日;10—40 升/头·日
工　业	7.72	25.56	引水 440 立方米/万元; 耗水率 50.5%
能源基地	/	15.80	
青　岛	/	5.00	
天津、河北	/	20.00	
合　计	10.65	78.38	

经长系列水量平衡分析,规划工农业用水可以基本满足,只是汾、渭河中下游和洛河下游地区,枯水年分用水不能全部满足。2000 年河口镇断面年平均来水 182 亿立方米,最小流量 250 立方米每秒;花园口断面年平均来水 313 亿立方米,最小流量 250 立方米每秒;多年平均入海水量 210 亿立方米,基本满足冲沙入海需水要求。

规划 2000 年水平年需耗河川径流 370 亿立方米,已达黄河河川径流可利用量的上限。经粗估,远期(2030 年)工农业及城乡生活用水共需水 600 亿立方米,地下水可利用量约 100 亿立方米,要求黄河供水 500 亿立方米以上。到时,黄河年缺水将达 140—200 亿立方米,供需矛盾十分突出。除大力推行节水措施以外,从长远考虑,还需要从长江流域调水,以丰补欠,实行南水北调。

为了实现 2000 年黄河水资源利用规划目标,除小浪底水库对下游河道防洪、减淤,保证下游工农业供水,提高黄河水资源利用率及发电等有显著效益,宜早日兴建外,还需要建设一批工农业供水工程和灌区改建配套工程。

以城市生活及工业用水为主的骨干供水工程有:引黄济青(岛)工程、引黄入晋工程、引黄入白洋淀及天津工程、引大通河水济金昌市工程及黑河引

水供西安市用水工程等。

以农村人畜用水、灌溉用水及灌区改造配套为主的骨干工程有：改造湟水流域8个老灌区的“2708工程”；引大通河水入秦王川工程；景泰二期电灌；兴堡子川电灌；靖会及三角城电灌续建；金银滩、狼皮子梁、固海、同心四灌区配套；陕甘宁盐环定扬黄工程；河套灌区改建；准格尔煤田农副产品基地；乱井滩扬水工程；冯家山、宝鸡峡、羊毛湾、交口抽渭、王瑶、泾惠渠、洛惠渠等七大灌区改善；东雷一期抽黄续建；太里湾抽黄及禹门口抽黄工程；石头河水库续建；汾西灌区扩建；尊村电灌续建；禹门口、北赵、大石嘴等三处电灌工程；汾河石家庄水库；陆浑、故县、窄口三个水库灌区；引沁济蟒及广利灌区扩建；小浪底水库南灌区；大汶河中小型灌区改建等。

第五篇

支流规划

黄河支流众多，流域面积大于 1000 平方公里的有 76 条，总面积 579872 平方公里，占黄河流域面积的 77.1%(见表 5—1)。

表 5—1　　黄河流域 1000 平方公里以上支流统计表

序号	河名	流域面积(平方公里)	河长(公里)	备注	序号	河名	流域面积(平方公里)	河长(公里)	备注
1	喀日曲	3306	126		22	曲什安河	5787	202	
2	多曲	6085	171		23	大河坝河	3986	165	
3	勒那曲	1678	95		24	芒拉河	3002	143	
4	多钦安科郎河	1103	62		25	沙沟	1523	91	
5	热曲	6596	191		26	东沟	1093	69	
6	东曲	1418	77		27	隆务河	4960	157	
7	优尔曲	1898	82		28	大夏河	7154	203	
8	柯曲	2449	100		29	洮河	25527	673	
9	达日曲	3377	121		30	湟水	32863	374	
10	吉迈河	1852	101		31	庄浪河	4008	185	
11	西科曲	2655	139		32	宛川河	1862	93	又名大营川
12	东科曲	3443	155		33	祖厉河	10653	224	
13	章安河	1041	69		34	清水河	14481	320	
14	沙柯曲	1597	110		35	红柳沟	1064	107	鸣沙洲以上
15	贾曲	2175	107		36	苦水河	5218	224	又名山水河
16	白河	5488	270		37	都思兔河	8326	166	
17	黑河	7608	456		38	乌梁素海	29034		退水渠入黄口以上
18	西科河	1003	65		39	毛不浪孔兑	1261	111	
19	泽曲	4756	233		40	西柳沟	1194	106	
20	切木曲	5550	151		41	昆都仑河	2761	143	
21	巴沟	4232	142		42	哈什拉川	1089	92	入公三壕以上

续表 5—1

序号	河名	流域面积(平方公里)	河长(公里)	备注	序号	河名	流域面积(平方公里)	河长(公里)	备注
43	大黑河	17673	236		62	延　河	7687	284	
	上游合计	253829			63	汾川河	1785	120	
44	浑　河	5533	219		64	仕望河	2356	113	
45	杨家川	1002	70		65	汾　河	39471	694	
46	偏关河	2089	129		66	溽　河	1083	94	
47	黄甫川	3246	137		67	涑水河	5565	200	
48	县川河	1587	112		68	渭　河	134766	818	
49	孤山川	1272	79			托—潼间小计	273180		
50	朱家川	2922	159		69	宏农河	2062	97	
51	岚漪河	2867	119		70	亳清河	1128	50	
52	蔚汾河	1478	82		71	蟒　河	1203	106	
53	窟野河	8706	242		72	洛　河	18881	447	
54	秃尾河	3294	140		73	沁　河	13532	485	
55	佳芦河	1134	93			潼—花间小计	36806		
56	湫水河	1989	122			中游合计	309986		
57	三川河	4161	176		74	天然文岩渠	2555		
58	屈产河	1220	78		75	金堤河	4869		张庄闸以上
59	无定河	30261	491		76	大汶河	8633	209	入东平湖口以上
60	清涧河	4080	168			下游合计	16057		
61	昕水河	4326	138			总　计	579872		

这76条支流，有许多曾做过不同程度的规划与查勘工作，其中有34条在黄河档案馆保存有查勘、规划等技术资料或技术档案。它们是上游的洮河、湟水、庄浪河、宛川河(大营川)、祖厉河、清水河、苦水河(山水河)、大黑河等8条；中游的浑河、偏关河、黄甫川、县川河、孤山川、朱家川、岚漪河、蔚汾河、窟野河、秃尾河、佳芦河、湫水河、三川河、屈产河、无定河、清涧河、昕水河、延河、汾河、涑水河、渭河、洛河、蟒河、沁河等24条及渭河支流泾河和北洛河两条(不计入34条内)二级支流；下游的金堤河及大汶河两条。

泾河、北洛河虽属黄河的二级支流，但因其流域面积较大，水、沙量较多，常与渭河并称为“泾、洛、渭”河。建国后的历次查勘、规划，泾河、北洛河均与渭河并列,单独进行,渭河的查勘、规划则不包括泾河和北洛河。为了与历史情况保持一致,便于记述,在支流规划篇中,将泾河、北洛河各自成章。

流域面积大于10000平方公里的一级支流11条,总面积367142平方公里,占黄河流域面积的48.8%。根据实测资料,11条支流的年输沙量约占黄河年输沙量的64%,年径流量约占59%(见表5—2)。

写入支流规划篇的10条支流,是选择流域面积大于10000平方公里,查勘、规划资料较多,治理程度较好及对黄河治理影响较大,并照顾到上、中、下游的分布和不同类型、不同治理程度的支流。据此,确定了湟水、清水河、无定河、汾河、泾河、北洛河、渭河、洛河、沁河、大汶河等10条支流。其中,大汶河在入东平湖以上虽只有流域面积8633平方公里,但因该河的治理程度较高,且与黄河山东河段的防洪关系密切,历年规划研究的资料也较多,故列入志内。10条支流位置见图5—1。

所选的10条支流,曾有过多次不同规模、不同内容的查勘和规划,仅择其主要者入志。其社经资料均来源于地方上的统计上报数字;流域面积及河道长度采用《黄河流域特征值资料》中的数字。历次黄河支流的查勘、规划工作,多由各支流所在省(区)进行。黄委会承担较大支流和跨省(区)的支流查勘、规划工作,还根据各支流所在省(区)的规划,进行综合归纳,汇总编制出主要支流的规划报告。全河性支流查勘、规划工作,1954年以前对无定河等10条支流的综合查勘及对上、中游37条支流的水土保持查勘,详见本志第二篇。1954年以后主要有如下几次。

一、1954年编制黄河规划时,对流域内的支流未作全面规划,只是为了减少三门峡水库的淤积和下游防洪及综合利用,在主要支流三川河、无定河、清涧河、延河、汾河、泾河、北洛河、渭河、洛河、沁河等10条支流上规划了24座水库,其中,拦泥水库19座,防洪水库3座,综合性水库2座。第一期工程选择了5座拦泥水库,分别控制无定河、延河及渭河支流葫芦河、泾河、北洛河,3座防洪水库分别控制洛河、沁河及洛河支流伊河,两座综合性水库位于汾河上游及渭河支流灞河。第一期工程还提出修建5座小拦泥水库,初步建议控制渭河支流漆水河、石川河及孤山川、朱家川、佳芦河。规划还指出,对选择作为第一期工程的支流水库的合理性和必要性,今后必须在每一支流的综合利用技术经济报告中予以证实。

二、根据黄河技经报告的要求,1956—1958年,对黄河的几条主要支流无定河、三川河、延河、汾河、泾河、北洛河、渭河、洛河、沁河、大汶河,进行了综合利用规划工作,这些规划一般都是根据黄河技经报告的模式编制的。

表 5—2

黄河流域 10000 平方公里以上支流统计表

序号	支流名称	岸别	流域面积（平方公里）	水文站 名称	水文站 控制面积（平方公里）	水文站 占全流域（%）	实测水文系列（年）	年径流量（亿立方米）	每平方公里径流量（万立方米）	年输沙量（亿吨）	每平方公里输沙量（吨）	备注
1	洮河	右	25527	沟门村	24973	97.83	1955—1970	54.32	21.75	0.291	1165	
2	湟水	左	32863	民和	15342	46.68	1940—1970	19.32	12.59	0.203	1323	在大通河口以上
	大通河		15130	享堂	15126	99.97	1940—1970	29.11	19.25	0.031	202	
3	祖厉河	右	10653	靖远	10647	99.94	1955—1970	1.578	1.48	0.733	6884	
4	清水河	右	14481	泉眼山	14480	99.99		1.769	1.22	0.540	3729	
5	乌渠素海退水渠	左	29034									
6	大黑河	左	17673	三两	6835	38.67	1953—1965	1.804	2.64	0.054	789	
	上游合计		130231		87403			107.901	12.34	1.852	2119	
7	无定河	右	30261	川口	30217	99.85	1957—1970	15.40	5.10	2.120	7024	
8	汾河	左	39471	河津	38728	98.12	1934—1970	16.66	4.30	0.489	1286	
9	渭河	右	134766	华县	106498	79.02	1935—1970	93.37	8.77	4.430	4160	在北洛河口以上
	葫芦河		10730	秦安	9805	91.38	1956—1970	4.992	5.09	0.808	8241	
	泾河		45421	张家山	43216	95.15	1933—1970	21.29	4.93	3.313	7243	
	马莲河		19086	雨落坪	19019	99.65	1955—1970	4.71	2.48	1.420	7466	泾河支流
	北洛河		26905	洑头	25154	93.49	1934—1970	8.809	3.50	1.020	4055	
				华县减张家山	63282			72.08	11.39	1.300	2054	
	托—潼间小计		204498		200597			134.239	6.69	8.059	4018	
10	洛河	右	18881	黑石关	18563	98.32	1951—1970	36.21	19.51	0.264	1422	
11	沁河	左	13532	武陟	12894	95.29	1951—1970	14.55	11.28	0.100	776	
	潼—花间小计		32413		31457			50.76	16.14	0.364	1157	
	中游合计		236911		232054			184.999	7.97	8.423	3630	
	总计		367142		319457			292.900	9.17	10.275	3216	

注：左岸 5 条支流有流域面积 132573 平方公里，占 11 条支流总面积的 36.1%；右岸 6 条支流有流域面积 234569 平方公里，占 11 条支流总面积的 63.9%。

黄河流域十条支流水利图

图上数字代表的水库名称

编号	水库名称	编号	水库名称	编号	水库名称	编号	水库名称
1.	金鸡沙	12	猪头山	23	信义沟	34	直界
2.	杨福井	13	宋大湾	24	大北沟	35	金斗
3.	营盘山	14	张家峁	25	老鸦嘴	36	东周
4.	西郊	15	河畔	26	大河	37	胜利
5.	周湾	16	姬滩	27	尚庄炉	38	彩山
6.	边墙渠	17	惠桥	28	小安门	39	公家庄
7.	水路畔	18	土桥	29	大冶	40	贤村
8.	河口庙	19	红河则	30	杨家横	41	沟里
9.	杨家湾	20	王家崖	31	乔店	42	苇池
10	王家庙	21	东风	32	岫峪		
11	旧城	22	白获沟	33	山阳		

图例

	省、市(县)		湖泊
支流 黄河	流域界		滞洪区
	省(区)界		大堤、运河
	河流		大型水库电站
	长城		中型水库电站
	灌区		水闸

三、1958年12月,黄委会编制《黄河综合治理三大规划草案》。其中的支流规划部分指出:三门峡以上支流的开发方针以灌溉为主,应在水土保持的基础上,大力修建大、中、小型水库,拦蓄径流,引水上山,充分发展灌溉,结合发电。根据这一指导方针,在洮河、湟水、庄浪河、祖厉河、清水河、大黑河、浑河、窟野河、秃尾河、三川河、屈产河、无定河、延河、汾河、泾河、北洛河、渭河等17条主要支流上规划了水库90座,要求在1962年以前全部建成,使所有耕地水利化。

三门峡以下的洛河、沁河、大汶河,规划7座水库,以防洪为主,结合灌溉、发电,也要求在"二五"(1958—1962年)期间建成。

四、1960年9月三门峡水库开始拦洪蓄水运用,库区淤积严重。黄委会根据黄河技经报告的要求,提出10年内减少进入三门峡水库泥沙50%,为此,研究了在三门峡水库以上的多沙支流上修建拦泥库的问题。黄委会设计院第一、第三、第七勘测设计工作队和黄委会规划设计处中游组,先后于1961—1964年,对无定河、泾河、北洛河、渭河等多沙支流进行了拦泥库的选点和规划研究工作。

1965年,又对无定河口以上的多沙支流浑河、偏关河、县川河、朱家川、岚漪河、蔚汾河、湫水河、黄甫川、孤山川、窟野河、秃尾河、佳芦河等12条支流以拦泥为主结合兴利,进行了拦泥坝选点查勘。

五、1970年在北京召开北方农业会议,提出改变农业生产面貌,必须搞好农田基本建设的要求。1973年,在陕西省延安市召开黄河中游水土保持工作会议,提出"以土为首,土水林综合治理,为农业生产服务"的水土保持建设方针。在这两次会议的推动下,黄河中游地区,掀起了一个建设基本农田,大搞水土保持的高潮,这就要求各支流要有一个比较符合实际而全面的规划。为此,黄河中游地区主要支流所在的各省(区)都编制了属于各自范围内的支流规划。这些规划,着重于治理开发本流域,力求尽快改变流域的生产面貌。

为了支援地方水利建设,黄委会于1969年、1970年先后派出规划二分队、河口村水库设计组和无定河工作队(后改为王圪堵水库设计组),分别驻渭南、河口村和绥德,协助地方进行泾河、北洛河、渭河、沁河和无定河的规划工作,并担负一些水利工程的设计任务。

黄委会规划大队在地方规划的基础上,于1973年11月及1974年8月,分别编制《关于黄河中、上游地区治理情况以及对十条支流治理规划布局的设想》及《关于黄河中、上游十四条支流骨干工程选点意见的汇报提纲》。

这两年的规划，提出支流治理的方针是：大力开展水土保持，加速支流治理，充分利用水、沙资源，为当地兴利，为黄河减沙。

10条支流为：偏关河、黄甫川、县川河、朱家川、窟野河、无定河、延河、泾河、北洛河、渭河等。在这些支流上规划大型水库11座，大型引水工程1处（引洛高干渠），中型水库63座，小型水库127座，堵沟坝1026座。

14条支流是在10条支流的基础上，减少偏关河、朱家川，增加湟水、祖厉河、清水河、三川河、昕水河、汾河。共规划大型水库20座，大型引水工程2处（引泾高干渠和引洛高干渠），中型水库67座，大型淤地坝2346座。

1974年11月，黄委会规划大队编制《黄河流域十年水利建设规划初步意见（1976—1985年）》。将上述14条支流规划纳入，并作了部分修改，改为大型水库16座，大型引水工程2处，中型水库66座，小流域骨干坝库4980座。

六、水利部于1984年6月向黄委会下达经国家计委批复的修订黄河治理开发规划任务书。其中支流规划部分提出流域面积大于3000平方公里或年输沙量大于3000万吨的支流共28条，由支流所在省（区）作出综合治理规划，跨省的支流，由有关省（区）分别作出分区规划，由黄委会组织协调研究汇总。这次规划由国务院有关部委、黄河流域有关省（区）水利部门和黄委会共同组成的黄河规划协调小组编制《黄河主要支流治理开发规划工作大纲》，有关省（区）根据大纲进行支流规划的编制工作。任务书要求1985年6月提出各支流的单项规划报告。

28条支流是洮河、湟水、祖厉河、清水河、大黑河、浑河、偏关河、县川河、朱家川、湫水河、三川河、昕水河、黄甫川、窟野河、秃尾河、佳芦河、无定河、清涧河、延河、汾河、涑水河、泾河、北洛河、渭河、洛河、沁河、金堤河、大汶河等。

有关省（区）于1985—1986年共提出30条支流的规划报告。在28条支流中，金堤河没有提出规划报告，另外增加了昆都仑河、岚漪河、蔚汾河等3条。在30条支流中，有13条属跨省河流，由黄委会或该支流的某一省（区）水利部门负责汇总提出该支流的规划报告。

各省（区）所提出的支流治理规划基本原则概括为：统筹兼顾，综合利用，讲求实效，量力而行。2000年以前的任务有三：第一，搞好现有工程的配套和除险加固，巩固提高工程效益；第二，根据国民经济发展对水资源的要求，提出新建水利工程项目，以增加供水量，促进工农业和城乡建设的发展；

第三，加速水土流失区的综合治理，改善农业生产条件，控制水土流失，使人民生活水平有明显的提高，入黄泥沙有较大减少。

本篇记述的工程标准，水库规模以总库容为准划分：大型 1 亿立方米以上，中型 0.1—1 亿立方米，小(一)型 0.01—0.1 亿立方米。灌区规模以设计灌溉面积为准划分：大型 50 万亩以上，中型 5—50 万亩，小(一)型 0.5～5 万亩。

第十三章　湟水流域

第一节　流域梗概

湟水是黄河上游最大的一条支流，流域面积 32863 平方公里，其中青海省面积 29036 平方公里，占 88.4%，甘肃省面积 3827 平方公里，占 11.6%。水土流失面积 15503 平方公里，占流域面积的 47%。干流源出青海省海晏县大坂山南麓，经湟源、西宁、乐都、民和等市、县，于甘肃省永靖县付子村汇入黄河左岸，全长 374 公里。河口高程 1565 米。

大通河是湟水的最大支流，流域面积 15130 平方公里，占全流域面积的 46%。大通河发源于青海省天峻县的木里刚果山，流经青海省门源县，至民和县享堂注入湟水左岸，全长 561 公里。

湟水流域位于青藏高原与黄土高原的交接地带，处于祁连山褶皱带内。西部隔日月山、大通山、托勒山与青海湖、哈拉湖流域毗连，东邻庄浪河，北部以祁连山冷龙岭与河西走廊内陆河为界，南界拉脊山与黄河干流分水，中部大坂山为湟水干流与大通河的分水岭。由于祁连山、大坂山和拉脊山均为西北东南走向，所以构成湟水干流与大通河基本平行的三山两谷的流域地貌特征。祁连山与大坂山之间的带状谷地为大通河，谷深山高，林草繁茂，人烟稀少，属高寒地区，具有青藏高原的特点；大坂山与拉脊山之间为湟水干流谷地，丘陵起伏，河谷展宽，黄土深厚，人烟较多，农业较发达，呈现出黄土高原的特征。形成了湟水干流和支流大通河两个并行的自然条件迥然不同的地理景观区。

据湟水干流民和水文站(控制面积 15342 平方公里，占干流面积 17733 平方公里的 86.5%)和大通河享堂水文站(控制面积 15126 平方公里)1940—1984 年实测资料，湟水干流多年平均径流量 17.51 亿立方米(青海省水利厅勘测设计院用 1956—1979 年系列计算天然年径流量为 20.6 亿立方米),年输沙量1918万吨。大通河多年平均年径流量28.74亿立方米,年输沙量323万吨。

以1970年前后资料对比,湟水干流径流量减少25%,沙量减少15%,而大通河径流量只减少4%,沙量反而略有增加。

径流、泥沙在地区上分布极不均匀,湟水干流是少水多沙区,大通河是多水少沙区。湟水干流多年平均每平方公里产水11.4万立方米,大通河为19万立方米,而每平方公里的产沙量则相反,湟水干流为1250吨,大通河为214吨。1985年耕地亩均水量湟水干流只有359立方米,大通河高达2800立方米,人均水量湟水干流为708立方米,大通河为8720立方米。

截至1985年,全流域总人口280.22万人,其中农牧业人口202.23万人,占72.2%。流域平均每平方公里85人。其中,湟水干流约130人,大通河为11人。全流域共有耕地590.47万亩,占流域面积的12%,其中,山坡地456.05万亩,川地127.32万亩,塬地7.1万亩。

第二节　查勘与规划

一、查勘

(一)建国前的查勘

1.为了整理湟水航道,恢复航运,国民政府黄河水利委员会于1941年派员勘测河道,并拟定计划,整理民和以下至达家川河段,以通行5—10吨木船为标准。

2.1943年,国民政府中央水利实验处第一、第二水利查勘队,查勘湟水,写有《三十二年度查勘报告书》。

第一队队长冯龙云,队员黄希素;第二队队长陈国庆,队员王文魁。

查勘目的主要是了解流域概况及沿河灌溉、航道、水力等情况及其发展的可能,并调查沿河各地黄土之分布及其冲刷情况。

查勘队于1943年6月自四川重庆出发,8月23日到达西宁。查勘由西宁沿湟水北岸至湟源县,再沿南岸返回,然后顺河而下,于9月11日抵兰州,其间9月7日查勘了大通河享堂峡。

水力发电坝址共查勘三处,即位于湟源县城至扎马隆之间的西石峡(峡长17公里),位于民和县城以上的老鸦峡(峡长18公里)和大通河享堂峡。

享堂峡坝址在峡口以上2公里处，建坝后有效水头66米，可装机4—6万千瓦。

湟水干流西宁以下，原可季节性通行皮、木筏，进入40年代后，由于货运量猛减，已很少通航。

（二）建国后的查勘

1.1954年水土保持查勘

本次查勘，由黄委会水土保持查勘第一队承担。队长董在华，副队长杜耀东，全队有技术干部18人，行政干部20人，工人14人，共52人（含甘、青两省协作的干部4人）。查勘队于1954年4月自河南开封出发，11月返回开封，12月提出《湟水流域水土保持查勘报告》。

查勘队分水利、自然、社经、测量等4个组，调查流域自然、社经情况。查勘干流巴颜峡（或巴燕峡）、漆石峡（即西石峡）、大峡及大通河享堂峡、酸水峡等重点水库坝址，作了较详细的调查和测量。对一些可能建坝的地段也作了一般查勘，计有干流的小峡、老鸦峡，大通河的连城峡、卡萨峡、克图峡、纳子沟峡、石头峡，沙塘川的暗门峡，药水河的药水峡和北川河的吊鼻梁峡等。

水土保持是这次查勘的重点，根据水土流失程度不同，将全流域划分为几个不同的侵蚀类型区，调查水土流失成因、侵蚀方式及其对黄河干、支流和农业生产的影响，总结群众水土保持经验，提出对流域水土保持工作开展的意见。

报告认为，湟水流域水土保持工作的方针是：从适合黄河水利建设计划和地方经济建设计划出发，以科学的农、林、牧业技术，合理利用土地，配合就地拦淤方案，引导农民逐步实现各种有效措施，改造自然，战胜水土流失为害，为综合利用黄河创造条件。

2.1957年大通河流域查勘

为了合理地充分开发大通河水资源，青海省水利局勘测设计院第二勘测总队于1957年4—11月对该流域进行查勘，了解流域自然、社经及水土资源利用情况，查勘了河道和可能修建水库的地址。同年12月提出《大通河流域查勘报告》。

大通河流域内有耕地48.35万亩，占流域面积的2.1%，其中灌溉面积21.93万亩，占耕地面积的45.4%，年用水量0.43亿立方米，占年水量的1.5%。

在主流上自上而下查勘了纳子峡、石头峡、克图峡、卡索峡（即卡萨峡）、青铜峡、扎隆口、酸水峡、拦杆峡、小杏儿沟口、连城峡、享堂峡等 11 处坝址，其中对连城峡、克图峡、扎隆口等 3 处进行了详勘。

开发方针以灌溉为主，结合发电，并考虑交通运输问题。对土地利用，拟在门源、苏吉滩及硫磺沟以东地区发展农业，硫磺沟以西地区发展牧业。

规划发展灌溉面积 25.1 万亩，年需水 0.2 亿立方米，达到 47.03 万亩，年需水 0.63 亿立方米。拟先开发苏吉滩灌区 23 万亩。

推荐连城峡水库为近期开发工程，坝高 21 米和 51 米两个方案，总库容分别为 455 及 4017 万立方米，灌溉 2.43 及 21.96 万亩，电站装机 0.79 及 2.01 万千瓦。两个方案未作比较论证。

二、规划

湟水流域规划，青海省先后于 1958、1960、1968、1980、1986 年提出过 5 次规划报告，1971 及 1977 年两次提出规划要点报告，1973 年提出选点报告。规划范围限于省境内的湟水干流部分，涉及大通河只是为湟水需要的“引大济湟”工程。甘肃省则将重点放在大通河，1957 年对引大通河水入秦王川工程进行了查勘，后于 1958、1966 年又进行查勘，1972 年 8 月提出该工程的规划报告，1973 年 12 月及 1976 年提出该工程的初步设计和修改初步设计报告。1985 年 12 月提出流域规划报告（省境内）。现择其主要者简述如下。

（一）1958 年规划

在全国“大跃进”形势下，青海省水利局 1958 年对湟水流域进行规划，于 4 月提出《关于湟水流域水利枢纽规划意见》和《青海省湟水流域水利枢纽工程规划简要说明》。

规划目标主要是解决湟水干流川地及浅山区的灌溉问题。由于湟水干流省境内年水量仅 17 亿立方米，不能满足灌溉需要，计划引大通河水 12 亿立方米入湟，共 29 亿立方米，发展灌溉面积 600 万亩（其中扩灌 220 万亩，开荒 200 万亩，改善已有水地 180 万亩），共需水 24 亿立方米，林草灌溉需水 1 亿立方米，工业及城镇生活用水 4 亿立方米。

规划的主要工程有：引大入湟总干渠、湟北干渠、湟南一干渠及湟南二干渠，分别发展灌溉面积 280 万亩、80 万亩、95 万亩及 145 万亩。为了调节水量，还规划有大通河吴松塔拉、北川河东峡、包科、中庄和湟水干流下东大沟、扎马隆等6座水库，总库容8.42亿立方米。

(二)1968年规划

随着生产的发展，湟水的工农业用水矛盾日趋突出，对浅山区的改造也要求水利、水保有一个较迅速的发展。为此，青海省水利局于1967年建立规划队，在分析研究以往资料并进行实地调查后，于1968年11月提出《湟水流域规划报告(初稿)》。

规划是在“以农业为基础，以工业为主导”发展国民经济总方针和“小型为主，配套为主，社队自办为主”的水利建设方针的指导下进行的。在工程安排上以蓄为主，引、提结合，以小型为主，辅以必要的大型工程，要充分利用当地水源，沟水上山，河水浇川，提高已有水地的保证率，发展浅山区灌溉。同时还必须大力开展水土保持工作，加速浅山区的改造。

灌溉面积，在1967年已有72.27万亩的基础上，近期(1975年)扩灌35.98万亩，远期(1990年)再扩灌58.43万亩，远景设想再发展50余万亩，使灌溉面积达到220万亩。主要是扩灌浅山区耕地。

规划进行了水量平衡，灌溉面积220万亩，需水7.1亿立方米，加上工业、城乡生活用水等，远景共需水15.5亿立方米。西宁站保证率80%，年水量9.4亿立方米，可利用量7.5亿立方米，年缺水8亿立方米，计划调引大通河水解决。

大、中型骨干工程，近期拟在北川上修建五间房、二卡子、元山三座中型水库，库容1.1亿立方米，在西川上修建东大滩、盘道两座水库，库容0.28亿立方米，远期再建北川黑泉大型水库和西川的车拉科水库，并加高东大滩水库。

(三)1980年规划

青海省水利局规划队自1967年成立以后，为湟水流域规划收集了不少资料，也做了一些工作，但因没有一个完整的规划工作计划，故没有提出正式规划报告。青海省水利设计院恢复建制后，要求1979年底提出湟水流域规划报告，为此，青海省水利局水利水电勘测设计院规划设计室于1979年底编制出《湟水流域规划报告提要》。

青海省水利学会于1980年10月邀请湟水流域各县和青海省科委、农委、工农学院、地质局、水利局以及西宁市郊区等有关单位的科技人员就上述规划提要进行评议。认为：

水利规划要为国民经济的全面发展服务的指导思想是正确的；

以近期为主，本流域为主，扬长避短，因地施治，综合平衡的规划原则是合适的；

基本同意规划中的工程布局意见；

关于湟水流域调水问题，从长远看是必要的，鉴于有的调水方案与青海省生态平衡有密切关系，牵涉面广，工作量大，近期难于实施，故应对调水及有关工程技术问题进行调查研究；

应在区划原则的指导下，进一步做好规划。

青海省水利水电勘测设计院规划设计室，根据会议所提意见进行修改补充后，于 1980 年 12 月提出《湟水流域水利规划报告》。

规划对流域的开发任务定为：以发展农业灌溉为主，兼顾林牧及其它各业。

水利建设应遵循的原则是：搞好续建配套，加强经营管理，狠抓工程实施，抓紧基础工作，提高科学水平；兴建大、中、小型水库及涝池，尽量拦蓄当地径流；发展水平梯田和造林种草，拦蓄天然降水；合理布井，适当开采地下水；灌区发展本着先易后难，先川后山，先自流后提灌的顺序发展。

现状统计至 1979 年底，已有灌溉面积 119.67 万亩（其中纯井灌 4.2 万亩）。规划到 1990 年发展到 164.75 万亩，2000 年达到 206.39 万亩。灌区分为湟水北岸北川河以西、北川河至引胜沟（在乐都县汇入湟水干流）、引胜沟以东及湟水南岸四大片，并修建湟水北干渠、下北山干渠、南一干渠及南二干渠控制。具体分为三步，第一步完成在建工程，计有东大滩、南门峡、元山、小南川等 4 座中型水库和 6 座小（一）型水库，总库容 10187 万立方米（东大滩低坝），扩灌 23.02 万亩，改善 17.63 万亩。第二步 1990 年以前建成贾尔基二期、扎二期两座中型水库和小（一）型水库 8 座，总库容 7835 万立方米，扩灌 2.6 万亩，改善 3.4 万亩。第三步 2000 年以前建成黑泉大型水库，总库容 1.27 亿立方米；仓家峡、二卡子两座中型水库和小（一）型水库 4 座，总库容 7385 万立方米，共有总库容 2.01 亿立方米，扩灌 61.10 万亩，改善 23.8 万亩。

规划只作了 1990 年水平的水量平衡，结果年平均缺水量达 3.56 亿立方米，远期（2000 年）缺水更多，2000 年以后，湟水干流的工农业用水供需矛盾将更为突出，因此，规划建议在 1990 年前后，开始作“引大济湟”工程的前期工作，以便及时解决湟水干流的缺水问题。

对水土保持工作，规划要求必须遵循“以治水改土为中心，山、水、田、林、路综合治理”的方针和本着“农林牧副渔全面发展”的原则进行。1990 年基本控制水土流失地区。

规划认为，湟水干流因有铁路及公路干线通过，两岸川地连片，不宜兴建水库电站。水电开发只有结合支流上的灌溉引水工程修建，在黑泉、东大滩、南门峡三座水库建坝后式电站，总装机 25350 千瓦。

以上各次规划均未作为正式成果报送有关部门。

（四）1985 年规划

根据水电部的统一部署，青海省水利厅勘测设计院于 1986 年 7 月提出《青海省湟水流域治理开发规划报告》，甘肃省水利水电勘测设计院于 1985 年 12 月提出《甘肃省湟水、大通河流域开发治理初步规划报告》。两省规划各有侧重。

1. 青海省规划主要是解决湟水干流的灌溉问题。1990 年前以加强管理，狠抓工程的挖潜配套为主，1990—2000 年以蓄为主。2000 年前拟建成黑泉大型水库，总库容 1.27 亿立方米；南门峡、元山两座中型水库，总库容 0.37亿立方米；小(一)型水库 15 座，总库容 0.53 亿立方米。2000 年有效灌溉面积达 156.53 万亩，林草灌溉面积达 35.16 万亩，梯田达 78.71 万亩，造林达 343.01 万亩，种草达 122.14 万亩，水土保持治理面积达 6226 平方公里，占水土流失面积 13939 平方公里的 44.7%。其中湟水干流达 5836 平方公里，占水土流失面积 11120 平方公里的 52.5%。

水资源平衡，到 2000 年，湟水干流工农业及城乡生活用水共需水15.09亿立方米，占天然年径流 21.75 亿立方米的 69.4%，保证率 75%年平衡结果，年缺水 1.24 亿立方米，在无调节控制区缺水较严重，缺水率达 40—78%，有待 2000 年以后修建调节水库解决。到 2000 年大通河需水 1 亿立方米，占年径流量的 3.5%。

2000 年，湟水干流的水资源利用率达 60%以上，而灌溉面积 145.02 万亩，只占需灌面积的 53.7%，还有 125 万亩耕地需要灌溉，工业及城乡生活用水也会有所增加。因此，2000 年以后湟水干流缺水将相当严重，除修建水库调节当地水资源外，还需引大通河水济湟。为此，青海省规划有“引大济湖”及“引大济湟”两项调水工程，分别在大通河上游吴松塔拉建坝引水 7—8 亿立方米及在石头峡建坝引水 7 亿立方米，以解决青海湖滨的 144.5 万亩农田灌溉用水和补充湟水干流的缺水。

2. 甘肃省规划主要是跨流域引大通河水入秦王川及河西走廊，以解决当地水资源不足的问题。

规划到2000年，灌溉面积达到101.65万亩，其中秦王川灌区82.46万亩，共需水5.09亿立方米，其中引大入秦4.06亿立方米；林草灌溉达5.85万亩，其中秦王川3.54万亩，共需水0.4亿立方米，其中引大入秦0.31亿立方米；城乡生活用水0.2亿立方米，其中引大入秦0.07亿立方米；工业用水3.17亿立方米，其中引大通河济西大河供金昌市工业用水1亿立方米。2000年总需水8.86亿立方米，占大通河年径流量的30.8%，其中调外流域5.44亿立方米。

大通河水量平衡，2000年扣除青海省工农业用水1亿立方米后，仅保证率50%年的3月和5月份缺水约630万立方米，因此，2000年以前引大入秦水量是有保证的。

水电站规划在大通河甘肃境内自上而下修建下滩、铁城沟、天王沟、淌沟、享堂峡等5座梯级径流电站，总装机11.37万千瓦。享堂峡引水式电站为近期工程，装机3.2万千瓦。

引大通河水入秦王川灌溉工程是在建工程。1976年施工准备，1980年施工，1981年缓建，1985年列入甘肃省“七五”(1986—1990年)期间重点项目，1986年恢复施工，计划2000年以前建成。渠首在大通河天堂寺筑坝引水，设计引水流量32立方米每秒，加大流量36立方米每秒，年引水量4.43亿立方米，发展灌溉面积86万亩，总干渠长90公里，其中盘道岭隧洞长16公里。

引大通河水济河西走廊石羊河支流西大河供水灌溉工程，规划分三期实施。第一期在大通河支流硫磺沟建坝自流引水0.45亿立方米，第二期在大通河支流二道沟(永安西河)及莱斯图河建提水工程，年提水0.55亿立方米，两期工程分别于1990年及2000年建成。第三期在大通河杨依沟(或纳子峡)修建水库，每年自库区提水1.5—2亿立方米，2000年以后兴建。三期工程总引、提水量2.5—3亿立方米，供金昌市工矿企业和石羊河灌溉用水。

2000年以后甘肃省还规划有引大通河水济河西走廊黑河灌溉工程。拟在大通河吴松塔拉建库引水，年引水量4.5—7亿立方米，增加灌溉面积85万亩。

以上规划的“引大济湖”、“引大济湟”、“引大济西”和“引大济黑”四项调水工程均在尕大滩水文站以上引水，全部建成后年引水21—25亿立方米，大于尕大滩站的年径流量15.5亿立方米，其中“济湖”、“济黑”两项工程在吴松塔拉引水，年引水量11.5—15亿立方米，大于吴松塔拉的年径流量

7.74亿立方米。供需矛盾较大。

第三节 治理简况

湟水干流川区农田水利事业开发较早，据文字记载已有2000余年历史。汉宣帝时，在赵充国的建议下，自今兰州以西至西宁的湟水中、下游曾“缮乡亭，浚沟渠”(《汉书·赵充国传》)，修建工程引水灌田，这次所开羌人“故田”和公田在2000顷以上(合今约14万余亩)，为便利屯垦区交通，还跨湟水建桥70座。到东汉时期，灌溉事业更有新的发展，汉光武帝建武十一年(公元35年)，陇西太守马援曾说“破羌以西，城多完牢，易可依固，其田土肥壤，灌溉流通”，当年在马援的建议下，“悉还金城客民，归者三千余口，使各返旧邑，……缮城廓，起坞侯，开导水田，劝以耕牧。”(《后汉书·马援传》)。破羌，在今青海省乐都县东，金城，当时郡名，郡治在今甘肃永靖县西北。自此以后，历代王朝更迭，湟水干流的灌溉事业时有兴衰，到清乾隆年间，湟水两岸共有引水渠道约200条，灌田约40万亩。

民国时期，曾于1943年动工在北川河上修建西宁水电站，装机220千瓦，供西宁市照明用，为当时黄河流域仅有的三座小水电站之一。

建国后，湟水流域的开发治理迅速发展，截至1985年，已建成大南川、东大滩中型水库2座，总库容3510万立方米(见表5—3)；小(一)型水库11座，总库容3145万立方米；小(二)型以下水库60余座，总库容1600余万立方米。建成灌溉面积5000亩以上的灌区48处，有效灌溉面积76.72万亩，其中，灌溉面积5万亩以上的中型灌区3处，即大南川水库灌区、北川渠灌区和大通河北山渠灌区，有效灌溉面积17.12万亩，还建成提灌工程482处，喷灌工程106处。1985年有效灌溉面积由建国初期约50万亩增加到126.63万亩，占耕地面积的21.4%。其中，湟水干流为105万亩，占82.9%，大通河为21.63万亩，占17.1%。另有林草灌溉面积6.12万亩。

早在50年代，青海省在湟水流域就设立了湟中、乐都两个水土保持试验站，开展水土保持示范工作，推动流域水土保持工作的开展。经过30多年的努力，水土保持取得了较好的成效。截至1985年，梯田达56.4万亩(不包括已变成水地的梯田)，造林达126.14万亩，种草达28.85万亩，水土保持治理面积达2872平方公里，占水土流失面积15503平方公里的18.5%。其中，湟水干流水土保持治理面积为2695平方公里，占水土流失面积12185

平方公里的 22.1%;大通河水土保持治理面积为 177 平方公里,占水土流失面积 3318 平方公里的 5.3%。

表 5—3　　湟水流域已成中型水库统计表

水库名称			大南川	东大滩
所在河流			大南川	西川河
所在县名			湟中县	海晏县
坝址以上流域面积		(平方公里)	8	1594
坝高		(米)	46.5	22.0
总库容		(万立方米)	1310	2200
已淤库容		(万立方米)	1.0	
灌溉面积	设计	(万亩)	6.86	19.00
	有效	(万亩)	5.79	19.00
土石方量		(万立方米)	232	98
混凝土量		(立方米)	10000	11600
投资	总计	(万元)	498.6	1292
	其中:国家投资	(万元)	498.6	1292
建成年、月			1974、10	1982、10

第十四章　清水河流域

第一节　流域梗概

清水河为黄河上游右岸较大支流之一，发源于六盘山北端东麓固原县开城乡黑刺沟，自南向北流经宁夏的固原、同心县城，于中宁县泉眼山注入黄河，高程1190米，全长320公里。

清水河的中、上游为河谷平原，呈现特有的黄土沟谷、峁梁丘陵地理景观。下游河谷开阔，宽达10公里以上，上延至固原县黑城镇一带，长达200余公里，共有川台地约150万亩，是黄河拥有川台地较多的支流，素有“小秦川”之称。流域上游固原县城以南属六盘山半阴湿区，固原县城以北至黑城镇海原县城间属西海固半干旱黄土丘陵沟壑区，其余中、下游地区属海（原）同（心）香山干旱黄土丘陵区。

清水河流域面积14481平方公里，其中宁夏为13511平方公里，占93.3%，甘肃为970平方公里，占6.7%。全流域水土流失面积12879平方公里，占流域面积的88.9%，其中宁夏为11979平方公里，甘肃为900平方公里。

据泉眼山水文站1955—1984年实测资料，年平均径流量1.12亿立方米，年输沙量2374万吨。其中，在长山头等6座大、中型水库建成以前的1955—1959年平均年径流量1.77亿立方米，年输沙量5400万吨。

据1985年资料，流域总人口76.24万人，其中，农牧业人口68.57万，占89.9%。人口密度每平方公里53人。流域内耕地面积571.3万亩，其中川、台、塬地300万亩，全部在宁夏境内，山坡地271.3万亩（甘肃境内8万亩）。1985年粮食总产18.57万吨，人均244公斤，农牧业人均产粮271公斤，粮食亩产54公斤。1985年人均收入131元。

清水河流域苦水分布广。上游水质较好，干流中、下游及右岸支流均为苦水，左岸支流苦淡交错。苦水含盐量一般在3—10克/升，最高达138克/升(如东至河上游硝口泉水)。

清水河流域处于强烈地震区。1219年以来，6度以上地震发生过11次。1920年海原大地震，震级8.5级，震中烈度11—12度，死亡20余万人。

第二节 查勘与规划

一、查 勘

(一)1954年查勘

1954年清水河水土保持查勘，由黄委会水土保持查勘二队担任，队长苏平，副队长兼技术负责人赵桂棠，全队共56人，分测量、社经、水利、自然四个组进行查勘，编写有《黄河清水河流域水土保持查勘报告》。

《报告》概述了流域自然、社经等情况，着重对水土流失的因素、侵蚀种类以及流失对农业、黄河干支流的影响，进行了查勘分析，总结了群众水土保持经验及存在问题。对整个流域治理开发的原则定为：上游雨多水甜，以农为主；中游风多雨少，农牧兼筹；下游人少草丰，以牧为主。通过水土保持工作，达到土地合理利用。

为解决泥沙问题、人畜饮水及川地灌溉，在流域干支流上查勘了中小型库坝14处，即：何家口子、石峡子、石咀子、寺口子、嗅水河、石镜子沟、杨郎镇、胡家咀子、杨家庄、周家河湾、李岸庄、马区台、五营及长山头等。

(二)1962—1970年坝库调查

1959—1960年，清水河建成长山头、石峡口、张家湾、苋麻河、寺口子、沈家河等中型水库。这些水库在运用中，既发挥了效益，也存在不少问题。为了摸清水库情况，总结经验教训，有关单位自1962—1970年进行过调查，均写有调查报告。主要有如下几次：

1.1962年6月水电部组成宁夏水利调查组，对张家湾、沈家河水库进行调查。认为张家湾水库泥沙淤积严重，水质盐分重，不宜灌溉，水库没有效益，修建该水库是错误的。沈家河水库水质好，适宜灌溉，除发挥灌溉作用处，还可养鱼、拦泥及植树。

2.1963年5月15日—8月18日，黄委会设计院庞鲤变等5人又对清水河的水库进行了调查。几座水库从1959—1962年,4年共拦沙1.57亿吨,占清水河总沙量1.85亿吨的85%,作用显著。长山头水库拦蓄洪水保护七星渠,作用很大。有5座水库系苦水,灌溉效益不大,但是,1962年大旱时,石峡口水库放苦水浇灌一次,亩产为旱地4—10倍,为苦水利用提供了经验。长山头水库可根据需要加高,既可拦蓄泥沙,又可将大片沙丘、荒滩淤成良田。

3.1964年清水河流域连续发生几次较大洪水,在7月16日的一次洪水中,干流张家湾水库溢洪道于7月17日被冲毁。8月19日又遇罕见大暴雨,据宁夏回族自治区水文总站推算,若无长山头、沈家河、石峡口、寺口子、苋麻河等水库的拦蓄,泉眼山将出现2760立方米每秒的洪峰流量,洪水总量将达1.18亿立方米,相当于60年一遇洪水。由于水库的拦蓄作用,泉眼山实测洪峰400立方米每秒,洪量0.758亿立方米。这场洪水不但淤满了长山头水库,对工程也有不同程度的破坏。为了弄清问题,以便及时采取措施,宁夏水电局于9月组成长山头水库查勘组,进行查勘,提出《长山头水库渡汛情况及加固工程措施》的报告。除对坝体裂缝、绕坝渗漏、进水塔块石脱落等进行处理外,并建议加高坝体4米。估计砌石18417立方米,混凝土6968立方米,投资125万元,需工21万个。

4.1964年,为研究在多泥沙河流上修建库坝的问题,黄委会规划设计处中游规划组周鸿石等4人,9月至10月到清水河对长山头、张家湾坝库进行调查。认为,长山头拦泥库作用显著,截至1964年10月拦泥6100万立方米,占平库容5700万立方米的107%,库区淤地面积达2.52万亩。为使其继续发挥防洪、拦泥淤地、淤灌的作用,需进一步加高坝体,扩建泄水工程。若加高坝体4米,可增加库容0.9亿立方米,淤地3—4万亩。并提出应集中力量对该坝进行系统的规划,组织有关人员进行各项观测研究,不断的提出科研成果,为今后在黄河流域修建拦泥库提供科学依据。

张家湾水库冲坏后,8月4日形成了新河槽(相当原河道)。调查认为,若恢复该坝,必须加高坝体,另修溢洪道。若加高7米,只能维持两三年,谈不上淤灌,更谈不上灌溉,故同意自治区意见,可不处理。

5.1970年12月黄委会规划一分队曹太身、宋建洲二人为总结长山头水库利用洪水泥沙发展农业生产的经验,到长山头水库进行调查,提出《利用洪水泥沙发展农业生产的新途径——宁夏长山头水库拦泥淤地增产情况的调查》。指出,长山头水库拦泥、淤地、增产的经验是成功的,发展潜力大,库区有几十万亩荒滩,淹没损失小,坝址处又有加高坝体的有利地形,是一个拦泥淤地的好典型。今后随着淤积面的逐步抬高，大坝随之加高，库区面积不断扩大，耕地越来越多，洪水泥沙将可以得到彻底控制利用，长山头大坝继续加高是完全必要的。

（三）1981年流域治理调查

为总结清水河流域治理经验，8月至9月下旬，黄委会设计院派出以滕国柱为组长的调查组会同宁夏回族自治区水利局袁中处长共4人，对清水河流域进行调查。自上而下调查了沈家河、东至河、杨达子沟、寺口子、四营、苋麻河、张湾、碱泉、石峡口、盘河、长山头等11座大中型水库，固原自压喷灌区及同心扬黄工程，并概略了解水保情况。调查组向自治区和流域内地、县水利部门进行汇报和座谈，于1982年2月，提出《清水河流域治理调查报告》。

《报告》认为，11座大中型水库布局是合适的。长山头水库改变运用方式起到拦泥、淤地、滞洪的作用，是淤地种植的好典型。沈家河水库水质好，灌溉面积大，是发挥作用较大的一座水库。利用石峡口、苋麻河、寺口子、盘河四座苦水水库灌溉，是清水河的一个突出成绩。同心扬黄工程，提水5立方米每秒，解决川区人畜用水及农田灌溉，灌地10万亩，1980年实灌4.1万亩。正在兴建的固海扬黄工程，提水15立方米每秒，计划灌地30万亩。两处扬黄工程效益好，是可取的。

二、规划

（一）1967年规划

为了解清水河流域上游水源、水质、耕地、经济情况，用以计算水土平衡，并处理苦水及落实同心引水工程李旺渠口修建后水质的可靠程度等，宁夏回族自治区水利局组织科研、水文、工程、地方水保站等单位10余人，于1967年4月23日—6月13日进行规划，7月提出《清水河流域上、中游水利规划报告》。

规划内容是：充分利用上游甜水水源，统筹兼顾，提高上、中游（固原、海原、同心三县）灌溉用水的保证程度；积极治理苦水，改善水质，增加可用水量；经济、合理安排工程项目。

上、中游发展水利的方向是：上游以蓄为主，引、截、提为辅；中游以蓄为主，治、蓄、截、提相结合。

总的安排是：贯彻自力更生精神，全面配套，狠抓管理，增加蓄水量；加强水土保持，积极根治苦水；上、中游统筹安排，发展水利灌溉；加强水文观测及科学试验。并提出1968年工程安排意见：1. 灌区配套；2. 寺口子水库加高；3. 寺口子水库苦水治理；4. 李旺渠口及李旺渡槽等四项工程。除灌区配套外，其余三项工程共需劳力52.3万工日，投资216.5万元。

(二)70年代规划

水电部1971年初在北京召开“治黄工作座谈会”，把清水河列为“四五”(1971—1975年)期间治黄的重点支流之一。为此，宁夏回族自治区水利电力局，于1971年5月至7月，对清水河进行规划，提出《治理清水河“四五”规划报告》。

规划贯彻“小型为主，配套为主，社队自办为主”的方针，拟定了治理措施。至1971年底，新建基本农田14.42万亩，造林3.08万亩。育苗3577亩，水利工程19项67处，取得了一定成绩。但经1972年的实践，认为规划不足之处是：把清水河下游羚羊寺“扬黄补清”工程推迟到“五五”(1976—1980年)期间兴建；对群众大办小型水利估计不足；对群众征服苦水的积极性和创造性估计不够；修建“三田”(水地、坝地、梯田)中贯彻因地制宜的原则不够。

为此，1973年4月，宁夏水利电力局提出《治理清水河“四五”规划报告(修改稿)》。报告指出：“四五”期间清水河的治理，必须遵照毛主席“备战、备荒、为人民”的战略思想，贯彻执行“以农业为基础，以工业为主导”的发展国民经济的总方针，实现“全国农业发展纲要”。

任务是：1. 大力开展水土保持，因地制宜建设“三田”。要求控制水土流失面积2860平方公里，累计达到3880平方公里，占水土流失面积的35.6%。“三田”87.60万亩(水平梯田15.93万亩，坝地20.23万亩，洪漫地51.44万亩)，累计达113.46万亩。植树造林39万亩，累计达53万亩。种草48万亩，累计达53万亩。“四五”末人均达到“三田”2.1亩及林、草各1亩。2. 积极发展水利，扩大水地面积。完成石峡口、苋麻河水库加高，长山头、沈家河、寺口子配套，新建中型水库7座，总库容2.13亿立方米，小型水库144座，办一批小型农田水利(打井、截引地下水、修涝池、水窖等)，兴建扬黄入清工程。3. 办好水电，新建6处，装机462千瓦。

（三） 1985年规划

宁夏水利勘测设计院及甘肃省水利水电勘测设计院，根据黄河规划协调小组所编《黄河主要支流开发治理规划工作大纲》的要求，1985年12月，分别编制《清水河流域规划报告》及《甘肃省清水河流域开发治理规划初步意见》。

规划方针是：因地制宜，综合治理，保持水土，改善生态环境，力求稳产，争取多收（农、副）、多养（畜）、多活（林、草）。

规划目标；到2000年，全流域（宁夏加甘肃）灌溉面积115.9万亩，占总耕地面积463.1万亩的25%，农牧业人均1.39亩；治理水土流失面积达7446.5平方公里，占水土流失面积12879平方公里的57.8%；人均粮食467公斤，人均收入346元。

规划措施：2000年以前建中型水库2座（棉山湾、中口），总库容0.49亿立方米，小（一）型水库21座，总库容0.62亿立方米；长山头水库加高，一期新增库容1.05亿立方米，二期新增库容3.7亿立方米；加固或加高中型水库6座（杨达子沟、盘河、沈家河、冬至河、寺口子、苋麻河），小（一）型水库11座，共增加库容0.57亿立方米；新建灌溉面积5000亩以上灌区3处（海原、六盘山引水、盘河水库东干渠），灌溉面积33.75万亩；扩建、续建灌溉面积5000亩以上灌区6处（三营、城郊、西安、关桥、同心杨水、固海扬水），增加灌溉面积22.01万亩；新建人畜饮水工程16处及打井72眼，解决人、畜饮水数量分别为27.65万人及51.97万头（只）。

六盘山引水工程（引泾济清），是在泾河上游引水入清水河，发展灌溉并改善清水河水质。规划分两期实施，第一期于1995年左右完成，引水0.4亿立方米，灌溉10万亩。第二期2000年以后完成，增加引水0.4亿立方米，灌溉10万亩。

第三节 治理简况

清水河流域水利建设，有两个比较集中发展时期，一是50年代末的“大跃进”时期，二是70年代初北方严重干旱时期。

50年代末，修建了干流沈家河、张家湾、长山头和支流上的石峡口、寺口子、苋麻河等6座中型水库，除张家湾水库1964年冲毁失效外，其余各库继续运用。

长山头水库坝高38.0米，总库容3.05亿立方米，控制流域面积14174平方公里，占清水河流域面积的98%，水质咸苦不能灌溉。自1960年建成以来，消除了下游洪水灾害，减少了入黄泥沙，起到了滞洪、拦沙和淤地的作用。1964年大洪水后，库区淤出土地2.5万亩，经过1965、1972、1980、1982年4次加高坝体，成为大型水库。1985年库区淤积量已达1.5亿立方米，淤出土地5万余亩，由国营长山头农场和当地群众种植。

70年代，除在干支流上修建5座中型水库和众多的小型水库外，并开始兴建提黄灌溉工程。1978年建成同心扬水工程，自中卫七星渠提水5立方米每秒，分5级扬水至同心，总装机容量14220千瓦，总扬程253米，干渠长93.75公里，设计灌溉农、林地10万亩，投资2916万元；1986年固海扬水工程基本建成，自中宁县泉眼山黄河干流取水，干渠设11级扬水至固原县七营，设计流量20立方米每秒，总装机78405千瓦，总扬程382米，干渠总长153公里，设计灌溉面积40.6万亩，投资1.72亿元。以上两大扬水工程实灌面积1987年已达32万亩，计划1990年达到设计效益。

截止1988年统计，全流域共建成库容100万立方米以上的水库43座，总库容8.27亿立方米，调节库容3.14亿立方米，已淤库容3.95亿立方米。其中，大中型水库10座(大型2座)，总库容7.11亿立方米，调节库容2.28亿立方米，已淤库容3.6亿立方米(见表5—4)。建成灌溉面积5000亩以上灌区15处，其中水库灌区13处，扬水灌区(同心、固海)2处，配套灌溉机井562眼。建成小(二)型水库39座，总库容2644万立方米，已淤库容1401万立方米，连同各项小型水利，1988年灌溉面积达58.48万亩。已建人畜饮水工程21处，解决农村29.01万人和33.54万只羊、7.33万头牲畜的饮水问题，分别占应解决数的64.17%、53.37%及70.62%。

水土保持治理也取得较好成绩，截至1988年，修梯田24.67万亩(宁夏20.9万亩)，坝地29.38万亩(宁夏28.66万亩)，其他(压沙地)3.36万亩，造林134.76万亩(宁夏127.9万亩)，种草79.97万亩(宁夏68.02万亩)，小流域治理80.71万亩，水土保持治理面积达2742平方公里，占水土流失面积的21.3%，其中宁夏为2587平方公里，占其水土流失面积的21.6%。

表 5—4

清水河流域已成大、中型水库统计表

序号	水库名称	所在河流	所在县名	坝址以上流域面积(平方公里)	坝高(米)	总库容(万立方米)	已淤库容(万立方米)	灌溉面积(万亩)		土石方量(万立方米)	混凝土量(立方米)	投资(万元)		淤地面积(万亩)		建成年月	库水矿化度(克/升)	备注
								设计	有效			总	其中国家投资	已淤	利用			
1	长山头	清水河	中宁	14033	38	30500	15000	10.0	/	35.5	12468	346.98	346.98		5	1960.8	5.08	已为淤地坝
2	石峡口	西　河	海原	3048	66	17000	9080	12	5	113.3	1089	567.47	567.47			1959.9	11.76	
3	沈家河	清水河	固源	313	30	4640	1330	5	4.5	234.2	9731	404.75	404.75			1959.11	0.71	
4	冬至河	冬至河	固源	274	17	1625	270	2.5	2.5	152.3	5880	337.77	337.77			1974.3	2.7	
5	寺口子	中　河	固源	1022	48	5550	4130	3	2	175.5	6867	406.07	406.07			1959.10	3.5	
6	苋麻河	苋麻河	固源	719	40	5570	4370	1	1	139.2	4372	778.89	386.06			1959.8	5.53	
7	杨达子沟	杨达子沟	固源	205	38	1320	240	0.1	0.02	67.32	1206	116.59	65.27			1975.10	5.5	
8	盘　河	清水河	固源	3939	17.5	1035	260	1.6	1.16	56.0	17380	119.58	119.58			1973.7	3	
9	碱泉口	园　河	海原	213	38	1574	500			60.0		73.0	73.0			1974.6	4.83	防淤压碱
10	张　湾	园　河	海原	926	31.9	2304	1211	2	1.12	94.9	1240	272.8	272.8			1974.6		
	合　计					71118	36391	37.2	17.3	1128.2	45163	3424.9	2979.75		5			

第十五章　无定河流域

第一节　流域梗概

无定河发源于陕西省白于山北麓，自河源定边县长虫梁向东北方向流至巴图湾后，转向东流至鱼河堡(榆溪河入口)再转向东南，经米脂、绥德县城，在清涧县河口村注入黄河右岸，高程572米。干流呈弓形，全长491公里(其中内蒙古境内长108公里)。河源至鱼河堡为上游，河长291公里；鱼河堡到崔家湾为中游，河长108公里；崔家湾以下为下游，河长92公里，为峡谷河段。

无定河支流众多，流域面积大于100平方公里的支流有46条，其中流域面积1000平方公里以上的支流自上而下，左岸有纳林河、海流兔河、榆溪河等3条；右岸有芦河、大理河、淮宁河等3条。

全河流域面积30261平方公里(内蒙古境内为8639平方公里，占28.5%)，其中有水土流失面积23137平方公里(内蒙古境内为5860平方公里，占25.3%)。

流域内黄土丘陵沟壑面积13815平方公里，占全流域面积的45.7%，地形破碎，林木稀少，水土流失严重。风沙区面积16446平方公里，占全流域面积的54.3%。

无定河为黄河泥沙(特别是粒径大于0.05毫米的粗沙)的主要来源区之一。据川口水文站(控制面积30217平方公里，占全流域面积的99.85%)1957—1980年实测，年平均径流量13.78亿立方米，年平均输沙量1.63亿吨。多年平均泥沙中数粒径0.047毫米(1957—1970年)。

流域内共涉及陕西省横山、子洲、靖边、榆林、米脂、绥德、清涧、定边、吴旗、神木、子长、安塞、佳县及内蒙古自治区乌审旗、鄂托克前旗、鄂托克旗、伊金霍洛旗等17个县旗。1985年底统计，全流域总人口145.28万人，其中农牧业人口133.64万人,占总人口的92%,人口密度每平方公里48人。

全流域共有耕地797.81万亩,占流域面积的17.58%。其中:山坡地645.48万亩,占总耕地的80.9%,塬、垌、滩地59.03万亩,占总耕地的7.4%,川地93.3万亩,占总耕地的11.7%,每农业人口有耕地6亩。1985年人均年收入乌审旗无定河流域的农业区136元,牧业区233元,陕西省榆林地区的无定河流域为122元,全流域总平均为125元。

1985年粮食总产43.97万吨,为1949年总产的4.2倍,人均有粮食303公斤,每农牧业人口生产粮食329公斤,为1949年的2.3倍。

流域内陕西省榆林地区面积占全流域的67.1%,耕地占92.6%,粮食总产占91.3%。

第二节 查勘与规划

建国以来,黄河中游的治理,无定河流域是重点之一,黄委会和地方各级政府进行过多次查勘、调查和规划研究工作。

1950—1953年,黄委会主任王化云等,为了解黄河的洪水、泥沙和水土保持情况,以便提出治黄方略,曾三次赴无定河进行考察,1950、1951年两次考察中决定韭园沟作为水土保持治理典型,并选出新桥、旧城两个坝址。1953年2月23日至3月22日,王化云、耿鸿枢及水利部高博文、西北黄河工程局邢宣理等人。对无定河及晋西离石和陇南天水等地进行考察,写有《1953年陕北陇南水土保持考察报告》。

一、查勘

(一)1951年水库查勘

本次查勘的任务是,以水库查勘为中心,在适当地点选择坝址,修建水库,解决防洪、发电、灌溉问题,并了解水土保持及流域基本情况。查勘队由西北黄河工程局李振华和黄委会王文俊负责,共10余人,于1951年3月26日至8月9日完成外业查勘。查勘了芦河入口以下的干流及支流芦河、黑木头川、榆溪河、马湖峪、大理河、淮宁河、义水河等。查勘中选有干流薛家峁、龙湾、响水堡及支流榆溪河红石峡和大理河沙滩坪等5个坝址,作为全面控制无定河的水库工程,但薛家峁水库库容小,对控制全河水量尚嫌不足，建议在薛家峁以下再选一座水库及增加龙湾、沙滩坪两处坝高解决。1951 年 8 月提出《无定河查勘队查勘总报告》和《无定河查勘队水土保持查勘报告》。

(二)1953 年水土保持查勘

无定河(包括清涧河)的查勘，由水土保持查勘第一队承担，并定为重点队。正、副队长郝步荣、杜建寅、林华甫，全队共 58 人(不包括外单位派来的专家和临时协助工作的人员)。

查勘队于 5 月初由河南省开封市出发，经过外业查勘和内业资料整理，于 12 月提出《无定河、清涧河水土保持查勘报告》。

查勘了干流及主要支流的河道，对流域自然及社会经济情况作了一般了解，重点对水土流失规律和水土保持措施进行了深入调查。分别调查了面蚀和沟蚀的成因、发展过程及其相互关系，并估算了侵蚀量，调查和观察了风沙区沙丘移动规律和风蚀情况，论证了水土流失对黄河干、支流及农业生产的影响，总结了群众水土保持经验，对水土保持工作及水土流失治理措施提出了意见。

对水土保持工作，提出要保水、保土、防旱、防冲，在已有水土保持措施的基础上，总结提高，予以推广，作到逐步改变不合理的农业生产制度，造林种草，绿化荒山。具体作法，先试办合理利用土地与沟壑治理相结合的水土保持措施，取得经验，逐步推广。

对水土保持综合治理典型韭园沟进行了专项查勘。韭园沟是无定河中游左岸的一条支沟，在绥德县城以上约 4 公里，主沟长 18 公里，流域面积 70.7 平方公里。该沟全属黄土丘陵沟壑区，植被稀少，沟壑纵横，地形破碎，沟壑密度每平方公里 5.34 公里，沟间地占总面积的 56.6%，沟谷地占 43.4%。耕垦指数高达 60%以上，水土流失严重，年侵蚀量每平方公里 18000 吨。

对水库工程，重新研究了西北黄河工程局所选的 5 个坝址。认为，响水堡及红石峡淹没损失小，经济效益较好，作了工程规划。其余 3 个坝址，虽然坝址条件可以，但库区均处于当地农业生产精华的川道地区，淹没损失太大，不宜修建。另外，在主要支流上新选了 19 个坝址，但未作详细研究。写有《无定河干支流库坝址查勘报告》。

在黄委会进行大规模水土保持查勘的同时，由水利部、黄委会提议，会同农业部、林业部、中国科学院、西北行政委员会，组成西北水土保持考察团，以水利部张含英副部长、黄委会赵明甫副主任、西北行政委员会李赋都局长、农业部张正一副局长、中国科学院土壤专家熊毅等为正、副团长，共36人。对西北水土流失严重区，以无定河、泾河及渭河等流域的榆林、绥德、庆阳、平凉、兰州、天水等地区为重点，进行了考察研究。

考察团于1953年4月20日在北京组成，于5月3日由北京出发赴西北考察，至7月15日全部结束，历时85天。其中，自5月16日至25日在无定河流域考察了榆林的七里沙、青云山、红石峡等，重点研究风沙移动规律，在绥德重点考察了韭园沟及水土保持站的试验场，还考察了米脂、吴堡等县，研究了黄土丘陵沟壑区的水土流失情况。

考察中调查了自然、社经情况，总结了群众水土保持经验，在与各级党政机关交换意见，取得一致认识后，提出了开展水土保持工作的意见。于1953年7月提出《西北水土保持考察团工作报告》。

（三）1956年航道查勘

1956年初，陕西省陕北内河普查队对无定河干流河口至乌审旗安家湾、支流大理河绥德至子洲、榆溪河鱼河堡至榆林、芦河河口至横山等河段进行查勘，发现干流河口至安家湾段有险滩79处，其中明石滩22处，暗石滩38处，淤泥沙碛19处。

根据查勘时调查的货运量及规划1962年的货运量，拟在1962年以前先开发干流鱼河堡至崔家湾和支流大理河绥德到岔巴沟两段，通航里程分别为108和39公里。鱼河堡至崔家湾段，经渠化后可通航5吨木船。

1956年6月由徐怀珠写有《陕北无定河流域普查资料汇集报告》。

（四）1963—1965年淤地坝调查

为了给拦泥库的发展前景寻找根据，黄委会派出人员对黄河中游多沙支流的已建、正建及规划修建的大型淤地坝进行调查研究和勘测设计工作，以期取得更多的实际资料。对无定河先后进行了四次调查。

1.1963年10月10日到11月25日，由黄委会副主任韩培诚带领郝步荣、刘善建、牛增奇、陈昇辉等5人组成无定河查勘组。共查勘大、中型淤地坝20余座及王家过洞聚湫、三十里长垌等。为大型拦泥库选址，还查勘了响水堡、王家河两个坝址。于1964年1月写有《无定河流域淤地坝情况查勘报告》。

2.1964年初黄委会治黄工作会议上决定：以陕北为重点，集中力量进行大型淤地坝的调查、试验、研究，全面地、系统地总结坝地防洪、拦泥、生产相结合的经验，提出典型设计。为此，1964 年 3—5 月，黄委会组成以龚时旸、翟少青负责共 19 人的调查组，对子洲、绥德、米脂、横山、靖边和吴堡等 6 县的 9 条沟中的 23 座大、中型淤地坝进行了调查，并再一次调查了王家过洞聚湫。1964 年 9 月提出《陕北榆林专区大型淤地坝调查报告》。

3. 1964 年 2 月，黄委会规划设计处派出了淤地坝勘测设计组，由陈席珍负责，有规划、设计、水文、地质、测量等专业各 3 人参加，共 15 人组成。对陕西榆林地区已建又需改建的 15 座淤地坝和规划的 13 座淤地坝，进行勘测设计工作，按照在坝前淤土上分期加高坝体，最后达到相对平衡进行设计。1964 年底到 1965 年初，各专业组写有小结报告。

4. 根据 1964 年底治黄会议精神及黄委会领导的指示，要求了解黄河上、中游五省区的淤地坝情况，并选择需要巩固、整修和新建淤地坝的对象，按分期加高、相对平衡的设想进行设计，并付诸实施。为此，黄委会规划设计处于 1965 年 5 月由陈席珍、温存德、张绪恒、庞鲤变等 15 人组成大型淤地坝组，分为陕北片、甘肃宁夏片、山西内蒙古片等三个小组赴现场进行选点设计。陕北片由温存德等 5 人组成（规划、地质、水文、水工、施工等专业各 1 人）。共查勘已成淤地坝 30 座，选出其中 17 座，并新选 9 座，共 26 座进行了规划设计工作（榆林、延安地区各占一半）。1965 年 5 月 26 日到 10 月 1 日完成外业查勘，同年 12 月写出《陕北大型淤地坝调查总结》。

以上四次调查，前两次主要是调查已成淤地坝、天然聚湫和封闭坰地等，了解其增产、拦泥情况和发展前景。调查认为，当坝地面积为流域面积的 1/20 左右时即可达到相对平衡，所需要的坝高，在地形、地质和技术上都是可能的。后两次调查，主要是选择适宜的大型淤地坝，按分期加高进行设计、施工。设计结果，达到库区淤积相对平衡的坝高在 22—51 米之间。

（五）1971、1981 年红柳河、芦河坝库群调查

新桥、旧城水库位于红柳河及芦河上，处于河源梁坰区和风沙区的交接处，两库分别于 1959 年及 1961 年建成，建库初期淤积严重，到 1960 年底两库淤积量分别为 8460 万立方米及 1812 万立方米，各占其总库容的 42.3% 及 51.8%，1970 年底两库淤积量在设计最高洪水位以下分别达到 14800 万立方米及 5175 万立方米，各占其总库容的 74% 及 68.8%，水库淤积很快。旧城水库自建成到 1971 年曾 4 次加高坝体，坝高由 35 米增高到 53 米，总库容由 3500 万立方米增加到 7490 万立方米。

黄委会无定河工作队于1971年派出十余人对新桥、旧城水库及其上游流域进行了较为系统的调查。调查后认为，新桥水库按当时的库容及来水来沙情况(因上游兴建坝库和水土保持的作用，来水来沙已有所减少)，尚可维持10年左右，且随着上游治理的进一步发展，水、沙还会继续减少，对水库安全问题的处理，可到时视具体情况再定；旧城水库所余库容已不能防御设计洪水，由于地形的限制，不宜再加高坝体来解决，建议在其上游修建猪头山水库。本次还对水库本身的设计、施工和运用管理经验及其上游流域治理情况进行了调查总结。分别写有两个水库及其上游流域的调查报告。

1970年以后，由于农业生产的需要和水坠法筑坝的推广，加快了建坝速度，到1980年共建成大、中型水库22座(红柳河9座，芦河13座)。其中新桥以上6座，旧城以上2座，并建成小(一)型水库40余座，在红柳河、芦河上形成两个坝库群，改变了水、沙条件，收到了良好的效果。1981年黄委会设计院派曹太身等4人前往调查，总结经验。调查后认为，这种坝库群能较为合理的利用当地水土资源，有利于开展多沙支流的治理。1982年2月提出了《红柳河、芦河坝库群建设运用调查报告》。

新桥以上流域面积1332平方公里，其中埫地(三面环山，一面临沟的山间盆地)流域面积425平方公里。埫地中341平方公里属于水、沙不出的封闭埫地。截至1981年，水库上游共建成中、小型水库16座，控制流域面积684平方公里。到1981年底，新桥水库实际控制的产水、产沙面积只剩下307平方公里。旧城水库以上流域面积382平方公里，埫地流域面积159平方公里，其中封闭埫地流域面积104平方公里。截至1981年水库上游建成中、小型水库8座，控制流域面积208平方公里。此后，旧城水库实际控制的产水、产沙面积只剩下70平方公里。

红柳河、芦河两个坝库群系指红柳河巴图湾水库以上，芦河河口庙水库以上形成的坝系。这两个坝库群之所以能形成，新桥、旧城两座水库起了很好的促进作用。新桥水库由于淤积严重，威胁着水库的安全；库区淤出的大量坝地，由于洪水没有控制，利用不多，还不能保收；水库上游的埫地也亟须发展灌溉。因此，当地群众迫切要求修建水库，蓄水发展埫地灌溉，同时控制洪水，保证新桥坝地种植。由于水坠法筑坝的推广，省工、省料、省钱，群众办得起，自1971年以来，兴起了一个打坝建库的高潮，到1977年即建成中、小型水库16座。同时，在各水库的上游还修建了不少塘坝工程，并开展面上的水土保持综合治理。这样就形成了一个干支流骨干工程与面上水土保持综合治理相结合的格局，控制了新桥以上水土流失严重的河源区。由于洪水、泥沙得到了控制，给下游的水利、水电开发创造了有利条件。自新桥建库以来，下游先后修建了巴图湾、金鸡沙两座中型水库。巴图湾水库电站装机2800千瓦，为乌审旗工、农业供电，发展井灌面积10.6万亩，有效面积已达6万亩，使河南、纳林两个乡由吃供应粮变为乌审旗的粮食、油料基地。金鸡沙水库设计灌溉面积2.2万亩，有效面积已达1.92万亩，代替了部分新桥水库停灌的面积。还修建了小型水库6座，发展沿河川台地灌溉。新桥水库漏水严重是个坏事，是修建水库应尽量避免的，但因为水库的漏水基本上回归到了下游，形成了一个地下水库，起到了调节作用，使下游的常水流量变得较为丰富而均匀，对下游水资源的利用和水电开发极为有利。旧城水库情况类似，也是由于水库淤积严重，安全受到威胁，促使其上游加速治理。自1971年以后，到1981年，上游共建成中、小型水库8座。由于旧城水库停灌，其灌区亟须另建新库供水，故在东沟口新建了张家峁水库。随之东沟也掀起了治理高潮，共建成中型水库5座，小型水库8座。这样芦河东、西沟的洪水泥沙都得到了有效控制，从而使下游能修建王家庙、杨家湾、河口庙等中型水库，发挥了灌溉效益。

新桥、旧城水库建库初期，由于水库上游很少或没有控制工程，孤军作战，淤积发展很快，1970年以前新桥水库库内年平均淤积量1233万立方米，占总库容的6.2%，旧城水库年平均淤积量为398万立方米，占总库容的5.3%。1970年以后，由于上游坝库群逐渐形成和面上的综合治理，出现了“节节蓄水，分段拦泥”的局面，洪水泥沙得到有效控制，淤积速度大为减缓。1971—1981年的11年，两库设计最高洪水位以下的淤积量分别为800和1165万立方米，年平均淤积73和106万立方米，分别占其总库容的0.4%和1.4%。特别是1974年以来，上游来水来沙进一步减少，到1981年的8年中，两库的淤积总量分别为230及596万立方米，年平均只淤积29及74万立方米。到1981年汛后，两库剩余库容，新桥为4400万立方米，旧城为1150万立方米，还可以长期或较长期起到防洪拦沙作用。其上游各库到1981年均还保留有80%左右的库容，淤积速度缓慢，可长期运用。巴图湾水库1959年修建，1972年加高，坝高34米，总库容9800万立方米，控制流域面积4753平方公里。由于上游新桥水库的拦泥作用，自建库到1972年实测淤积量408万立方米，年平均淤积量仅30万立方米，只占总库容的0.3%，可长期发挥效益。芦河的河口庙水库，控制流域面积1592平方公里，1972年开工修建，总库容6140万立方米，到1985年库内淤积1373万立方米，13年平均年淤积量106万立方米，占总库容的1.7%。

红柳河、芦河两个坝库群共建成大、中型水库22座，控制流域面积6345平方公里，总库容11.36亿立方米，总投资2183万元，其中国家投资1966万元。除去在风沙区的巴图湾、金鸡沙两座水库外，其余20座均处于河源区和黄土丘陵沟壑区。这20座水库控制流域面积2924平方公里，总库容9.52亿立方米，总投资1489万元，其中国家投资1271万元，每平方公里有库容32.6万立方米，每平方公里投资5091元，每立方米库容投资0.016元。自建库以来，拦截了全部洪水、泥沙，到1979年累积拦泥4.11亿立方米，占总库容的36.2%。其中，新桥、旧城两库到1981年总淤积量分别为1.89及0.9亿立方米，淤积在设计最高水位以下的为1.56及0.634亿立方米。

22座大、中型水库共有设计灌溉面积21.6万亩，有效面积13.21万亩，淤出坝地1万余亩。灌溉地和坝地增产效果显著，一般年份，水地亩产比旱地增产约65公斤，每年可增产粮食859万公斤。淤出的坝地，自1966年开始种植，到1971年种植面积已达5000亩左右，亩产以100公斤计，年产粮食50万公斤。此外，还有发电、养鱼等综合效益。

两个坝库群形成的时间大约20年(1958—1977年)，每平方公里国家投资约5000元。治理速度较快，投资较少，经济效益较好，成为开发治理多沙河流的一个典型。

(六)1982年综合治理调查

无定河是一条多沙支流，建国初期就开始综合治理，30多年来，在水土保持科研、推广和水利工程建设方面都积累了较为丰富的经验。为了进一步开展无定河流域的综合治理，发展农林牧业生产，并为黄河中游多沙支流治理提供经验，黄委会本着“调查研究，总结经验，大力推广，促进发展”的精神，组织调查队，对流域治理进行调查总结。

参加调查队的单位有黄委会所属黄河中游治理局、水土保持处、水文局、设计院、水科所及绥德、天水、西峰水土保持科学试验站，陕西省水土保持局和榆林地区水电局。

黄委会副主任、黄河中游治理局局长王生源、副局长王庭仕参加了调查和领导调查队的工作。调查队队长谭节陛，副队长蔡志恒、汪凤瑞，顾问吴以教、陈彰岑，下设综合组、水利工程组、水保一组、水保二组及后勤组，共40人组成。

1982年5至12月进行综合调查和资料整理分析工作。对流域的自然、社经、治理情况及效益等作了系统调查，对各项水土保持措施，分项进行调查，还调查了龙洲、杜羊圈、蟒坑、高家峁、高西沟、对岔、米家崟、惠家石崟、杜家石畔、后马园则、韭园沟等11个水土保持综合治理典型。1983年1月提出《无定河流域综合治理调查报告》。

报告叙述了流域基本情况和治理概况及其效益，总结了各项水土保持措施及其推广的经验，并探讨了开展流域综合治理中有关增产、拦泥、发展速度、投资、科研和规划工作、指导思想及具体政策等问题。报告认为：做好水土保持工作是无定河流域发展生产、改变贫困面貌的根本措施，关键在于建设稳产、高产基本农田和大力发展林草。而大面积水土保持和坝库工程相结合是治理多沙支流的有效办法。

这次调查，还就流域治理有关方面的问题进行了专题探讨，并写有探讨意见，连同上述的一些专题、单项调查报告，汇编成册，于1983年3月提出《无定河流域综合治理调查成果资料汇编》。

二、规划

(一)50年代规划

1954年编制的黄河技经报告将无定河列为最先实施水土保持工作的区域之一，韭园沟(代表黄土丘陵沟壑区)和榆林县榆林(代表风沙区)列为两个水土保持治理典型。无定河干流上的镇川堡水库定为第一期工程，响水堡和大理河沙滩坪两座水库列为远期工程。

1956年1月，国家计委下达编制无定河流域规划计划任务书，指定规划工作由水利部负总责，有关部和有关省配合进行。水利部于同年2月下达编制无定河流域规划任务书，明确规划由黄河勘测设计院负责编制，并请有关部门指导，陕西省和内蒙古自治区协作进行。任务书要求无定河流域规划应以蓄水拦泥、水土保持、灌溉、水电为主要内容，兼顾航运等。

黄河勘测设计院于1956年3月拟定计划。组成以林华甫、王晋聪、杜耀东为正副队长，共100余人的无定河查勘队，进行查勘，搜集资料。另有一小型测量队配合坝库址测量。

查勘队于1956年4月开始外业工作，同年9月提出《无定河流域开发方案选择的初步意见》。随后，大部人员转入内业组成无定河项目组，开始编制规划，项目组负责人王晋聪。经过一年多的工作，于1958年1月提出《无定河流域规划报告》。

规划方针是:大力开展水土保持,结合修建水库工程,以扩大灌溉面积,增加生产,彻底改善粮食生产现状,由缺粮变为余粮,从而根本改变本流域的面貌,并减缓三门峡水库的淤积。在工程安排上,以小型为主,中型为辅,在必要和可能的条件下,修建大型工程。水库工程必须密切结合农业生产,避免严重的淹没损失。

水土保持规划贯彻中央对开展黄河流域水土保持建设山区的方针,即综合开发,沟坡兼治,集中治理。结合当地自然特点,采用适当措施,在当地已有经验的基础上,征得群众同意后,因地制宜,总结提高,予以推广。要求近期(1967 年)完成治理面积 7350 平方公里,占流域面积的 24.3%,占水土流失面积的 31.8%。

水库工程布局提出三个方案:

1. 在干流上建响水堡大型水库一座,在主要支流上建新桥、旧城、五里坪、高石崖、曹家渠、冯家渠等 6 座大、中型水库,并在响水堡以下支沟内修堵沟坝 268 座。

2. 将方案 1 中的新桥、旧城去掉,在响水堡以上支沟内,修堵沟坝 47 座。

3. 为了减少淹没损失,不建响水堡水库,只建 6 座支流水库,将堵沟坝增加一倍,即 630 座。

经比较后,推荐方案 3。

关于黄河技经报告在无定河选定的三座水库,因淹没损失太大,单纯拦泥也不经济,不宜修建。

灌溉规划在已有灌溉面积 14.85 万亩的基础上,到 1967 年开发全部川地,灌溉面积扩大到 65.9 万亩。

规划报告提出不久,随着全国"大跃进"形势的发展,规划已不能满足要求。黄河勘测设计院在原规划的基础上,进行了修改,于 1958 年 3 月写出《无定河规划初步意见》。提出加快治理速度,充分利用水资源,引水上山,发展山地灌溉的意见。对扩灌的 51.05 万亩川地要求 5 年内完成,水土保持也要求 5 年基本作完。在新桥、旧城筑坝断流,在响水堡或其他适当地点引水上山,在苏家岩以下穿山、绕山开渠,发展山地灌溉。同年 12 月黄委会编制《黄河综合治理三大规划草案》,对无定河提出要求是:为了引水上山灌溉黄土区 120 万亩和改造沙漠 144 万亩,规划修建新桥、旧城西(当时新桥、旧城水库正在施工)、旧城东、榆溪河东渠、榆溪河西渠、雷龙湾、河口庙、高石崖等 8 座水库。在响水堡、雷龙湾、高石崖等 3 处建水电站,共装机 2 万千瓦,供抽水上山发展山地灌溉。水土保持工作要求苦战3年,2年巩固,5年基本控制。这些意见和要求均因不切实际而落空。

(二)60年代规划

黄委会设计院第一勘测设计工作队(正副队长陈圣学、杨先敬、董世五),于1961年对无定河进行查勘和拦泥库选点布局。1961年9月由陈昇辉执笔写有《无定河流域规划资料汇集》。

共选出23个拦泥库坝址组成三个方案进行比较。新桥、旧城水库已建成,实际参与比较取舍的为21个坝址。

第一方案:从发挥流域内工程的最大拦泥效益出发,23个拦泥库全部投入。即干流的新桥、雷龙湾、响水堡、白家畔(控制流域面积29854平方公里,占全河面积的98.7%)等4座和主要支流上的旧城、杨桥畔、贾家湾、邱墩、郭家湾、张石畔、芦草沟、孟岔、刘家坪、高石崖、埝子峁坪、王家岔、下张家坬、白家原子、冯家渠、淮宁湾、崔家沟、郝家坪、川口等19座。

第二方案:从工程量最小而相对获得较大的拦泥效益出发,由新桥、旧城、响水堡、白家畔等4个拦泥库组成。

第三方案:介于上两方案之间,由干流4座和旧城、杨桥畔、贾家湾、邱墩、张石畔、高石崖、王家岔、下张家坬、冯家渠、郝家坪等14座拦泥库组成。

三个方案比较:拦泥量第一方案稍多于第三方案,但工程量为第三方案的1.81倍;第二方案的工程量虽然很少,但拦泥效益降低太多,仅为第三方案的46.2%,且拦泥量只占总沙量的32.9%,不能满足拦泥50%的要求;第三方案工程量居中,拦泥量占来沙总量的71.1%,可以满足拦泥要求。故推荐第三方案。

为进一步探索在无定河拦泥,最大限度控制后,在拦泥数量上(拦全流域输沙总量的50%)和时间上(维持100年左右)能否满足要求及为解决无定河流域粮食产量低而不稳,长期缺粮的问题,采取措施可否结合拦泥等问题,黄委会规划设计处中游规划组在1957年、1961年两次规划资料的基础上,于1962年进行了拦泥库工程布局和全河水量平衡计算。由兰光元执笔写有《无定河流域开发治理的初步研究》。对解决无定河的拦泥问题提出干流邢家塌、镇川堡和大理河高家渠等三座大型拦泥库及支流贾家湾、邱墩、张石畔、高石崖、下张家坬、王家岔、冯家渠、郝家坪等8座拦泥库,组成三个方案进行比较。三个方案是:1.邢家塌高坝;2.镇川堡、高家渠加支流8库;3.邢家塌加镇川堡、高家渠及支流8库,即最大限度的控制。三个方案的拦泥量均超过来沙量的50%，能满足拦泥要求，但淤满年限，即使是最大限度控制的方案3也距要求较远，且工程量大，工程艰巨，投资和劳力多而集中，淹没损失也大，不现实。同时，单纯拦泥没有其他经济效益也不经济。因此，初步认为，要在无定河用大型拦泥库解决拦泥问题是不可行的。

解决缺粮问题，提出应大力开展水土保持，提高占耕地面积74.5%的山坡地的产量；同时大力发展灌溉，沿河川地在已灌22.18万亩的基础上，发展到47.72万亩；在红柳河、芦河上游可发展引洪淤灌28.1万亩。单引洪淤灌一项每年即可引走泥沙5657万吨，占全河沙量的23.7%。随着水土保持工作的开展和灌溉事业的发展，既可解决本流域的治理和粮食问题，又可拦截利用部分泥沙。

为了在短期内迅速减少进入三门峡水库的泥沙，必须在水土保持大面积生效以前，修建必要的大、中型拦泥库。但是拦泥库的最大困难是工程量大，投资和劳力多而集中，淹没损失大，不能结合当地兴利。为此，曾设想，坝体不一次修成，先建一低坝，然后分期在坝前淤土上加高，直至库区淤积达到相对平衡。这样，既可以减少坝体工程量，分散投资和劳力，又可获得坝地种植之利。所谓库区淤积相对平衡，即全部年来沙量平铺于库内，其厚度不超过一些引洪淤灌区（如定边八里河）的多年平均淤厚约0.3米左右，或者说10年一遇洪水全部进入库内，水深不致影响高秆作物生长。此时的坝体加高可视为田间养护工程，秋作物的种植也不受洪水和淤积的影响。

基于这种设想，黄委会规划设计处于1963年又对无定河的治理作了研究。治理的前提是增加丰产地，保证干旱年粮食自给。措施是在干流上修建响水堡（位于横山县，控制流域面积15255平方公里，占全河面积的50.4%）和王家河（位于无定河口，属清涧县，控制全部流域面积）两座大型拦泥库，在支沟上修大中型淤地坝1910座（淤地500亩以上为大型，100—500亩为中型），其中大型110座。这些措施实施后，可淤出坝地81.6万亩，其中两座大型拦泥库可淤9.1万亩。连同水地和引洪漫地，人均有1.57亩。年拦泥量2.02亿吨，占全河沙量2.17亿吨（1949—1960年系列）的93.3%。两座大型拦泥库还可装机2.2万千瓦，年发电量1亿千瓦时。总投资1.55亿元，其中两座大型拦泥库为1.28亿元。1964年1月提出《无定河流域治理意见提纲》。

（三）70年代规划

为了支援地方，黄委会组成以王建华、李化群为正副队长，共40余人的无定河工作队(黄委会副主任韩培诚作为副队长曾随同工作),于1970年2月赴无定河,队部设在绥德水保站,对流域的开发治理进行调查研究,并协助地方进行流域规划和水利水电工程的规划设计工作。

工作队在查勘无定河干流及主要支流后,于1970年7月提出《无定河干、支(主要)流水利、水电骨干工程规划意见》,建议在雷龙湾与响水堡之间选择适当地点修建大型调节水库,满足中、下游灌溉及发电用水要求;在支流芦河上建响水塘水库,经调节后若水量有余,可考虑引芦(河)济大(理河)引水工程,以解决大理河流域的灌溉用水;在支流榆溪河建中营盘水库和改建石峁水库。水电建设除干流正建的东风(位于下游河口段,在清涧县白家塌)和反修(位于下游上段,在绥德县贺家湾)两座电站外,建议再建干流响水堡和榆溪河米家园子两座电站。

1970年末选定王圪堵水库坝址。位于芦河汇口以上约4公里,风沙区和黄土丘陵沟壑区的交界处,上游为风沙区。坝址控制流域面积10786平方公里,占全流域面积的35.6%,年径流量4.21亿立方米,占全流域年径流量的27.3%,年沙量600万吨,占全流域沙量的2.8%。规划坝高37.5米,总库容2.53亿立方米。除满足中、下游25.9万亩灌溉用水外,并给响水堡、反修、东风三座电站供水。1972年1月在榆林地区无定河治理指挥部召开的座谈会上,推荐王圪堵为近期工程,并由无定河工作队(1973年改为王圪堵水库设计组)于1973—1975年进行设计。

1971年2月,内蒙古自治区伊克昭盟水利队提出《无定河内蒙伊盟段开发利用规划要点》。7月,以陕西省榆林地区无定河治理指挥部为主,在无定河工作队的协助下,编制《陕西省榆林地区无定河流域治理规划(1971—1980年)》。这两个规划的主要内容如下。

规划原则是:充分利用水土资源,为农业增产服务,为根治黄河服务,坚持"蓄、小、群"的"三主"水利建设方针。

重点水利工程规划了王圪堵大型调节水库1座,河口庙、猪头山、大岔、麒麟沟、马家窑则、鲍家湾等中型水库6座,并改善河口水库,扩建巴图湾水库,共有总库容7.92亿立方米。新建中营盘水库渠,西沙渠,响水东、西支渠,并改善织女渠,新建机电灌站12处,续建和扩建3处。以上工程共发展灌溉面积82.74万亩。

小水电站除正建的东风(装机6000千瓦)、反修(装机2400千瓦)和响水堡(装机3600千瓦)3座外,新建干流跌梢、渡口台、新窑峁、雷龙湾和支流榆溪河的杏嫣、红石峡二级及中营盘等7座,共装机6320千瓦。扩建巴图湾、张冯畔2座，共装机3200千瓦。以上正建、规划、扩建小水电站12座，总装机21520千瓦。

灌溉面积由1971年的50万亩，规划1980年发展到220万亩。

水土保持治理面积在1971年3820平方公里的基础上，规划1980年达到13517平方公里，占流域面积的44.7%，占水土流失面积的58.4%。

(四)1985年规划

根据修订黄河治理开发规划任务书的要求，陕西省榆林地区水利水电勘测设计队于1985年12月提出《陕西省无定河流域开发治理规划》。

规划方针：实行农、林、牧并举，林草先行，综合治理。在做到粮食自给有余的同时，逐步建成以林牧业为基地的商品生产基地。为此，除对现有荒地进行治理，种草种树外，还必须大力进行农田基本建设，逐步改广种薄收为少种高产多收，退耕还林还牧，以改善生态环境和减少入黄泥沙。

规划在1990年前建成支流榆溪河的龙家峁(正建)和圪求河两座中型水库，总库容4784万立方米。2000年建成王圪堵大型水库，坝高37.5米，总库容2.72亿立方米，扩大灌溉面积11.54万亩，水库电站装机3750千瓦。

水土保持规划，到2000年新建小(二)型水库89座，骨干淤地坝1325座，新增库容22.7亿立方米，可淤地10.28万亩。水地、坝地、梯田达320.56万亩，人均2.18亩，其中水地89.34万亩，坝地52.38万亩，梯田178.84万亩，造林达1395.47万亩，种草达401.87万亩，水土保持治理面积达14589平方公里，占水土流失面积的84.4%。

内蒙古自治区乌审旗于1985年8月提出《无定河流域乌审旗段水土保持规划报告(1986—2000年)》。

规划在南部河谷梁滩区，以林、农为主，搞多种经营，农、林、牧、副、渔同步发展，把此区建设成全旗的商品粮基地；中北部梁滩区，以林、牧为主，搞多种经营，林、牧、副全面发展，把本区建设成商品畜牧业基地。

到2000年，新建小(二)型水库3座，塘坝15座。水地达12.52万亩，造林达366.26万亩，种草达385.54万亩，另有天然林41.18万亩，天然牧草地289.88万亩。水土保持治理面积达到5110平方公里，占水土流失面积的87.2%。

第三节 治理简况

无定河的灌溉事业发展较早，唐贞元七年(公元791年)，在朔方(今陕西横山县西白城子附近)开延化渠，引乌水入库狄泽，灌田2万亩。榆林红石峡碑记：清乾隆年间，凿渠引水，灌溉榆林城周围农田。民国年间，于1928年曾一度动工修建榆惠渠，因资金缺少而停工。1937—1938年修织女渠。1939年设陕北水利工程勘测队，勘测榆惠、定惠二渠。1941年成立陕北水利工程处，并将勘测队并入工程处，于1942年开始修定惠渠。织女、定惠两条渠道均因质量不好未进行灌溉即被冲毁。另外还有些群众自办的小型渠道。至1949年全流域灌溉面积不足5万亩。长期来，由于土地经营不合理，生产技术落后，乱垦滥伐，天然植被多遭破坏，加重了水土流失，使农业生产水平低下，处于“越穷越垦，越垦越穷”的恶性循环中，群众生活不得温饱。

建国后，中共中央和国家各级政府对这个地区非常关怀。首先由陕西省绥榆工程处于1950年分别将织女渠及定惠渠建成通水灌溉，同时发动群众开展大面积的综合治理工作，取得了显著成绩。在经济上国家也给予大量支援，据1982年黄委会无定河流域治理调查队调查，1949—1981年，国家对水利水保共投资2.31亿元，年平均投资700万元。

50年代初期，黄委会及地方各级政府就开始了对无定河的综合治理工作，建立水土保持站，设立辛店沟水土保持综合治理试验场，将韭园沟作为小流域治理典型开始进行综合治理，一个群众性的水土保持工作逐步开展起来，到1958年有了较大的发展，工程规模也从淤地坝发展到如新桥、旧城等大、中型水库。截至1959年，治理面积达1321平方公里，占水土流失面积的5.71%，年平均治理率1.43%。“三田”(水地、坝地、梯田)面积发展到27.22万亩，其中水地21.11万亩。

1960—1969年的10年，治理速度较慢，共治理水土流失面积1100平方公里，占水土流失面积的4.75%，平均年治理率仅0.47%。“三田”面积达到79.23万亩，其中水地37.67万亩。

1970年，北方农业会议在北京召开，水电部于1973及1977年两次召开黄河中游水土保持会议，对黄河中游水土保持工作进行部署，推动了群众治山治水运动开展，水利水保工作有了新的发展，还修建了大批中、小型水库。1978年12月中共十一届三中全会后，随着党在农村经济政策的逐步落实，户包小流域治理逐步完善，流域治理工作稳定快速发展。采取了造林、种草、修梯田等水土保持措施与坝、库、塘等工程措施相结合的方法进行治理，效果显著，增加了生产，群众生活水平得到了较快的提高。

截至1985年，全流域共有水库218座。其中大、中型水库29座(大型1座)，总库容12.37亿立方米，已淤积库容4.85亿立方米(见表5—5)。小(一)型水库44座，总库容2.1亿立方米。小(二)型水库145座，建成塘坝680座，打淤地坝1710座，共有总库容7.85亿立方米。修灌溉渠771条，其中灌溉面积5000亩以上的灌区24处，有效灌溉面积26.97万亩。建抽水站4631处，打机井4915眼。建成小水电站28座，总装机1.91万千瓦，其中装机100千瓦以上的10座，共装机1.66万千瓦，装机1000千瓦以上的巴图湾、响水堡、反修、东风等四座电站共装机1.48万千瓦。

1982年在全国第四次水土保持工作会议上，全国确定了8个水土保持重点治理区，其中黄河流域有4个，即无定河、黄甫川、三川河和甘肃省定西县。

无定河自1983年开始重点治理，效果显著。到1985年底统计，“三田”面积达237.51万亩，其中水地82.3万亩，坝地29.47万亩，梯田125.74万亩。造林达1053.59万亩，种草达284.96万亩，另有天然林地41.18万亩，天然草地463.01万亩。水土保持治理面积达10735平方公里，占水土流失面积的46.4%。据调查，水土保持治理保存率约87.54%，故实际保存面积约9398平方公里。

1983—1985年，3年治理保存面积2908平方公里，年平均治理面积969平方公里，治理率达4.2%，为1983年以前平均年治理率的4倍，创造了流域治理以来的最高速度。3年治理总投资5840.43万元，其中国家投资3281.61万元，占56.19%。平均治理1平方公里投资2.01万元，其中国家投资1.13万元。

通过治理，使水沙资源得到了更为充分的利用，无定河的入黄水沙均有所减少，特别是泥沙减少较多。据川口水文站实测资料统计，1961—1970年10年平均年径流量15.53亿立方米，年输沙量2.04亿吨，而1971—1980年10年平均年径流量为11.5亿立方米，年输沙量0.948亿吨，前后10年比较，径流减少25.9%，泥沙减少53.5%(同期降水减少13%)。由于1960年以来，已有部分大、中型水库开始拦泥，若以1952—1960年代表治理前的天然情况，其平均年径流量为15.39亿立方米，年输沙量为2.52亿吨，与治理后的1971—1980年比较，径流减少25.3%，泥沙减少62.4%(同期雨量

表 5—5

无定河流域已成大、中型水库统计表

序号	水库名称	所在河流	所在县名	坝址以上流域面积(平方公里)	坝高(米)	总库容(万立方米)	已淤库容(万立方米)	灌溉面积(万亩)		电站装机(千瓦)	土石方量(万立方米)	投工(万工日)	投资(万元)		建成时间(年)	备注
								设计	有效				总	其中：国家投资		
1	边墙渠	红柳河	吴旗	96	70	6900	1560	0.71	0.48		205	50	158	122	1973	
2	周湾	红柳河	吴旗	129	82	7200	2280	0.84	0.44		30	10	177	113	1970	在1965年2月形成的天然聚湫上加高
3	西郊	红柳河	吴旗	198	20	1120	120	0.21	0.17		15	4.3	6	3	1971	
4	营盘山	红柳河	定边	110	52.4	4740	1014	0.12	0.08		157.5	40	68	59.8	1973	
5	杨福井	红柳河	定边	42	43.6	1540	1083	0.15	0.06		45.1	13	21.9	21.6	1973	
6	水路畔	红柳河	靖边	105	62	6010	1333	0.20	0.06		75	14	28	23.5	1979	
7	新桥	红柳河	靖边	1332	47	20000	15600				290	141	417	415	1961	1975年库干停灌
8	金鸡沙	红柳河	靖边	1342	50	7544	1865	2.20	1.92		177	33	89.6	89.6	1978	
9	巴图湾	红柳河	乌审旗	4753	34	9800	570	10.60	6.00	2800	52.7		645.5	642.9	1960	1960年建成坝高15米，1971—1973年加高培厚。
红柳河小计						64854	25425	15.03	9.21		1047.3	305.3	1611	1490.4		
10	猪头山	芦河西沟	靖边	210	38.6	3480	1118	0.80	0.60		51	18	53.5	36.5	1975	
11	旧城	芦河西沟	靖边	382	53	7490	6506				69	20	67.2	67.2	1960	1975年库干停灌
12	宋大湾	芦河西沟	靖边	17	50	1290	1290								1970	在1962年形成的天然聚湫上加高。已淤满失效。
13	河畔	芦河东沟	靖边	62	40	1228	1018	0.13	0.04		36.3	6	21.3	7.4	1974	
14	姬滩	芦河东沟	靖边	75	50	3588	2368	0.10	0.08		34	5	25.6	18.6	1973	
15	张家峁	芦河东沟	靖边	429	32	2850	400	0.77	0.13		57.4	32	63	55.2	1975	
16	王家庙	芦河	靖边	842	20.5	1134	145	0.96	0.90		13	4.5	13.5	9	1979	
17	杨家湾	芦河	靖边	923	16	1080	24	0.40	0.37		6.5	1.4	1.7	0.8	1974	

续表 5—5

序号	水库名称	所在河流	所在县名	坝址以上流域面积(平方公里)	坝高(米)	总库容(万立方米)	已淤库容(万立方米)	灌溉面积(万亩)		电站装机(千瓦)	土石方量(万立方米)	投工(万工日)	投资(万元)		建成时间(年)	备注
								设计	有效				总	其中：国家投资		
18	土桥	芦河支沟	靖边	25	62	2635	1780	0.97	0.70		165	23	23	13	1968	
19	惠桥	芦河支沟	靖边	183	65	4460	1214	0.10	0.08	640	40	14	48	44	1972	
20	河口庙	芦河	横山	1592	43.5	6140	1373	1.40	1.40		115	43	343	204	1975	
芦河小计						35375	17236	5.63	4.30		587.2	166.9	659.8	455.7		
21	韩岔	黑木头川	横山	87	60	2400	115	0.50	0.1		101	28.5	168.1	56	1980	
22	电 市	小理河	子洲	189	39.5	1625	78	0.38	0.38		65.5	25	178	98.2	1974	
23	磨石沟	小理河	子洲	145	41	1600	1600				107.6	40.3	162.8	117.9	1973	已淤满失效
24	鲁家河	小理河	横山	40	40	1000	1000								1972	已淤满失效
25	红河则	大理河支沟	靖边	78	55	2210	1500	0.05	0.02		129	19	58	36	1979	
大理河小计						6435	4178	0.43	0.40		302.1	84.3	398.8	252.1		
26	石 峁	榆溪河支流	榆林	142	28	1400	802	0.50	0.20		62.2		57.2	57.2	1961	
27	中营盘	榆溪河	榆林	1067	27	1900	45	1.00	0.82	300	216	33	133	83	1977	
28	红石峡	榆溪河	榆林	4032	15	1900	600	0.60	0.55	1600	0.6	2.8	18	18	1955	电站已停止运转
29	河 口	榆溪河支流	榆林	748	12.7	9400	125	0.70	0.50		31.3		185	185	1959	
榆溪河小计						14600	1572	2.80	2.07		310.1	35.8	393.2	343.2		
合 计						123664	48526	24.39	16.08		2347.7	620.8	3230.9	2597.4		

减少 11.2%)，由此可见，无定河的水沙减少有降水减少的因素，也有治理的作用。据黄委会水利科学研究所 1986 年 5 月所作《近十年来黄河中上游来沙减少的原因分析》结果，治理作用和降水减少的因素，大体各占一半。

第十六章 汾河流域

第一节 流域梗概

汾河是黄河的第二大支流，位于山西省中部，流域面积 39471 平方公里，占山西全省面积的 25.3%，其中水土流失面积 19700 平方公里，占流域面积的 49.9%。

汾河发源于山西省宁武县西南管涔山雷鸣寺上游之宋家崖，纵贯山西省由北向南，流经静乐、太原、介休、灵石、霍县、临汾、河津等市、县。汾河入黄河口，因受黄河摆动影响，变化较大，上下移动在河津县湖潮村到万荣县庙前村之间约 26 公里的范围内。50 年代初期曾在西孙石村及庙前村等处入黄河，1964 年黄河东倒夺汾，使河口上移到湖潮村。后经治理，河口逐渐下移，初步稳定，常水时已基本恢复到庙前村，黄河大水时，河口上移约 10 公里到万荣县秦村附近。汾河干流长 694 公里，入黄河口(湖潮村)高程 365.8 米。干流穿过两段峡谷，将其分为三段：古交峡谷出口以上为上游，河道长 217 公里；兰村至灵(石)霍(县)峡谷入口的义棠为中游，河道长 161 公里，此段为太原(晋中)盆地，川地开阔，适于发展灌溉，但水量供需有矛盾，由于河道比降缓，淤塞摆动较剧，且两岸耕地低于河床，常遭洪水灾害，又为省会太原市所在地，为汾河防洪的主要河段；义棠以下为下游，河道长 316 公里，出峡谷后即为临汾(晋南)盆地，地面开阔平坦，有发展灌溉的条件，但地高水低，水量不足，灌溉有一定难度。

汾河流域大致成长条形，两岸支流众多，分布基本对称。流域面积 100 平方公里以上的支流有 48 条，其中大于 1000 平方公里的 8 条，右岸有岚河、磁窑河、文峪河、双池河，左岸有潇河、昌源河、洪安涧河、浍河。

据河津水文站(控制面积 38728 平方公里，占全流域面积的 98.1%)实测资料统计，年平均径流量 15.14 亿立方米，年平均输沙量 4287 万吨

(1934—1980年系列)。汾河流域的天然年径流量,据山西省水文总站和水资源技术开发中心1985年计算为26.54亿立方米。汾河流域地下水丰富,泉水出露较多,地下水可开采量15.37亿立方米,都已开发利用。

汾河流域涉及山西省忻州、晋中、吕梁、临汾、运城、太原等地、市的47个县市。截至1980年全流域总人口887.5万人,其中农业人口698.52万人,占总人口的78.7%,全流域平均每平方公里225人。全流域共有耕地1739万亩,农业人均耕地2.5亩。

汾河的天然水资源是洁净或比较洁净的,随着工矿企业的"三废"增多,农药、化肥和居民生活污水的增加,使汾河水体和部分地区的地下水受到了污染。据水体功能分析结果:上游段河水清洁,可安全用于农灌、渔业和饮用;中游段污染严重,丧失功能;灵霍峡谷段水质尚好,但不能饮用;下游水质只能用来灌溉农田,未经处理不能用来发展渔业和饮用。

第二节 查勘与规划

一、查勘

(一)建国前的查勘

建国前对汾河流域曾作过一些局部的或专项的查勘,但资料多已丢失,具体情况不明。简述如下:

1.1917年编写有《山西黄水入汾预测报告》。

2.1934年山西省水利工程委员会技师长托德(美国人)编写有《山西汾河测量工作报告》。考查了汾河的防洪、灌溉等情况,测量调查了下静游、罗家曲、文峪河、南关镇等水库坝址,并提出修建泉水水库的意见。

3.1935年10月28日至11月16日,国民政府黄河水利委员会丁绳武、沈锡圭二人,在山西省建设厅和汾河河务局各派一人陪同下,查勘汾河干流静乐至临汾段,选有下静游坝址,对沿河河道及支流汇入情况进行了调查。写有《查勘汾河拦洪水库报告书》。

4.1941年9月,山西省经济建设委员会编印《山西省汾河河渠坝址、机井灌田、水文灾情、运输水系调查概况》。叙述了汾河水系概况,灌溉工程如第一、第三新坝,中游灌区八大堰,下游通利渠及抽水灌区等情况和汾河沿岸各县城、村镇的历年水灾情况及汾水运输沿革等。

5.1943 年 4 月写有《汾河水利视察之感想》。

6.1946 年写有《汾河上游水利事业检讨报告》。

7.1948 年 7 月，山西省自然科学研究院的谷口三郎（日本人）写有《汾河根本水利概况》。此报告系根据《汾河上游水利检讨报告》、《北营农场土井调查报告》等四份资料编写。主要叙述汾河的灌溉、水源、洪水等概况和灌溉、防洪、水电、航运、供水等计划。选有下静游、罗家曲两座水库，以蓄水、防沙、防洪、灌溉、发电为开发内容，总库容 2.5 亿立方米，灌溉农田 120 万亩，发电 2 万马力。

（二）1953 年综合查勘

为编制汾河流域规划提供资料和探讨汾河的开发方向，有关单位于 1953 年对汾河流域进行多次查勘。

1.1953 年 3 月 16 日至 24 日，由华北行政委员会水利局测验处处长杜文华负责，共 13 人组成调查组，对汾河上游支流天池河河源地区的 4 个内陆湖进行调查。还调查了湖泊附近地区自然情况和宁武县的自然、社经等情况。提出开发利用湖泊及其附近地区的治理意见。于 1953 年 5 月写有《汾河上游天池、公海、琵琶海、元池查勘报告》。

2.1953 年 3 月 15 日至 4 月 25 日，山西省水利局王泽民、邢金慧等 7 人，对汾河上游静乐以上干、支流进行查勘。施测了干流纵断面，选有宁化堡水库坝址，并测量坝址地形图。对水土流失及自然、社经等情况进行了调查。于 1953 年 5 月写有《汾河上游宁武东寨至静乐段初勘报告》。

3.1953 年 5 月 31 日至 7 月 5 日，由山西省水利局 7 人和汾河造林局 2 人组成查勘组，对汾河中游河道形势、支流交汇、险工地段及沿河建筑物等情况进行查勘，施测河道纵断面，调查河道变迁及洪水泛滥的历史资料。编写有《汾河中游河道查勘报告》。

4.1953 年 9 月 15 日至 12 月 7 日，山西省水利局朱映、王泽民、梁镇恒、侯滋斋、赵万珍等共 36 人组成查勘队，分两组对汾河下游进行查勘。第一组从义棠至临汾，主要了解河道情况，调查历史洪水，选择水库坝址，调查沿河社经、灌溉及主要支流情况，施测河道纵断面。在灵霍峡谷段选有夏门及郭庄两个坝址。第二组从临汾到河津，主要调查河道和历年洪水泛滥情况，施测河道纵横断面。1953 年 12 月提出《汾河下游查勘报告》。

5.1953 年 10 月，山西省水利局组织人员对汾河上游静乐至兰村段进行补充查勘。主要是调查洪、枯水情况和查勘水库坝址。写有《汾河上游（静乐一兰村)河道复勘报告》。

(三)专项查勘和调查

为了进一步摸清汾河的洪水、水土保持及治理情况，有关单位陆续组织了一些专项查勘和调查。

1. 1953—1955 年，分别进行了上、中、下游的洪水调查，均写有调查报告。

2. 1953 年由山西省水利局和林业局共同组成查勘队，在汾河上游进行水土保持查勘。主要是调查土壤冲刷情况及其原因和水土保持工程情况，对流域的自然、社经和土地利用情况作了调查，提出了存在问题和治理意见。写有《汾河上游水土保持查勘总结报告》。

3. 汾河流域自 1958 年以来，在干、支流上修建了汾河水库等大、中型水库 9 座，在灌溉、防洪、拦泥等方面均有显著作用。研究这些水库的淤积特性及其对减少进入黄河泥沙的影响，对以后水利工程的开发及在黄河中游地区修建拦泥水库均有重要的参考价值。为此，黄委会与山西省水利厅共同组成汾河调查组，于 1964 年对已成大、中型水库进行调查研究。1965 年 3 月提出《汾河流域现有大、中型水库淤积特性及其对减少入黄泥沙的影响》。

4. 为了研究汾河流域水资源利用和输沙量变化，1974 年由黄委会规划设计大队张实负责，共 4 人组成调查组，在山西省水利局的协助下，调查了全流域的灌溉和大、中型水库的情况，作了全河水量平衡，调查了水库淤积、河道淤积、灌溉引沙等情况，取得了大量资料。研究分析后，对汾河入黄水、沙量的发展趋势作了预估，并写有专题报告。1977 年由黄委会规划设计大队和科技情报站共同刊印出《汾河流域水沙(土)利用及发展趋势的初步分析》。提出如下结论：

(1)关于入黄水、沙的变化：自 1960 年以来，由于工农业用水的增加，入黄水量有所减少，与 1959 年以前相比，1960 年以后工农业用水年平均增加 4.3 亿立方米(工业用水增加 1.3 亿立方米，农业用水增加 3 亿立方米)。由于工业用水主要取自地下水源，在计及灌溉回归水后，近十几年来平均每年入黄水量减少 1.7 亿立方米，占河津站多年平均径流量的 10%左右。由于引用地面径流增加不多，故入黄水量变化不大。1960 年以后入黄沙量减少了一半，这主要是大、中型水库蓄水拦沙的结果，灌溉引沙量所占比重不大。今后，随着流域内工农业用水量的增加，入黄水、沙量必然进一步减少。

(2)关于灌溉问题：土地不平整，大畦大水漫灌，渠系渗漏，造成了灌溉水的浪费，是灌溉面积低于设计灌溉面积的原因之一。因此，提高管理水平，合理用水，减少渠系渗漏，平整土地，实现园田化，是节约用水扩大灌溉面积，提高产量的重要措施之一。在盆地四周的边山一带大力发展引洪灌溉，可以有效地就地利用水沙资源和减轻下游洪水威胁。

(3)水库运用问题：汾河流域修建的大、中型水库的总库容占天然径流量的45%。而汾河流域的水量利用率还不高，因此，进一步提高各水库的调节作用，流域内的水资源必将得到更充分的利用，以增加灌溉面积和缓和工农业用水矛盾。水库运用十几年来，库区淤积的泥沙已占总库容的30%。因此，水库的淤积问题必须主要依靠水库上游的治理解决。

(4)河道整治问题：必须在统一规划指导下，进行河道整治，提高输沙能力，减缓河床淤积。加速灵霍峡谷段两岸支流的治理，控制水土流失，减少粗沙来源，以减轻灵石口一带的河道淤积。

二、规划

汾河流域全部在山西省，历次规划均由山西省有关单位编制。主要有如下几次。

(一)1954年流域规划

山西省水利局于1954年12月提出《汾河流域规划报告》。

规划方针是：尽先解决城市工业用水，逐步变水害为水利，保护工业城市和农业生产的安全，实施科学用水，改良碱地，扩大灌溉面积，提高产量，防治水土流失，绿化全流域，发展农、林、牧业生产，改变山区面貌，开发水能利用。据此提出规划原则是：在干、支流的上游山区，以水土保持和调蓄工程为主；中游平原区保证工业用水，改善农业用水，降低地下水位，保护农业生产；下游平原区开发新灌区，整理扩大旧灌区。

在干流上拟建防洪、供水、灌溉、拦泥的综合性水库。建库坝址自下而上有古交、罗家曲、下静游等三处，经比较后选定古交、下静游两库方案(1954年编制的黄河技经报告中对汾河选定的是古交综合性水库一座)。在主要支流上，以蓄水调节，发展灌溉为主规划潇河松塔及黄门街、文峪河野则河、洪安涧河五马、浍河续鲁峪等5座水库。

灌溉规划，地表水灌溉面积拟在1952年344.4万亩的基础上，至1967年发展到487.2万亩，其中上游7万亩，中游310.7万亩，下游169.5万亩；

远景发展到531.7万亩，下游扩大44.5万亩，达到214万亩。

(二)1956年补充规划

上述规划报告提出后，水利部于1955年9月对该规划提出了审查意见。山西省水利局又进行补充勘测、调查和规划工作，于1956年6月提出《汾河流域规划报告(补充)》。

规划方针修定为：根据黄河流域规划和本省工农业国民经济发展要求，配合黄河治本工程，统筹发展，综合利用水土资源。

规划任务是：根本上控制本流域泥沙对下游黄河治本工程的威胁，以配合三门峡水库的兴建；消除本流域内对工农业的水旱灾害，积极发展大、中、小型灌溉事业，保证工业城市用水；进行山区水土保持工作，全面发展以农业为主的农、林、牧、副各业的山区经济；利用天然动力，开发水利资源等。根据需要的缓急与可能，分清主次，逐步提高工农业生产，以实现为国民经济全面服务的任务。

水库工程规划：为了给中游灌区调节水量，给工业和城市供水，给中游特别是太原市的防洪削减洪峰和拦泥，开发水电等，在干流兰村以上选择了8个梯级。在下静游、罗家曲、古交3座综合性水库中，仍选定下静游和古交两库方案，近期先建下静游水库。其余5处在古交以下峡谷内，均为径流电站。在主要支流上拟建潇河松塔(或北合流)、文峪河野则河、洪安涧河五马及涝洰河等4座水库，以调节水量，发展灌溉。以上规划的干流综合性水库，施工时坝址改在罗家曲与下静游之间的下石家庄，下距罗家曲约5公里，于1958年7月开工，1961年建成汾河水库；文峪河的野则河改在其下游约13公里的北峪口，于1959年开工，1970年建成文峪河水库；涝洰河分别于1962年建成洰河水库，1978年建成涝河水库。

灌溉引水枢纽规划：为了便于灌溉引水，规划了5个渠首引水枢纽。在中游改造位于太原市北郊上兰村的汾河一坝和位于清徐县长头村的汾河二坝，将原有的堆石壅水坝和土坝改建为弧形闸门拦河坝，并将位于平遥县南良庄的汾河三坝合并到二坝统一供水。在下游霍县郭庄和襄汾赵庄分别新建汾河四坝和汾河五坝。在支流浍河上建卫庄引水枢纽。除汾河一、二坝外，此规划未予实施，在霍县辛置修建了汾西灌区渠首，在浍河上的曲沃县东周村于1959年建成浍河水库。

灌溉规划，1967年灌溉面积发展到937万亩(上游28万亩，中游525万亩，下游348万亩)。其中包括井灌面积由1952年的35.7万亩发展到

1967年的250万亩。另外，在水土流失区发展水土保持保墒灌溉面积163万亩（每亩用水按40立方米计）。

(三)1972年流域治理规划

1970年8月山西省革命委员会第四次全体会议作出决议加速治理汾河；1971年1月水电部在北京召开治黄座谈会，将汾河列为黄河中游重点治理支流之一。因此，山西省成立汾河治理指挥部，对流域进行调查研究，于1972年8月编制《山西省汾河流域治理规划》。

规划方针是：继续贯彻执行小型为主、配套为主、社队自办为主的水利建设方针，全面规划，加强领导，蓄泄兼筹，以蓄为主，统筹兼顾，团结治水。要求从山区治理着手，蓄水保土，充分利用水资源，发展灌溉，实现稳产、高产，为提供工业和城乡生活用水创造条件，同时减少入黄泥沙，通过平川河道治理和排退水工程的修建，消灭洪、涝、碱灾害。

规划主要内容有：

在水土流失区，大力开展水土保持工作，并以干流汾河水库以上、潇河支流白马河流域、涝河及浍河上游、磁窑河流域边山支流等五片地区作为重点，加强治理。要求水土保持治理面积达到15000平方公里，占水土流失面积的76%。

修建一批骨干工程，蓄水、缓洪、发展灌溉。重点在古交、灵霍两个峡谷和潇河、文峪河、乌马河、昌源河、龙凤河、洪安涧河、涝河等7条支流。在古交峡谷中修建汾河二库，总库容12000万立方米。在灵霍峡谷中修建师庄水库，总库容3200万立方米。在7条支流上修建大南寨、蔺郊、松塔、石沙庄、逯家岩、庞庄、子洪、龙凤、五马、丞相河、杨村河等11座中型水库，总库容29895万立方米。在其他支流上修建屯兰川麻会、双池河十二盘及茶坊、大川河李家社、团柏河任马庄等5座中型水库，总库容7650万立方米。以上水库均要求在1980年以前建成。实际于1975年和1980年分别建成庞庄和子洪两座中型水库。

流域内已发展灌溉面积535万亩，80%集中在平川和盆地内，灌区水源不足，保证率低，配套不全，管理不善，水量浪费大，主攻方向是配套挖潜，扩大灌溉面积。在山区和边山丘陵高垣等缺水易旱地区，主攻方向是积极寻找水源，大力发展小型水利，建库蓄水，以自流灌溉为主，结合提水灌溉，发展新灌区。要求1975年以前增加灌溉面积265—315万亩，达到800—850万亩。以后再继续发展，最后达到1000万亩。水源主要靠本流域控制调节地表水和挖掘地下水，并从外流域（主要是黄河、沁河）调水以补不足。

在防洪方面，由于汾河水库的修建，已减轻了中游河道和太原市的防洪负担。但河道上的一些阻水、卡水建筑物必须进行改造，重点河段的堤防也须进行修整加固或加高，以利于防洪和排退水及改碱除涝。在1975年以前，重点是灵石口和入黄河口的整治、义棠公路桥改建、介休铁路桥加固、汾河三坝改建等。在流域治理和继续修建干、支流水库的基础上，进行干、支流河道整治。通过河道整治可新增耕地约100万亩。

（四）1985年修订规划

1979年11月，山西省在侯马市召开了省规划会议。会后山西省水利厅向山西省水利勘测设计院下达编制汾河流域规划的任务，明确由设计院主编，山西省汾河灌区管理局和有关地市水利局、汾河各灌区和高灌站等分片负责，共同承担。要求在1981年完成规划工作，经厅审查后上报。

山西省水利勘测设计院于1980年7月召集有关单位进行研究。考虑到以后国民经济发展的方向和特点以及山西省作为煤炭能源重化工基地对水利尤其是对供水的要求，将过去的水利重点为农业服务转到为国民经济服务。10月拟定了《汾河流域修订规划编制大纲》，汾河流域修订规划工作即全面展开，于1985年提出规划报告草稿，1986年2月正式提出《汾河流域修订规划报告（初稿）》。

规划指导思想和原则：在实现中共中央第十二次全国代表大会提出的国民经济总产值翻两番的总目标的指导下，总结过去，展望未来，把水资源的研究工作列为规划的重点，从而拟定开发工程方案，为整个国民经济服务。规划中要讲实效，实事求是，分清主次。在尊重历史，照顾现实，团结治水，除害兴利，节流开源，合理用水，立足效益，统筹开发的总规划原则下，搞好各项具体规划。

规划主要是针对流域存在的三个问题采取措施。这三个问题是：水体污染严重；水资源供需矛盾突出；工程设施方面的问题。规划分近期（2000年）、中期（2010年）、远期（2020年）三个水平年，规划内容主要有：

枢纽工程，着重研究了汾河水库改建、文峪河柏叶口水库、引沁入汾、黄河大石咀电灌站扩建、玄泉寺水库、潇河松塔水库等工程。

汾河水库改建的目的是提高水库防洪标准。据1983年核算，防洪标准仅能达到五百年或千年一遇左右，离万年一遇的保坝标准相差较远。且水库淤积已影响兴利库容，水库效益将随之降低，原设计的防洪标准（百年设计，千年校核）也得不到保证。因此，对汾河水库必须采取措施，以维持其原有效益和提高防洪标准。

汾河水库的改建，自 1981 年以来作过四种方案比较，即水力吸泥；在淤积末端修建下静游大型拦沙库；加高大坝；在上游石家庄修建多年调节水库等。比较后认为修建石家庄水库方案较好。

修订规划分析了玄泉寺水库的作用，该库位于汾河水库下游，区间流域面积 2348 平方公里，水库的设计堆沙库容 0.33 亿立方米，而区间年来沙量即有 702 万吨，若全部拦在库内，六年即将堆沙库容淤满。据计算，修建玄泉寺水库比不修此库每年只多利用水量 0.26 亿立方米，且不能担负坝址以上流域面积或区间面积的水沙调节问题。若将此库作为缓洪蓄清水库运用，在削减洪峰上作用较好，对中游河道和太原市防洪有利。

柏叶口水库是为解决文峪河水库库容不足，防洪标准偏低而修建的一座调节水库。坝址位于文峪河柏叶口村，在文峪河水库坝址以上 32 公里。控制流域面积 875 平方公里，年径流量 1.42 亿立方米，年输沙量 16.2 万立方米。规划坝高 117 米，总库容 2.94 亿立方米。水库建成后，与文峪河水库联合运用，能保证文峪河水库的防洪标准达到五千年一遇并可每年固定供水 1.56 亿立方米，保证 42 万亩农田的灌溉用水。

除上述石家庄、玄泉寺、柏叶口三座大型水库外，还规划有松塔、五马、马连圪塔（在沁河上，专为引沁入汾修建）等三座大型水库，总库容 8.22 亿立方米。中型水库有师庄、蔺郊、水磨坡等 11 座，总库容 2.29 亿立方米。对已成的 13 座中型水库，拟改建庞庄水库，续建七一水库，处理有遗留问题的郭堡水库，除险加固蔡庄、子洪、尹回、张家庄、曲亭、涝河、洰河、小河口、浍河、浍河二库等 10 座。

以上新建水库 17 座，已成水库 15 座，共控制流域面积 20431 平方公里，占全流域面积的 51.8%，控制年径流量 17.33 亿立方米，共有总库容 34.04 亿立方米，其中兴利库容 18.91 亿立方米。

规划作了流域水资源平衡。远期水平，多年平均年需水量 49.75 亿立方米，其中，灌溉面积发展到 1073.9 万亩，年需水 34.30 亿立方米，工业年需水 11.53 亿立方米，城乡生活年需水 3.92 亿立方米。本流域可利用地表水 18.66 亿立方米，开采地下水 15.37 亿立方米，利用回归水 4.42 亿立方米，共 38.45 亿立方米。供需平衡，缺水 11.3 亿立方米。规划调引外流域（主要是黄河和沁河）水解决。

第三节 治理简况

汾河流域的灌溉事业，历史悠久。早在二千三百多年前就凿井灌田，到周秦时期，已利用泉水灌溉，地表径流的利用则始于宋金时期汾河下游的通利渠。以后，沿汾河引水逐渐发展，开始为“泥渠”（沿河引水，不拦河筑坝），沿河共有泥渠 58 条。到清末调整为拦河筑临时土埝八道引水，即广济、广合、利轫、天德、公义、天顺、永济、广惠等，向称“八大埝”。到抗日战争前，计划修筑三个永久性坝代替八大埝，1931 年在清徐县长头村修筑一坝（今汾河二坝），1933 年在平遥县南良庄修筑三坝。这两座坝分别在 1935 年和 1939 年，因坝基渗漏淘刷及河道变迁而废弃。二坝因坝址争议未能修建。1930年在汾河下游还修建有襄陵、绛州、河津等提水灌溉站，计划灌地6.8万亩，实灌1.1万亩，不久均停灌。至1949年全流域共有灌溉面积180多万亩。

1932 年在太原市上兰村汾河东岸建成一座小水电站，供进山中学照明之用，是民国时期黄河支流上仅有的三座小水电站之一。

建国后，为便于控制，统一供水，按计划分区修建固定渠首，陆续建成汾河一坝（太原市上兰村）、汾河二坝（清徐县长头村）、汾河三坝（平遥县南良村）三个引水枢纽，同时合并了输水渠道和排水系统。到 1952 年灌溉面积已发展到 344.4 万亩，另有井灌面积 35.7 万亩。到 1970 年灌溉面积发展到 535 万亩。

截至 1980 年统计，全流域共建成库容在 100 万立方米以上的水库 65 座。大部分是 1970 年北方农业会议以后的近 10 年中修建的，共修建 39 座，占 60%，其次在 1960 年前后集中修建了一批水库，共 21 座，占 32%，其余 5 座是 1980 年修建的，占 8%。65 座水库共控制流域面积 15317 平方公里，占流域面积的 38.8%，控制年径流量 11.4 亿立方米，占全流域天然径流量的 43%，共有总库容 14.48 亿立方米，其中调节库容 6.86 亿立方米，防洪库容 3.56 亿立方米，堆沙库容 5.38 亿立方米，已淤库容 4.42 亿立方米，占堆沙库容的 82.2%。在 65 座水库中，有大、中型水库 15 座，共控制流域面积 12387 平方公里，占全流域面积的 31.4%，共控制年径流量 9.78 亿立方米，占全流域天然径流量的 37%，共有总库容 13.09 亿立方米，其中调节库容 6.24 亿立方米，防洪库容 3.11 亿立方米，堆沙库容 5.21 亿立方米，已淤库容 4.21 亿立方米，占堆沙库容的 80.8%（见表 5—6）。共建成灌溉引水枢纽

表 5—6

汾河流域已成大、中型水库统计表

序号	水库名称	所在河流	所在县名	坝址以上流域面积（平方公里）	坝高（米）	总库容（万立方米）	已淤库容（万立方米）	灌溉面积（万亩）		电站装机（千瓦）	土石方量（万立方米）	混凝土量（立方米）	投资（万元）		建成年、月	备注
								设计	有效				总	其中：国家投资		
1	汾 河	汾 河	娄烦	5268	61.4	72300	30500	149.55	149.55	13000	629.2	68000	6450	6450	1961	
2	文峪河	文峪河	文水	1876	55.8	10500	1800	42.00	32.00	2500	834.5	3499	6084	6084	1970.6	
3	蔡 庄	白马河	寿阳	223	22.2	2070	1100	3.00	0.50		55.5	1370	150		1962.4	
4	郭 堡	象峪河	太谷	229	40.0	2630	400	8.80	12.14		124.5	8000	444		1958	
5	庞 庄	乌马河	太谷	278	42.0	1514	40	9.50	11.82		97.0	21500	628		1975.10	
6	子 洪	昌源河	祁县	576	44.0	2454	128	18.10	17.04		237.2	13200	982		1980.12	
7	尹 回	惠济河	平遥	274	20.4	2630	未测	5.00	3.00		86.3	7360	425		1958	
8	张家庄	孝 河	孝义	465	19.4	4348	2229	5.00	5.00		176.3	9900	612		1963.10	
9	曲 亭	曲亭河	洪洞	128	49.0	3455	950	13.76	13.40		283.3	1500	365		1960.12	
10	涝 河	涝 河	临汾市	451	43.15	6256	未测	7.36	1.52		637.2	17700	1751		1978	
11	洰河	洰河	临汾市	311	36.44	4228	2194	7.39	3.39		165.0		1247		1962	
12	小河口	浍 河	翼城	338	41.0	3460	155	10.12	4.85		253.3	20000	1230	1230	1971.12	
13	浍 河	浍 河	曲沃	1301	31.0	7517	2515	16.00	13.02		605.3	77000	477	477	1959	
14	浍河二库	浍 河	侯马市	530	18.2	2000	未测	4.50	3.50		61.9		434	434	1976.7	
15	七 一	汾河（旁引）	襄汾	134	43.0	5578	80	30.00	3.85						1958.7	
合 计						130940	42091	330.08	274.58		4246.5	249029	21279			

5 处(汾河一、二、三坝,汾西灌区渠首及潇河大坝)。建成灌溉面积 5000 亩以上灌区 66 处,其中自流灌区 38 处,机电灌站 28 处。配套灌溉机井 4.06 万眼。灌溉面积达 718.86 万亩,占流域总耕地面积的 41.34%。在灌溉面积中,纯井灌 137.79 万亩,小型水利 73.39 万亩,提水灌溉 66.38 万亩,自流引水灌溉 223.91 万亩,水库灌区 217.39 万亩。修建装机 500 千瓦以上水电站两座,即洪洞县李村和文峪河水库电站,装机均为 2×1250 千瓦。1986 年又建成汾河水库电站一座,装机 2×6500 千瓦。

在防洪方面,基本上减免了洪涝灾害,特别是历史上改道频繁的汾河干流中游段及洪涝灾害较严重的文峪河、潇河、象峪河、乌马河、昌源河等,都在其上游建有控制性水库,具有一定的削洪能力。疏浚整治了河道,提高了河道的排洪能力,初步稳定了入黄河口。

水土保持治理面积达 5237 平方公里,占水土流失面积的 26.6%。

粮食总产 1979 年达 281.7 万吨,平均亩产 183.2 公斤,人均粮食 317.38公斤,农业人均产粮 403.24 公斤,农业人均收入 127.57 元。

通过流域治理,水、沙资源得到了较充分的利用,进入黄河的水、沙有明显减少。汾河流域现有的 15 座大、中型水库,1959—1969 年建成 9 座,1970—1980 年建成 6 座,故用 1949—1958 年及 1971—1980 年两个 10 年作对比。据河津站实测,前 10 年平均年径流量 20.26 亿立方米,年沙量 7140 万吨,而后 10 年平均年径流量为 9.44 亿立方米,年沙量为 1730 万吨。前后 10 年比较,水量减少 53.4%,沙量减少 75.8%。

第十七章 渭河流域

第一节 流域梗概

渭河是黄河最大的支流，发源于甘肃省鸟鼠山以南的鏊鏊山，由西向东流经甘肃省的渭源、陇西、武山、甘谷、天水等县和陕西省的宝鸡、眉县、周至、咸阳、西安、临潼、渭南、华县、华阴等市、县，在潼关汇入黄河。入黄口高程，在三门峡水库修建前为323米，三门峡水库建成蓄水运用后，最高曾达329米，三门峡水库两次改建后，相对稳定在326—327米之间。

渭河干流全长818公里，其中，天水县北峪村以上属甘肃省，长313公里，北峪村到宝鸡县四方头村为甘肃、陕西两省的界河，长64公里，四方头村以下属陕西省，长441公里。

干流宝鸡峡下口林家村（太寅水文站）以上为上游，河长430公里，河谷川峡相间，林家村至咸阳为中游，河长177公里，咸阳至潼关为下游，河长211公里。渭河自林家村以下，河谷逐渐展宽，谷宽30—86公里，最宽处达100公里，即关中盆地，号称“八百里秦川”，面积19500平方公里。

渭河流域面积134766平方公里。不包括泾河和北洛河为62440平方公里，其中陕西省33559平方公里，占53.7%，甘肃省25600平方公里，占41%，宁夏回族自治区3281平方公里，占5.3%。共有水土流失面积44214平方公里，占流域面积的70.8%，其中陕西省20623平方公里，甘肃省20993平方公里，宁夏回族自治区2598平方公里。

渭河（不包括泾河和北洛河，下同）两岸支流众多，流域面积大于1000平方公里的，北岸有咸河、散渡河、葫芦河、牛头河、千河、漆水河、石川河，南岸有榜沙河、耤河、黑河、沣河、灞河。

根据渭河华县和泾河张家山两水文站1934年7月—1985年6月实测资料计算，渭河多年平均年径流量69.04亿立方米，年输沙量1.59亿吨。径流、泥沙在地区分布上是北岸水少沙多,南岸水多沙少。据陕西、甘肃、宁夏三省(区)1985 年所作渭河规划,天然年径流量分别为 48.92、22.60 及1.68 亿立方米,合计 73.20 亿立方米。地下水可开采量 23.87 亿立方米,其中,陕西 22.60 亿立方米,甘肃 2.00 亿立方米,宁夏 0.37 亿立方米。

渭河包括甘肃省天水、平凉、定西,陕西省西安、咸阳、宝鸡、渭南、铜川,宁夏回族自治区固原等地、市的 54 个县(市、区)的全部或一部分。据 1985 年资料总人口 1833.19 万人,其中农业人口 1439.56 万人,占 78.5%。人口密度平均每平方公里 294 人。有耕地 3694.74 万亩,其中川台地 1879.89 万亩,占 50.9%,山坡地 1684.7 万亩,占 45.6%,塬地 130.13 万亩,占3.5%。1985 年粮食总产 963.95 万吨,农业人均产粮 670 公斤,按总人口人均有粮食 526 公斤。

建国后,渭河干流沿岸的西安、宝鸡、咸阳、渭南等城市及石川河、沈河、涝河等支流上的铜川等一些城镇,工业发展迅速,工业废水及城镇生活污水,大多未经处理直接排入河道,造成渭河水质的严重污染。据统计,宝鸡、西安、咸阳三个市,日排放废、污水量达 79 万吨,这些废、污水中,含多种有毒物质,有机质污染相当严重,其次是酸、氯、砷、汞、铬等,不少已超过国家排放标准很多。浅层地下水的污染也相当严重。

第二节 查勘与规划

一、查勘

(一)建国前的查勘

1.1933 年,国民政府黄河水利委员会工务处测绘组主任工程师安立森(挪威籍),会同导渭工程处总工程师孙绍宗,查勘渭河宝鸡峡及其下游地区。查勘目的是寻找坝址,修建水库以解决关中地区的防洪、灌溉问题,并对渭河下游的水利开发和渭河洪水与黄河洪水的关系和黄河的防洪问题进行探讨。1933 年 12 月写有《勘查渭河报告书》。

2.1934 年,国民政府黄河水利委员会高钧德博士对渭河进行查勘。主要查勘渭河河道,调查地层特性、水文气象特征及人文地理等情况。查勘后认为:欲求治理黄河,自应先治渭河、葫芦河、泾河及北洛河,即李仪祉委员长所首倡的"导渭以治黄"。对渭河的治理提出:在峡谷中筑坝以解决下游防洪和灌溉，并须于坝底设水门泄放泥沙，以免库区之淤积；在川道内护岸以防止冲刷，并于高水位河床上种草植树；在宝鸡峡以下则进行河道整治。查勘后写有《勘查渭河报告书》。

(二)1951年水库查勘

西北黄河工程局奉黄委会指示，为了在黄河主要支流上修建水库，控制洪水以解决黄河的防洪问题，于1951年组成渭河查勘队，查勘渭河，选择修建防洪水库的坝址。

查勘队由黄委会派李苾芬工程师任队长，西北黄河工程局张定一工程师任副队长，队员17人。查勘队于1951年4月1日自陕西省西安市出发，6月29日返回西安，8月提出《渭河流域支流水库工程查勘总结报告》。

查勘范围，干流由宝鸡到鸳鸯镇，支流查勘了千河、牛头河、耤河、葫芦河、散渡河及榜沙河等河的河口段。查勘中，在干流上选择宝鸡峡、峡口里、窦家峡及支流千河的冯家山、牛头河的小泉峡、葫芦河的刘家川等6处水库坝址，并进行测量，还查勘了干流的琥珀峡、鸳鸯峡及支流散渡河的罗家峡、榜沙河的支锅石峡等4处坝址。经研究比较后认为：在干流建库淹没损失太大，因此，渭河的洪水，以建支流水库控制为宜。建议修建刘家川、冯家山、小泉峡、支锅石峡及罗家峡等5座支流水库，以刘家川水库作为试点首先修建，取得经验后再陆续修建其余4座。并指出必须同时在每个水库的上游进行沟壑治理和水土保持以减轻水库淤积。

(三)1953年水土保持查勘

由黄委会水土保持第五查勘队担任，队长李廷君，副队长高万祥，全队干部、工人共50人。查勘队于1953年5月初自河南省开封市出发，同年12月返回开封，提出《渭河上游流域水土保持查勘报告》。

查勘范围是宝鸡虢镇(千河入口)以上地区。查勘中，调查了流域自然、社经及土地利用等情况，重点是调查水土流失和水土保持情况。采用选择重点，深入调查，以点带面的方法进行，调查水土流失类型及其对黄河干支流和农业的影响，并概略推估侵蚀量，调查和总结水土保持开展情况和群众水土保持经验。

在调查研究的基础上，提出对本地区开展水土保持工作的意见。其方针是“全面了解，重点试办，逐步推广，稳步前进”。要掌握好改造自然与改造社会相结合、黄河建设与西北农业相结合、农业生产与水土保持相结合的原则。在步骤上，首先应总结群众已有的水土保持方法，择优先期推广，同时，进行科学试验，待条件具备后再逐步推广，全面改造自然及生产方式。

二、规划

(一)50年代规划

1954年编制的黄河技经报告，将本流域的黄土丘陵沟壑区、黄土高原沟壑区及土石山区列为最先实行水土保持的区域之一，选定刘家川水库为五大支流拦泥水库之一，并列为第一期工程。

1956年开始进行渭河规划。为了收集当地国民经济部门对渭河规划的要求，并初步选择开发对象，以便制定下一步的勘测任务，黄河勘测设计院派出水利5人，地质3人和行政1人，共9人组成查勘组，于1956年11月13日至12月27日，对渭河进行踏勘。其范围包括宝鸡以上到陇西的干流及其两岸的主要支流和宝鸡以下到漆水河间，渭河北岸的主要灌区。查勘后写有《渭河流域踏勘报告》。

在干流上踏勘了峡口里(即黄石峡)、窦家峡、琥珀峡(即裴家峡上口)、邱家峡、哑子峡等5处坝址；在支流上踏勘了漆水河的龙岩寺、陈家沟、周家河，千河的冯家山，牛头河的小泉峡，葫芦河的后川峡、石窑子、刘家川，散渡河的罗家峡、朱家峡，榜沙河的支锅石峡等11处坝址；在宝鸡峡内踏勘了14处低水头梯级径流电站。

由于1956年踏勘时间短，只在干支流上看了一些水库坝址，未能收集到当地国民经济部门对渭河规划的要求。为了进一步为渭河规划搜集资料，黄河勘测设计院又于1957年5—7月，对渭河进行查勘，提出《渭河流域水利资源普查报告》。

查勘范围不包括泾河与北洛河。查勘中对水土保持、灌溉、防洪、电力、航运等各国民经济部门对渭河规划的要求作了较为深入的了解，估算了流域水资源量和水能蕴藏量。

对渭河的开发方针提出：大力开展水土保持，考虑修建水库工程减少泥沙，发展灌溉，达到增加农业生产，减缓三门峡水库淤积的目的，并兼顾防洪、发电与航运。

对1956年所选的16座水库坝址，进一步论证。冯家山水库是调节水量，解决千河以东，渭河以北，漆水河以西，约280万亩耕地灌溉用水的主要措施；后川峡、石窑子、刘家川是三个以拦泥为主的比较水库，各有优缺点，需进一步比较；罗家峡、朱家峡均以拦泥为主；小泉峡和支锅石峡是调节水量供宝鸡峡发电和下游航运用水；龙岩寺、陈家沟、周家河是三个以蓄水灌溉为主的比较水库，须视灌区引水高程而取舍；干流电站则以宝鸡峡为最优，距宝鸡市用电中心近，其余各峡谷在地形上都能建电站，但尚无用电要求。

1957年8月，水利部下达《渭河流域规划任务书》。指定渭河流域规划的范围不包括泾河、北洛河、三门峡水库360米高程以下的淹没区及漆水河大北沟以东地区。

任务书提出：渭河流域的规划方针是：大力发展水土保持，考虑修建水库工程，减少泥沙，发展灌溉，达到增加农业生产，减缓三门峡水库淤积的目的，兼顾防洪、发电与航运。

任务书规定，渭河流域规划，在水利部领导下，由黄河勘测设计院具体负责组织编制，甘肃省水利厅和陕西省水利厅、交通厅协助完成。要求1958年12月提出要点报告，1959年6月提出规划报告。

1958年3月黄河勘测设计院提出《渭河流域初步开发意见》。对1956、1957年查勘时提出的支流水库及干流电站工程，作了具体安排。开发目标是：平原区3年全部水利化，2年基本控制水土流失，丘陵区5年全部水利化，4年基本控制水土流失；10年内水电装机容量达到40万千瓦；争取3年内完成冯家山、龙岩寺水库灌溉工程，5年内修建16—20座小水库；4年内全部控制何家沟（即秦祁河）、清水河、散渡河、葫芦河、牛头河等五条支流；10年完成宝鸡峡梯级电站。

鉴于此"开发意见"，只控制了北岸几条主要支流，还有众多支流没有控制，因此，必须考虑在干流上修建大型拦泥水库。为此，黄委会设计院，利用以往的资料对渭河的拦泥水库工程进行了研究，于1959年10月提出《渭河流域干支流水库规划意见》。建议将陇海铁路的宝（鸡）天（水）段进行大改线，既割掉陇海铁路常受山体崩塌、滑坡、流石等阻塞的"盲肠"，又有利于渭河干流大型拦泥水库的修建。

规划在渭河干流上修建窦家峡大型拦泥水库，以拦泥为主，综合利用，支流千河上修建冯家山水库，以灌溉为主，此两库列为第一期工程，争取3年建成。支流上的刘家川、小泉峡、罗家峡3座拦泥水库均以拦泥为主，结合灌溉，其修建时间，视窦家峡拦泥水库的淤积情况而定。

流域的水土保持及水利资源开发规划，这次未能按任务书全面完成。

（二） 60年代规划

1960年1月13日，水利部下达《渭河流域规划任务书》。任务书规定：

渭河流域规划范围不包括泾河、北洛河及其在渭河流域的灌区和三门峡水库360米高程以下的淹没区；

开发方针是大力开展水土保持，兴建干支流水库工程，使其点面结合，减少泥沙，延长三门峡水库寿命，并进行灌溉、发电、防洪、航运等综合利用；

渭河流域规划在水利部领导下，由黄委会设计院负责统一编制，甘肃省水利厅、陕西省水利厅和交通厅协助，要求1960年6月提出要点报告，年底提出规划报告。

这次规划，由黄委会设计院第三勘测设计工作队承担。重点是查勘修建拦泥水库的坝址，在干流宝鸡峡内查勘了林家村、王家山、马骔山三个比较坝址，在天水县以上查勘了黄石峡、窦家峡、余家峡、裴家峡、马家磨、邱家峡等5个坝址。写有《渭河流域查勘报告》。1960年7月提出《渭河流域规划报告》(草稿)。

开发方针是：大力开展水土保持工作，逐步制止水土流失，发展山区多种经济。应当采用一切必要措施进行蓄水拦沙，最大限度地引水上山、上塬，变旱地为水地，延长三门峡水库寿命。必须以发展农业为基础，发展水电，综合开发其他各项经济。规划原则是：上下兼顾，统一安排。

规划内容除建议在面上大力开展水土保持外，着重于干流蓄水拦泥工程的研究。选出林家村、马骔山、窦家峡、邱家峡等4座拦泥水库，组成5个方案进行比较。Ⅰ方案是马骔山拦泥水库单独存在；Ⅱ方案是马骔山、邱家峡两个拦泥水库联合运用；Ⅲ方案是窦家峡拦泥水库单独存在，并配合修建林家村低坝以解决下游灌溉引水问题；Ⅳ方案是避开铁路淹没问题，在干流上不建水库，只在宝鸡峡建10座低水头径流电站；Ⅴ方案是邱家峡拦泥水库配合10座电站。经综合比较后，推荐Ⅱ方案。铁路必须考虑另建新线，建议由水电、交通领导部门协商解决。

支流规划作了葫芦河、散渡河、牛头河、千河、榜沙河、耤河等6条，并对下游的小支流作了工程安排。支流规划的总方针是：建库蓄水、充分利用本流域水资源，引水上山、上塬，发展灌溉，结合拦泥、发电。

上述规划报告，于1960年7月向黄委会设计院作了汇报。

1961年，黄委会设计院第七勘测设计工作队进行渭河拦泥规划。根据以往资料，对渭河拦泥库作初步布局，安排20座拦泥水库和16座拦泥库。

后据黄委会副主任韩培诚指示，对工程布局进行调整，改为拦泥水库 14 座，拦泥库 20 座。其中第一期工程推荐莲花（即刘家川）、秦祁河、罗家峡、马虎山（牛头河）及冯家山等 5 座。1961 年 5 月 17 日写有《渭河治理规划方案初步意见文字说明》。此后又补充查勘千河口以上的干流及两岸主要支流。随后转入拦泥库试验坝的选择和牛头河水库、泥库联合运用流域治理的典型规划工作。

1962 年，黄委会规划设计处对渭河开发方案进行研究，于 1962 年 11 月提出《渭河流域开发方案初步研究》。内容主要包括兴利和拦泥两个方面。

兴利方面：对太寅以上干支流川地灌溉及渭北高原（渭河以北，泾河以西，千河以东地区）和关中地区渭河南岸的灌溉问题进行研究。水土资源平衡结果，太寅以上干流川地中鸳鸯川、甘谷川的缺水可由支锅石峡水库供水解决，陇西川、三阳川缺水可在其区间建库调节，其余川地不缺水。支流有葫芦河及散渡河缺水，均需建一批中、小型水库调节。渭北高原的灌溉，拟在支流上修建支锅石峡、马虎山、车柯河、通关河、东岔河、香泉河（小水河）、冯家山、王家崖（千河）、羊毛湾等水库调节供水。渭河南岸支流总水量有剩余，但年内分配不均，仍需建库调节。

拦泥方面：提出修建支流拦泥水库和干流宝鸡峡水库两个方案。前一个方案是修建马虎山、刘家川、罗家峡、支锅石峡及秦祁河的乢阳口等 5 座拦泥水库，年拦泥量占咸阳站年输沙量的 44%，水库寿命 25—55 年。干流宝鸡峡水库选定马骔山坝址，坝高 268 米，总库容 82.75 亿立方米，枢纽及铁路改线总投资 13462 万元，年拦泥量占咸阳站年输沙量的 81%，水库寿命 73 年。铁路改线建议由虢镇车站沿千河而上，至陇县后往西，穿过陇山，经通关河上游到牛头河支流汤峪河，然后顺牛头河而下，在社棠车站与原铁路交轨，改线长 200 公里。

另外，对宝鸡峡以下，渭河干流两岸滩地放淤也作了估算。宝鸡至渭南河道及荒滩 52.81 万亩，除去河道后（以宽 500 米计），还有荒滩约 32 万亩，另有滩地 34 万亩，共 66 万亩，以平均年淤厚 0.1 米计，年淤积量为 4396 万立方米，占咸阳站输沙量的 26%。

1964 年 2 月 27 日水电部下达《编制“泾、渭河流域规划”任务书》。要求 1964 年底提出泾河流域规划，1966 年提出泾、渭河规划报告。由于“四清运动”及“文化大革命”的开展，规划工作没有进行。

(三)70年代规划

1971年3月，由黄委会规划二分队、甘肃省水电局及天水、平凉地区共同组成50余人的甘肃省渭河流域规划组，进行甘肃省渭河流域规划。1971年9月提出《甘肃省渭河流域治理规划报告(汇报稿)》，经修改后于1972年4月完成《甘肃省渭河流域治理规划报告》。陕西省水利电力勘测设计院于1973年4月提出《陕西省渭河流域综合治理规划(初稿)》，在此基础上，由陕西省水电局组织水利电力勘测设计院、水土保持局、地下水工作队等单位组成渭河流域规划组，对流域内水利水电工程及水土保持进行调查后，综合平衡有关地、市提出的规划，于1974年6月编制出《陕西省渭河流域综合治理规划》。

甘肃省规划到1985年治理水土流失面积达10214平方公里，灌溉面积达301万亩。重点工程规划修建葫芦河叶家堡及榜沙河支锅石峡两座大型水库和中型、小(一)型水库60座。

陕西省规划到1985年治理水土流失面积达18657平方公里，灌溉面积达1700万亩(新增682万亩)，其中纯井灌367万亩(新增77万亩)。重点水库有冯家山、石头河、黑河等3座大型水库，总库容6.54亿立方米，中型水库20座，总库容6.56亿立方米，小(一)型水库47座，总库容2.09亿立方米。这些水库除干流宝鸡峡加闸(总库容0.2亿立方米)以外，均位于支流上，对其中较大支流石头河、黑河、沣河、灞河、千河、漆水河、石川河等均分别作了规划和水资源平衡。全河的水资源平衡分为渭河以南、渭河以北泾河以西、渭河以北泾河以东及宝鸡以西山区等4大片进行。按1985年水平，保证率80%年缺水11.29亿立方米，计划由黄河干流龙门水库补给7.2亿立方米，潼关抽黄补水0.19亿立方米，尚缺水3.9亿立方米，以适当开采地下水和采取节水措施解决。

(四)80年代规划

1984年开始修订黄河治理开发规划，陕西、甘肃两省水利水电勘测设计院及宁夏回族自治区固原地区水利水保勘测设计施工队，分别于1985年9月、1985年12月及1986年3月作出属于各省(区)范围的渭河开发治理规划。

1. 陕西省规划的重点是发展关中地区的灌溉和干、支流河道防护及排涝治碱，对小水电、水资源保护及水土保持等也进行了规划。

工程安排主要是围绕灌溉和城市供水而兴建。1990年前以配套为主，规划完成石头河、桃曲坡、石砭峪、岱峪、落花沟等水库和潼关港口抽黄灌溉等工程的续建和配套。2000年以前，建成4项工程，即宝鸡峡渠首加闸、黑河水库供水、灞河红旗渠灌溉及清峪水库灌溉工程。以上工程完成后，新增库容2.8亿立方米，可扩大灌溉面积98.9万亩，新增水电装机4.95万千瓦。另外，黄河干流太里湾抽黄灌溉工程，在本流域扩灌59.5万亩，也在2000年前建成。到2000年灌溉面积达到1290.77万亩。

2000年以前建成装机500千瓦以上小水电12处，总装机7.8万千瓦，年发电量2.52万千瓦时。

水土保持规划，2000年水土保持治理面积达到13238平方公里，占水土流失面积的64.2%。

2. 甘肃省规划，在渭河北岸主要是以水土保持为中心，发展旱作农业；渭河南岸主要是修建水库，调节径流，发展灌溉，兼顾发电。

2000年以前，在支流上修建南寺川中型水库1座，总库容5180万立方米，小(一)型水库7座，总库容3826万立方米，共可扩灌6.85万亩，改善31.57万亩，到2000年灌溉面积达到130.85万亩。

水土保持治理面积，2000年达到15387平方公里，占水土流失面积的73.3%。

小水电到2000年达到54座，总装机15080千瓦，其中装机500千瓦以上的9座，共装机10960千瓦。

3. 宁夏回族自治区在本流域的面积处于葫芦河的上游，绝大部分为黄土丘陵沟壑区，水土流失严重，规划重点主要是开展水土保持，实现水土林综合治理。规划到2000年，水土保持治理面积达到2256平方公里，占水土流失面积的86.8%。灌溉面积达到43.5万亩。

陕西、甘肃两省作了水资源平衡。2000年水平，多年平均陕西省年需水78.14亿立方米，其中农业用水56.48亿立方米，2000年可供水量66.77亿立方米，其中地下水20.63亿立方米，调黄河水6.06亿立方米，年缺水11.37亿立方米。甘肃省年需水10.13亿立方米，其中农业用水7.47亿立方米，2000年可供水量8.09亿立方米，其中地下水2.0亿立方米，年缺水2.04亿立方米。

第三节 治理简况

渭河关中地区的水利事业，历史悠久。汉武帝元光末年(公元前129年)修建长安漕渠，虽是一条运河，“而渠下之民颇得以溉田矣”(《史记·河渠书》)，兼有灌溉之利。在汉代，渭河流域关中地区还建有成国渠、灵轵渠、沣渠、蒙龙渠等，关中的水利事业有较大的发展。唐贞观到天宝十三年(公元627—754年)，经历了100多年的和平发展时期，关中的水利事业又一次得到较快发展。除原有渠道外，在长安附近的沣、镐、灞、浐、潏、涝诸河，差不多都进行了水利开发，长安以东，从秦岭北坡流下的一些小溪河，也修建了小型灌溉渠道，这些工程兼有灌溉、漕运、供水之利。历史上所谓的“八水绕长安”，就是对当时京都附近水利建设发展的概括。该期间另一较大水利工程是六门堰，此工程的前身是汉代的成国渠，从眉县引渭河水灌渭北的广大农田。唐贞观、永徽(公元627—655年)和圣历、久视(公元698—700年)间，曾进行过多次整修，到唐咸通十三年(公元872年)，又整修了这一工程，并“合沣川、漠谷、雪谷、武安四水”，可以灌溉“武功、兴平、咸阳、高陵等县农田二万余顷”。此后，关中的灌溉事业逐渐衰退，到清代已所剩无几，共计不过10万余亩。

1923年在近代水利专家李仪祉先生的倡导下，首先疏竣了龙洞渠，关中的灌溉事业又开始复兴。1929年前后，由于连续大旱，农业大面积遭受损失，“陕西大饥”。在李仪祉先生的主持下，自1930年起，陆续建成泾惠、渭惠、梅惠、黑惠、沣惠、涝惠等灌溉渠道，关中的灌溉面积有所恢复，1949年灌溉面积达到186万亩。

建国后，渭河的水利事业得到迅速发展。截至1985年，已建成冯家山、羊毛湾大型水库2座，总库容4.96亿立方米，中型水库17座，总库容4.95亿立方米(见表5—7)，小(一)型水库132座，总库容3.81亿立方米。建成灌溉面积5000亩以上灌区262处，有效灌溉面积1059.26万亩，其中提水灌溉110处，有效灌溉面积198.9万亩。在关中地区5万亩以上灌区有17处，有效灌溉面积551.49万亩，50万亩以上的大型灌区2处，有效灌溉面积418.35万亩，即宝鸡峡引渭灌区，分原上和原下两大片，有效灌溉面积294.35万亩，另一处是交口抽渭灌区，有效灌溉面积124万亩。共打机井12.32万眼，井灌面积390万亩。加上小型灌区，1985年全流域有效灌溉面

表 5—7

渭河已成大、中型水库统计表

序号	水库名称	所在河流	所在县名	坝址以上流域面积(平方公里)	坝高(米)	总库容(万立方米)	已淤库容(万立方米)	灌溉面积(万亩)		电站装机(千瓦)	土石方量(万立方米)	投工(万工日)	投资(万元)		建成时间(年)	备注
								设计	有效				总	其中：国家投资		
1	羊毛湾	漆水河	乾县	1100	48	10700	803	31.95	24.21		452.6		652.6	564.7	1973	
2	冯家山	千河	凤翔	3232	73	38900		126.00	126.00	4000	572.1	4300	5261.4	5261.4	1984	
3	王家崖	千河	宝鸡	3490	25	9000	2744				503.8		2015.7	2015.7	1970	此3库为宝鸡峡引渭灌区渠库结合工程，灌溉面积计入该灌区
4	信义沟	美阳河	扶风	225	58	3352	141				218.0		302.0	302.0	1971	
5	大北沟	大北沟	乾县	298	59	3850	540				371.0		625.2	625.2	1971	
6	东风	沛水	凤翔	396	26	1550	30	6.86	5.59		70.9		151.0	125.0	1970	
7	白荻沟	横水河	〃	234	32	1083	237	8.63	5.80		119.7		690.0	660.2	1960	
8	段家峡	千河	陇县	627	43	1832	130	10.33	5.67		285.1		461.2	384.5	1972	
9	零河	零河	临潼	270	47	4350	1250	2.10	1.97		97.0		433.0	413.0	1960	
10	沋河	沋河	渭南	224	32	2450	896	8.16	5.92		202.3		576.0	551.0	1963	
11	冯村	清峪河	三原	327	31	1890	330	6.61	6.44		230.0		570.0	296.0	1970	
12	玉皇阁	赵氏河	〃	178	37	1580	546	4.50	4.50		143.0		160.1	80.9	1960	
13	黑松林	冶峪河	泾阳	370	46	1430	335	11.27	8.22		163.0		500.0	490.0	1959	蓄清排浑运用
14	老鸦嘴	漠谷河	乾县	247	54	1802	30				168.9		215.5	117.0	1970	灌溉面积计入羊毛湾灌区
15	东峡	葫芦河支流	静宁	552	41	8280	4088	3.37	3.27		31.4		217.2	217.2	1975	
16	锦屏	牛谷河	通渭	191	29	1050	57	1.80	1.80		64.0		313.9	313.9	1976	
17	夏寨	葫芦河	西吉	492	22	1570		1.00	0.80		65.0		140.0	117.0	1972	
18	张家嘴头	葫芦河	〃	867	25	2700		2.50	2.00		84.0		150.0	150.0	1974	
19	马连	马连河	〃	249	24.5	1700		1.50	0.90		74.0		224.0	224.0	1959	
	合计			9536		99069		224.58	203.09				13658.8	12908.7		
	其中：大型			4332		49600		157.95	150.21				5914.0	5826.1		

积1338.22万亩，其中，陕西省1197.32万亩，甘肃省114.01万亩，宁夏回族自治区26.89万亩。共建成小水电173处，总装机10180千瓦，其中，装机500千瓦以上的3处，装机1800千瓦。

水土保持治理也取得了较大成绩。截至1985年，梯田、条田、坝地达973.81万亩，造林达687.12万亩，种草达369.2万亩，水土保持治理面积达14572平方公里，占水土流失面积的33%。其中陕西省为6414平方公里，占该省水土流失面积的31.1%；甘肃省为6805平方公里，占该省水土流失面积的32.4%；宁夏回族自治区为1353平方公里，占该区水土流失面积的52.1%。

通过治理，流域水、沙均呈减少趋势。据实测资料，1960年7月—1970年6月，10年平均年径流量75.95亿立方米，年输沙量1.764亿吨，而1970年7月—1985年6月，15年平均年径流量53.23亿立方米，年输沙量1.268亿吨。

第十八章　泾河流域

第一节　流域梗概

泾河是渭河的最大支流，发源于六盘山东麓宁夏回族自治区泾源县马尾巴梁，向东流经甘肃省平凉市及泾川县城，至马连河入口处转东南流，经陕西省彬县及泾阳县城，于高陵县蒋王村汇入渭河左岸，河口高程 360 米。干流长 455 公里，其中宁夏境内 34 公里，甘肃境内 146 公里，陕西境内 275 公里。干流八里桥至亭口，河长 178 公里，河谷开阔，为泾河最大的川区，有 20 余万亩川地已全部发展为水地；早饭头至张家山，河长 131 公里，为高山峡谷，可以修建高坝。

泾河水系呈扇状分布，支流众多，流域面积大于 1000 平方公里的支流，左岸有洪河、蒲河、马连河、三水河，右岸有汭河、黑河、泔河。马连河流域面积 19086 平方公里，占全流域面积的 42%。

流域东部有子午岭，南部有关山，西部有六盘山，北面羊圈山为一较高的黄土丘陵，中部为黄土塬地。整个流域为一盆状地形，称“陇东盆地”。其中董志塬面积 920 平方公里(包括沟壑面积共 2300 平方公里)，是黄河流域黄土高原区最大的一个较完整塬，为甘肃省粮食生产基地之一，有“陇东粮仓”之称。

泾河流域面积 45421 平方公里，其中，宁夏境内 4955 平方公里，占 10.9%；甘肃境内 31256 平方公里，占 68.8%；陕西境内 9210 平方公里，占 20.3%。全流域水土流失面积 41950 平方公里，占全流域面积的 92.4%。其中宁夏为 3786 平方公里，占 9%；甘肃为 30276 平方公里，占 72.2%；陕西为 7888 平方公里，占 18.8%。

据张家山水文站(控制流域面积 43216 平方公里，占全流域面积的 95.1%)实测资料(包括渠道)统计，平均年径流量 20 亿立方米(1932—1980

年)，年输沙量2.79亿吨(1958—1980年)。水量的地域分布是南多北少，沙量是南少北多。

流域内共涉及陕西省咸阳、宝鸡、延安、榆林，甘肃省平凉、庆阳及宁夏回族自治区固原、银南等地、市的34个县。据1985年资料，全流域总人口466.27万人，其中农业人口431.31万人，占92.5%。全流域共有耕地1953.43万亩，其中山坡地1035.25万亩，塬地536.14万亩，川地382.04万亩，农业人均耕地4.5亩。1985年粮食总产154.21万吨，人均有粮331公斤，农业人均产粮358公斤。

泾河的天然水质，中部、南部的黄土塬区和河谷川区水质较好，矿化度在1.5克/升以下，符合饮用和灌溉水要求；东部子午岭和南部关山林区以及汭河以南地区，水的矿化度虽在0.5克/升以下，但由于碘硒元素含量过低，人饮后易患甲状腺肿大和大骨节病；庆阳县西北大部干旱山区和河谷川区，水质较差，矿化度大于2克/升，勉强可作为饮用和灌溉用水；环县以北马连河西川上游部分地方，水的矿化度高达4—8克/升，少数地区大于10克/升，氟的含量大于1克/升，为苦水区，无法饮用和灌溉。

第二节　查勘与规划

一、查勘

(一)建国前的查勘

为解决沿河川地及张家山以下关中灌区的灌溉用水和防洪的需要，国民政府两次派人查勘泾河。一次在1935年，由黄委会郑士彦等人自张家山沿干流查勘到亭口，选有大佛寺坝址段，写有《泾河水库踏勘报告》。另一次在1943年，由中央水利实验处陈国庆、王文魁等人由平凉沿干流往下查勘至彬县，了解沿河灌溉情况，选有崆峒峡、六盘峡、吊堡子、彬县上游10公里处(相当于大佛寺)等4处坝址。

(二)1950年选坝查勘

西北黄河工程局于1950年9月底，接黄委会转奉中央水利部指示：以防洪结合灌溉为目的，在泾河查勘适宜坝址，根据国家经济情况，提出短期内可以实行的工程初步意见，以便审核编入1951年国家建设计划之内。为此，以西北黄河工程局邢宣理副局长、陕西省水利局王旭瀛科长、黄委会水科所吴以教所长等3人为主，邀请西北大学张伯声教授参加，共24人组成泾河查勘队，于1950年10月27日至11月17日，对泾河干流自彬县断泾村至泾川县城、支流马连河宁县以下进行查勘。写有《泾河查勘初步报告》。

报告提出在早饭头（或大佛寺）建库集中控制和在马连河口以上干流及支流马连河、黑河、汭河等分别建库控制等两个方案进行比较，结果推荐早饭头水库为开发对象。为了延长其寿命，必须在其上游大力开展以淤地坝为中心的沟壑治理工作。在早饭头以下建梯级电站，并选适当地点建反调节水库，以扩大泾惠渠的灌溉面积。

（三）1951年流域查勘

西北黄河工程局组成以王心钦、郭劲恒为正副队长，共10余人的勘测队，于1951年3月26日至9月3日对泾河进行全面查勘和测量。

方针和任务是：以防洪为主，结合灌溉、发电为目的，进行干、支流水库坝址查勘和全面水土流失及水土保持治理的调查。全队分为水库勘测和沟壑勘测两个组，同时进行勘测工作，分别提出《泾河勘测队工作总结报告》、《泾河流域水库勘测综合报告》及《泾河流域勘测综合报告》。

水库勘测组共查勘坝址48个，对重点坝址进行测量，并提出坝址勘测报告，它们是干流蔡家咀、黑河姚家湾及董家、马连河司咀子、西川曲子镇、东川白家店子、蒲河郑家河及巴家咀、汭河三十里梁家等9个坝址。选出蔡家咀、姚家湾、司咀子、曲子镇、郑家河、巴家咀等6座水库作为泾河流域的初步控制水库，并推荐蔡家咀和巴家咀两座水库为第一期工程，继而开发其余4座水库。同时进行早饭头水库的准备工作，再配合水土保持，以达到全流域的控制。

沟壑勘测组，调查流域自然、社经、水土流失和水土保持情况，总结群众水土保持经验，最后提出流域水土保持实施意见。建议在甘肃省西峰设水土保持试验站，并选定南小河沟为水土保持治理典型区。同年8月，李赋都、张光斗、邢宣理、吴以教、耿鸿枢等又对泾河干流早饭头、蔡家咀及蒲河巴家咀等三个坝址进行考察，建议以蔡家咀水库作为第一期开发对象，早饭头应进一步研究修建高坝的条件。

（四）1953年水土保持查勘

泾河查勘由水土保持查勘第二队担任，正、副队长全允杲、李玉亭，全队共 60 人。1953 年 5 月 5 日由河南省开封市出发，11 月上旬结束外业，集中在甘肃省西峰镇作内业，编写《泾河流域水土保持查勘报告》。同年 12 月底返回开封。

这次查勘对流域的自然、社经情况作了调查，重点是调查水土流失和水土保持情况。采用点面结合的方法，根据流域水土流失特点划分不同类型区，各选一个典型，深入剖析，以点推面，掌握全面。论证水土流失对农业生产和对黄河干、支流的影响。总结群众水土保持经验，提出各类型区开展水土保持工作的措施和治理意见。还对干、支流河道进行查勘，并作了水库开发方式的选择。选择的原则是既要满足为黄河减沙的要求，又必须与流域治理相联系，使在一定年限后，基本控制泾河泥沙，并要求在水土保持生效后，仍能保留一部分库容用以开发水利和防止洪水。初步提出 14 座水库为开发对象，其开发顺序为干流大佛寺，蒲河枣沟、九川沟、王凤沟、巴家咀，干流蔡家咀，洪河圪塔山，马连河老虎沟、司咀子，东川白家店子，西川寺沟门、曲子镇，黑河董家、杨家新庄。其中拟保留一部分库容的有大佛寺、巴家咀、蔡家咀、司咀子、曲子镇。

(五)1963 年已成坝库查勘

为了解泾、渭河的治理情况，已建水利工程及水土保持措施的效果，探索拦泥库的修建条件和发展前景及流域治理方向，由黄委会规划设计处王锐夫处长带领周鸿石等 5 人，于 1963 年 10 月 13 日至 11 月 13 日，对泾、渭河进行查勘。同年 12 月提出《泾、渭河查勘报告》。

泾河流域，查勘了南小河沟及水土保持试验场和巴家咀、王家湾、纸坊沟等已成坝库工程，并调查了镇原县的太阳池、太阴池、白马池、翟家池等 4 个天然聚湫。查勘后提出如下意见：

1. 拦泥库的施工方法可采用分期在坝前淤土上加高坝体，以减少坝体土方，节省工程投资。但有一些技术问题，如基础固结、坝体稳定等尚须进行试验研究。

2. 利用库区淤地扩大耕地面积，变坝地为稳产、高产农田，以增加农业生产，减轻农民负担，有利于解决因建库淹没耕地和移民等问题。

3. 拦泥库库区淤积达到相对平衡是可能的，这已由一些天然聚湫的情况所证实，但一般天然聚湫控制流域面积都较小，还须在控制流域面积较大的大、中型坝库上进行试验。为此，建议将已成的巴家咀水库改为拦泥试验库。

对泾河近期的工程安排，提出修建大佛寺、崆峒峡两座拦泥水库和巴家咀（已成）、老虎沟两座拦泥库。

二、规划

（一）1954 年规划

黄河技经报告将泾河张家山以上流域列为最先实行水土保持工作的区域之一，并选定镇原县三岔和庆阳县南小河沟（现属西峰市）两个水土保持治理典型区。

对泾河的拦泥兴利工程布局，作了 4 个比较方案，即：大佛寺水库集中控制；蔡家咀、郑家河、巴家咀、老虎沟、曲子镇等 5 座大型水库控制；19 座中、小型水库分散控制；沟壑土坝控制等。从控制面积、拦泥效果、工程造价、单位库容投资及生效时间等方面比较，都以集中控制为好。因此，选定大佛寺等 6 座大型水库为开发对象，并推荐大佛寺水库为第一期工程。

（二）1957—1958 年流域规划

1956 年 1 月，国家计委下达《编制泾河流域规划计划任务书》，确定规划由水利部负责，在中央有关部和有关省的配合下，责成黄河勘测设计院具体进行。水利部于 1956 年 2 月，向黄河勘测设计院下达了《编制泾河流域规划任务书》。

黄河勘测设计院于 1956 年 2 月编制规划工作计划，拟定各专业组的任务书。组成以李振华、苏平、洪道兴为正、副队长的泾河查勘队，在地方抽调技术人员配合下，对泾河流域进行查勘（包括张家山以下，东至北洛河，西至漆水河，可能引用泾河水灌溉的地区），并搜集资料。1956 年 10 月提出《泾河流域规划初步意见》。随后将查勘队改为泾河规划项目组，编制规划。规划工作分两步进行，第一步于 1957 年 2 月完成各专业规划报告，然后在各专业报告的基础上，进行综合，于 1957 年 4 月提出《泾河流域规划要点》。第二步是编制泾河流域规划报告，1957 年 12 月完成。

规划方针与任务是以拦泥蓄水为主，结合流域水土保持，发展灌溉、发电、航运、供水等。消灭水旱灾害，增加工农业生产，减少三门峡水库淤积。

泾河修建水库的目的主要是尽最大可能控制泥沙，以减少三门峡水库的淤积和调蓄水量，充分利用水资源发展灌溉。因此，必须在全流域布设水库网。水库拦泥的利用期限，是以水土保持拦泥效益达到极限，减少泥沙

84.5%时为准，即运用到2026年。在全流域共选出大佛寺、蔡家咀两座大型灌溉水库，老虎沟、三里桥、郑家河、巴家咀、王凤沟等5座大型拦泥水库和沙南等21座中、小型灌溉水库。以上共28座水库，组成三个主要方案：

1. 建28座水库，发展灌溉面积500万亩。近期(1967年)建大佛寺大型灌溉水库和沙南、姚家川、打石沟、陈家扁、坡跟前、范坡等7座中、小型灌溉水库以及张家山壅水坝，可基本控制全流域泥沙，发展灌溉面积452万亩。并修建一系列沟壑土坝或拦泥库，使大佛寺水库能长期运用。

2. 水库安排同第一方案，只是不修沟壑土坝或拦泥库。所建水库将较快淤满失效。

3. 建28座水库，发展灌溉面积500万亩。近期工程用蔡家咀水库取代大佛寺水库，这样只能控制一部分泥沙，灌溉面积只能发展到272万亩。以后再逐步修建大佛寺和其他灌溉水库，分期解决控制全流域泥沙和发展全部灌溉面积。

经比较，3方案投资最小，技术经济指标最好，且缓建大佛寺水库，可以保留更多的兴利库容，推荐3方案。

随着形势的发展，1957年底完成的规划已不适应1958年“大跃进”高指标的要求。黄河勘测设计院于1958年3月提出《泾河流域规划初步意见》。主要是将1957年规划的速度加快，并发展塬区提灌。要求水土保持工作，塬区在2年内，土石山区在3年内，黄土丘陵沟壑区在5年内基本控制水土流失。流域内的甘肃部分发展灌溉面积500万亩，主要是塬区提灌，陕西部分发展灌溉面积470万亩，主要是修建大佛寺水库调节水量，并建张家山(或吊儿咀)壅水坝抬高水位，发展张家山以下泾河两岸灌区。

1958年3月，陕、甘两省达成协议：甘肃省除大力进行水土保持和小型水利工程外，还修建巴家咀、老虎沟两座拦泥水库，抽水灌溉两岸塬地，并为大佛寺水库拦泥延长寿命；陕西省建大佛寺水库，拦泥蓄水，并以大佛寺水库的电能供甘肃省抽水上塬。据此，巴家咀、大佛寺两座水库分别于1958年及1959年开工修建。巴家咀水库于1962年建成，坝高58米，总库容2.57亿立方米。大佛寺水库因缩短基建战线于1961年停建。

1958年12月黄委会编制《黄河综合治理三大规划草案》，对泾河规划拟在干流上建崆峒峡、大佛寺两座水库和吊儿咀壅水坝，在支流上建西和平、三里桥、小河口、小庄、姚家川、三水河等6座水库，并建巴家咀、老虎沟两座水库电站，电力提水上塬，共发展灌溉面积860万亩。

(三)1961年拦泥规划

为了在泾河流域选择适宜坝址，研究其拦泥增产的可能效益，黄委会设计院第三勘测设计工作队(队长宋寿亭、王晋聪)于1961年初对泾河干流大佛寺至张家山河段及洪河、蒲河、马连河、黑河等支流进行查勘，拟定5个方案进行粗算比较。

1. 建大佛寺拦泥水库集中控制。
2. 为了延长大佛寺水库的寿命，在其上游建老虎沟拦泥库。
3. 建老虎沟拦泥库单独控制。
4. 建大佛寺拦泥水库和老虎沟、郑家河两座拦泥库。
5. 在大佛寺拦泥水库下游建黑咀梢调节水库一座。

巴家咀为已成水库，参加各方案。

计算比较后认为，1方案和5方案较好，唯黑咀梢为新选坝址，资料较少，须补充后作进一步研究。

1961年初，与第三勘测设计工作队查勘泾河的同时，黄委会设计院利用50年代的查勘规划资料，对泾河流域的拦泥、兴利工程作了初步规划。提出在泾河上修建巴家咀、郑家河、王凤沟、枣沟、八上台、灵沟、车家坪、老虎沟、三里桥等9座大、中型拦泥库和大佛寺，崆峒峡、庙底、老龙潭等大、中、小型水库48座。

同年5月，设计院谢正枋等，在年初所作初步规划的基础上，参考50年代的查勘规划成果和勘三队的查勘资料，对泾河的拦泥规划进一步研究，编写有《黄河中游干支流治理规划初步意见草稿(泾河部分)》。

规划大佛寺作为拦泥库，在其下游建北堡和黑咀梢两座调节水库，将王凤沟和枣沟改为水库，在蒲河及马连河两条多沙支流上布置拦泥库8座，在主要支流上建水库34座。共有总库容102.4亿立方米，其中拦泥库容83.8亿立方米，可淤坝地37.1万亩，全部工程量5251万立方米(按坝体分期在坝前淤土上加高计算)。在运用期内(20—50年)，可拦张家山以上沙量的92.8%。第一期拦泥工程推荐老虎沟、郑家河、巴家咀(已成)三座拦泥库。

(四)1962年开发治理研究

为研究泾河流域开发治理方向，黄委会规划设计处张学勃、张登荣等人，在1957年和1961年两次规划成果的基础上，于1962年对泾河的开发治理进行探讨，进行全河水量平衡计算和坝库工程布局，并结合灌溉调节要求，对大佛寺水库作了专门研究。

泾河的开发治理，研究了三种方式：一是以拦泥为主结合发展灌溉；二是单纯拦泥；三是以发展灌溉为主结合拦泥。分析比较后认为，若在拦泥上没有特殊要求，应以地方兴利为主，即以发展灌溉为主结合拦泥为优，实施较容易。对泾河共安排大佛寺等 7 座水库，可发展灌溉面积 356.4 万亩，年拦泥量占张家山以上沙量的 19.3%。

（五）1964 年规划

水电部于 1964 年 2 月下达《编制“泾、渭河流域规划”任务书》。任务书指出，根据 1964 年 2 月全国水利会议精神，按黄委会的力量，在三门峡以上先进行泾、渭河流域规划，作为以三门峡为中心的黄河近期规划的一部分。规划的任务是：为泾、渭河本流域的开发和减少三门峡水库及渭河下游河道淤积的影响，应在总结历次规划和已有资料的基础上，进一步贯彻以农业为基础的方针，加强调查研究，总结群众经验，提出泾、渭河流域规划。规划分两个阶段进行，1964 年底提出泾河流域规划及渭河下游相应治理的初步意见报告，以便确定泾河的第一期工程，逐步开始泾河的治理。1966 年提出泾、渭河规划报告。

规划任务由黄委会规划设计处周鸿石、曹太身等 30 人承担。在对历次查勘规划成果作了研究后，于 1964 年 4—7 月，对泾河及渭河咸阳至潼关段进行查勘。

查勘中调查了巴家咀、纸坊沟、田家河、店子洼、唐台子等已成水库及干湫子、下腰岘、老坝头等 30 余个天然聚湫；查勘了干流东庄和马连河巩家川等坝址 40 余处；调查总结了石川河、赵老峪及平凉大陈大队等引洪淤灌用洪用沙典型 10 余处；查勘河道 400 余公里，对下游早饭头到张家山河段进行了重点查勘。早饭头到肖家庄河段，虽选有北堡、黑咀梢、马家川、马家咀等坝址，但由于地质条件的限制，不能建高坝，故着重在肖家庄到张家山（过去未作过查勘）河段，选择能建高坝的坝址。由洪道兴、邓盛明等 6 人组成查勘组，沿河进行查勘，发现了能建高坝的东庄坝段，1964 年 7 月写有《东庄坝址查勘报告》。

查勘后，1964 年 9 月由曹太身执笔写有《泾河流域和渭河下游咸阳至潼关段查勘报告（初稿）》。随即转入规划编制工作。

规划任务有两项：一是为解决三门峡水库淤积和渭河下游河道淤积影响西安市的问题，必须迅速减少进入三门峡水库的泥沙，泾河流域除大力开展水土保持外，必须尽快修建拦泥库工程；二是张家山以下的数百万亩耕地，要求调节泾河水量进行灌溉，必须修建水库。规划以拦泥为主，同时发展灌溉和水电。

规划着重研究了拦泥工程布局，共选出东庄、大佛寺、巩家川、巴家咀、王凤沟、三里桥、崆峒峡、店子洼等29座拦泥水库或拦泥库组成三个方案（均包括已成的巴家咀水库）。

1.修建东庄拦泥水库，为延长其寿命，配合修建巩家川拦泥库。

2.修建大佛寺拦泥水库，配合修建巩家川拦泥库。

3.不建干流工程，在主要支流上修建26座拦泥水库或拦泥库。

比较后认为，这三个方案在拦泥和减少渭河下游淤积的效果及灌溉、发电、淹没影响、施工条件等方面，以1方案为优。推荐1方案作为第一期开发对象。于1964年12月提出《泾河规划阶段报告》。

（六）70年代规划

黄委会规划二分队，根据陕西省革命委员会的指示，在咸阳地区革命委员会的领导下，组成泾河流域规划组，经过调查研究，于1970年7月提出《陕西省泾河流域规划初步意见》。又于1971年11月与咸阳地区水利电力局共同编制《陕西省泾河流域规划意见（初稿）》，上报陕西省水电局和计划委员会。继而会同甘肃省水利电力局勘测设计第一总队和平凉、庆阳两地区的水利水保部门，组成规划队，进行甘肃省泾河流域的规划工作。于1972年4月提出《甘肃省泾河流域治理规划报告》和《马连河流域治理规划报告》。

（七）1985年规划

根据水电部的统一部署，泾河流域分属陕西、甘肃、宁夏三个省（区）的规划，于1985—1986年分别作出，并报送黄委会。

陕西省提出的规划，除在2000年以前修建黑河亭口（姚家湾）大型水库1座，主要解决彬县、长武地区工业、城镇生活用水和灌溉长武塬地外，还规划在2000年以后，修建东庄大型水库，以解决日益增长的城镇生活、工业用水和关中地区的灌溉用水。在支流修建三水河埝里、红岩河马家河及四郎河郭家庄等3座中型水库，以发展塬地灌溉和解决农村人畜饮水。到2000年，有效灌溉面积发展到139.16万亩，水土保持治理面积达6261平方公里，占水土流失面积79%。

甘肃省提出的规划，到2000年建成王峡口、朱家涧、新集、铜城等4座中型水库，总库容7400万立方米，小(一)型水库6座，总库容2395万立方米，新建灌溉面积5000亩以上灌区36处，有效灌溉面积发展到133.08万亩。水土保持治理面积达19257平方公里，占水土流失面积63.6%。

宁夏回族自治区提出的规划，到2000年新建小(一)型水库7座，总库容1280万立方米，建抽水站3处，有效灌溉面积发展到20.29万亩。水土保持治理面积达1702平方公里，占水土流失面积45%。

泾源县为全国100个小水电后续县之一，规划到2000年人均有电力81.6瓦，电量239.5千瓦时，基本达到全国农村电气化现行规定的指标人均100瓦和200千瓦时的标准。为解决清水河流域干旱缺水的六盘山引水工程(引泾济清)，已列入自治区水利工程规划项目，此工程实现引水后，对泾河上游泾源县境内的小水电将会有一定影响。

三省(区)都作了水资源平衡。2000年水平，50%年，陕西省可供水量7.16亿立方米(不含泾惠渠灌渭河地的3.26亿立方米)，甘肃省可供水量5.17亿立方米，宁夏回族自治区可供水量1.34亿立方米。2000年三省(区)工农业及城乡生活总需水量分别为7.76、6.65、0.75亿立方米。陕西和甘肃分别缺水0.6和1.48亿立方米，宁夏不缺水。

第三节 治理简况

泾河水资源的开发利用，早在秦始皇元年(公元前246年)就修有著名的郑国渠，灌溉泾河以东土地，史称灌地四万余顷。汉武帝元鼎六年(公元前111年)和太始二年(公元前95年)，先后又修了六辅渠和白渠与郑国渠合称郑白渠，到唐代又称三白渠。上游平凉、泾川一带，在唐代已开渠兴利，至明代灌溉面积达30余万亩。由于水利工程失修，灌溉面积逐渐减少，到清末已所剩无几。如郑国渠灌区到清乾隆二年(1737年)仅龙洞渠灌田二万余亩。上游灌溉面积到1949年只有4.26万亩。民国年间，李仪祉先生于1930年倡议修建泾惠渠，1932年建成，灌溉面积65万亩，1949年实际达60.6万亩。

建国以来，水资源的开发利用得到迅速发展。据1985年资料全流域已建成(并加高)巴家咀大型水库1座，坝高74米，总库容4.95亿立方米；店子洼、崆峒峡、王家湾、泔河及泔河二库等5座中型水库，总库容1.55亿立方米(见表5—8)；小(一)型水库56座，总库容1.73亿立方米。建成灌溉面

表 5—8

泾河流域已成大、中型水库统计表

序号	水库名称	所在河流	所在县名	坝址以上流域面积(平方公里)	坝高(米)	总库容(万立方米)	已淤库容(万立方米)	灌溉面积(万亩)		电站装机(千瓦)	土石方量(万立方米)	混凝土量(立方米)	投资(万元)		建成年月	备注
								设计	有效				总	其中:国家投资		
1	巴家咀	蒲河	西峰市	3522	74	49560	20510	14.40	0.77	1484	429.4	11273	2188	2188	1962.7	1962 年建成坝高 58 米，两次加高共 16 米
2	崆峒峡	泾河	平凉市	597	63.8	2970		19.00	14.50	1890	421.8	19000	2387	2387	1980	
3	王家湾	赵家川	西峰市	142	43	2092	1122	0.30			160.3		152		1975.7	
4	汧河	汧河	礼泉	691	51	5440	1700				444	10014	877	877	1972.5	为宝鸡峡灌区供水
5	汧河二库	汧河	礼泉		50	3000		7.00			80	1200	50	50		
6	店子洼	茹河	彭阳	359	28	2000	1170	2.00	1.80	120	61.5		150	150	1960	
合计						65062	24502	42.7		3494	1597	41487	5804			

积5000亩以上灌区60处，有效灌溉面积78.72万亩，加上小型灌区，1985年有效灌溉面积达234.74万亩。其中，宁夏11.07万亩，甘肃94.52万亩，陕西129.15万亩（不包括泾惠渠灌渭河耕地102万亩）。

由于水土保持逐步生效和修建了一系列坝库工程，更充分地利用了当地水沙资源，使入黄河水沙均有所减少。据张家山水文站实测资料统计，1961—1970年，10年平均年径流量23亿立方米，年输沙量2.98亿吨，而1971—1980年，10年平均年径流量16.39亿立方米，年输沙量2.34亿吨。前后10年比较，水量减少28.7%，沙量减少21.5%，同期降水量减少11.4%。

第十九章 北洛河流域

第一节 流域梗概

北洛河是渭河的支流，原名洛河，为了与在三门峡以下注入黄河的支流洛河相区别，1955 年全国人大一届二次会议通过的《关于根治黄河水害和开发黄河水利的综合规划报告》中改称北洛河，沿用至今。

北洛河发源于陕西省定边县白于山郝庄梁，从西北向东南斜穿陕西省陕北、关中地区，流经吴旗、甘泉、富县，在大荔县东南注入渭河，河口高程在三门峡建库前为 326 米，干流长 680 公里。

北洛河河口在历史上有较大变迁，明成化年间(1465—1487 年)，朝邑河岸崩溃，北洛河直接入黄，至隆庆年间(1567—1572 年)，又由大庆关溃出后复入渭，后来又直接入黄，到 1933 年黄河东滚，使北洛河在黄、渭之间的三角地带徘徊达数年，时而入黄，时而入渭，直到 1947 年才固定入渭。

全流域面积 26905 平方公里，其中陕西省 24575 平方公里，占 91.3%，甘肃省 2330 平方公里，占 8.7%。水土流失面积 17281 平方公里，占流域面积的 64.2%，其中陕西省 16295 平方公里，甘肃省 986 平方公里。

流域内大于 500 平方公里的支流有 11 条，其中，1000 平方公里以上的支流有周水、葫芦河、沮水；500—1000 平方公里的支流有石涝河、乱石头川、宁赛川、界子河、仙姑河、石堡川、白水河、大峪河等。

据洑头水文站(控制面积 25154 平方公里，占全流域面积的 93.5%)1933 年 7 月—1984 年 6 月实测资料，年平均径流量 8.32 亿立方米，年平均输沙量 0.971 亿吨。陕西省水文总站用 1956—1979 年实测资料进行还原，北洛河多年平均径流量 9.97 亿立方米，其中洑头水文站以上年径流量9.24 亿立方米。

北洛河流域地跨陕西省定边、靖边、吴旗、志丹、甘泉、富县、洛川、黄陵、黄龙、白水、澄城、蒲城、大荔、合阳、铜川市郊区、宜君和甘肃省华池、合水共18个县(区)。据1985年资料,全流域总人口219.13万人,其中,农业人口198.06万人,占90.4%;总耕地656.87万亩,其中,川台塬地439.49万亩,山坡地217.38万亩。1985年粮食总产78.62万吨,人均359公斤,每农业人口产粮397公斤。

第二节 查勘与规划

一、查勘

(一)1951年查勘

为了对北洛河进行了解,西北黄河工程局于1951年3月30日至5月23日,由队长任文灏、副队长王书馨等17人,组成北洛河查勘队,对北洛河进行查勘,同年8月提出《北洛河查勘初步报告》。

这次查勘是以防洪为主的水库查勘,并重点了解水土流失,适当的配合灌溉和发电工程。查勘从洑头开始,至甘泉胡家湾止,查勘了干流河道334公里,支流河道94.5公里。

查勘并测量了干流六里峁、马家河、南城里、东峁岭及葫芦河弥家川等5个水库坝址,作为修建对象,以解决北洛河的洪水问题,并结合灌溉和发电。为了延长水库寿命还必须大力开展水土保持工作。

另外还查勘了干流的惠家河及支流葫芦河的石咀子、沮水的咀头等3个坝址,作为进一步研究坝址。

北洛河河道中跌水多,利用其天然跌差修建水电站十分有利,查勘中选择了三叠状,三眼桥、贺家河等3处作为开发坝址。

(二)1953年查勘

水土保持第八查勘队(队长赵秦丹,副队长马作飞)共44人对北洛河的水土保持进行查勘,1953年12月提出《北洛河流域水土保持查勘报告》。

这次查勘,调查流域自然及社经情况,重点是调查水土流失特点及其对农业的影响,总结群众水土保持经验。在此基础上,提出北洛河水土保持的方针是:以农林牧水利各项生产相结合,并与利用自然、改造自然相结合,进行重点试验,推广经验,积极稳步前进。

为了解决北洛河的洪水、泥沙问题，结合水电开发，还进行了水库坝址查勘。在干流上选了吴旗、永宁山、惠家河等3座蓄洪拦沙库和三叠状、洑头两座径流电站，在支流上选了葫芦河东华池、沮水南峪沟两座以灌溉为主的水库和头道川王凹子及梁士湾、乱石头川引子渠、周水马差河等4座蓄洪拦沙库。并建议按“先支后干、先上后下”的顺序进行开发。

(三)1964年查勘

为进一步控制北洛河的泥沙，选择拦泥坝库，黄委会组成以曹太身为组长的6人查勘组(陕西省水利厅勘测设计院配合1人)，于1964年6月8日—19日对北洛河干流洑头至南城里段进行查勘，黄委会韩培诚副主任和沈衍基副总工程师于6月20日—24日又对永宁山、南城里、党家湾等坝段作重点查勘，于1964年7月提出《北洛河干流洑头至南城里段及永宁山坝段查勘报告》。

在坝段选择方面，认为在三叠状、南城里附近筑坝，坝址条件较好，库容也较大。三叠状至南城里间，河道比降大，河谷不对称，无适当坝址。本次查勘着重研究了洑头、党家湾(即三叠状)、南城里等坝址及永宁山坝段。

初步认为，在洑头建坝，库容太小，拦泥作用不显著，淹没比较大，应放弃。南城里建坝，从控制泥沙数量和库容方面看，条件尚可，但要影响黄陵县和黄帝庙，如以不影响黄帝庙为限，坝高不超过70—80米，水平库容只能维持10年左右。党家湾建坝，几乎控制了北洛河的全部水量和泥沙，结合灌溉和发电的条件较好，根据地形地质条件，可修100米高的混凝土坝，库容9亿立方米，运用年限可达15年，淤满后还可结合灌溉或引洪淤灌北洛河两岸塬地，拦泥兴利效益显著，其缺点是，库区淹没黄铁矿，对煤矿有浸没影响，坝址基岩较破碎，节理较多。永宁山坝段，位置虽偏于上游，但能控制北洛河来沙量的80%，拦泥作用显著，其主要问题是交通不便，劳力少，施工困难。

二、规　划

(一)50年代规划

1954年编制的黄河技经报告，在北洛河上安排有永宁山、六里峁、马家河等3座拦泥水库，并选六里峁为第一期工程。

为编制北洛河、延河的技经报告，黄河勘测设计院成立了以王长路为组长的北洛河、延河项目组。为了制订查勘计划，提出流域开发任务，由王长路等9人于1956年11月12日至12月30日对北洛河、延河进行踏勘，1957年1月提出《北洛河延河流域踏勘报告初稿》。

在北洛河上踏勘了干流洑头到吴旗段和周水、葫芦河、沮水三条支流的中下游段。共踏勘干流吴旗、旦八、永宁山、六里峁、马家河、惠家河、南城里、东峁岭、三叠状和支流葫芦河弥家川、沮水南峪沟等11个坝址。

踏勘后认为：北洛河开发任务应以蓄水拦泥、大力开展水土保持、发展灌溉为主。

对干支流的11个坝址，经比较后选出永宁山、六里峁、马家河、南城里和弥家川作为主要建库坝址。为下游的抽水灌溉，在干流上选出三叠状和洑头两处作为径流电站开发坝址。

对支流开发，交口河（位于葫芦河汇合口）以上各支流应以拦泥为主，以下各支流则以灌溉为主，在主要支流上共选出水库8个，除上述弥家川及1953年所选的6个以外，再增选葫芦河的寨子湾水库。

为编制规划准备资料，黄河勘测设计院在1951年、1953年和1956年三次查（踏）勘资料的基础上，经过补充调查后，于1957年7月编制出《北洛河流域水利资源普查报告》。

报告补充的主要内容有流域水土资源平衡和干、支流水能计算。对干、支流工程安排仍采用1956年踏勘时的意见。

1957年8月水利部下达《北洛河流域规划任务书（草稿）》。

《任务书》要求估算水保的拦泥效益；研究兴修干支流水库技术可能性与经济合理性，选出第一期工程，特别要论证黄河技经报告提出的第一期工程六里峁水库；提出灌溉和水电开发意见。

《任务书》提出，这次规划由黄河勘测设计院负责，黄委会水土保持处、陕西省水利局及气象局协助。并要求1957年10月完成野外查勘工作，1958年6月提出规划要点，12月提出规划报告。

为此，黄河勘测设计院北洛河、延河项目组利用几次查勘所得资料，于1957年9月编制出《北洛河流域规划初步意见草稿》。

规划方针为：减少泥沙下泄，增加农业生产。为此，应以土壤改良（包括水土保持和灌溉）为基本措施，配合修建水库工程。

规划认为，水土保持效益自1962年起，50年后达到56%，在此期间有大量泥沙进入三门峡水库；在灌溉方面，若不建库调节水量，对已有灌区44.5万亩用水不能保证。因此，在北洛河修建拦泥水库实属必要。

拦泥水库方案，在干支流上43个可能建库的坝址中，选出干流的吴旗、永宁山、六里峁、马家河、惠家河、南城里等6个坝址和支流周水志丹、葫芦河杜家砭、沮水店头等6个坝址，共12个坝址组成6个方案20个组合进行研究，经比较后选出最优方案，即六里峁加永宁山方案，并推荐永宁山水库为第一期工程。此方案有总库容10.2亿立方米，灌溉面积74.6万亩，拦泥效益47.6%。

在该规划初步意见的基础上，原定1958年第二季度提出规划报告。但由于形势的变化，黄河勘测设计院于1958年3月提出《北洛河流域规划初步意见(修正稿)》，报送水电部勘测设计司，并提出："由于在此项规划查勘工作中，一方面对'三主'方针体会不够，更重要的是对当前群众性水保水利建设高潮估计不足，因而原规划基础已失去现实意义，而决定暂时不再进行详细编制工作，拟待今后修正补充。现仅在原有资料基础上提出流域规划初步意见，报部存案。"

根据规划任务书要求，规划初步意见修正稿对流域开发方针是：大力开展水土保持措施，结合修建水库工程，减少泥沙，发展灌溉，借以增加农业生产，并减缓三门峡水库淤积。

水土保持规划要求丘陵区5年、林区3年、阶地区1年基本控制水土流失。

在干流上选出永宁山、六里峁、马家河三座拦泥水库和南城里水库，组成5个方案进行比较，这5个方案是：1.六里峁水库拦泥灌溉综合利用；2.永宁山拦泥配合南城里水库灌溉；3.六里峁综合利用配合南城里水库灌溉；4.永宁山、六里峁、南城里三库配合；5.永宁山、马家河、南城里三库配合。经比较后采用第5方案，近期修建永宁山、南城里，远期修建马家河。此方案有总库容11.13亿立方米，灌溉面积232万亩。推荐干流三叠状作为水电站开发坝址。

1958年12月黄委会编制《黄河综合治理三大规划草案》，在北洛河上规划的是永宁山、南城里、三叠状三座大型水库，总库容8.73亿立方米，灌溉面积287万亩，电站装机0.8万千瓦。

(二)1961年规划

1961年初，黄委会设计院利用已有资料，对北洛河工程布局进行研究，5月提出《北洛河流域治理规划初步意见》。

在干流上规划南城里水库1座和永宁山、洑头两座泥库，在主要支流上规划泥库 13 座，总库容 23.77 亿立方米，其中拦泥库容 18.67 亿立方米。第一期工程推荐永宁山、南城里和吴旗以上支流的王凹子、梁士湾、引子渠、可可川的方家台、宁赛川的张家坪、周水的志丹等 8 座坝库。

同年，黄委会设计院第三勘测设计工作队在对北洛河进行查勘后，于 1961 年 10 月提出《北洛河流域规划初步意见》。

根据发展国民经济“以农业为基础，以工业为主导”和“调整、巩固、充实、提高”的方针，以及黄河治理的要求，提出本流域规划的方针任务是：全面规划，综合利用水土资源，解除洪水危害，消灭干旱，在大力开展水土保持的同时，修建适当的坝库工程，以发展灌溉，拦截泥沙为主，结合发电和工矿城镇供水，从而达到发展生产，提高人民生活水平，并减少进入三门峡水库的泥沙。

规划到 1970 年水土保持拦泥效益达到 10.5%，1980 年达到 19.2%。因此，必须同时修建必要的坝库工程拦泥。

在干流上布置了南城里、湫头两座水库，吴旗、永宁山、石门子、秦家河、东峁岭等 5 座泥库和三眼桥电站。支流上共规划水库 8 座，即三道川宗家砭、宁赛川红柳河畔、葫芦河张家湾、沮水双龙、牛武川柳梢湾、石堡川史儿河、苦泉河福地及白水河林皋（其中，福地坝当时已基本建成生效，柳梢湾待续建）。第一期工程推荐永宁山、南城里、宗家砭、柳梢湾和林皋。

规划灌溉面积发展到 386 万亩，需水 14.59 亿立方米，北洛河的水资源远不能满足需要，建议采取降低灌溉定额、发展井灌、划一部分面积归泾河水灌及引黄河水等措施来解决。

（三）70 年代规划

1973 年 4 月，陕西省水利电力勘测设计院，为了全面开展北洛河的流域治理，建设基本农田，改变农业生产条件，提出《洛河流域治理规划（草案）》。于 1974 年 7 月和 8 月对规划草案进行修正补充，提出《洛河干流近期灌溉工程开发方案比较规划报告》和《洛河流域重点水利水电工程规划》。

规划的方针和原则是：以服务于农业增产为目的，以保持水土为基础，以建设基本农田为中心，坚持贯彻蓄、小、群的水利建设方针，以发展灌溉为主，因地制宜，综合利用，同时重视水、沙资源的开发和利用，变害为利，充分发挥其效益。

水利水电工程规划，在干流上选定永宁山、南城里、湫头三个梯级枢纽，在主要支流上规划兴建库容 500 万立方米以上的重点水库 8 座，包括已建成的6座,共14座,它们是:杨家河、柳梢湾、郑家河、福地、友谊、林皋(以上为已成水库)和李安沟门、河坊、菜子湾、南沟门、五交地、田河川、三畛地、定国等。

近期(1980年前)重点工程,本着集中力量打歼灭战的原则,先支后干,在支流上建成李安沟门、河坊、南沟门、五交地、三畛地、定国等6座水库,总库容2.95亿立方米,连同已成的6座,总库容4.04亿立方米。支流葫芦河的南沟门水库,主要是配合下游引水灌溉的一个调节水库,除调节葫芦河径流外,并在干流上建王家河引洛入葫工程,将非灌溉期北洛河的低含沙量水引入水库参与调节,近期除抽水上塬发展灌溉面积4.5万亩外,并配合下游洑头加闸蓄水发展抽水灌溉35万亩,远景与南城里水库联合调节运用,可发展高塬灌区70万亩。干流下游的灌溉引水枢纽工程,曾比较过南城里水库、槐沟河引水、党家湾水库、洑头加闸抽水等4处。比较后认为,近期北洛河水资源可资利用数量不多,仅可扩灌35万亩,各工程造价都较大,除南城里以外都不能结合远期灌区的发展,同时,要解决下游高塬大面积的灌溉问题,还必须依靠黄河水源,为了尽可能与远期工程结合,使工程变动少,以减少损失,建议修建洑头加闸抽水灌溉工程,除保灌洛惠渠灌区55万亩外,并扩灌蒲城东南塬地35万亩。规划灌溉面积发展到379.32万亩,其中纯井灌76.28万亩。

水土保持规划,在保证建设好每人2亩基本农田,提高粮食单产的前提下,退耕陡坡地,还林还牧。近期基本农田达到345.5万亩,造林种草、封山育林988万亩,水土保持治理面积达9691平方公里,占水土流失面积18869平方公里(当时规划采用数)的51.4%。

(四)1985年规划

陕西省水利水电勘测设计院及甘肃省水利水电勘测设计院,根据黄河规划协调小组所编《黄河主要支流开发治理规划工作大纲》的要求,1985年9月及12月,分别提出"陕西省北洛河开发治理规划报告(初稿)"及"甘肃省北洛河流域开发治理规划初步意见"。综述如下:

规划原则是:1.统筹兼顾、全面安排、因地制宜、综合治理;2.重点开展水土保持,采用生物、工程、耕作措施,充分发挥生态、经济效益;3.坚持水利建设为社会经济各部门服务的方向,按照生活、工业、农业供水次序,合理调配水资源;4.合理开发地表水和地下水,优先满足上中游用水要求;5.工程规划注意蓄、引、提结合,强调部署蓄水工程,大、中、小并举,合理安排骨干工程。

2000年以前重点是对现有工程进行维修、巩固、配套和挖潜,同时兴建效益确实好的工程。重点项目主要有:洛惠渠灌区维修改善;续建东雷抽黄工程,增加有效灌溉面积33.2万亩;新建太里湾抽黄工程,给本流域扩灌26万亩。灌溉面积5000亩以上的灌区新增1处,达41处。2000年有效灌溉面积达182.15万亩(不含洛惠渠灌外流域的20万亩),占耕地面积656.87万亩的28%,农业人均0.86亩。灌溉面积中,陕西省181.64万亩,甘肃省0.51万亩,北洛河水灌溉115.95万亩,黄河水灌溉66.2万亩。

水土保持治理面积,规划2000年达11918平方公里,占水土流失面积的69%,其中陕西省11733平方公里,占水土流失面积的72%,甘肃省185平方公里,占水土流失面积的18.8%。

两省都作了水资源平衡。2000年水平,50%年,陕西省可供水量6.35亿立方米,其中,北洛河水2.43亿立方米,地下水0.9亿立方米,提黄河水3.02亿立方米。工农业及城乡生活总需水量8.89亿立方米,其中,农业需水7.68亿立方米(含洛惠渠灌外流域的0.81亿立方米),年缺水2.54亿立方米。甘肃省境内不缺水。

陕西省规划有引洛高干渠及南沟门、河坊、五交地等三座大、中型水库为远期骨干工程。有效灌溉面积发展到380.36万亩,占耕地面积的59.5%。

第三节　治理简况

北洛河流域在历史上水利工程极少,著名的“洛惠渠”1934年开工兴建,直至1950年才建成受益。建国后截至1985年流域内已建成100万立方米以上的水库19座,总库容1.99亿立方米,调节库容1.11亿立方米,已淤积0.15亿立方米。其中中型水库有林皋、拓家河、郑家河、福地、孙台、石堡川等6座,总库容1.59亿立方米(见表5—9)。建成灌溉面积5000亩以上灌区40处,其中,5万亩以上大、中型灌区有洛惠渠(有效灌溉面积77.62万亩)、东雷抽黄(灌北洛河地7万亩)、龙羊抽水(有效灌溉面积5.5万亩)、跃进渠(有效灌溉面积8.93万亩)等4处。在5000亩以上抽水灌区中,共建抽水站117座,总装机2.44万千瓦。打机井6548眼,配套4565眼。有效灌溉面积达118.22万亩,其中,陕西省117.71万亩(不含洛惠渠灌外流域的20万亩)。

表 5—9　　北洛河流域中型水库统计表

水库名称		林皋	拓家河	郑家河	福地	孙台	石堡川
所在河流		白水河	仙姑河	淤泥河	苦泉河	南沟门河	石堡川
所在县名		白水	洛川	黄陵	宜君	吴旗	洛川
坝址以上流域面积（平方公里）		320	291	77	120	68	844
坝高（米）		33	43.3	28	30	45	58
总库容（万立方米）		3230	2648	1175	1050	1550	6220
已淤库容（万立方米）		300	160	10	318	390	
灌溉面积（万亩）	设计	11.69	6	1.5	0.6	0.08	31.0
	有效	8.94	4.53	0.5	0.07	0.04	
土石方量（万立方米）		211	411	111.7	30	73	1109.6
混凝土量（立方米）		1530					2800
投资（万元）	总计	942	374.2	140	136	175	3750.4
	其中国家投资	624	374.2	140	136	104	3750.4
建成年、月		1971、12	1972、10	1972、10	1964、10	1974、11	1973、6

据 1985 年资料，“三田”（水地、坝地、梯田）面积 364.23 万亩，造林 307.32 万亩，种草 95.76 万亩，其中陕西省“三田”362 万亩，造林 305 万亩，种草 95 万亩。水土保持治理面积 5278 平方公里，占水土流失面积的 30.5%，其中陕西省为 5243 平方公里，占水土流失面积的 32.2%，甘肃省为 35 平方公里，占水土流失面积的 3.5%。

第二十章　洛河流域

第一节　流域梗概

洛河古称雒水，是黄河三门峡以下最大支流。建国后，曾有一段时期将伊河入口以下的37公里河段称伊洛河。

洛河发源于东秦岭华山东南麓陕西省兰田县木岔沟，向东流经陕西省洛南县和河南省卢氏、洛宁、宜阳、洛阳、偃师等县市，至巩县巴家闸注入黄河右岸，高程101米，全长447公里(其中陕西境长108公里)。干流长水至偃师枣庄(伊河入口)，河道长151公里，河谷开阔，是洛河的主要川地区。其中由长水至洛阳河道长116公里，河谷宽1000—5000米，川地面积约560平方公里，由洛阳至枣庄河道长35公里，为伊河汇入洛河的汇流段，河谷最宽处达10余公里，川地面积约670平方公里。两河相夹的滩区，西起洛阳市关林，东迄偃师县岳滩，宽3—7公里，面积约120平方公里。在距伊河口以下18公里的黑石关为一狭窄卡口，再加以陇海铁路桥阻水，洪水期往往造成夹滩地区漫滩成灾。

洛河流域面积18881平方公里(其中陕西省境3073平方公里，占16.28%)，全流域有水土流失面积11740平方公里，占全流域面积的62.18%(其中陕西省境1435平方公里，占12.22%)。流域的地形地貌特点，概括为“五山四岭一分川”，即山区面积9890平方公里，占52.4%，丘陵区面积7488平方公里，占39.7%，川地区面积1503平方公里，占7.9%。

洛河两岸支流众多，大多流程短，比降大，水流急。流域面积大于100平方公里的有44条，大于1000平方公里的有两条。最大支流是伊河，流域面积6029平方公里，占全流域面积的31.9%。伊河发源于伏牛山北麓，河南省栾川县张家村，流经嵩县、伊川县，在偃师县枣庄汇入洛河右岸，全长265公里。次大支流是涧河，流域面积1349平方公里，河道长123公里，在洛阳汇入洛河左岸。

据黑石关水文站(控制流域面积 18563 平方公里,占全流域面积的 98.3%)实测资料统计,年平均径流量 31.82 亿立方米,年输沙量 1980 万吨(1951—1980 年系列)。洛阳水利勘测设计院 1986 年作的洛河规划,计算洛河天然年径流量 35.17 亿立方米,地下水可开采量 7.38 亿立方米。在黄河中游各支流中,洛河是水多沙少的支流之一。洛河黑石关水文站控制面积占黄河头道拐至花园口区间面积的 5.1%,径流量占 15.9%,沙量只占2.1%。

洛河流域包括河南省洛阳、义马、洛宁、宜阳、卢氏、嵩县、栾川、伊川、渑池、新安、偃师、登封、汝阳、孟津、陕县、灵宝、巩县和陕西省洛南、兰田、华县、丹凤等市、县。据 1985 年资料,流域总人口 606.92 万人,其中农业人口 497.75 万人,占 82%。全流域平均人口密度每平方公里 321 人。全流域共有耕地 719.58 万亩,其中山地 128.75 万亩,塬地 452.28 万亩,川地138.55 万亩。1985 年粮食总产 162.93 万吨,人均有粮食 268 公斤,每农业人口产粮 327 公斤。

第二节　查勘与规划

一、查勘

(一)1935 年查勘

国民政府黄河水利委员会派丁绳武、沈锡圭二人查勘汾河、禹门口和洛河拦洪水库坝址,于 1935 年 10 月 28 日由河南省开封出发,查勘汾河和黄河龙门后,12 月 6 日抵卢氏县,进行洛河查勘。先后查勘了干流卢氏盆地上游峡谷出口处之望云庵,洛宁上游峡谷出口处长水、刘营、杜家湾,干流下游黑石关和支流伊河龙门等坝址。于 12 月 18 日返回开封,写有《踏勘伊洛两河拦洪水库报告书》。推荐在望云庵和长水两处修建拦洪水库。伊河龙门虽有建坝条件,但淹没损失太大,不宜建库,并认为伊河水小,拦洪殊可不必,建一低坝作为灌溉引水之用似无不可。另外,对河南省建设厅拟在黑石关筑拦水坝以兴灌溉之利,认为“该处河宽数百米,两岸尽属土坡,陇海铁路沿库区而行,既恐坝基不固,又虑水大槽迁,殃及农村、铁路,加以引渠甚长,工费甚大,须视其受益之大小以定取舍,故宜先作勘测、调查、研究后方可决定”。

(二)1951 年查勘

为寻求防洪水库坝址,结合发展灌溉、水电,并进行河道和水土保持情况的调查,以河南省农林厅水利局为主,黄委会派技术干部 3 人配合,并聘请地质调查所技术干部 2 人、技工 1 人,共 16 人组成伊洛河查勘队,由魏希思、仝允杲 2 人任正、副队长,于 1951 年 4 月 21 日至 7 月 13 日对洛河进行查勘。先自洛河口查勘至洛阳,转龙门溯伊河而上,查勘到栾川县陶湾,翻山到洛河,由卢氏县龙驹街顺河而下查勘至洛阳,行程共 540 公里。查勘后写有《伊洛河查勘工作总结报告》,到 1954 年由河南省农林厅水利局将查勘资料汇集成《伊洛河流域资料》。

洛河自下而上查勘了南河渡、石灰务、黑石关、长水、故县、范里、杨九河(又叫鸭鸡河)等 7 处坝址。伊河查勘了伊阙(龙门)、陆浑、岩口、任岭、石坳门、石家岭、石门、三官庙、金牛岭等 9 处坝址。对部分坝址测有地形图,进行了淹没损失调查。

在分析比较各坝址后,推荐故县、长水、范里、任岭、石家岭、岩口、龙门等 7 处为建库坝址,并建议首先修建故县、任岭两座水库,担负防洪任务。

黄委会根据本次查勘资料对水库开发进行分析比较,于 1955 年 1 月编写有《伊洛河水库初步开发意见》。选出故县、长水、范里、龙门、陆浑等 5 座水库进行比较,认为以修建故县、龙门两座水库为宜。

二、规　划

(一)1956 年规划

为论证 1954 年黄河技经报告选出故县、陆浑两座水库为第一期工程的合理性和必要性,并为解决洛河流域本身的防洪和水土资源开发问题,对洛河进行查勘和编制规划。1955 年初黄委会组成以郝步荣、杜跃东为正副队长,共 60 余人的伊洛河查勘队,于 3 月出发,对洛河进行综合查勘。共查勘河道 717 公里,坝址 25 处(其中洛河 12 处,伊河 13 处),并进行了水土保持查勘,选择重点 5 处、副点两处作典型调查,对已有和可能发展的灌区及洛河宜阳以下、伊河龙门以下的航道情况进行调查,还调查了水库区的社经情况。

查勘期间,由郝步荣兼任组长,地质部水文地质工程地质局工程师胡海涛、黄河规划委员会工程师刘善建、伊洛河查勘队工程师董在华等参加,共

6人组成伊洛河防洪枢纽踏勘组，有查勘队河道组杨训生等10人随同，于1955年4月10日至27日对洛河宜阳到故县段和伊河龙门到嵩县段进行踏勘。复勘了长水、故县、龙门、陆浑等4个坝址，新选了洛河宜阳、韩城和伊河古城、中溪等4个坝址。5月初写出《伊洛河防洪枢纽踏勘报告》，建议以韩城、故县、龙门、陆浑等4个坝址作为第一期防洪枢纽比较方案的勘测对象，进行测量、勘探、水文分析及水库淹没调查等项工作，古城和中溪列为补充防洪枢纽比较方案的对象，并对各坝址的勘测工作提出了意见。

查勘期间，有苏联专家和国内专家先后亲临水利枢纽坝址检查指导工作。

编制伊洛河技经报告的基本任务是在综合利用的原则下，配合三门峡水库拦蓄洪水以解决黄河下游的防洪问题，同时结合灌溉、发电、航运和工业用水，并选出第一期工程。由于伊洛河和沁河都是黄河三花间洪水组成的主要来源区，两河的规划都有解决黄河下游防洪的任务，必须同时作出，为了统一和便于比较，将两河规划合并进行。黄委会于1955年7月提出《编制伊洛沁河技经报告及下游防洪规划工作计划》。

伊洛沁河技经报告编制组于1955年8月组成，以黄委会为主，中央地质部水文地质工程地质局941队及河南省人民委员会、农田水利规划委员会、洛阳专署等单位派人参加。下设水文、水能、水工、施工、灌溉与航运、水土保持、淹没损失、基本资料等8个专业组。经过半年多的工作，于1956年2月底完成报告编制工作，提出《伊洛沁河综合利用规划技术经济报告》。

在报告编制过程中，曾经研究了可能修建的坝址，认为洛河故县以上和伊河东湾以上，控制流域面积小，不能解决既定的任务，故不安排工程。在洛河布置了故县、长水、宜阳等三座水库，伊河布置了东湾、县里、大石桥等三座水库。第一期工程选用故县、宜阳、东湾、大石桥等4座水库组成三个方案进行比较。三个方案为：故县加东湾；宜阳加大石桥；宜阳加东湾。比较后推荐故县加东湾作为第一期工程。

东湾水库因地质条件不好，控制性和防洪效益均不甚理想，黄河勘测设计院于1957年对大石桥和陆浑（在大石桥上游7公里）两个坝址进行了比较，两座水库的防洪效益差不多，但陆浑坝址河谷窄，造价仅为大石桥的一半，因此在1957年12月提出的《黄河三门峡秦厂间洪水防御措施方案比较》中，推荐陆浑水库为第一期工程。

伊洛河已有灌溉面积76.9万亩，规划第一期发展到257.5万亩，远景达到394.8万亩。

1956年3月13日黄委会将《伊洛沁河技经报告》上报水利部。3月31日黄委会主任王化云和黄河勘测设计院副院长韩培诚联名将《关于伊洛河第一期工程选择意见的报告》上报水利部傅作义部长和李葆华副部长。水利部于同年6月组成伊洛沁河工作组，对技经报告进行审核。工作组由北京院5人，水科院水文研究所1人，水利部技术委员会1人，黄委会14人，共21人组成。自6月4日开始工作，到7月27日提出《对黄河水利委员会“伊洛沁河综合利用规划技术经济报告”复核工作的报告》。水利部于9月10日提出鉴定意见：

1.建议以研究故县、东湾、沁河润城加黄河八里胡同和宜阳、东湾、润城加八里胡同两个方案为对象。

2.沁河面积占三秦间面积的31%，报告中未提出水利枢纽，应对沁河编拟综合利用开发技术经济报告。

3.故县与宜阳两个坝址各有利弊，应抓紧时间进行地质勘探，做出结论，以资比较。

4.对八里胡同枢纽的防洪要求应从速校核报部。

5.沁河支流丹河后陈庄水库，经初步估算，效益不大，工程量大，很不经济，且与目前铁道部拟修的铁路有矛盾，建议放弃该坝址。

6.在现有资料的基础上，三秦间的水文计算成果是比较可靠的，与历次计算成果基本相符。建议在以后采用此项数据时，应随时根据新资料补充修正。

(二)1958年规划

1958年全国“大跃进”，上述规划已不能满足高指标的要求，黄河勘测设计院在1956年技经报告的基础上，对规划进行修改，1958年末提出《伊洛沁河综合治理初步规划意见》。主要是加快治理速度和引水上山、上塬，扩大灌溉面积。要求“二年突击，三年扫尾，五年完成，到1962年做到灾害根除，水尽其利。”大型工程仍然是故县和陆浑两座水库，在长水修低坝抬高水位，引水灌溉。灌溉面积发展到490万亩。

(三)1963年规划

这次规划是根据1962年12月水电部召开全国水利会议提出“继续进行以三门峡水库为中心的黄河近期治理规划”的任务要求，1963年7月三门峡水利枢纽问题第二次技术讨论会总结提出的“根据新的情况和认识，应即组织力量编制以三门峡水库为中心的黄河近期治理规划，作为今后治黄的战略部署”及“在三门峡以下修建水库以解决三门峡到秦厂的区间洪水是迫切需要的，应尽早进行规划设计”等建议，并结合水利部(56)水设管李字第3826号文对伊洛沁河技经报告鉴定书要求，对伊洛河规划方案应继续比较的指示，决定在三门峡以下首先进行洛河规划，作为三(门峡)—秦(厂)间防洪规划的一部分。为此，黄委会规划设计处，由王长路执笔于1963年9月拟定《洛河规划要点报告任务书》。

为进一步了解三秦间的洪水情况，首先对洛河进行查勘，主要是洛河故县及伊河东湾以下和夹滩地区作较详细的调查，并搜集整理历史洪水资料。经调查分析得知洛河洪水主要来自长水及东湾以下，这是一个新的定性概念。

1964年水电部提出进行全面修订黄河规划工作，因此三秦间防洪规划工作未能完成，洛河规划也未进行。

(四)1985年规划

洛阳水利勘测设计院根据黄河规划协调小组所编《黄河主要支流开发治理规划工作大纲》的要求，编报《伊洛河流域(河南部分)治理规划工作大纲》，经上级批准后，进行规划编制工作。

在规划编制中，黄委会规划综合组将陕西省编制的《陕西省南洛河流域开发治理规划初步意见》转交洛阳水利勘测设计院纳入全洛河流域规划。洛阳水利勘测设计院于1986年6月提出《伊洛河流域开发治理规划报告》。

规划提出流域治理总方针是：发展优势，除害兴利，合理开发，综合利用，为振兴经济服务。开发治理目标是根据本流域经济和社会发展需要以及技术可能和经济合理的原则，全面控制水土流失，绿化荒山，促进生态平衡，对伊洛河作全面控制运用，最大限度地开发利用水土资源，充分发挥水利工程的防洪、灌溉、发电、供水等综合效益，达到遇旱供水，遇涝排水，遇洪安全下泄的目的。

规划到2000年，防洪标准在洛阳、龙门以上达到10—20年一遇，以下达到50年一遇，灌溉面积发展到482.17万亩，占总耕地的69.5%，人均0.93亩；水电装机达25.05万千瓦；治理水土流失面积达11740平方公里；人均粮食393.5公斤，人均收入625.3元。

重点工程规划有故县(正建)、长水两座大型水库，总库容13.25亿立方米，水库电站装机8万千瓦。其中故县水库曾于1958年动工修建，1960年停建,1978 年复工再建,1980 年截流。水库最大坝高 121 米,总库容 11.75 亿立方米,是以防洪为主的综合性水库。设计灌溉面积 102 万亩,水库电站装机 6 万千瓦。规划中型水库 7 座,总库容 15817 万立方米,小(一)型水库 15 座,总库容 4551 万立方米。大、中、小型水库共控制流域面积 7000 平方公里,加已成水库共控制 12962 平方公里,占全流域面积的 68.3%。新建灌溉面积 5000 亩以上的灌区 19 处。全流域有效灌溉面积达 460.17 万亩。除故县、长水两座水库电站外,再规划装机 500 千瓦以上水电站 38 座,总装机 16.8 万千瓦,装机 1 万千瓦以上的 6 座,共装机 10.6 万千瓦。

规划作了水资源平衡。2000 年水平,50%年,由于调蓄能力不足,陕西境内缺水 138 万立方米,河南境内缺水 3.47 亿立方米。

第三节 治理简况

洛河水利开发较早,主要有灌溉和漕运。相传周代已在洛阳开汤渠引水灌溉。自东汉至唐代,洛阳为九朝京都,成为全国政治、经济、文化中心,漕运和灌溉事业有较大发展,如东汉建武二十四年(公元 48 年),为漕运开挖了引洛河水经洛阳城北至偃师的阳渠;隋大业元年(公元 624 年)自龙门引水灌田 6000 顷。到明、清时期,洛阳周围已有周阳、五龙、通济、洛渠、伊渠、大明、新兴、永通、古红、任解元、永济等灌溉渠道工程。到民国时期,洛河及伊河两岸渠道已发展到 49 条,但多数工程简陋,渠道失修,输水不畅,至 1949 年有灌溉面积 37 万亩。洛河的防洪也有较早的历史,据记载“后唐庄宗同光三年(公元 925 年)洛河溢,巩县河堤破,坏廒仓”、“明太祖洪武二十九年(1396 年)河南大水,泛滥宜阳,诏修宜阳堤防”、“清康熙四十八年(1709 年)偃师洛水涨至堤,与堤平。巩县大雨连旬,山水与洛河暴涨,大水入城”等等。说明早在唐朝洛河下游已有堤防。1931 年洪水以后,洛河才普遍修堤防洪。

建国以来,首先建立了灌溉管理机构,改善健全用水制度,兴修水利,灌溉面积迅速发展。1951 年调查时,有渠灌 28.97 万亩,井灌 10.38 万亩,主要分布在沿河川地,1953 年开始修建水库蓄水灌溉,到 1955 年灌溉面积已发展到 76.9 万亩,其中渠灌占 77.1%,井灌 20.3%,水库灌占 2.6%。1956—1960 年流域内修建水库、打井、开渠较多,灌溉面积有较大发展。在此期间,陆浑大型水库开工修建,建成中型水库 6 座,小(一)型水库 52 座,小(二)型水库 179 座,为流域开发治理奠定了较好的基础。1978 年以后流域开发治理得到迅速发展，截至1985年底，全流域共建成防洪、灌溉、排涝、发电及水土保持等工程设施4000余项。其中有陆浑大型水库1座，中型水库11座(见表5—10)，小(一)型水库77座，总库容17.22亿立方米。水库控制流域面积5962平方公里，占全流域面积的31.6%。建成灌溉面积5000亩以上的灌区45处，灌溉机电井达1247眼，全流域有效灌溉面积达291.31万亩，为1949年的7.9倍。

陆浑水库于1959年12月动工修建，1965年8月建成枢纽工程，最大坝高52米，总库容11.8亿立方米。1970年由河南省提出，经水电部批准，增建一条灌溉输水洞、两座电站和陆浑灌渠，于1976年建成。1975年8月淮河大水后，对陆浑水库又进行保坝设计，抬高设计洪水位，1977年大坝加高3米，坝高达55米，总库容13.2亿立方米。水库以防洪为主结合灌溉、发电，设计灌溉面积134万亩，电站装机0.9万千瓦。

洛河两岸堤防总长417.6公里，加之众多水库拦洪作用的发挥，特别是陆浑水库的作用，使下游防洪标准已达20年一遇，堤防保护农田58.4万亩，对入黄洪峰有一定的削减。

1985年底统计，已建成水电站267座，总装机3.6万千瓦，其中装机500千瓦以上的11座，共装机3.2万千瓦。

水土保持截至1985年，共修水平梯田204.67万亩，坝地38.68万亩，造林505.93万亩，种草0.55万亩，治理面积达8683平方公里，占流域面积的35.4%，占水土流失面积的56.9%。

通过治理，水、沙资源得到较好利用。据黑石关水文站的实测资料，1951—1960年平均年径流量39.72亿立方米，年沙量3488万吨，1961—1970年平均年径流量35.50亿立方米，年沙量1800万吨，1971—1980年平均年径流量20.24亿立方米，年沙量652万吨。呈逐渐减少趋势。

表 5—10

洛河流域已成大、中型水库统计表

序号	水库名称	所在河流	所在县名	坝址以上流域面积(平方公里)	坝高(米)	总库容(万立方米)	已淤库容(万立方米)	灌溉面积(万亩) 设计	灌溉面积(万亩) 有效	电站装机(千瓦)	土石方量(万立方米)	混凝土量(立方米)	投资(万元) 总	投资(万元) 其中：国家投资	建成年月	备注
1	陆浑	伊河	嵩县	3492	55.0	132000	6200	134.00	40.00	9000	864.9		13820	13164	1965.8	
2	青沟	焦家川河	嵩县	39	44.0	1035		3.50	2.19		92.1	5500	166	148	1960	
3	范店	泔水河	伊川	32	31.3	1735	15	1.34	0.54		39.5	1700	158	75	1958	
4	大沟口	马营涧	洛宁	68	62.0	1100		3.65	1.20	240	36.8	16090	400	400	1980	
5	寺河	陈宅河	宜阳	26	38.5	1020	17	1.31	0.87		574.3	816	159	105	1960.7	
6	龙脖	连昌河	陕县	211	44.2	5310		7.45	0.50		44.2		435	435	1972	
7	段家沟	涧河	新安	13	49.5	1345	40	6.47	2.65	800	166.5	2444	320	270	1971	
8	陶花店	浏涧河	偃师	230	21.5	1528	20	1.30	2.20		90.4	10200	250	151	1960.8	
9	九龙角	马涧河	偃师	47	35.7	1080	4	1.36	1.21		75.7	710	180	121.	1960.9	
10	坞罗	坞罗河	巩县	108	37.5	1800	150	3.00	0.37		38.0	4600	180	120	1960.4	
11	刘瑶	白降河	伊川	207	35.0	4670		7.00	3.13	500	200.1	7704	308	218	1962	
12	金堆城	嵩平川	华县	62	54.0	1200										工业供水
合计				4535		153823	6446	170.38	54.86	10540	2222.5		16376	15207		

第二十一章 沁河流域

第一节 流域梗概

沁河是黄河三门峡以下左岸的一条大支流，发源于山西省太岳山脉霍山南麓平遥县黑城村以上，自北向南经沁潞高原，穿太行山峡谷，出五龙口东流进入沁河冲积平原，到河南省武陟县折向东南流，于南贾汇入黄河，高程96米，全长485公里(其中山西境363公里)。五龙口以下，河道流经沁河冲积平原，河床逐年淤高，成为地上河，两岸以大堤束水，临背悬差一般2—4米，在木栾店处最高达7—8米，是沁河防洪的重点河段。

沁河流域面积13532平方公里，其中山西省境12304平方公里，占90.9%。全流域有水土流失面积10910平方公里，其中山西省境10010平方公里，占91.75%。

沁河流域支流众多，较大的有47条，河长大于25公里的有30条。丹河是最大支流，发源于山西省高平县丹珠岭，流经晋城市郊，进入太行山峡谷，到山路平水文站以下约8公里出峡谷进入冲积平原，于河南省沁阳县北金村汇入沁河左岸，河长169公里，其中山西境129公里。流域面积3152平方公里，占全流域面积的23.3%，其中山西境2981平方公里，占94.6%。

据武陟(小董)水文站(控制流域面积12894平方公里，占流域面积的95.3%)实测，年平均径流量11.66亿立方米，年平均输沙量790万吨(1951—1980年系列)。据河南省新乡地区水利勘测设计队1986年2月作沁河规划，沁河多年平均天然年径流量19.22亿立方米。

在黄河中游各支流中，沁河是水多沙少的支流之一。沁河武陟水文站的控制面积占黄河中游(头道拐至花园口)区间面积的3.56%，径流量占6.11%，沙量占0.88%。

沁河、丹河的上中游属山西省，共涉及高平、沁水、安泽、沁源、晋城、阳城、陵川、长治、屯留、长子、沁县、浮山、古县、平遥、翼城等15个县(市)。截至1980年底,总人口188.29万人,其中农业人口171.43万人,占91%。人口密度每平方公里154人。共有耕地350.33万亩,其中山地234.58万亩,塬地71.34万亩,川地44.41万亩。1980年粮食总产63.9万吨,人均有粮339公斤,农业人均为373公斤。

与沁河相邻的蟒河流域和黄河滩区,因灌溉、排水等与沁河下游密切相关,故将其纳入沁河规划范围,包括河南省的沁阳、温县、孟县和洛阳市吉利区的全部,济源、武陟、博爱的一部,共涉及7个县(区),总面积3200平方公里。1985年资料,总人口162.9万人,其中农业人口148.4万人,占91.1%。人口密度每平方公里509人。共有耕地197.7万亩,其中山地10.5万亩,丘陵区坡地32.2万亩,川地140.3万亩,黄河滩区14.7万亩。1985年粮食总产75.6万吨,平均亩产285公斤,人均有粮464公斤,农业人均产粮509公斤。人均收入348元。

蟒河发源于山西省阳城县花野岭,流经河南济源、孟县、温县,于武陟县董宋村汇入黄河左岸,全长130公里(其中山西境24公里),流域面积1328平方公里(其中山西境52平方公里,占3.9%)。年平均径流量1.13亿立方米。

沁河流域面积占黄河三(门峡)花(园口)间面积的32.5%,是三花间洪水的主要来源区之一。若沁黄洪水并涨,沁河北堤决口,后果将很严重。因此,沁河的防洪事关重大。

第二节 查勘与规划

一、查勘

(一)1942年查勘

1942年11月28日至12月7日,日本人对京广铁路黄河铁桥附近的黄河和丹河、沁河下游进行查勘,编写有《黄河丹河及沁河附近踏勘报告》。报告原文尚未查到,现存周鸿石摘录翻译的有关丹河及沁河部分。

查勘目的是为防洪、灌溉、发电寻找调节水库和灌溉引水工程的地址。

建库地址选在河南省济源县河口村上游2公里处,当时认为地质条件限制不能修建大水库,满足不了防洪要求,只能修坝高50米的水电站,库容

0.93 亿立方米，装机 1.21 万千瓦。灌溉引水枢纽建议修五龙口(在河口村下游 9 公里的峡谷口)溢流坝，改建已有的进水闸，增建排沙闸，引水灌溉水田 5.25 万亩，旱田 21 万亩。建议在丹河上改建九道堰，新建排沙闸，引水灌溉水田 1.5 万亩，旱田 3 万亩。为解决防洪问题，建议进一步详细查勘，选择适宜坝址。

(二)1952 年查勘

以平原省黄河河务局为主，黄委会和平原省水利局各派技术干部 1 人参加，由林华甫任队长，组成沁河查勘队，以蓄水防洪为主，结合灌溉、发电，对沁河进行坝库址查勘，并调查流域内地形、地质、水文、气象、灌溉和水土保持等情况。

查勘于 1952 年 4 月 19 日开始，先至丹河，再由沁河五龙口向上直达河源，到 6 月 12 日结束。同年 6 月写出《沁河查勘队查勘总报告》。

在沁河干流上选了两个坝址。一是位于河口村上游 1 公里的河口村坝址，坝高 80 米，库容 1.7 亿立方米。由于库容小，作为防洪水库不理想，作为电站较好，装机 2.6 万千瓦。另一个是润城坝址，在阳城县润城下游约 12 公里的南庄附近，位于太行山峡谷的进口段，坝高 80 米，库容 13 亿立方米，控制上游 7273 平方公里的全部洪水，并能调节水量扩大下游灌溉面积 30 万亩，电站装机 2.17 万千瓦。

(三)1955 年查勘

为编制伊洛沁河技经报告，黄委会于 1955 年组成以苏平为队长，杜建寅为副队长，共 50 余人的沁河查勘队，3 月自河南开封出发进行查勘，8 月返回郑州参加技经报告编制工作。

查勘了沁河干流郭道镇(距河源 40 公里)至五龙口河段，自上而下选出侯壁、北石、石渠、南孔村、平坡、石坊、冀氏、石室、槐庄、润城、五龙口等 11 个坝段；调查了沿河的灌溉和社经情况，并对冀氏、槐庄、润城和丹河后陈庄水库区作了淹没损失调查；查勘了五龙口以下的灌区；对水土保持除面上的一般调查外，还选了两处重点和四处副点进行深入调查。

(四)1964 年查勘

为配合黄河下游防洪规划，黄委会规划设计处于 1964 年组织两批人员对沁河的水库和下游河道进行查勘，搜集规划所需资料。水库查勘由王长路等5人组成，查勘五龙口、河口村、润城和丹河东焦河、三姑泉等5处坝址。主要是选择最优坝址，探讨建高坝的可能性，进行库区淹没损失调查，并征求地方意见。下游河道查勘组由程致道等4人组成，查勘干流五龙口至沁河口，支流丹河九府坟至丹河口。调查河道堤防和沁北、沁南两个滞洪区及历史洪水资料的收集。

查勘自1964年6月18日开始到7月上旬结束。写有《沁丹河库坝址查勘报告》和《沁丹河下游河道查勘报告》。

二、规划

(一)1956年规划

为了论证1954年黄河技经报告选沁河润城水库为第一期工程的合理性和必要性，1955年8月沁河查勘队回郑州后，参加伊洛沁河技经报告的编制工作。黄委会于1956年2月底提出《伊洛沁河综合利用规划技术经济报告》。

沁河由于地质未进行全面勘察，情况不清，坝址未选定，故没有选出水利枢纽和第一期工程，只是提出了河段开发目标：郭道镇至下河(在润城下游约6公里)段，地形上有不少优良的库坝址，可作为防洪、灌溉、发电综合利用水库；下河至五龙口段，虽有不少优良坝址，但库容小，不能满足防洪要求，只能作为水电站，并需待上游调节水库建成后，才能开发此段。

对于沁河的灌溉，主要是五龙口以下的冲积平原区，共有可灌面积283万亩，已灌143万亩，由于水量不足，在上游未建调节水库以前宜先发展井灌。

(二)1958年规划

伊洛沁河技经报告编出后，经水利部组织的伊洛沁河工作组进行审核。明确了黄河三花间千年一遇洪水由伊洛沁河水库结合干流梯级调节与东平湖分洪互相配合，可以逐步达到艾山接近通过洪峰流量6000立方米每秒的目标。但伊洛沁河技经报告对沁河未提出水利枢纽，因此，沁河必须编制规划，提出水利枢纽和第一期工程。水利部于1956年下达《编制"沁河流域规划"任务书草案》。

任务书指出：规划应以防洪为主，结合灌溉、发电和水土保持为主要内容，并照顾到航运问题。充分利用水土资源，提高生产，防止水旱灾害。

规划由黄河勘测设计院负责编制，请中央有关部门指导，山西、河南两省予以协助。1957年上半年勘探补充资料，第三季度完成技经报告。

为此，黄河勘测设计院成立了沁河规划项目组。重点查勘润城、槐庄、慕家园和丹河龙门口坝址。于1956年12月提出《沁河复查补充资料》。1957年又对沁河的水利资源进行普查，并查勘了冀氏、槐庄、润城、河口村及丹河陈庄等6个坝址，于12月提出《沁河水利资源普查报告》。

报告认为，对沁河的开发，应首先满足防洪要求，其次发展灌溉和开发水电。石室到润城河段有较好的建库条件，能控制大部分洪水和完成流域开发的大部分任务，第一期水利枢纽应在此河段内选择，丹河龙门口坝址能解决部分防洪、灌溉问题。因此，建议安排槐庄、润城、龙门口3个水库。

规划工作于1958年9月完成，提出《沁河治理规划意见》。

规划方针是以防洪为主，蓄水灌溉为次，结合解决工农业用电和工业用水。以小型工程为基础，修建必要的大型工程，充分发挥大、中、小结合的工程效能，最大限度发展水利事业，并要充分考虑水土保持的作用。

第一期工程选择润城、五龙口两座水库。润城水库坝高74.5米，库容7.96亿立方米，以防洪为主，结合灌溉、发电，防洪库容1.7亿立方米，灌溉291.6万亩，电站装机2.24万千瓦。五龙口水库主要是发电，装机2.83万千瓦，坝高70.5米，库容1.75亿立方米，汛期预留1.04亿立方米库容以解决润城到五龙口区间洪水，不担负调节任务。由于润城至五龙口区间洪水加上润城水库下泄量，还有超过4000立方米每秒的可能，因此，两水库必须联合运用，才能解决沁河下游的防洪问题。

润城以上及润城到五龙口区间河段的开发，因资料不足，建议进一步勘测后选定。

1958年12月，黄委会编制《黄河综合治理三大规划草案》提出在沁河修建润城及五龙口（或河口村）两座大型水库。在规划中，鉴于五龙口或河口村坝址未定，为此，又以河南黄河河务局为主，由刘希骞局长带队，邀请黄河勘测设计院韩培诚副院长，新乡第一修防处副主任参加，共8人赴济源县，查勘五龙口、河口村两个坝址，经研究，一致推荐五龙口坝址。1958年10月写有《沁河水库坝址查勘报告》。

（三）1960年规划

黄委会1958年11月编制《桃花峪水库规划要点》，选定桃花峪下坝址，并于1959年进行勘探和初步设计。沁河口在桃花峪下坝址上游2.5公里，水位95米左右,低于桃花峪水库正常高水位约18米,故沁河的治理规划和实施程序均应与桃花峪水库的修建密切配合。因此,必须尽快作出沁河流域规划。

规划工作由黄委会设计院第五勘测设计工作队承担,正、副队长杨岺卿、陈安义。河南省水利厅、新乡专署水利局、长治专署水利局派人参加配合,于1960年3月19日到4月16日进行查勘,1960年4月写有《沁河润城至五龙口查勘报告》。共查勘坝址8处,初步推荐李增坪、土岭山、抱肚岭、大坡等4处为比较坝址。1960年10月提出《沁丹河治理规划报告(草案)》。

规划主要围绕沁河与桃花峪水库的关系进行,即沁河是改道入桃花峪库区,还是改道在桃花峪坝下入黄河。分析后认为:如果沁河洪水不控制,改道坝下入黄将对桃花峪枢纽和顺河大坝造成严重威胁,而改道入库区将增加工程量很多。因此,不论是入库或是坝下入黄,首先必须控制沁河洪水,在桃花峪建库的同时,开展沁河治理。

沁河的治理开发,在干流选了下河北、抱肚岭、河口村、五龙口、刘庄等5个水库组成七个方案,在支流丹河选了任庄、东焦河、三姑泉、跃进、许湾等5个水库组成四个方案(其中任庄、跃进已建成)。比较后,沁河推荐下河北、抱肚岭两座水库和五龙口壅水坝,工程建成后,千年一遇洪水下泄1060立方米每秒,灌溉271万亩。丹河推荐任庄、东焦河、三姑泉、跃进4座水库,工程建成后,千年一遇洪水下泄710立方米每秒,灌溉10.7万亩。沁丹河洪水可以得到有效控制,千年一遇洪水共下泄1770立方米每秒。沁河下游推荐改道在桃花峪坝下入黄河的方案。

(四)1970年规划

1970年8月黄委会河口村水库设计组李鸿杰等人,根据1969年10月山西省晋东南地区提出的《沁河水库电站设计任务书》(要求修建南湾、下河北水库和饮马道电站),同年8月河南省提出《沁河下游规划简要报告》(要求修建河口村水库)及《沁河下游灌溉规划》等,对此进行分析研究,提出了沁河开发方案意见,写有《关于沁河流域规划情况的报告》。

报告认为,南湾水库在安泽县境,是为引沁入丹解决晋城、高平51万亩高地灌溉而修建,任务单纯应单独存在。对润城以下河段比较了饮马道一级开发和饮马道、河口村两级开发方案,综合两省意见,经比较后,推荐两级开发方案。山西省拟由下河北水库灌溉的25万亩耕地改由饮马道承担。

(五)1973年干流工程选点

根据山西、河南两省对沁河治理开发的要求和水电部的指示,由黄委会会同两省,在两省规划的基础上,进行沁河干流工程选点。

规划本着“以农业为基础,工业为主导”的方针和上下游统筹兼顾,团结治水的原则,于1973年1月开始进行,5月提出《沁河干流工程选点报告(草案)》。

规划中研究了和川、张峰、润城、饮马道、河口村等坝址,经比较后认为两省推荐的张峰和河口村坝址是适宜的,定为近期开发对象。

张峰水库位于山西省沁水县张峰村,即以往选过的石室或下河北坝址。该水库任务以灌溉、发电为主,结合防洪,坝高74米,库容5亿立方米。河口村水库位于河南省济源县河口村上游1.5公里,水库以防洪为主,结合灌溉、发电,坝高102米,库容2.67亿立方米。

两库联合运用后,山西省可发展灌溉面积71.2万亩,河南省除满足引沁济蟒49.6万亩灌溉外,余水再由河口村水库调节,可保灌广利、沁北两个灌区50万亩耕地(此两灌区规划面积85万亩)。在防洪方面,可将1954年型小董百年一遇洪水6970立方米每秒削减为3085—4070立方米每秒,下游堤防可安全通过。对黄河下游,当花园口发生1954年型千年一遇洪水时,配合三门峡、陆浑、故县等水库,可将孙口洪峰18500立方米每秒削减为17700立方米每秒,可减少东平湖分洪2.3亿立方米,湖水位可降低0.4米。

远景规划:张峰、河口村两水库对沁河本身1954年型百年一遇洪水可基本控制,但对1956年型洪水仍未解决,灌溉和发电也有进一步调节水量扩大效益的要求,故设想远景再建饮马道大型水库。水库位于晋豫两省交界处的上游,属山西省晋城县,即1960年所选的土岭山坝址。回水以不超过润城以下芦苇河口为准,以避免较大的淹没损失。坝高152.5米,库容8亿立方米。

参加本次规划的有黄委会的李鸿杰、庄积坤等6人,山西省晋东南地区的翟光珠、朱健慰,河南省水利局的蔡惠钧、张超众,新乡地区的饶柱光等共11人。

(六)1985年规划

根据水电部的统一部署,山西、河南两省于1986年2月分别提出《山西省沁河流域修订规划报告》和《沁河流域治理开发规划报告(河南部分)》。

山西省规划提出:省内天然径流量 17.3 亿立方米,其中沁河 13.9 亿立方米,丹河 3.4 亿立方米。2000 年流域总需水量 10.63 亿立方米(包括引沁入汾的 2.12 亿立方米),出境水量为 6.67 亿立方米,其中沁河 5.64 亿立方米,丹河 1.03 亿立方米。根据需水要求,2000 年以前,修建干流马连圪塔及张峰两座大型水库,总库容分别为 4.78 亿立方米及 5.05 亿立方米。前者是专为引沁入汾修建,开发目标以灌溉为主,结合工业和城乡生活用水、防洪、发电等;后者的开发目标是供给工业和城市生活用水为主,兼顾灌溉,结合发电、防洪。在支流上修建丹河东焦河、紫红河西沟、东大河石末及固县河柿庄等 4 座中型水库,总库容 1.15 亿立方米,开发目标以灌溉为主,兼顾工业供水。灌溉面积到 2000 年发展到 84.25 万亩,调水入汾河灌溉面积 50 万亩。修建装机 500 千瓦以上的水电站 17 处,总装机 4.47 万千瓦。水土保持治理面积达 7686 平方公里,占水土流失面积的 76.8%。

河南省规划提出:要控制洪水,消除洪涝灾害,充分开发利用水资源,扩大灌溉面积,为工农业生产和人民生活服务。

根据沁河五龙口、丹河山路坪、蟒河赵礼庄 3 个水文站资料计算,多年平均天然径流量分别为 15.6、3.62、1.13 亿立方米,地下水可开采量 4.7 亿立方米,水资源总量 25.05 亿立方米。2000 年总需水量 13.8 亿立方米,其中需河川径流 11.17 亿立方米。规划从黄河、蟒河等引水 2.8 亿立方米以外,尚需引沁河水 6.74 亿立方米,引丹河水 1.63 亿立方米。规划河口村大型水库 1 座,总库容 3.3 亿立方米,以防洪为主,结合灌溉。水库建成后可使小董洪峰流量 9500 立方米每秒削减到安全泄量 4000 立方米每秒,不使用五车口滞洪区,防洪标准由 20 年一遇提高到 200 年一遇,还可削减黄河花园口洪量 1.65 亿立方米。在支流规划逍遥河中型水库 1 座,总库容 1398 万立方米,主要是发展灌溉。2000 年灌溉面积发展到 191.36 万亩(包括小浪底北岸灌区 25 万亩),其中纯井灌 27 万亩。装机 500 千瓦以上水电站 8 座(沁、丹河各 4 座),总装机 35965 千瓦,其中河口村水库电站装机 16000 千瓦。水土保持治理面积达到 676 平方公里,占水土流失面积的 75%。

第三节 治理简况

沁河五龙口以下两岸堤防建设开始较早,据文献记载,明洪武十八年

(1385年)九月“诏修黄、沁、漳、卫等河堤”。到清康熙四十二年(1703年)已有一定规模,但多属“民修民守”。当时南北两岸堤线共长158.98公里,其中官堤只有15.55公里,占9.8%。直到1919年沁河才开始划归国民政府河南河务局统一管理。

建国前,堤身低矮单薄,残破不堪,常有决口造成洪水为患。武陟以下到沁河口,在明代曾数次改道,入黄河口门在詹店至南贾之间移动。1947年夏,沁河在武陟县大樊决口(历史上此处曾决口14次),沁河水经武陟、修武、获嘉、新乡等县,夺卫河入南运河。1949年2月20日开工堵复大樊决口,3月21日口门被冲,堵口失败,4月1日再开工,到5月2日合龙,3日完全闭气,沁河回归故道。

建国后,1949—1983年,进行了3次大堤培修。第一次是1949—1953年,防御标准为小董水文站2500立方米每秒。第二次是1963—1967年。第三次是1974—1983年,防御标准均为小董水文站4000立方米每秒。三次复堤总计完成土方1246万立方米。

沁河大堤总长153.44公里,其中北岸自沁阳逯村经沁阳、博爱到武陟白马泉,长73.13公里;南岸自济源县安村起,经沁阳、温县,至武陟县方陵,长80.31公里。

为了解决超标准洪水,1951年将黄、沁河汇流的夹角地带开辟为黄沁河滞洪区,当黄河发生洪水,若遇伊洛沁河并涨,严重威胁黄沁河北岸堤防时,在沁河堤石荆或黄河堤解封,破堤分滞洪水。1958年以后此滞洪区不再担任黄河分洪任务,只担负沁河大水时分洪,故改名为沁南滞洪区。预留的分洪口门系将大堤超高降低0.5米,当小董水文站流量超过4000立方米每秒时,在五车口预留口门自然漫溢分洪。该滞洪区在水位102米时,淹没面积142.6平方公里,相应库容5.18亿立方米。

距沁河口以上8公里处,武陟县沁河大桥上下,有一段长3.5公里,宽仅330米的卡口河段,壅水严重,大河又顶冲急弯,堤防安全受到威胁,且背河有武陟县城,加高培厚大堤干扰严重。为了消除这一险工河段,1981年3月至1982年7月进行人工改道。从杨庄起,在右岸开辟新河,宽800米,原3.5公里卡口河段和大桥置于背河,原左大堤作为二道防线,原河床作为新左大堤的后戗平台。改道后削减临背悬差7米左右,使设防水位降低1.8米左右,并消除了壅水,1982年洪水,顺利通过。杨庄改道新修左堤长3195米,右堤长2417米,使沁河大堤总长缩短为151.47公里。

沁河灌溉事业开发较早,由五龙口引水的广利渠始建于秦,称“枋口堰”。东汉建安年间，司马孚整修引沁渠，换木枋为石闸门，灌济源、沁阳一带数千亩良田。几经兴衰，在隋、明两代有较大发展，灌区扩大到温县、孟县、武陟一带，灌溉面积最多时曾达40余万亩。由于屡遭破坏，水利工程失修，渠堤坍塌，到建国前夕只能灌溉济源二、三万亩地。丹河下游的灌溉亦有较长的历史，相传在春秋战国时就有简陋的引水工程。唐《元和志》记载，“丹河水分沟灌溉，百姓资其利”。清康熙二十九年(1690年)，河臣王新命在丹河口分水为九道，即“九道堰工程”。以后渠道发展到23条，灌两岸耕地15万亩左右，逐渐发展为丹东、丹西两大灌区。

建国后，对旧灌区进行修复、改善和扩建，并新建不少灌区，灌溉事业有较快发展。山西省截至1980年建成任庄、董封、上郊、申庄等4座中型水库，总库容1.32亿立方米；小(一)型水库31座，总库容0.79亿立方米；灌溉面积5000亩以上灌区10处，加上小型水利，有效灌溉面积达50.75万亩。下游河南省截至1985年建成青天河中型水库1座，总库容1930万立方米；在蟒河、汶水河建成白墙、顺间两座中型水库，总库容6952万立方米；建成小(一)型水库15座，总库容4555万立方米；小(二)型水库23座，总库容1050万立方米；灌溉面积大于5000亩的灌区17处。有效灌溉面积达155.38万亩(包括蟒河及黄河滩区)，其中纯井灌溉面积83.51万亩，另外还有引丹河水灌溉海河流域的丹东灌区有效灌溉面积14.5万亩。大中型水库指标见表5—11。

在沁河下游河南省境内有低洼易涝面积80万亩，通过开挖和疏浚排水沟道，已治理74.6万亩，占93.3%。治理盐碱地28.47万亩，占应治理面积30.48万亩的93.4%。

截至1985年，已建成装机500千瓦以上水电站9座，总装机18450千瓦。其中河南省为4座，装机12300千瓦。另外，山西省沁河流域正建水电站8座，共装机44240千瓦。

水土保持治理，截至1985年修水平梯田138.37万亩，建淤地坝7270座，已淤出坝地41.84万亩，造林133.03万亩，种草19.34万亩，已治理水土流失面积3050平方公里，占水土流失面积的28%。其中河南省境已治理376平方公里，占水土流失面积的41.8%。

通过治理，水、沙资源得到较好利用，入黄水、沙呈逐渐减少趋势。据武陟水文站实测，1951—1960年、1961—1970年及1971—1980年，3个10年的平均数，年径流分别为15.00、14.11及5.88亿立方米，年沙量分别为1270、738及362万吨。

表 5—11

沁河流域已成大、中型水库统计表

序号	水库名称	所在河流	所在县名	坝址以上流域面积（平方公里）	坝高（米）	总库容（万立方米）	已淤库容（万立方米）	灌溉面积（万亩）		电站装机（千瓦）	土石方量（万立方米）	混凝土量（立方米）	投资（万元）		建成年月
								设计	有效				总计	其中：国家投资	
1	青天河	丹河	博爱	2513	76.0	1930	30	17.90	13.72	6400	20.45	59700	1362	1046	1972.12
2	任庄	丹河	晋城	1300	35.3	8432	1522	3.50	0.50		388.00	15000	628	628	1959
3	董封	获泽河	阳城	332	33.5	2261	431	1.50	0.41		231.60		350	350	1959
4	上郊	辽东河	陵川	121	30.0	1103	80	1.00	0.06				87	87	1959
5	申庄	原平河	陵川	105	24.5	1400	288	1.00	0.30				80	80	1959
合计						15126	2351	24.90	14.99	6400			2507	2191	

第二十二章 大汶河流域

第一节 流域梗概

大汶河(又称汶河)是黄河下游最大支流,古称汶水,曾是古济水支流(注),水系变迁较大。元代,大汶河被利用为济运水源,至元二十年(1283年),建堽城坝,分大汶河水经洸河至济宁济运。明永乐九年(1412年),宋礼筑戴村坝,分水至南旺,导汶济运,新开河45公里,称小汶河。小水时,大汶河水全部向南经小汶河济运,大水时,南北分流,三分南流济运,七分北流入大清河,有"七分朝天子,三分下江南"之说。戴村坝建成分水济运后,堽城坝济运的作用减小,于明末时被废除。清咸丰五年(1855年),黄河铜瓦厢决口,夺大清河入海,黄河洪水与大汶河洪水汇集于东平县洼地,形成东平湖,大汶河成为黄河的支流。小水时,大汶河仍南流经小汶河汇于蜀山湖,大水时,在戴村坝分洪入东平湖,有北六南四之说。光绪二十七年(1901年),漕运完全停运,戴村坝工程失去引汶济运的作用。到民国时期,于1946年堵塞了戴村坝下游2公里的南流口门(小清河口)。建国后,为了减少淹没损失,1959年6月又堵塞戴村坝上的南流口门(小汶河口),至此,大汶河水全部入东平湖。为了保持戴村坝工程的完整,继续发挥其拦沙、缓洪、防洪、防止溜势变化的作用,先后于1965、1967、1974—1977年,3次进行了整修。

50年代初期,大汶河流域管理归属淮河流域,1955年淮河水利委员会与黄委会商定,并报水利部批准,于1956年6月将大汶河划归黄河流域。自1958年以后,大汶河流域的治理规划和全部工程实施,完全由地方负责,黄委会只管戴村坝以下河段的防洪工程。

大汶河在大汶口以上分为两支,北支为干流,称牟汶河,南支为柴汶河,系汶河最大支流。大汶河干流发源于山东省新泰、莱芜山区沂源县旋崮山沙崖子村,自东向西横穿山东省泰安地区,于东平县马口村入东平湖,高程40

米，总长209公里。河源至大汶口为上游，河长119公里；大汶口至东平县戴村坝为中游，称大汶河，河长59公里；戴村坝到马口村为下游，称大清河，河长31公里。大汶河通过东平湖区，出湖后仍称大清河，经陈山口注入黄河右岸，入黄口称清河门。

大汶河（马口村以上）流域面积8633平方公里，其中水土流失面积5093平方公里。自马口村入东平湖起，到入黄河口，长30公里，流域面积465平方公里。

大汶河支流，流域面积100平方公里以上的有10条，其中1000平方公里以上的左岸有柴汶河，右岸有瀛汶河和汇河。

据戴村坝水文站（控制面积8264平方公里，占全河面积的95.7%）实测，年平均径流量13.77亿立方米，年平均输沙量180万吨。山东省泰安市水利水产局计算，大汶河天然年径流量为18.52亿立方米。

流域范围涉及泰安市的郊区、泰山区、莱芜市、新泰市、肥城县、东平县、宁阳县和其他地、市的平阴县、沂源县、章丘县、梁山县、汶上县及淄博市博山区，共13个县（市、区）。流域内属泰安市的面积为8091平方公里，占泰安市总面积的87%，占全河面积的93.7%（外地区流域内的面积多为边缘山丘区）。截至1985年统计，泰安市范围总人口481.3万人，其中农业人口428.99万人，占89.1%。流域平均人口密度每平方公里595人。共有耕地515.48万亩，其中山区耕地113.62万亩，占总耕地的22%，丘陵区190.73万亩，占37%，平原区170.36万亩，占33.0%，涝洼地40.77万亩，占8%。1985年粮食总产227万吨，人均472公斤，农业人口产粮人均529公斤。1985年农、林、牧、副、鱼总收入16.5亿元，人均385元，为1949年人均58元的6.6倍。

东平湖区属山东省东平、平阴、梁山三县，老湖面积209平方公里，设计水位44.5米（大沽），库容8.82亿立方米，水位46米时为11.94亿立方米。1950年确定东平湖为黄河滞洪区，为了缩小灾害，做到有计划、有步骤蓄滞洪水，修建了二级湖堤，分为第一、第二两个滞洪区分级运用。1958年扩建新湖区，建成东平湖水库，新湖区面积419平方公里，水位46米时库容27.85亿立方米，44.5米时库容21.6亿立方米。湖区土地肥沃，盛产小麦，但常受涝灾影响。

第二节 查勘与规划

一、查 勘

(一)1951年汶泗运河查勘

为解除水灾,恢复航运,50年代初提出汶泗运河的治理要求,列为华东区当时水利工程的重点。由华东军政委员会水利部林平一处长负责,邀请黄委会、山东省水利局、平原省水利局、苏北导沂整沭司令部、山东导沭整沂委员会、苏北水利局、山东省徐州市建设局、泰安专署、滕县专署、兰陵县及平原省菏泽专署、湖西专署等单位共18人组成查勘团,1951年11月19日到12月29日查勘汶泗河、南北九湖和大运河。在大汶河查勘了干流及支流柴汶河,选择涝泊、大汶口两座水库坝址,并查勘戴村坝。1952年2月提出《汶泗运河查勘报告》。

报告提出的治理方针是:兴利结合除患,排涝蓄水,有蓄有泄,上下兼顾,发展航运、灌溉和水电。在大汶河干流上安排兴建涝泊和戴村坝两座水库,坝高均为15米,总库容各3亿立方米。对大汶河的出路规划方案为:运河走东平湖东,大汶河入东平湖处建节制闸,大汶河水除上游水库拦蓄外,如不与黄河洪水遭遇,可先入运河再北流入黄河,若与黄河洪水遭遇,因黄河水位高,则入东平湖第一滞洪区。

(二)1957年水利资源普查

为了摸清流域的水利资源情况,由黄河勘测设计院11人组成普查工作组,在山东黄河河务局及泰安修防处派员协助下,对大汶河流域进行普查。1957年3月收集资料,5月进行洪水调查,7月中旬开始查勘,9月中旬外业结束。共查勘干支流河道600公里,选有大汶口、涝坡(即涝泊)、江水沟、黄前等大、中型水库坝址18处,施测河道纵断面104公里,横断面42个,并对部分可能灌溉区域和水土保持试验区进行了重点调查。1957年12月写有《汶河流域水利资源普查报告》。

报告概述了流域的自然、水利、社经等情况,重点研究了流域的水土资源情况。共有663万亩耕地需引用大汶河水灌溉,其中大汶河以南属外流域的有260万亩,大汶河的年径流量远不能满足其用水要求。报告提出,丘陵区及平缓岭坡地有可灌面积130万亩，无其他水源，径流调节应首先满足这一地区需水，平原地区应以改善和扩大地下水灌溉为主，外流域用水不好满足。

报告认为：流域的水利事业发展，应以农业增产为主要服务对象，主要内容为防洪、灌溉、除涝、水土保持。水利工程的建设应以小型为主，辅以必要的大、中型工程，以蓄为主，适当排泄。在查勘的18座水库中，建议优先考虑兴建大汶口、涝坡、黄前和江水沟等4座水库。

二、规　划

(一)1954年规划

1954年山东省编有《山东沂沭汶泗区五年计划十年远景规划》。其中对大汶河提出：治理方针是大力推广水土保持，兴办大小水库，降低洪峰，减少中游成灾，配合治黄计划，扩充东平湖滞洪范围，使水有所归。在治理上首先要求根治洪涝灾害，进一步举办灌溉、发电、航运等兴利工程。规划在“一五”计划期间，扩大东平湖滞洪范围，整理干、支流堤防，增强防洪效能，重点解决内涝问题。“二五”计划期间，全面整修堤防，部分疏浚河道，兴修中、小型水库，整理下游湖埝，增加排洪效能，继续排涝工程。“三五”计划期间，兴建涝泊水库，加强蓄洪效能，继续疏浚河道和排涝工程，相应发展灌溉。

(二)1957年规划

山东黄河河务局在以防洪为主，兼顾给水、排涝、灌溉和水土保持的思想指导下，1957年编出《第二个五年计划汶河规划初步意见》。

防洪，以适当加强堤防，结合修建水库，提高防洪能力来解决。堤防建设以戴村坝50年一遇洪水8300立方米每秒为标准加修。戴村坝以上河段保证通过8300立方米每秒洪峰，在戴村坝分洪1300立方米每秒入小汶河，在戴村坝下游北岸的古台寺上、下两个分洪口，各分洪1000立方米每秒入稻屯洼蓄洪区。在干流上修建大汶口水库，可将100年一遇洪水削减到50年一遇，并供给工业用水5立方米每秒，灌溉宁阳县10万亩土地。在支流上本着投资小，收效快，举办易的精神，以灌溉为主结合防洪，修建石汶河黄前、瀛汶河江水沟、康王河石屋、羊流河羊流店等4座中型水库，灌溉耕地20万亩，加上塘坝、小水库灌溉10万亩，共发展灌溉面积40万亩。

(三)1958 年规划

为根治水患，综合利用水资源，促进农业增产大跃进，提前实现农业发展纲要和山东省农业发展规划要点，山东省泰安地区 1958 年 3 月编制了《关于根治汶河流域规划》。

规划方针：全面规划，综合治理，蓄水保土，大力发展灌溉，密切结合当前生产，全面开发，综合利用；依靠群众，以蓄为主，社队自办为主，小型为主。规划主要考虑水土保持、工业供水、灌溉、防洪等问题。

水土保持工作，要求在已治理水土流失面积 750 平方公里的基础上，到 1959 年基本控制全部水土流失面积。两年内修建包括大汶口、江水沟、黄前、北横山等水库在内的大、中、小(一)型水库 20 座，总库容 7.18 亿立方米，小(二)型水库 2000 座，塘坝 14000 座，灌溉井 20 万眼，渠道引水中型灌区 8 处，共扩大灌溉面积 510 万亩，灌溉面积达 720 万亩，占总耕地的 90%。下游防洪按 30 年一遇洪水(戴村坝流量 7000 立方米每秒)设防，并作好稻屯洼蓄洪准备，确保南堤安全。

(四)1975 年规划

为了安排“五五”、“六五”(1976—1985 年)两个五年计划的水利建设，山东省泰安地区水利局于 1975 年 7 月编制了《汶河流域治理规划要点》。

规划要求贯彻执行小型为主、配套为主、社队自办为主的水利建设方针，作到遇旱有水，遇涝排水，库水浇山，井水浇川，低水上山，最大限度地扩大山丘区的灌溉面积，以建设旱涝保收、稳产、高产农田为主攻方向。

规划到 1985 年灌溉面积在 1975 年 335 万亩的基础上发展到 520 万亩，占耕地面积的 93%，人均 1.13 亩。防洪标准，干流不低于 50 年一遇，一、二级支流不低于 20 年一遇，三、四级支流不低于 5 年一遇。

水利工程规划，到 1985 年续建东周水库，扩建彩山、贤村、重兴庄、响水河等水库，新建苇池、响山口、立庄、郑王庄、疃里、白马峪、枣林、运粮石等水库，连同已建的雪野、黄前、乔店、杨家横、尚庄炉、葫芦山等水库，共有大、中型水库 19 座，总库容 6.17 亿立方米。新建小型水库 428 座，塘坝 970 座。机井达到 4 万眼，灌地 246 万亩，占宜井面积的 96%。

(五)1980 年规划

遵照国务院关于编制十年规划的指示和水利部及山东省水利厅通知精

神，山东省泰安地区于1980年12月提出《山东省泰安地区一九八一年至一九九〇年十年水利规划》。

水利建设方向是：旱洪兼治，治旱为主，主攻山丘旱区，大搞提水灌溉，通过多种措施，建设旱涝保收、稳产、高产田。在10年内主要是续建配套，除险加固保安全，加强山区建设。基本上不上新项目。

要求10年内全地区新增灌溉面积100万亩，其中喷灌50万亩，改善灌溉面积60万亩。大汶河防洪标准按30年一遇，远期达到50年一遇。除搞好河道的清障和险工外，大堤普遍加高0.3米，保证能防御7000立方米每秒的洪水。水土保持治理面积达到流失面积的90%。

(六)1985年规划

山东省泰安市水土保持委员会办公室和水利水产局，根据水电部统一部署分别于1986年7月和1986年12月提出《山东省泰安市大汶河流域水土保持规划综合报告》和《山东省泰安市大汶河流域开发治理规划》。

开发治理规划以防洪、除涝及灌溉为重点，减轻黄河、东平湖及流域本身的防洪压力，确保津浦铁路和济宁市的安全，本着巩固、改造、挖潜、配套和适当发展、建设新项目的精神，拟定防洪除涝、农田灌溉、水力发电及城乡生活和工业用水的规划方案。在水利工程建设上，采取引蓄结合，大、中、小并举，自立更生，群众自办为主，国家支援为辅的方针。

防洪除涝方面，对已建的20座大、中型水库和108座小(一)型水库中的病险库进行除险加固，充分发挥其拦洪、灌溉效益。为了进一步提高拦洪能力和发展灌溉，规划新建中型水库8座，小(一)型水库9座，使水库总库容达到13.43亿立方米，其中防洪库容5.44亿立方米。为进一步削减洪水，拟建东水西调工程，将东部汛期多余水量引蓄于泰西区6座中型水库中，可结合发展灌溉面积30.7万亩(此项工程的部分配套工程已建成)。在河道上建12处引水工程，灌溉期引水浇地，汛期引水回灌，蓄水于地下。再建19处扬水站，汛期提水蓄于旱池备用。河道整治，干流按50年一遇洪峰流量1万立方米每秒标准，支流按30年一遇洪水标准。上述工程完成后，可将50年一遇洪峰削减33.4%，洪量削减30.7%。

灌溉工程主要是配套挖潜。新建东水西调工程和扩建、新建水库灌区14处，机井发展到48939眼。到2000年有效灌溉面积达到441.22万亩，占耕地面积的85.6%，其中水库灌179.62万亩，引水、扬水灌34.3万亩，纯井灌227.3万亩(占宜井面积258万亩的88%)。

水电站，新建装机500千瓦以上水电站5座，总装机3300千瓦，连同已有的5座，共有装机6425千瓦。

水资源平衡，大汶河天然年径流量18.52亿立方米，地下水可开采量13.45亿立方米。到2000年，可供水量24亿立方米，占水资源总量的75%，其中，地表水利用率为63.6%，地下水利用率为90.9%。可供水量不能满足规划用水要求，缺水3.32亿立方米，计划加强渠道防渗，提高渠系水利用率及改革灌水技术等节水措施来解决。

水土保持，规划到2000年，梯田达到245.24万亩，造林380.83万亩，种草23.11万亩，水土保持治理面积达到4328平方公里，占水土流失面积5093平方公里的85%。

第三节　治理简况

流域水利事业历史悠久。据《史记·河渠书》载：汉武帝元封二年(公元前109年)，东海引巨定，泰山下引汶水，皆穿渠为溉，田各万余顷。据考证，当时的引汶灌区，即春秋战国时期齐鲁必争的“汶阳田”，系指今大汶河北岸汶阳故城周围一带地区。又据《水经注》记述：迎汶流经莱芜谷，未出谷，十余里，有别谷在孤山，谷有清泉……又有少许山田引溉之踪尚存。这说明，南北朝时期已利用山泉灌溉。元代，毕辅国于堽城之左作斗门遏汶入洸，当时虽为济运所需，但也兴灌溉之利。到明、清时期引水工程下移到戴村坝，主要目的仍为济运，但也兼顾灌溉。到1949年，大汶河的灌溉面积发展到88.85万亩，绝大部分是引用井、泉地下水灌溉，引河水灌溉只有0.35万亩。

有关防洪，史书记载最早的是在公元1180年，即“金世宗大定二十年，汶决春城十余里，邑人作堰捍之。”自此以后，历经各代增修，并于险要地段筑坝迎水，逐渐形成两岸的堤防工程。但建国前堤身单薄，残缺失修严重，常有决溢为患。

建国后，水利事业迅速发展。1955年开始，全面开展了群众性的水利建设，1958年5月，重建堽城坝，成为大汶河上第一处大型引水灌溉工程。后经过几次水利建设高潮，取得了较好的成绩。截至1985年，全流域共建成防洪、灌溉结合的水库719座，其中大型水库1座，总库容2.21亿立方米，防洪库容1.03亿立方米；中型水库19座，总库容6.33亿立方米，防洪库容2.24亿立方米(见表5—12)；小(一)型水库108座，总库容2.89亿立方米，

表 5—12

大汶河流域已成大、中型水库统计表

序号	水库名称	所在河流	所在县名	坝址以上流域面积（平方公里）	坝高（米）	总库容（万立方米）	已淤库容（万立方米）	灌溉面积（万亩）		电站装机（千瓦）	土石方（万立方米）	投工（万工日）	投资（万元）		建成年月	备注
								设计	有效				总	其中：国家投资		
1	雪野	瀛汶河	莱芜	444	30.3	22100	926	20.00	12.50	1050	292.3	625	2272	1443	1966.5	
2	光明	光明河	新泰	134	23.0	9900	182	6.30	5.00		143.0	252	759	545	1958.9	
3	大冶	方下河	莱芜	163	24.0	4820	289	6.61	3.50		50.0	96	465	341	1958.8	
4	黄前	石汶河	泰安郊区	292	33.3	8200	167	11.50	8.00		336.3	873	2083	977	1967.11	
5	尚庄炉	小汇河	肥城	141	17.1	2870	1	2.10	2.10		128.8	143	410	136	1966	
6	金斗	平阳河	新泰	87	19.5	3250	118	5.51	5.51		72.8	100	444	354	1960.6	
7	山阳	八里沟	泰安郊区	28	13.2	2295	75	1.42	1.15		56.4	119	321	175	1960.6	
8	杨家横	辛庄河	莱芜	39	29.5	1272	37	1.84	1.10		83.2	172	308	110	1960.9	
9	大河	泮汶河	泰安郊区	85	22.0	2290	56	2.98	2.00		110.6	138	510	336	1960.10	
10	小安门	徐汶河	泰安郊区	36	20.5	2280		2.03	1.80		80.6	131	379	209	1967.	
11	沟里	莲花河	莱芜	45	17.7	1004	130	1.77	0.77		19.0	36	104	60	1965.7	
12	峪峪	峪峪河	泰安郊区	44	16.8	1890		1.84	0.30		23.1	89	222	96	1966.4	原名纸坊水库
13	乔店	盘龙河	莱芜	85	26.2	2790	86	3.86	2.00	150	117.3	140	454	256	1967.5	
14	直界	石崮河	宁阳	26	13.5	1185	11	1.46	0.70		23.9	51	140	85	1967.6	
15	东周	渭水河	新泰	189	23.0	8000	164	13.03	9.00	500	238.3	774	2066	1293	1977.6	
16	贤村	海子河	宁阳	32	15.1	1060	6	1.22	0.50		31.4	111	293	194	1978.5	
17	苇池	羊流河	新泰	25	22.5	1360		1.34	1.00		51.6	108	191	89	1978.5	
18	胜利	漕河	泰安郊区	14	27.1	5900		18.00	7.86	500	625.8	1477	4069	874	1978.7	
19	彩山	陶河	泰安郊区	38	24.5	1650		2.02	2.02		214.5	473	868	196	1978.8	
20	公家庄	大槐树河	莱芜	31	22.8	1198		1.50	1.20		66.1	121	279	138	1979.5	曾改名北庵水库
合计						85364		106.33	66.81							

防洪库容 1.06 亿立方米。以上共有总库容 11.43 亿立方米，防洪库容 4.33 亿立方米。建成小(二)型水库 591 座，塘坝 3320 个。建成灌溉面积 5000 亩以上的灌区 102 处，其中水库灌区 72 处，自流引河水灌区 11 处(较大的有冷庄、颜谢、胜利、汶口、砖舍、堽城坝、戴村坝等)，提水灌区 19 处(较大的有埠东岭、胜利、琵琶山、无盐等)。配套机井 33758 眼。以上工程共有设计灌溉面积 402.69 万亩，1985 年有效灌溉面积达 301.72 万亩，为 1949 年灌溉面积的 3.4 倍。在有效灌溉面积中，水库灌 92.98 万亩，引河、扬水灌 22.68 万亩，纯井灌 186.06 万亩。1985 年利用地表水 8.22 亿立方米，占天然年径流量 18.52 亿立方米的 44.4%，利用地下水 9.47 亿立方米，占地下水可开采量 13.45 亿立方米的 70.4%。建成装机 500 千瓦以上的水电站 5 座，共装机 3125 千瓦。

防洪除涝工程，除上述水库外，1957—1960 年、1962—1964 年、1983—1984 年，进行了三次大堤培修。由大汶口至戴村坝，北堤长 60 公里，南堤长 51.7 公里，戴村坝以下，北堤长 17.76 公里，南堤长 20.3 公里。防洪能力由建国前的 4500 立方米每秒提高到 7000 立方米每秒。若遇超标准洪水，为了确保南堤安全，可在东平县马口村分洪 2000 立方米每秒，洪量 2.77 亿立方米入稻屯洼蓄洪区。流域内易涝面积 85.8 万亩，截至 1985 年，已按 5 年一遇标准治理了 49.04 万亩，占 57.2%。

水土保持，截至 1985 年，修梯田 154.4 万亩，造林 262.58 万亩，种草 11.91 万亩，共治理水土流失面积 2859 平方公里，占水土流失面积 5093 平方公里的 56.1%。

通过流域治理，水沙资源得到较好利用。据戴村坝水文站实测，1961—1970 年平均，年水量 17.49 亿立方米，年沙量 202 万吨；1971—1980 年平均，年水量 9.2 亿立方米，年沙量 87 万吨。后 10 年比前 10 年入黄水量减少 47.4%，沙量减少 56.9%。

注：古济水，系古四渎之一，分为黄河以北和以南两部分。《禹贡》："导沇水，东流为济，入于河；溢为荥，东出于陶丘北，又东至于菏，又东北会于汶，又北东入于海。"前者指黄河以北部分，是黄河北岸的支流，其源出今河南省济源县西之王屋山，入河(黄河)处几经变迁，大致在今温县西南至武陟县南之间。后者指黄河以南部分，是黄河南岸的一条分支，自荥阳以北的黄河南岸分(溢)出，流经阳武、封丘、济阳、济阴、菏泽、定陶，入巨野泽(今山东省巨野县境)，出巨野泽后，东北流，会汶水，经东平、东阿、历城、章丘、邹平、高苑、博兴东而入海。这

南、北两部分济水,其首尾隔河(黄河)相望,互不相接。

南部济水,在战国时期已纳入以鸿沟(东汉以后称汴渠)为主体的运河水系。《禹贡》记载“浮于淮泗,达于河(菏)”,“浮于济、漯,达于河”及“浮于汶,达于济”,说明当时济水在南北航运中的重要作用。隋开通济渠(公元605年)后,在巨野泽以上的济水逐渐湮废。至南宋建炎二年(1128年),东京留守杜充决开黄河,企图阻止金兵南下,黄河水南流由泗入淮,此后黄河逐渐南移,夺淮入黄海。黄河南徙后,巨野泽周围逐渐垦殖,湖面缩小直至湮没,大汶河则成为济水的主要水源,注入渤海,元代以后称大清河。济水名称成为历史。

第六篇

南水北调规划

南水北调是我国跨流域的调水工程，它与黄河治理和流域水土资源的开发利用关系十分密切，而且在黄河上、中、下游广大地区与调水线路直接相关，影响甚大，因此，整个南水北调工程规划是黄河治理规划中的一项重要内容。

我国水资源的主要特征之一，是空间分布不平衡，年平均降水量由东南部的1500毫米以上，向西北递减至50毫米以下，形成西北和华北地区干旱缺水。黄淮海三流域面积占全国的14%，耕地面积占全国37%，河川年径流量只占全国的5%，加上北方河流在一年之内丰枯流量变幅较大，年际间径流量差别也较南方为大，这就给开发利用为数有限的水资源更增加了困难。

长江为我国第一大河，年径流量9600亿立方米，等于黄河年径流量560亿立方米（花园口站）的17倍。据1987年长办在南水北调中线规划报告中统计：按单位面积占有水量计，长江每平方公里为55.3万立方米，黄河7.7万立方米，淮河22.2万立方米，海河8.8万立方米。按每亩耕地占有水量计，长江为2595立方米，黄河290立方米，淮河340立方米，海河168立方米。按每人占有水量计，长江为2743立方米，黄河683立方米，淮河512立方米，海河279立方米。根据黄委会80年代初期统计，黄河每年工农业耗水量达270亿立方米，已感水量不足，下游引黄灌溉区在五、六月份实际引水量一般只有需水量的40—50%，流域部分城市生活用水、工业用水供应紧张，黄河下游泺口至利津河段已多次出现断流，1981年断流时间达30天之久。

在中国历史上关于沟通江淮河海诸水道的探索不绝于书，记载不少有关这方面的事实。如春秋时期吴国开挖的邗沟，战国时期魏国开凿的鸿沟，以及两汉唐宋时期开挖的汴渠等。古代兴办的工程有的保存至今（如京杭运河），有的现在仍在使用（如灵渠）。虽然在当时其主要目的是为了疏通漕运或用于军事目的，但在某种意义上却为人们选择南水北调方案提供了借鉴。

建国后，中共中央和国务院对黄河治理极为重视。1952年10月下旬，毛泽东主席亲临黄河视察，听取治黄工作汇报。毛泽东主席听到黄委会主任王化云汇报黄委会人员对黄河源及从通天河引江入黄的查勘情况时插话说:“南方水多,北方水少,如有可能,借一点来也是可以的。”

1954 年,黄河规划委员会编制《黄河综合利用规划技术经济报告》,它的第一卷第六章第七节“其他河流引水”中明确提出从通天河、汉水引水到黄河的可能性和设想。

1956 年 8 月,北京院编写《桃花峪——北京输水线路总干渠初步规划要点》,提出了长距离南水北调的方案。1955—1957 年间,治淮规划中提出并开始研究引汉、引江等多种方案。长办 1953 年即开始了南水北调中线黄河以南河段的综合考察与查勘,1956 年研究长江中、下游两条引水线路的战略布局,编写有《引江济黄济淮规划意见》。其中主要成果编入 1958 年制定的《长江流域综合规划要点报告》。1958 年黄委会设计院也派人进行中线丹江口至郑州段的查勘,编写有《引汉济黄线路查勘报告》。并且还进行了黄河至北京、北京至秦皇岛段的引水线路查勘,分别写有查勘报告。

1958 年 3 月,毛泽东在中共中央召开的成都会议上,听取长办工作汇报,再次提出引江、引汉济黄和引黄济卫问题。1958 年 8 月,中共中央在北戴河召开的政治局扩大会议上,通过并发出了《关于水利工作的指示》,指出:“除了各地区进行的规划工作外,全国范围的较长远的水利规划,首先是以南水(主要指长江的水系)北调为主要目的的,即将江、淮、河、汉、海各流域联系为统一的水利系统规划,……和将松辽各流域联系为统一的水利系统规划,应即加速制订。”(引自长江志通讯 1985 年第 3 期与 1986 年第 1 期)这是第一次以“南水北调”一词见之于中央正式文献。

中共中央这一指示下达后,中国科学院(以下简称中科院)和水电部共同组织了统一的南水北调研究组,参加单位除中科院、水电部直属有关局、院及科研、勘测、设计部门外,还有北京院、长办、黄委会、昆明电力设计院、西北院、成都电力设计院、清华大学、武汉大学、华东水利学院、南京大学等均参加了大协作,长江以北除东北以外的 14 个省、市、自治区的水利部门也派人参加,开展了大规模的南水北调综合考察工作。

这次引水方案的研究范围,从长江中下游扩展到长江上游乃至更西部的怒江、澜沧江流域。供水研究范围,扩展到新疆和内蒙古。经过多次对引水地区进行地形、地貌、地质、社会经济状况等综合考察,提出了我国西部地区从长江上游调水的多种方案,初步探讨了调水影响。14 个省、市、自治区还根据各自的规划,分别提出了本省市自治区对南水北调的要求。1960 年,北京院提出《黄淮海平原水量平衡初步研究报告》。1960 年 3 月江苏省水利厅提出《江水北调东线江苏段规划报告》。山东省水利厅编写《东线南水北调山东段规划报告》。安徽省提出对南水北调规划的意见。与此同时，长办在中线提出《引汉济黄查勘报告》、《引汉济黄规划报告》及《中线南水北调资料汇编》。

1958年到1960年，国务院有关单位及学会先后召开了四次南水北调全国性会议，即1958年秋的“南水北调协作会议”，1959年2月的“西部地区南水北调考察规划会议”，1960年初的“长江中、下游南水北调会议”，1960年3月2日至8日的“西部地区南水北调科学技术工作会议”。出席1960年科技会议的有云南、四川、青海、甘肃、新疆、宁夏、陕西、内蒙古及有关部委和高等院校计320人，总结1959年的考察工作，安排1960年的任务，制订1960—1963年间的南水北调工作计划，其中包括规划研究、综合考察、引水线路勘测、输水方案研究、重大工程科学研究等各项专题计划，提出三年内完成西部地区南水北调初步规划要点报告的目标。但是，由于执行“左”的路线的结果和自然灾害，1960年起国家遇到暂时困难，经济发展受到严重影响，加上南水北调西部工程浩大，要求技术高，困难大等因素，使南水北调西线工作难以进行，至1963年，各项外业工作基本停顿，整个工作告一段落。70年代中期，随着国民经济的发展，华北缺水问题日益突出，这项工作又被提上议程。

1978年2月26日国务院总理华国锋在五届全国人大会议上所作的《政府工作报告》中正式提出“兴建把长江水引到黄河以北的南水北调工程”。1978年，水电部下达(78)水电规字42号文，指示黄委会进行查勘工作，这样，西部调水工程前期工作又开展起来。1978年9月16日，中共中央政治局常委陈云就南水北调问题写信给水电部部长钱正英，建议广泛征求意见，完善规划方案，把南水北调工作做的更好。陈云还为此写信给中央政治局常委李先念、政治局委员王任重、国家计委负责人姚依林。1978年10月17日，水电部发出《关于加强南水北调规划工作的通知》，1979年2月水电部正式成立了部属南水北调规划办公室，统一指导全国南水北调工作。在此情况下，1978、1980年黄委会两次组织南水北调查勘，重点对通天河、雅砻江、大渡河引水线路进行查勘，分别编写有《西线南水北调工程通天河、雅砻江、大渡河至黄河上游地区引水线路查勘报告》。1983年7月又编写《南水北调西线引水工程研究情况简介》。1985年黄委会又派出查勘队对黄河源地区重新进行查勘。1987年3月黄委会设计院提出《南水北调西线引水工程规划研究情况报告》，要求将西线工程列入“七五”科研项目，并向全国政协部分委员和国家计委作了口头汇报。1987 年 7 月 8 日国家计委正式下达《关于开展南水北调西线工程前期工作的通知》,决定将西线调水列入“七五”超前期工作项目,提出了明确的任务目标。黄委会 1987 年做了积极准备,1988 年 4 月组织 180 余人,对雅砻江引水线进行勘测和规划研究,1988 年底提交反映西线工程轮廓的初步研究报告,预计 1990 年底完成从雅砻江抽水与自流引水路线及有关坝址、库区地形、地质测绘任务,提出《雅砻江调水路线的规划研究报告》。

多年来,经过全国有关单位的共同努力,整个南水北调工程包括西、中、东三条线路,都进行了大量工作,截至 1988 年,东线第一期工程设计已经完成,部分工程已经开工,中线已上报了正式规划,西线超前期工作正在加紧进行,力争 1990 年底前提出部分工程研究报告。上述三线相辅相成,而又不互相代替,各有各的供水区域。其中西线的查勘规划,以黄委会为主;中线在 1979 年前,由黄委会、长办共同分段负责,1979 年 2 月中国水利学会在天津召开的南水北调会议上,确定中线规划工作由长办负责;东线一期工程由淮委负责,东线二期工程可行性研究的设计任务书的编制由天津院进行。黄委会参加了东线引水线路的查勘和规划研究。

此外,在黄河下游山东境内 1986 年 4 月开工兴建了引黄济青(岛)工程,并于 1989 年 11 月基本建成通水,预计 1990 年内全部竣工。此项工程从渠首打渔张引水闸至青岛市的棘洪滩水库,全长约 290 公里,引水流量 45 立方米每秒,年引水总量 5.5 亿立方米。这条引黄济青人工河道的完成,成为一个区域性的骨干工程,形成一条横贯山东省中部的输水动脉,对地区经济发展具有重要作用。

第二十三章 西 线

中国西部南水北调地区界于北纬 26°—35°、东经 94°—106°之间，包括云南省的东南部、四川省的西部、甘肃省的南部和青海省的东南部，全区工作面积约 62 万平方公里。西部为高山峻岭的横断山脉，东南侧为四川盆地边缘丘陵带，大部地区海拔高程在 3500 米以上，其中贡嘎山最高峰海拔 7590 米。

引水地区内主要的河流有怒江、澜沧江、通天河、雅砻江、大渡河、岷江、涪江、白龙江等。各河川年径流量变化不大，年际变化也不大，各河各站最大年径流量与最小年径流量的倍比均在 2.5 以下，水资源丰富。南水北调西线主要是解决黄河水资源不足和西北地区干旱缺水，线路所经地区地势高、控制面广，调水后可为开发建设大西北及黄河治理提供较多的水资源和电能。

第一节 综合考察

南水北调西线的考察工作，始于 50 年代初。1952 年 8 月，黄委会组织黄河河源查勘队，由项立志任队长，参加人员有董在华工程师、周鸿石等 60 多人，在进行河源查勘的同时，初步查勘了从通天河引水入黄河的调水线路，编写有《黄河源及通天河引水入黄查勘报告》，这是我国第一次进行的有关南水北调西线的查勘。

1958 年春，国务院副总理谭震林在兰州召开西北六省治沙会议，会议上提出从金沙江调水 50—105 亿立方米的任务，并责成水电部办理。水电部副部长李葆华指示黄委会代水电部组织人力完成。据此，黄委会派出以队长郝步荣、工程师董在华、周鸿石等 18 人组成引江济黄查勘队，于 1958 年 4 月 5 日从郑州出发，到达成都后由四川省派人共同进行具体准备，4 月下旬由康定出发查勘，8 月完成了从金沙江调水的查勘任务。查勘队回到成都后，又接王化云电示，提出调水千亿立方米以上的任务，查勘队又从成都返回雅砻江、大渡河等流域继续进行查勘，共历时5个月，行程1600公里，9月上旬结束野外工作，集中于甘肃岷县分析研究资料，9月27日编写出《金沙江引水线路查勘报告》。该队查勘范围东至四川盆地西部边缘，西达金沙江岗托沿岸，南抵四川西昌，北到甘肃定西、天水，所选4条引水线路主要通过云南、青海、四川、甘肃省的西昌、雅安、温江、绵阳、天水、定西等6个地区和迪庆、玉树、凉山、甘孜、阿坝、甘南等6个区、自治州，线路所经地区主要河流为金沙江、雅砻江、大渡河上游，水量充沛，多山泉瀑布；岷江、涪江、白龙江虽处上游，依然水量丰富。而这一地区内黄河流域除洮河外，渭河、祖历河上游则沟干河涸，几乎断流。两者相比，迥然不同。查勘时这一地区人口为1600万人，分布不均匀，西北部每平方公里不足5人，四川盆地边缘地区每平方公里人口逐渐增多。此地区内矿藏丰富，畜产品及各种药材甚多。但区域内大部地区交通条件较差，运输困难。这期间，李葆华率中苏专家抵达兰州审查西北地区调水工程规划，审定后，并嘱黄委会人员回郑州后代部拟写送审报告，转报中共中央审批。并且要求报告内容按照中共中央政治局在1958年8月北戴河扩大会议上所作《关于水利工作的指示》精神起草。根据这一指示，在西部地区选定翁定线（自金沙江的翁水河口引水至甘肃定西），经过计算，输水、供水总干渠长度须开河十万里，总调水量需五千亿立方米，基于这一前提，1958年10月30日，黄委会编写了《关于开凿万里长河南水北调，为共产主义建设服务的意见》，12月份，修改为正式报告，上报水电部，提出了“开河十万里，调水五千亿”的口号，并附王化云主任给李葆华副部长的建议信。

1958年10月底，黄委会派出以王化云为首的6人查勘小组，从11月3日至12月13日，由内蒙古出发经宁夏查勘了巴音浩特以北地区，然后经兰州到达西宁查勘了柴达木盆地，翻越祁连山进入塔里木盆地，穿越天山抵达乌鲁木齐后沿河西走廊折回，沿途向内蒙古、宁夏、甘肃、青海、新疆、陕西6省区负责人汇报南水北调查勘情况，并征求地方意见，行程一万公里，年底返回郑州。

1959年5月18日至7月24日，王化云及黄委会秘书长陈东明、规划设计处处长郝步荣等6人组成查勘小组在云南省副省长张冲陪同下，对金沙江、怒江、澜沧江引水济黄可能性进行调查，提出了可能调水量的初步意见。

1958—1961年，黄委会先后组织七个勘测设计工作队进行南水北调西线、中线及黄河中、下游有关地区的查勘。其中有一、四、七三个队进行南水北调西线查勘，共计400余人参加，三年之中共进行地形测绘47425平方公里，地质测绘44814平方公里，查勘路线长62888公里，勘察大型建筑物地址405处，搜集了大量资料，提出了阶段成果报告。七个勘测设计工作队的负责人及查勘范围如表6—1。

表6—1　　勘测设计工作队负责人及查勘范围

队　别	队　长	副　队　长	查　勘　范　围
一队	张道一	陈圣学、杨先敬、吕广林、郭　峰	西　线
二队	凌　光	李汉兴	晋、陕地区
三队	姜善保	宗树立、陈新章、崔云海	晋、陕地区
四队	王兆良	刘振山	西　　线
五队	沙涤平	杨岺卿、陈安义	中线及京广运河
六队	宋寿亭	赵玉堂、芦青云	山东境内及黄河入海口
七队	郑光训	宋增福、刘振山	西　　线

1959年2月16日至22日，中科院、水电部在北京召开西部地区南水北调考察研究工作会议，有关部委及高等院校60多个单位参加，苏联专家考尔涅夫也参加了会议，会上确定的南水北调指导方针是："调蓄兼施，综合利用，统筹兼顾，南北两利，以有济无，以多补少，使水尽其用，地尽其利。"会议决定由水电部和中科院牵头，组成有生产、科研、教学单位参加，专业学科齐全的综合考察队，全名是"中国西部南水北调引水地区综合考察队"（简称综考队），以开展西部南水北调引水地区的综合考察和科学研究工作。

综考队于1959～1961年进行野外考察，冬季进行室内分析研究。这三年中先后参加综考队的单位有：科研部门中国科学院所属综合考察委员会、地理研究所、动物研究所、植物研究所、土壤研究所和四川省科学分院、水电部水科院；生产部门有长办，四川、云南两省的气象局及水利厅；教学部门有清华大学、北京师范大学、河北师范大学、南京大学、华东水利学院、兰州大学、西北工学院和成都工学院等20多个单位。参加综合考察的各单位人员，于1959年3月在四川成都集中，正式组成"中国西部南水北调引水地区综合考察队”，总队长郭敬辉，下设水文、地貌、地质、土壤、水生物、动物、植物、森林、经济等9个学科组。这次会议同时还确定西线查勘规划工作由黄委会负责，包括引水地区、引水线路的勘测；综合考察以中科院为主，科研工作由水科院配合。这一年，黄委会设计院第一、四、七三个队在西线继续进行全面查勘，其中包括第三引水线路的查勘，并于1959年底根据新查勘的资料选择出自怒江沙布引水到洮河的怒洮线，与自怒江沙布引水至定西的怒定线相比较。其中第七队从1959年3月起专门进行积石山至柴达木、积石山至洮河和通天河至柴达木等引水线路的查勘。该队5月上旬由兰州、西宁分别出发，9月底结束外业，11月中旬集中兰州，11月底回郑州，12月份提出《中国西部地区南水北调积柴、积洮输水线路查勘报告》。参加这次查勘的职工达170余人，另有青海、甘肃两省工作人员17人。

1960年，黄委会勘测设计工作队共420余人继续进行野外查勘，3月份出发，先后进行通柴引水线、第一引水线的查勘，积柴、积洮输水线和第三引水线（第三引水线路是包括有翁水河至定西的翁定线、怒江至洮河的怒洮线、怒江至定西的怒定线、引水入祖历河、引水入洮河等方案的总称）的复勘；大海子天然坝的科学考察和马湖天然坝的测绘工作。截止9月底，共完成地形测量17500平方公里，地质测绘6000平方公里，线路查勘5800公里，坝址查勘90个，隧洞90个，共长900公里，典型线段4处，全长300公里。二等三角基本锁一条长590公里，四等水准测量1000公里。并于1960年底提出入洮、入祖、玉树至积石山、通柴四条引水线路方案。1961年黄委会又对第三引水线路中的重点工程——梭罗卡子隧洞和岷江、大渡河入黄线路进行查勘，编写了《复勘报告》，提出多种引水方案。

在黄委会进行南水北调西线考察的同时，以中科院自然资源综合考察委员会为主曾先后派出大批科研综合考察队伍赴西部南水北调地区进行各项综合考察，为西线调水工程收集大量资料。1959年综考会组织220人的工作队，其中包括工程地质、矿产地质、地貌、气候、水文、土壤、植物、森林、动物、水生动物、工业、农牧业、交通运输业等专业人员，对整个引水区内自然条件、自然资源、经济状况进行了概括性调查和对第三引水线路的工程地质条件进行了初步勘测。1960年综考会又组织480余人的工作队，继续进行考察，并在人员中增加了地震、水能、水利、昆虫等专业人员，考察范围包括西昌、凉山及滇北地区，提出以西昌钢铁基地为中心的资源开发远景布局设想，还进行了雅砻江中上游及金沙江中游（石鼓至巴塘段）的水资源考察，提出对此二江的开发意见。在引水河段方面进行第三引水线从岷江华子岭到金沙江虎跳峡之间重大工程地段17处高坝、23条隧洞、4段典型渠段工程地质条件的复勘，论证了不同工程的比较方案。此外，综考队还对沙漠治理进行考察研究，冰川考察也进行了工作。水电部水科院在这一期间为西线南水北调进行了渠道渗漏试验。甘肃省曾进行了定西至玉门段输水线的勘测。内蒙古1959—1961年派人参加了定鄂线、定蒙线的勘测工作。

50年代后期，全国出现“大跃进”形势，许多指标不切实际。在此形势下，西北各省区1959—1960年纷纷提出本省区对南水北调供水的要求，使西部调水规模由原来设想的1000多亿立方米，后来发展到4696亿立方米；引水线逐渐南伸，引水线路多达十几条，最长引水线长达6000公里，工程量达数百亿立方米，甚至有上千亿立方米的方案出现，坝高达800米、910米，从而使西部地区南水北调的调入水量、技术经济等方面都超出了现实可能的条件。

西北几省区要求水量数为：青海省水电设计院1960年2月提出要求调水263亿立方米；甘肃省1960年10月提出的南水北调初步规划中要求给该省中部地区调水177亿立方米，给河西地区调水163—246亿立方米；新疆自治区水电厅1960年2月提出的《关于南水北调的几点意见》中要求南水北调补给水量600亿立方米；内蒙古自治区1959年提出全区分三期开发，分别要求南水北调补给水量261、530、905亿立方米；宁夏回族自治区水电局1959年1月提出该区缺水量为506亿立方米，要求由南水北调补给；陕西省水利厅1959年2月提出《关于引水入陕意见》及《陕西省综合用水规划》中缺水量达522亿立方米，要求南水北调补水统一解决；山西省1958年10月提出的《山西省跨流域调水意见》中列出缺水233亿立方米，要求南水北调予以调补。根据以上七省区合计，要求南水北调补给水量达3450亿立方米。当时北方十四个省、市、区框算的缺水总量高达4700亿立方米。从概念上讲，要把半条长江或相当于黄河十倍的水量，翻山越岭千里迢迢引向北方是难以想象的。

1978年，根据水电部(78)水电规字42号文的指示，黄委会又一次组织南水北调查勘队，总结过去经验，重点对通天河、雅砻江、大渡河部分地区进行查勘，查勘队有黄委会22人，加上中科院地质所、陕西省地质局、青海省水电局各1人，共25人，队长董坚峰，副队长韩连鑫、张维民、邓盛明。6月中旬自郑州出发，7月1日前往通天河及黄河河源地区进行外业查勘，历时4个月，10月底返回郑州。此次查勘骑马行程1154公里，步行100公里，汽车行驶8040公里，查勘了由通天河至黄河源地区的三条引水线路，同时还对扎陵、鄂陵两湖进行了水下地形测量，第一次较全面的收集了两湖的水文地质资料，初步提出了利用两湖水资源的设想。

三条引水线路：一是由曲麻莱县的色吾曲口附近引水到玛曲，简称色玛线；二是由色吾曲口附近引水到卡日曲入黄河，简称色卡线；三是自通天河下段的德曲口附近引水至多曲入黄河，简称德多线。围绕这三条引水线路还查勘了相应的引水坝址并调查分析可调水量。

1980 年黄委会再次组织南水北调查勘队，重点查勘雅砻江和大渡河引水线路。查勘队由 18 人组成，队长韩连鑫，副队长张维民、邓盛明，4 月 8 日由郑州出发，10 月底返回，历时 6 个月，行程近 1 万公里。这次查勘范围是 1960 年查勘的玉积线以北和 1978 年查勘的德多线东南，东到若尔盖，西达治多，南到甘孜、炉霍，北抵黄河，面积约 10 万平方公里。这次查勘主要研究通天河、雅砻江、大渡河三条河流分别单独向黄河引水，或两条、三条河联合向黄河引水的多种方案选择，包括抽水方案和自流引水方案的比较，共查勘坝址 22 处。此外，还进行了卫星照片地质构造解译成果实地调查与检验。查勘引水方案的引水量为：通天河可引 107 亿立方米，雅砻江可引 53—73 亿立方米，大渡河可引 50 亿立方米，三河共可引水 210—230 亿立方米，拟分期开发。查勘认为 22 个坝址中，条件比较好的有通天河上的联叶、雅砻江上的仁青岭，可作为主要坝址。

1987 年，国家计委正式下文批准南水北调西线工程列入国家“七五”期间超前期工作项目，黄委会设计院成立南水北调西线工程项目，由院总工程师吴致尧任设计总工程师，谈英武、张维民任设计副总工程师，并经半年准备，1988 年 4 月出发对雅砻江地区调水进行详细查勘，10 月返回郑州，编写有《1988 年工作总结》及《南水北调西线规划研究报告(讨论稿)》。1989 年 4 月提出《南水北调西线工程初步研究报告》。

第二节　线路勘测

西线南水北调的引水线路，50 年代末和 60 年代初有过多次查勘，其中以 1958—1961 年的规模最大，引水线路方案较多，大体分为两类。

一类是以怒定线为代表，可拦截调引较多的水量。该线路自怒江引水，会澜沧江入金沙江虎跳峡水库后，盘山开渠，穿木里隧洞经雅砻江再穿牦牛山和菩萨岗隧洞，截涪江、白水江、白龙江，经过西汉水河源，凿穿秦岭入黄河渭水，开渠至定西县的大营梁。渠线终点高程1950米，线路全长约3800公里。

另一类拦截调引的水量较少，黄委会在总结1958—1961年查勘工作简结及资料汇编中提出了四条线路：

一、由玉树附近的金沙江引水至积石山附近的贾曲河入黄河，简称玉积线。该线是为解决柴达木盆地和青海湖西北一带的工农业缺水及人畜生活用水所需，它自通天河的协曲河汇入段，建高坝壅水高程至4160米，渠道东南向经过雅砻江上游热巴处，东北行，截大渡河的上源，入贾曲河，渠线全长约1700公里。

二、金沙江的恶巴附近引水至甘肃境内的洮河，简称恶洮线。

三、由金沙江翁水河引水到甘肃定西大营梁，简称翁定线。

四、由金沙江石鼓引水，从天水以南穿过秦岭到天水入渭河，简称石渭线。

这四条线路均为自流引水，初步认为一、三线较优，共可引水1400—1500亿立方米。

1978、1980年查勘，主要是从通天河、雅砻江、大渡河三河引水线路中选择了三条线路：

一、由曲藏莱县的色吾曲口附近引水，经色吾曲、昂日曲，穿越巴颜喀拉山到达玛曲，称色玛线。

二、由色吾曲口附近筑坝引水，经色吾曲、加巧曲，穿越巴颜喀拉山到卡日曲入黄河，称色卡线。

三、由通天河下段的德曲口附近筑坝引水，经德曲、解吾曲，穿越巴颜喀拉山由黄河支流多曲引入黄河，称德多线。

色卡线与色玛线共用一个引水枢纽，在昂日曲曲口以下一段渠道两条线路共用，本线共有4400、4500、4620米三个不同高程的引水线路供选择。色玛、色卡两线在工程地质、水文地质、引水线路总长、工程量等方面均相似。除色玛、色卡两线引水方案外，在查勘报告中该队还提出色吾曲至黄河的自流引水方案，以与抽水方案作比较。自流引水枢纽坝址仍选用歇马传日阿，坝顶高程4370米，最大坝高195米。引水线路取水口处于坝址上游左侧歇马传日阿青沟口，经4000米引渠，以隧洞穿过日那尕卡山郎窝洞口，然后沿4350米高程跨越叶格沟后，沿色吾曲右岸逆水而上，过昂日曲后，仍沿色吾曲右岸上引，于扎陵湖西约6公里处直接入黄河。线路全长208公里，其中明渠82.9公里，洞长121.5公里，渡槽长3.6公里。

德多线是在德曲口附近筑坝，回水到德曲内，然后由水库末端引水至黄河支流多曲。这条线路有通天河上的同加、岗加桐、联叶及德曲上的同加等4个坝址供选择。经比较，以联叶坝址条件较好，它位于通天河同加坝址下游42公里处，年水量113.4亿立方米，河水位高程3797米，利于修建高混凝土拱坝。其缺点是坝高，工程量大，筑坝技术要求较高。所以当时查勘队推荐同加作为德多线的坝址。

引水方案有抽水与自流两种。抽水方案，坝体要求相对较低、方量少、引水线路短、隧洞引水量小、一次投资少，但需有较大的抽水动力及能源，年运转费用较高。自流方案，则具有坝体高、引水线路较长等缺点。故在西线调水中自流引水和抽水引水以何种方案较优，还需在前期工作中作进一步研究。

黄委会查勘队还认为，扎陵、鄂陵两湖作为反调节水库，加以充分利用，具有近期开发价值，应作为西线调水整个规划中一个专题项目研究。

1987—1988年，黄委会再次组织力量进行西线南水北调查勘，于1989年提出《南水北调西线工程初步研究报告》，分别对通天河、雅砻江、大渡河引水方案作了研究，其优选方案(现阶段各河各方案中优选的方案见图6—1)如下：

一、通天河引水

自流引水方案为治(家)—勒(那曲)线。年最大可能调水量85亿立方米，引水高程4316米，入黄高程4280米。该方案充分利用了德曲向北延伸的有利地形条件，缩短引水线路长，在鄂陵湖以上勒那曲入黄，可以利用鄂陵湖作为反调节水库。

提水方案为联(叶)—多(曲)线。年最大可能调水量100亿立方米，引水高程4160米，入黄高程4440米。该方案引水枢纽坝址地形、地质、施工场地和内外线交通条件均较好，需建的提水动力电站较少，引水线路较短，虽然壅水枢纽工程量大，但可调水量多，单位调水量的工程量并不大。

二、雅砻江引水

自流引水方案为长(须)—恰(给弄)线。年最大可能调水量45亿立方米，引水高程3925米，入黄高程3880米，年调水量相对较多，单位调水量的工程量较少。虽然隧洞较长，但通过布置支洞、斜井，可有效地控制施工段的长度，缩短工期。

提水方案为长(须)—达(日河)线。年最大可能调水量45亿立方米，引水高程3920米，入黄高程4180米。由于利用短隧洞穿越俄木其曲大弯道，

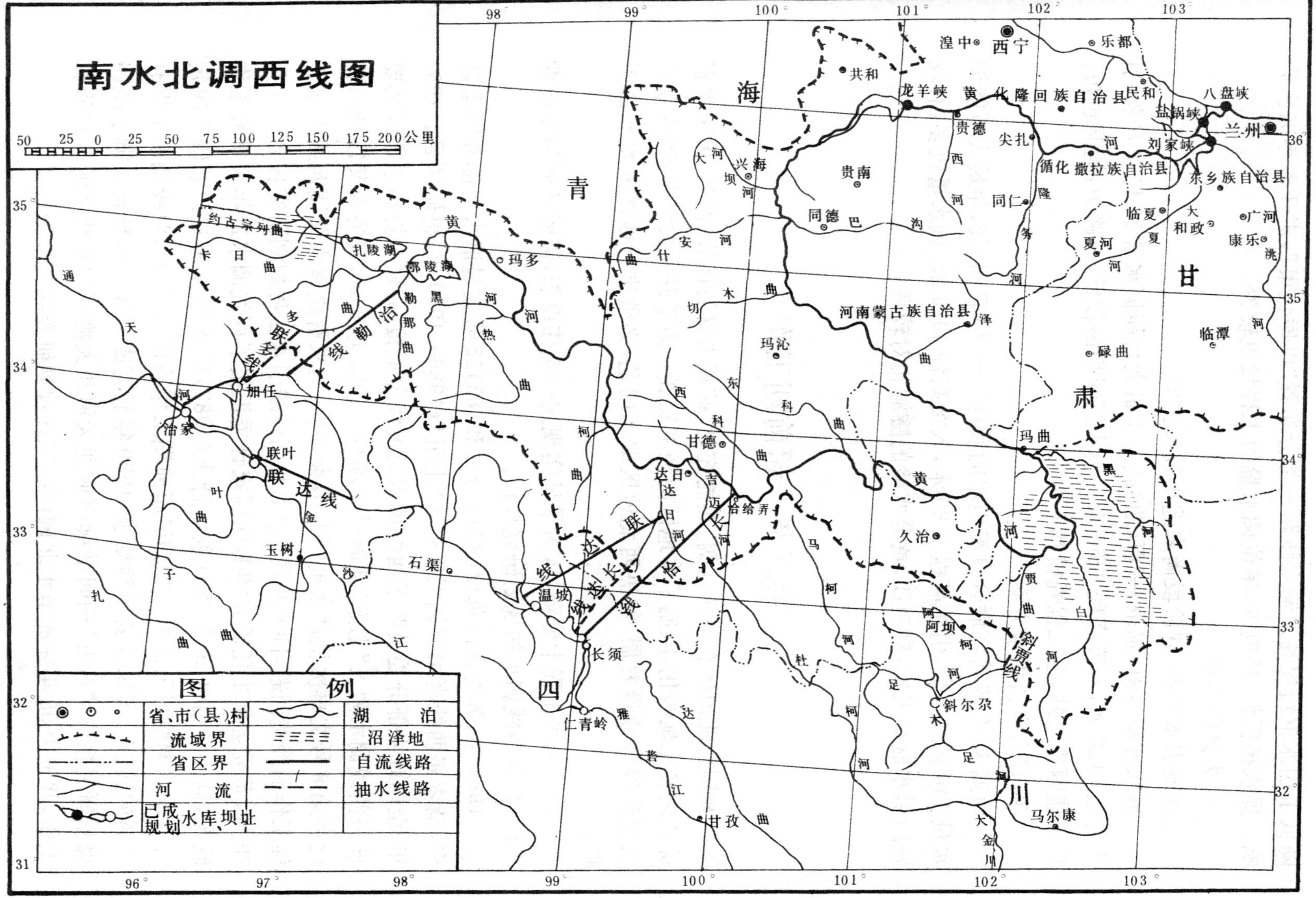
南水北调西线图
50 25 0 25 50 75 100 125 150 175 200公里
图例
省、市(县)村
流域界
省区界
河流
已成 规划 水库坝址
湖泊
沼泽地
自流线路
抽水线路
西宁
兰州
龙羊峡
刘家峡
盐锅峡
八盘峡
玛曲
甘孜
马尔康
玉树
玛多
青
海
甘
肃
四
川
联达线
联多线
勒沿线
达长联线
迈长恰线
斜贾线

图6—1　南水北调西线图

降低了引水枢纽坝高。输水线路一部分布置"以库代渠",避开多年冻土影响。提水扬程低,耗电少,单位调水量的工程量也较少。

三、大渡河引水

自流引水方案,现阶段尚未选出较优方案。

提水方案为斜(尔尕)—贾(曲)线。年最大可能调水量 50 亿立方米,引水高程 3150 米,入黄高程 3450 米。引水枢纽坝高较低,线路短,隧洞也短。虽需建两座电站,但工程规模都不大。

四、联合自流引水方案

由通天河、雅砻江联合自流引水的联(叶)—达(日河)线,年最大可能调水量 140 亿立方米,引水高程 4180 米,入黄高程 4070 米。调水量较多,有较好的引水枢纽坝址,穿越江、黄分水岭的隧洞相对较短。

第三节 超前期工作

我国西北地区有地域辽阔、热能充足、矿藏丰富的优势,但是,由于水资源缺乏和土地沙化,限制了本地区的经济发展。为了开发大西北,适应今后大规模经济建设发展,解决西北地区缺水问题,必须进行西线南水北调工程。

西线调水工程十分艰巨,为早日实现这一宏伟设想,需要开展规划前期工作,加速西线调水的规划研究步伐。

1985 年,黄委会以黄设(85)4 号文和(85)25 号文呈请水电部并国家计委,请求将西线南水北调工程列入"七五"(1986—1990 年)科研项目。1987 年,全国政协部分委员听了西线调水研究情况汇报,并联合提出书面议案要求将西线调水列入"七五"期间科研项目。1987 年 4 月,黄委会又以(87)黄设字第 8 号文再次呈请水电部及国家计委,请求解决南水北调西线引水工程工作的经费问题,同时报送《南水北调西线引水工程规划研究报告》。4 月 20 日,黄委会副主任陈先德等向国家计委汇报了西线调水近年来研究工作概况,同年 7 月 8 日,国家计委以计土(1987)1136 号文通知:"经研究决定将南水北调西线工程列入'七五'超前期工作项目"。从此,西线调水工程有了新的转折。国家计委明确要求,1990 年底完成西线工程雅砻江调水线路规划研究报告,"八五"期间继续完成通天河和大渡河调水线路的规划研究工作,并于 1995 年完成南水北调西线工程规划研究综合报告。

黄委会接到通知后，1987—1988 年 3 月经过半年多的紧张筹备，共组成 180 人的队伍，承担此项工作。其中测绘队 80 余人，分 5 个作业组；地质队 30 人，分 3 个作业组；规划、机电、施工、水文、环评等专业组 34 人组成综合查勘队；协作配合的有中科院兰州分院冻土研究所查勘队 30 人，长办查勘分队 6 人。1988 年 4 月 23 日测绘人员率先出发，其他专业人员也陆续出发，奔赴青藏高原，开展了地形测量、地质测绘、调水线路综合查勘以及水文气象、社会环境等方面的调查研究，于 10 月 5 日安全返回。

这次勘测考察地区是雅砻江上游，涉及四川、青海两省的甘孜、阿坝、果洛、玉树等四个藏族自治州的石渠、德洛、色达、久治、达日、甘德、玛多、称多等 8 县，范围约 1 万平方公里。主要完成工作量有航空测量拍摄 1/2.8 万彩虹外航片 2041 片(7819 平方公里)，1/1 万黑白片 200 片(110 平方公里)，测量三等水准 782 公里，四个坝址区 1/5000 地形图的五等导线 250 公里、五等水准 160 公里、像片控制 23 图幅、像片调绘 100 平方公里，内业完成一个坝址的地形图。地质测绘方面共完成 1/50 万区域地质查勘图 30000 平方公里，坑槽探 1017 立方米。在规划研究方面，内业研究了雅砻江调水的枢纽电源点和线路，分析比较了 48 个方案，经过筛选提出 4 个方案。外业方面考察了雅砻江上的枢纽坝址和黄河干流水电站坝址 8 处，搜集有关水文、气象、社会经济、环境影响等资料，编写了《南水北调西线引水工程(通天河、雅砻江、大渡河)方案初步规划研究报告提纲(讨论稿)》。

这次查勘受到当地政府和群众的热情支持和帮助，解决了工作中生活上不少困难，由于事先进行了充分准备，制订有关制度，从而作到了安全生产并克服高山反应等许多困难，完成了年度任务，写有《1988 年南水北调西线工程勘测考察工作总结》。

1989 年 4 月，黄委会设计院又编写了《南水北调西线工程初步研究报告》报水利部，并派人向水利部作了阶段性工作汇报。

西线调水的超前期工作，计划在 1995 年完成。

第二十四章 中 线

南水北调中线工程是解决我国黄淮海平原西部缺水问题的战略性措施，具有重大意义。而且直接关系到黄河三门峡以下水量平衡及替代黄河水向黄河以北豫冀两省广大地区及京津两市供水，因此，中线南水北调将对黄河治理和黄河水资源的开发利用有着重要的影响。黄淮海平原有耕地3.5亿亩，人口2亿，约占我国耕地总面积的1/4和总人口的近1/5，地理位置十分重要。因此，如何改变这一地区长期缺水的自然面貌，正是南水北调中线工程的主要任务。

中线调水规划分两期实施，即近期由丹江口水库引汉江水北送，远期由(拟建)长江三峡水库引水以补丹江口水库引水源的不足。近期规划中的引汉总干渠是从已建的丹江口水库陶岔渠闸自流引水，经河南南阳穿过江淮分水岭的方城缺口，沿伏牛山东麓，由郑州市西侧牛口峪穿过黄河，然后再向北引，沿太行山东麓京广铁路以西地区自流供水到北京，引水总干渠全长1236公里。

中线调水自渠首陶岔至郑州，线路全长462公里。穿黄段9.7公里。郑州至北京，高方案线路长约764公里；低方案长约756公里；高低线相结合方案长约772公里。中线可灌溉面积约1亿亩，其中湖北省唐白河流域345万亩，河南省唐白河流域1007万亩，河南省境内淮河流域4500万亩，河北省及北京市海河流域约4400万亩。此外，南水北调中线并可向沿线大中城市及工矿企业提供生活用水和工业用水。中线调水引汉流量约1200立方米每秒，初期引汉可供水约100亿立方米；丹江口大坝加高后，后期引汉可供水约230亿立方米。

中线南水北调引汉水源丹江口水库位于汉江上游丹江与汉江汇口以下约800米处，多年平均径流量380亿立方米，坝址处多年平均流量1200立方米每秒。该水库原设计最终坝顶高程175米，正常蓄水位170米，相应库容290.5亿立方米；调节库容163—190.5亿立方米，可进行多年调节。已建初期规模，坝顶高程 162 米，正常蓄水位 157 米，相应库容 174.5 亿立方米；死水位 140 米，相应库容 76.5 亿立方米；调节库容 98 亿立方米。渠首闸引水能力，河南陶岔处为 500 立方米每秒，湖北清泉沟处为 100 立方米每秒。

丹江口水库于 1958 年 9 月兴建，1968 年蓄水，经过 17 年（至 1985 年）运转证明，水库初期规模不能满足综合利用需要，可调水量有限，因此，应尽早按原设计蓄水位 175 米规模完成续建。续建完成后，水库最小下泄流量 200 立方米每秒，平均调水量可增至 230 亿立方米，引水后，将对汉江中下游的灌溉、航道产生一定影响，但可通过渠化汉江和兴建江汉运河两项措施来弥补调水影响，并改善汉江中、下游灌溉和航运的条件。汉江是长江众多大支流之一，据计算引汉后对长江中、下游干流的影响甚微。

引江是从长江三峡引水穿过荆山，以补丹江口水库水源之不足。经过长办查勘选择有偏西、偏东两条线路，其中偏西线较偏东线为短，但需建一条长隧洞。偏东线长约 430 公里，基本上盘山开渠。后来，长办又提出自沙市引江水入汉，再提水引汉入总干渠线方案，以上三条引水线路统称三（峡）丹（江口）引江方案。

南水北调中线规划，以长办为主，配合有关单位进行，三十余年来曾多次查勘规划，提出不同阶段性规划报告。1980 年前后提出《南水北调中线引汉工程规划要点》和《南水北调中线引汉工程规划要点补充报告》，1983 年后，着重研究近期内实现可能性较大的初期引汉工程，编拟了《南水北调中线研究情况汇编提纲》，先后向有关省、市征求意见。1984 年编制《初期引汉阶段报告》，1985 年向水电部报送《南水北调中线引汉规划报告》初稿，1986 年 4 月经水电部召集有关省市部门讨论，于 1987 年经过修改后正式向水电部报送《南水北调规划报告》。

1984 年 6 月 22 日至 27 日，水电部在北京召开南水北调中线规划工作协调会议，有关单位代表 97 人参加，会议听取长办和地矿部代表对前阶段工作情况介绍，讨论长办提出的《南水北调中线初期引汉规划阶段性报告》和《南水北调中线规划和科研工作修改计划》，并印发了会议纪要。

中线调水自 50 年代查勘、规划以来，长期未能实现，主要原因有三：一是三峡工程未定；二是丹江口水库现有规模没有余水北调；三是丹江口水库工程续建需要移民较多，不易解决。

第一节 综合考察

南水北调中线考察工作，长办于1953年即开始分段进行。不久，黄委会也于50年代后期开始了对中线引水线路的查勘。1955年黄委会派耿鸿枢、温存德等参加由长办组织的自丹江口经方城至郑州段线路查勘，当时还有苏联专家参加。后写有查勘报告。

1958年8月28日至9月10日，黄委会设计院组成查勘工作组，第一次进行从丹江口至黄河间引汉济黄线路查勘，研究确定渠线位置，并对渠线上河道交叉及附属工程作进一步了解，9月编写了《引汉济黄线路查勘报告》。1959年，黄委会又派出第五勘测设计工作队，在上次查勘的基础上进行重点查勘，提出不同引水线路比较方案，包括郑州市渠段及入黄位置的选择；黄委会并邀请国内有关单位及专家对黄河以北担负输水、航运双重任务的郑州至北京段线路作了查勘研究，初步提出了高、中、低三条线路各两处引水口的6条线路方案。1959年2月，黄委会编写了《引汉济黄规划报告》。当时提出的引汉济黄线路分为两段：从丹江口到方城缺口为第一段，所经地区为唐白河中游地带，为山区向平原过渡的丘陵区。第二段，方城缺口至黄河段，所经地区为沙颍河流域中游地带，这一地区西部为山区，中部有部分丘陵，东部为平原区。当时对第二段研究的线路方案较多，黄委会倾向于高线方案。

1958年至1959年间，由黄委会主任王化云牵头，并有水电部办公室主任肖秉钧、交通部局长兼总工程师石衡、河南省水利厅郭培鋆、河南省交通厅代表参加，对黄河以南引汉济黄引水线路进行查勘，黄委会刘善建、曹太身工程师等参加了这次查勘，查勘后编有《引汉济黄规划设想报告》。

1959年10月24日至11月26日，由水电部、交通部会同铁道部、国家计委和北京市、河北省水电厅、交通厅，河南省水利厅、交通厅，以及黄委会等单位进行南北大运河（又称京广大运河，最初为肖秉钧提出的大运河方案）京郑段、京秦（延伸至秦皇岛）段的查勘，提出引水过北京至秦皇岛入海的意见。此次查勘历时32天，行程1500公里，途经北京、唐山、保定、石家庄、邯郸等地区和河南省的新乡、郑州市，沿途查勘了地形、地貌、铁道、河道交叉、市区码头位置等。查勘除了取得引汉必须引江、引江应是完全自流、南北大运河应是综合利用总干渠、选线位置应根据可能与需要予以提高、引汉目前设计应满足将来引江需要、丹江口和三峡水库发电应适合引水需要等6条原则统一认识外，还对京秦引水线路提出了具体选择方案，概括为南线、北线，大致是由北京南苑与京郑运河相联，东行经通县南、玉田北、唐山市南、昌黎南、至秦皇岛南汤河口入海，全长313公里。同时，编写有《南北大运河京郑、京秦段查勘报告》。

长办自1953年开始的中线考察和查勘研究，30多年来一直没有中断，并配合湖北、河南、河北、北京、黄委会、淮委会等有关部门，进行了大量综合考察和查勘工作。1957—1963年长办对渠线和主要河渠交叉建筑物段进行了1/50000、1/25000、1/5000不同比例尺的地质测绘和勘探试验研究工作，共完成钻探进尺9840米，手摇钻进尺1546米，抽水试验112孔段，注水试验237孔次。1958—1960年，先后提出了《唐白河流域规划要点报告》、《唐白河灌区引汉总干渠初步设计要点报告》、《引汉渠首枢纽初步设计报告》等。1961年3月水电部下达引汉工程补充任务，长办于1961年8月又编制《引汉工程第一期工程设计任务书》，报经国务院批准，河南省陶岔渠首于1969年初开工，设计引水500立方米每秒，1973年基本建成，1974年夏通水。1981—1984年底，又对分水渠首至方城、方城至黄河、黄河至北京三大段进行工作，共完成地质测绘15086平方公里，其中1/25000的为1100平方公里，1/50000的为2939平方公里，1/200000的为11047平方公里，物探1148平方公里，彩虹外遥感12528平方公里，钻孔934个，总进尺19824米。在多年工作的基础上，长办于1980年3月提出《南水北调中线引汉工程规划要点补充报告》，1985年提出《长江流域综合利用规划要点补充报告南水北调篇》（草稿），1987年正式向部报送了《南水北调中线规划报告》。

中线南水北调，从三峡水库到丹江口水库段，工程比较艰巨，其引水线路，长办自1956—1959年查勘过三条：即自三峡引水的两条和自沙市引水的江汉运河一条。在考察过程中，长办曾提出过香溪河至南河线、西乡河至堵河线、沮河至南河分段开凿隧洞线，以及荆门至南漳明渠线。1958—1959年，长办对荆门南漳明渠线又进行一次详细查勘，提出了不经丹江口水库直接入引汉总干渠的新方案。

第二节　引水线路

根据1987年长办报水电部的《南水北调中线规划报告》，中线引水线路可分为三大段，即三峡至丹江口段、渠首陶岔至郑州段和郑州至北京段，渠首陶岔至北京全线长1236公里。见图6—2。

第一段：三峡至丹江口段，可能的引水线路有三条，即自三峡水库引水的两条及江汉运河引水线一条。其中三峡水库引水线包括经长遂洞的偏西线和分段开凿隧洞的中线，以及绕丘陵地区外围的东线，地理位置处于鄂西山岳地带，南临长江，东部及北部为汉江所环绕，山区多峻岭，海拔高程1000—2500米，工程难度较大。其中具体研究了香溪河至南河线、沮河至南河分段开凿隧洞线、荆门至南漳明渠线及自沙市引江水的江汉运河线。这几条线路，西线最短，全长282公里，荆门至南漳明渠线最长，计466公里。由于中线引江方案的线路和引水方案都与三峡水库设计水位和运用调度有关，同时还需与东线调水工程统一规划，故线路的确定，尚待研究。

第二段：渠首陶岔至郑州段，线路全长462公里。其中渠首至方城缺口经过唐白河流域，60—70%为平原地区，地形平坦，容易通过，且意见比较统一。方城缺口至黄河段，所经地区为颍河流域中游，西部为山区，中部有部分丘陵，东部为平原区，曾研究有高、中、低方案，经比较后确定的引水线路与河流流向基本垂直，一般不利用原有河道。设计渠首水位为149米，方城缺口水位为139.26米，渠线除丘岗地段外，大体沿149—139米等高线向北延伸，变动范围不大。

引汉济黄渠线突出特点是交叉河流较多，它自陶岔至北京全线跨过大小河流达169条，其中黄河以南63条，而且与铁路、公路交叉亦多，还有部分河流的航道需要处理。

第三段：郑州至北京段，引水线路全长764公里(高线方案)。1956年8月，北京院编写有《桃花峪至北京输水总干渠初步规划要点》，提出了自郑州至北京的五条引水方案，称之为一、二、三、四、五线。其中一线全长771公里，线路由桃花峪向西北穿过卫河，经辉县北折后，基本上沿京广铁路以西地区北行于芦沟桥越过永定河至北京。二线与一线相仿，自流控制全灌区，自流终点在永定河金门闸，高程为30米，线路大部分行走于京广铁路东侧，线路全长751公里。三线是从桃花峪岗李水库引水至新河东穿滏阳河而入白洋淀，出白洋淀后与二线同，线路全长679公里。四线引水口选于位山，北行至临清与运东滨海灌区总干渠合流，其余与三线同。五线由桃花峪引水控制所有华北黄河灌区，位山、洛口则不另加开灌区输水线。长办1987年报部《南水北调中线规划报告》推荐的线路，是郑州过黄河后沿太行山麓京广铁路以西向北延伸，自流供水到北京。

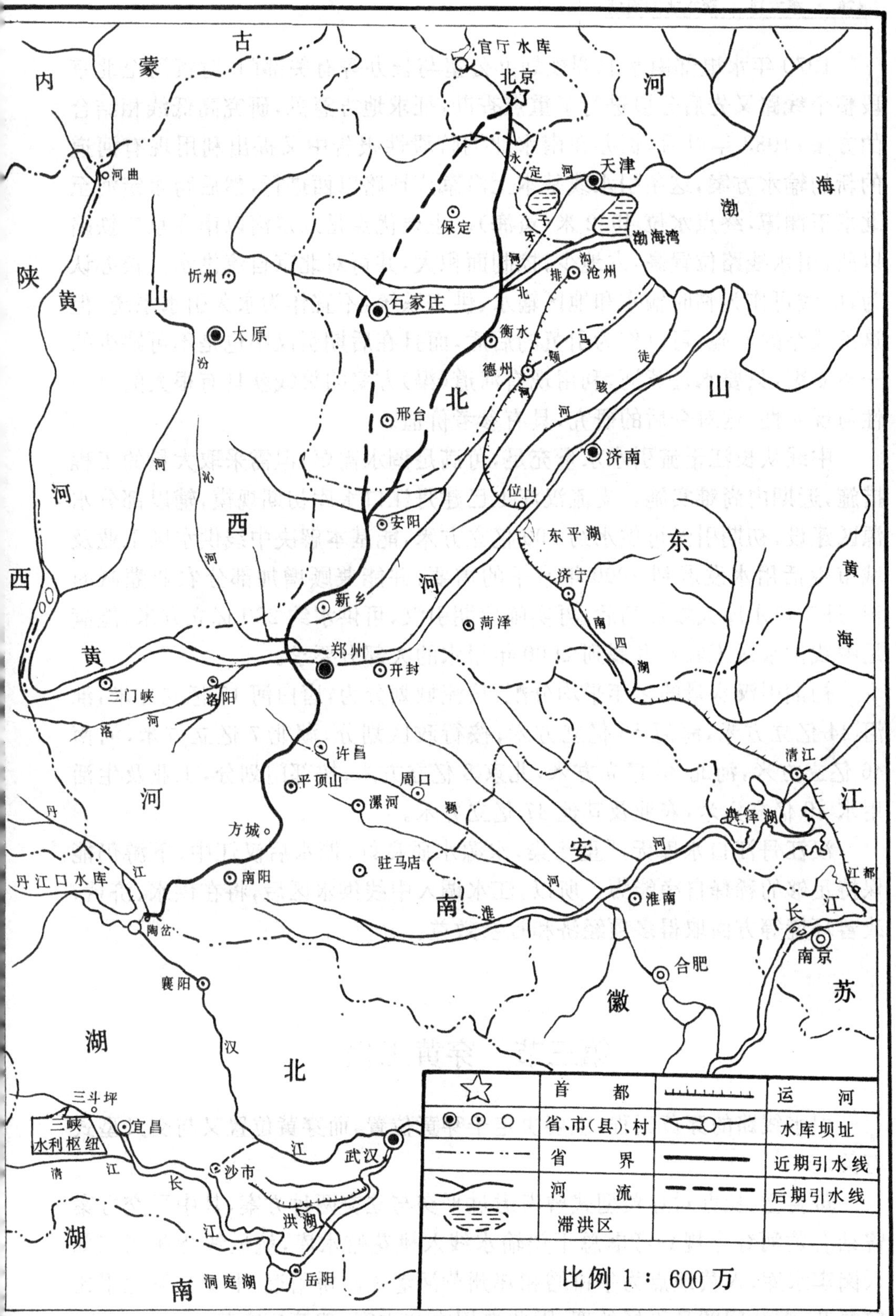

内
蒙
古
官厅水库
北京
河
河曲
天津
永
定
河
渤
海
保定
子
牙
河
渤海湾
陕
忻州
排
沟
沧州
黄
山
石家庄
北
太原
衡水
马
颊
徒
汾
德州
河
骇
山
邢台
北
河
济南
河
沁
位山
西
安阳
东平湖
东
河
西
河
济宁
黄
西
新乡
河
菏泽
南
四
海
黄
郑州
湖
三门峡
洛阳
开封
洛
河
许昌
清江
丹
平顶山
周口
河
漯河
颍
洪泽湖
江
方城
安
河
丹江口水库
江
南阳
驻马店
河
江都
南
淮
淮南
长
江
陶岔
南京
合肥
襄阳
徽
苏
湖
汉
北
三斗坪
三峡
水利枢纽
宜昌
江
武汉
清
江
沙市
长
江
洪湖
湖
岳阳
南
洞庭湖
首都
省、市(县)、村
省界
河流
滞洪区
运河
水库坝址
近期引水线
后期引水线
比例 1：600万

图 6－2 南水北调中线图

1979年水电部南水北调规划办公室与长办等有关部门，对黄河至北京段整个线路又先后分段进行了重点查勘，征求地方意见，研究高低线相结合的方案；1983年以后，长办在南水北调阶段性报告中又提出利用现有河道的新的输水方案，这条引水线基本上沿京广铁路以西进行，然后跨永定河至北京玉渊潭，终点水位49.2米(黄海)。主要优点是永定河以南在京广铁路以西，引水线路位置高，占地少，控制面积大，并可对北京自流供水。长办认为，此线可作为临时输水和地区输水、供水系统，不宜作为永久引水系统。但这条线路的实施，可以作为引黄的后盾，而且在后期引汉中也是不可缺少的一条支渠，只要水过黄河，利用现有河道(渠)方案的渠线就具有很大的灵活性与现实性，这对今后的研究，具有参考价值。

中线从长江干流引水水量充足，可满足调水需要，但需采取大量的工程措施，近期内尚难实施。支流汉江上已建丹江口水库初期规模，辅以部分水源区建设，初期引汉可供水约100亿立方米，能基本解决中线供水区工业及城市生活用水发展到2000年水平的需要，并能兼顾增加部分农业灌溉面积；丹江口水库大坝加高后，再实施后期引汉，可供水约230亿立方米，能满足中线供水区工农业发展到2000年用水的大部分要求。

初期引汉水量的多年平均分配：按流域划分为，唐白河17亿立方米，淮河24亿立方米，海河55亿立方米；按行政区划分，湖北7亿立方米，河南46亿立方米，河北35亿立方米，北京8亿立方米；按部门划分，工业及生活用水49亿立方米，农业及其他47亿立方米。

汉江丹江口水库无严重污染，水源水质良好，调水后汉江中、下游仍能保持足够的稀释自净能力。所以，江水调入中线供水区后，将在供水、济黄、改善环境等方面取得多项经济和社会效益。

第三节　穿黄工程

引水线路的穿黄工程，主要决定于穿黄位置，而穿黄位置又与交叉型式有关。

黄委会、长办对穿黄型式曾考虑过平交与立交两种方案，其中平交方案曾结合黄河综合规划考虑总干渠输水线入桃花峪水库，航运线绕郑州东郊入岗李水库，入黄地点为牛口峪和郑州黄河老铁路桥附近。平交方案运用比较复杂，泥沙问题又不好处理，因此选用立交方案，架渡槽穿黄。

穿黄位置，曾研究过桃花峪、邙山头、牛口峪三处。其中桃花峪在郑州黄河老铁路桥以上约 3.5 公里，穿黄立体工程比较简单，工程量小，但存在黄河北岸地面较低和需要在邙山打隧洞，洞径大，成洞条件较差等缺点，故不宜采用。邙山头在黄河老铁路桥附近，河槽较窄，在基础处理上有铁桥可资借鉴，但此处穿黄，若与北岸高线相接，需长距离高填方，显然不合理，且冲沟多，稳定差，引水线高于铁路 20 米，渠线与铁路并行，威胁铁路安全，故亦不可取。牛口峪为邙山发育的南北向沟谷，渠线在黄河南岸可顺沟开渠，避免深切及绕岗，在黄河北岸可与高线方案相接，且有渠道工程量小的优点，缺点是河宽 9.5 公里，渡槽工程量大，经过综合分析，穿黄位置选择在牛口峪以西的宋沟，东距黄河老铁路桥 18 公里。

穿黄工程的引渠由黄河南岸弥北寨北军张起，往西北倪店以西过枯河至牛口峪的宋沟，全长 13 公里。穿黄工程的过河渡槽，由渡槽、跌水电站、泄水闸等组成。渡槽为拱肋式结构，共 190 跨，每跨长 17.74 米；水电站单机容量 10000 千瓦，共 5 台；泄水闸按下泄流量 140 立方米每秒设计，一孔布置。船闸设于跌水处，闸室宽为 12 米，可通过 500 吨级船队。

此外，长办 1987 年编报的《南水北调中线规划报告》对中线渠道及建筑物工程均作了具体规划，包括渠(河)道工程规划、渠道建筑物工程规划和调蓄工程规划。其中对渠道分段流量的确定、渠道水深、比降的选择、渠道占压地所需亩数(包括永久占压和临时占压)、渠道与铁路和公路之交叉工程、穿黄段工程等都一一作了明确阐述。

中线南水北调引汉工程，渠首至北京线路长达 1236 公里，连同水源工程在内，计土方 74509 万立方米，石方 8679 万立方米，混凝土 102.6 万立方米，以 1980 年物价计总投资为 57.7 亿元。考虑物价浮动因素 1987 年修正调整后投资为 107 亿元。

第二十五章 东 线

南水北调东线是从长江下游扬州抽江水沿京杭运河北送，于位山附近穿过黄河，再沿京杭运河自流引水到京津，是解决黄淮海平原东部缺水问题的一项战略性工程，与中线相辅相成，以改变华北平原长期缺水的自然面貌，促进这一重要地区的工农业发展。由于东线引水线路在黄河下游山东境内穿越黄河，替代由黄河水灌溉的山东境内大部农田，因而与黄河水资源的开发利用关系密切；而且通过东线调水的正常运行和规模扩大，还可设想引部分江水入黄，以清刷浑，有利排淤。因此，南水北调东线是黄河治理整体规划研究的内容之一。

东线南水北调的查勘、研究工作始于50年代末，但在当时尚未预见到东线调水工程有可能较快地进行。

1972年华北地区大旱，海河流域缺水，京津供水困难，华北地区缺水更为突出。1973年春，为了解决京津缺水问题，水电部指示黄委会和十三工程局研究扩大引黄济卫、济津时，考察了多条引水线路，经过计算认为黄河可调水量十分有限，要根本解决华北缺水，必须从长江调水。经过对西、中、东三条线路的分析，认为东线调水比较容易实现，一是现有工程可以利用，二是进一步扩建时不冒风险，三是工程技术相对简单，且具有投资省、见效快的优点，这个意见很快得到有关部门的重视和支持。

1973年水电部在北方17省市召开的抗旱会议上提出《南水北调近期设想》，并从黄委会、治淮领导小组办公室（后改为治淮委员会）和十三局抽人组成水电部南水北调规划研究组，研究近期从长江向华北平原调水的东线方案。以后水电部又责成华北电力设计院研究东线工程的供电方案。1973—1974年间，规划研究组先后和有关省市、有关部门对东线调水线路、主要工程、蓄水措施及沿线用水和灌溉要求等，进行查勘和调查。并于1974年7月，在全国农机预备会议上向有关省市负责人作了汇报，明确了调水线路及规模。1974年秋，以黄委会主任王化云为组长、有水电部南水北调规划研究组负责人姚榜义、郝步荣(黄委会副总工)以及黄委会工程师白炤西等人参加,对东线南水北调引水线路进行实地查勘,查勘自南京开始,抵达扬州江都站考察后北上,到淮阴,过高良涧闸,经金湖、宿迁、徐州、济宁、泰安等地,查勘结束后写有查勘报告。1974年12月,水电部邀请江苏、山东、安徽、河北、天津五省市水利部门负责人共同研究,对调水量、水量分配原则取得了一致意见。在此基础上,1976年3月,水电部南水北调规划研究组提出《南水北调近期规划报告(草案)》。确定抽江规模为1000立方米每秒。过黄河为600立方米每秒,至天津北大港为100立方米每秒,多年平均抽水量140亿立方米,最多为300亿立方米,并将此报告上报国家计委,要求组织现场审查。1978年4月,经国务院同意,水电部以(78)水电计字第190号急件发出《关于召开南水北调工程规划现场初审会的通知》,主要是研究东线,重点是抽水过黄河的问题。此次参加现场初审的单位有国家计委、建委、科委,沿线五省、市,交通部、一机部、农林部、中科院、解放军总后军交部、淮委、长办等,先由五省市和有关部委院召开现场初审预备会,然后分两阶段进行工作。第一阶段,五月下旬自南京开始,经扬州、徐州、济宁、德州、衡水、沧州等地进行现场查勘和调查研究,6月下旬到天津市。第二阶段,在天津市讨论研究,提出初审意见,并进一步安排部署需要补充的规划和科研工作。参加第一阶段工作的会议人员约70人,会议由水电部副部长张季农主持,姚榜义介绍规划方案设想,7月8日会议结束,写有会议纪要,肯定了东线南水北调的迫切性、现实性及所提规划方案的优点,提出了分期实施的意见,建议1985年干线工程基本建成。在此期间,黄委会也进行东线调水研究,1975年黄委会工程师吴致尧、1976年黄委会主任工程师徐福龄等先后对东线调水地区和明清黄河故道进行查勘研究。黄委会人员对东线调水地区的工作一直进行到1978年。1979年3月在天津召开的《南水北调规划学术会议》,又邀请国内有关单位和专家,重点对东线调水问题进行广泛深入的讨论,并对东线调水作了明确分工,力争早日分期实现,同时,对西线、中线调水也作了探讨。

1981年12月国务院举行治淮会议,把兴办东线南水北调工程列入治淮会议纪要。1982年2月,国务院正式批转了《治淮会议纪要》。1982年11月15日淮委主任李苏波就南水北调东线问题给中共中央写信,提出"分期实现、先通后畅"的意见。12月8日,赵紫阳总理在此信上作了批示,水电部根据批示责成淮委编制《南水北调东线第一期工程可行性研究报告》,并于1983年1月在河北涿县召开审查会议。3月28日国务院批准了南水北调东线第一期工程方案，下达《关于抓紧进行南水北调东线第一期工程有关工作的通知》，要求立即编报工程设计任务书，争取 1983 年冬动工，1985—1986 年争取通水通航到济宁。国家计委在“六五”期间为南水北调安排 2 亿余元的投资。但由于江苏、山东两省对当时已定方案意见不一，工程未能按期进行。1984 年 11 月，淮委在取得了两省一致意见之后，完成了《南水北调东线第一期工程设计任务书》，1985 年 3 月经国务院召开的治淮会议上原则同意，6 月水电部将淮委编制的《设计任务书》转报国家计委审批。1985 年 10 月淮委提出《关于请示南水北调东线第一期工程“七五”期间实施意见的报告》，11 月份向水电部及国家计委作了详细汇报。1986 年 1 月中旬，国家计委在全国计划会议上正式确定将南水北调东线第一期工程列入“七五”计划，并获得 1986 年 3 月召开的全国人大六届四次会议的通过，正式列入“七五”计划。1986 年 9 月，国家计委委托中国国际工程咨询公司指派专家对这一工程进行评估，1987 年 12 月评估专家组提出报告，结论认为：南水北调东线工程是解决我国北方地区水资源短缺矛盾的战略性工程，第一期工程是调水到黄河南岸的东平湖，解决淮河流域缺水地区的用水问题，结合穿黄隧洞的兴建，必要时有可能相机向黄河以北调水 6—7 亿立方米，并为进一步长距离调水积累技术和管理经验，这样分步实施，适应我国当前国民经济状况，建议批准设计任务书，进行初步设计。截至 1987 年，初步设计已由淮委完成，第一期工程确定抽江规模为 600 立方米每秒，送水到东平湖为 50 立方米每秒，沿途设扬水站十三级。

第一节 综合考察

东线调水考察 50 年代即已进行，当时认为，长江下游水量丰富，调水北上有足够保证，整个输水线路基本沿京杭运河北伸，均属平原地区，沿线又有四湖（高邮湖、洪泽湖、骆马湖、微山湖）调节，可缩小抽江输水规模，工程技术比较简单，因之有利因素较多。

1959 年，黄委会曾派出第六勘测设计工作队，在黄河下游山东、河北两省部分地区进行考察，对天津市沿渤海进行了塘莱运河的勘测工作，同时还考察了黄河入海口，查勘了穿黄闸的比较地址。

1960 年江苏省对所属东线调水地区进行考察，3 月提出《江水北调东线工程江苏段规划意见》，阐述了江水北调工程的设想、规模、引水线路及工程有利因素，主要意见是利用江水沟通长江、淮河、黄河、海河四大水系，解决苏北、山东、皖北、河南、河北、北京、天津地区用水问题，是一个关键工程，应充分利用京杭运河和黄河故道，以四湖为调节，分级抽水，构成一个调蓄灵活，蓄水、引水、抽水三位一体的完整体系。当时对江苏段提出的总体工程布局是以京杭运河和黄河故道两线为骨干，从江边到东平湖设置 25 处抽水站，抽水 2000—2500 立方米每秒，除满足江苏省 860 立方米每秒外，可向邻省送水 1140—1640 立方米每秒，计划于 1960 年上半年争取开工。

1960 年 3 月，山东省水利厅也对山东境内东线调水地区作了考察，提出《山东省南水北调规划意见》，建议迅速举办东线工程。规划中提出要求南水北调东线满足山东农田灌溉 8000 万亩，近期内调江水 200 亿立方米。引水线路，南起长江三江营，沿京杭运河至山东东平湖，兴建 6—7 个抽水站。由于当时全国处在"大跃进"形势下，规划指标过高，1960 年前后国家又遭暂时困难，因之规划工作暂停。

70 年代又进行调水工作的研究。1978 年 4 月水电部发出《关于召开南水北调规划现场初审会议的通知》，自 5 月份开始，分两阶段进行：第一阶段，5 月 26 日至 6 月下旬，参加会议人员历经扬州、徐州、济宁、德州、衡水、沧州到达天津市。第二阶段于 7 月上旬集中天津市，讨论研究方案，提出初步意见。这次初审对确定东线一期工程方案起到很重要的促进作用。

此后，联合国曾派 9 位专家于 1980 年间来我国考察中、东线，在北京进行讨论，并对南水北调有关问题进行了咨询。

第二节　引水线路

经过长时期多次查勘比较，1976 年水电部南水北调规划组编写了《南水北调近期工程规划报告》，选定的方案，是在江苏扬州附近抽江水，大体沿京杭运河逐级抽水北送，联通洪泽湖、骆马湖、南四湖、东平湖四湖，在位山附近与黄河立体交叉，过黄河后仍沿京杭运河自流到天津，全线长 1150 公里，其中黄河以南 650 公里，黄河以北 490 公里，穿黄段 10 公里，穿黄处地势最高，与长江引水处的江都站间输水水位差 45.5 米，共设 15 处梯级抽水站（另有 3 处季节性抽水站），总扬程 65 米。（见图 6—3）。长江第一站抽水为 1000 立方米每秒，过黄河 600 立方米每秒。根据长江下游多年平均径流量近 1 万亿立方米的情况，选定以下各河段输水流量为：

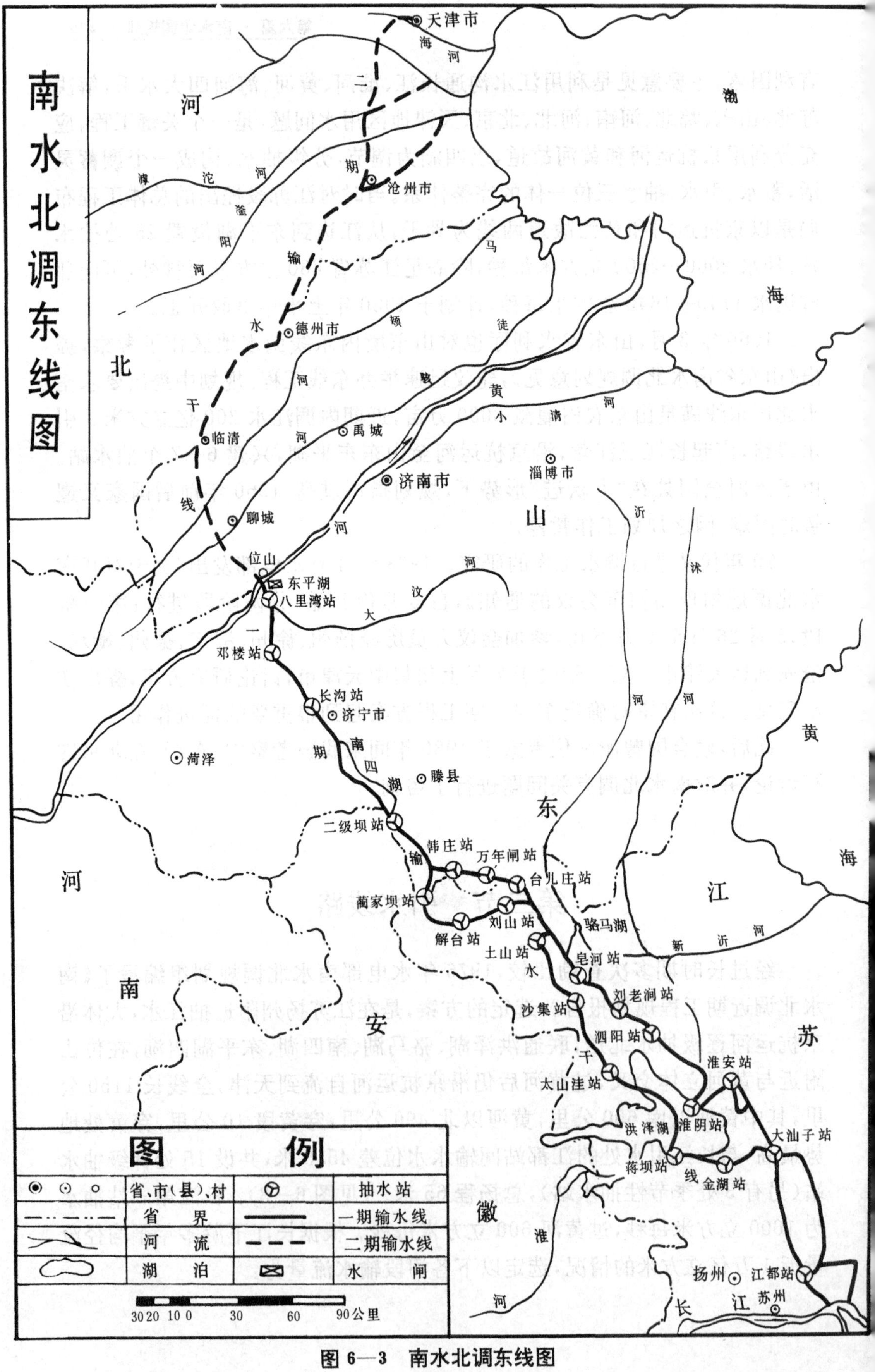
南水北调东线图
天津市
海河
渤
海
河北
滹沱河
滏阳河
沧州市
二期输水干线
马颊河
徒骇河
德州市
黄河
小清河
临清
禹城
淄博市
济南市
山东
聊城
沂河
沭河
位山
东平湖
八里湾站
大汶河
一期输水干线
邓楼站
长沟站
济宁市
菏泽
南四湖
滕县
二级坝站
韩庄站
万年闸站
台儿庄站
蔺家坝站
刘山站
解台站
骆马湖
土山站
皂河站
刘老涧站
沙集站
泗阳站
太山洼站
淮安站
洪泽湖
淮阴站
大汕子站
蒋坝站
金湖站
江都站
扬州
苏州
长江
淮河
河南
安徽
江苏
黄
海
新沂河
图例
省、市(县)、村
抽水站
省界
一期输水线
河流
二期输水线
湖泊
水闸
30 20 10 0 30 60 90公里

图 6—3　南水北调东线图

长江到洪泽湖1000立方米每秒；

洪泽湖到骆马湖800立方米每秒；

骆马湖到南四湖750立方米每秒；

南四湖到黄河、穿过黄河直到临清均为600立方米每秒；

临清到德州(四女寺)350立方米每秒；

德州(四女寺)到九宣闸，从250立方米每秒降至100立方米每秒；

九宣闸到北大港100立方米每秒。

临清附近分出的黑龙港引江渠从250立方米每秒到150立方米每秒。

以上输水规模平均每年抽江水近140亿立方米，加上淮河平水年、丰水年的余水，过黄河的水量可达150亿立方米。

根据规划，水量分配，东线灌溉可分为三大片，一片为洪泽湖以南约1900万亩；二片为骆马湖、南四湖、东平湖灌区约1000万亩，安徽省500万亩；三片为黄河以北3000万亩。按1974年有关省市共同商定，鲁北用水21亿立方米，河北85亿立方米，天津22亿立方米，余水机动调配。如遇特旱之年，则统筹调度。这次规划暂定河北省在过黄河处水量为55—77亿立方米，天津市在过黄河处水量为16—22亿立方米时，到九宣闸相应水量为13—16亿立方米。

引水输水干线工程共分十段：

第一段，长江到大汕子，分三路送水，即里运河、三阳河、卤汀河。

第二段，大汕子到洪泽湖，分两路送水，主要利用原宝应湖内淮河入江水道的深槽，送水到金湖。

第三段，洪泽湖到骆马湖，分两路送水，主要一路由洪泽湖成子湖北头新开15公里的新成子河接中运河泗阳闸上，然后经宿迁皂河入骆马湖。

第四段，骆马湖至南四湖，分三路送水，主要一路经中运河和韩庄入南四湖。

第五段，南四湖内，自韩庄至梁济河口，分上下两段输水。

第六段，梁济河，即南四湖至东平湖，在安山建站，抽水入东平湖。

第七段，穿黄工程，以隧洞立交方式过黄河。

第八段，位山至临清段，利用1960年部分开挖的位临河扩建即可，渠线遇河道用平交通过。

第九段，卫运河、南运河、马减河段。

第十段，黑龙港引江渠，从临清附近至老漳河需开新河道以接通上下两段送水。

规划中蓄水措施，黄河以南已有洪泽湖、骆马湖、南四湖、东平湖可以调节，黄河以北仅有南、北大港尚不能满足调节要求，拟在二期工程中予以适当安排。

规划确定的抽水站装机容量93万千瓦，其中南水北调为82万千瓦，治淮及治海河工程8万千瓦，泰州站3万千瓦。解决电源的办法是建设新厂或利用已有厂进行扩建。

上述工程总土方近5亿立方米，其中黄河以南约3.5亿立方米。总投资为34.7亿元。对整个干线施工要求十年左右完成，由南向北，先易后难。现在进行的是第一期工程，即由扬州附近抽水到黄河南岸的东平湖(过黄河后为二期工程)，并对其中关键工程的穿黄隧洞及早作出相应试验工作。

第三节 一期工程

经国家批准并正式列入国家“七五”国民经济建设计划的东线南水北调第一期工程主要包括以下内容：

引江规模。抽江600立方米每秒，入洪泽湖500立方米每秒，出骆马湖250立方米每秒，入下级湖175立方米每秒，入上级湖125立方米每秒，到东平湖50立方米每秒。

水量分配。多年平均规划用水量为130.1亿立方米，1959—1960年型枯水年为130.2亿立方米，1966—1967年型特枯年为151.6亿立方米。全部引江灌溉面积为2139万亩，其中水田1406万亩。按地区分，山东452万亩，江苏1509万亩，安徽178万亩。

输水线路。主要利用京杭运河为输水干线。从长江的三江营附近江都站抽水，经过里运河、灌溉总渠、二河、中运河、徐洪河、不牢河、韩庄运河、南四湖内东股引河和梁济运河段，联通洪泽湖、骆马湖、南四湖、东平湖，在位山与解山之间以倒虹隧洞立交穿过黄河，再沿临运河西侧开挖输水渠入卫运河和南运河直达天津，全线长1150公里，黄河以南为一期工程，系由低向高调水，设置13个梯级，19座抽水站，总扬程65米，线路全长646公里。

主要枢纽建筑物指标。由于南水北调工程为跨流域大型调水工程，需水部门对供水保障率要求高，抽水设备年运行小时也较多，根据规定，各梯级主要建筑物(抽水站、拦河闸)定为I等I级，附属建筑物定为III级。同时要求，南水北调新建各枢纽的设备应先进，控制运用自动化程度要高。

主要工程量。一期工程河道土方总量 1.28 亿立方米，原计划投资15.08亿元，1986 年淮委根据物价调整了工程投资，修正为 27.21 亿元。本工程经济效益比 2.2，投资回收年限为 4 年。

东线二期工程规划正在积极进行研究，预计到 2000 年，引江规模达到 900—1000 立方米每秒，穿黄流量 200—400 立方米每秒，总投资约需 60 亿元。

穿黄工程是南水北调东线的关键工程，1985 年淮委编制的《设计任务书》，已确定要积极着手进行此项准备工作。该工程技术复杂，难度较大，又是首次在黄河上用隧洞形式穿过。所以水电部指示天津院勘测设计穿黄勘探试验洞，以积累经验，摸清河底地质情况，为将来开凿正式隧洞创造有利条件。

穿黄输水线路曾比较了三条，一是黄庄线路，二是柏木山线路，三是位山线路，经过分析比较，确定位山线路。

穿黄勘探试验洞布置的原则是，有利于尽快进入主河床底部，减少岸边工作量，尽可能与主洞布置及施工需要相结合。现在的试验洞布置在穿黄隧洞（主洞）中间一条的轴线上，方向为 NW341°55′16″，由于黄河南岸解山村在大洪水时将被淹并成为黄河行洪滩地的一部分，故探洞进口选择在北岸黄河大堤以外位山村采石场处，采用独头掘进方式，南岸暂不打通。

1985 年在山东省的密切配合下，由天津院设计、水电部第二工程局施工的穿黄勘探试验洞于 4 月份正式进行准备，1986 年 6 月 26 日正式动工开挖，1988 年 1 月底隧洞主体工程竣工。共完成洞挖进尺 610 余米（包括支探洞），完成钻孔、灌浆进尺 7000 余米，灌入水泥 2400 余吨，水玻璃 250 余吨，堵住涌水 75 次，堵水率达 99%以上。

穿黄主探洞分斜井、平洞段两部分。斜井长 165.5 米，平洞段长 322 米。斜井坡度为 20°，平洞底为 3%的倒坡以利排水。为排除探洞施工中的渗水和突然涌水，在斜井与平洞连接处设有水仓水泵房。水仓水泵房为一长条形隧洞，长 33.5 米，轴线与平洞轴线在平面上垂直。水仓容积 300 余立方米，上部为水泵房，设水泵 7 台，抽水能力每小时可达 1300 余立方米。

为了解探洞两侧地质情况，在河床平洞段东西两侧各设一条支洞，每条长 50 米，两支洞进口间距 84 米。

穿黄探洞断面为：宽 2.93 米，高 2.61 米的三心圆拱城门洞型。支洞断面略小，为宽 2.5 米，高 2.4 米的三心圆拱城门洞型。根据地质条件，探洞崮山灰岩严重风化段及张夏灰岩中断层破碎带的地方采用喷锚支护，其他地质条件好的地带不支护。

由于探洞处于岩溶地区，且在黄河底下，黄河水位高出探洞底近70米，防水、防坍、防通天水（与黄河水相连）是施工成败的关键。因此，结合地质条件，在施工中采取了先灌浆堵水后开挖的办法，灌一段挖一段，边挖边支护，实践证明是成功的。

探洞开挖采用钻爆法，钻孔采用两台SAZ—1型钻机同时钻进。开孔孔径108毫米，终孔孔径为75毫米，采用下行式灌浆法。探洞开挖，要求光面爆破以减少爆破震动对围岩的破坏。

通过探洞开挖，揭示出原地面勘探未能探明的断层10条，较大溶蚀裂隙2条。洞内揭示的所有断层与裂隙走向均为北北东向，倾角为高角度在70°—80°之间。这些断层裂隙都在不同程度上被溶蚀，开挖时发现裂隙已被灌浆所充填。

穿黄勘探试验洞的完成，证明在东线进行穿黄开挖大型过河隧洞是完全可行的。

自从东线南水北调工程提出以来，尤其是水电部南水北调规划办公室编写的《南水北调近期规划报告》推荐东线调水方案发表以后，全国不少单位对这一工程极为关注，发表了不少意见，也提出一些不同看法，这些都集中反映在1979年3月在天津召开的"南水北调规划学术讨论会"会议文件和水电部南水北调规划办公室编辑出版的《南水北调规划与研究论文选编(1)》及中科院、国家计委自然资源综合考察委员会1984年5月编辑的《南水北调论文集》中。其中主要问题集中在以下几点：黄淮海平原需不需要调水？怎样调水？中线调水是否可以代替东线？东线调水是否引起长江下游海水入侵？东线调水是否会引起华北地区盐碱化发展？江水北调是否会把江南血吸虫病带到北方从而引起水质污染？以及东线调水缺乏调蓄工程、逐级抽水投资大、年费用高等。其中有代表性的有姚榜义的《介绍南水北调东线工程》、中科院综考会张有实的《南水北调工程是改造黄淮海平原的战略措施》、中科院地理研究所左太康、刘昌明、许越先合写的《南水北调对自然环境影响的初步研究》、江苏血吸虫病防治研究所肖荣炜、孙庆祺、陈云庭合写的《南水北调是否会引起钉螺北移的研究》、南京水利科学研究院韩乃斌的《南水北调对长江口盐水入侵影响的预测》、中科院综考会袁子恭的《南水北调与水资源的合理利用》及中科院综考会黄让堂提出的"南水北调整个工程应采取先易后难、先东后西、先南后北的建设顺序以完成这项艰巨复杂的建设任务"等。这些论著充分表明，通过几年来的科学考察和实践论证，其中有的问题已得到澄清和解决，使上述问题取得基本统一的认识，充分肯定了东线调水的可行性和经济效益，从而完全肯定东线南水北调是必须的。与此同时，也有少数人发表论文，认为华北地区缺水应主要依靠本地区水资源综合开发和合理运用，不主张江水北调，或者认为不需要南水北调。如张天曾的《关于通盘考虑长江水资源的合理利用和南水北调》、苏人琼的《华北平原农业水资源评价的初步探讨》及《农业用水及南水北调》等论文。

自1976年提出南水北调东线工程规划报告以来，十多年中全国经济形势发生了很大的变化，对水资源开发利用提出了新的要求，南水北调及其他水资源开发利用措施的规划和研究也取得了许多新的成果。因此，1988年5月，国家计委在关于南水北调东线第一期工程设计任务书审查情况向国务院的报告中，认为南水北调东线工程规划有必要加以修改和补充。根据国务院领导的批示精神和水利部的部署，由水利部南水北调规划办公室牵头，治淮委员会、海河水利委员会和天津院共同参加，并在其他有关单位的配合下，于1990年5月又编制了《南水北调东线工程修订规划简要报告》，对东线调水的必要性、迫切性和可能性、总体规划、近期调水规模、远景轮廓设想、灌区规划、综合利用安排、工程量及投资、工程经济效益评价、第一期工程实施意见、工程环境影响评价与水质保护、运行管理等均一一作了阐述，个别处作了新的调整及补充，并再次强调华北缺水已成定局，南水北调东线工程势在必行。要求第一期工程应立即起步，供水范围从原定的黄河以南扩展到京津冀地区，2000年前送水至天津。抽江600立方米每秒，穿黄200立方米每秒，总投资为48.22亿元（1988年价格）。

附　录

关于根治黄河水害和开发黄河水利的综合规划的报告

（在1955年7月18日的第一届全国人民代表大会第二次会议上）

中华人民共和国国务院副总理　邓子恢

各位代表：

现在我代表国务院作关于根治黄河水害和开发黄河水利的综合规划的报告。因为这一规划所涉及的不止5年，它的第一期工程就需要到1967年才能完成，所以需要作为第一个五年计划以外的单独的问题来讨论。

黄河问题是全国人民所关心的。黄河是我国第二大河，从青海的约古宗列渠发源，流经青海、甘肃（包括原宁夏省）、内蒙古、陕西、山西、河南、山东等省区，在山东利津以东入海，全长4845公里。黄河流域的面积，按自然地理的观点计算（以地面的水是否流入黄河来划分流域的界限），是745000平方公里。我们在这里为着经济统计上的便利，仍按过去习惯，把黄河所经青海省、甘肃省、内蒙古自治区原绥远省部分、陕西省、山西省、河南省、山东省的全境，加上同黄河密切相关的河北省的全境，都算作黄河流域的范围。黄河流域是我国历史的发源地和文化的摇篮，在一个长时期内是全国政治和经济的中心。据1954年统计，黄河流域共有耕地面积65600万亩，占全国耕地面积40%；其中，小麦播种面积占全国的61.7%，各种杂粮播种面积占全国的37—63%不等，棉花播种面积占全国的57%，烟叶播种面积占全国的67%。黄河流域的地下资源有煤、石油、铁、铜、铝和其他大量矿藏。在黄河流域各省区，工业正在迅速发展，许多新的工业城市和工业基地正在建设中。

黄河流域还有一项非常重要的资源，这就是黄河水系本身。根据近几十年的水文观测资料，黄河的多年平均水量约为470亿公方（立方公尺），虽然只约有长江的多年平均水量的1/20，但是只要充分利用，却可以把灌溉区域扩大到11600万亩土地，在这个灌溉区域内可以使粮食增产137亿斤，棉花增产12亿斤。在黄河水量得到适当的调节以后，黄河在青海贵德以下直到海口还可以通航。黄河的水力尤其宝贵。黄河河源比海平面高出4368公尺，仅从青海贵德以下的水力就可以发电2300万千瓦，每年能发电1100亿度（千瓦时），对黄河流域的工业发展以至整个国家工业化和电气化事业有伟大的意义。黄河由于地形优越，大多数水电站的造价都比其他地方低廉；至于发电成本，可以低到等于目前我国火力发电成本的1/10左右。

但是黄河目前的状况还不能作出这样伟大的贡献。虽然黄河流域正在发展为巨大的工业区，黄河的水力发电却完全没有开始。黄河沿岸的灌溉区现在只有1650万亩，而且在大部分地方设备陈旧，不能保证灌溉的需要。黄河上现在没有现代化的航运，只在个别的互相隔离的河段上通行载重10吨至75吨的木船以及皮筏。不但如此，黄河还常常成为黄河流域以及全国的一个大威胁。

黄河是古今中外著名的一条灾害性的河流。它的灾害主要是水灾。黄河流域雨量很少，平均全年只降雨400公厘，约为长江中游的地区平均全年雨量的1/3，东南沿海地区平均全年雨量的1/4。但是黄河流域每年降雨量的一半左右经常集中在夏季的7、8两月，在这个期间有时一个地方一个月甚至可以下七、八百公厘；并且夏季的雨多是暴雨，有时一个地方一天可以下150公厘。这种夏季的集中的暴雨经常造成洪水暴涨，称为“伏汛”。黄河在陕西境内支流很多，如果夏季暴雨的面积较大，几个支流同时涨水，就会造成特大的洪水。如黄河在河南陕县的多年平均流量每秒只有1300公方，但在1933年夏季的最大洪水流量曾达到22000秒公方，在1843年（清道光23年）的最大洪水流量据专家推算则达36000秒公方左右，因而都造成极严重的水灾。黄河的水灾大部分是这种夏季暴雨造成的。此外，有时9、10月间也可能有大雨造成洪水，称为“秋汛”。3、4月间，冰雪融化也常引起洪水，称为“桃汛”。黄河在甘肃、内蒙古边境和山东境内是由南向北流的，在南部化冰的季节北部往往还在封冻，大量流冰在下游被阻，壅塞河道，也会造成河水暴涨，称为“凌汛”。

黄河的水灾之所以特别严重，不但是因为黄河流域的夏季暴雨，更重要的还是由于黄河下游（指由沁河口到海口的一段；由青海贵德到沁河口称为中游；贵德以上称为上游）的泥沙淤积。黄河所以叫黄河，就因为它是一条泥沙河；俗语说“跳下黄河洗不清”，就表现了它的这个特点。黄河的含沙量在世界各国的河流中占第一位。每公方水的多年平均含沙量在埃及尼罗河是

1 公斤，苏联阿姆河是 4 公斤，美国科罗拉多河是 10 公斤，而黄河在河南陕县却达到 34 公斤。根据水文资料计算，黄河每年经过陕县带到下游和海口的泥沙平均达到 138000 万吨，体积约折合 92000 万公方，如果用这么多的泥沙堆成高宽各 1 公尺的土坝，足够绕地球赤道 23 周！黄河既然有这样多泥沙，到了下游由于河道平缓，泥沙不能完全入海而大量沉积，河身就逐年淤浅，直至高出河堤两旁的地面，成为“地上河”。泥沙河在泥沙滩上行走，河槽当然很难固定。海口淤积的大量泥沙也逐年伸展，这不但使入海的水道本身变化无常，而且加重了整个黄河下游的危机。因此遇到较大的洪水，河堤无法约束的时候，黄河下游就要发生泛滥、决口以至改道的严重灾害。

由于上述情况，黄河虽然在中游也有水灾，但严重的水灾却集中在下游。据历史记载，黄河下游在 3000 多年中发生泛滥、决口 1500 多次，重要的改道 26 次，其中大的改道 9 次。改道最北的经海河出大沽口，最南的经淮河入长江。因此黄河的灾害一直波及海河流域、淮河流域和长江下游，威胁 25 万平方公里上 8000 余万人口的安全。黄河的每次泛滥、决口和改道都造成人民生命财产的惨重损失，常常有整个村镇甚至整个城市人口被大部或全部淹没的惨事。1933 年的洪水造成决口 50 余处，受灾面积 11000 余平方公里，受灾人口 364 万余人，死亡 18000 余人，损失财产以当时银洋计约合 23000 万元。1938 年蒋介石政府在河南郑州附近掘开南岸花园口河堤，造成黄河大改道，受灾面积 54000 平方公里，受灾人口 1250 万人，死亡 89 万人。由此可见黄河灾害的严重程度。

黄河的灾害同反动统治阶级的罪恶是分不开的。黄河下游的命运在人民民主时代得到了显著的转变。中国共产党和人民政府领导人民群众对黄河的灾害作了顽强的斗争。从 1946 年花园口复堤起，黄河两岸解放区人民政府就积极领导人民防治黄河的水害。在过去 9 年中，人民政府培修了黄河共 1800 公里(包括南北大堤，南北金堤和沁河堤)，完成了土方 13000 万公方；将原有保护堤坡的“坝埽”由秸料换成石料，共用了石料 230 万公方；在大堤上用锥探的方法发现了 8 万个洞穴和裂缝，都已经加以填补。这样，就根本改变了原有河堤残破卑薄、百孔千疮的狼狈形象——这种形象正是反动统治阶级腐败无能和玩忽人命的象征。共产党和人民政府在每年黄河下游汛期都积极地领导当地人民从事护堤防汛工作，人民解放军也积极参加了这个斗争。在护堤防汛的斗争中涌现了很多勇敢勤劳、不怕困难危险的英雄模范。在 1949 年 9 月黄河洪水情况严重的时候，下游的居民和驻军 40 万人曾在党和政府的领导下不分昼夜地轮流防守黄河大堤约一个月之久，终于胜利地渡过了危险。此外，由于山东河道窄狭，不能排泄大量洪水，人民政府在山东东平湖两侧建立了可以从黄河临时分出洪水约3000秒公方的滞洪区；又在河南长垣到山东寿张的黄河大堤和大堤北面的金堤之间建立了可以临时分出洪水5000秒公方的大型滞洪区，并在它的入口长垣石头庄地方建立了控制滞洪区的溢洪堰。为了减轻凌汛的威胁，除在凌汛期间对冰块组织打冰、爆破、炮轰和飞机轰炸外，还在山东利津小街子地方建立了防凌溢水堰。依靠了这一切努力，我们扭转了黄河近百年间几乎每年决口的险恶局面，保证了黄河下游9年来的安全。

以下的比较，可以说明黄河在解放前后的变化：在国民党时期，1934年的洪水最大流量（以郑州附近秦厂的流量为准，下同）只有8500秒公方，黄河却在河南长垣决口四处，淹及6个县。1935年的洪水最大流量达到13300秒公方，黄河又在山东鄄城大决口，淹及山东、江苏十几个县，受灾200余万人。但是在中华人民共和国成立以后，1954年的洪水最大流量达到14000秒公方，黄河却安然无恙。

但是我们能否说黄河水害已经消除了呢？绝对不能这样说。相反，我们要看到，黄河水害在历史上是不断严重化的。从1048年（北宋中叶，仁宗庆历8年）黄河第5次大改道到1855年（清咸丰5年）的807年中间，大改道就发生了三次；从1855年到现在的100年间，决口就发生了200次。这里主要的原因是黄河下游泥沙淤积的与日俱增。据近年的实际测量，黄河下游河身每年升高1公分至1公寸不等；有的地方，目前河滩竟比地面高出10公尺。海口淤积的泥沙作40公里宽的扇面形推进，在1949年到1951年的三年间曾推进了10公里。泥沙淤积得这样快，单靠河堤加高加固是显然不能解决问题的；而且从一种意义上来说，河堤愈是加高加固，河道内的泥沙因为不能向河堤两旁排泄，淤积也就愈快。因此，在这种恶性循环的状况下，泛滥、决口、改道的危险仍然是完全存在的。我们现在的溢洪堰工程比较简易，只能对付暴涨暴落的洪水，并且修建的时候只以1933年的洪水为目标，当时还没有发现1843的洪水比1933年更大一半的事实。1843年的洪水，据当时记载，曾在44小时内陡涨二丈零八寸，从河南阌乡涨起，到中牟溢出河堤，经河南东部、安徽北部注入洪泽湖，沿途灾情极为惨重。这次水灾至今还以恐怖的色彩流传在陕县一带的歌谣中，这首歌谣说："道光二十三，黄河涨上天，冲走太阳渡，捎带万锦滩。"我们必须解决黄河的泥沙淤积问题，彻底治理黄河的水害，使黄河永远不泛滥、不决口、不改道，才能确保无数的太阳渡、万锦滩，确保黄河下游以至海河流域、淮河流域和长江下游千百万人民的安全。

在黄河流域，除了严重的水害以外，还有中游地区的水土流失的严重危害和整个流域的严重的旱灾。

在甘肃东部、陕西的大部、山西的大部以至河南西部的一部，每年都有大量土壤遭受损失。土壤的损失大部分是由于雨水特别是暴雨的冲刷，小部分是由于风力的剥蚀。据陕西绥德水土保持实验站的观测，绥德林家崟降雨15分钟，雨量16公厘，在观测区内平均冲刷土壤2.6公厘；同县万马沟降雨6分钟，雨量16公厘，在观测区内平均冲刷土壤3.8公厘。在黄河中游土壤流失严重地区，每平方公里每年约损失土壤一万吨，地面每年平均约降低1公分。在整个黄河中游地区每年每平方公里土壤约被冲刷3700吨，比全世界每年每平方公里土壤被冲刷的平均数量134吨大26倍。据分析的结果，这些被冲刷的土壤每吨含氮素0.8至1.5公斤，磷肥1.5公斤，钾肥20公斤。由于这种严重的侵蚀，在甘肃、陕西、山西的大片肥沃的高原逐渐被冲成许多坡度很陡、深达二、三百公尺的沟壑；然后，由于沟壑不断地增加和扩大，平地逐渐丧失，被割成无数长条形的"山梁"和圆顶形的"山峁"，成为"丘陵沟壑地带"；而在少数侵蚀最严重的地区，有些丘陵上的土壤也已经大部丧失，开始变为荒瘠的石山。这种演变的过程多少年来不断地在上述区域进行着，使这一区域的宜耕面积逐渐缩小，土壤肥力逐渐减少，农作物产量低下，广大农民的生活条件不容易有大的改善。

黄河流域虽然受着暴雨造成的灾害，但是整个雨量是很不够的；有些地方由于雨量特少，如甘肃北部和内蒙古西南部，已成为沙漠区或半沙漠区。雨量不足使黄河的水量不足。特别在每年11月到下年5、6月，河水低落，平均每月流量只占全年流量的3—5%。中游由于沟壑多，陡坡多，地面缺少森林和牧草来吸水，又缺少池塘湖泊来蓄水，所以雨水在地面流失很多，河水容易暴涨，也容易暴落，正是所谓"易涨易落山溪水"。此外，利用黄河进行灌溉虽然早在两千多年前就已经开始（甘肃省原宁夏境内的秦渠、汉渠都还存在），但直到现在还很不发展。由于这些原因，黄河流域常常遭受旱灾。在清朝的268年中，黄河流域曾发生过旱灾201次。1876至1879年（清光绪2年至5年），山西、河北、山东、河南四省旱灾，死亡1300多万人。1920年上述四省和陕西共有317县大旱，灾民2000万人，死亡50万人。1929年黄河流域又有大旱，灾民达3400万人。

黄河流域由于旱灾、水灾和水土流失，农业生产受到很大的损害。这些损害在解放以后虽然有了减轻，但是由于人民政府在短期间还不可能对黄河流域实施大规模的有系统的改造自然条件的计划，黄河流域的农业生产还是遭到一些特殊的困难。黄河流域的谷物播种面积虽约占全国的38%，却因为每亩粮食产量平均只有120多斤，在水土流失严重地区只有几十斤，所以粮食产量只占全国28%左右。消除黄河的各种灾害，增加黄河流域的谷物产量，是解决我国粮食问题所应当采取的重要措施之一。

那么，现在我们在黄河问题上的任务是什么呢？

根据以上所说的黄河的资源和灾害的各方面情况，我们的任务就是不但要从根本上治理黄河的水害，而且要同时制止黄河流域的水土流失和消除黄河流域的旱灾；不但要消除黄河的水旱灾害，尤其要充分利用黄河的水利资源来进行灌溉、发电和通航，来促进农业、工业和运输业的发展。总之，我们要彻底征服黄河，改造黄河流域的自然条件，以便从根本上改变黄河流域的经济面貌，满足现在的社会主义建设时代和将来的共产主义建设时代整个国民经济对于黄河资源的要求。

我们应当采取什么方针和方法来达到这个目的呢？

在我国历史上，广大的人民曾经不断的同黄河的水害作过伟大的斗争。人民群众单只在河南、山东现在的黄河两岸就筑了1800公里的河堤，这个河堤至今还是我们同黄河水害作斗争的主要武器。至于历次黄河旧道的两岸，也筑过许多河堤，就不易计算了。黄河下游沿岸的千百万居民每逢汛期就进行紧张的防汛工作，发生了水灾就同水灾斗争，到了灾后又努力恢复农业生产和其他方面的生产。正因为这样，黄河下游地区远在春秋战国时期，就是我国人口稠密、经济发展的重要地区之一。大禹治河的传说充分反映了我国古代人民反抗洪水的英勇精神。传说中禹的父亲鲧治水9年不成，被舜所杀；禹继续父业，娶后三日而出，8年于外，三过其门而不入。

"我若不把洪水治平，我怎奈天下的苍生？"（郭沫若："洪水时代"）禹的这种伟大的抱负，至今还激动着人们的心。由于黄河经常泛滥决口，历代的政府化了很多钱来修复河堤，并且常常设专门的官吏来管理治河的工作。这些官吏虽然许多是腐败和贪污的，但是也有一部分人是认真办事的，他们曾经用毕生的精力来求得黄河的安全。其中特出的如16世纪后半期（明嘉靖到万历）的潘季驯，17世纪后半期（清康熙）的靳辅、陈潢，对于黄河下游的修堤防汛工作，都曾有过重大的贡献。

但是一切过去时代治理黄河的人都没有能从根本上解决黄河问题。这是因为他们限于社会的条件和科学的、技术的条件，只是想办法在黄河下游送走水，送走泥沙。禹"凿龙门""疏九河"的神话，表示送走水、送走泥沙的想法和做法是很古老的。潘季驯提出的“筑堤束水，以水攻沙”的著名口号，也仍然没有超出这个范围，当然，在不能根治黄河的条件下，在下游“束水”总比任水泛滥好，“攻沙”总比任沙淤积好。但是事实已经证明，水和泥沙是“送”不完的，送走水、送走泥沙的方针是不能根本解决问题的。在今天的科学的、技术的条件下，我们人民政权如果还沿用这个方针来治理黄河，那就是完全错误的了。我们今天在黄河问题上必须求得彻底解决，通盘解决，不但要根除水害，而且要开发水利。从这个要求出发，我们对于黄河所应当采取的方针就不是把水和泥沙送走，而是要对水和泥沙加以控制，加以利用。

为什么呢？这是因为：第一，黄河下游的水灾和中游的水土流失以至中下游的旱灾是互相关联的，它们在根本上都是由于没有能够控制水和泥沙的结果；不解决水和泥沙的控制问题，就不能根本解决黄河的灾害问题。第二，只要我们能够控制黄河的水和泥沙，它们就不但不能成灾，而且能为我们造无穷的幸福。

大家知道，黄河下游因为河身抬高，除由沂蒙山区流入东平湖的汶河以外，就没有支流，所以黄河的洪水基本上是从中游来的。但是黄河下游的泥沙又是从哪里来的呢？清朝初年的陈潢曾经解释说：“其挟沙而浊者，皆由经历既远，容纳无算，又遭西北沙松土散之区，于焉流愈疾，而水愈浊。”科学的观测证明，这个意见大致是正确的。黄河的泥沙基本上也是从中游而来，特别是从黄河河套向南折，流经山西、陕西两省间的峡谷地带的时候由各支流带来的。黄河上游的水是清的，到兰州每公方多年平均含沙量也只有3公斤，到包头还只有6公斤。而到了陕西中部的龙门，由于接受了许多含沙量特大的支流（例如无定河每公方水多年平均含沙145公斤），每公方多年平均含沙量就增加到28公斤。在龙门以下注入黄河的支流，如从山西来的汾河，从甘肃、陕西流来的洛河（以下为别于河南的洛河称为北洛河）、泾河、渭河，含沙量都很大（泾河每公方水多年平均含沙161公斤），因此到河南陕县的时候，每公方多年平均含沙量又增加到34公斤，最大的含沙量则达到580公斤。在陕县以下，虽然从南岸注入的支流伊河、洛河（以下为别于陕西的洛河称为南洛河）也还含有每公方多年平均6公斤的泥沙，黄河的含沙量却不再增加，而且由于逐段淤积而减少。根据测算，在陕县黄河的巨量泥沙中，来自河套的河口镇以上的只占10.9%。来自河口镇至龙门一段的占49.1%，来自龙门至陕县的占40%。这就是说，黄河的泥沙几乎全部是中游来的，而且几乎9/10是从甘肃、陕西、山西境内的支流来的。

黄河中游地区的泥沙为什么大量流入黄河？原来我国西起六盘山、贺兰山，北起阴山，东至太行山，南至秦岭，有一个世界上最大的黄土区域，这个区域基本上就是黄河的中游地区。由于黄土“沙松土散”，特别容易受侵蚀；由于黄河中游暴雨特别多，侵蚀的力量特别大；由于黄土高原被侵蚀后形成了很多陡坡，陡坡更容易被暴雨冲刷；又由于地面上的森林被滥伐，陡坡被滥垦，土壤缺少保护，被侵蚀的过程更加迅速：——一切这些因素，就使黄河中游地区的泥沙每年不停地大量地流入黄河，使黄河中游原有的一望无际的平坦肥美的高原逐渐变为瘦削的丘陵，使黄河下游的河道淤积不已，变化无常，使黄河成为世界上泥沙最多和最难治理的河流。

由此可见，黄河下游的“沙”其实并不是什么沙，而是极为宝贵的黄土。由此可见，造成黄河下游水灾的最根本的原因也就是甘肃、陕西、山西三省的水土流失。而水土流失也是黄河流域旱灾的重要原因之一。

黄土高原的泥沙下泻是一个已经进行了多少万年的自然过程。从地质的历史上说，今天的华北平原以至淮河平原主要地都是黄河和它的支流冲积的产物。但是这个自然过程对已经定居在平原或高原上的人类造成了一系列严重的灾难。我们今天认识了自然界的这个法则，就必须依据自然界的法则来改变它们发生作用的过程和结果。

斯大林在《苏联社会主义经济问题》一书中曾说过一段著名的话：“在上古时代，江河泛滥、洪水横流以及由此引起的房屋和庄稼的毁灭，曾认为是人们无法避免的灾害。可是，后来随着人类知识的发展，当人们学会了修筑堤坝和水电站的时候，就能使社会防止在从前看来是无法防止的水灾。不但如此，人们还学会了制止自然的破坏力，可以说是学会了驾驭它们，使水力转而为社会造福，利用水来灌溉田地，取得动力。”我们今天所要做的工作正是如此。

既然黄河下游的洪水和泥沙基本上是从中游来的，而中游又极端需要这些水和泥沙，我们就应当在中游把水和泥沙控制起来。怎样才能控制它们呢？

为了在黄河的干流和支流内并在黄河流域的地面上控制水和泥沙，需要依靠两个方法：第一，在黄河的干流和支流上修建一系列的拦河坝和水库。依靠这些拦河坝和水库，我们可以拦蓄洪水和泥沙，防止水害；可以调节水量，发展灌溉和航运；更重要的是可以建设一系列不同规模的水电站，取得大量的廉价的动力。第二，在黄河流域水土流失严重的地区，主要地是甘肃、陕西、山西三省，展开大规模的水土保持工作。这就是说，要保护黄土使它不受雨水的冲刷，拦蓄雨水使它不要冲下山沟和冲入河流，这样既避免了中游地区的水土流失,也消除了下游水害的根源。

从高原到山沟,从支流到干流,节节蓄水,分段拦泥,尽一切可能把河水用在工业、农业和运输业上,把黄土和雨水留在农田上;——这就是控制黄河的水和泥沙、根治黄河水害、开发黄河水利的基本方法。

当然,依靠手工业的技术不可能在黄河上或它的支流上修建水库和水电站,依靠个体农民的力量也不可能进行大规模的水土保持工作。这里需要现代的科学技术知识,需要国家的大量投资,需要广大群众的支持,需要政府和人民、工人和农民的通力合作。因此,采取这种方法在过去的时代是不可能的。

中华人民共和国中央人民政府成立以后,很快就着手研究黄河问题。为了根治黄河水害、开发黄河水利,中华人民共和国水利部(主要是它所领导的黄河水利委员会)、燃料工业部、地质部和其他有关部门在过去几年内进行了大规模的准备工作。历史的记载和近几十年我国水利学者和水利工作人员所积累的大量资料得到了有系统的整理和利用。各有关部门的大批工作人员在整个黄河流域进行了查勘、测量、地质调查、钻探、水文测验和经济调查的巨大工作。他们查勘了黄河干流和支流河道(包括河源)共达 16000 公里,测量了各种地形图 85000 余平方公里,在干流上选择了 100 个“比较坝址”,在 27 处坝址上钻了 344 个钻孔,并进行了 11000 平方公里的水库经济调查。

1952 年,我国向苏联政府聘请专家综合组来我国帮助解决黄河规划的任务。由组长阿·阿·柯洛略夫和其他 6 位专家组成的这个苏联专家组在 1954 年 1 月到达北京。同年 2 月,苏联专家、中国专家和有关各部负责人员组成了黄河查勘团,从兰州上游的刘家峡直到黄河海口进行了重点的实地查勘,到 6 月底回到北京。同年 4 月,以水利部和燃料工业部为主成立了黄河规划委员会,积极进行关于黄河规划设计文件的编制工作,并在苏联专家组的全力指导帮助之下,在同年 10 月完成了这一工作。黄河规划委员会所提出的黄河综合利用规划,就是按照上述根治水害、开发水利的方针和方法制定的。国家计划委员会审查了并且同意了这个规划,国务院和中共中央也研究了这个规划。国务院和中共中央认为,这个规划虽然还只是一个轮廓,它的具体工程项目和项目中的许多地点、数字还有待于进一步的研究确定,但是它的原则和基本内容是完全正确的。

黄河综合利用规划包括远景计划和第一期计划两部分。远景计划的主要内容,首先就是所谓“黄河干流阶梯开发计划”,也就是前面所说的在黄河干流上修建一系列的拦河坝，从而把黄河改造成为“梯河”的计划。这一计划拟定由青海贵德上游龙羊峡起，到河南成皋桃花峪止，按照河流的特点，把黄河中游分做四段来分别加以利用。第一段从龙羊峡到甘肃金积县境的青铜峡。这一段河道穿行山岭之间，河身的坡度很陡，水力资源很丰富，而新的工业区域正在迅速发展，所以需要着重利用水力来发电，同时可以利用水库来防洪和灌溉。第二段从青铜峡到内蒙古自治区的河口镇。这一段两岸是山谷间的平原，土壤肥沃，但是缺少雨水，河道开阔，坡度平缓，宜于通航，因此这一段的主要的任务是发展灌溉和航运。第三段从河口镇到山西河津的禹门口。这一段黄河进入山西、陕西两岸的峡谷，河道坡度很陡，但因地质条件和地理条件的限制，不能修建大的水坝和水库，只有在上游调节流量的大水库建成以后才能利用水力来发电。第四段从禹门口到桃花峪。这一段从禹门口到陕县两岸是黄土原地，河道开阔；从陕县到孟津是峡谷地带，是控制黄河下游洪水的关键地段，又同山西、河南、陕西的工业区都靠近，因此这一段的主要任务是防洪和发电；从孟津以下基本上是平原，河道平缓，可以设坝灌溉附近的重要农业区。根据初步设计，在上述黄河中游的四个河段准备修建适应于不同条件不同任务的拦河坝 44 座，另外在黄河下游也准备修建用于灌溉的拦河坝 2 座，共为 46 座。

根据详细的勘测和周密的研究，黄河干流阶梯开发计划选定在陕县三门峡地方修建一座最大和最重要的防洪、发电、灌溉的综合性工程。三门峡在陕县以东和著名的“中流砥柱”以西，河心有两座石岛把河道隔成所谓“人门”“神门”“鬼门”的“三门”。由于河道窄狭，河底都是坚固的岩石，便于修建大型的水坝。计划中的坝高 90 公尺左右，拦阻河水的水位可以高出海面 350 公尺。被拦阻的河水由陕县上溯到潼关以北临晋和朝邑的黄河两岸，潼关以西临潼以下的渭河两岸和大荔以下的北洛河两岸，形成巨大的水库。它的容积达到 360 亿公方，仅次于世界最大的古比雪夫水电站的水库，等于我国现有较大的水库丰满水库（100 亿公方）的 3.6 倍，官厅水库（227000 万公方）的 16 倍。它的面积约为 2350 平方公里，比太湖（2200 多平方公里）还大些。此外，在青海的龙羊峡、积石峡（黄南藏族自治州）和甘肃的刘家峡（永靖）、黑山峡（中卫）也将修建大型的综合性工程。其中刘家峡水库容积可达 49 亿公方。

为着配合黄河干流的阶梯开发计划，还要在黄河的重要支流修建不少的水库，其中的少数是综合性工程，多数是为着拦蓄支流的泥沙。

上述的黄河干流支流一系列的水坝修成以后，黄河流域将发生如下的变化：

第一，黄河洪水的灾害可以完全避免。一座三门峡水库就可以把设想中的黄河最大洪水流量由37000秒公方减至8000秒公方，而8000秒公方的流量是可以经过山东境内狭窄的河道安然入海的。万一三门峡和三门峡以下的黄河支流伊河、南洛河、沁河同时发生这种特大的洪水，那么，三门峡水库也可以关闭闸门，把三门峡以上的全部黄河洪水拦蓄4天之久。这样，加上伊河、洛河、沁河三个水库的拦蓄，黄河下游的流量就可以仍然减少到8000秒公方，下游的安全就仍然可以确保。而且由于黄河泥沙已被三门峡大水库和三门峡以上的一系列干流和支流的水库所拦截，下游河水将变为清水，河身将不断刷深，河槽将日趋稳定。因此，现在下游人民的各种防洪负担，将来都可以解除。至于河套以上，在刘家峡水库修成以后，就可以把最大的洪水流量8330秒公方减至5000秒公方，因而完全避免水灾。

第二，利用黄河干流上的46座拦河坝可以发电2300万千瓦，每年平均发电量达到1100亿度，相当于我国1954年全部发电量的10倍。黄河支流上的水库也都可以发电。这将使青海、甘肃、内蒙古、陕西、山西、河南、河北等地的工业以及交通运输业和现代化的农业得到廉价的电源，使这个广大地区电气化，并将为国家节约大量燃料用煤。

第三，龙羊峡、刘家峡、黑山峡、三门峡四处大型综合性水利工程都可以用于灌溉，从青铜峡到河口镇一段和桃花峪以下准备修建的拦河坝则将主要用于灌溉。此外，支流上的一部分水库也可以用于灌溉。利用这些工程可以创造稳定的引水条件，避免河水的过分低落和渠水的干枯。在修建了这些水坝、整修和兴修了一系列的渠道和其他灌溉设备以后，灌溉土地的面积可以由现在的1650万亩扩大到11600万亩，占黄河流域需要由黄河灌溉的全部土地面积65%强。因为黄河的水量不足，其余约35%土地的灌溉问题，除依靠井水雨水解决一部分外，还需要考虑从汉水或其他邻近水系引水补充黄河水量，才能完全解决。

第四，在46座拦河坝修成并安装过船装置以后，黄河中下游的水量可以按照需要来调节，因此就可以全线通航。五百吨拖船将能由海口航行到兰州。黄河流域的交通运输状况将得到很大的改善。

在实行上述的阶梯开发计划的时候，必须同时在甘肃、陕西、山西三省和其他黄土区域展开大规模的水土保持工作。这是因为黄河上的水库并不能减轻黄土区域的水土流失，而且相反地，如果不制止这种水土流失，那些水库还有陆续被泥沙淤满，因而丧失防洪能力的危险。计划中的黄河支流上的多数水库的主要任务就是拦蓄泥沙，这当然可以大大减少干流泥沙的来源。但是只有在黄土区域普遍做好水土保持工作，才能从根本上制止泥沙的下泄；否则支流水库本身很快就会淤满，也就无法来延长干流水库的寿命了。

黄河流域的农民过去也做了一部分水土保持工作。例如在陕西关中、甘肃南部、山西南部和河南西部，梯田有比较广泛的发展。但是直到解放以后，特别是在农业生产合作社发展以后，才在共产党和人民政府的指导之下，在一部分地方开始了有系统的水土保持工作，并收到了显著的效果。甘肃甘谷县牛家坪村由于在1000亩坡地上修了地埂，挖了地坎沟，在道路流水集中处挖了涝池，已经做到水不下坡，泥不出沟。在1954年8月一次下75公厘的暴雨的时候，那里竟然既没有暴发山洪，也没有损失土壤。该村由于采取了保持水土的措施，每亩小麦产量由112斤增加到280斤。山西平顺县羊井底村，原是个“少穿没戴，少铺没盖”、“糠菜半年粮”的石山区，1950年实行封山育林，1953年又在党和政府领导下将所有21600多亩土地作了总的规划。这一规划规定：全村土地除耕地和村庄河道等占地约6700亩外，划分牧坡5000亩，松柏橡树林4000亩，阔叶树1000亩，果树林4900多亩。在这一基础上，该村订出了农、林、牧、水（水利）全面结合的15年发展计划，预计到1967年全村每人的收入可折合粮食6542斤，等于1953年的6倍，其中林业收入占总收入79%。此外，该村修了一座蓄水池，解决了吃水的困难：把坡地修成梯田70余亩，每亩由原产150斤增至250斤至300斤；在沟内修了198道石“谷坊”（用石在沟中筑成的小坝），能陆续淤地150亩至200亩，每亩可产粮食200斤至300斤，沿沟下游修了4里多长的堤，两岸密植杨柳，固定沟道。过去该村每逢大雨，洪水满沟，3、5小时即过，如今雨后清水长流，可达25天。这些典型事实，说明黄河中游的水土保持是完全可能的。

黄河综合利用规划要求，在黄河流域水土流失地区，按照当地具体情况选择采取以下的一系列措施：

（一）农业技术措施

一、改良农业耕种技术措施——为了加强土壤吸收雨水能力，实行深耕和雨后中耕；为了加强土壤结构，实行增施肥料和作物轮换；等等。

二、水土保持耕作法——为了阻止雨水在坡地上向下流泻，实行把作物在横沟中种植、实行横坡耕作和在休闲地上犁“水平沟”，等等。

三、改良土壤被复——实行密植，“等高带状间作”（如玉米、高粱和豆类在同一高度的横坡上成带形的间隔种植），种植“缓冲草带”，夏季休闲地种植绿肥,“草田轮作”,栽培牧草,管理放牧,等等。

(二)农业改良土壤措施

一、田间工程——坡地修筑梯田,修地边埂和等高沟埂,修田间集水沟和导水沟系统,修“水簸箕”(在坡面水流凹地中逐段修成阶梯状,一段像一个簸箕,)等等。

二、停耕陡坡,改为在陡坡上植树种草。

(三)森林改良土壤措施

一、在沟底和沟坡造林,在河岸和河滩造林,在水库岸边造林,在碱地造林。

二、营造“防风固沙护田林”。

三、封山育林,坡地和丘陵地造林。

(四)水利改良土壤措施

一、在沟头和沟边修筑防止沟壑发展的土埂。

二、在沟内修筑谷坊、“淤地坝”(在坝内拦泥淤成农田)和大型土坝。

三、修“水漫地”(将含泥的水流引入围好的滩地,泥淤积后排去清水)。

四、发展小型灌溉。

五、修筑拦蓄雨水和泥沙的涝池,修筑储蓄雨水的水窖。

在这一计划完全实现以后,黄土区域的面貌将大为改变,这一区域的农业生产以及林业牧业生产将大为增加。陕北的农民对这个远景编了一首民歌:“远山高山森林山,近山低山花果山。平川修成米粮川,干沟打坝聚湫滩。坡洼地里种牧草,山腰缓坡修梯田。”他们唱得完全对。但是还有更重要的:从此以后,整个黄河干流和支流的泥沙淤积问题、水库寿命的延长问题,以至整个黄河的洪水问题,都将得到有利的解决。

由于三门峡水库容量非常大,由于有了黄河支流的拦泥水坝,特别是由于有了黄河中游的水土保持工作,三门峡水库至少可以维持50到70年或更长的时间。到了那时,由于其他的一系列措施,黄河水害已经可以大大地减轻。至于三门峡水库淤浅后在发电、灌溉、航运方面发生的困难,都比较容易解决。

以上是黄河综合利用规划的远景计划的大概。很明显,完全实现这个远景计划需要几十年时间,例如完全实现水土保持的远景计划将需要50年时间。为了首先解决黄河的防洪、发电、灌溉和其他方面最迫切的问题,黄河规划委员会提出以下的计划作为在三个五年计划期间即1967年以前实施的第一期计划。

第一期计划规定，首先在陕县下游的三门峡和兰州上游的刘家峡修建综合性工程。三门峡工程对于防止黄河下游洪水灾害有决定性的作用，这我已经在前面说过了。三门峡水库的水位比坝下的水位可以高出70公尺，在那里修建的水电站利用这样高的“水头”可以发电100万千瓦，平均每年发电46亿度，可以供给陕西、山西、河南等地相当时期内在工业上和其他方面的需要。三门峡水库在黄河缺水时期可以把下游的最低流量由197秒公方调节到500秒公方，以便保证下游河南、河北、山东接近河岸地区的灌溉用水和航运所需要的水量。刘家峡水库虽然比三门峡小得多，它的“水头”却有107公尺高，那里的水电站也可以发电100万千瓦，每年平均发电523000万度，可以使甘肃新发展的工业区用电需要得到满足。刘家峡水库可以把河流最小流量由200秒公方提高到465秒公方，从而保证了下游原宁夏、绥远省境灌溉和航运的需要。

河水既然被拦河坝拦蓄起来，形成巨大的水库，通常都不可避免地要淹没一些原有的居民区，因此需要这些地方的居民为着大家的利益，也为着自己的长远利益，迁移到其他地方。刘家峡水库因为面积比较小，那里的人口也比较稀，只要迁移27000人。三门峡水库由于需要拦蓄的洪水流量特别大，在拦蓄的水位达到350公尺的时候，就需要淹没耕地200万亩，迁移居民60万人。当然，这同黄河泛滥、决口所造成的损失，是完全不能比较的：泛滥、决口要造成生命的损失，财产的损失更无法计算；迁移由于是在人民政府领导和帮助下有计划地进行的，政府保证移民在到达迁移地点以后得到适当的生产条件和生活条件。因此，过去在修造水库或开放蓄洪区、滞洪区的时候，当地的居民都能够服从社会的需要和政府的安置，顺利地完成迁移或临时迁移的计划。但是一次迁移60万人究竟是有许多困难的。同时在水库开始工作的初期，水位并不需要一下子就抬高到350公尺，而只需要抬高到335.5公尺。因此，初期只需要迁移215000人，其余居民，可以根据需要在以后15年到20年内陆续迁移。毫无疑问，这些迁移的居民将受到被黄河灾害威胁的8000余万人民的最大的感激，而政府则将努力保证他们在迁移的时候不受损失，并且帮助他们在到达迁移地点后尽快走上安居乐业的道路。

为了拦阻三门峡以上各支流的泥沙，以保护三门峡的水库，需要在第一期工程中，首先在泾河、葫芦河、北洛河、无定河、延水的适当地方，修建5座水库，并在适当的小支流上，修建5座小型的水库。在第一期工程中，并将在汾河和灞河上修建综合性水库。

如上所说，三门峡工程因为处在伊河、南洛河、沁河的上游，修成后还不能保证在这三条支流同时发生洪水的时候不造成下游的水灾。因此，在第一期工程中，也将在这些支流上选择一处或几处适当地点修建防洪水库。

三门峡水库和水电站，拟定在 1957 年开始施工，1961 年完成。苏联政府已同意担负这一巨大工程的设计。协助我国进行黄河规划的苏联专家组组长柯洛略夫同志，仍将担任这一设计的负责人。

三门峡下游支流的水库，也拟定在 1964 年以前完成。但是为了防备在这些工程完成以前发生比 1933 年更大的洪水，还必须在下游采取一系列的临时防洪措施。因此，在今后几年内，需要继续加高加固下游的河堤，加强并扩大滞洪区的设施，并继续加强防汛工作。

第一期计划，在灌溉方面，规定修建青铜峡（甘肃金积）、渡口堂（内蒙古磴口）、桃花峪（河南成皋）三座干流水坝，并相应地在这些地区修建渠道工程。按照第一期计划，将扩大灌溉土地 3025 万亩，其中青海 21 万亩，甘肃 205 万亩，内蒙古 421 万亩，陕西 226 万亩，山西 90 万亩，河南 960 万亩，河北 400 万亩，山东 702 万亩。同时，将对原有灌溉区 1198 万亩的灌溉状况加以改善。

第一期计划完成的结果，将使黄河从海口到河南桃花峪 703 公里的一段，从内蒙古清水河到甘肃银川 843 公里的一段，以及在三门峡水库内和刘家峡水库内的两段，可以通航。通航距离约占黄河中下游全长的一半。

在黄河流域的水土保持工作方面，第一期计划规定，改良耕作面积 12700 万亩，草田轮作牧草面积 870 万亩，改良天然牧场 13460 万亩，培植人工牧场面积 670 万亩，种植果园 200 万亩，停耕陡坡面积 1100 万亩；修梯田 2800 万亩，修带截水沟的梯田 1400 万亩，修地边埂的耕地 1470 万亩，修等高沟埂的耕地 1700 万亩，修大型水簸箕 36 万亩；造林 2100 万亩，育苗 70 万亩，封山育林 3660 万亩；修水窖 37000 个，修涝池 2000 万公方，修路壕蓄水堰 16000 个，修沟头防护设备 215000 个，修谷坊 638000 个，修淤地坝 79000 个，实施小型灌溉 476 万亩，修水漫地 100 万亩，修沟壑土坝 300 个，整理沟壑区道路 4300 公里。这也是一个巨大的计划。它需要广大农民积极支持，并且需要政府和农民共同进行大量的投资。实现了这一计划，当地农业生产量将增加一倍，而黄河的泥沙在这一计划和支流拦泥水库修建计划完成以后，则将减少一半左右。

为了实施黄河综合规划的第一期工程，初步估算需要投资 532400 万元。其中：三门峡水库和水电站 122000 万元（包括移民费用，下同），刘家峡水库和水电站41600万元；输电变电设备5亿元；南洛河、沁河、伊河防洪水库30400万元，下游临时防洪措施2700万元；修建灌溉系统80700万元，修建灌溉用的三座干流水库28100万元，两座综合性的支流水库15600万元；保持水土措施73200万元，支流拦泥水库67600万元；航运设备20500万元。这是一笔很大的投资。但是这笔投资是完全值得的。第一期计划完成后，仅仅从灌溉方面说，每年就可以增产粮食547000万斤，棉花4亿斤，这两项增产的价值，每年达到85600万元，10年就是856000万元，大大超过了15年投资的总值。再从发电方面看，三门峡和刘家峡两座水电站每年可发电98亿度(初期可发电66亿度)，且不说这样大的发电量对生产的发展有多大的贡献，只是电的售价本身，如按目前售价约每度6分钱计算，就值58800万元，10年的收入也超过了15年投资的总值。应当指出：三门峡和刘家峡水电站的造价都是特别低廉的。水电站建筑所需要的混凝土量和土石方量，如果分摊在所发的每千度电上来计算，则三门峡每千度电所需要的混凝土为0.357公方，土石方为0.446公方，刘家峡每千度电所需要的混凝土为0.232公方，土石方为0.325公方，而古比雪夫水电站每千度电所需要的混凝土为0.8公方，土石方为15.6公方。如果把三门峡工程投资的1/3和刘家峡工程投资的1/2算作发电成本，则三门峡每度电的成本只有3厘3毫，刘家峡每度电的成本只有2厘3毫，而目前我国火力发电的平均成本却是每度3分。很明显，第一期计划的完成，在航运方面也将产生巨大的经济效益。何况第一期计划根本解决了黄河的水灾问题，只是用于防汛的费用就可以省下每年2000万元，由此而避免的人民生命财产的损失和由此而取得的各方面的利益，更是不能用数字来表明的了！

我国人民从古以来就希望治好黄河和利用黄河。在实行送走水、送走泥沙的治河办法同时，控制水、控制泥沙而加以利用的想法，古时也早有人提出过。例如公元前7年，西汉的贾让就曾向当时的皇帝汉成帝提出了一个没有被采纳的建议，要在现今河南浚县附近的黄河北岸修筑三百余里的石堤，堤下多设水门并修渠，“旱则开东方下水门溉冀州，水则开西方高门分河流”。我国近代的水利学者李仪祉，首先指出了从中游着手治河的必要，并提出过在中游防沙的两种方法：“(一)防止冲刷，以减少其来源。(二)设置谷坊，以堵截其去路。”他们的理想只有到我们今天的时代，人民民主的毛泽东时代，才有可能实现——当然是在高得多的水平上实现。国民党政府在1946年请来的美国顾问雷巴德、萨凡奇、葛罗同，在他们所作的“治理黄河初步报告”中，虽然承认水土保持工作的重要，却认为“以之推行于整个区域而生效，需时或将数百年”。这不能不叫人想起周朝的人早就说过的话：“俟河之清，人寿几何！”但是现在我们不需要几百年，只需要几十年，就可以看到水土保持工作在整个黄土区域生效；并且只要6年，在三门峡水库完成以后，就可以看到黄河下游的河水基本上变清。我们在座的各位代表和全国人民，不要多久就可以在黄河下游看到几千年来人民所梦想的这一天——看到“黄河清”！

各位代表！由以上的说明可以看到，根治黄河水害和开发黄河水利的综合规划，同我们所正在讨论的整个社会主义建设计划的其他项目一样，确是一个伟大的计划，确是我们全国人民值得为它来艰苦奋斗的计划。

为了实现这一规划，当然首先需要政府各有关部门即水利部、燃料工业部、地质部、重工业部、机械工业部、农业部、林业部、交通部、铁道部、科学院和其他有关方面的共同努力。这一规划的第一期计划中，还有许多项目需要作进一步的勘测和研究来确定。已经确定的工程项目需要开始进行设计。由苏联担任设计的三门峡工程，我国的有关部门必须负责供给设计上所需要的资料，并积极进行必要的施工准备工作以及水库区移民的准备工作。为了实现水土保持的第一期的要求，各有关部门应当积极指导地方人民政府定出具体的计划并加以正确的实施。

但是为了实现这一规划，不仅仅需要政府的努力，还需要全国人民的努力。毫无疑问，全国人民将在人力上、物力上、财力上坚决地支持这一伟大计划的实施。黄河流域各省区的人民，将在这一计划实施的过程中作出最大的贡献。甘肃、陕西、山西三省农民，三省的省、县、乡各级人民委员会，三省的共产党和各民主党派、各人民团体的各级地方组织的工作人员，对于水土保持计划的执行负有最重要的责任。我们相信，他们为了自身的利益、本地方的利益和全国人民的利益，一定能够把他们的责任充分地担负起来。三门峡水库区和其他水库区的居民，本着“一户般家，保了千家”的美德，也将按照政府的指示实行迁移，积极帮助这一根治和开发黄河的伟大计划的实现。

黄河规划的拟定，说明我国的水利事业正在迅速前进。中华人民共和国成立以来，在水利方面做了不少的工作，得到很大的成绩，其中如根治淮河和荆江分洪工程尤其规模巨大。黄河的综合规划，由于对全流域的防灾、发电、灌溉、水土保持和航运各方面都作了通盘的计划，更加显示了河流在整个国民经济的发展中的伟大作用。我们不但要根治和开发黄河，而且要根治和开发长江以及其他重要河流。关于长江的规划将在第一个五年计划期间收集资料，在第二个五年计划期间制定规划并逐步地着手实施。政府在

1954年10月向苏联政府提出了聘请协助我国进行长江规划的专家综合组的要求，苏联政府已经又一次慷慨地同意了我们的要求。苏联政府决定派12位专家帮助我们进行长江规划。组长巴·米·德米特立也夫和其他6位专家已经到达中国。苏联在黄河规划、三门峡工程设计和长江规划方面给予我们巨大的援助，请让我在这里代表我国政府和人民向我们伟大的盟邦苏联的政府和人民表示深切的感谢！

在全国工人、农民、知识分子的一致支持下，在苏联的慷慨援助下，我们一定能够征服黄河，征服长江和其他河流，使它们为我国人民的利益服务，为我国人民的伟大的社会主义事业服务！

国务院根据中共中央和毛泽东同志的提议，请求全国人民代表大会采纳黄河规划的原则和基本内容，并通过决议要求政府各有关部门和全国人民，特别是黄河流域的人民，一致努力，保证它的第一期工程按计划实现。

《第148号》提案

（1962年4月第二届全国人民代表大会第三次会议）

案　由：拟请国务院从速制定黄河三门峡水库近期运用原则及管理运用的具体方案，以减少库区淤积，并保护三三五米移民线以上的居民生产、生活、生命安全案。

提案人：陕西代表组

理　由：黄河三门峡水库建成以来，对下游防洪已起到很大作用。但淤积、浸没以及回水影响是相当严重的。自一九五八年十二月至一九六一年十一月拦洪以来，水库淤积量共约二十亿吨（包括塌岸一点八亿吨），潼关以上约占六亿吨。其中一九六〇年九月蓄水以后至一九六一年十一月，来沙十六点三亿吨，淤积在库内的泥沙占来沙量的百分之九十四。库区周围三四〇米高程上下，地下水位普遍上升，根据调查观测，在三三五米以上农田浸没面积已达四十七万亩，一九六一年比蓄水前扩大了二十四万亩。农作物产量下降，部分地区果树已开始发生死亡。根据水文观测，一九六一年十月的洪水入库流量仅五三四五秒立米，坝前水位为三三二点五三米时，华县附近回水高程为三三七点八四米，较坝前高五点三一米，回水末端达渭南赤水附近，高程为三四一米，回水淹没和浸没影响是严重的。根据一九六一年已经取得的观测资料推算，如果发生二百年一遇的洪水若汛前坝前水位为三二〇米，回水末端将达临潼零口，将使三三五米移民线以上三百六十二个村庄，一十四万八千人和五十三万亩耕地受到洪水淹没。如发生五十年一遇的洪水，回水末端将达渭南树园车站，将淹没一百九十三个村庄，七万三千人，二十九万亩耕地。如果发生解放后最大洪水（一九五四年型，仅相当十二年一遇），还将淹没一百零五个村庄，四万二千人。以上情况是严重的，是与水库的如何运用有直接关系的。因此对水库当前的管理运用，应从速制定方案。

办　法:(一)请国务院从速制定三门峡水库近期管理运用具体方案。

(1)为了减少淹没、淤泥、浸没损失,建议当前水库的运用应以滞洪排沙为主。

(2)控制一九六二年拦洪水位在库区不超过三三五米移民线,确保三三五米线以上的农业生产,居民生活、生命安全,同时减轻移民和库区防护任务。

(3)汛前的库区水位降至三一五米以下(坝前水位),泄洪闸门全部开启并研究增设泄洪排沙设施。

(二)请国务院组织工作团,深入库区调查库区现在的情况、存在的问题并指示解决办法。

审查意见:由国务院交水利电力部会同有关部门和有关地区研究办理。

在治理黄河会议上的讲话

周恩来

（一九六四年十二月十八日）

这次会议是国务院召开的，我本来想用半个月到一个月的时间去现场看看，由于临时有国际活动，回国后又忙于准备三届人大，离不开北京。

对三门峡水利枢纽工程改建问题，要下决心，要开始动工，不然泥沙问题更不好解决。当然，有了改建工程也不能解决全部问题，改建也是临时性的，但改建后情况总会好些。

治理黄河规划和三门峡枢纽工程，做得是全对还是全不对，是对的多还是对的少，这个问题有争论，还得经过一段时间的试验、观察才能看清楚，不宜过早下结论。只要有利于社会主义建设，能使黄河水土为民兴利除弊，各种不同的意见都是允许发表的。旧中国不能治理好黄河，我们总要逐步摸索规律，认识规律，掌握规律，不断地解决矛盾，总有一天可以把黄河治理好。我们要有这样的雄心壮志。

黄河治理从一九五〇年开始到现在将近十五年了。但是我们的认识还有限，经验也不足，因此，不能说对黄河的规律已经都认识和掌握了。我们承认现在的经验比十五年前是多了，比修建三门峡枢纽工程时也多了，但将来还会有更多的未知数要我们去解答。不管持哪种意见的同志，都不要自满，要谦虚一些，多想想，多研究资料，多到现场去看看，不要急于下结论。

改建规模不要太大，因为现在还没有考虑成熟。总的战略是要把黄河治理好，把水土结合起来解决，使水土资源在黄河上中下游都发挥作用，让黄河成为一条有利于生产的河。这个总设想和方针是不会错的，但是水土如何结合起来用，这不仅是战术性的问题，而且是带有战略性的问题。比如说，泥沙究竟是留在上中游，还是留在下游，或是上中下游都留些？全河究竟如何分担，如何部署？现在大家所说的大多是发挥自己所着重的部分，不能综合全局来看问题。任何经济建设总会有些未被认识的规律和未被认识的领域，这就是恩格斯说的，有很多未被认识的必然王国。我们必须不断地去认识，认识了一个，解决一个，还有新的未被认识。自然界中未被认识的事物多过人们已经认识了的。即使有那么多有关黄河的历史资料，当时也许看着比较好，现在再看就不够了，因为情况变了，沧海桑田，要变嘛！即使古书都查了，水文资料积累更多了，也还不能说我们对治理黄河的经验已经够了。这样说是不是永远无法做结论呢？那也不是。一个时期有一个时期内掌握得比较全面、比较成熟的东西，能够做结论的先做，其他未被认识的或未掌握好的，经验不成熟的，可以等一等，可以推迟一些时间解决。推迟是为了更慎重，更多地吸收各方面的意见，有利于今后的规划工作。

治理黄河规划即使过去觉得很好，现在看到不够了，也要修改。农村工作六十条要修改，农业发展纲要四十条也要改。象这些摸熟的东西还要不断地改，何况黄河自然情况这样复杂，哪能说治理黄河规划就那么好，三门峡水利枢纽工程一点问题都没有，这不可能！因此，希望所有行政领导同志、专家要和群众相结合，做出符合实际的结论。允许大家继续收集资料，到下面去观察、蹲点、研究。大家可以分工从各方面用力。观察问题总要和全局联系起来，要有全局观点。谦虚一些，谨慎一些，不要自己看到一点就要别人一定同意。个人的看法总有不完全的地方，别人就有理由也有必要批评补充。要破也要立。不要急躁，慢一点做结论。这是不是调和的意见呢？当然不是。而是集中对的，去掉不对的，坚持真理，修正错误。这样，才能不断前进。

基于这个原因，我们对治理黄河规划和三门峡水利枢纽工程既没有全面肯定，也没有全面否定。至于设想，可以大胆些。我曾经说过，可以设想万一没有办法，只好把三门峡大坝炸掉，因为水库淤满泥沙后遇上大水就要淹没关中平原，使工业区受到危害。我这样说，是为了让大家敢于大胆地设想，并不是主张炸坝。因为我不这样说，别人不敢大胆地想。花了这么多投资又要炸掉，这不是胡闹吗！我的意思是连炸坝都可以想一想。不过不要因为我说了，就不反对，就认为可以炸了。毫无此意。我也是冒叫一声，让大家想一想。如果想出理由来，驳倒它，就把它取消，不必顾虑。专门性的问题，就是要大家互相发现矛盾，解决矛盾，有的放矢，这样，才能找出规律，发现真理。

三门峡水利枢纽工程，原来苏联专家是按正常高水位三百六十米设计的。我们把大坝高程和运用水位都压低了，施工时大坝高程改按三百五十米，初期蓄水位不超过三百三十五米。三百三十五米以下库容原为九十六亿立米，现在已经淤了五十亿吨泥沙，只经过五年，已经淤了一半。仅一九六一年和一九六四年两年就淤积了三十多亿吨。如果再经过一个五年，又遇上两场大水，加上平常年度的淤积，三百三十五米以下库容即将淤满。到那时，回水不影响渭河、洛河是不可能的。过去我们曾设想三门峡水库堆沙年限至少维持二十多年到三十年，在这个时期内，大搞水土保持等各种措施。但是，五年已淤成这个样子，如不改建，再过五年，水库淤满后遇上洪水，毫无问题对关中平原会有很大影响。关中平原不仅是农业基地，而且是工业基地。不能只顾下游不看中游；更不能说为了救下游，宁肯淹关中。这不是辩证的说法。做不好，上下游都受害怎么办？为什么不从另一方面想想？如果三门峡水库淤满了，来了洪水，淹了上游，洪水还要下来，遇上伊、洛、沁河洪水，能不能保证下游不决口？即使不决口也有危险。我们看问题要有全局观点，要进行比较。

有的同志主张维持原状。但是，五年之内能不能把上中游水土保住？绝不可能！要求在五年内把西北高原上的水土保住，我看砍了头也没办法。要叫我去，也不能接受这个任务，因为这是不可能办到的。因此，三门峡工程总要改建。

当前的关键问题在泥沙。眼前五年十年内这一关怎么过？即使二洞四管的方案批准后就施工，也要到一九六八年或一九六九年才能生效，而且四管只能泄一千秒立米，排沙有限。如果在这期间遇上象一九六一年和一九六四年的情况，库区再淤上三十亿吨，怎么办？这是燃眉之急，不能等。

本来三门峡工程改建的事，请计委批准就可以了，可是有些意见出入比较大，不征求大家的意见还不安心，因此挤出时间来参加这次会。听了大家的意见以后，情况清楚了。现在，大家都认为增加二洞四管还是需要的，对三门峡工程改建问题的争论少了。个别同志反对这个方案，主张上游修三个拦泥库，只拦泥，不综合利用。我看光靠上游建拦泥库来不及，而且拦泥库工程还要勘测试点，所以这个意见不能解决问题。即使说过去水土保持做得不好，上游勘察工作做得不好，黄河水利委员会、水利电力部工作上都有错误，但是眼前的这个病怎么治？要回答五年内怎么办这个问题。反对改建的同志为什么只看到下游河道发生冲刷的好现象，而不看中游发生了坏现象呢？如果影响西安工业基地，损失就绝不是几千万元的事。对西安和库区同志的担心又怎样回答呢？实施水土保持和拦泥库的方案还遥远得很，五年之内国家哪有那么多投资来搞水土保持和拦泥库，哪能完成那么多的工程。那样，上游动不了，下游又不动，还有什么出路！希望多从全局想一想。我也承认三门峡二洞四管的改建工程不能根本解决问题，而是在想不出好办法的情况下的救急办法。改建有利于解决问题，不动就没法解决问题。改建投资可能多一些，但即使需要八九千万元，也不能不花，哪能看着问题不去解决！看问题要有全局观点，要看到变动的情况。三门峡工程二洞四管的改建方案可以批准，时机不能再等，必须下决心。

今天，我只能解决第一步增建问题，其他问题我还要负责继续解决，不是光注意了中游，不注意上游，更不是不注意下游。绝无此意。现在成熟的方案只有这一个，其他的事情还要继续做。

再补充一点，一切问题都要到现场去实践，通过实践，不断总结，取得经验，然后再实践再总结。到现在我还担心二洞四管会不会有什么问题。不要把事情想得太满，还可能会遇到困难，还可能发生预料不到的新问题。设计方面要多研究，施工时要和工人多商量，要兢兢业业地做。如果发现问题，一定要提出来，随时给北京打电话，哪一点不行，赶快研究。不要因为中央决定了，国家计委批准了，就不管了。因为决定也常会出偏差，会有毛病，技术上发生问题的可能性更多。我再重复一句，决定二洞四管不是一件轻松的事，既然决定了，就要担负起责任。大家要时常多想想。因为，黄河的许多规律还没有被完全认识。这一点要承认。我还要再三说一下，不要知道一点就以为自己对其他都了解了。当时决定三门峡工程就急了点。头脑热的时候，总容易看到一面，忽略或不太重视另一面，不能辩证地看问题。原因就是认识不够。认识不够，自然就重视不够，放的位置不恰当，关系摆不好。一九五九年水电部修建了三百多座大型水库，这几年下马了一些，现在还有将近二百座，很大一部分工程没有完成，遗留问题很大。修水库不是一件容易的事，这几年的教训是应该深刻吸取的。

注：本文选自《周恩来选集》下卷，1984 年版。

水利电力部党组关于
黄河治理和三门峡问题的报告

总理，并报中央、主席：

治理黄河的问题，中国人民在长期实践中，解放前议论了两千多年，解放后也议论十五年了。

一九五四年，我们请苏联专家来帮助做治黄规划。苏联没有像黄河这样多泥沙的河流，他们只有在一般河流上“梯级开发”（就是一级一级地修坝发电）的实践经验。在历史上，中国人希望黄河清，但是实现不了。苏联专家说，水土保持加拦泥库，可以叫黄河清。这样，黄河和一般河流，就没有什么不同了，也可以“梯级开发”了。于是，历史上定不了案的问题，一下都定案了。例如三门峡修坝的问题，日本人研究过，国民党研究过，解放后研究过，都不敢定案，但是苏联专家说行，我们就定案了。

一九五五年，全国人民代表大会通过了这个规划。在这以后，虽然有人提出不同意见，也组织了全国专家，展开鸣放讨论，但是，我们急于想把三门峡定案，听不进不同意见，鸣放讨论只是走过场。对苏联提出的三门峡设计虽然作了一些修改，还是基本上通过了。

一九五七年，三门峡开工。一九六〇年，大坝基本建成。九月开始蓄水，经过了一年半的时间，到一九六二年二月，水库就淤了十五亿吨。不仅三门峡到潼关的峡谷里淤了，而且在潼关以上，渭河和北洛河的入黄口门处，也淤了“拦门沙”。当时，我们刚克服了修正主义所给予的困难，安装成功第一台发电机。因为淤积严重，只好不发电。从一九六二年三月起，决定三门峡不蓄水，只拦洪。尽管这样，淤积还继续发展。到去年十一月，总计淤了五十亿吨，渭河的淤积影响，已到距西安三十多公里的耿镇附近。

对于黄河下游，在目前来说，三门峡是件好事。水库控制了黄河大部分的洪水，大大减轻了决口改道的威胁。不仅这样，水库下泄的清水，还冲刷了下游的河道。在建库前，下游河道平均每年淤积四亿吨。建库后至今，下游共冲刷入海十九亿吨。由于河床刷深，济南以上的河道，水位普遍降低。但是由于河床展宽，在河南省境内，堤内的滩地，也冲坍了很多。济南以下的河道，因为海口延伸，水位没有降低。

从一九六二年起，围绕着三门峡引起的问题，展开了治黄的大论战。

论战的第一个阶段，中心问题是，黄河规划和三门峡设计有没有错误？起初，一部分人认为，规划和设计都没有错，只是因为没有按照原来的规划，做好水土保持，修建支流的拦泥库，三门峡陷于“孤军作战”，才造成现在的局面。经过讨论，绝大部分人认为，黄河规划和三门峡设计都有错误。黄河规划中，对于水土保持的效果，估计得过于乐观；建议修建的十座拦泥库，控制面积小，工程分散，离三门峡远，不能有效地解决问题。三门峡设计中，没有摸清水库淤积的规律。当时认为，西安市区海拔四〇〇米，草滩镇三七五米，只要设计水位不超过三六〇米（施工时降低为三五〇米，实际最高蓄水位为三三二点五八米），就不致影响西安。实际上，只要水位超过三二〇米，回水就超过潼关，渭、洛河就要发生淤积，渭河的淤积向上游延伸，就将威胁西安。

论战的第二个阶段，中心问题是，这是规划思想的错误还是技术性的错误？一部分人认为，规划思想没有错。他们认为，要解决黄河问题，必须“正本清源”。“正本清源”的根本办法是水土保持，过渡办法是修建拦泥库。总之，必须把泥沙控制在三门峡以上，不使它为害下游。否则，就不能避免决口改道。

另一部分人认为，规划思想错了。在近期黄河不可能清，也可以不清。黄河的特点是黄土搬家。它破坏西北的黄土高原，发展华北（包括淮北）平原。对华北平原来说，黄河首先是一个巨大的创造力，但是，它用了泛滥和改道的方式，又有很大的破坏性。如果我们认识这个规律，就可以利用黄河的泥沙，有计划地淤高洼地，改良土壤，并且填海成陆。黄河下游的问题，应该主要在下游解决，下游人民在黄河面前，是可以有所作为的。西北的水土保持工作，必须坚决搞，这是没有疑问的。但是这个工作，首先是为西北人民解决问题，是为改变西北地区的面貌。至于黄河的泥沙能减去多少，还缺少实践的依据。在这种情况下，如果我们规定一些指标，例如在多少年内，要黄河减去百分之多少的泥沙，并根据这种指标来安排工程，这就必然要犯错误。只有把近期的治黄工作，放在黄河不清的基础上，我们才可以取得工作的主动权。

上述两派，也可简称为“拦泥”与“放淤”之争。这是两种对立的战略思想。它们的分歧点在于：近期的治黄工作，究竟放在黄河变清的基础上，还是黄河不清的基础上？近期治黄的主攻方向选在哪里？主要在三门峡以上筑库拦泥，还是主要在下游分洪放淤？

在战术问题上，两派都还没有落实。按照“拦泥”的原规划，三门峡就是最大的拦泥库，这显然是行不通了。为了维持三门峡的寿命，原规划的十座拦泥库，也认为不行了。去年春天，黄河水利委员会提出，三年内先在泾河和渭河的支流上，修建两座拦泥库，经过查勘和研究，认为作用不大，不宜在那里打歼灭战。去年夏天，黄委又提出，十年内即一九七五年前，在黄河干流、泾河和北洛河，修三座巨型拦泥库，后五年即一九八〇年前，继续在上游再修七座拦泥库。以上十座拦泥库，估计要花三十四亿多元。经过查勘和讨论，大家认为，那三座巨型拦泥库，能不能解决问题，还有不少疑问，需要进一步研究。另外，不少同志认为，这些拦泥库的工程大，投资多，工期长，寿命短，上马需要慎重。

放淤派是近年才发展起来的。到现在为止，还只有一些原则设想，没有做出具体方案。这些设想是，在黄河两岸（主要在北岸），圈出一些洼涝碱地，分洪放淤，一方面安排黄河的洪水和泥沙，同时大规模地改造洼地。这样做，在放淤区需要大量地迁村建房，还有不少技术问题，也需要落实。

对于三门峡工程，拦泥派主张，最好不改建，最多小改建。他们认为，如果在三门峡增加放水洞，就要破坏下游的大好形势。但是，如果维持现状，淤积确实严重。经过多次讨论，拦泥派的多数人，才同意在大坝旁边的山里头，挖两条隧洞，另外把大坝上的四根发电引水管（一共八根），也改建成泄水管。放淤派主张，把三门峡彻底改建。他们认为，如果违反黄河的规律，要求三门峡担负过多的任务，那就必然走向事物的反面，很快地否定了三门峡。只有多开放水洞，使三门峡在一般情况下，尽量地放水放沙，争取少淤，才能在特大洪水时，给下游真正解决问题。因此，除去上边的措施外，还主张把大坝的溢洪道挖下去，并且再挖一条隧洞。

去年十二月，在总理主持下，又召开了一次治黄会议。以上所述，就是这次会议的主要论点。根据总理指示，对以上争论的问题，没有做结论，而是要求进一步勘察研究，把两方面的意见落实。对已经取得协议的两条隧洞和四根泄水管，批准开工（已于今年一月经计委批准开工——周恩来总理注）。这部分工程将在一九六六到一九六八年陆续完成。如果今年决定挖溢洪道，可以同时施工。

一九五四年以来，十年治黄，给了我们深刻的教育。前六年迷信洋人，当我们自以为对治黄最有把握的时候，实际上是最无知识的时候。后四年离开了洋人。三门峡一修好，淤积迅速发展，我们仓促应战，确实很苦恼。但是正如主席所常教导我们的，应当说，我们是比前六年强了，而不是弱了。在黄河上，碰了十年的钉子，办了不少蠢事，这才使我们一点一点地，开始认识黄河的规律。

去年五月，我们曾向中央写过报告，对黄河的泥沙，主张“上拦下排”。经过半年多的研究，我们认为，在综合治理的基础上，还要有个主攻方向，才能打歼灭战。近期的主攻方向，近期的歼灭战，应该摆在哪里？这就出现了“拦泥”和“放淤”两个对立面。在会上，放淤派是少数，但这是一个新方向。看来，如果在下游能够找到出路，三门峡的问题就比较容易解决，我们的工作就可以比较主动。当然，这些认识还只是开始，需要进一步调查研究，才能下决心。我们打算，上半年拿主要力量，研究下游的出路。同时，对拦泥库的方案，也勘察研究，不轻易放弃。

在治黄中所犯的错误，使我们心情沉重，但是并没有气馁。中国人民的治黄实践，是一部丰富的辩证法。我们相信，只要用主席的思想挂帅，不断地总结经验，不断地反掉形而上学，那么，“失败是成功之母”，我们就能够找到正确的方案。在党中央和毛主席的领导下，中国人民一定能够制服黄河。

以上意见当否？请指示。

中共水电部党组

一九六五年一月十八日

关于三门峡水库工程改建及黄河近期治理问题的报告*

（摘　要）

国务院并报总理：

根据国务院指示，由刘建勋同志主持，在三门峡现场召开了四省（晋、陕、豫、鲁）会议。会议着重讨论了三门峡水库工程改建和黄河近期治理问题。会议期间，还部署了一九六九年度的黄河防汛工作。

现将讨论情况报告如下：

一、关于三门峡水库工程改建问题

（一）一九六四年在周总理主持的治黄会议上，决定了确保西安、确保下游的原则，并确定增建两洞四管。现两洞四管已基本完成。其中：一洞四管已于一九六六年至一九六八年先后投入运用，对减轻库区淤积起了一定效果。但还不能根本解决问题。到目前为止，335 米高程以下库容损失近半。按现有泄水能力计算，一般洪水年的坝前水位可达 320—322.5 米，仍可能增加潼关河床的淤积。当三门峡以上发生特大洪水时，坝前洪水位可达 327—332 米，将造成渭河较严重的淤积，有可能影响到西安。因此与会同志一致认为：三门峡需要进一步改建。改建的原则是，在两个确保的前提下，合理防洪排沙，低水头径流发电。

（二）改建规模。要求在一般洪水以下淤积不影响潼关，为此要求在坝前水位 315 米时，下泄流量达到一万秒立米（现为五千八百秒立米）。在不影响潼关淤积的前提下，利用低水头径流发电，装机二十万千瓦，并入中原电力系统，并向陕西、山西两省送电。对泄流措施的规模，讨论中有的同志认为还可再小些，有的认为需要再大些。在步骤上，有的认为可分步骤实施，有的认

* 该文为晋、陕、豫、鲁四省会议给国务院并总理的报告，存水利部档案处。

为应尽快完成。最后，四省同志都同意按上述规模改建，具体的设计施工方案委托水电部军管会主持，有关单位参加，负责审定后报请中央批准。发电机组的设计试制工作，要求一机部哈尔滨电机厂及有关单位承担，在三年内制成第一台机组。

（三）三门峡枢纽的运用原则是：当上游发生特大洪水时，敞开门泄洪。当下游花园口可能发生超过22000洪水时，应根据上下游来水情况，关闭部分或全部闸门。增建的泄水孔原则上应提前关闭，以防增加下游负担。冬季应继续承担下游防凌任务。发电的应用原则，在不影响潼关淤积的前提下，初步计算，汛期的控制水位为305米，必要时降到300米，非汛期为310米，在运用中应不断总结经验，加以完善。

二、关于黄河近期治理问题

与会同志还认识到：泥沙是黄河问题的症结所在，控制中游地区的水土流失是治黄的根本。必须从改变当地贫瘠干旱面貌出发，依靠人民群众的力量，用“愚公移山”的革命精神，长期坚持治理。但是，要对治黄显著奏效，需要一个长期奋斗的过程。因此，在一个较长的时间内，洪水泥沙在下游仍是一个严重问题，必须设法加以控制和利用。

黄河近期治理，必须高举毛泽东思想伟大红旗，依靠群众，自力更生，小型为主，辅以必要的中型和大型骨干工程，积极的控制与利用洪水泥沙、防洪、灌溉、发电、淤地综合利用，在措施上拦（拦蓄洪水泥沙）、排（排洪、排沙入海）、放（放淤改土）相结合，逐步地除害兴利，力争在十年或更多一点的时间改变面貌。

（一）中游治理意见

1. 大力开展水土保持工作

中游水土保持工作，不仅是治黄关键所在，而且是建设社会主义山区的必要途径。以往各地都积极开展了这一工作，积累了丰富的经验，创造了好的典型。主要是政治挂帅，依靠群众，“大寨精神”，小型为主，沟坡兼治，使近期增产与长远建设相结合。中游地区各级革命委员会必须全面规划，加强领导，大力宣传与推广先进经验，充分依靠群众，大打人民战争，国家也要给以必要的支持。

2. 集中力量打歼灭战，一条一条地治理沟壑和中小支流

为迅速有效地控制利用中游水沙，必须抓住重点和集中力量打歼灭战，就是要一条一条支流，一道一道沟壑地加以治理。各个社队、各县、各地区、各省都要有自己的重点，分期分批地打歼灭战。建议黄河中游以无定河为典

型，在陕西革委会领导下，由黄河水利委员会和陕西省组成治理规划工作队，进行全面规划，综合治理，以取得经验。为了治理中小支流，需要修建一批中小水库和必要的大型水库。

3. 北干流治理

黄河北干流是洪水泥沙主要来源，又有丰富的水力资源，应以黄委革委会为主，会同晋、陕两省尽快提出治理规划。龙门水库对控制北干流洪水泥沙减轻三门峡库区淤积，有较大作用，而且可以发电、灌溉、综合利用，应进行研究，以便考虑可否列为近期项目。对天桥(在府谷和保德县)径流电站，应抓紧提出规划设计方案，报请中央审批。禹门口至潼关河段，两岸有较大滩地，在北干流规划中，应积极研究，采取有效措施，控制河道摆动，并因地制宜放淤改良土壤，发展农业生产。

4. 库区治理

为减轻库区淤积的影响，改善群众生产条件，应尽早提出库区治理规划，适当放淤，改善排水，兴建南山支流水库。

5. 继续进行巴家咀拦泥库(在甘肃庆阳县)试验，并在本年内提出第一期淤土加高坝体的设计，报中央审批。

(二)下游的治理意见(包括三门峡以下干支流)

1. 加固堤防，滞洪放淤

三门峡进一步改建后，一般洪水不能滞洪，下泄泥沙也将增加，增大了下游防洪负担。为此，在近三年内，应有计划地加固堤防，并积极进行堤背放淤，以利备战。同时，应在两岸选择适当地点(如北金堤滞洪区、陶城埠以下北金堤与临黄堤之间，齐河、北镇一带，中牟、开封一带)修建必要的工程，滞洪放淤。以削减洪峰，结合改良土壤，改变两岸面貌。

2. 治理三门峡以下支流，重点兴建洛河、沁河、汶河支流水库

洛河、沁河、汶河是下游主要支流，目前均未得到基本的控制，应进行流域规划，兴建水库，控制洪水，灌溉发电。洛河的故县和沁河的河口村水库，应立即进行勘查设计，争取今年开工一座。三门峡以下的中小支流也应一条一条地进行综合治理。

3. 充分利用现有涵闸，并新建必要的工程，继续发展两岸淤灌。

4. 整治河道

在三门峡水库的改建运用和支流的治理的同时，提出整治规划，继续兴建必要的控导护滩工程，控导主流，护滩保堤，以利防洪和引黄淤灌。

5. 河口治理

结合油田开发，进一步研究治理规划，安排河道流路，以利防洪排沙放淤，保证油田安全。

6. 研究干流枢纽的改建和修建

对位山和花园口枢纽，研究改建的必要性和合理性。

根据以上要求，由各省革命委员会主持，黄河水利委员会及有关部门参加，尽快提出本省范围的治黄规划及今冬明春的计划。对于今冬明春兴建的大型工程，要求尽快提出设计方案，以便报请中央审批。

一九六九年六月十九日

黄河下游治理规划座谈会纪要

根据水电部指示，由黄河水利委员会主持，于七月五日至十二日在郑州召开了黄河下游治理规划座谈会。参加会议的有山东、河南两省黄河河务局、水利局的负责人和工作同志共三十五人。

会议以批林整风为纲，畅谈了治黄大好形势，总结交流了经验，并对黄委会草拟的"黄河下游近期治理规划意见"进行了讨论。会议着重研究了下游近期防洪方案，引黄淤灌规划和南水北调问题，并对下一步工作交换了意见。现纪要如下：

（一）

在毛主席"要把黄河的事情办好"的伟大号召下，人民治黄二十余年来，黄河下游的治理工作取得了很大成就。特别是近几年来，在批林整风的推动下，大力巩固防洪工程，继续确保了黄河安全；积极而慎重地发展了引黄淤灌，促进了沿黄地区的农业增产。在去年大旱情况下，两岸共引水八十三亿立米，抗旱灌溉农田一千二百多万亩。沿黄地区粮食总产达到二百八十二亿斤，较上年增产百分之五。今年虽继续遭到干旱威胁，但从一至六月份，两岸共引水五十二亿立米，抗旱浇地一千二百多万亩，加上其他水利和农业措施，夏季作物夺得了好收成。三门峡水库改建工程基本完成，发挥了防洪、防凌和调节下游用水的作用。今年结合防凌蓄水十八亿立米，不但大大补充了两岸灌溉用水，而且，黄河水还北送到了天津市。

但是，黄河洪水还没有得到基本控制，花园口站仍有可能出现三万秒立米以上大洪水，加之，近几年来河道淤积严重，而且淤槽不淤滩，艾山以上河道有数处槽高于滩，艾山以下河道由过去微淤变为严重淤积，排洪能力显著降低，防洪负担加重。在兴利方面，黄河水土资源还没有充分利用，已经利用的部分，用的还不够好。主要是排灌不配套，土地不平整，泥沙处理不当，用水不合理，因此，大部分灌区不高产，个别灌区还出现返碱现象。如不抓紧解决，遇到涝年，土地有碱化的危险。

大家认为，在认真总结以往经验的基础上，研究制订一个为期十年的治理规划是十分必要的。

（二）

到会同志认真讨论了黄委会提出的“黄河下游近期治理规划意见”（讨论稿），一致同意“规划意见”中提出的任务和要求：1.确保黄河安全，不准决口；2.搞好引黄淤灌，建设高产稳产农田；3.逐步实现南水北调（黄水北调与江水北调并举）。

一、关于确保近期黄河安全的方案

1.同意十年内防御洪水目标为：当花园口站出现二万二千秒立米洪水时，确保不决口；当出现比一九五八年更大洪水时（按花园口站三万秒立米考虑），有措施有对策。艾山以下河道安全泄量为一万秒立米，为留有余地，按一万一千秒立米设计。

2.基本同意“规划意见”中对当前防洪存在问题的分析以及今后十年内下游河道淤积的预估。

3.关于处理洪水、凌汛的方针：河南同志同意“规划意见”中提出的“以排为主，辅以蓄滞”的方针。山东同志认为应提下游治理方针，建议仍用一九六九年三门峡四省会议和一九七一年治黄工作座谈会提出的“拦、排、放相结合”的提法较为妥当。

4.关于防御花园口站二万二千秒立米洪水的方案。“规划意见”中比较了加高大堤与加厚大堤两个方案，并推荐加高大堤的方案。

经过讨论，河南同志同意加高大堤的方案，认为采用引黄放淤加厚大堤的办法，土方量巨大，需用机械设备较多，又缺乏实践经验，短时间内难于达到防洪要求。同时，为了节约劳力，要研究部分采用机械加高大堤的办法（如水力冲填法等）。还认为，淤筑战备防洪大堤，是治黄一项长远战略任务，要加紧进行，当前以加固重点堤段为主。

山东同志认为一九五八年以来，修建了很多防洪工程，尚未运用；二、三年内要动员大批劳力加堤与农业生产矛盾大，而且要挖占不少耕地。因此，加堤应推迟到一九七五年以后考虑。并且认为，近几年来实行放淤固堤的办法，已取得实践经验，可以节约劳力、投资、粮食，并具有战备意义，是今后巩固大堤的方向，应大力推行。因此主张加厚大堤的方案。至于所需设备，只要国家列为防洪基建项目大力支持，是可以逐步解决的。

由于“规划意见”中对两个方案的比较工作做的不够细，优缺利弊还不太明显，需要进一步做补充工作。

无论那一个方案，修建支流水库，整治河道，加固东平湖围堤、加高二级湖堤等工程都是必要的。

5. 关于防御花园口站三万秒立米洪水的措施和对策，到会同志认为处理三万特大洪水，使用北金堤滞洪区是必要的。但河南同志提出，对策有了，措施不够落实。要求在规划中做过细研究，针对滞洪区存在的问题，逐个提出解决办法。

二、关于引黄淤灌问题

1. 根据黄河水源情况，引黄淤灌近期以巩固提高现有灌区为主，适当发展新灌区的原则是适宜的。

2. 关于奋斗目标：在今后三到五年内建设一千万亩左右的旱涝保收、高产稳产田是可以做到的。初步意见：河南达到五百万亩；山东达到七百万亩。要求粮、棉亩产超过《纲要》规定的指标。十年内达到的目标，作进一步规划后提出。

3. 近几年来，在发展引黄淤灌过程中，积累了丰富经验。实行“井渠结合”，是防旱、防涝、防碱的一项重要措施，对平原地区有普遍意义。还有“深沟提灌”，“速灌速排”，“以排定引”以及综合利用水沙资源等都是行之有效的措施，要因地制宜，大力推广。

4. 为了实现一千万亩左右高产稳产田的目标，讨论中大家特别强调指出：关键在于坚决执行毛主席的革命路线，在于各级领导有一个很大的干劲，在于依靠广大群众，认真吸取以往的经验教训。

在工程措施上，必须强调以改土治碱为中心，治水与改土相结合。要十分重视泥沙处理，积极采取措施，利用泥沙，固堤改土，防止淤河；要大力解决排水出路，做好包括田间工程在内的渠系配套，达到有灌有排；要合理用水，不要大水漫灌，不要搞插花种稻。还要逐步地衬砌渠道。在工程配套中主要靠发动群众，自力更生，国家也要给予必要支持。

要加强管理，建立健全管理机构。

三、关于河口治理问题

1. 同意“规划意见”中对河口地区情况和基本规律的分析。认为在今后一个较长时间内，河口仍将是淤积、延伸、改道，这是一个基本规律。因此，从既有利排洪、排沙入海，又有利油田开发出发，在近期三角洲顶点应维持在罗家屋子上下，并保持现有淤积扇面和海域范围，以使尾闾畅通。

2. 河口油田不断发现和开采，是一件大好事，是党和国家的巨大财富，应尽力想方设法加以保护。但是，河口情况比较复杂，建议石油部门，也要考虑对油田采取必要防护措施。

3. 目前，为保已投产的油田安全开采，拟采取"分洪缓改"，尽量维持现行河道。原计划中的北大堤，以早修筑为好。至于"南分洪"的两个方案，山东河务局同志倾向于"十八户"分洪方案。

4. 河口流路，同意在现行河道不能再维持时，改道清水沟，可走十年左右。以后再视情况进一步安排。

四、关于南水北调问题

到会同志认为，支援天津市及适当补充沿途农业用水是一件具有重要政治意义的大事，表示完全拥护和赞同。

1. 同意黄水北调与江水北调并举。黄水北调只能近期以补充天津市用水为主，适当兼顾沿途农业用水；北调水量十至十五亿立米为宜；调水时间应错开下游两岸灌溉季节，以十一月和次年一、二月为好。

2. 调水线路：同意分散多口引水，集中、短期、间歇输水，衬砌渠道，搞好沉沙等原则。调水线路同意引黄济卫工程、共产主义渠、原延封干渠、位山、潘庄、滨海等几条线路作比较。

3. 江水北调。同意侧重研究由江苏抽江水，顺京杭运河北上的方案。并要求尽快实施。也有的同志认为，引汉济黄方案，也值得研究。

（三）

为了做出一个比较符合实际、切实可行的规划，提交中央八月抗旱会议上讨论，还要抓紧补充以下工作：

一、防洪方面

1. 对两个方案，即加高大堤与加厚大堤方案，应作进一步深入比较。用放淤加厚大堤的方案，要做出具体实施安排；加高大堤方案也要做必要的补充工作。

2. 北金堤滞洪区的问题，要加以研究，提出意见。

二、引黄淤灌方面

1. 对灌区情况作进一步调查分析。如灌区的配套、粮棉产量等等，要做到心中有数。

2. 进一步总结淤灌经验。除总结好的典型外，对比较差的灌区也要选择加以调查，对存在问题和原因作出分析。

3. 分别提出一个为期十年和三到五年的奋斗目标。包括范围、面积、泥沙处理、排水出路、主要办法(如井灌或渠灌为主)，以及产量指标等。要求有图有数，有按地区、灌区的分配。

4. 作出一个典型灌区的配套规划，并通过典型分析，提出需要国家投资、设备的数字。

三、河口治理方面

由山东河务局对"规划意见"作进一步补充。

以上工作两省局在八月五日前完成，送交黄委会汇总平衡后上报。

到会同志认为：目前正值黄河大汛期间，首先要确保今年安全渡汛，万万不可麻痹；同时，亦要做好治理规划工作。任务是繁重的。只要以批林整风为纲，狠抓革命，猛促生产，是可以做好的。大家满怀信心地表示，在当前大好形势下，鼓足革命干劲，加倍努力工作，把黄河的事情办好，用实际行动迎接党的"十大"召开。

团结起来，争取更大的胜利！

黄河下游治理规划座谈会

一九七三年七月十二日于郑州

治黄规划任务书(修改稿)

为了进一步落实毛主席"要把黄河的事情办好"的指示,实现四届人大提出的发展国民经济的宏伟目标,迫切需要制订一个统筹全局的、适应工农业发展的治黄规划。

建国以来,特别是无产阶级文化大革命以来,在毛主席革命路线指引下,治黄工作取得了很大的成绩。在下游,大力巩固了堤防,战胜了洪水、凌汛,保障了黄淮海大平原的工农业生产;中、上游地区的水土保持蓬勃发展,一些多泥沙支流治理也初见成效;三门峡水库改建工程基本完成,库区淤积有所缓和;全流域水利水电事业取得很大进展。沿黄广大人民群众在治黄斗争实践中创造了许多新经验,对黄河的情况和规律有了更多的认识。但是,黄河的洪水和泥沙问题还没有根本解决,近几年来,黄河下游又出现了新情况和新问题。由于工农业用水增加等原因,河道淤积加重,河槽抬高,有些地方形成悬河中的悬河,排洪能力降低。不仅大洪水有危险,中小洪水也有顺堤行洪,冲决大堤的可能,严重威胁两岸安全。凌汛问题也未完全解决。黄河安危,事关大局。确保黄河下游防洪、防凌安全已是当务之急。

此外,对三门峡库区淤积问题也要进一步采取有效措施,妥善安排。

黄河流域干旱缺水仍较严重,农业产量低而不稳;有些地区人畜吃水尚有困难;有些地区则涝碱成灾;各省(区)工农业用电供不应求的矛盾也很大。因此,必须积极开发利用黄河水沙资源,为发展工农业生产服务。

一、指导思想

拟订治黄规划,要认真学习毛主席关于理论问题、安定团结和把国民经济搞上去的重要指示,坚持党的基本路线,落实"备战、备荒、为人民"的战略思想,贯彻"鼓足干劲,力争上游,多快好省地建设社会主义"的总路线,执行

"以农业为基础、工业为主导"和"独立自主、自力更生"的方针，以及一系列两条腿走路的政策。加强党的一元化领导，发挥两个积极性，相信和依靠群众，大搞群众运动。

要以毛主席的哲学思想为武器，坚持实践第一，深入实际，调查研究，总结和推广群众经验。从黄河多泥沙的特点出发，认识黄河，改造黄河，除害兴利，变害为利。

要统筹兼顾，全面安排，综合治理，综合利用。从远期着眼，近期入手。以水土保持为基础，拦、排、放相结合，因地制宜，采用多种途径和措施。使黄河水沙资源在上、中、下游都有利于工农业生产，有利于巩固无产阶级专政。

二、任　　务

以研究解决黄河下游防洪、防凌和泥沙淤积问题的基本途径和措施为重点；同时，积极开发、利用黄河水沙资源，提出干流和主要支流骨干工程的开发方案和建设程序；并在各省（区）规划基础上，提出全流域水保、水利、水电建设的轮廓安排意见。

规划分为近期（一九七六至一九八五年）和远期（一九八六至二〇〇〇年）两个阶段。

（一）近期目标

黄河下游要确保花园口二万二千秒立米洪水不决口，遇到特大洪水也要有可靠的措施和对策。同时，保证凌汛安全。

黄河下游河道淤积有所减缓。

三门峡库区淤积问题进一步改善。

促进流域内干旱地区的农业生产达到粮食自给有余，人畜吃水问题得到解决。下游沿黄地区和三门峡库区涝碱灾害初步解决。

全河水力发电能力有较大的增长。

（二）远期设想

黄河下游河道趋于冲淤基本平衡。

黄河下游的洪水、凌汛问题得到根本解决。

促进全流域的农业生产落后面貌得到根本改变。

全河水力发电能力有大幅度的增长。

三、主要内容

(一)解决黄河下游防洪、防凌和泥沙淤积问题的基本途径和措施

为保证当前下游防洪、防凌安全,应根据国务院一九七四年二十七号文件精神,首先修订、补充一九七三年黄河下游治理工作会议提出的《黄河下游近期治理规划要点》(包括研究三门峡工程增设启闭设备和改进运行方式)。同时重点研究以下几类途径和措施,提出综合治理的方案。

1. 中游多沙和粗沙重点支流的综合治理

水土保持是治黄的基础,必须大力抓紧进行。为加速解决黄河下游的问题,要根据"为当地兴利,为黄河减沙"的原则,结合地方规划,重点研究皇甫川、窟野河、无定河、北洛河、泾河及三川河等多沙和粗沙支流的综合治理规划,提出水土保持措施和指标及大中型骨干工程的建设意见。

为了积累实践经验,选择一、二条粗沙支流,与地方结合作出规划;加速治理,进行观测分析,总结推广。

2. 龙门以下干流工程和河道治理

主要研究以下措施:

(1)进一步改建三门峡水库,重建位山枢纽,提高东平湖蓄洪分洪能力(均包括相应的运用方式),结合进行河道整治。

(2)采取吸泥船或其它措施,加高加固堤防,放淤减沙,清水归河,充分利用和提高河道泄洪输沙能力。

(3)修建龙门、小浪底水库,包括小浪底一级开发和小浪底、任家堆两级开发的方案比较,以及这些工程与三门峡水库联合运用。

(4)利用现有和新建水库及滩区工程,调水调沙,减少河道淤积。

(5)利用北金堤滞洪区进行局部改道。

以上措施的研究,应采取先粗后细的方法,先作粗略研究比较,从中选择若干方案,再作深入研究,计算、分析,进一步比较。

此外,将最近拟定的河口规划纳入本规划,作为近期措施。对于河口的远期治理途径和措施,留待这次规划以后研究。

对利用温孟滩,小北干流滩地分洪、放淤,也可进行研究。

3. 南水北调

初步分析研究利用东部抽江、引汉济黄和其他调水措施的可能性及其对减少黄河下游河道淤积的作用,以探索南水北调的方向和途径。具体方案

的深入研究比较，根据需要在这次规划以后进行。

(二)龙门以上干流工程的开发方案和建设程序

重点研究黑山峡枢纽不同运用方式对黄河中、下游的作用和影响及其综合利用效益，提出运用意见。

研究提出龙羊峡、龙口(或万家寨)、碛口等干流骨干工程的开发方案和建设程序，论证对黄河中下游的作用和影响；同时提出近期和远期径流电站的开发意见。

(三)全流域水保、水利、水电建设的轮廓安排意见

根据“统筹兼顾，适当安排”的方针，通过典型调查，在各省(区)规划基础上，进行综合平衡，提出近期的建设意见和远期的轮廓安排。对以下三方面作重点研究：

1.“必须注意水土保持工作”。除上述中游多沙和粗沙重点支流外，对全流域，特别是中上游五大片水土流失严重、干旱缺水地区(甘肃定西、甘肃庆阳、宁夏固原、陕北和晋西北)的近期水保、水利、水电建设提出安排意见，并提出各地区其它多沙支流治理的规划布局和骨干工程的兴建意见。

2. 黄河下游沿黄两岸引黄灌溉和低洼地带放淤改土、排水治碱的近期安排意见。

3. 三门峡库区治理。近期重点研究库区三三五米高程以上防洪和改善生产条件的工程措施，提出安排意见。与两省有关的工程要通过协商解决。

远期的库区治理措施要结合黄河干支流工程进行研究。

(四)关于科学研究和现场实验

根据规划和治理工作的需要，提出急需进行的科学研究和现场实验项目，请有关部门协作。一九七五年黄河泥沙研究第二次协调会议商定的有关项目应作相应调整。

四、完成时间

治黄规划报告要求于一九七六年底以前提出。一九七五年底提出对《黄河下游近期治理规划要点》的修订、补充专题报告，同时提出黑山峡枢纽的运用意见及小浪底一级开发和小浪底、任家堆两级开发的方案比较和建议。

一九七五年七月

黄河中下游治理规划学术讨论会情况汇报

中国水利学会于一九七九年十月，在郑州召开了黄河中下游治理规划学术讨论会。在实事求是，解放思想和“双百”方针的指导下，会议开得紧张热烈，生动活泼，富有成效。

治黄问题，是一个战略性的大问题，下游洪水尚未能完全控制，万一出了问题，南可乱淮河，北可泛天津，影响人口几千万，我国四化建设的部署，很可能被打乱，中游严重的水土流失，不仅给下游带来大量泥沙，成为黄河难治的病根，而更重要的是，它直接破坏了当地的农业生产。建国三十年来，这一地区贫困落后的面貌并未根本改观。因此，治黄问题，是摆在我们面前的当务之急，是国家建设的重点任务之一。中国水利学会接受水利部的委托，召开这样一次学术讨论会，意义十分重大。

这次会议，邀请了各有关方面的专家、教授、学者和工程技术人员共计二百二十人前来参加（临时参加会议的还有五十余人），真是“群贤毕至，少长咸集”。共收到论文、报告一百四十余篇。会议期间出简报一百三十多期，比较充分地反映了各家的治黄观点和建议。

通过这次学术讨论会，我们有以下几点体会：

一、结合国家重点建设项目，举行学术讨论会，是学会开展活动的一种好形式。这样的会议，目标明确，内容具体，不会流于空谈。同时，参加会议的人员，立足点比较超脱。不受部门、单位的局限，有利于发扬学术民主，便于各种不同学术见解充分发表。学术上的各个流派、各种观点利用会议机会，可以面对面的争论、探讨，互相启发，互相补充。有利于调动广大科技人员的积极性，把大家的力量引到搞四个现代化上来。有利于推动科学技术事业的发展，对有关工作也是一个促进。今年四月我会召开的南水北调规划学术讨论会和这次黄河中下游治理规划学术讨论会，都充分说明了这一点。

二、会议要开得富有成果，会前的准备工作十分重要。今年四月，接受水利部委托后，我们立即着手准备。六月发出开会通知，通知中明确写出会议的目的、讨论的内容以及对会议参加者的要求(提供论文)。在考虑邀请的人选前，事先了解了各家的论点，尽量作到不同流派都有代表人物参加。通知发出后，又及时派人深入摸底，对在京的水利名流、专家，我们都曾登门拜访。同时派人到几个重点地区(陕西、山西、河南)了解情况。起到了发动、促进、宣传、组织作用。在这个过程中，还发现了素有治黄研究的积极工作者，如陕西师大副校长史念海同志，听到开会的消息后，主动要求参加，并亲自到山东梁山泊进行调查，补充了他所写的黄河历史地理资料。又如西安工学院教授杜长泰同志，不顾三伏酷暑，从西安赶到郑州，在黄委会资料室蹲了二十天，为会议赶写论文。其次，为了便于专家们了解实地情况，九月间，我们组织了中游和下游两个查勘组，应邀到会的同志共计五十余人，历时二十多天，行迹遍及中下游。代表们对这次活动十分满意，认为这使自己论文的内容更加丰富，更加切合实际。查勘路经的地区，也反映这次活动对治黄工作起到了宣传推动作用。

黄河水利委员会为这次会议作了大量的准备工作，提供了比较全面的，系统的基本资料和分析研究成果。使到会同志对黄河有了进一步的认识。

三、学术讨论会的组织领导，要认真贯彻"双百"方针。在会议的领导和组织形式上，要有利于发扬学术民主，广开言路，给与会者创造表达意见和充分辩论的机会。会议由学会常务理事会主持，不另设领导小组或主席团。对大会发言的安排，要做过细的组织工作，使各种代表性的观点，都有机会在大会上发表，对发言时间，作了严格规定，三十分种预告，四十分钟讲完，会前宣布，共同遵守。小组讨论，共分三个专题，自由报名参加。且可随时选择。有些特殊问题，可以由个人出公告，开答辩会，进行辩论，或邀集有关同志，开技术座谈会共同研讨。会议简报，是与会同志们更广泛表达意见的另一种形式。简报由代表自己撰写，文责自负，来稿照登(只作了字数限制，约一千五百字)。这次会议所出的一百三十多期简报，是各家论点最集中的文集。由于采取了多种多样的形式，使这次讨论会开得比较成功。

四、这次学术讨论会是富有成果的。会上，集中讨论了黄河中下游治理规划的主要问题，分析了黄河的主要矛盾，探讨了治黄方略，讨论了几个拟议中的干流枢纽工程作用，提出了许多好的建议。

黄河问题，十分复杂，其突出矛盾是泥沙过多，水沙失调。泥沙不治，河无宁日。三十年来，在黄河上做了不少工作，而泥沙问题却较之解放初期，非但没有减轻，反而更加尖锐了。其原因是多方面的。水土保持工作，面广量大，由于抓得不力，治理面积还不到总流失面积的百分之二十。群众中典型经验不少，但未能在面上大量推广。与此同时，又滥肆开垦，破坏林草的现象大量存在。对此，水保效益不明显。解放后下游河道没有决过口，这是好事，但它使河道淤积增加，三十年累积河道淤积量达七十多亿吨，主槽抬高二米左右，其抬高速率远比解放前为高。随着社会主义建设事业的发展，上中游工农业用水增加，下游来水减少，相对含沙浓度增加，淤积量增多。

针对这个主要矛盾，各家提出许多治黄方略，主要的有中游水土保持（特别是首先集中力量治理十万平方公里粗颗粒沙来源区的建议，得到很多同志的赞同）、引洪放淤、利用大型水库调水调沙（包括拦粗沙排细沙和调节水沙关系）、整治下游河道、加大排沙能力、改善河口使尾闾畅通、加大入海沙量、利用高浓度含沙水流送沙入海、调水刷黄、分流分沙、清浑分流、局部改道、废弃悬河、重建新黄河等等。对治黄方略的探讨，成为这次学术讨论会的中心内容。在自由讨论中，有助于形成和发展各种学术流派，有助于人们广开思路，加深对黄河的认识。

下游防洪安全，是当务之急。对此也提出了各种对策。修建干流枢纽以控制特大洪水、加固堤防以提高现行河道的行洪能力、在主要河段另修一道大堤作为二道防线等等。对龙门、小浪底、桃花峪、龙口、万家寨、碛口、大柳树、位山等大型枢纽工程的作用，作了认真的比较分析，认为应在全面规划的基础上确定第一期工程，不能抓住一个，仓促上马。

会议建议，今后应着重抓四个方面的工作，即规划工作，中游水土保持工作，下游防洪和科学研究。

总之，这次黄河中下游治理规划学术讨论会开得是成功的。与会同志一致认为，黄河事业，关系重大，加速治黄步伐，力求加速进行水土保持，改变中游农业落后面貌，减少入黄泥沙，尽早控制下游洪水，充分开发全河水土资源，这对加强黄淮海大平原的建设，巩固西北国防，加速实现四个现代化，都具有战略意义。

最后，要使学术讨论会的成果在国家建设中发挥作用，必须得到有关部门的支持。水利部领导，对这次学术讨论会非常重视。钱正英部长、李伯宁、王化云、冯寅副部长都参加了会议，认真听取了大会发言，并和许多同志个别交谈。在讨论会结束后的第二天，水利部和黄委会的领导同志，立即举行工作会议，研究如何吸取学术讨论会上提出的科学成果。最后对治黄规划及科研工作作了具体部署，立即组织力量，分头并进。

一九七九年十月

修订黄河治理开发规划任务书

黄河是我国的第二条大河，纵贯青海、四川、甘肃、宁夏、内蒙古、陕西、山西、河南、山东九省区。干流全长 5400 多公里，流域面积 75 万多平方公里，流域内现有 8300 多万人，耕地 1.9 亿亩；如包括关系密切的黄河下游沿河专区范围在内，共有人口 1.3 亿人，耕地 2.7 亿亩。黄河流域幅员广大，资源丰富，位置重要，黄河的治理与开发，是我国社会主义建设事业的一个重要组成部分。

三十多年来，黄河治理工作一直受到党中央和国务院的高度重视。一九五四年，在国务院领导下，黄河规划委员会编制了《黄河综合利用规划技术经济报告》，一九五五年经过全国人大审议，通过了《关于根治黄河水害和开发黄河水利的综合规划的决议》。这个规划突破了历史上单纯除害，主要在下游筑堤防洪的框框，使黄河的治理进入了全河统筹、除害兴利、综合利用、全面治理的新阶段。二十多年来，黄河流域的防洪、灌溉、供水、发电以及水土保持等方面都有了很大发展，取得了很大成绩。

但是，限于当时的实践和认识水平，一九五五年的治黄规划，也有失误。主要是，用淹没大量河川耕地换取库容的办法，不符合我国人多地少、良田更少的国情；对水土保持的治理速度，特别是减沙效果估计过于乐观，脱离了实际可能。这些失误集中反映在三门峡水库工程上，不得不进行了两次改建。改建是成功的。

二十多年来，各项治黄建设以及各方面开展的开发黄河的研究，积累了大量的勘测设计和科学实验资料与成果，取得了宝贵的经验和教训，加深了对黄河特性的认识。目前，我国社会主义建设进入了新的历史时期，党的十二大提出了到本世纪末全国工农业总产值翻两番的战略目标。为了适应新形势的要求，有必要在认真总结治黄经验的基础上，修订黄河治理开发规划，以便更好地推动治黄事业，为促进我国的社会主义现代化建设服务。

一、规划的指导思想

修订黄河治理开发规划要遵循党的十二大所确定的今后二十年经济建设的战略目标、战略重点、战略步骤和一系列的发展国民经济的方针政策。

修订规划要认真总结吸取治黄实践的经验教训，从黄河流域的实际情况出发，进一步认识并按照黄河的自然规律和我国的经济发展规律办事。今后的治黄建设，必须进一步转到以提高经济效益为中心的轨道上来，认真贯彻"加强经营管理，讲究经济效益"和"除害兴利，综合利用，使黄河水沙资源在上中下游都有利于生产，更好地为社会主义现代化建设服务"的方针。要充分认识治理黄河，特别是黄河洪水泥沙问题的复杂性和长期性，同时要认真研究，积极治理，变害为利。要贯彻全河统筹，综合利用，突出重点，节约用水，讲究实效的原则，统一安排黄河水沙资源的利用和处理。在建设程序上，要与国民经济的发展相协调，首先要充分发挥现有工程设施的作用，并适当安排必要的骨干工程建设。

二、规划的主要任务

这次修订规划不要求面面俱到，要重点研究一些战略性问题，提出"七五"计划和后十年的设想。考虑到黄河的特殊性，为了研究较长时期的开发目标和治理方向，对洪水泥沙问题要提出五十年内外的设想和展望。规划的主要任务是：提高黄河下游的防洪能力，治理开发水土流失地区，研究利用和处理泥沙的有效途径，开发水电，开发干流航运，统筹安排水资源的合理利用，以及保护水源和环境。

（一）黄河下游防洪

黄河下游洪水威胁仍很严重。洪水泥沙尚未有效控制，河床仍不断淤积抬高，对特大洪水尚无可靠对策，发生较大洪水也有失事的危险。据目前的分析计算，如发生特大洪水，即使充分利用三门峡水库，花园口站的洪峰流量仍将达 46000 秒立米，远远超过现有防洪工程的防御能力（22000 秒立米），万一决口，南决乱淮，北决乱海，都将造成毁灭性的灾害。为了保障黄淮海平原的经济建设和人民生命财产安全，保证四化建设的顺利进行，必须妥善解决黄河下游的防洪问题。这是治黄规划的首要任务。

（二）黄河泥沙的处理和利用

泥沙是黄河治理的一个重要问题，也是黄河下游洪水危害的主要原因。严重的水土流失使黄土高原广大地区的生态环境日趋恶化；每年平均约16亿吨泥沙输送到下游，使河道逐年淤积抬高，每年平均淤高约10厘米，洪水位越来越高，河势游荡多变，威胁越来越严重。

根据三十年的实践经验，水土保持是解决黄河泥沙问题的重要方面，但不是唯一的，而且即使经过长期努力，水土保持取得了较显著的减沙效果，黄河仍将是一条多泥沙的河流。因此，必须在上中下游采取多种措施和途径，逐步解决黄河泥沙危害。同时，还要正确地看到黄河泥沙可资利用的一面，各地区已经因地制宜地创造和发展了多种利用洪水、利用泥沙的有效措施。要在认真总结实践经验的基础上，研究制定处理和利用泥沙的综合措施方案，提出今后五十年内下游河道冲淤情况的预测。

（三）水土流失区的治理和开发

防治水土流失是治黄的一项战略任务，也是我国国土整治的一个重要组成部分。解放以来，开展了规模巨大的水土保持工作，一部分地区得到不同程度的治理，在减轻水土流失，改善农业生产条件方面都取得了很大成绩，也积累了很多宝贵的经验。但是总起来看，综合治理的进程还比较慢，治理的程度还很低，破坏水土保持的现象尚未完全制止，广大地区的农业生产和人民生活远低于全国平均水平，黄河的泥沙来量还没有明显变化。要进一步总结经验，从发展黄土高原农、林、牧业生产，提高人民生活水平，改善生态平衡出发，贯彻种草种树、加强农田基本建设，促进农、林、牧业全面发展的指导思想和自力更生为主的方针，因地制宜，提出不同类型区的治理方法、步骤和计划。

（四）黄河水资源的合理利用

黄河是我国西北、华北地区的重要水源，年平均天然径流量560亿立米（花园口站）。目前，上中下游的工农业和城市居民生活用水每年耗用水量将近271亿立米（其中，农业用水约260亿立米），河川径流利用率已达48.4%，与国内外大江大河比较，水资源利用已达到较高的程度。随着国民经济的发展，工农业和人民生活用水要求将相应增长，水资源供需关系将更为紧张，成为工农业生产发展的重要制约因素。另一方面，当前的工农业用水中也存在着利用不合理、浪费严重的状况。因此，需要根据节约用水的原则和水量调节的可能条件，结合处理和利用泥沙的措施方案，全面规划，综合平衡，统筹考虑工农业用水和下游排沙用水，制定2000年合理用水的计划方案，并提出2020年黄河水量的预测，研究从长江调水的方案设想。

（五）灌溉

黄河流域现有有效灌溉面积（包括井灌）约7500万亩，实灌面积5800万亩。灌区不同程度地存在着土地不平整，工程不配套，管理不善，用水浪费，盐渍化等问题，要认真总结经验。黄河水资源数量有限，从长远看，供需矛盾很大。在有适量降水的地方，要根据当地实际情况，研究农作物结构，选用耐旱作物品种，采用秋水春用等有效保墒耕作和栽培经验，发展旱作农业。在必须采取人工灌溉的地方，要采用先进灌溉技术与输水措施，节约用水，并控制发展规模。对已成灌区，要特别注意配套挖潜，做到灌排结合，控制地下水位，改良土壤，防治盐渍化灾害。要认真研究提出合理的灌溉定额，统一调度使用地表水和地下水，提高经济效益，使黄河水用于最需要的地方。

（六）水力发电

黄河流域水力资源相当丰富，可能开发的装机容量约2800万千瓦（其中，干流占2500万千瓦）。已建水电装机容量254万千瓦，只占可开发容量的9.1%。能源问题是我国经济建设的战略重点之一，继续开发黄河上游的水力资源已经列为我国电力工业建设的重点。应根据国民经济发展的需要，结合黄河治理安排，提出黄河上中游干流水能资源的开发部署，并考虑进行跨流域补偿调节，用大电网的观点来合理开发黄河的水能资源。

（七）航运

黄河干流从兰州以下3345公里，沿河地区矿藏丰富，蒙南、晋西、陕北等地煤田储量将近3000亿吨，是国家近期开发的重点，大部分煤田靠近黄河，应根据工农业发展的需要和可能，研究提出开发黄河航运的可行性研究意见。

（八）水源保护与环境影响

目前，黄河水资源污染已相当严重，需要研究制定水资源保护措施和计划。同时，对今后大规模开展水利水电建设可能产生的环境水利问题，也需要研究预测，并提出减免不利影响的措施对策。

三、规划成果要求

要求编制以下单项规划报告，并汇总编制修订黄河治理开发规划总报告。

(一)黄河下游防洪规划报告

在总结黄河防洪的历史经验和已有规划研究成果的基础上,进一步阐明黄河下游洪水、泥沙的特点和问题,对黄河下游防洪标准进行分析论证,研究防洪的方向和重大措施安排(包括非工程措施),提出现有防洪工程的合理运用及进一步改善措施,比较选定"上拦下排、两岸分滞"的防洪工程体系的建设方案。根据近期和五十年内外河道冲淤情况的预测,拟定各个时期防御不同标准洪水的对策,以及河道整治、滩区治理和河口治理的具体部署,提出"七五"及后十年下游防洪建设计划。

(二)减少黄河下游河道泥沙淤积途径的研究报告

在广泛研究各种可能的减淤措施方案的基础上,根据目前的实践经验和科学技术水平以及社会经济条件,选取较为切实可行的方案,提出措施安排,分析减淤效果。经过全面比较论证拟定近期及五十年内外的减淤途径和主要措施方案,并提出进一步开展科学实验研究的计划。

(三)黄河水资源合理利用规划报告

综合研究各省区提出的引黄灌溉规划,城市及工矿企业供水,农村人畜用水等计划要求,以及排沙、发电、航运、水质净化等项用水,结合水源调节工程建设方案,进行水资源利用供需平衡和综合经济分析,拟定不同水平年水资源合理利用意见,并分析预测水量变化对有关地区环境的影响。为解决远期水源不足问题,研究提出西线、中线南水北调规划意见。

(四)黄河流域黄土高原水土保持规划报告

按照国家计委计土〔1983〕1167 号文转发的"西北黄土高原水土保持专项治理规划任务书"的要求,认真总结建国以来开展水土保持工作正反两方面的经验,分析不同类型区水土流失规律及存在问题,研究拟定各区防治水土流失,全面发展农林牧业的措施和实施计划,并对增产、蓄水、保土等方面的效益作出分析估计。要着重研究水土流失特别严重的十一万平方公里多沙粗沙来源地区的综合治理问题,提出重点防治的措施意见。

(五)黄河干流工程布局规划报告

在以往勘测规划研究成果的基础上,根据国家经济建设计划提出的供水、供电要求和兰州、宁夏、内蒙古河段,以及黄河下游防洪、防凌、减淤等规划安排,对龙羊峡至桃花峪干流河段的工程布局进行必要的调整和修订。对关键性骨干工程,要论证其开发任务,开发方式程序、工程规模和经济效果。经统筹比较,提出"七五"及后十年的建设项目选点意见。

龙羊峡以上河段,要求提出初步开发方案。

（六）主要支流开发治理规划

对流域面积大于3000平方公里，或年输沙量大于3000万吨的一级支流应由所在省区作出各支流综合治理的单项规划。跨省区的支流，由有关省区分别作出分区规划，由黄委会组织协调研究汇总。

支流开发治理规划，要按水系统一提出水土保持综合治理，水资源合理开发利用，以及骨干工程布置等总体安排，并拟定"七五"计划及后十年的设想。

需要分别提出规划报告的支流为：洮河、湟水、祖厉河、清水河、皇甫川、窟野河、秃尾河、佳芦河、无定河、清涧河、延河、汾河、涑水河、北洛河、泾河、渭河、大黑河、县川河、红河、偏关河、朱家川、湫水河、三川河、昕水河、伊洛河、沁河、金堤河、汶河等28条。另外，各省区认为比较重要的支流，也可分别提出规划报告。

（七）各省区引黄灌溉规划报告

各省区分别提出引黄灌溉规划报告。首先要进一步摸清引黄灌溉现状，研究提出充分发挥现有灌溉工程效益的措施，并制定续建配套和整顿改善实施计划，阐明"七五"及后十年现有灌区可能改善程度和预期效益。宁、蒙河套灌区，豫、鲁两省引黄灌区等特大型灌区，应作为重点研究提出专项规划。同时，按照统筹兼顾，节约用水，保证重点，经济合理，切实可行的原则，研究拟定二〇〇〇年的本省区引黄灌溉发展计划，以及二〇二〇年发展规模的设想。引黄用水量估算应将省区内城市、工矿和农村人畜用水包括在内。

（八）黄河航运规划报告

进行经济调查，提出货运量的预测，并通过实地查勘和必要的测量试验，提出开发黄河航运的规划意见和主要工程技术措施，研究船舶的造型和船舶运输的组织与管理方式，进行初步的技术经济论证，提出开发黄河航运的综合规划意见报告。

（九）黄河水源保护规划

调查黄河干支流各区段水质污染现状，查明现有主要污染源，并根据各地区经济发展规划，预测黄河水质可能发生的变化，研究拟定防治水质污染的措施并制定进一步加强水质监测的计划。对黄河治理开发可能引起的环境影响进行评价，并提出相应的环境保护对策。

四、规划工作方法和协作分工

编制黄河规划应充分利用现有资料及科研成果，在已有工作基础上，结合新的情况有重点地进行补充研究；对一些关系重大的问题，要进一步调查研究，掌握基本资料，落实基本情况，以便求得比较符合实际的认识，要充分研究和考虑我国正在进行的一系列改革可能带来的各方面的变化，并使规划安排更好地适应这些变化。

规划选定的近期重点建设项目，要进行方案比较、经济分析和科学技术论证。

黄河规划涉及的地域广，部门多，规划过程中要加强联系，搞好协作，及时组织协商讨论。

黄河治理开发修订规划的编制工作，是在国家计委和水电部领导下，依靠各省市区、各部委及有关部门共同完成。规划的汇总主编单位是黄河水利委员会。

总体规划由各个专项规划组成。专项规划由各负责与协作单位按照各自承担的任务，统一进度分别开展工作，及时提出成果，最后提交黄河水利委员会综合平衡，汇总编制总体规划。各分项规划的分工进度见附表(略)。为了搞好规划，还要求各有关省区和国民经济部门提出对黄河流域开发治理的意见和要求，并提供有关基本资料。

五、规划工作进度

要求于一九八五年底提出黄河治理开发修订规划报告初稿，一九八六年六月提出正式报告，各分项负责单位应于一九八五年六月提出专项规划报告。为此拟于一九八四年二季度召开一次由主编单位和各专项规划负责单位及有关部门参加的黄河治理开发修订规划工作协调会，讨论研究分工协作有关事宜，拟定规划工作大纲。以后根据工作进展情况，分别召开协调会议和专题讨论会，及时互通情况，交流意见，协调工作。

一九八四年三月

治黄规划座谈会纪要

1988年5月19日至23日，水利部在郑州召开了治黄规划座谈会。这次会议的任务是，汇报修订黄河治理开发规划的情况和初步成果，征求各地区和各方面专家的意见，研究下一步黄河治理开发规划工作安排，以便早日提出修订的规划报告。应邀参加会议的有：全国政协副主席钱正英，国家计委、中国国际咨询公司、能源部、农业部、林业部、交通部、地矿部、国务院经济技术社会发展研究中心，有关十一个省、区、直辖市计委和水利厅（局），胜利、中原油田指挥部，长江、淮河、海河、松辽、太湖等流域机构，中科院、清华大学等科研单位和院校、有关规划设计单位及管理部门，以及各新闻单位的代表和专家，共220多人。河南省省长程维高、副省长宋照肃出席了会议，全国政协钱正英副主席作了重要讲话。

会议由水利部钮茂生副部长主持，杨振怀部长致开幕词和总结，黄委会原主任龚时旸等同志汇报了修订黄河治理开发规划的初步成果，代表们进行了分组讨论和大会发言。与会代表对治黄事业极为关心，认真研究规划成果和各项材料，进行了认真讨论，为修订好黄河治理开发规划提出了许多宝贵意见和建议。现纪要如下。

（一）

黄河是我国第二大河，流域广阔，资源丰富。黄河的治理开发，关系我国西北、华北和黄淮海平原广大地区社会经济的稳定和发展。建国以来，黄河的治理开发取得了伟大成绩，对流域各省区和有关地区的社会经济发展作出了巨大贡献，积累了丰富的治黄经验。但是，治理黄河又是一项复杂而艰巨的长期任务，鉴于黄河中游水土流失依然严重，下游洪水尚未得到有效控制，河道不断淤积抬高，供水普遍紧张，水源污染日益严重，随着社会经济的发展，这些问题均亟待解决。为此，1984年国务院批准下达了《修订黄河治理开发规划任务书》，要求对1955年编制的《黄河综合利用规划技术经济报告》进行修订。

黄河水利委员会遵照国家下达的规划任务书和要求，会同有关部门和流域内有关省、自治区，对黄河治理开发规划的修订做了大量的工作。总结了三十多年来的治黄经验，明确了治理开发目标，吸收了各方面、各部门历年来治黄科学研究成果，深入分析了流域存在的各种问题，研究论证了解决各种问题的途径。在此基础上，提出了近期治黄的主要规划方案和远景设想，以及今后需要继续深入研究的问题。与会代表认为，黄委会提出的《修订黄河治理开发规划报告提要》中的指导思想、任务要求、基本措施、战略部署和实施步骤基本上是正确的，根据会议代表和各单位、各地区的意见进一步修改补充，可以作为编制《黄河治理开发规划》（修订）的基础。

（二）

与会代表对于黄委会提出的《修订黄河治理开发规划报告提要》等进行了认真的讨论，阐述了各种不同观点，提出了许多重要的补充修改意见。主要问题和意见如下：

1. 关于防洪减淤问题

会议代表认为，黄河下游的防洪是治黄的首要任务。要保证下游防洪安全必须综合解决洪水和泥沙问题，要有效控制洪水，采取积极减沙措施，减缓河床淤高。要坚持不懈地大力开展中游水土保持，逐步控制水土流失。应继续完善现有防洪工程体系，进行堤防加固加高，加速河道整治，河口治理，加强非工程防洪措施建设，尽早建成小浪底枢纽工程，充分发挥其防洪和减淤作用，提高防洪安全可靠性。并根据水沙变化和河道演变情况，进一步研究继续兴修上中游干支流水库以拦沙减淤，选择适当地点进行放淤，配合水土保持的减沙作用，力争延长现行河道安全行洪的寿命。

在讨论中有的代表提出，对黄河下游的防洪形势，应进行客观的分析，恰当估计现河道的行洪能力和河床淤积抬高的速度，对通过河道整治提高输沙入海的能力应进一步研究作出科学的估计。

2. 关于水土保持问题

黄土高原水土流失严重，国家对黄河中游的水土保持工作，历来十分重视。与会代表认为，大力进行黄河中游的水土保持是改变当地生产落后面貌，促进社会经济发展，使广大人民脱贫致富和改善黄土高原生态环境的需要，同时，也能减少入黄泥沙，是开发利用黄土高原和治理黄河的根本措施，必须给予足够的重视。三十多年来，特别是党的十一届三中全会以来，黄河水土保持工作取得了很大成绩，也存在一些问题，应进一步认真总结经验教训，制定相应的政策，采取有效的措施，加快水土保持的进度，提高保存率，大力制止人为造成新的水土流失。代表们共同认为，水土保持是一项十分艰巨的任务，必须长期坚持进行。为了减少黄河下游河道的粗沙来源，应在普遍开展水土保持的基础上，突出重点，加强多沙粗沙来源区（约十万平方公里）治沟骨干工程建设，加强多沙粗沙支流的治理开发，并力争尽快收到实效。目前已确定和正在进行的水土保持重点地区，应继续大力进行治理。有的代表认为，黄委会现提出的《修订黄河治理开发规划报告提要》，对水土保持在治黄工作中的地位和作用强调不够；也有的代表认为，"报告"中水土保持的减沙效果仍然估计过高。代表们一致认为：现在黄河中游水土流失严重的地区，当地人民生活普遍比较贫困，希国家在治理资金上给予更大的支持。

3. 关于水资源问题

黄河水资源有限，现在径流利用率已较高。《修订黄河治理开发规划报告提要》提出结合防洪减淤、供水、发电需要，修建一些较大水库枢纽进行径流调节，提高供水能力是完全必要的。从全局出发，按统筹兼顾的原则，黄委会已制定了近期（南水北调实现以前）黄河水资源分配利用规划，并经国务院下达有关地区，可作为各地经济发展计划的水源依据。随着社会经济的发展，城乡工农业用水还将增加，鉴于黄河水资源的短缺，必须大力节约用水，在规划中应研究总结有效技术措施，提出有关政策建议，促进建设节水型工农业，防止水资源浪费和被污染，使水资源得到合理利用。从全流域和有关地区社会经济长远发展和下游河道输沙需要考虑，黄河水资源远远不能满足要求，在节水挖潜的基础上，必须积极研究从长江调水等增水措施，并加强前期工作。

4. 关于干流开发规划问题

为调节径流、防洪、减淤、供水、灌溉、开发水电和发展航运的需要，合理布置干流梯级水库枢纽是规划的重要组成部分。由于情况变化，对 1955 年规划的水库枢纽梯级进行适当调整是必要的。经过研究认为，龙羊峡、刘家峡、黑山峡（小观音或大柳树坝址）、碛口、龙门、三门峡和小浪底等七座水库枢纽，是全流域的骨干工程，地位重要。除已修建的龙羊峡、刘家峡、三门峡外，其余四座水库，应根据径流调节，下游防洪减淤和水电开发的要求逐步兴建。规划中对这些水库枢纽进行多种方案比较论证是必要的。小浪底枢纽工程已经国家批准，与会代表认为需积极着手兴建。黑山峡（小观音或大柳树坝址）、碛口、龙门等三座水库枢纽工程的方案选定和兴建的先后次序，在讨论中尚有不同认识，应进一步研究，并与有关部门和地方协商，论证选定。关于龙羊峡和刘家峡水库调度运用方式对下游河道防洪、防凌、淤积和供水等的影响问题，需进一步分析研究，本着合理利用水资源和上中下游统筹兼顾的原则，尽早制定相应措施加以解决。

此外，在讨论中有的代表提出，黄河治理规划应与黄淮海平原综合治理规划相联系，进行必要补充和研究。可在今后工作中予以考虑。有的同志对规划的指导思想、黄河治理的方向和基本措施等提出不同意见，请黄委会在修订规划报告时认真研究。

黄河治理开发规划牵涉面广，问题复杂，这次会期较短，未及深入研讨。会议希望有关单位和代表会后对黄委会提出的《修订黄河治理开发规划报告提要》和有关材料，进一步研究，并请将意见尽快寄交黄委会，供修改时综合考虑。

经过讨论研究，请黄委会在各单位规划报告的基础上，进行综合汇总，按照《修订黄河治理开发规划任务书》的要求，突出需要由国家审批的内容，以黄河治理开发中的一些战略性问题和近期重点项目的规划为重点，编写《黄河治理开发规划报告》(1988 年修订)，于 1988 年第四季度组织初审，力争 1988 年底上报国务院。

《修订黄河治理开发规划任务书》规定的其他各单项规划报告，应根据修订的《黄河治理开发规划报告》，进行适当的修改补充，提出的时间可稍晚些。

党中央、国务院对黄河的治理和开发利用一直十分关心和重视。黄河的基本特点是沙多水少，治理和开发利用问题复杂，任务艰巨。会议认为，需要继续总结经验，根据黄河的实际情况，切实做好基础工作，加强科学研究，实行除害兴利，综合利用，上中下游统筹安排，合理开发利用黄河水沙资源，为促进生产，为各省区、各部门经济发展服务。会议希望各地区、各部门继续密切合作，团结治河，坚持改革，为修订好黄河治理开发规划，为实现本世纪末我国的社会经济发展战略目标贡献力量。

治黄规划座谈会

1988 年 5 月 23 日　河南郑州

责任编辑　张素秋
责任校对　刘　迎
封面设计　孙宪勇
版式设计　胡颖珺

黄河志

（共十一卷）

河南人民出版社

ISBN 978-7-215-10564-5

本卷定价：210.00元